비즈니스 애널리틱스를 위한

데이터 마이닝 in 파이썬

DATA MINING FOR BUSINESS ANALYTICS

지은이

Galit Shmueli, Peter C. Bruce, Peter Gedeck, Nitin R. Patel

Galit Shmueli(갈릿 쉬뮤엘리): 대만 국립칭화대학교의 서비스사이언스대학원 특임 교수다. 2004년부터 메릴랜드대학교, Statistics.com, 인디언경영대학, 국립칭화대학교에서 데이터 마이닝 과목들을 강의하였다. 정보 시스템 분야와 헬스케어 분야에서 통계, 데이터 마이닝 방법론을 활용한 비즈니스 애널리틱스 분야를 연구하고, 도서와 논문 100여 편 이상을 출판하였다.

Peter C. Bruce(피터 브루스): 통계 교육 기관인 Statistics.com의 설립자다. Statistics.com은 100여 개에 이르는 통계 강의를 제공하며 그중 30%는 데이터 사이언티스트를 대상으로 한다. Resampling Stats 소프트웨어의 개발자로서 다수의 저널 논문을 출판하였고 ≪Practical Statistics for Data Scientists≫(한국어판: ≪데이터 과학을 위한 통계≫(한빛미디어, 2021)의 공동 저자로 참여하였다.

Peter Gedeck(피터 게덱): Collaborative Drug Discovery의 수석 데이터 사이언티스트다. 약물 발견 과정에서 대용량의 데이터를 관리하는 클라우드 기반의 소프트웨어를 개발하고 있다. 또한 통계 교육 기관인 Statistics.com에서 데이터 마이닝을 가르치고 있다.

Nitin R. Patel(니틴 파텔): 메사추세츠주 케임브리지에 소재한 싸이텔(Cytel) 주식회사의 공동 창업자로, 현재 이사로 재직 중이다. 미국 통계학회의 펠로우로서 MIT와 하버드대학교의 방문 교수를 역임하였다. 또한 인디아 컴퓨터 학회의 펠로우로서 인도 아흐메다바드에 소재한 인디언경영대학에서 15년간 교수를 지냈다.

옮긴이

조성준(서울대학교 교수), **조재희**(광운대학교 교수), **조성배**(연세대학교 교수),
이성임(단국대학교 교수), **신현정**(아주대학교 교수), **김성범**(고려대학교 교수)

비즈니스 애널리틱스를 위한 **데이터 마이닝** in 파이썬

초판발행 2023년 2월 10일
2쇄발행 2024년 2월 3일

지은이 Galit Shmueli, Peter C. Bruce, Peter Gedeck, Nitin R. Patel
옮긴이 조성준, 조재희, 조성배, 이성임, 신현정, 김성범 / **펴낸이** 전태호
펴낸곳 한빛아카데미(주) / **주소** 서울시 서대문구 연희로2길 62 한빛아카데미(주) 2층
전화 02-336-7112 / **팩스** 02-336-7199
등록 2013년 1월 14일 제2017-000063호 / **ISBN** 979-11-5664-644-0 93000

총괄 박현진 / **책임편집** 유경희 / **기획·편집** 유경희 / **교정** 박정수 / **진행** 유경희
디자인 윤혜원 / **전산편집** 김정하 / **제작** 박성우, 김정우
영업 김태진, 김성삼, 이정훈, 임현기, 이성훈, 김주성 / **마케팅** 길진철, 김호철, 심지연

이 책에 대한 의견이나 오탈자 및 잘못된 내용에 대한 수정 정보는 아래 홈페이지나 이메일로 알려주십시오.
잘못된 책은 구입하신 서점에서 교환해 드립니다. 책값은 뒤표지에 표시되어 있습니다.

홈페이지 www.hanbit.co.kr / 이메일 question@hanbit.co.kr

비즈니스 애널리틱스를 위한

데이터 마이닝 in 파이썬

DATA MINING FOR BUSINESS ANALYTICS

Galit Shmueli, Peter C. Bruce, Peter Gedeck, Nitin R. Patel 지음
조성준, 조재희, 조성배, 이성임, 신현정, 김성범 옮김

WILEY 한빛아카데미 Hanbit Academy, Inc.

옮긴이 소개

조성준(서울대학교 산업공학과 교수)

현재 서울대학교 Big Data AI 센터를 맡고 있다. 국가데이터정책위원회 위원이며, 공공데이터 전략위원회 공동위원장, 정부3.0 추진위원회 빅데이터전문위원장, 한국BI데이터마이닝학회장을 역임했다. 서울대학교 산업공학과에서 학사 및 석사를, 미국 워싱턴대학교에서 컴퓨터 비전 연구로 석사를, 메릴랜드대학교에서 신경망 기계학습 연구로 박사를 받았다. 국내 빅데이터 분야의 최고 권위자로서 빅데이터를 통해 어떻게 세상을 혁신할 수 있는지 알리는 데 힘쓰고 있다. 저서로 ≪세상을 읽는 새로운 언어, 빅데이터≫(2019)가 있고, 공저로 ≪데이터 천재들은 어떻게 기획하고 분석할까?≫(2022), ≪빅데이터 커리어 가이드북≫(2021), 역서로 ≪빅데이터 기초(개념, 동인, 기법)≫(2017)이 있다.

조재희(광운대학교 정보융합학부 교수)

광운대학교에서 창업지원센터장, 입학처장, 국제처장을 역임했다. 네브래스카대학교에서 의사결정지원시스템 연구로 박사 학위를 받았고, 현재 데이터 자산의 전략적 활용, 시공간 데이터 분석, 다차원 모델링 연구로 주목받고 있다. 한국BI데이터마이닝학회장과 정부3.0 추진위원회 빅데이터분과 전문위원을 지냈으며, 관련 논문을 다수 발표하는 등 국내 데이터 발전을 위해 활발히 활동하고 있다. 공저로 ≪데이터 천재들은 어떻게 기획하고 분석할까?≫(2022)가 있다.

조성배(연세대학교 컴퓨터과학과 교수)

현재 연세대학교에서 인공지능대학원 원장을 맡고 있다. 연세대학교 전산과학과를 졸업하고, KAIST 전산학과에서 신경망 연구로 박사 학위를 받았다. 일본 ATR 인간정보통신연구소 연구원, 캐나다 브리티시컬럼비아대학교 방문 교수, 연세대학교 인지과학연구소 소장, 한국데이터마이닝학회 회장, 한국정보과학회 부회장 등을 지냈다. 2022년 대한민국정부 근정포장, 2021년 연세대학교 언더우드 특훈교수, 2017년 가헌학술상, 2005년 한국정보과학회 학술상 등을 수상했다. 저서로 ≪우리는 인공지능과 함께 할 수 있을까?≫(2021), ≪왜 인공지능이 문제일까?≫(2017)가 있고, 공저로 ≪데이터 천재들은 어떻게 기획하고 분석할까?≫(2022), ≪혁신의 목격자들≫(2019), ≪미래과학≫(2018) 등이 있다.

이성임(단국대학교 정보통계학과 교수)

서울대학교 지질과학과에서 학사, 통계학과에서 석사를 마치고 연세대학교 환경공해연구소에서 근무했다. 이후 서울대학교 통계학과에서 박사를 마치고, 동 대학 복잡계통계연구센터 박사후 연구원, 고려대학교 의과학연구원 연구 교수로 있다가 2004년부터 단국대학교에 재직 중이다. 데이터 마이닝과 범주형 자료 분석, 생존 분석, 통계적 품질 관리 등을 강의하고 있으며, 주된 연구 분야는 생존 분석과 통계적 모니터링 방법 등이다. 공저로 ≪고급회귀분석≫(2023), ≪데이터 천재들은 어떻게 기획하고 분석할까?≫(2022)가 있다.

신현정(아주대학교 산업공학과 · 인공지능학과 교수)

서울대학교에서 산업공학 박사 학위(데이터 마이닝 전공)를 받고 독일 막스플랑크연구소Max-Planck-Institute에서 연구원으로 재직하였다. 귀국 후 서울대학교 의과대학 연구 교수로 있다가 아주대학교 산업공학과에 부임하여 교수로 재직 중이다. 주 관심 분야는 기계학습과 데이터 마이닝 이론으로, 바이오/메디컬인포매틱스, 경제/금융, 치안/안보 분야에 대한 응용 연구를 진행하고 있다. 또한 국민건강보험심사평가원, 식약처, 경찰청치안정책연구소, 에너지경제연구원, 경제통상연구원 등과 함께 관련 연구를 수행하고 있다.

김성범(고려대학교 산업경영공학부 교수)

조지아공과대학교에서 산업시스템공학 석사·박사 학위를 받았고, 텍사스주립대학교 산업공학과에서 교수를 지냈다. 고려대학교 공과대학 부학장, 인공지능공학연구소장, 기업산학연협력센터장을 역임하였다. 인공지능, 머신러닝, 최적화 방법론을 개발하고 이를 다양한 공학, 자연과학, 사회과학 분야에 응용하는 연구를 수행하고 있다. 공저로 ≪데이터 천재들은 어떻게 기획하고 분석할까?≫(2022), ≪첨단유산≫(2021), ≪4차 산업혁명의 미래를 설계한다≫(2018) 등이 있다.

옮긴이 머리말

역자가 데이터 마이닝이라는 강좌를 열고 학생들을 가르치기 시작한 지 20년이 지났다. 초기에는 마음에 드는 교재가 없어서 매년 다른 교재로 바꾸었다. 그러다가 쉬뮤엘리Shmueli 등이 출간한 ≪Data Mining for Business Intelligence: Concepts, Techniques, and Applications≫를 보고 2008년부터 이 책을 교재로 삼아 강의하였다. 그런데 이후로도 여러 후속 버전이 나와, 2012년 제2판부터는 역자 팀을 꾸려 번역을 하기 시작했다. 우리 역자 팀 멤버인 조재희·조성배·이성임·신현정·김성범 교수는 오랜 기간 공동 연구와 교육을 통해 호흡을 맞추어왔다. 당시 제2판에서는 XLMiner라는 Excel add-on을 분석 도구로 활용하였다. 그러다가 2018년에 R 버전이 출판되어 이 책을 번역하였다. R은 통계학 분야의 de factor 언어로서 고차원 언어이기에 이해하기 쉽고 배우기도 쉽다. 수많은 사용자가 있어 패키지도 많다. 그 후 2022년에 원저자들이 드디어 파이썬 버전을 출간하기에 이르렀다.

파이썬은 네덜란드 출신의 개발자 귀도 반 로섬Guido van Rossum이 만들어 1991년에 발표한 프로그래밍 언어다. 수많은 언어 가운데 2010년대 중반부터 주류 언어로 올라선 데에는 비교적 읽고 쓰기 쉬운 문법이 큰 몫을 했다. 파이썬은 컴퓨터 사이언스 전공자들을 대상으로 한 입문 수업에 사용된다. 물론 실제 개발 프로젝트에도 많이 사용되고 생산성도 높은 언어다. 지금은 전 세계 많은 개발자들이 수많은 패키지를 추가 개발해서 사용성이 더욱 향상되었다. 역자가 사용하고 있는 파일 관리 솔루션인 드롭박스와 구글의 앱 엔진, 유튜브, 넷플릭스 등이 파이썬으로 구현된 것으로 알려져 있다. 파이썬이란 이름에는 비단뱀이라는 뜻도 있어서 이와 관계된 것으로 생각하기 쉬우나 반 로섬의 말에 따르면 본인이 즐겨 보던 70년대 영국 코미디 그룹인 몬티 파이썬에서 따왔다고 한다. 실제로 1989년 크리스마스 휴가 때 심심풀이로 이 언어를 만들었다고 하니 참 재미있는 개발자였던 것 같다.

역자들 입장에서는 좋아하는 데이터 마이닝 책인 데다가 파이썬 언어를 기반으로 모든 실습을 할 수 있는 파이썬 버전이 나와 기뻐하던 차에, 한빛아카데미(주)의 유경희 팀장에게서 번역 제안을 받아 곧바로 하겠다고 했다. 우리가 이 책을 번역하기로 한 데에는 크게 세 가지 이유가 있다. 첫째는 데이터 마이닝 교재로서의 수월성 때문이고 둘째는 파이썬 언어의 범용성 때문이다.

통계학 분야 전공자를 제외한 전 분야에서 R 대신 파이썬을 배운다. 파이썬은 C, java, C++ 같은 다른 프로그래밍 언어에 비해 가볍고 배우기 쉬운 편에 속한다. 셋째는 한빛아카데미의 출판 역량과 학생들에게 도움이 되는 프로모션 능력이 모두 좋기 때문이다.

원저자들은 R 버전에서도 그랬듯이 단순히 SW 실습 부분만 바꾼 것이 아니라 여러 곳을 수정·보완했으며, 더 이해하기 쉽고 더 나은 예제를 제시하였다. 저자들의 끊임없는 노력은 같은 학자가 보기에도 정말 놀랍고 감탄스럽다.

최근 몇 년 사이에 파이썬으로 데이터 분석을 하려는 수요가 폭발하면서 수많은 머신러닝 및 딥러닝 라이브러리가 탄생했다. 역자가 처음 머신러닝에 입문했던 시절 100% 다 개인이 코딩해야 했던 것과 비교하면 개발 생산성이 수백에서 수천 배 향상되었다. 이 책과 함께 알고 배워두면 좋을 만한 라이브러리를 몇 가지 소개한다.

판다스pandas는 테이블 형태의 데이터를 위한 데이터 프레임 형식으로 R을 본따서 만들어졌다. 데이터 처리와 분석을 위한 기본 라이브러리다. 넘파이NumPy는 행렬 계산 같은 수치 해석과 선형 대수 계산 기능을 다차원 어레이와 벡터화 연산으로 제공한다. 또한 C 언어로 구현되어 굉장히 빠른 처리 속도를 자랑한다. 데이터 전처리와 클러스터링, 의사결정 트리, SVM, MLP 등의 기본 머신러닝 모델이 대부분 다 구현되어 있는 사이킷런scikit-learn은 필수다. 뷰티풀수프Beautiful Soup와 셀레니엄selenium은 소셜 미디어나 웹 사이트의 XML, HTML 문서 데이터를 파싱해 주는 라이브러리다.

본 번역서를 우리에게 제안해 주시고, 번역 과정의 시작부터 끝까지 모든 단계에서 역자들을 도와주신 한빛아카데미 유경희 팀장께 감사드린다.

역자 대표 조성준

가레스 제임스

통계학은 200년 전에 시작되었지만 20세기 후반에 이르러서야 핵심 학문 분야로 진화하였다. 1990년대에 들어와서는 새롭고 거대한 데이터 소스가 폭발적으로 증가하면서 그 중요성이 더욱 커졌다. 특히 인간 게놈 서열 결과에 따라 유전자 데이터가 생성되면서 생물학 분야에 응용이 집중되었다. 최근 10년 동안은 비즈니스 분야의 데이터가 극적으로 증가하면서 비즈니스 분야의 통계학 응용에 대한 관심도 극적으로 증가했다.

이러한 변화의 영향으로 10년 전에 저자들이 MBA에서 새로운 '통계적 학습'이라는 선택 과목을 개설했을 때 전체 학생이 수강 신청을 했다. 다른 선택 과목은 대부분 등록하는 학생 수가 매우 적었기 때문에 동료 교수들은 매우 놀랐다. 현재, 비즈니스 애널리틱스 석사 과정을 개설하였는데 이는 USC 경영대에서 가장 규모가 큰 특화된 석사 프로그램이고, 지원자 수가 MBA 과정 전체와 엇비슷한 수준이다. 우리 학과의 관련 분야 교수 수와 교과 과정 수가 엄청나게 증가했음에도 불구하고 학생들은 이 분야 강좌가 대부분 꽉 찼다고 불평할 정도다. 구글의 수석 이코노미스트인 할 배리언 박사가 2009년에 향후 10년 내 가장 유망한 직업은 통계 학자라는 말을 했는데, 너무나 옳은 이야기였다.

이러한 수요는 단순하고 부정할 수 없는 사실에 근거한다. 비즈니스 애널리틱스 솔루션이 수많은 상황에서 비즈니스 성능을 크게 향상했기 때문이다. 그 결과 필요한 스킬을 지닌 인재에 대한 수요가 크게 증가했다. 그러나 이러한 스킬을 학생들에게 가르치는 건 매우 어려운 일이다. 왜냐하면 통계적인 방법을 다루는 데 필요한 지식뿐 아니라 비즈니스 관련 이슈를 이해하고 의사소통 능력도 갖추어야 하며 다양한 SW 패키지를 손쉽게 다룰 수 있어야 하기 때문이다. 대부분의 통계학 교재들은 비즈니스 응용은 커녕 그 어떤 현실 응용에 대해서도 강조하지 않고 오로지 전통적인 방법을 추상적이고 수리적으로만 소개한다.

이 책은 다른 어떤 교재보다 비즈니스 애널리틱스 방법론을 가장 완벽하게 다룬다. 선형 회귀 분석과 로지스틱 회귀 분석 같은 전통적인 방법론은 물론이고 신경 회로망, 배깅, 부스팅 같은 최신 방법론에 더해 소셜 네트워크 분석과 텍스트 마이닝 같은 비즈니스 관련 내용까지 담고 있다. 성경책에 빗댈 정도는 아니지만 비즈니스 애널리틱스라는 주제에 대해서만큼은 가장 확실한 매뉴얼이다. 또한 중요 토픽을 모두 소개하면서도 이 중 의미 있는 것은 비즈니스에 응용되는 방식으로 소개하고 있다. 특히 마지막 장에서는 비즈니스 애널리틱스 방법론의 적용 사례를 9가지나 소개한다.

이번 에디션에서는 데이터 사이언티스트 사이에서 가장 인기 있는 프로그래밍 언어인 파이썬을 소개한다. 수많은 비즈니스 상황에서 사용할 수 있도록, 상세한 설명과 코드를 제공한다. 이를 통해 독자는 기법과 관련한 지식을 실제 문제에 적용할 수 있을 것이다. 필자는 이 책이 파이썬 기반 비즈니스 애널리틱스 강좌에 없으면 안 되는 도구가 되리라 확신한다.

최근 MBA에서는 비즈니스 애널리틱스 과목을 핵심 필수 과목으로 추가하였는데 필자도 이 책을 교과 과정에 많이 활용할 계획이다. 이 책은 그와 유사한 모든 강좌에서 필수 교재로 사용될 수 있다.

남가주대학교 마샬 경영대학원
가레스 제임스(GARETH JAMES)

라비 배프나

데이터는 새로운 금이다. 이 금을 채굴해 고도로 연결된 디지털 사회라는 컨텍스트에서 비즈니스 가치를 창출하려면 그에 적합한 스킬 셋skill set이 필요하다. 하지만 전통적인 경영학, 통계학, 공학 교과 과정에서는 이러한 스킬 셋을 제공하지 못한다. 오늘날 빅데이터에 압도당하고 있는 기업이나 기관에도 '진짜는 아직 오지도 않았다you ain't seen nothing yet'. 과거의 빅데이터 소스(20년 이상 투자한 ERP·CRM·SCM 같은 기업 정보 시스템, 온라인 소셜 그리드에 존재하는 30억 명 이상의 사람들, 점점 더 높은 성능의 휴대폰을 가지고 다니는 50억에 가까운 사람들)는 사물인터넷Internet of Things에 의해 구동될 미래의 스마트 피지컬 에코 시스템이 만들어내는 빅데이터에 비하면 소규모 데이터일 뿐이다.

가정, 자동차, 도로를 비롯해 쓰레기통이나 가로등 같은 사물에 센서를 장착하고 이들을 인터넷으로 연결해 디지털적으로 운용을 최적화하는 과정에서 지금보다 더 큰 데이터가 발생하며 더 깊이 있는 분석 능력이 요구된다. 스마트 냉장고가 달걀이 몇 개 남았는지를 인지하고, 스마트폰의 구매 리스트에 달걀을 추가해 온라인 마트에 자동으로 주문을 넣을 날이 멀지 않았다. 냉장고가 자동으로 우버에 저녁 식사를 배달시킬 수도 있다. 도로와 차량에 내장된 센서가 교통 체증, 도로의 마모도, 각 차량의 사용 거리를 계산해 특정 도로의 사용량에 따라 보험료나 세금까지 정산할 수도 있다. 이러한 새로운 세상은 오직 애널리틱스와 데이터를 다루는 능력에 기반하며, 이런 능력을 지닌 개인과 조직은 경쟁 우위에 서게 된다.

비즈니스 애널리틱스는 이러한 새로운 파도를 잘 탈 수 있도록 도와주는 새로운 학문 분야다. 이 분야 최고의 인재가 되려면 세 가지 능력이 있어야 한다. 첫째, 해당 비즈니스에 대한 근본적인 이해를 바탕으로 중요한 질문을 던지는 능력이 있어야 한다. 둘째, 다양한 데이터 소스로부터 정형·비정형 데이터를 찾고, 저장하고, 최적으로 처리하는 능력이 있어야 한다. 셋째, 다양한 머신러닝, 통계 기법을 사용해 의사결정을 위한 새로운 인사이트를 발견하는 능력이 있어야 한다. 이 세 가지 능력을 모두 갖춘 개인은 지금도 찾아보기 어렵지만, 10년 전 출판된 이 책의 초판에 담긴 목적은 이러한 인재를 키우는 것이었다. 이 책의 강점은 오늘날 비즈니스 애널리틱스 전문가가 꼭 알아야 할 핵심 개념을 학술적인 엄밀함을 놓치지 않으면서도 실제 데이터를 활용해 실습을 통한 핸즈온 방식으로 설명한다는 것이다. 즉, 현대적인 의미의 비즈니스 애널리틱스에 대한 기본을 제공한다. 이를 예측 모델링 식으로 설명하면, x 변수들을 y 변수들과 연결하는 것이다. 필자는 2006년 봄 인도 비즈니스 스쿨에서 제0판에 해당되는 책을 처음으로 사용했던 사람으로서, 자신 있게 이 말을 할 수 있다.

2018년에 출간된 R 에디션 이후 파이썬 에디션이 출간된다는 건 중요한 사건이다. 파이썬은 애널리틱스 전문가들 사이에서 엄청난 인기를 얻고 있다. 현재, 오픈소스 언어인 R과 파이썬은 데이터 사이언스 분야에서 주요 통계 모델링과 머신러닝 프로그래밍 환경으로 자리 잡았다.

필자는 이 책을 중역 교육, MBA 수업, 비즈니스 애널리틱스 석사 과정, 데이터 사이언스 부트캠프 등의 여러 과정에서 사용할 계획이다. 독자 여러분도 이렇게 활용하면 유용할 것이다.

미네소타대학교 칼슨 경영대학원
라비 배프나(RAVI BAPNA)

감사의 글

2006년 비즈니스 인텔리전스를 위한 데이터 마이닝의 초기 에디션(XLMiner 기반, 현재는 애널리틱 솔버)에서 시작해 비즈니스 애널리틱스를 위한 데이터 마이닝 에디션(XLMiner, JMP, R)과 파이썬 에디션으로 발전하는 데 도움을 준 많은 분들께 감사의 말씀을 전한다.

앤토니 바비넥은 이 책의 초기 에디션을 Statistics.com에서 수년간 사용하면서 상세하고 전문적인 수정 사항을 제공했다. 댄 토이와 존 엘더 4세는 초기부터 열정적으로 지지해 주었고, 초기 에디션에 대한 상세하고 유용한 코멘트를 제공했다. 라비 배프나는 초안을 인디언경영대학 데이터 마이닝 코스에서 사용하면서 초기부터 너무도 소중한 코멘트와 도움이 되는 제안을 해주었다.

이 책을 사용한 많은 강사, 조교, 학생들이 토론이나 프로젝트를 통해 직간접적으로 소중한 피드백을 주어 이 책의 모습을 결정하고 발전시켰다. 이들은 바로 메릴랜드대학교, MIT, 인도경영대학원, 국립칭화대학교, Statistics.com의 MBA 학생들과 수많은 대학교 및 교육 프로그램의 강사들이다. 그 수가 너무 많아 일일이 열거할 수 없다. 스캇 네슬러는 이 책의 초기부터 많은 도움을 준 친구다.

또한 Statistics.com의 교육 운영 담당인 쿠버 더카에게서 많은 도움과 지원을 받았다. 보조 교사인 아누자 쿨카르니에게도 감사한다. 발레리 트로이아노는 많은 강사와 학생들이 Statistics.com 강좌를 들을 수 있도록 길잡이를 해줌으로써 이 책을 개발하는 데 큰 도움을 주었다.

동료와 가족들도 이 책의 프로젝트를 진행하는 데 피드백과 도움을 제공해 왔다. 브루스 맥쿨럭과 아담 휴즈는 첫 에디션에 대해, 보아즈 쉬뮤엘리와 라켈 아즈란은 처음 두 에디션에 대해 아주 구체적인 코멘트와 제안을 제공했다. 노아 쉬뮤엘리는 세 번째 에디션을 진행할 때 상세하게 원고 교정을 해주었다. 란 쉘베르거는 디자인 아이디어를 제공해 주었고, 첸 린과 보아즈 쉬뮤엘리는 딥러닝에 대해 피드백을 제공해 주었다. 마이크로타기팅 회사인 HystagDNA 창업자이자 2004 케리 선거 운동과 2008 오바마 선거 운동 책임자였던 켄 스트라스마는 업리프팅 모델링 부분에 대한 시나리오와 데이터를 제공했다. 메릴랜드대학교 소셜인텔리전스 연구실 책임자이자 ≪Analyzing the Social Web≫의 저자인 젠 골벡에게도 감사한다. 젠의 책은 소셜 네트워크 분석의 내용을 구성하는 데 큰 영감을 주었다. 랜덜 프루임은 시각화를 다룬 장에 큰 공헌을 했다.

R 에디션의 공저자인 인발 야하브는 소셜 네트워크 애널리틱스와 텍스트 마이닝 장을 업그레이드할 수 있도록 도와주었다.

마그렛 바나도티와 함께 수전 팔로세이와 미에 스티븐스도 많은 부분에 대한 제안과 피드백을 제공해 주었다. 데이터 시각화를 다룬 장에 등장하는 연습문제와 삽화를 제공해 준 메릴랜드대학교 Human-computer Interaction Lab의 캐서린 플레선트에게도 감사 인사를 전한다. KDNuggests.com의 설립자인 그레고리 피아테스키-샤피로에게도 이 프로젝트의 초기부터 지금까지 많은 시간을 내어 조언을 해준 데 대해 감사한다.

MIT 슬로언경영대학 교수들의 지지가 없었다면 이 책을 완성하지 못했을 것이다. 특히 디미트리 버티마스, 제인스 올린, 로버트 프로인드, 로이 웰시, 고든 카우프만, 가브리엘 비트란에게 감사한다. 이 대학의 조교인 아담 머서로는 이 책의 뼈대인 노트와 사례에 대해 상세한 코멘트를 해주었고, 로미 시오다는 여러 개의 사례와 연습문제를 준비하는 데 도움을 주었으며, 라헤시 쿠마르는 클러스터링 내용과 관련해 많은 도움을 주었다.

메릴랜드대학교 스미스경영대학원 동료들인 슈리바단 렐레, 월프갱 쟁크, 폴 잰텍은 매우 현실적인 조언과 코멘트를 해주었다. 로버트 윈들과 메릴랜드대학교 MBA 학생들인 티모시 로치, 파블로 마쿠젯, 나탄 버크헤드가 소중한 데이터셋을 제공해 준 데 대해 감사를 표한다. 또한 히트맵과 맵 차트를 그려준 MBA 학생 랍 화이트너와 대니얼 커티스에게 감사한다.

아난드 보다파티는 데이터와 조언을 모두 제공해 주었고, 마이크로소프트 리서치의 제이크 호프만과 샤라드 볼은 데이터에 접근할 수 있도록 도와주었다. 슈레시 안콜레카와 마얀크 샤는 여러 사례 개발에 도움을 주었고 소중한 코멘트도 제공해 주었다. 비니 반다리는 찰스 북클럽 사례를 쓰는 데 도움을 주었다.

통계학과 데이터 마이닝의 관계를 주제로 한 토론에서 필자들이 해당 주제를 깊이 이해할 수 있게 해준 하버드대학교의 마빈 젤렌, 엘 제이 웨이, 싸이러스 메타에게 감사 인사를 전한다. MIT 엔지니어링 시스템즈 디비전의 리처드 라슨은 복잡계 시스템을 설계할 때 데이터 마이닝의 역할에 대해 많은 아이디어를 제공해 주었다. 이들은 모두 20년 전에 데이터 마이닝이라는 떠오르는 분야에 대해 균형 있고 철학적인 관점을 제공해 준 사람들이다.

끝으로 이 책과 함께 10년 이상 성공적인 여행을 하게 해준 와일리 출판사 임직원들에게 감사하고자 한다. 스티브 퀴글리는 처음부터 이 책에 대해 확신을 보여주었고 매우 빠른 속도로 출판 과정이 진행될 수 있게 도와주었다. 또한 커트 힌리치의 비전과 팁, 격려 덕분에 이 책을 시작할 수 있었다. 존 거스텔, 캐스린 파그리아노, 카트리나 마체다는 파이썬 에디션을 마무리할 수 있도록 밀어붙이는 데 큰 역할을 해주었다. 또한 타이프세팅을 통해 이 책을 예쁘게 만들어준 에이미 헨드릭슨에게 특별히 감사한다.

지은이 머리말

이 책은 2007년에 처음 소개된 이후 데이터 마이닝 강좌부터 일반적인 비즈니스 애널리틱스 강좌에 이르기까지 수많은 학생과 분석가들의 교재로 사용되었다. 필자들도 15년 이상 온라인 및 오프라인 교육에서 이 책을 사용했다. 엑셀 기반의 XLMiner 에디션을 시작으로 JMP 에디션과 R 에디션을 출간했고, 이제 www.dataminingbook.com이라는 웹 사이트와 함께 파이썬 에디션에 해당하는 이 책까지 선보이게 되었다.

이 책에서는 파이썬 코드와 함께 사이킷런scikit-learn 같은 패키지, 함수 정보를 포함한 코드의 실행값도 보여준다. 그리고 독자가 파이썬 기초 지식을 알고 있다는 가정 아래 데이터 마이닝 개념과 파이썬으로 실제로 구현하는 방법을 다루고 있다.

비즈니스 데이터 사이언스에 경험이 많은 피터 게덱이 공저자로 합류해 데이터 사이언스 내용이 더 풍부해졌다. 또한 MBA, 학부, 디플로마, 기업체에서 강의를 진행해 온 교수와 학생들에게서 받은 피드백을 반영했는데 특히 데이터 윤리(2.9절)가 처음으로 깊이 있게 추가되었다.

책 제목도 기존 에디션에서 달라진 부분인데, 이 책에는 "비즈니스 인텔리전스" 대신 "비즈니스 애널리틱스"를 붙였다. 인텔리전스는 주로 보고나 데이터 시각화('현재 무슨 일이 일어나고 있는가')를 의미하는 반면, 애널리틱스는 예측과 데이터 마이닝을 포함하는 '고급 분석'이라는 의미를 담고 있으며 다음 내용이 추가되었기 때문이다.

- 소셜 네트워크 분석
- 텍스트 마이닝
- 앙상블
- 업리프트 모델링
- 협업 필터링

이 책은 처음에 MBA 선택 과목의 교재 정도로 사용되었으나 현재는 학부, 대학원, 기업 임직원 대상 데이터 분석 과정 등 다양한 강좌에서 사용되고 있다. 이 강좌들은 시간과 다루는 내용이 각양각색이다.

이 책은 '예측 분석' 또는 '데이터 마이닝' 강좌를 기반으로 다양한 강좌에서 사용할 수 있게 설계되었다. MBA나 학부의 한 학기용 '데이터 분석', '데이터 마이닝', '머신러닝' 수업에서는 1~3부를 기본으로 다루고 4~5부는 일부 선택적으로 다루면 좋다. 21장의 사례를 팀 프로젝트나 토론 자료 등으로 활용할 수 있다. 두 학기용 과목에서는 6부와 7부를 소개하는 것을 추천한다.

데이터 분석(애널리틱스) 전문 강좌에서는 이 책을 다음과 같이 활용할 수 있다.

- 데이터 분석(지도 학습): 1~3부를 기본으로 다루고 4~5부의 일부를 선택적으로 다룬다. 13장과 7부도 포함하는 것을 추천한다.
- 데이터 분석(비지도 학습): 데이터 탐색, 시각화, 차원 축소, 관계 마이닝, 군집화를 소개한다. '데이터 분석(지도 학습)' 강좌 다음에 개설된다면 지도 학습과 비지도 학습을 통합하는 방법론과 예제도 도움이 될 것이다.
- 데이터 분석(미래 예측): 시계열 예측을 전문으로 다루는 강좌라면 6부에 초점을 맞춘다.
- 데이터 분석(심화): 지도 및 비지도 학습 데이터 분석을 통합하는 강좌이므로 7부에 주로 집중한다. 즉, 소셜 네트워크 분석 및 텍스트 마이닝을 소개한다. 21장의 다양한 사례도 추천한다.

필자는 모든 강좌에 프로젝트를 포함시킬 것을 강력히 추천한다. 학생들의 관심사에 따라 학생들에게 데이터를 직접 수집하게 하거나 담당 교수가 제공할 수 있다. 학생들은 프로젝트를 수행함으로써 데이터 마이닝의 강점과 그 과정에서 등장하는 다양한 어려움을 직접 몸으로 배우고 익혀 나갈 수 있다.

차례

PART 01 준비

PART 02 데이터 탐색과 차원 축소

PART 03 성능 평가

PART 04 예측 및 분류

PART 05 레코드 간의 마이닝 관계

PART 06 시계열 예측

PART 07 데이터 분석

PART 08 사례

Part 01
준비

Part 01
준비

CHAPTER 1

서문

1.1 비즈니스 애널리틱스 정의

비즈니스 애널리틱스[BA]는 의사결정에 필요한 정량적인 데이터를 산출하는 업무이자 기술이다. 이 용어는 기관에 따라 다른 의미로 사용될 수 있다.

신문이 디지털 세상에서 살아남기 위해 변화하는 과정에서 신문사가 데이터 분석을 어떻게 사용했는지 살펴보자. 블루컬러 독자층을 가지고 있는 영국의 타블로이드 신문사 한 곳은 인터넷판을 출시하기 전에 고양이, 개, 원숭이 중에서 어떤 이미지에 더 많이 호응하는지 실험했다. 이 신문사는 이런 간단한 실험도 분석이라고 여겼다. 한편, 워싱턴 포스트 지에서는 영향력 있는 독자층들이 거대 방산업체에 관심이 있어 항공 모함 광고를 주기적으로 싣는다. 워싱턴 포스트 지는 시간, 위치, 구독자 가입 정보를 분석하여 디지털 환경에서 독자를 추적하는 방식으로 인터넷 신문을 통해 항공 모함 광고를 소규모 그룹(예 국방부 예산에 결정권이 있는 상·하원 군사위원회의 국회의원들)에만 집중적으로 제공할 수 있다.

데이터 분석(혹은 비즈니스 애널리틱스)은 다양한 데이터 분석 방법을 포함한다. 여러 응용프로그램에 계산, 규칙 검사, 기본 산술 기능이 포함되어 있는데 이 정도를 분석으로 보는 조직도 있다.

비즈니스 인텔리전스[BI]는 '과거 상황과 현재 상황'을 이해하기 위한 데이터 시각화 및 보고다. 이 작업은 차트, 표, 대시보드를 사용해 데이터를 표현, 검사, 탐색하는 방식으로 수행된다. 비즈니스 인텔리전스는 과거에 주로 정적 보고서를 작성하던 사용자가 실시간 데이터에 접근할 수 있을 뿐만 아니라 직접 상호 작용할 수 있는 인터랙티브 대시보드를 만드는 등 사용자 친화적이고 효과적인 툴을 사용하도록 발전했다. 효과적인 대시보드는 사내 데이터에 직접 연결하는 툴인데, 이를 통해 관리자는 대규모의 복잡한 데이터베이스에 숨겨진 정보를 빠르게 찾을 수 있다. 비즈니스 운영 관리자용 툴은 색상과 버블 크기를 사용해 고객명, 상품 종류, 주문량, 주문 시간 등의 고객 주문 정보를 표 형태로 제공한다.

비즈니스 애널리틱스는 이런 비즈니스 인텔리전스뿐만 아니라 복잡한 데이터 분석 방법을 포괄하는 용어로 쓰인다. 데이터 분석 방법의 예가 통계 모델과 데이터 마이닝 알고리즘인데, 이 방법론들은 데이터를 탐색하고, 변수 관계를 측정하거나 설명하며, 변수 값을 예측한다. 회귀 모델과 같은 방법론은 '평균적인' 관계(예 광고와 매출액)를 기술하거나 정량화하고, 새로운 사건(예 신규 환자가 치료약에 양성 반응할지 여부)을 예측할 수 있으며, 미래 변수 값(예 다음 주의 웹 트래픽양)을 예상할 수 있다.

이 책의 다른 에디션을 알고 있는 독자라면 책 제목이 "비즈니스 인텔리전스를 위한 데이터 마이닝"에서 "비즈니스 애널리틱스를 위한 데이터 마이닝"으로 변경된 것을 눈치 챘을 것이다. 고급 분석을 다룬 책임을 나타내기 위해, 비즈니스 애널리틱스라는 용어를 채택했다. 현재 비즈니스 인텔리전스는 데이터 시각화와 데이터 보고만 의미하기 때문이다.

예측 분석은 누가 사용할까?

예측 분석으로 경제 전반에 걸쳐 조직의 역량이 향상되었다. 몇 가지 예를 들면 다음과 같다.

- **신용 점수**: 예측 모델링 기법을 장기간 적용하는 비즈니스 분야는 신용 평가다. 신용 점수는 신용도를 주먹구구식으로 결정하는 것이 아니라, 과거 데이터를 분석해 상환 행동을 예측하는 모델을 기반으로 한다.
- **잠재 구매**: 논란의 여지는 있으나 미국 대형 마트 업체인 Target은 예측 모델링을 사용하여 잠재 고객을 "임신" 또는 "비임신"으로 분류하였다. 임신으로 분류된 사람들은 임신 초기에 판촉물을 받았는데, 이로써 Target 마트는 구매의 중요한 단계에서 경쟁사보다 앞서 나갈 수 있었다.
- **탈세**: 미국 국세청은 예측 모델을 사용하면 탈세를 발견할 가능성이 이전보다 25배 높아진다는 사실을 알게 되었다. 예측 모델 덕분에 집행관들이 탈세 가능성이 가장 큰 사건에 집중했기 때문이다(Siegel, 2013).

비즈니스 애널리틱스 툴에는 통계 실험도 포함되어 있다. 이 중 마케팅 담당자에게 가장 잘 알려진 것은 A-B 테스트다. 이 테스트는 가격 결정에 자주 사용되는데, 다음은 A-B 테스트의 예다.

- 여행 예약 사이트인 Orbitz는 윈도 사용자보다 맥 사용자가 가격이 더 높은 객실을 선택한다는 것을 알았다.
- Staples 온라인 상점은 고객이 오프라인 매장에서 멀리 떨어진 곳에 살면 더 비싼 가격으로 판매할 수 있음을 알았다.

분석이 문제를 찾아내는 해결책이라고 여기는 조직 분위기는 경계해야 한다. 관리자는 잠재 가치를 포착하기 위해 비즈니스 분석 및 데이터 마이닝의 사용을 결정해야 한다. 그러나 분석 및 데이터 마이닝을 성공적으로 사용하려면 가치가 숨겨진 비즈니스 환경에 대한 이해와 데이터 마이닝 방법에 대한 정확한 이해가 모두 필요하다.

1.2 데이터 마이닝 정의

이 책에서 데이터 마이닝은 계산, 기술 통계, 보고, 비즈니스 규칙을 기반으로 하는 방법을 뛰어넘는 비즈니스 분석 방법을 의미한다. 이 책에서는 데이터 시각화도 소개하지만 데이터 분석 기법에 초점을 맞춘다. 특히 의사결정을 자동화하는 방식으로 정보를 제공하는 통계 및 머신러닝 방법을 다룬다. 예측은 일반적으로 중요한 구성 요소이며 종종 개인 단위로 분석된다. '광고와 판매의 관계는 무엇인가'라는 질문보다는 '특정 광고나 추천 제품을 어떤 온라인 구매자에게 보여주어야 하는지'에 관심이 있다. 또는 고객을 차별화된 마케팅 판촉을 받는 각기 다른 '성향personas'으로 군집화한 다음, 새로운 잠재 고객을 이 군집 중 하나로 할당하는 데 관심이 있다.

빅데이터 시대에 들어서면서 데이터 마이닝 사용이 가속화되고 있다. 데이터 마이닝 방법은 강력하고 자동화된 기능을 통해 대용량 데이터를 처리하고 가치를 추출할 수 있다.

1.3 데이터 마이닝 관련 용어

데이터 분석 분야에서 응용프로그램의 범위는 물론, 고급 분석을 사용하는 조직의 수가 빠르게 증가하고 있다. 그 결과, 관련 용어들의 개념이 상당히 중복되거나 불일치하는 상황이다.

데이터 마이닝이라는 용어는 사람에 따라 의미가 다를 수 있다. 일반 대중에게는 흥미로운 것을 찾기 위해 방대하면서도 개인적인 데이터 저장고를 채굴한다는, 다소 모호하고 저급한 의미로 느껴질 수 있다. 주요 컨설팅 회사 중 '데이터 마이닝 부서'가 있는 회사도 있지만, 이 부서의 업무는 트렌드를 찾기 위해 과거 데이터를 탐색하고 그래프로 표현하는 정도에 그칠 뿐이다. 게다가 더욱 혼란스러운 것은 예측 모델이 '고급 분석 부서'의 책임 아래 놓여 있다는 점이다. 이런 조직에서 사용하는 다른 용어들로는 예측 분석, 예측 모델링, 머신러닝이 있다.

데이터 마이닝은 통계학과 머신러닝(또는 인공지능)의 결합이다. 데이터를 탐색하고 모델을 설계하는 다양한 기술은 오랫동안 통계학의 세계에 존재해 왔다. 예를 들면, 선형 회귀, 로지스틱 회귀, 판별 분석, 주성분 분석이 있다. 이 같은 고전 통계학의 "계산은 어렵고 데이터는 적다"라는 말이 데이터와 컴퓨팅 능력이 풍족한 데이터 마이닝에는 해당되지 않는다. 이에 데릴 프레기번Daryl Pregibon은 데이터 마이닝을 "규모와 속도의 통계학"(1999)이라고 설명했다.

통계와 머신러닝 분야 간의 또 다른 주요 차이점은, 통계는 '평균 효과'를 근거로 표본 데이터를 이용해 모집단에 대한 추론에 집중한다는 것이다. 예를 들어 '가격이 1달러 오르면, 평균 수요가 두 박스 감소된다'와 같이 추론한다. 이에 반하여 머신러닝은 '1달러 가격 인상에 대해 A라는 사람의 예상 수요는 한 박스이고, B라는 사람의 예상 수요는 세 박스다'와 같이 개개인의 값을 예측한다. 고전 통계가 추론(패턴 또는 흥미로운 결과가 우연히 표본에서 발생했는지 여부를 판단)을 강조하는 반면 데이터 마이닝은 추론에 관심이 없다.

통계 방법론과 달리 데이터 마이닝은 큰 규모의 데이터셋을 다루고 있는데, 추론이 답하고자 하는 질문들에 제한을 두기 어렵다. 따라서 데이터 마이닝은 과적합 위험에 빠지기 쉽다. 공학 용어로 표현하면, 모델이 신호뿐만 아니라 노이즈까지도 분석하게 된다.

이 책에서는 머신러닝이라는 용어를 계층적 또는 반복적인 방식으로 직접 데이터(특히 지역 패턴)로부터 학습하는 알고리즘을 지칭하는 데 사용한다. 이에 반하여, 데이터의 전체 구조를 적용하는 방법을 통계 모델이라 칭한다. 간단한 예로는 선형 회귀 모델(통계)과 k-최근접 이웃 알고리즘(머신러닝)이 있다. 주어진 레코드는 모든 레코드에 적용되는 전체 선형 방정식에 따라 선형 회귀에 의해 처리된다. k-최근접 이웃 알고리즘에서 그 기록은 소수의 근접 기록 값에 따라 분류된다.

IT 및 컴퓨터 과학 분야에 종사하는 실무자들은 이 책에서 다루는 모든 방법에 머신러닝이라는 용어를 사용하기도 한다.

1.4 빅데이터

데이터 마이닝과 빅데이터는 함께 성장하고 있다. 빅데이터의 특징은 대개 4V로 대표되는데, 그것은 볼륨volume, 속도velocity, 다양성variety, 정확성veracity이다. 볼륨은 데이터양을 의미한다. 속도는 유동률, 즉 데이터가 생성되거나 변경되는 속도를 의미한다. 다양성은 생성되는 다양한 유형의 데이터(예 화폐, 날짜, 숫자, 텍스트)를 뜻한다. 정확성은 데이터가 유기적인 분산 프로세스(예 수백만 명의 서비스 가입 또는 무료 다운로드)에 의해 생성되며, 어떤 연구를 위해 수집된 데이터에 적용되는 통제 또는 품질 검사의 대상이 아니라는 사실을 의미한다.

대부분의 대형 조직은 빅데이터라는 도전과 기회에 직면해 있다. 대부분의 일상이 저장될 수 있고 분석될 수도 있는 데이터를 생성하기 때문이다. 전통적인 통계 분석(예 15개 변수 및 5,000개 레코드)의 데이터를 월마트 데이터베이스와 비교하여 그 규모를 가늠해 보자. 전통적인 통계 연구가 문장 끝에 있는 마침표의 크기라면, 월마트 데이터베이스는 축구장 크기로 비유할 수 있다. 게다가 월마트와 관련된 다른 데이터(예 구조화되지 않은 텍스트 형태의 소셜 미디어 데이터)는 포함되지도 않았을 것이다.

분석을 위한 도전이 큰 만큼 보상도 클 것이다. 다음은 에릭 시겔Eric Siegel의 저서 ≪예측 분석학≫(2013, Wiley)에서 발췌한 세 가지 사례다.

- 오케이큐피드OkCupid는 온라인 데이팅 서비스 회사인데, 통계 모델과 로그 데이터를 사용해 어떤 형태의 메시지 내용이 응답을 받을 가능성이 가장 높은지 예측한다.
- 노르웨이 휴대전화 서비스 회사인 텔레노어Telenor는 예측 모델을 사용해 어떤 고객이 이탈할 가능성이 높은지 예측한 후, 해당 고객의 주의를 환기시켜 가입자 이탈을 37% 줄였다.
- 보험회사인 올스테이트Allstate는 자동차 보험 청구의 상해 책임을 예측하는 데 자동차 유형 정보를 고려함으로써 정확성을 세 배나 높였다.

매우 가치 있는 작업이 빅데이터 시대 이전에는 일부 실현조차 불가능했다. 구글 탄생의 발판이 된 기술인 웹 검색을 생각해 보자. 초기에는 "Ricky Ricardo Little Red Riding Hood"를 검색하면 I Love Lucy TV 쇼에 대한 다양한 링크, 밴드 리더로서 리카르도의 경력에 대한 다른 링크, ≪Little Red Riding Hood≫라는 동화에 대한 링크가 생성되었을 것이다. 구글 데이터베이스가 충분한 데이터(사용자가 클릭한 기록 포함)를 축적한 후에야 비로소 리카르도가 그의 어린 아들을 위해 ≪Little Red Riding Hood≫ 이야기를 스페인어와 영어를 섞어 코믹하게 연기했던 I Love Lucy 에피소드가 가장 먼저 검색된다.

1.5 데이터 사이언스

빅데이터의 편재성, 크기, 가치 및 중요성이 커짐에 따라 데이터 사이언티스트라는 새로운 직업이 생겨났다. 데이터 사이언스는 통계, 머신러닝, 수학, 프로그래밍, 비즈니스, IT 분야의 기술을 혼합한 것이다. 용어 자체가 앞서 논의한 다른 개념보다 광범위하며, 이 모든 영역에서 깊이 있는 기술을 갖춘 사람은 거의 없다. ≪분석가 분석≫(해리스 외Harris et al., 2013)이란 저서에서 저자는 대다수 데이터 사이언티스트의 기술 지식이 알파벳 T를 닮았다고 설명하였는데, 이것은 한 가지 영역에서는 깊고(T 글자의 수직선 부분), 다른 영역에서는 얕다(T 글자의 윗부분)는 의미다.

한 대규모 데이터 사이언스 컨퍼런스의 세션(Strata-Hadoop World, 2014년 10월)에서 대부분의 참석자는 프로그래밍이 필수 기술이라고 생각했지만, 정반대의 소수 의견도 적지 않았다. 한편 빅데이터가 데이터 사이언스의 성장 동력인 건 맞지만, 대부분의 데이터 사이언티스트는 실제로 테라바이트 크기 또는 그 이상의 데이터양을 분석하지 않는다.

테라바이트 이상의 데이터는 모델을 배포한 이후 단계에서 사용된다. 그 단계에는 많은 어려움이 있는데, 대부분의 IT 및 프로그래밍 문제는 데이터 처리 및 시스템의 여러 구성 요소를 하나로 통합하는 것과 관련된다. 따라서 많은 작업이 모델 배포 단계 전에 이루어져야 한다. 이 책은 바로 초기 프로토타이핑 단계에 초점을 맞추고 있으며, 이 단계의 작업은 배포된 시스템에 최종적으로 연결되는 통계 및 머신러닝 모델을 개발하는 것이다. 어떤 종류의 데이터 및 문제를 풀기 위해 어떤 방법을 사용해야 할까? 분석 방법들은 어떻게 작동할까? 각 분석 방법의 요구 사항, 장점, 약점은 무엇인가? 각 분석 방법의 성과를 어떻게 테스트해야 할까?

1.6 다양한 분석 방법이 존재하는 이유

이 책이나 다른 데이터 마이닝 책에서 볼 수 있듯이 예측과 분류 방법에는 여러 가지가 있다. 왜 이러한 방법들이 공존하는지, 어떤 방법은 다른 방법들보다 더 우수하지 않을지에 대한 의문이 생길 수도 있다. 이 방법들은 각기 장단점이 있다. 방법의 유용성은 데이터셋의 크기, 데이터에 존재하는 패턴의 유형, 데이터가 해당 방법의 일부 기본 가정을 충족하는지 여부, 데이터의 노이즈 양, 분석의 특정 목표와 같은 요소에 따라 달라질 수 있다. 예를 들어보자. [그림 1-1]은 승차식 잔디깎이 기계에 대해 비구매자(○)로부터 구매자(●)를 분류하는 세대 소득 수준과 세대 대지 면적의 조합을 찾는 것이 목표다. (a)는 수평선과 수직선으로 구매자와 비구매자를 분류하는 반면, (b)는 단일 사선을 이용한다.

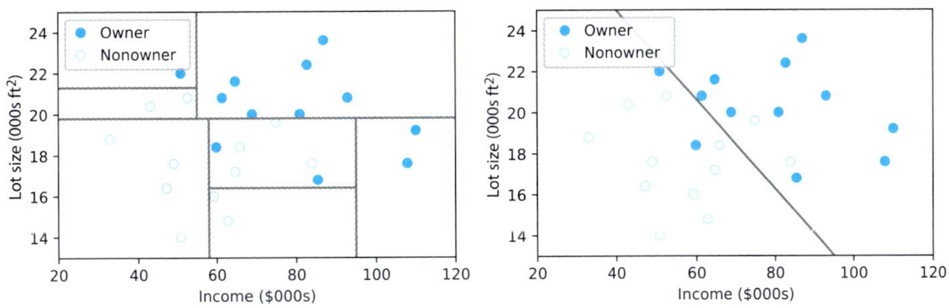

(a) (b)

그림 1-1 구매자와 비구매자를 분류하는 두 가지 방법

다양한 분석 방법은 서로 다른 결과를 도출하고, 수행 능력에도 차이가 난다. 따라서 몇 가지 방법을 적용하여 당면한 목표에 가장 유용한 것을 선택하는 작업은 데이터 마이닝에선 흔한 일이다.

1.7 용어와 표기법

데이터 마이닝은 여러 분과 학문들의 집합체이기 때문에 실무자들은 어떤 것을 지칭할 때 서로 다른 용어를 사용하기도 한다. 예를 들면, 머신러닝(인공지능) 분야에서는 예측하는 변수를 결과 변수 또는 목표 변수라고 한다. 통계학자는 종속 변수 또는 응답이라고 부른다. 자주 사용되는 용어들을 정리하면 다음과 같다.

- P(A|B) 사건 B가 발생했을 때, 사건 A가 발생할 조건부 확률
- 검증 데이터 모델이 얼마나 적합한지를 테스트하고, 모델을 조정해 보면서 최적 모델을 결정하는 데 사용한 일부 데이터
- 결과 변수 '반응' 참조
- 관측 측정된 것들(고객, 거래 등)의 분석 단위. 인스턴스, 표본, 예제, 케이스, 레코드, 패턴 또는 행이라고도 부른다. 스프레드시트에서 각 행은 레코드 하나를 나타내고, 각 열은 변수를 나타낸다. 이 책에서는 '표본'이라는 용어를 사용하는데, 통계학에서 사용하는 의미와 사뭇 다르다. 통계에서는 관측의 집합을 뜻한다.
- 레코드 '관측' 참조
- 모델 데이터셋에 적용되는 알고리즘(대부분의 알고리즘은 사용자가 조정 가능한 모수들을 가지고 있음)

- **목표 변수** ‘반응’ 참조
- **반응** 일반적으로 Y로 표기하며 지도 학습에서 예측되는 변수. 종속 변수, 출력 변수, 목표 변수, 결과 변수라고도 부른다.
- **범주형 변수** 여러 고정값 중 하나를 취하는 변수. 예를 들어 항공편은 정시, 연착, 취소 중 하나를 취한다.
- **변수** 기록들을 측정하는 척도. 입력 변수(X)와 출력 변수(Y)를 모두 포함한다.
- **비지도 학습** 분석 대상의 결과값을 예측하는 것 외에 데이터에 대해 뭔가를 알아보려는 분석
- **성공 클래스** 이진법 결과 내의 관심 클래스(예 결과 변수 구매/비구매의 구매자)
- **속성** ‘예측 변수’ 참조
- **신뢰** 통계학(신뢰 구간)에서는 더 넓은 의미를 가진다. 즉, 반대의 표본을 선택했을 때의 추정 오차
- **신뢰도** “A와 B를 구매하면, C도 구매한다”라는 형태의 연관 규칙에 관한 측정치. 신뢰는 만약 A와 B를 구매했다면 C도 구매한 것이라는 조건부 확률이다.
- **알고리즘** 분류 트리, 판별 분석 등 특정 데이터 마이닝 기술을 실행하기 위한 세부 과정
- **예측** 연속적인 출력 변수의 예측값. 추정이라고도 한다.
- **예측 변수** 일반적으로 X로 표기하며, 예측 모델에서 입력 변수로 사용된다. 특성, 입력 변수, 독립 변수, 데이터베이스 측면의 필드라고도 한다.
- **요인 변수** ‘범주형 변수’ 참조
- **입력 변수** ‘예측 변수’ 참조
- **점수** 예측된 값이나 계층. 새로운 데이터를 점수화한다는 것은 학습(훈련) 데이터로 개발된 모델을 사용해 새로운 데이터의 결과 값을 예측한다는 의미다.
- **종속 변수** ‘응답’ 참조
- **지도 학습** 결과 변수를 아는 레코드를 알고리즘(로지스틱 회귀, 회귀 트리 등)에 제공하는 과정. 알고리즘은 결과 변수를 모르는 상태에서 새로운 레코드들을 이용해 이 값을 예측하는 방법을 ‘배운다’.
- **추정** ‘예측’ 참조
- **출력 변수** ‘반응’ 참조
- **케이스** ‘관측’ 참조
- **테스트 데이터** 모델 구축과 선택 과정이라는 마지막 단계에서 최종 모델이 새로 추가되는 데이터를 얼마나 잘 예측하는지를 테스트하는 데 사용한다.

- **특성** '예측 변수' 참조
- **표본 통계** 관측들의 집합. 머신러닝에서는 한 가지 관측을 의미한다.
- **프로파일** 관측 결과 측정된 값들. 예를 들면, 사람의 키, 몸무게, 나이 등이다.
- **학습 데이터** 모델링하는 데 사용하는 일부 데이터
- **홀드아웃 데이터(또는 홀드아웃 표본)** 모델을 구할 때 쓰는 데이터 표본은 아니지만, 그 모델의 수행을 테스트할 때 쓰인다. 이 책에서는 홀드아웃 데이터나 홀드아웃 표본 대신 검증 데이터셋이나 테스트 데이터셋으로 쓴다.

1.8 로드맵

이 책은 광범위하게 사용되고 있는 예측 및 분류 기법뿐 아니라, 데이터 마이닝 기술 전반을 다루고 있다. [그림 1-2]는 데이터 마이닝을 프로세스 관점에서 요약한 것으로, 분석 작업이 이 책의 어느 장에 해당하는지 제시해 준다. 각 주제 옆에 해당 장이 표시되어 있다. [표 1-1]은 데이터 마이닝 방법론을 데이터의 형태와 구조에 따라 분류한 것이다.

주제 순서

이 책은 8부로 구성되어 있다.

- **1부(1~2장)** 데이터 마이닝의 총론과 구성 요소를 다룬다.
- **2부(3~4장)** 데이터 탐색과 차원 축소라는 초기 단계를 다룬다.
- **3부(5장)** 성능 평가를 설명한다. 비록 1개 장이지만, 예측 수행 척도부터 오분류 비용까지 광범위한 주제를 다룬다. 여기서 다루는 원리들은 적절한 평가와 지도 학습 방법을 비교할 때 아주 중요하게 적용되는 것들이다.
- **4부(6~13장)** 인기 있는 지도 학습 방법들(분류, 예측)을 다룬다. 각 주제는 일반적으로 알고리즘의 난이도, 인기도, 이해도에 따라 구성된다. 마지막 장(13장)에서는 앙상블과 여러 기법의 조합을 소개한다.
- **5부(14~15장)** 관계를 비지도 학습 방법으로 분석한다. 연관성 규칙과 협업 필터링(14장), 군집 분석(15장)에 대해 설명한다.
- **6부(16~18장)** 시계열 예측에 중점을 둔 3개 장으로 구성되어 있다. 16장은 시계열의 취급과 이해에 대한 전반적인 이슈를 다룬다. 17~18장은 가장 많이 쓰이는 예측 기법 두 가지(회귀 기반 예측과 평활법)를 다룬다.

- **7부(19~20장)** 두 가지 데이터 애널리틱스 주제를 다루는데, 소셜 네트워크 분석과 텍스트 마이닝이다. 특이한 데이터 구조(소셜 네트워크와 텍스트)에 데이터 마이닝을 적용한 경우다.
- **8부(21장)** 관련 사례들을 모아놓았다.

이 책을 순서대로 학습할 수도 있지만, 각 장은 사실 독립적으로 구성되어 있다. 그렇지만 4~5부를 읽기 전에 1~3부를 먼저 학습하길 권한다. 또한 16장을 6부의 다른 장보다 먼저 학습해야 한다.

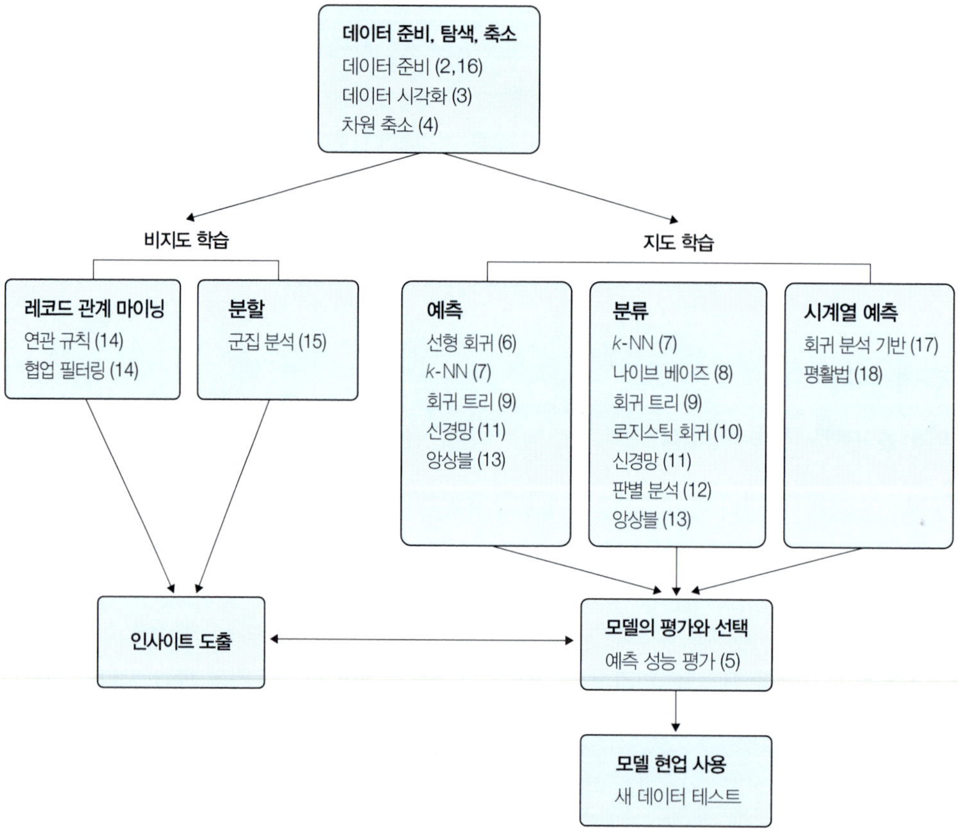

그림 1-2 프로세스 관점에서 본 데이터 마이닝(괄호 안의 숫자는 해당 장)

표 1-1 데이터 속성에 따른 데이터 마이닝 방법론(괄호 안의 숫자는 해당 장)

<table>
<tr><th rowspan="2">데이터 속성</th><th colspan="2">지도</th><th>비지도</th></tr>
<tr><th>연속형 변수</th><th>범주형 변수</th><th>무변수</th></tr>
<tr><td>연속형 예측 변수</td><td>선형 회귀 (6)
k-NN (7)
신경망 (11)
앙상블 (13)</td><td>k-NN (7)
로지스틱 회귀 (10)
신경망 (11)
판별 분석 (12)
앙상블 (13)</td><td>주성분 분석 (4)
협업 필터링 (14)
군집 분석 (15)</td></tr>
<tr><td>범주형 예측 변수</td><td>선형 회귀 (6)
회귀 트리 (9)
신경망 (11)
앙상블 (13)</td><td>나이브 베이즈 (8)
회귀 트리 (9)
로지스틱 회귀 (10)
신경망 (11)
앙상블 (13)</td><td>연관 규칙 (14)
협업 필터링 (14)</td></tr>
</table>

파이썬과 주피터 노트북 사용하기

파이썬은 짧은 스크립트에서 기업용 프로그램에 이르기까지 다양한 응용프로그램을 구현할 수 있을 정도로 범용성이 높은 프로그래밍 언어다. 과학적 계산을 위한 무료 오픈소스 라이브러리와 툴이 많아 계속 성장하고 있다. 파이썬 사용에 대한 자세한 내용은 www.python.org를 참조하자.

이 책에서는 주피터 노트북을 사용한다([그림 1-3] 참조). 주피터 노트북은 코드 실행, 서식 있는 텍스트 형식 및 플롯을 쉽게 표현할 수 있는 인터랙티브 계산 환경을 제공한다.

파이썬은 학계와 산업에서 널리 사용되며 데이터 분석, 데이터 시각화, 머신러닝을 위한 다양한 패키지를 쓸 수 있어 데이터 마이닝과 데이터 분석에 크게 활용되고 있다. 활용 범위를 좀 더 자세히 설명하면 다음과 같다. 분류, 예측, 텍스트 마이닝, 예상, 데이터 탐색과 축소를 위한 통계 및 데이터 마이닝 기술을 광범위하게 다룬다. 예측 모델링을 위해 신경망, 분류 및 회귀 트리, *k*-최근접 이웃 분류, 나이브 베이즈 분류, 로지스틱 회귀, 선형 회귀 및 판별 분석과 같은 다양한 지도 학습 데이터 마이닝 툴을 제공한다. 또한 파이썬 패키지는 연관 규칙, 협업 필터링, 주성분 분석, *k*-평균 군집화, 계층적 군집화, 시각화 툴 및 데이터 처리 유틸리티와 같은 비지도 학습 알고리즘도 다룬다. 이 책 전반에 걸쳐 언급되겠지만, 동일한 방법이 다양한 패키지로 구현되는 경우가 많다. 이 책에 제시된 그림, 연습문제, 예는 파이썬을 활용해 작성하였다. 최신 가이드와 더 다양한 정보는 www.dataminingbook.com을 통해 제공한다.

- **다운로드**: 파이썬과 주피터 노트북을 다운로드하려면 아나콘다(www.anaconda.com)를 사용하는 것이 좋다.
- **설치**: 아나콘다와 아나콘다-내비게이터를 설치한다. 아나콘다-내비게이터를 사용해 개별 패키지를 설치하고 업데이트할 수 있다.
- **활용**: 주피터 노트북은 아나콘다-내비게이터 또는 커맨드 라인을 통해 시작할 수 있다.

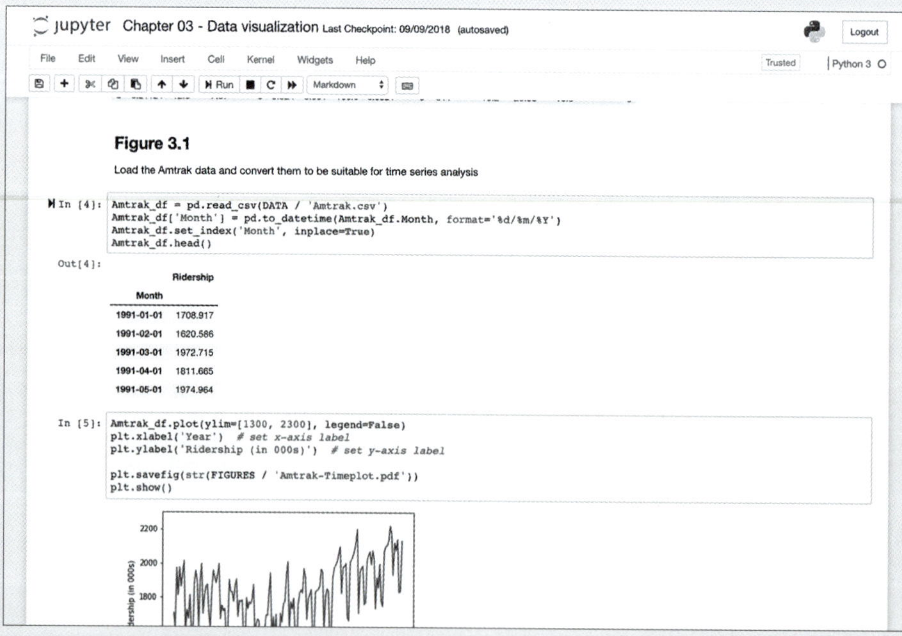

그림 1-3 주피터 노트북

CHAPTER 2

데이터 마이닝 프로세스 개요

이 장에서는 데이터 마이닝의 전반적인 프로세스를 개괄적으로 살펴본다. 즉, 분석 목적을 결정하는 것부터 모델을 실제 데이터에 적용하는 것까지 다룬다. [그림 2-1]에 나타냈듯이, 데이터 수집, 탐색/정제/전처리와 관련된 사항을 자세히 살펴본다. 학습 데이터와 검증 데이터의 개념과 역할을 설명할 것이며 과적합에 대해서도 알아본다. 마지막으로, 실제 데이터로 모델을 구축하는 전반적인 과정을 설명한다.

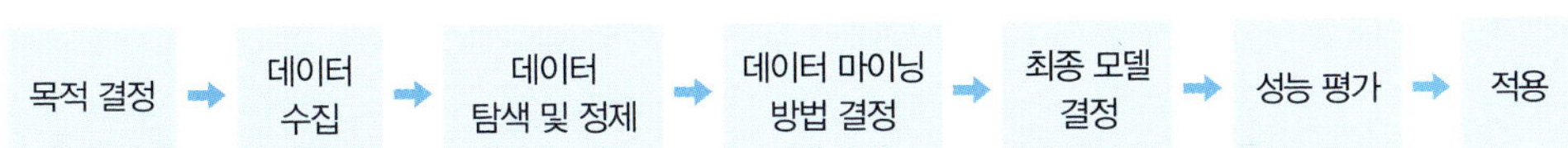

그림 2-1 데이터 마이닝 프로세스

2.1 서론

1장에서 데이터 마이닝을 정의하였다면 이 장에서는 데이터 마이닝에 사용되는 다양한 기법을 소개한다. 이 책의 핵심은 일상생활에서 어떤 일들이 예측 분석의 대상이 될 수 있는지를 알아보는 것이다. 예측 분석의 대표적인 활동인 분류와 예측은 많은 기업에서 도입하고 있는 비즈니스 애널리틱스의 핵심 요소다.

여기서는 자세히 언급하지 않겠지만 데이터 마이닝 분석에서 많이 쓰이는 데이터베이스 기법으로는 OLAP^OnLine Analytical Processing^과 SQL^Structured Query Language^이 있다. OLAP와 SQL을 통한 데이터베이스 탐색은 통계 이론보다는 일상어로 표현할 수 있다(예 "신용카드 고객 중에서 특정 지역에 살고, 연간 지출액이 20,000달러를 넘고, 자기 주택을 소유하고 있고, 적어도 95%는 결제일을 맞추는 고객을 찾아라").

2.2 데이터 마이닝의 핵심 아이디어

분류

분류는 데이터 분석에서 가장 흔히 볼 수 있는 형태다. 분류의 예를 몇 가지 들어보자. 어떤 제안에 대해 "응답"하거나 "응답하지 않는 경우"가 있을 수 있다. 또한 대출 받은 사람은 "적시 상환", "연체", "파산"을 선언할 수 있다. 신용카드 거래는 "정상" 또는 "사기"일 수 있고, 네트워크의 패킷 데이터는 "정상"이거나 "침입"일 수 있다. 정류장에 대기 중인 버스는 "정상"과 "고장" 차량으로 분류할 수 있으며, 특정 질병을 앓고 있는 환자의 경우 "회복", "진행 중", "사망"으로 상태를 분류할 수 있다. 이렇듯 분류는 미래의 상황 혹은 상태를 범주화하는 것이다.

예측

예측하고자 하는 변수가 범주형일 경우를 분류 문제로 본다면 예측하고자 하는 변수가 숫자로 표현된 연속형일 경우에는 예측 문제로 본다. 예측과 분류는 미래의 값을 '예측'한다는 점에서 동일하지만 이 책에서는 예측을 반응 변수가 연속형 변수일 경우로 국한한다.

연관 규칙과 추천 시스템

고객 거래 데이터베이스에는 각 고객이 구매한 상품 정보뿐 아니라 어떤 상품들이 동시에 구매되었는지에 대한 구매 연관성 정보도 포함되어 있다. 연관성 분석은 다양한 분야에서 유용하게 사용될 수 있다. 예를 들어, 슈퍼마켓에서는 제품 간 연관성을 분석하여 주간 프로모션 쿠폰을 발행하거나 연관성이 높은 제품을 같은 위치에 진열한다. 병원에서는 진료 데이터베이스로부터 도출한 증상 간 연관성 정보를 이용해 한 증상이 다른 증상을 유발한다는 사실을 밝혀 이 정보를 다른 환자들에게 유용하게 적용할 수 있을 것이다.

아마존, 넷플릭스에서는 온라인 추천 시스템으로 협업 필터링 기법을 사용하고 있다. 협업 필터링은 개개인의 포괄적인 과거 구매 정보와 다른 사람들의 구매 정보를 이용해 개개인의 구매 성향을 예측하는 추천 시스템 기법 중 하나다. 협업 필터링은 모든 고객의 일반적인 패턴을 찾는 연관 규칙과는 달리 개개인 맞춤형 패턴을 찾을 수 있다는 특징이 있다. 따라서 협업 필터링은 맞춤형 추천이 필요한 다양한 분야에 활용되고 있다.

예측 애널리틱스

분류, 예측, 연관성 분석, 추천 시스템은 예측 애널리틱스에서 중요한 문제다. 예측 애널리틱스는 이러한 문제들뿐 아니라 군집 분석과 같이 데이터에 내재된 패턴을 찾는 문제에도 적용된다.

데이터 축소와 차원 축소

데이터 마이닝 알고리즘의 성능은 변수의 수가 적당하고 비슷한 속성의 관측치들이 묶여 있을 때 가장 높아진다. 예를 들어, 수천 개의 상품을 한꺼번에 다루기보다 적은 수의 그룹으로 나누고 각 그룹에 대해 분석하는 것이 효과적이다. 또한 고객을 직접적으로 상대하는 기업에서는 비슷한 속성이 있는 고객들을 군으로 나누어 이를 대상으로 분석한다. 이처럼 많은 수의 관측치를 적은 수의 그룹으로 요약하는 과정을 데이터 축소라 하며, 이를 행하는 대표적인 방법으로 군집 분석이 있다.

변수의 개수를 줄이는 과정을 차원 축소라고 한다. 보통 지도 학습 전에 차원 축소를 진행하는데 이는 예측 성능을 향상하고 해석을 용이하게 하기 위함이다.

데이터 탐색과 시각화

데이터 분석 시 가장 먼저 시도해 볼 수 있는 것이 데이터 탐색이다. 데이터 탐색을 통해 데이터 전반을 이해할 수 있고 이상치도 탐지할 수 있다. 또한 탐색을 통해 데이터 정제와 함께 시각적인 효과를 얻을 수 있으며, 이를 통해 '분석하고자 하는 문제(가설)를 생성'하기도 한다.

데이터를 탐색하는 데 수치적 혹은 시각적으로 데이터를 요약하는 방법론이 사용된다. 탐색 시 각 변수별로 특징을 분석할 수도 있고 여러 변수의 관련성을 분석할 수도 있다. 탐색의 궁극적인 목적은 데이터의 전반적인 패턴과 특이 패턴을 찾는 것이라 할 수 있다. 데이터를 탐색할 때 차트나 대시보드 등을 이용하는 것을 데이터 시각화 혹은 시각화 애널리틱스라고 부른다. 수치 변수의 경우 히스토그램이나 박스 플롯을 이용해 데이터의 분포를 파악하고, 이상치(극단치)를 탐지하며, 이외에도 분석 목적과 관련된 다양한 정보를 얻을 수 있다. 범주형 변수의 경우에는 막대그래프를 이용한다. 또한 산점도를 이용해 변수들 간 상관관계를 파악하고 이상치를 발견할 수 있다. 보다 효과적인 시각화를 위해서는 색상이나 대화형 내비게이션 등을 사용할 수 있다.

지도 학습과 비지도 학습

데이터 마이닝 기법은 크게 지도 학습Supervised Learning과 비지도 학습Unsupervised Learning으로 분류할 수 있다. 지도 학습 알고리즘은 분류 혹은 예측하고자 하는 변수가 존재할 경우 이를 반응 변수(예 구매 혹은 비구매)로 놓고 예측 변수와의 관계로 모델링하는 방법이다. 이때 모델링에 사용되는 데이터를 학습 데이터라고 부른다. 분류/예측 알고리즘이 반응 변수와 예측 변수 사이의 관계를 '학습'하는 데 사용되기 때문이다. 학습 데이터로부터 모델이 구축되면 결과를 알고 있는 검증 데이터를 사용해 모델의 성능을 평가한다. 또한 다수의 모델을 비교할 경우에는 테스트 데이터를 통해 그 성능을 비교할 수 있다. 최종적으로 검증이 끝난 모델은 반응 변수 값을 모르는 미래 데이터 예측에 사용된다.

단순 선형 회귀 분석은 지도 학습의 대표적인 예로 예측하고자 하는 반응 변수 Y와 예측 변수 X 사이의 관계를 선형식으로 표현하는 기법이다. 선형식은 실제 Y값과 예측된 Y값 차이의 제곱합을 최소화함으로써 구할 수 있다. 구축된 회귀 선형 모델은 미래의 반응 변수 값을 예측하는 데 사용된다.

비지도 학습은 예측 혹은 분류하고자 하는 변수가 존재하지 않을 때 사용된다. 따라서 비지도 학습은 특정 모델을 구축한다기보다는 데이터 내 연관 규칙을 찾고, 비슷한 관측치끼리 군집하며, 차원을 축소하는 데 사용된다.

지도 학습과 비지도 학습은 함께 사용되기도 한다. 예를 들어, 비지도 학습으로 대출 신청자들을 신용도에 따라 몇 개의 그룹으로 나눈 후 지도 학습으로 그룹별로 고객의 대출 기본 성향을 예측할 수 있다.

지도 학습에는 훌륭한 감독이 필요하다?

반응 변수 값은 데이터의 고유 특성이므로 그 값을 쉽게 알 수 있는 경우도 있다. 웹 로그 기록은 사용자가 특정 링크를 클릭했는지 여부를 알려준다. 비슷한 예로 은행 기록은 고객의 대출 적시 상환 여부를 알려준다. 하지만 데이터에 일일이 반응 변수 값을 부여한 경우에만 모델을 학습시키기에 충분한 데이터를 확보할 수 있는 경우도 있다. 이메일의 경우엔 메일을 읽고 스팸 메일인지 아닌지를 분류해야 하며, 재판에서 증거로 제출하는 문서들이라면 각각의 문서가 본 재판과 관련 있는지 여부를 올바르게 분류해 낼 수 있어야 한다. 반응 변수를 올바르게 부여하지 못하면 지도 학습 방식의 데이터 마이닝 알고리즘의 성능도 보장할 수 없다.

진 웨인가튼Gene Weingarten은 2014년 1월 5일자 워싱턴 포스트 지에 작성한 글에서 "defiantly recommend (도전적으로 권고)"라는 표현이 자동 교정 프로그램을 통해 반복적으로 추천되는 현상에 대해 논한 바 있다. 구글이 검색 서비스를 막 제공하기 시작했을 때 'definitely'를 검색하면 'definatly'라고 철자 오류를 범하곤 했다. 공교롭게도 'definatly'는 철자법상 'definitely'보다 'defiantly'에 더 가깝기 때문에 구글 검색 서비스는 반복적으로 defiantly로 철자를 수정하였고, 그 수정된 결과를 기반으로 지도 학습을 실행해 온 것이다. 만약 사용자들이 위와 같은 철자법 오류를 평소에 지적해 줄 만큼 부지런했다면 구글 알고리즘은 defiantly가 아닌 definitely를 반응 변수로 사용해 올바르게 지도 학습을 수행할 수 있었을 것이다.

2.3 데이터 마이닝 수행 단계

이 책은 데이터 마이닝 알고리즘을 이해하고 응용하는 데 중점을 두고 있다(단계 ❹~❼ 참조). 그러나 데이터 분석에서 무엇보다도 중요한 것은 해결하고자 하는 문제를 제대로 파악하고 분석 목적을 명확히 하는 것이다. 데이터 마이닝을 수행하는 데 필요한 단계를 요약하면 다음과 같다.

❶ 데이터 마이닝 프로젝트의 목적 정확히 설정하기 이해 당사자들은 각각 이 결과를 어떤 식으로 사용할까? 누가 결과의 영향을 받을까? 이 분석이 일회성으로 끝나는 것인가, 지속적인 노력이 들어가야 하는가?

❷ 분석에 필요한 데이터셋 획득하기 대부분 데이터를 데이터베이스에서 랜덤으로 추출하지만 서로 다른 두 데이터베이스에서 추출한 데이터를 통합하기도 한다. 내부 데이터베이스(예 소비자들의 구매 이력)를 사용할 수도 있고 외부 데이터베이스(예 신용 등급)를 사용할 수도 있다. 데이터 마이닝이 대용량의 데이터베이스를 다루고 있지만, 실제 분석에 필요한 데이터는 보통 수천 개 혹은 수만 개 이상인 경우가 대부분이다.

❸ 데이터의 탐색/정제/전처리하기 본격적으로 데이터 분석을 하기 위한 준비가 되어 있는지 확인하는 단계다. 결측치는 어떻게 처리할 것인가? 모든 값은 상식적인 범위 내에 있으며, 적절한 수치를 가지고 있는가? 이상치는 없는가? 이러한 데이터 탐색 과정은 그래프를 이용하면 보다 효과적일 수 있다. 예를 들어, 산점도 행렬을 이용해 변수 간 상관관계를 쉽게 파악할 수 있다. 이때 주의할 사항은 각 변수가 갖고 있는 속성, 단위, 측정 시점 등의 일치 여부다. 필요하다면 새로운 변수를 추가할 수도 있다. 예를 들어, 특정 기간을 산출할 때 시작과 끝 시점의 변수를 사용할 수 있다.

❹ 필요시 데이터 축소하기 때때로 불필요한 변수의 제거, 변수 값의 변환(예 연속형 변수인 지출액을 100만 원 이상과 이하로 나누어 이진 변수로 변환), 새로운 변수의 생성 작업이 필요하다. 이때 주의할 점은 각 변수의 의미를 정확히 알고, 모델에 변수를 포함할지 여부를 판단하는 것이다.

❺ 데이터 마이닝 문제 결정하기(분류, 예측, 군집 등) 일반적인 문제(단계 ❶에서 제기된 질문)를 특정한 데이터 마이닝 문제로 재해석하는 단계다.

❻ 데이터 분할하기(지도 학습의 경우) 분류나 예측과 같은 지도 학습을 수행할 경우 데이터셋을 학습(훈련) 데이터, 검증 데이터, 테스트(평가) 데이터셋으로 나눈다.

❼ 사용할 데이터 마이닝 기법 선택하기(회귀 분석, 인공 신경망, 계층 군집 등)

❽ 알고리즘을 사용해 과제 수행하기 데이터 마이닝 프로세스의 여러 단계를 반복적으로 수행하며 가장 좋은 모델을 찾는 단계다(여러 변수의 조합 시도, 알고리즘의 설정 값 변경). 모델 파라미터는 보통 검증 데이터를 이용해 결정한다.

❾ 알고리즘 결과 해석하기 가장 효율적인 알고리즘을 찾고, 검증 데이터를 이용해 그 성능을 평가하는 단계다(주의할 점은 검증 데이터가 모델의 적절한 파라미터를 선정하는 데도 사용되므로 최종 선정된 모델의 오류율은 실제보다 적게 나올 수 있다는 점임).

⑩ 모델 적용하기 구축된 모델을 운용 시스템에 탑재하여 실제 의사결정에 적용하는 단계다. 예를 들어, 잠정 구매 고객들에게 구매 권유 메일을 보낼 경우, 10만 원 이상 구매할 가능성이 있는 고객을 예측하여 이들에게만 구매 권유 이메일을 보낸다. 즉, 구축된 모델을 이용해 새로운 데이터에 점수를 부여하고 미래 데이터를 예측한다.

위 단계는 SAS가 개발한 다음의 SEMMA 단계와 일맥상통한다.

- Sample추출: 데이터셋을 학습/검증/테스트 데이터셋으로 나눈다.
- Explore탐색: 데이터셋을 통계적 혹은 시각적으로 분석한다.
- Modify수정: 변수를 변환하고 결측치를 처리한다.
- Model모델링: 예측 모델을 구축한다(예 의사결정 트리, 인공 신경망).
- Assess평가: 검증 데이터셋을 이용해 후보 모델을 비교한다.

IBM SPSS Modeler(구 SPSS Clementine)도 CRISP-DMCRoss-Industry Standard Process for Data Mining이라는 비슷한 방법론을 가지고 있으며 여기서도 예측 모델링을 수행하는 주요 단계는 SEMMA와 동일하다.

2.4 데이터 분석 사전 단계

데이터셋의 구조

데이터셋은 기본적으로 관측치와 변수로 구성되는데 보통 관측치는 행에, 변수는 열에 위치한다. 예로 보여줄 웨스트 록스베리 주택 가치 데이터의 경우 5,000개의 주택 관측치와 14개의 변수를 포함하고 있다. 예를 들어, 첫 번째 주택의 경우 1880년에 지어졌으며, 평가 가치는 344,200달러, 세금은 4,430달러, 크기는 9,965제곱피트다. 지도 학습을 실행할 경우 변수 14개 중 하나가 반응 변수로 사용될 수 있는데 보통 데이터의 첫 번째 열이나 마지막 열에 담겨 있다(본 데이터의 경우 반응 변수(`TOTAL VALUE`)는 첫 번째 열에 있음).

웨스트 록스베리 지역의 주택 가치 예측

인터넷의 등장은 부동산 산업 발전에 촉매 작용을 했다. 부동산 중개인들은 주택과 콘도미니엄의 가격을 웹에 공개하고 있으며 실제 시장에 공개되지 않은 주택의 정보도 웹 사이트를 통해 얻을 수 있다. 질로우Zillow(www.zillow.com)는 유명한 온라인 부동산 기업으로 2014년 최대 경쟁 업체였던 트룰리아Trulia를 인수했다. 질로우는 주택 가격을 검색할 수 있는 뛰어난 플랫폼을 보유하고 있으며 중개인들에게는 광고를 올릴 수 있는 매력적인 공간을 제공하고 있다.

질로우는 시에서 공개한 주택 데이터를 활용해 주택 가격을 예측했다. 다른 경쟁 업체들도 동일한 방법으로 주택 데이터를 활용하고 있으며, 중개인들은 질로우를 대체할 수 있는 업체를 찾기도 하였다.

가장 간단한 방법은 모델을 사용하지 않고 시에서 결정한 가격을 그대로 사용하는 것이다. 하지만 시에서 결정한 가격에는 모든 재산이 포함되지 않을 수 있었으며 리모델링이나 기타 수리로 변경된 보증 가격 역시 포함되지 않았다. 더욱이 시에서 결정한 가격은 투명하지 못한 경우가 많아 실제 시장 가치를 반영하지 못하곤 했다. 그럼에도 불구하고 시에서 결정한 데이터는 모델을 구축하는 시작점으로는 충분했고, 이후 중개인들을 통해 생성되는 데이터들을 지속적으로 추가하였다.

보스턴시에서 공개한 보스턴 지역 부동산 테스트 데이터를 이용해 어떻게 주택 가격을 예측하는지 살펴보자. `WestRoxbury.csv`에는 2014년 보스턴 남서부에 위치한 웨스트 록스베리 지역의 단독 주택 정보가 담겨 있다. 이 데이터에는 다양한 예측 변수와 주택 가격을 나타내는 반응변수가 있다. [표 2-1]은 14개 변수에 대한 설명을 담고 있다(실제 보스턴시에서 제공하고 있는 원데이터는 https://data.boston.ov/dataset/property-assessment에서 얻을 수 있으며, 이 표에서는 몇몇 변수의 이름을 변경했음). 데이터에는 총 5,802개의 주택이 담겨 있으며 [표 2-2]는 그 일부를 보여준다.

표 2-1 웨스트 록스베리(보스턴 지역) 주택 가격 데이터 변수 설명

변수	설명
TOTAL VALUE	주택 가격(단위: 1,000달러)
TAX	세금, 주택 가격에 세율을 곱한 값에 근거한 세금 계산서 금액(단위: 달러)
LOT SQFT	총 부지 면적(단위: 제곱피트)
YR BUILT	건축 연도
GROSS AREA	총 바닥 면적
LIVING AREA	주거 공간 총 면적(단위: 제곱피트)
FLOORS	층 수
ROOMS	총 방 수
BEDROOMS	총 침실 수
FULL BATH	총 욕실 개수
HALF BATH	총 보조 욕실 개수
KITCHEN	총 주방 개수
FIREPLACE	총 벽난로 개수
REMODEL	리모델링 시기(최근/오래 전/안 함)

표 2-2 웨스트 록스베리 주택 가격 데이터 처음 10개의 관측치

TOTAL VALUE	TAX	LOT SQ FT	YR BUILT	GROSS AREA	LIVING AREA	FLOORS	ROOMS	BED ROOMS	FULL BATH	HALF BATH	KIT CHEN	FIRE PLACE	REMODEL
344.2	4330	9965	1880	2436	1352	2	6	3	1	1	1	0	None
412.6	5190	6590	1945	3108	1976	2	10	4	2	1	1	0	Recent
330.1	4152	7500	1890	2294	1371	2	8	4	1	1	1	0	None
498.6	6272	13,773	1957	5032	2608	1	9	5	1	1	1	1	None
331.5	4170	5000	1910	2370	1438	2	7	3	2	0	1	0	None
337.4	4244	5142	1950	2124	1060	1	6	3	1	0	1	1	Old
359.4	4521	5000	1954	3220	1916	2	7	3	1	1	1	0	None
320.4	4030	10,000	1950	2208	1200	1	6	3	1	0	1	0	None
333.5	4195	6835	1958	2582	1092	1	5	3	1	0	1	1	Recent
409.4	5150	5093	1900	4818	2992	2	8	4	2	0	1	0	None

각 행은 주택을 나타낸다. 예를 들어, 첫 번째 주택의 가격은 344,200달러(TOTAL VALUE)이고 세금은 4,330달러이며 크기는 9,965제곱피트다. 2층 집으로 1880년에 지어졌고 거실은 2개, 방은 6개다.

파이썬에서 데이터 불러오기

파이썬 pandas 패키지를 사용하면 다양한 파일 형식을 입력 받을 수 있다. 데이터가 엑셀 xls(또는 xlsx)의 형태로 되어 있다면 흔히 사용하는 csv 형태로 변환할 수 있다(파일 > 다른 이름으로 저장 > 저장 유형: CSV(Comma delimited)(*.csv) > 저장).

NOTE 엑셀에서 csv 파일을 사용할 경우 다음 두 가지를 주의하자.

- 우편번호(zipcode)와 같이 0으로 시작하는 데이터가 있는 경우 엑셀에서 csv 파일을 열면 맨 앞의 0이 제거되어 정보가 손상될 수 있다.
- 엑셀에서 csv 파일로 저장하면 현재 표시되는 소수 자릿수만 저장된다. 따라서 특정 소수 자릿수까지 필요한 경우 저장하기 전에 반드시 확인해야 한다.

파이썬과 pandas 패키지를 설치하고 웨스트 록스베리 데이터를 csv 파일로 저장했으면 [표 2-3]의 코드를 이용해 데이터를 로드할 수 있다. 주피터 노트북을 실행하고 저장한 csv 파일을 연다. 파일 이름은 적절하게 변경할 수 있다. 다음 코드를 입력창에 붙여 넣고 실행한다. 입력창마다 결과를 출력하려면 print() 함수를 사용한다.

표 2-3 pandas에서 파일 실행

데이터로부터 데이터셋을 생성하고 불러오는 파이썬 코드

```
# Import required packages
import pandas as pd

# Load data
housing_df = pd.read_csv('WestRoxbury.csv')
housing_df.shape # find the dimension of data frame
housing_df.head() # show the first five rows
print(housing_df) # show all the data

# Rename columns: replace spaces with '_' to allow dot notation
housing_df = housing_df.rename(columns={'TOTAL VALUE ': 'TOTAL_VALUE'}) # explicit
housing_df.columns = [s.strip().replace(' ', '_') for s in housing_df.columns] # all columns

# Practice showing the first four rows of the data
housing_df.loc[0:3] # loc[a:b] gives rows a to b, inclusive
housing_df.iloc[0:4] # iloc[a:b] gives rows a to b-1

# Different ways of showing the first 10 values in column TOTAL_VALUE
housing_df['TOTAL_VALUE'].iloc[0:10]
housing_df.iloc[0:10]['TOTAL_VALUE']
housing_df.iloc[0:10].TOTAL_VALUE # use dot notation if the column name has no spaces

# Show the fifth row of the first 10 columns
housing_df.iloc[4][0:10]
housing_df.iloc[4, 0:10]
housing_df.iloc[4:5, 0:10] # use a slice to return a data frame

# Use pd.concat to combine non-consecutive columns into a new data frame.
# The axis argument specifies the dimension along which the
# concatenation happens, 0=rows, 1=columns.
pd.concat([housing_df.iloc[4:6,0:2], housing_df.iloc[4:6,4:6]], axis=1)

# To specify a full column, use:
housing.iloc[:,0:1]
housing.TOTAL_VALUE
housing_df['TOTAL_VALUE'][0:10] # show the first 10 rows of the first column

# Descriptive statistics
print('Number of rows ', len(housing_df['TOTAL_VALUE'])) # show length of first column
print('Mean of TOTAL_VALUE ', housing_df['TOTAL_VALUE'].mean()) # show mean of column
housing_df.describe() # show summary statistics for each column
```

csv 파일의 데이터는 pandas에 데이터 프레임(예 housing.df)으로 저장된다. csv 파일에 열 헤더가 있는 경우에는 열로 자동 인식한다. 데이터 프레임은 모든 분석의 기본 대상이다. 데이터 프레임의 행에는 각 사례에 대한 관측치(예 주택)가 저장되고, 열에는 관측치를 설명하는 변수(예 주택 가치, 세금)가 저장된다. [표 2-3]의 코드는 본격적으로 분석하기 전 데이터의 기본 형태를 보여준다. 즉, 데이터의 크기와 차원(행 및 열 수), 모든 데이터 보기, 선택한 행 및 열만 표시, 관심 있는 변수에 대한 요약 통계량을 제공한다. 주석은 # 다음에 작성한다.

파이썬에서는 slice 명령으로 데이터 형식을 자유롭게 변경할 수 있다. slice를 사용해 행과 열의 일부를 불러올 수 있다. 예를 들어, TAX[0:4]를 통해 TAX 변수에 있는 처음 5개의 관측치만 불러올 수 있다. 파이썬의 인덱스는 많은 프로그래밍 언어가 그렇듯 0부터 시작한다. pandas에서는 데이터 프레임을 loc과 iloc을 사용해 특정 행이나 열을 기준으로 분류할 수 있다.[1] loc은 변수명을 직접 사용해 데이터 프레임을 분류하고, iloc은 인덱스 번호로 분류한다.

파이썬 패키지 불러오기

[표 2-3]은 파이썬의 pandas 패키지를 이용한 데이터 처리 예이고, 필요한 다른 패키지는 다음 코드로 불러올 수 있다. 여기서 pd, np, sm 등은 데이터 사이언스 분야에서 흔히 쓰는 약자다.

이 장에 필요한 파이썬 라이브러리 불러오기

```
import numpy as np
import pandas as pd
from sklearn.model_selection import train_test_split
from sklearn.metrics import r2_score
from sklearn.linear_model import LinearRegression
```

데이터셋 샘플링

컴퓨터 용량과 소프트웨어 자체의 한계로 인해 대부분의 경우 모델 구축 시 모든 관측치를 사용하지는 않는다. 따라서 적은 데이터로도 모든 데이터를 사용했을 때와 비슷한 효과를 볼 수 있다면 최대한 적은 양의 데이터를 사용하는 것이 계산 속도 면에서 훨씬 효과적일 수 있다.

정확한 모델을 구축하기 위해 수백 개 혹은 수천 개 데이터로도 충분한 경우가 많기 때문에 대용량의 데이터로부터 적절하게 샘플링하는 작업이 필요하다. [표 2-4]는 pandas를 이용해 샘플링하는 코드다.

1 객체 지향 프로그래밍에서는 메서드와 함수가 약간 다르다. 간단히 말해 객체(예 데이터 프레임)와 밀접하게 연관되어 있고 객체에 액세스할 수 있는 함수가 메서드다.

표 2-4 pandas를 이용한 샘플링

언더샘플링과 오버샘플링 코드

```
# random sample of 5 observations
housing_df.sample(5)

# oversample houses with over 10 rooms
weights = [0.9 if rooms > 10 else 0.01 for rooms in housing_df.ROOMS]
housing_df.sample(5, weights=weights
```

분류 문제에서 희소사건에 대한 오버샘플링

관심 데이터가 희귀할 경우(예 메일에 응답하여 특정 상품을 구매하는 고객, 사기 카드 거래) 해당 데이터의 수는 상대적으로 적을 수밖에 없다. 예를 들어, 메일에 응답하지 않는 고객이나 정상 거래가 아닌 경우의 데이터는 부족하기 때문에 모델 구축에 어려움이 있을 수 있다. 이에 대한 문제를 해결하기 위해 샘플링 시 소수 클래스에 더 큰 가중치를 주어 클래스 관측치 수에 균형을 맞출 수 있다.

샘플링을 통해 불균형을 해결할 수도 있지만 각 클래스의 오분류에 가중치를 주어 해결할 수도 있다. 보통 소수 클래스 관측치의 오분류에 큰 가중치를 주어 불균형을 해소한다. 예를 들어, 직접 광고Direct-response Advertising 시장에서는 편지나 이메일 등의 광고에 응답하는 사람이 백 명 중 한두 명뿐이므로 응답자에 대한 오분류 비용을 크게 하여 분류 모델을 만들 수 있다. 사기 거래를 탐지하지 못하거나 체납자를 옳게 분류하지 못해 발생하는 비용이 정상 거래나 성실 납세자에 대한 검토 비용보다 훨씬 크기 때문에 비록 희소 사건이지만 가중치를 크게 해주는 것은 적절한 조치라고 하겠다.

다수 클래스와 소수 클래스의 불균형을 고려하지 않은 모델의 경우 전반적인 정확도는 높을 수 있다 (소수 클래스 관측치를 모두 오분류하여도 전체적으로는 큰 영향이 없기 때문). 하지만 이렇게 구축된 모델은 실제 문제에서 적용하기 어렵다.

요약해 보면 모델 구축 시 클래스별 오분류의 중요도를 고려해 가중치를 다르게 부여해서 보다 중요한 클래스의 오분류를 줄이는 것이 중요하다. 이 문제는 5장에서 보다 자세히 다룬다.

데이터 전처리와 데이터 정제

변수 종류 변수는 여러 기준으로 분류할 수 있다. 숫자 혹은 문자로 분류할 수 있으며, 연속형 실수나 정수 혹은 범주형(보통 정수형이지만 범위에 제한이 있음)으로 분류할 수도 있다. 범주형의 경우 숫자(예 1,2,3) 혹은 문자(예 정상품, 불량품)로 표현할 수 있다. 범주형, 예를 들어

북아메리카, 유럽, 아시아와 같이 특별히 순위가 없는 경우를 명목형 변수Nominal Variable라 부르고 큰 값, 작은 값 등 순위로 표현할 수 있는 경우를 순서형 변수Ordinal Variable라고 부른다.

데이터 마이닝에서 흔히 다루는 변수는 연속형 변수다. 나이브 베이즈 분류기Naive Bayes Classifier와 같이 범주형 변수만 사용하는 특별한 경우를 제외하면 대부분 연속형 변수를 예측 변수로 사용한다. 데이터 마이닝의 근간을 이루는 머신러닝(기계학습)은 범주형 변수 분석을 기반으로 발전해 왔지만, 또 다른 근간인 통계학은 연속형 변수 분석을 기반으로 한다. 연속형 변수를 범주형 변수로 변환하는 것이 바람직할 경우가 있다. 예를 들어 특정 신용 등급을 넘을 경우 "신용허가"로 분류할 수 있으며, 의료 검사 결과 특정 수치를 넘을 경우 "치료시작"으로 분류할 수 있다.

웨스트 록스베리 데이터의 경우 [표 2-5]에서 제시하는 pandas 문 예시를 통해 변수 유형, 변수의 수 등을 확인할 수 있다.

표 2-5 pandas를 이용한 변수 특성 파악

변수 특성을 파악하기 위한 파이썬 코드

```
housing_df.columns # print a list of variables

# REMODEL needs to be converted to a categorical variable
housing_df.REMODEL = housing_df.REMODEL.astype('category')
housing_df.REMODEL.cat.categories # Show number of categories
housing_df.REMODEL.dtype # Check type of converted variable
```

실행 결과

```
> housing_df.columns
Index(['TOTAL_VALUE', 'TAX', 'LOT_SQFT', 'YR_BUILT', 'GROSS_AREA',
       'LIVING_AREA', 'FLOORS', 'ROOMS', 'BEDROOMS', 'FULL_BATH', 'HALF_BATH',
       'KITCHEN', 'FIREPLACE', 'REMODEL'], dtype='object')

> housing_df.REMODEL.cat.categories
Index(['None', 'Old', 'Recent'], dtype='object')

> housing_df.REMODEL.dtype
category
```

범주형 변수 처리 범주형 변수는 대부분의 데이터 마이닝 과정에서 처리가 가능하나 주의할 점이 몇 가지 있다. 범주형 변수 값에 순위가 있는 경우(예 연령구간, 신용 등급)에는 연속형 변수로 간주한다. 이 방법은 범주의 수가 적으면 문제가 생길 수 있으나 대부분 큰 문제없이 적용된다.

범주에 순위가 없다면 범주를 가변수로 바꿔서 사용하기도 한다. 예를 들어 “학생”, “무직”, “취직”, “은퇴”라는 범주는 4개의 가변수로 나타낼 수 있다.

학생—예/아니요

무직—예/아니요

취직—예/아니요

은퇴—예/아니요

위 예에서 주의할 점은 3개의 변수 값이 알려져 있을 경우 4번째 변수 값은 자동으로 결정되기 때문에 모델 구축 시 3개의 변수만 사용해야 한다는 것이다. 예를 들어 “학생”, “무직”, “취직”이 모두 “아니요”일 경우에 “은퇴” 변수는 확률 100%로 “예”일 것이다. 회귀 분석 및 로지스틱 회귀 분석 등에서는 4개의 변수를 모두 쓸 경우 모델 자체가 구축되지 않는다. 또한 가변수 생성 시 일반적으로는 원변수도 함께 저장해 놓기 때문에 원변수와 가변수를 동시에 사용하지 않도록 주의해야 한다. 범주형 변수를 가변수로 변형하는 pandas 코드는 [표 2-6]과 같다.

표 2-6 pandas를 이용한 가변수 생성

가변수를 생성하기 위한 파이썬 코드

```
# use drop_first=True to drop the first dummy variable
housing_df = pd.get_dummies(housing_df, prefix_sep='_', drop_first=True)
housing_df.columns
housing_df.loc[:, 'REMODEL_Old':'REMODEL_Recent'].head(5)
```

실행 결과

```
   REMODEL_Old    REMODEL_Recent
0            0                 0
1            0                 1
2            0                 0
3            0                 0
4            0                 0
```

변수 선택 모델 구축 시 무작정 많은 변수를 사용한다고 해서 항상 더 나은 결과를 보장하지는 않는다. 신뢰성이 높은 모델을 구축하려면 꼭 필요한 변수만 사용하는 것이 바람직하다. 많은 변수를 모델에 사용할 경우 변수 간의 상관관계를 고려해야 하는 번거로움이 생기며 더 많은 수의 관측치가 요구된다. 예를 들어, 반응 변수 Y와 예측 변수 X 간 상관관계를 알아보기 위해서는 15개의 관측치면 충분하지만 Y와 15개의 예측 변수 간 상관관계를 알기 위해서는 이보다 훨씬 많은 관측치가 필요하다(각각의 추정된 상관관계는 평균적으로 하나의 관측치만 나타내므로 15개의 관측치로는 신뢰성 있는 15개의 상관관계를 알기 어려움). 또한 변수가 너무 많이 포함된 모델은 강건하지 않는데 그 이유는 미래 값을 예측하는 데 많은 데이터가 필요하고 데이터 정제 등 전처리 작업도 증가하기 때문이다.

필요 변수와 관측치 수 통계에서는 데이터, 모델, 목표 신뢰치가 주어졌을 때 '파워 계산'을 통해 적정 관측치 수를 알 수 있다. 즉, 파워 계산으로 모집단을 잘 설명할 수 있는 적정 표본 수를 계산할 수 있다. 하지만 데이터 마이닝에서는 모집단을 잘 설명하는 것도 중요하지만 미래 값에 대한 정확한 예측이 더욱 중요하기 때문에 통계 추론에 필요한 관측치 수보다 더 많은 관측치가 필요하다. 가장 간단한 방법으로는 변수당 10개의 관측치로 적정 관측치의 개수를 정하는 것이다. 또 다른 방법은 델마스터Delmaster와 행콕Hancock(2001, p.68)이 제시한 방법으로, 특히 분류 문제에서 필요한 최소 관측치를 $6 \times m \times p$로 계산한다. 여기서 m은 클래스의 수이고 p는 변수의 개수다.

훌륭한 모델의 특징은 간결하다는 것이다. 간결한 모델을 구축하려면 꼭 필요한 변수만 사용하는 것이 중요하다. 적은 수의 변수로 모델 구성을 시작하지만 새로운 변수를 파생하는 등 결국에는 변수의 개수가 많아지는 경우가 종종 있다(예 범주형 변수를 가변수로 변환 시 늘어나는 변수). 데이터 시각화나 차원 축소 기법이 변수의 수를 줄이는 데 사용될 수 있다.

방대한 데이터를 가지고 있다 해도 모델에 어떤 변수를 포함할지에 대해 고민하는 것은 매우 중요하다. 도메인 지식이 있는 사람에게서 얻는 정보는 변수 포함 여부를 결정할 때 중요하며 나아가 모델의 정확도를 높이고 오차를 줄이는 데 도움이 된다. 예를 들어, 온라인 고객의 총 구매액을 예측하는 문제에서 X_1, X_2, X_3, … 등의 예측 변수가 존재한다고 가정해 보자. X_1 변수는 배달 비용으로 총 구매액을 예측하는 데 중요한 변수가 될 수 있다. 하지만 이 변수는 실제 예측에 사용될 수 없다. 왜냐하면 배달 비용은 최종 거래가 끝난 후에나 알 수 있기 때문이다. 또 다른 예로, 융자를 신청하는 고객이 채무 불이행을 할지 예측하는 문제가 있다고 하자. 이 문제를 해결하기 위한 데이터를 수집했는데 그 데이터에는 융자를 승인한 정보만 있고 거부한 경우의 정보가 없다면 채무 불이행을 옳게 예측하기 어려울 것이다. 따라서 적절한 변수를 포함시키는 작업은 모델 구축 시 매우 중요하다고 하겠다.

이상치 데이터에는 측정 오류나 잘못된 입력으로 인해 이상치가 포함될 수 있다. 이상치가 처리되지 않은 채 구축된 모델은 정확한 결과를 낼 수 없으며 궁극적으로 신뢰도가 떨어진다. 특히 소수점을 잘못 찍어 나머지 데이터들과 큰 차이가 있는 데이터를 아무런 조치 없이 사용할 경우 심각한 문제를 야기할 수 있다.

기존 데이터들로부터 멀리 떨어진 데이터를 이상치라고 한다. 이상치인지 아닌지를 결정하는 기준이 임의적이기 때문에, '떨어졌다'는 표현은 다소 주관적일 수 있다. 분석가들은 통상 '평균으로부터 표준편차의 세 배가 넘는 범위의 데이터'라는 기준으로 이상치를 정의하기도 한다. 그러나 어떤 통계학적 이론도 이상치가 실제 오류인지에 대해서는 설명하지 못한다. 통계학적 시각에서 보면 이상치는 실효성이 없는 데이터라기보다는 다른 데이터에 비해 거리가 좀 떨어져 있는 데이터일 뿐이다.

이상치 탐지의 궁극적인 목적은 해당 데이터를 찾아 추가적인 검토를 하기 위함이다. 예를 들어, 소수점 자리가 틀린 경우라면 특별히 추가로 검토할 필요 없이 이상치로 확인할 수 있다. 하지만 환자의 체온이 화씨 178도(섭씨 81도)인 경우 이 값이 명백한 오류라는 사실 외에는 다른 설명을 붙이기 어렵다. 따라서 이러한 데이터에 대한 이상치 판정은 통계적 방법론을 사용하기보다 해당 데이터에 능숙한 실무자들로 하여금 판정하게 하는 것이 바람직하다. 결론적으로 말해, 통계 기법은 이상치의 후보를 제공하는 역할을 하며 최종 이상치 판정은 실무자들이 하는 것이 바람직하다.

확연히 드러나는 이상치는 어렵지 않게 발견해 처리할 수 있다. 이상치의 개수가 매우 적은 경우에는 결측치로 간주해 처리할 수 있다. 이상치를 알아내는 간단한 방법으로는 변수별 값들을 내림차순으로 정렬하고 이들 중 가장 크거나 작은 수치들을 이상치로 판정하는 것이다(파이썬의 `sort_value()` 사용. 예를 들어, 첫 번째 열에서 이상치를 찾으려면 `df.sort_values(by=['col1'])` 사용). 또는 각 열의 최솟값과 최댓값을 pandas의 `min()`과 `max()` 함수를 이용해 찾고 이들이 이상치인지 확인하는 방법이 있다. 좀 더 체계적인 방법으로는 군집 분석을 이용하는 것으로, 다른 데이터들과 일정 거리 이상 떨어진 데이터를 이상치로 판정할 수 있다.

결측치 일반적으로 데이터에는 결측치가 포함되어 있다. 만약 결측치가 몇 개 없다면, 이들을 삭제하고 분석하면 된다. 그러나 변수가 많을 경우, 단순 삭제는 결측치가 데이터에서 차지하는 비율이 낮더라도 많은 관측치에 영향을 미칠 수 있다. 변수가 30개인 데이터에서 5%의 결측치가 존재한다면 거의 80%의 데이터를 삭제해야 한다(결측치가 아닐 확률은 $0.95^{30} = 0.215$로 계산함).

결측치가 있는 경우 해당 관측치 전체를 삭제할 수도 있지만 결측치를 다른 변수의 해당 값들을 기반으로 대체할 수도 있다. 예를 들어, 30개의 변수 중 "가족 구성원의 수입" 변수의 한 관측치가 결측되어 있는 경우 "가족 구성원의 수입"의 평균값으로 이를 대체할 수 있을 것이다. 이러한 대체 방법은 해당 변수의 다른 관측치 값들을 온전하게 보존할 수 있다는 장점이 있다. 결측치를 대체함으로써 대체 이후의 데이터가 실제 데이터의 분산보다 작아질 수 있다는 문제점이 제기될 수 있으나 결국 모델의 최종 분산과 성능은 검증 데이터를 이용할 것이므로 큰 문제는 없다.

결측치 처리를 위한 간단한 방법 중 하나는 평균, 중앙값 등으로 대체하는 것이다. 좀 더 정교한 결측치 처리법으로는 회귀 분석을 이용해 결측치를 대치하는 방법이 있다. 결측치 방법론은 데이터 자체가 귀한 의료 및 기초과학 분야에서 활발하게 연구되고 있다. 데이터가 충분히 많을 경우, 복잡한 결측치 처리법보다는 간단한 방법을 선호한다. [표 2-7]은 결측치를 중앙값으로 대체하는 파이썬 코드다. 원데이터에는 결측치가 존재하지 않기 때문에 몇 개의 관측치를 결측치로 보고 대체하였다. 이때 처리하고자 하는 데이터가 정수 형태의 카운트 데이터(침실 수)이기 때문에 평균값보다는 중앙값으로 결측치를 대체하였다.

표 2-7 결측 데이터 처리

결측치를 중앙값으로 대체하는 파이썬 코드

```
# To illustrate missing data procedures, we first convert a few entries for
# bedrooms to NA's. Then we impute these missing values using the median of the
# remaining values.
missingRows = housing_df.sample(10).index
housing_df.loc[missingRows, 'BEDROOMS'] = np.nan
print('Number of rows with valid BEDROOMS values after setting to NAN: ',
      housing_df['BEDROOMS'].count())

# remove rows with missing values
reduced_df = housing_df.dropna()
print('Number of rows after removing rows with missing values: ', len(reduced_df))

# replace the missing values using the median of the remaining values.
medianBedrooms = housing_df['BEDROOMS'].median()
housing_df.BEDROOMS = housing_df.BEDROOMS.fillna(value=medianBedrooms)
print('Number of rows with valid BEDROOMS values after filling NA values: ',
      housing_df['BEDROOMS'].count())
```

실행 결과

```
Number of rows with valid BEDROOMS values after setting to NAN: 5782
Number of rows after removing rows with missing values: 5772
Number of rows with valid BEDROOMS values after filling NA values: 5802
```

많은 양의 결측치가 존재하는 데이터에서 결측치를 모두 삭제하면 데이터의 대부분이 손실될 수 있기 때문에 주의해야 한다. 또한 결측치가 많을 경우 관측치 수 자체가 적기 때문에 기존 데이터를 이용해 대체값을 구하는 방법을 적용하는 데에도 한계가 있다. 이 경우에는 변수의 중요도를 측정하여 해당 변수가 예측에 미치는 영향력이 미미하다면 그 변수를 삭제하고 그렇지 않다면 결측치가 적게 존재하는 변수의 정보를 이용해 결측치를 대체하는 것이 좋다. 하지만 정말 중요한 변수의 결측치를 해결하는 근본적인 방법은 시간과 돈을 투자해서 실제값을 얻는 것이라 하겠다.

결측치를 처리하려면 많은 노력이 들어간다. 예를 들어, 어떤 데이터 값이 0이라면 이는 실제로 결측치일 수도 있지만 숫자로 0일 수도 있다. 금융 데이터의 경우 0은 모든 빚을 청산한 고객일 수도 있고, 아직 그 어떤 신용 거래도 하지 않은 고객일 수도 있다. 이 예를 비롯해 많은 경우에 데이터의 정확한 의미를 파악하기 위해서는 실무자의 판단이 필요하다.

데이터 정규화(표준화)와 리스케일링 몇몇 알고리즘은 보다 신뢰성 있는 결과를 도출하기 위해 데이터의 정규화 작업이 필요하다. 일반적으로 데이터를 정규화하기 위해서는 각 관측치에서 해당 변수의 평균값을 빼주고 표준편차 값으로 나누어주는 방법을 사용한다. 이를 통해 z-score로 불리는 정규화된 값을 얻을 수 있다. pandas에서는 (df-df.mean())/df.std()로 쉽게 정규화할 수 있다. 또 다른 정규화 방법은 scikit-learn 패키지에서 제공하는 StandardScalar() 함수를 이용하는 것이다. 학습 데이터에는 fit() 혹은 fit_transform()을 사용하고, 검증 데이터에는 transform()을 사용해 정규화할 수 있다. 이런 방법을 통한 변환 결과는 pandas 형식이 아니지만 쉽게 pandas 형식으로 재변환할 수 있다. [표 2-8]은 앞에서 설명한 두 가지 정규화 방법을 보여준다.

표 2-8 정규화 및 스케일

정규화 및 스케일링 코드

```
from sklearn.preprocessing import MinMaxScaler, StandardScaler
df = housing_df.copy()

# Normalizing a data frame

# pandas:
norm_df = (housing_df - housing_df.mean()) / housing_df.std()

# scikit-learn:
scaler = StandardScaler()
norm_df = pd.DataFrame(scaler.fit_transform(housing_df),
                       index=housing_df.index, columns=housing_df.columns)

# the result of the transformation is a numpy array, we convert it into a dataframe

# Rescaling a data frame

# pandas:
norm_df = (housing_df - housing_df.min()) / (housing_df.max() - housing_df.min())

# scikit-learn:
scaler = MinMaxScaler()
norm_df = pd.DataFrame(scaler.fit_transform(housing_df),
                       index=housing_df.index, columns=housing_df.columns)
```

또 다른 정규화 방법은 모든 변수를 `[0,1]`의 스케일로 바꾸어주는 것이다. 이는 변수의 평균을 빼주고 범위range 값으로 나누어 구할 수 있다. `pandas`에서는 `(df-df.min())/(df.max()-df.min())`으로 `[0,1]` 스케일링을 할 수 있다. `scikit-learn` 패키지에서는 `MinMaxScaler`를 이용해 `[0,1]` 스케일링을 할 수 있다.

정규화(혹은 표준화)가 필요한 이유를 설명하기 위해 군집 분석을 예로 들어보자. 보통 군집 분석은 각 관측치가 군집 평균으로부터 얼마만큼 떨어져 있는지를 기준으로 한다. 다변량 데이터의 경우 변수들의 단위가 서로 다를 수 있다(예 날짜, 달러, 횟수). 만일 어떤 데이터에서 달러 금액 변수의 단위가 1000이고 나머지 변수의 단위가 10이라면 달러 변수가 전체 거리 계산을 지배할 수 있다. 또한 단위가 "일"인 변수를 "시간"이나 "달"의 단위로 바꾼다면 분석 결과는 완전히 달라질 수도 있다.

데이터 마이닝 소프트웨어에는 대부분 정규화 기능이 포함되어 있다. 이 기능은 자동으로 행해진다기보다는 선택 사항으로 되어 있어 변수들에 대한 변환이 필요 없는 경우 정규화를 하지 않고 분석할 수 있다.

2.5 예측력과 과적합

지도 학습에서 가장 중요하게 고려할 점은 '미래의 새로운 데이터를 구축된 모델에 적용하였을 때 얼마나 정확히 분류/예측하는가'이다. 특히 여러 모델의 성능을 비교하여 그중 가장 적합한 모델을 선택하는 것이 중요하다. 핵심은 최종적으로 선택한 모델이 모델 구축에 사용한 데이터 외에 미래에 사용될 데이터에도 잘 적용되어야 한다는 점이다. 이처럼 일반화된 모델을 구축하기 위해서는 데이터 분할과 과적합의 개념을 알아야 한다.

과적합

많은 변수를 모델 구축에 사용할 경우 과적합의 위험이 커진다. 과적합의 의미를 살펴보자.

[표 2-9]는 광고비 지출이 매출에 끼치는 영향을 보기 위한 가상 데이터이고 [그림 2-2]는 이 데이터에 대한 산점도를 나타낸다.

[그림 2-3]은 광고비와 매출액의 관계를 정교한 고차원 곡선으로 표현하고 있다. 이 곡선은 현 데이터에는 한 치의 오차도 없어 보이지만, 광고비 지출을 기준으로 미래의 데이터(향후 매출액)를 예측하기에는 무리가 있을 수 있다. 예를 들어, 지출이 400달러에서 500달러로 증가할 때 매출은 오히려 줄어들고 있는데, 실제로 매출이 줄어들 것이라고 생각하기는 어렵다.

표 2-9 광고비 판매량

Advertising	Sales
239	514
364	789
602	550
644	1306
770	1394
789	1440
911	1354

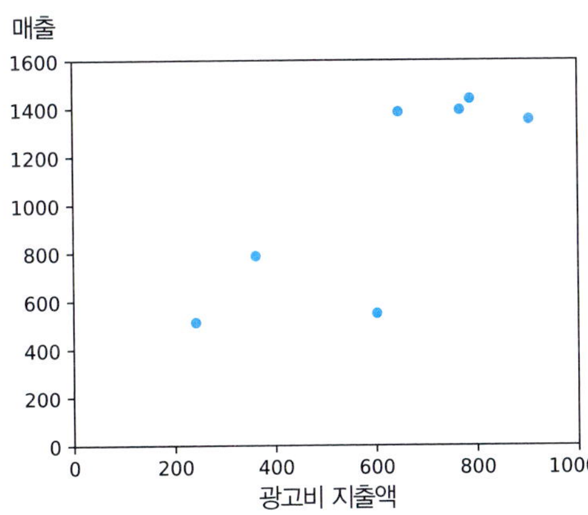

그림 2-2 광고비와 매출액 관계 산점도

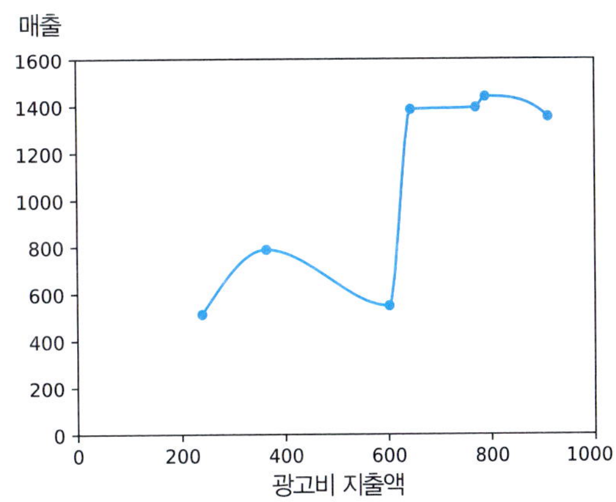

그림 2-3 과적합: 현 데이터에서 오차가 0인 곡선

모델의 기본 목적은 반응 변수와 예측 변수 간의 상관관계를 잘 설명하고 나아가 미래 값을 정확히 예측하는 것이다. 물론 모델이 현재 데이터를 얼마나 잘 설명하는지도 중요하지만 더 중요한 것은 미래 값에 대한 정확한 예측이다.

앞의 예에서는 단순한 직선이 고차원의 곡선보다 미래 값을 더 정확하게 예측할 수 있을 것으로 보인다. 곡선은 현 데이터에는 완벽한 모델일 수 있으나 미래의 데이터가 항상 현재 데이터의 형태를 따른다는 보장이 없기 때문이다. 다시 말해, 곡선으로 표현된 모델은 현재 데이터에 '과하게 적합'되었다고 볼 수 있고 이를 '과적합'이라고 부른다.

과적합의 개념을 좀 더 살펴보면 다음과 같다. 모델의 성능은 보통 예측 변수가 추가될수록 향상된다. 기부 이력이 있는 50명과 기부 이력이 없는 50명의 데이터를 가진 데이터베이스를 가정해 보자. 수입, 가족 수, 지역 번호 등의 변수가 기부 여부를 예측하는 데 필요한 변수라고 할 때 그 외에 변수를 추가하면 현 데이터의 예측 오차는 줄일 수 있다. 하지만 너무 현 데이터의 성능만 고려해 변수를 추가한다면 이러한 변수들은 미래 값을 예측하는 데 부정적으로 작용할 수 있다. 즉, 불필요하게 포함된 변수들은 과적합을 유발할 수 있으므로 주의해야 한다.

"키"라는 변수를 예로 들어보자. 우리는 사람의 키와 자선을 위한 기부 정도가 어떤 상관관계도 없음을 잘 알고 있다. 그러나 현재 데이터에서 우연히 기부자들의 키가 클 경우 "키" 변수를 모델에 포함시키면 예측 오차는 줄어든다. 하지만 새롭게 수집될 데이터에는 이 같은 경향이 일어나지 않을 것이므로 "키" 변수를 모델에 포함시키지 않는 것이 바람직하다.

관측치의 수가 변수의 개수보다 적을 경우 앞의 예와 같이 엉뚱한 관계가 모델에 반영될 수 있다. 예를 들어, 자선 데이터의 관측치 수가 적을 경우 키 큰 기부자가 많지 않아도 모델에 어떤 식으로라도 영향을 미칠 수 있다. 하지만 관측치의 수가 많으면 이런 위험이 줄어든다.

이러한 이유로 학습 데이터가 충분하지 않을 경우에는 간단한 함수로 표현된 모델이 복잡한 모델보다 좋은 성능을 보일 때가 많다. 과적합은 가장 성능이 좋은 모델을 선택하는 과정에서 너무 많은 모델을 사용할 때도 발생할 수 있다.

데이터 분할

기본적으로, 가장 좋은 모델은 현재 우리가 가지고 있는 데이터의 분류/예측 성능을 최대로 보여주는 모델일 것이다. 그런데 모델을 구축할 때 사용하는 데이터와 구축된 모델을 평가할 때 사용하는 데이터가 같다면 그 평가 결과는 공정하다고 말하기 어려울 것이다. 이 경우 모델의 성능이 좋다면 이는 다음 두 가지 이유로 설명할 수 있다.

- 선택한 모델의 우수성
- 선택한 모델이 현재 사용한 데이터에 (우연히) 잘 맞음

특히 두 번째 이유가 심각한 문제를 초래할 수 있는데 의사결정 트리나 인공 신경망처럼 데이터의 선형 혹은 특별한 형태를 가정하지 않는 모델에서 과적합을 유발할 수 있기 때문이다.

이와 같은 문제를 해결하기 위해 데이터를 두 부분으로 나눈 후 한 부분의 데이터를 사용해 모델을 구축하고 다른 한 부분의 데이터를 이용해 구축된 모델의 성능을 평가한다. 분류 모델에서는 검증 데이터의 오분류 개수를, 예측 모델에서는 실제값과 예측값의 차이인 잔차를 이용해 모델의 성능을 평가한다. 이러한 평가 방법의 목적은 미래 데이터에 대한 예측력을 검증하기 위함이다.

일반적으로 데이터는 학습 데이터, 검증 데이터, 테스트 데이터로 나눌 수 있다. 미리 정해진 비율에 따라 데이터를 랜덤하게 나눌 수도 있고 사용자가 관측치마다 어느 부분에 속할지 지정하여 나눌 수도 있다(시계열 데이터에서는 시간을 고려하여 데이터를 분할해야 함). 대부분의 경우, 데이터 분할은 편향을 피하기 위해 랜덤하게 이루어진다.

- 학습(훈련)Training 데이터 모델 구축 시 사용된다. 일반적으로 여러 모델을 비교할 경우 동일한 학습 데이터를 사용한다.

- **검증**Validation **데이터** 학습 데이터로부터 구축된 여러 모델의 성능을 비교할 때 사용된다. 몇몇 알고리즘(의사결정 트리, k-최근접 이웃)에서는 검증 데이터를 이용해 모델의 하이퍼 파라미터를 결정하기도 한다.
- **테스트(평가, 시험)**Testing **데이터** 구축된 모델이 향후 수집될 새로운 데이터에 대해 얼마만큼 큰 예측/분류 성능을 보일지 평가할 때 쓰인다.

검증 데이터와 테스트 데이터의 차이를 알아보자. 검증 데이터를 이용해 여러 모델의 성능을 비교·평가해 가장 정확한 모델을 찾는 과정에서 과적합 문제가 개입될 수 있다. 그 이유는 모델 성능 평가에 사용된 검증 데이터가 우연히 모델에 잘 맞아 우수한 성능을 보였을 수 있기 때문이다. 따라서 검증 데이터를 통해 선택된 모델은 일반화 관점에서 과대평가될 수 있다.

랜덤하게 분할된 검증 데이터를 통해 선택된 모델이 미래의 새로운 데이터에도 꼭 좋은 성능을 내리라는 보장은 없다. 따라서 모델을 가장 객관적으로 평가하는 방법은 모델 구축에 사용되지 않는 테스트 데이터를 통한 검증이다. [그림 2-4]는 학습 데이터, 검증 데이터, 테스트 데이터의 역할을 요약하고 있다. 미래값에 대한 정확한 예측이 중요하지 않다면 학습 데이터와 검증 데이터만으로도 충분하다. [표 2-10]은 데이터 분할을 위한 파이썬 코드를 나타낸다.

데이터 마이닝 알고리즘의 하나인 최근접 이웃 알고리즘의 경우 검증 데이터 및 테스트 데이터와 학습 데이터 간의 거리 비교를 통해 근접 이웃을 찾는다. 이 책의 k-최근접 이웃 설명에서도 검증 및 테스트 데이터를 모델 평가 수단만이 아닌 분류 또는 예측 프로세스의 필수 부분으로 사용한다. 그럼에도 불구하고 다른 모델의 오류 해석과 동일한 방식으로 검증 데이터의 오류를 해석할 수 있다.

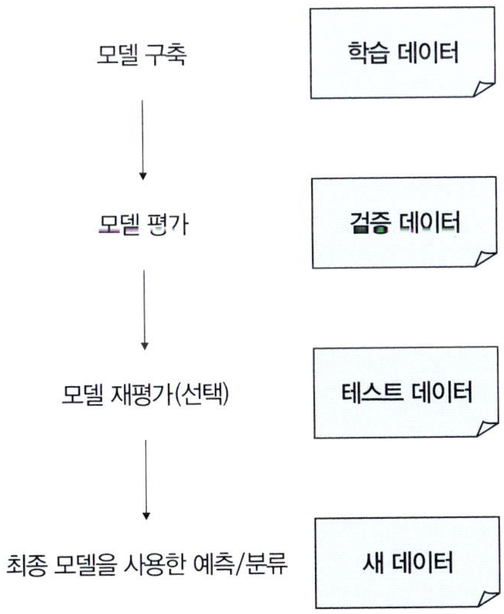

그림 2-4 데이터 마이닝 프로세스에서 학습/검증/테스트 데이터의 역할

표 2-10 데이터 분할

웨스트 록스베리 데이터를 학습 데이터, 검증 데이터, 테스트 데이터로 분할하는 파이썬 코드

```
# random_state is set to a defined value to get the same partitions when re-running
# the code
# training (60%) and validation (40%)
trainData, validData = train_test_split(housing_df, test_size=0.40, random_state=1)

print('Training : ', trainData.shape)
print('Validation : ', validData.shape)
print()

# training (50%), validation (30%), and test (20%)
trainData, temp = train_test_split(housing_df, test_size=0.5, random_state=1)
validData, testData = train_test_split(temp, test_size=0.4, random_state=1)

print('Training   : ', trainData.shape)
print('Validation : ', validData.shape)
print('Test       : ', testData.shape)
```

실행 결과

```
Training   :   (3481, 15)
Validation :   (2321, 15)

Training   :   (2901, 15)
Validation :   (1741, 15)
Test       :   (1160, 15)
```

데이터양이 적을 경우에는 각 분할 구간에 속한 데이터양이 매우 적어 앞서 설명한 분할 방식이 모델 구축 및 평가 시 적합하지 않을 수 있다. 이때 사용할 수 있는 방법이 교차 검증Cross-Validation이다. 교차 검증의 시작은 전체 데이터를 중첩되지 않도록 폴드fold로 나누는 것이다. 예를 들어, 5개의 폴드를 선택할 경우($k = 5$) 전체 데이터를 5개의 중첩되지 않는 부분으로 나누며 각 부분은 20%의 데이터를 담게 된다. 이후 $k-1$ 부분의 데이터를 이용해 모델을 구축하고 나머지 부분을 이용해 구축한 모델을 검증한다. 이러한 작업을 k번 시행하여 최종적으로는 k개의 검증 부분으로 구한 예측값의 평균을 구해 모델의 성능을 평가한다. 파이썬에서는 `cross_val_score()`나 `cross_validate()` 함수를 사용하며, 이때 함수의 입력값인 cv는 폴드의 개수를 말한다. 교차 검증은 모델의 파라미터를 결정하는 데도 사용한다(9장 참조).

2.6 모델 구축: 선형 회귀 분석을 이용한 예제

데이터 마이닝 기법 중 가장 널리 쓰이는 다중 선형 회귀 분석을 사용해 데이터 마이닝 분석 단계를 살펴보자. 실제 알고리즘을 자세히 다루기 전에 전반적인 개요를 이해하는 데 큰 도움이 될 것이다.

모델링 과정

웨스트 록스베리 주택 가격 데이터를 이용해 모델링 과정을 살펴보자.

❶ **목적**　웨스트 록스베리 지역 주택 가격을 예측한다.

❷ **데이터셋 획득**　2014년 웨스트 록스베리 주택 가격 데이터셋을 이용할 것이며, 전체 데이터의 수가 많지 않아 별도의 표본을 취하지 않았다.

❸ **데이터 탐색/정제/전처리**　변수에 대해 충분히 이해한다(변수에 대한 설명을 '데이터 사전(딕셔너리)'이라고 부르기도 함). 변수에 대한 설명은 [표 2-1]과 같다. 변수는 대부분 쉽게 이해할 수 있으나 몇몇 난해한 변수들도 있다.

주어진 변수들의 의미와 모델 구축 시 모든 변수를 반드시 포함할지 여부를 살펴보자. 세금(TAX) 변수는 보통 주택 가격을 설명할 때 중요한 변수로 생각한다. 그러나 세금 정보는 주택 가격이 나와야만 알 수 있는 부분이므로 미래의 주택 가격을 예측하고자 할 때 TAX 변수를 사용할 수 없다. 따라서 TAX 변수는 모델 구축 과정에서 제외하였다.

이상치 유무를 확인하는 작업도 필수다. 예를 들어, [표 2-11]의 FLOORS 변수를 내림차순으로 정렬하면 15가 가장 큰 값인데 이는 명백한 이상치다. 층 수 변수의 다른 값들이 1과 2 사이인 것을 볼 때 15는 1.5가 잘못 기록된 것으로 볼 수 있다.

끝으로 범주형 변수를 가변수로 변환한다. 여기서는 REMODEL 변수가 이에 해당하며 총 3개의 범주를 가지고 있다.

표 2-11 웨스트 록스베리 주택 가격 데이터의 이상치

FLOORS	ROOMS
15	8
2	10
1.5	6
1	6

❹ 데이터 축소 분석 데이터에는 변수가 13개밖에 없기 때문에 굳이 차원 축소를 할 필요가 없다. 만일 많은 변수를 포함한 데이터라면 주성분 분석과 같은 차원 축소 기법을 고려해 볼 수 있다. 주성분 분석을 통해 상관성이 높은 다음 변수들(LIVING AREA, ROOMS, BEDROOMS, BATH, HALF BATH)을 적은 수의 변수로 축약할 수 있다.

❺ 데이터 마이닝 문제 결정 핵심 문제는 변수 13개로 웨스트 록스베리 지역 주택 가격을 예측하는 것이고 이는 지도 학습에 해당한다. 분석을 용이하게 하기 위해 실제 데이터에서 범주가 많은 다음 변수들(BLDG TYPE, ROOF TYPE, EXT FIN)은 제거하였다. 결과적으로 TAX를 제외한 모든 연속형 변수와 범주형인 REMODEL 변수가 모델 구축에 사용되었다.

❻ 데이터 분할(지도 학습용) 데이터를 학습 데이터와 검증 데이터로 분할하였다([표 2-10] 참조). 학습 데이터로 모델을 구축하고 검증 데이터로 모델을 검증하므로 학습 데이터와 검증 데이터의 분할 비율은 미리 결정해야 한다(현재 분석에는 사용하지 않지만 테스트 데이터도 이용할 수 있음).

❼ 데이터 마이닝 기법 선택 이 분석에는 다중 회귀 분석 기법을 사용한다. 데이터를 학습 및 검증 데이터로 분할한 후 다중 회귀 모델을 구축한다(TAX는 모델 구축 시 예측 변수에서 제외).

❽ 알고리즘 사용해 과제 수행 scikit-learn의 LinearRegression() 함수를 이용해 모델을 구축하고 검증한다. 보다 자세한 회귀 모델 내용은 6장을 참조하기 바란다. [표 2-12]에서는 처음 몇 개 데이터에 대한 실제값, 예측값, 실제값과 예측값의 차이인 잔차를 보여준다. 학습 데이터에서의 예측값을 적합값이라고 부르는데 이는 학습 데이터를 이용해 모델을 적합시켰기 때문이다. 검증 데이터의 결과는 [표 2-13]과 같고 학습 데이터와 검증 데이터의 예측 오차는 [표 2-14]와 같다.

표 2-12 학습 데이터 일부에 대한 예측(혹은 적합)

웨스트 록스베리 학습 데이터를 사용해 모델을 구축하는 파이썬 코드

```
from sklearn.linear_model import LinearRegression

# data loading and preprocessing
housing_df = pd.read_csv('WestRoxbury.csv')
housing_df.columns = [s.strip().replace(' ', '_') for s in housing_df.columns]
housing_df = pd.get_dummies(housing_df, prefix_sep='_', drop_first=True)

# create list of predictors and outcome
excludeColumns = ('TOTAL_VALUE', 'TAX')
predictors = [s for s in housing_df.columns if s not in excludeColumns]
outcome = 'TOTAL_VALUE'
```

```
# partition data
X = housing_df[predictors]
y = housing_df[outcome]
train_X, valid_X, train_y, valid_y = train_test_split(X, y, test_size=0.4,
                                                      random_state=1)

model = LinearRegression()
model.fit(train_X, train_y)

train_pred = model.predict(train_X)
train_results = pd.DataFrame({
      'TOTAL_VALUE': train_y,
      'predicted': train_pred,
      'residual': train_y - train_pred
})
train_results.head()
```

실행 결과

```
      TOTAL_VALUE   predicted   residual
2024        392.0  387.726258   4.273742
5140        476.3  430.785540  45.514460
5259        367.4  384.042952 -16.642952
421         350.3  369.005551 -18.705551
1401        348.1  314.725722  33.374278
```

표 2-13 검증 데이터 일부를 사용한 예측

웨스트 록스베리 검증 데이터를 사용해 모델을 검증하는 파이썬 코드

```
valid_pred = model.predict(valid_X)
valid_results = pd.DataFrame({
    'TOTAL_VALUE': valid_y,
    'predicted': valid_pred,
    'residual': valid_y - valid_pred
})
valid_results.head()
```

실행 결과

```
      TOTAL_VALUE   predicted   residual
1822        462.0  406.946377  55.053623
1998        370.4  362.888928   7.511072
5126        407.4  390.287208  17.112792
808         316.1  382.470203 -66.370203
4034        393.2  434.334998 -41.134998
```

표 2-14 학습 및 검증 데이터에 대한 예측 오차 척도(단위: 1,000달러)

모델의 평가 척도를 계산하는 파이썬 코드

```
# import the utility function regressionSummary
from dmba import regressionSummary

# training set
regressionSummary(train_results.TOTAL_VALUE, train_results.predicted)

# validation set
regressionSummary(valid_results.TOTAL_VALUE, valid_results.predicted)
```

실행 결과

```
# training set
Regression statistics

                      Mean Error (ME) : -0.0000
       Root Mean Squared Error (RMSE) : 43.0306
            Mean Absolute Error (MAE) : 32.6042
          Mean Percentage Error (MPE) : -1.1116
Mean Absolute Percentage Error (MAPE): 8.4886

# validation set
Regression statistics

                      Mean Error (ME) : -0.1463
       Root Mean Squared Error (RMSE) : 42.7292
            Mean Absolute Error (MAE) : 31.9663
          Mean Percentage Error (MPE) : -1.0884
Mean Absolute Percentage Error (MAPE): 8.3283
```

예측 오차는 여러 방식으로 계산될 수 있으며 5가지 대표적인 척도를 [표 2-14]에서 보여주고 있다. 첫 번째 척도인 평균 오차는 잔차들의 단순 평균값이다. 이 값은 거의 0에 가까운데 이는 실제값과 예측값의 차이가 양수도 될 수 있고 음수도 될 수 있기 때문이다. 이론적으로 잔차의 합(혹은 평균)은 0이다. 따라서 단순 평균값으로는 오차가 얼마나 큰지 알 수 없다.

평균 제곱근 오차Root Mean Squared Error는 가장 널리 쓰이며 평균 제곱 오차값에 제곱근을 취함으로써 구할 수 있다. 검증 데이터에 대한 RMSE(42.7292)가 학습 데이터의 RMSE(43.0306)와 비슷하다. 일반적으로 검증 데이터 오류가 학습 데이터 오류보다 높게 나오지만 여기서는 비슷하게 나왔고 이는 모델이 과적합되지 않았음을 보여주고 있다. 다른 척도는 5장에서 자세히 설명한다.

❾ **알고리즘 결과 해석** 의사결정 트리 등 다른 기법과 성능을 비교한다. 또한 회귀 분석에서 제공하는 다른 옵션을 사용해 볼 수도 있는데 변수 선택 방법의 하나인 최적 부분집합Best subset 기법을 써서 예측에 중요한 변수만 선택할 수 있다. 이와 같은 방법으로 선정된 가장 좋은 모델을 새로운 데이터에 적용해 본다.

❿ **모델 적용** 최종 모델이 선택되면 본 데이터 분석의 궁극적인 목적인 새로운 데이터 값(반응 변수 값이 없는 데이터)인 웨스트 록스베리 주택의 가격을 예측한다. 새로운 데이터 값을 예측하는 것을 '점수화scoring'라고 한다. 예측의 경우 점수화는 새로운 예측값을 생성하는 것이며 분류에서는 클래스를 할당하는 것이다. [표 2-15]는 회귀 분석을 이용해 3개의 주택 가격을 점수화한 결과다.

표 2-15 점수화를 위한 3개의 관측치 데이터 프레임

레코드가 3개인 데이터 프레임의 점수화

```
new_data = pd.DataFrame({
    'LOT_SQFT': [4200, 6444, 5035],
    'YR_BUILT': [1960, 1940, 1925],
    'GROSS_AREA': [2670, 2886, 3264],
    'LIVING_AREA': [1710, 1474, 1523],
    'FLOORS': [2.0, 1.5, 1.9],
    'ROOMS': [10, 6, 6],
    'BEDROOMS': [4, 3, 2],
    'FULL_BATH': [1, 1, 1],
    'HALF_BATH': [1, 1, 0],
    'KITCHEN': [1, 1, 1],
    'FIREPLACE': [1, 1, 0],
    'REMODEL_Old': [0, 0, 0],
    'REMODEL_Recent': [0, 0, 1],
})
print(new_data)

print('Predictions: ', model.predict(new_data))
```

실행 결과

```
   LOT_SQFT  YR_BUILT  GROSS_AREA  LIVING_AREA  FLOORS  ROOMS  BEDROOMS  \
0      4200      1960        2670         1710     2.0     10         4
1      6444      1940        2886         1474     1.5      6         3
2      5035      1925        3264         1523     1.9      6         2

   FULL_BATH  HALF_BATH  KITCHEN  FIREPLACE  REMODEL_Old  REMODEL_Recent
0          1          1        1          1            0               0
1          1          1        1          1            0               0
2          1          0        1          0            0               1
Predictions:  [384.47210285 378.06696706 386.01773842]
```

2.7 로컬 컴퓨터에서 파이썬을 이용한 데이터 마이닝

데이터 마이닝을 하기 위해 항상 대용량의 데이터가 필요한 것은 아니다. 백만 개가 넘는 데이터를 사용할 수도 있지만 다중 회귀 분석이나 의사결정 트리 같은 알고리즘에서는 20,000개의 데이터 정도면 전체를 고려한 것만큼이나 정확한 결과를 얻을 수 있다. 여론 조사의 경우 적절히 표본이 추출된다면 2,000개 정도의 표본만으로도 1~2%의 오차 범위 안에서 전체 모집단을 반영할 수 있다(2.4절에서 필요한 변수와 관측치 수를 참조).

따라서 대부분의 경우 학습, 검증, 테스트 데이터에서 필요한 관측치의 수는 로컬 컴퓨터에서 실행시킬 수 있는 정도면 충분하다.

파이썬에서 빅데이터 분석을 할 때 사용하지 않는 객체는 `del()` 함수로 삭제하고 불필요한 집합garbage collection을 `gc.collect()` 함수로 불러들여 처리할 수 있다.

2.8 데이터 마이닝 과정의 자동화

지도 학습 모델링의 궁극적인 목적은 일회성 분석에 그치는 게 아니라 미래에 발생할 수 있는 값을 예측하는 것이다. 따라서 앞서 설명한 분석 절차에 따라 모델링한 후에는 이를 자동화하는 작업이 필요하다. 예를 들면, 미국 국세청은 매년 수백만 건의 세금 보고를 받는다. 이 경우 개별적인 세금 보고 건을 일일이 엑셀로 불러와 해당 보고가 거짓인지 여부를 분석하는 것은 비효율적이다. 이보다는 정상적인 세금 신고 건들을 처리하는 과정의 일부로 분석하는 편이 나을 것이다. 음악 스트리밍 서비스를 제공하는 판도라Pandora나 스포티파이Spotify는 수백만 명의 사용자 각각에게 들려줄 음악을 추천하는데, 이는 자동화 없이는 불가능하다.

현실에서는 모든 데이터 마이닝 과정이 내재된 시스템으로 예측 혹은 분류 작업을 수행하게 된다. 세금 보고의 경우 세금 보고 신청이 들어오면 이미 구축된 모델이 즉시 작동하여 예측을 실시하고 이 결과를 바탕으로 필요한 조치가 취해진다. 미국 국세청의 경우 다음 규칙이 생성될 수 있다. "만일 세금 보고가 거짓으로 예측된 경우 알람을 일으키고 그렇지 않은 경우에는 정상적인 업무를 계속 진행한다."

세금 보고 데이터가 국세청 예측 시스템에 들어가고 알고리즘을 통해 나온 결과에 따라 사람이 적절한 조치를 취하는 일련의 과정을 '데이터 파이프라인'이라고 한다. 시스템의 서로 다른 구성 요소들은 APIApplication Programming Interface를 통해 데이터를 주고받게 된다. 데이터 마이닝 알고리즘을 위한 API는 예측 알고리즘을 구동시키기 위한 절차를 수립하는 데 주요 예측 변수 선택, 데이터 형식, 알고리즘 결과 전달 등을 고려한다. 자동화된 데이터 파이프라인에 사용되는 알고리즘은 해당 알고리즘의 API 규칙을 따라야 한다.

계산 환경이 모두 구축되어도 데이터마이너의 역할은 끝난 것이 아니다. 실제 환경은 계속 변하며 예측 모델도 지속적으로 업데이트해 주어야 하기 때문이다. 한 유명 컨설턴트에 의하면 구축된 모델을 일 년 이상 업데이트 없이 사용하는 경우는 매우 드물다고 한다.

이 책에서는 모델링의 기본적인 과정에 초점을 맞추고 있다. 하지만 대부분의 실제 문제에서는 기본 분석 과정뿐 아니라 자동화 단계가 반드시 필요하다. 따라서 분석뿐 아니라 이를 자동화할 수 있는 컴퓨터 과학 기술이 꼭 필요하다.

2.9 데이터 마이닝의 윤리 이슈

인터넷으로 연결된 기기들이 등장하기 전 빅데이터가 쌓이게 된 가장 큰 원인은 인터넷 상거래였다. 인터넷 쇼핑객뿐 아니라 소셜 미디어 사용자들은 인터넷 상거래를 제공하는 기업들과 암묵적인 거래를 해왔다. 즉, 사용자들이 강력한 검색 및 쇼핑 기능 등을 무료로 이용하는 대가로 기업은 사용자들의 데이터를 수집할 수 있었다. 2007년 이 책의 다른 버전의 초판이 출간된 이후 데이터 사이언스의 윤리적인 문제가 점차 주목을 받고 있으며 이에 대한 새로운 규칙과 법이 등장하고 있다. 따라서 데이터 사이언티스트들은 단순 분석을 넘어 윤리와 관련된 규칙과 법을 잘 알고 있어야 한다.

데이터 수집 및 분석과 관련한 불법적인 행태를 다루는 뉴스들이 쏟아지고 있다. 사람들은 자신의 사생활에 대한 데이터가 수집되고 거래되는지 모르는 경우가 많다. 가디언 지의 한 작가는 600메가바이트에 해당하는 자신의 페이스북 데이터를 다운로드했는데, 이를 통해 본인 삶의 일거수일투족이 다 노출되고 있음을 알 수 있었다. 스마트폰에 깔린 앱이 여러분의 위치를 수집하고 동선을 계속 추적할 수 있다.

금융 및 의료 데이터는 개인 정보 보호와 보안상의 이유로 오랫동안 입체 표준을 준수해야 했으며 정부 규제를 받아왔다. 대부분 선진국에서는 인간을 대상으로 하는 데이터에 대한 사용을 엄격하게 규제해 왔지만, 산업체의 개인 데이터 수집 및 사용은 상대적으로 규제가 느슨한 편이었다. 하지만 이러한 기본적인 개인 정보 보호 이슈를 넘어 여러 가지 우려가 생겨나고 있는 실정이다. 예를 들어 산업 규제 규정(예 Basel II)에 의하면, 신용 평가 모델은 투명해야 하며 감시가 가능해야 한다(Saddiqi, 2017).

유럽연합(EU)에서는 2018년 세계 최초로 EU 전체에 적용되는 "포괄적 데이터 보호 규정(General Data Protection Regulation, GDPR)"을 공표하였다. GDPR은 EU 및 해외에서 운영하는 단체나 기업에서 생성되는 모든 개인 데이터의 사용 및 저장을 규제하고 제한한다. 즉, GDPR은 지역에 상관없이 EU에서 발생하는 모든 개인 데이터에 대한 전처리 및 데이터 마이닝 등 데이터 분석 전반에 걸친 규제를 포함하고 있다.

케임브리지대학교 알렉산더 코건(Alexander Kogan) 교수의 이야기는 주목할 만하다. 코건 교수는 페이스북 앱인 'This is Your Digital Life'를 개발했는데, 페이스북 사용자 데이터와 퀴즈 질문에 대한 답변 데이터를 수집했으며 이를 통해 온라인상의 개인 성향을 파악하는 데 목적이 있었다. 약 27만 명의 사람들만이 이 앱을 다운로드했지만 친구 연결을 통해 8,700만 명의 데이터를 액세스할 수 있었다. 영국 정보 분석 업체인 케임브리지 애널리티카(Cambridge Analytica)는 이러한 수천만 명의 페이스북 이용자 정보를 2016년 미국 대선에서 도널드 트럼프 캠프에 넘겼고 같은 해 영국 브렉시트(Brexit) 캠페인에 활용했다.

이 같은 파문이 확산되자 페이스북 CEO인 마크 저커버그는 미국 의회청문회에 출석하여 수천만 명의 개인 정보가 흘러나간 점에 대해 명백한 실수였다고 인정하며 사과하였고 케임브리지 애널리티카는 파산하였다. 코건 교수는 미국 TV 뉴스 매거진 쇼인 '60minutes'의 진행자인 레슬리 스탈(Lesley Stahl)과 한 인터뷰에서 솔직히 본인은 이와 관련해 아무것도 몰랐다고 고백했다.

> "솔직히 제가 좀 순진했습니다. 이렇게 이용될지 전혀 몰랐습니다. 저는 행복을 추구하는 연구실을 운영할 뿐입니다."

데이터 분석이 어떤 역할을 해야 할까? 위 사례에서도 볼 수 있듯이, 코건 교수가 개발한 앱은 네트워크 관계(19장)를 이용한 페이스북의 정교한 알고리즘을 통해 앱을 전혀 사용한 적이 없는 많은 사용자들의 데이터를 동의 없이 사용하였다.

비록 데이터 분석에 따른 개인 정보 유출 방지를 위한 법이 존재한다 하더라도 데이터 분석가들은 성문화된 법 규정을 넘어 본인들이 작업 중인 예측 기술이 궁극적으로 어떻게 사용될지를 생각해야 한다. 다음은 데이터 분석 활동으로부터 야기될 수 있는 우려할 만한 문제점들이다.

- **빅 브라더(Big Brother)** 법 집행 기관 및 국가 보안 분석가는 테러리스트 인물 정보를 수집하듯이 때때로 합법적으로 개인 및 위치 정보를 수집할 수 있다. 그러나 '합법적'이라는 의미를 독일, 미국, 중국, 북한 등 나라마다 다르게 정의할 수 있다. 이 책을 쓰는 시점에 미국과 유럽에서는 중국 기업인 화웨이의 새로운 5G 네트워크 기준이 자국 보안에 위협이 될 것이라고 주장하고 있다. 예측 모델링(6~13장)과 네트워크 분석(19장)은 긍정적이건 부정적이건 감시에 널리 사용될 수 있다. 아울러 기업들은 이윤을 위해 개인 정보 침해 기술을 사용하고 있다.

- **자동 무기 기술** 무장 드론은 전쟁에서 점점 더 많은 역할을 하고 있으며 이미지 인식 기술을 통해 비행 경로 및 표적 탐지를 정확히 할 수 있다. 이러한 기능이 목표물 혹은 이와 비슷한 목표물을 탐지했을 때 정말 공격을 감행해야 할까? 실제 전쟁 상황에서 지휘관은 인공지능의 결정을 참고할 수는 있지만 전적으로 의존하기는 쉽지 않을 것이다. 하지만 데이터 분석 기술이 점점 발전함에 따라 그 의존도는 증가할 것으로 보인다. 이렇듯 자동 무기 기술은 자동화될 미래 사회의 단편을 보여주는 사례가 된다.
- **편견과 차별** 예측 모델을 기반으로 하는 자동화된 의사결정은 신용카드 사기 탐지, 공항 보안, 입학 및 입사 심사, 재판 등 다양하게 이용되고 있다. 케시 오닐Cathy O'Neil은 "수학으로 무장한 무기들에 의한 파괴"라는 용어를 통해 예측 모델 기반의 의사결정이 야기할 수 있는 다양한 문제점을 지적하고 있다. 딥 뉴럴 네트워크는 이미지 혹은 음성 인식을 할 수 있는 대표적인 알고리즘으로 자리매김하고 있다. 하지만 이러한 알고리즘을 학습하는 데 사용한 데이터에 인간의 편견이 들어가 있다면 해당 알고리즘은 편향된 상태로 학습될 수밖에 없다. 프로퍼블리카ProPulica 그룹은 이러한 문제점들에 대한 다양한 사례를 기사화하고 있다.
- 미국 정부는 이미 이러한 문제점을 해결하기 위해 노력하기 시작했다. 뉴욕시는 2017년 미국 최초로 알고리즘 법을 제정하여 각종 부서에서 사용하는 알고리즘의 공정성과 유효성을 모니터링하고 있다. 또한 2019년 2월 워싱턴주 의회는 "소비자들을 보호하고 투명성을 개선하며 시장 예측 가능성을 높이기 위해" 정부에서 사용하는 자동화된 의사결정 시스템 사용에 관한 알고리즘 법안에 대한 공정성을 청문회를 통해 검증했다. 유럽 기업의 경우 GDPR은 자동화된 의사결정을 자유롭게 하도록 허용하였다.
- **인터넷 음모 및 루머** 인터넷 이전 시대에는 실제 일어나지 않은 일에 대한 거짓 루머가 대중에게 전달되기 전에 적절하게 차단되는 경우가 많았다. 하지만 소셜 미디어 시대에는 정교한 알고리즘에 의해 거짓 루머들이 무분별하게 유포되고 있다. 2018년 인도 서부 지역에서 아동 유괴범이 돌아다닌다는 경고가 메신저 왓츠앱WhatsApp을 통해 떠돌자 무고한 시민들이 지역 주민으로부터 집단 폭행당한 뒤 사망하는 사고가 벌어졌다. 한편, 러시아가 운영하는 가짜 페이스북과 트위터 계정은 서방 민주주의 선거 결과에 영향을 줄 목적으로 오용되기도 하였다. 이러한 거짓 루머는 소셜 미디어의 잘못된 추천 알고리즘에 의해 생성되고 유포된다. 추천 알고리즘은 본질적으로 우리가 원하는 것을 보여주기 위해 개발되었지만 때로는 사람의 본성을 자극해 우발적인 선택을 조장하기도 한다.

- **심리 조작** 케임브리지 애널리티카Cambridge Analytica의 정보 유출 사건은 페이스북 데이터에 근거한 '심리학적 프로파일링'이 인간 심리를 충분히 조작할 수 있음을 보여준다. 그러한 심리적 조작이 가능하다는 몇 가지 증거가 있다. 마츠Matz와 공저자들은 2017년 PNAS 논문("Psychological targeting as an effective approach to digital mass persuation")에서 350만 명에게 제시한 심리학적으로 맞춤화된 광고가 실제 구매로 연결될 수 있다는 점을 실험을 통해 증명하였다. 페이스북 예에서 미국 트럼프 캠프에 유리할 수 있도록 고도화된 심리 전략을 사용한 점 역시 인간의 심리를 조작할 수 있음을 보여준다. 예측 알고리즘은 개별 행동에 영향을 줄 수 있는 매우 중요한 도구다. 기본적으로 이런 알고리즘에 지속적으로 노출되면 소위 '디지털 중독'에 빠질 수 있고 집중력 감퇴를 가져올 수 있다. 가디언 지에 기고한 폴 루이스Paul Lewis는 이러한 알고리즘은 쉴 새 없이 쏟아지는 정보를 놓치지 않으려고 주의력을 여러 곳으로 분산시키는 '지속적인 부분적 주의력continuous partial attention' 상태를 초래해 사람들의 집중 능력을 심각하게 저해할 수 있다고 경고했다. 페이스북 내부에서도 경고의 목소리가 나오고 있다. 초기 페이스북 투자자인 로저 맥나미Roger McNamee는 저서 ≪Zucked≫에서 페이스북은 미국에 끔찍한 존재라고 했다. 아울러 전 페이스북 고위 임원인 차마스 팔리하피티야Chamath Palihapatiya 역시 페이스북은 사회를 파괴하고 있다고 비판했다.
- **개인 데이터의 오용** 미국에서는 마약성 진통제인 오피오이드opioid의 사용이 증가함에 따라 일부 보험회사에서는 의사에게 '오피오이드 중독 위험 점수'를 제공해 환자에게 투여할 적절한 오피오이드의 양과 복용 간격을 정하는 데 도움을 주고 있다. 하지만 이러한 개인적인 데이터가 기업이나 정부 기관에 누출되면 어떻게 될까? 단순히 오피오이드 중독 위험 점수가 높다는 이유만으로 취업이 거부되고 검색 대상이 될 수도 있다. 최근 헬스 앱 사용이 증가하면서 많은 사용자가 본인의 건강 데이터를 기업에 제공하고 있는데, 앱 개발자 입장에서는 유용한 정보가 될 수 있다.

윤리와 관련해 데이터 사이언티스트의 역할은 무엇일까? 데이터 사이언티스트들은 데이터 분석을 통해 얻을 수 있는 이익뿐 아니라 해악도 함께 고려해야 한다. 데이터를 악의적인 의도로 사용할 수 있는 개인이나 국가가 존재할 수 있다는 점을 기억해야 한다. 따라서 데이터의 사용은 단순히 현재 기준으로만 볼 것이 아니라 앞으로 미칠 수 있는 다양한 가능성까지 고려하여 신중하게 판단해야 할 것이다. 구글은 최근 사생활 침해 가능성이 있는 데이터 분석 작업을 진행했다는 혐의로 프랑스 규제 기관으로부터 5천만 유로의 벌금을 부과 받았다.

데이터 마이닝 소프트웨어 근황

데이터 마이닝 시장에서 몇 가지 주요한 변화들이 있었는데, 그중 가장 주목할 만한 것으로 가용 정보의 증가와 데이터 저장 및 분석을 위한 클라우드 서비스의 확대를 들 수 있다. 데이터 마이닝 분야는 이러한 시대적 흐름에 부합하기 위해 나름대로 변화를 꾀하고 있다.

'빅데이터'라는 용어에는 수집되는 데이터양과 유형이 모두 급증한다는 의미가 담겨 있다. 과거에는 거래 데이터, 데이터웨어하우징 데이터, 과학적 데이터, 클릭 스트림 데이터와 같이 구조화된 데이터의 수집 및 저장을 중요하게 여겼다. 그러다 이미지, 텍스트, 음성 같은 비정형 데이터부터 소셜 미디어 데이터, 사물인터넷에서 얻을 수 있는 다량의 센서 데이터까지 유입되면서 대규모 데이터 저장에 대한 요구도 무시할 수 없게 되었고, 기업들은 이러한 시장의 요구를 충족시키기 위해 빠르게 변모하고 있다.

이 같은 변화 뒤에는 급격한 기술 발전이 중요한 요소로 자리하고 있다. 하드디스크나 SSD 값이 현저히 떨어져 데이터를 저장하고 보관하는 비용이 절감되자 수요가 급격히 증가하였다. 이런 현상은 곧 클라우드 컴퓨팅의 시대로 이끌었다. 클라우드 컴퓨팅은 웹상의 서버를 이용해 데이터의 저장, 관리, 분석 등이 가능하게 하는 컴퓨팅 환경이다. 많은 기업이 클라우드 컴퓨팅 서비스를 적극 활용함으로써 하드웨어 및 소프트웨어 자원을 직접 구축하는 데 드는 비용, 시간과 인력을 줄이기 위해 노력하고 있다. 포브스Forbes 지에 의하면 클라우드 컴퓨팅 서비스를 제공하는 대표적인 기업들인 아마존, 구글, 아비엠, 마이크로소프트의 경우 매년 50억 달러가 넘는 매출을 올리고 있다.

기하급수적으로 늘어나는 데이터를 효율적으로 관리하는 일은 결코 쉬운 작업이 아니다. 전통적인 관계형 데이터베이스 관리 시스템DBMS 서비스를 제공하는 오라클, 마이크로소프트 SQL 서버, IBM DB2, SAP 어댑티브 서버SAP Adaptive Server 등은 여전히 매력적인 데이터 관리 툴이며, 오라클의 MySQL 같은 오픈소스로 제공되는 데이터베이스 관리 시스템도 꾸준한 인기를 얻고 있다. 한편, 전통적인 데이터베이스 관리 시스템만으로 처리하기 힘든 대용량 데이터의 저장을 용이하게 하는 비관계형 데이터 저장 서비스도 존재한다. 대표적인 예로 대용량의 분산형 데이터베이스 구조를 갖는 오픈소스 플랫폼 하둡Hadoop을 들 수 있다. 하둡은 최종 사용자가 아닌 기업과 같은 응용프로그램 개발자 커뮤니티를 위한 툴이다. 이런 이유로 SAS를 비롯한 유사 데이터 분석 소프트웨어 업체들은 하둡에 기반을 두고 그들의 인터페이스를 구축하였다.

주요 데이터베이스 관리 시스템 업체에서 자사 소프트웨어에 데이터 마이닝 기능을 포함시켰다. Microsoft SQL Server Analysis Services, Oracle Data Mining, Teradata Warehouse Miner 등이 그 예다. 이들의 주된 고객층은 데이터베이스 전문가들이다. 따라서 이 업체들은 자사의 데이터베이스 관리 시스템이 갖는 기능들을 적극 활용하여 데이터 탐색부터 정제 후 모델 구축까지 일련의 데이터 마이닝 기능을 제공하고 있다. 몇몇 제품들은 데이터 마이닝 모델 구축을 위한 별도의 GUI도 함께 제공한다. 최근에는 데이터베이스 관리 시스템의 분산 처리 기능도 활용되면서 데이터 마이닝 기법의 성능은 더욱 좋아지고 있다. IBM의 경우 그들의 소프트웨어 DB2에 데이터 분석 기능을 포함시켰을 뿐만 아니라 SPSS를 인수한 후 클레멘타인Clementine과 SPSS를 IBM Modeler모델러에 통합하여 제품 성능을 개선시켰다.

데이터 마이닝 소프트웨어는 한 종류의 알고리즘을 기반으로 하거나 여러 알고리즘이 함께 제공되며, 통계 전문가와 비즈니스 인텔리전스 분석가들이 주요 고객이다. 대표적인 데이터 마이닝 소프트웨어로 SAS Enterprise Miner, SAS JMP, IBM Modeler, Salford Systems SPM, Statistica스태티스티카, 엑셀마이너, 래피드마이너RapidMiner가 있다. 이런 제품들은 다양한 기능과 사용자의 입장에서 모델을 쉽게 구축하도록 도와주는 그래픽 인터페이스를 탑재하고 있다. 이 그래픽 인터페이스는 시각화된 워크플로Workflow를 제공해 전체 데이터 마이닝 프로세스를 한눈에 알아볼 수 있도록 설계되어 있다.

많은 데이터 마이닝 소프트웨어는 뛰어난 시각화 기능과 데이터 변환이 가능한 스크립트 언어를 제공함과 동시에 여러 통계적 패키지들과 쉽게 연동되어 다양한 분석이 가능하다. 더 나아가 개발 업체에서는 데이터베이스 관리 시스템에 소프트웨어가 보다 긴밀하게 연동되도록 개선하고 있다. 예를 들어, 데이터 마이닝 모델을 SQL이나 다른 스크립트 언어로 전환하여 데이터베이스와 연동시키는 것이다. 구축된 데이터 마이닝 모델은 SQL, C++, 자바 혹은 데이터 마이닝 모델 언어인 PMMLPredictive Model Markup Language을 통해 데이터베이스 관리 시스템에 저장될 수 있다.

특정 분야(예 신용 평가 등급 결정, 고객 유치, 주택담보대출, 금융 서비스)를 타깃으로 한 데이터 마이닝 소프트웨어는 기업의 구체적인 문제를 해결하기 위한 솔루션 형태로 개발된다. 이러한 제품의 주 사용자는 해당 분야의 지식이 풍부한 분석가들이다. 따라서 제품의 인터페이스, 알고리즘, 심지어는 용어들까지도 특정 분야에 맞도록 특화되어 있기 때문에 비록 범용 소프트웨어에 비해 유연성은 떨어지지만 업계 환경을 잘 반영해 유용하게 사용되고 있다. SAS, IBM, RapidMiner 같은 데이터 마이닝 회사들은 이러한 특화된 소프트웨어를 개발한다.

근래 주목받고 있는 오픈소스 통계 분석 소프트웨어는 바로 R 프로그래밍 언어다. R 프로그래밍 언어는 AT&T 벨 연구소에서 개발한 통계 프로그래밍 언어인 S 언어를 기반으로 만들어졌다. 다양한 데이터 마이닝 알고리즘들과 함께 통계, 데이터 관리 및 시각화 기능들이 R 언어로 개발되었으며, 기본적으로 프로그래밍 언어이기 때문에 GUI만 사용하는 다른 데이터 마이닝 소프트웨어보다 유연하면서도 누구나 쉽고 빠르게 배울 수 있다는 장점이 있다. 한편, 일부 업체와 오픈소스 커뮤니티에서는 많은 통계 기능과 데이터 마이닝 알고리즘들을 파이썬Python 언어로 구현하여 제공하기도 한다.

파이썬은 데이터 분석 툴 및 분석 응용프로그램 개발용으로 빠르게 인기를 얻고 있다. C++나 자바보다 사용하기 편하면서 R보다는 연산 속도가 빠르기 때문이다. 사이킷런Scikit-Learn은 데이터 분석을 위한 다양한 방법론을 제공하는 파이썬 오픈소스 라이브러리다. 슬로베니아 류블랴나대학교에서 개발된 오렌지Orange는 분석을 단순화하도록 설계된 래퍼 기반 파이썬 및 사이킷런용 시각화 인터페이스다. 오렌지는 작업 흐름 인터페이스를 사용하는 오프소스 소프트웨어로, 파이썬을 보다 효과적으로 사용할 수 있도록 도와준다.

앞서 언급한 것처럼, 클라우드 컴퓨팅 공급 업체들은 AaaSAnalytics as a Service를 합리적인 가격에 제공하면서 데이터 마이닝/예측 분석 시장에 뛰어들고 있다. 이런 제품들은 비즈니스 인텔리전스 분석가들보다 응용프로그램 개발자를 주 고객으로 한다. 클라우드 컴퓨팅 서비스를 통한 데이터 마이닝이 이들에게 보다 매력적으로 다가오는 이유는 복잡한 내부 시스템을 구축하는 데 필요한 비용은 거의 들지 않으면서 방대한 양의 데이터를 저장하고 관리할 수 있기 때문이다. 이는 대규모 분산 다중 사용자 응용프로그램을 신속하게 구현할 수 있게 한다. 이뿐 아니라 업체에서 제공하는 분석 기능이 사용자의 요구를 충족하지 못할 경우 클라우드 서비스는 데이터의 저장 및 관리 목적으로만 이용하고 사용자는 각자 선호하는 다른 분석 소프트웨어를 사용할 수도 있다.

아마존은 내부 분석을 목적으로 개발된 예측 모델링 툴을 활용해 AWSAmazon Web Services에 아마존 머신러닝Amazon Machine Learning 기능을 통합하였다. AWS는 관계형 데이터베이스 기능과 하둡 데이터 관리 기능을 모두 제공한다. 하지만 AWS에서 구축된 데이터 마이닝 모델은 오직 아마존 클라우드에 저장된 데이터를 분석하는 용도로만 사용할 수 있다.

구글은 BigQuery와 Prediction API를 통해 클라우드 컴퓨팅 분야에서 시장 점유율을 확대해 나가고 있다. SQL과 유사한 인터페이스를 갖는 BigQuery를 사용하면 구글이 보유한 인프라를 활용하여 대량의 데이터를 처리할 수 있다. 또한 Prediction API는 R과 파이썬 등 사용자 편의에 맞는 다양한 프로그래밍 언어를 지원하며, 사용자가 분석을 요청한 데이터에 다양한 머신러닝 알고리즘을 적용한 후 가장 좋은 분석 결과를 출력해 준다. 하지만 분석의 세부 과정은 사용자에게 공개되지 않으며, 아마존과 마찬가지로 구글 클라우드에 저장된 데이터만 분석할 수 있다는 단점이 있다.

마이크로소프트는 Azure Machine Learning Studio와 Stream Analytics를 내세우고 있다. Azure애저는 전통적인 관계형 데이터베이스는 물론 하둡 클러스터도 지원한다. Azure ML은 boosted trees와 서포트 벡터 머신Support Vector Machine을 포함하여 광범위한 데이터 마이닝 알고리즘을 제공하며, 구글과 마찬가지로 R과 파이썬을 주력으로 하는 사용자들은 큰 어려움 없이 이용할 수 있다. 프로그래밍이 익숙하지 않은 데이터 분석가들은 워크플로 인터페이스를 이용할 수 있으며, 스트림 데이터의 처리를 위한 실시간 분석 기능도 제공 받을 수 있다. 우리에게 친숙한 엑셀마이너의 클라우드 버전도 마이크로소프트 Azure에 기반해 만들어졌다. 최근 마이크로소프트는 R을 이용한 데이터 분석 시장의 강자인 레볼루셔너리 애널리틱스Revolutionary Analytics를 인수하면서 그들이 보유한 R Enterprise와 SQL Server 및 Azure ML의 통합 시스템을 구축하려는 행보를 보이고 있다. R Enterprise는 일반적인 R과 달리 메모리 제약이 적으며 병렬 연산 처리가 용이하다는 장점이 있다.

클라우드 기반 데이터 분석 소프트웨어의 단점은 알고리즘의 원리에 대한 접근성과 결과에 대한 해석 및 파라미터에 대한 사용자의 자유도가 떨어진다는 것이다. 소프트웨어가 좋은 데이터 분석 결과를 내놓더라도 사용자 입장에서는 결과에 대한 역추적이 불가능한 블랙박스 모델에 불과할 수 있다. 또 다른 단점은 대부분 유사한 시스템에 능숙한 데이터 분석가가 주 소비자층이라는 점이다.

데이터 사이언스는 생산 기획 단계부터 제품 마케팅에 이르기까지 전 과정을 최적화할 수 있도록 해준다. 이에 더해 데이터 마이닝 기반의 클라우드 컴퓨팅 서비스는 많은 기업에 효율적으로 데이터를 저장 및 관리하고 분석할 수 있는 기회를 제공한다. 여기서 중요한 것은 클라우드 컴퓨팅을 활용하고자 하는 집단의 목표와 현실적인 조건에 적합한 서비스를 찾는 것이다. 또한 소프트웨어가 내놓는 결과를 무조건적으로 신뢰해선 안 되며, 사용자의 올바른 판단이 가장 중요하다는 사실을 간과해서도 안 된다.

이 책은 데이터 마이닝에 사용되는 다양한 알고리즘 및 방법론에 대한 포괄적인 이해를 목표로 하며 실무적인 데이터 사용법에 대해서는 중점적으로 다루지 않았다.[2]

2 이 글을 쓴 허브 에델스타인(Herb Edelstein)은 워싱턴 D.C. 근방에 있는 데이터 마이닝 컨설팅 분야의 선두 주자인 투크로스컨설팅(Two Cross Consulting)의 회장이다. 에델스타인 회장은 데이터 마이닝과 데이터 웨어하우스 분야의 전문가로서 많은 강연을 하였고 관련 도서를 집필하였다.

연습문제

2.1 다음 문제를 데이터 마이닝 기법을 이용해 해결하려고 한다. 지도 학습과 비지도 학습 중 어느 기법을 사용하는 것이 적절한지 구분하시오.

a. 과거 고객들의 인구통계학적 데이터와 금융 데이터를 바탕으로 새로운 고객들의 대출 여부 결정

b. 온라인 서점에서 기존 구매 고객들의 구매 패턴을 파악해 책 추천

c. 기존에 알고 있는 네트워크 데이터 패킷 상태 정보를 이용해 새로운 네트워크 데이터 패킷의 상태 분류(예 바이러스, 해커 공격)

d. 비슷한 성향인 고객군 파악

e. 파산한 회사와 그렇지 않은 회사들의 재정 상태 데이터를 기반으로 특정 회사의 파산 여부 예측

f. 수리 이력 정보를 바탕으로 항공기 수리 시간 추정

g. 우편번호 스캔 결과 정보를 바탕으로 우편물 자동 분류

h. 본인의 구매 물품과 다른 고객들의 과거 구매 이력 정보를 바탕으로 할인 쿠폰의 발행 여부 판단

2.2 검증 데이터와 테스트 데이터의 차이를 설명하시오.

2.3 [표 2-16]은 신용카드 신청자 데이터의 일부다. 이 데이터가 랜덤하게 샘플링된 것인지, 분석에 적절하게 사용될 수 있을지에 대해 논해 보시오.

표 2-16 신용카드 신청자 데이터의 일부

OBS	CHECK ACCT	DURATION	HISTORY	NEW CAR	USED CAR	FURNITURE	RADIO TV	EDUC	RETRAIN	AMOUNT	SAVE ACCT	RESPONSE
1	0	6	4	0	0	0	1	0	0	1169	4	1
8	1	36	2	0	1	0	0	0	0	6948	0	1
16	0	24	2	0	0	0	1	0	0	1282	1	0
24	1	12	4	0	1	0	0	0	0	1804	1	1
32	0	24	2	0	0	1	0	0	0	4020	0	1
40	1	9	2	0	0	0	1	0	0	458	0	1
48	0	6	2	0	1	0	0	0	0	1352	2	1
56	3	6	1	1	0	0	0	0	0	783	4	1
64	1	48	0	0	0	0	0	0	1	14,421	0	0
72	3	7	4	0	0	0	1	0	0	730	4	1
80	1	30	2	0	0	1	0	0	0	3832	0	1
88	1	36	2	0	0	0	0	1	0	12,612	1	0
96	1	54	0	0	0	0	0	0	1	15,945	0	0
104	1	9	4	0	0	1	0	0	0	1919	0	1
112	2	15	2	0	0	0	0	1	0	392	0	1

2.4 [표 2-17]은 은행 데이터베이스에서 학습 데이터를 구성하기 위해 랜덤하게 추출한 데이터다. `Personal loan`(개인대출) 변수는 은행이 실시한 융자 권유에 대해 고객의 수락 여부를 보여주는 변수다(1: 수락). 은행은 이 데이터를 바탕으로 예측 모델을 구축해 미래의 융자 수락 고객들을 예측해 보고자 한다. 이를 위해 어떤 분석을 해야 하는지 서술하시오.

표 2-17 은행 데이터의 일부

OBS	AGE	EXPERIENCE	INCOME	ZIP CODE	FAMILY	CC AVG	EDUC	MORTGAGE	PERSONAL LOAN	SECURITIES ACCT
1	25	1	49	91107	4	1.6	1	0	0	1
4	35	9	100	94112	1	2.7	2	0	0	0
5	35	8	45	91330	4	1	2	0	0	0
9	35	10	81	90089	3	0.6	2	104	0	0
10	34	9	180	93023	1	8.9	3	0	1	0
12	29	5	45	90277	3	0.1	2	0	0	0
17	38	14	130	95010	4	4.7	3	134	1	0
18	42	18	81	94305	4	2.4	1	0	0	0
21	56	31	25	94015	4	0.9	2	111	0	0
26	43	19	29	94305	3	0.5	1	97	0	0
29	56	30	48	94539	1	2.2	3	0	0	0
30	38	13	119	94104	1	3.3	2	0	1	0
35	31	5	50	94035	4	1.8	3	0	0	0
36	48	24	81	92647	3	0.7	1	0	0	0
37	59	35	121	94720	1	2.9	1	0	0	0
38	51	25	71	95814	1	1.4	3	198	0	0
39	42	18	141	94114	3	5	3	0	1	1
41	57	32	84	92672	3	1.6	3	0	0	1

2.5 구축된 모델을 학습 데이터에 적용할 경우 오차가 0이 나올 수 있다. 과적합의 개념을 이용해 이 경우가 좋지 않을 수도 있음을 설명하시오.

2.6 고객을 구매자와 비구매자로 분류하기 위해 고객 신상 정보와 구매 정보를 이용해 분류 모델을 구축하였다. 여기서 `refund issued`(환불 여부)가 분류에 중요한 역할을 하는 변수임을 알았다. 앞으로 분류하려고 하는 데이터에 고객 신상 정보는 있지만 구매 정보는 없다고 가정하면 `refund issued` 변수를 모델 구축 시 포함시켜서는 안 되는 이유를 설명하시오.

2.7 1,000개의 관측치와 50개의 변수, 5%의 결측치가 랜덤하게 존재하는 데이터가 있다고 가정하자. 결측치를 모두 삭제한다면 총 몇 개의 관측치가 삭제되는지 계산해 보시오.

2.8 [표 2-18]의 데이터를 정규화하시오(계산 과정을 명시하시오).

표 2-18 정규화할 데이터

Age	Income($)
25	49,000
56	156,000
65	99,000
32	192,000
41	39,000
49	57,0004

2.9 관측치들의 거리를 계산하는 다양한 방법 중 유클리드 거리를 이용해 [표 2-18]의 첫 번째와 두 번째 관측치 사이의 거리를 다음 식으로 구할 수 있다. 데이터를 정규화함으로써 두 관측치 사이의 유클리드 거리가 더 멀어질 수 있을지에 관해 설명해 보시오.

$$\sqrt{(25-56)^2+(49{,}000-156{,}000)^2}$$

2.10 분할된 데이터에 2개의 모델을 적용했다. 모델 A는 모델 B보다 학습 데이터에서 더 좋은 성능을 보였다. 그러나 검증 데이터에서는 모델 B가 근소한 차이로 좋은 성능을 보였다. 어느 모델을 선택할지 명시하고 그 이유를 쓰시오.

2.11 `ToyotaCorolla.csv` 데이터는 2004년 늦여름 네덜란드에서 판매한 중고 자동차 판매 정보다. 1,436개의 관측치와 자동차 가격, 연식, 마력 등 38개의 변수를 포함하고 있다. 이 데이터를 다양한 데이터 마이닝 기법에 적용하기 전에 다음 작업을 수행하시오.

a. `Fuel Type` 변수와 `Metallic` 변수는 범주형이다. 어떤 방식으로 이 변수들을 가변수로 변환할지 설명하시오. 파이썬 pandas를 이용해 범주형 변수를 가변수로 변환하시오.

b. 파이썬을 이용해 이 데이터를 학습 데이터(50%), 검증 데이터(30%), 테스트 데이터(20%)로 분할하고 각각의 역할을 설명하시오(분할 시 모든 변수를 사용하고 초깃값은 기본값을 사용하시오).

Part 02

데이터 탐색과 차원 축소

Part 02
데이터 탐색과 차원 축소

CHAPTER 3

데이터 시각화

이 장에서는 데이터셋의 다차원성을 탐색하는 데 유용한 시각화 기법들을 살펴본다. 기본 차트(막대그래프, 선그래프, 산점도), 분포도(박스 플롯, 히스토그램), 더 많은 정보를 시각화하기 위해 성능을 향상시킨 기법들을 소개한다. 각 시각화 작업들이 지도 학습(예측, 분류, 시계열 예측)에서부터 비지도 학습에 이르는 데이터 마이닝 작업에 어떻게 도움을 주는지 설명하고, 각 작업에 적합한 시각화 기법을 선택할 수 있도록 몇 가지 가이드를 제시한다. 또한 인터랙티브 시각화 기법의 장점을 정적 차트와 비교해서 설명한다. 끝으로 계층형, 네트워크형, 공간형처럼 구조가 특별한 데이터셋 분석에 적합한 시각화 기법들을 소개한다.

3.1 개요

"한 장의 사진이 천 마디 말보다 낫다"라는 말이 있는데, 이것은 복잡한 언어 정보를 간결하고 이해하기 쉬운 이미지로 압축하는 능력을 의미한다. 숫자의 경우, 데이터를 시각화하거나 집계표를 만들면 데이터를 탐색하기가 쉽고, 결과를 효과적으로 전달할 수 있다.

시각화 기술은 데이터 마이닝 과정 중 어느 단계에 적용될 수 있을까? 시각화는 주로 데이터 마이닝의 전처리 단계에 사용된다. 시각화는 틀린 수치들(예 환자의 연령이 999세 또는 −1세), 결측치, 중복 행, 중복 열 등을 찾아줌으로써 데이터 정제를 돕는다. 시각화 기술들은 변수 도출과 선택에도 유용하다. 즉, 분석에 포함시키거나 제외할 변수를 결정하는 데 도움을 준다. 또한 구간의 크기가 적당한지, 수치형 변수들의 구간화가 필요한지 여부(예 만약 yes/no 판정이 필요하다면 수치 결과 변수를 이진 변수로 변환할 필요가 있음)를 결정하는 데 도움을 준다. 그리고 데이터 축소 과정의 하나로 카테고리들을 합치는 역할도 한다. 마지막으로, 데이터를 더 수집해야 하고 그 수집 비용이 크다면(판도라 프로젝트 사례의 초기 상황과 유사, 7장 참조) 시각화 기법을 이용해 유용한 변수나 측정치를 미리 선별함으로써 비용을 줄일 수 있다.

이 장에서는 데이터 탐색을 목적으로 하는 예측 분석 관련 데이터 시각화를 중심으로 살펴본다. 데이터 보고를 위한 시각화는 아니지만 데이터 표현을 위한 다양한 그래픽 표현을 설명할 것이다. 이 그래픽 표현은 현재 비즈니스 업무에서 가장 많이 쓰이는 요약표와 막대그래프의 표현 수준을 뛰어넘는다. 비즈니스 데이터 분석에 사용되는 그래프에 대한 설명은 퓨Few의 책(2004)을 추천한다. 데이터 마이닝 결과의 시각화는 다른 장에서 보편적인 그래픽 표현을 통해 설명한다. 계층적 군집화의 덴드로그램(15장), 소셜 네트워크 분석의 네트워크 차트(19장), 분류와 회귀 트리의 트리 차트(9장)는 기술적인 내용이 많고, 분류의 ROC 곡선과 향상 차트(5장) 및 군집화의 프로파일 플롯과 히트맵 등의 나머지는 일반적이다.

NOTE

통계학에서 '그래프'란 용어는 두 가지 의미가 있다. 일반적인 의미는 데이터를 표현하는 다양한 형태의 그림(예 선그래프, 막대그래프, 히스토그램 등)이다. 더 기술적인 용도로 쓸 때는 네트워크(19장 참조)에서의 데이터 구조와 레이아웃을 의미한다. 이 장에서는 시각화를 '플롯'이라는 용어로 표현함으로써 혼란을 피하고자 한다.

데이터 탐색은 본격적인 분석 전에 미리 수행해 볼 수 있다. 그래픽 탐색에는 데이터 구조 이해, 데이터 수정(예 예상치 못한 격차 또는 오류 값 식별), 이상치 식별, 기본 패턴 발견(예 변수 간의 상관관계, 클러스터), 흥미로운 질문을 도출하기 위한 자유형 탐색 방법이 있다. 또한 그래픽 탐색을 할 때 관심 있는 질문에 대해 집중 분석할 수 있다. 데이터 마이닝 작업을 수행할 때는 자유형 탐색과 특정 목적을 지닌 탐색이 함께 필요하다.

시각적 탐색의 범위는 매우 기초적인 차트를 만드는 것부터 필터링하거나 확대하는 작업을 사용하여 서로 연결된 차트들을 탐색하는 데 이르기까지 아주 폭넓다. 이 장에서는 데이터 시각화 기술에 대한 자세한 가이드보다는 데이터 탐색을 도와주는 주된 원리와 특징들을 밝히고자 한다. 먼저 개별 시각화 기법에 대한 다양한 수준의 기술을 설명한 다음 서로 다른 특징과 각 기능의 장점을 알아본다. 또한 데이터 시각화가 데이터 마이닝이라는 후행 분석의 목적을 위한 선행 분석으로 존재한다는 관점으로 설명한다. 특히 지도 학습과 비지도 학습을 구분하고, 지도 학습 내에서 분류(범주형 결과 변수)와 예측(수치형 결과 변수)을 구분한다.

파이썬

데이터 시각화에 사용되는 다양한 파이썬 라이브러리가 있다. 가장 오래되었지만 가장 유연한 라이브러리는 matplotlib이다. 널리 사용되므로 학습 초기에 도움을 받을 수 있는 리소스가 많다. 제공되는 라이브러리를 활용해 플롯을 더 빠르게 생성할 수 있다.

seaborn과 pandas는 matplotlib의 래퍼 라이브러리다. 둘 다 플롯을 빠르게 생성하는 데 매우 유용하다. 하지만 matplotlib도 제대로 알면 최종 플롯을 더 잘 제어하는 데 도움이 된다.

ggplot 라이브러리는 해들리 위컴Hadley Wickham이 만든 동일한 이름의 R 패키지를 모델로 하며, 리랜드 윌킨슨Leland Wilkinson이 플롯 이론과 명명 체계를 정의하기 위해 만든 용어인 '그래픽의 문법'에 바탕을 두고 있다. ggplot을 배운다는 것은 플롯의 철학과 기술 언어에 익숙해진다는 것을 의미한다. 보케Bokeh는 웹 브라우저를 위한 인터랙티브 플롯, 대시보드, 데이터 응용 프로그램을 만드는 흥미롭고 새로운 개발 환경이다.

이 장에서는 데이터 시각화에 주로 pandas를 사용하고 matplotlib을 사용해 플롯을 맞춤 제작하는 방법을 다룬다. 히트맵용 seaborn, 맵 시각화용 gmaps, cartopy 같은 패키지가 특수 플롯에 사용된다.

이 장에 필요한 파이썬 라이브러리 불러오기

```
import os
import calendar
import numpy as np
import networkx as nx
import pandas as pd
from pandas.plotting import scatter_matrix, parallel_coordinates
import seaborn as sns
from sklearn import preprocessing
import matplotlib.pylab as plt
```

3.2 예제 데이터

데이터 시각화를 설명하기 위해 두 가지 데이터셋(다른 장에서도 사용함)을 사용한다.

예제 1: 보스턴 주택 데이터

보스턴 주택 데이터는 보스턴의 인구조사 구역에서 측정된 여러 가지 정보(예 범죄율, 학생-교사 비율)를 담고 있으며, 14가지 변수로 구성되어 있다. [표 3-1]은 각 변수에 대한 설명이고, [표 3-2]는 처음에 나오는 9가지 레코드 표본을 보여준다. 원래 주어진 13가지 변수에 CAT.MEDV라는 변수가 추가되어 있는데, 추가된 변수는 주택 가격의 중앙값(MEDV)을 3만 달러를 기준으로 '고'와 '저' 두 가지 카테고리로 변환한 변수다. pandas에서는 문자, 숫자, _(언더바)로 만 구성된 열 이름을 사용하는 것이 더 편리하다. 따라서 코드 예제에서는 열 이름을 CAT_MEDV로 바꾼다.

표 3-1 보스턴 주택 데이터셋의 변수 설명

CRIM	범죄율
ZN	25,000제곱피트 이상의 부지에 대해 구획된 주거용 토지의 비율
INDUS	비소매업이 차지하는 토지 비율
CHAS	찰스강 인접 여부(1=인접, 0=비인접)
nox	10ppm당 일산화질소
RM	주택의 평균 방 개수
AGE	1940년 이전에 건축된 주택에 사는 비율
DIS	보스턴 5대 상업 지구와의 거리
RAD	고속도로 진입 용이성 정도
TAX	재산세율(10,000달러당)
PTRATIO	시[town]별 학생 대 교사 비율
LSTAT	저소득층 비율
MEDV	주택 가격의 중앙값(단위: 1,000달러)
CAT.MEDV	주택 가격의 중앙값이 3만 달러 이상인지 여부(1=이상, 0=미만)

표 3-2 보스턴 주택 데이터의 처음 9개 레코드

보스턴 주택 파일을 열어 처음 9개 레코드 보여주기

```
housing_df = pd.read_csv('BostonHousing.csv')
# rename CAT. MEDV column for easier data handling
housing_df = housing_df.rename(columns={'CAT. MEDV': 'CAT_MEDV'})
housing_df.head(9)
```

실행 결과

```
     CRIM   ZN INDUS CHAS   NOX    RM   AGE   DIS RAD TAX PTRATIO LSTAT MEDV CAT_MEDV
0 0.0063 18.0  2.31    0 0.538 6.575  65.2 4.090   1 296    15.3  4.98 24.0        0
1 0.0273  0.0  7.07    0 0.469 6.421  78.9 4.967   2 242    17.8  9.14 21.6        0
2 0.0273  0.0  7.07    0 0.469 7.185  61.1 4.967   2 242    17.8  4.03 34.7        1
3 0.0324  0.0  2.18    0 0.458 6.998  45.8 6.062   3 222    18.7  2.94 33.4        1
4 0.0691  0.0  2.18    0 0.458 7.147  54.2 6.062   3 222    18.7  5.33 36.2        1
5 0.0299  0.0  2.18    0 0.458 6.430  58.7 6.062   3 222    18.7  5.21 28.7        0
6 0.0883 12.5  7.87    0 0.524 6.012  66.6 5.561   5 311    15.2 12.43 22.9        0
7 0.1446 12.5  7.87    0 0.524 6.172  96.1 5.951   5 311    15.2 19.15 27.1        0
8 0.2112 12.5  7.87    0 0.524 5.631 100.0 6.082   5 311    15.2 29.93 16.5        0
```

세 가지 작업을 생각해 볼 수 있다(이 세 가지 작업에서 MEDV 변수와 CAT.MEDV 변수는 같이 사용하지 않음).

❶ 결과 변수가 주택 가격 중앙값(MEDV)인 지도 예측 작업

❷ 결과 변수가 이진 변수 CAT.MEDV인 지도 분류 작업

❸ 인구조사 구역을 군집화하는 것이 목적인 비지도 작업

예제 2. 앰트랙 기차 이용 승객

미국 철도 회사인 앰트랙은 이용 승객의 데이터를 정기적으로 수집한다. 1991년 1월부터 2004년 3월 사이에 수집된 월별 승객 데이터를 사용해 미래 승객 수를 예측하고자 한다. 데이터와 출처는 16장에서 제시하고, 여기서는 시계열 예측 작업을 설명한다.

3.3 기본 차트: 막대그래프, 선그래프, 산점도

가장 유용한 세 가지 기본 차트는 막대그래프, 선그래프, 산점도다. 이 차트는 파이썬의 pandas를 사용해 쉽게 만들 수 있으며, 데이터 탐색 및 프레젠테이션용으로 비즈니스에서 가장 많이 사용된다(파이 차트도 인기가 있지만 시각화 효과가 낮음). 기본 차트는 하나나 둘 이상의 데이터 열(변수)을 한 번에 표시해 살펴볼 수 있다. 이는 데이터 분석 초기 단계에서 데이터의 구조, 변수의 양과 유형, 결측치의 크기와 유형 등을 파악하는 데 유용하다.

데이터 마이닝 작업의 성격과 데이터에 관한 업무 지식은 기본 차트 선택에 영향을 준다. 지도 학습에서는 결과 변수에 더 중점을 둔다. 산점도에서 결과 변수는 데이터 축소 또는 군집화를 위해 일반적으로 y축과 연결되는데, 비지도 학습에서는 데이터 간의 관계를 보여주는 산점도 같은 기본 차트가 선호된다.

[그림 3-1]의 (a)는 앰트랙의 월간 승객 수에 대한 시계열을 나타내는 선그래프다. 선그래프는 주로 시계열을 보여주는 데 사용한다. 그래프를 그리기 위한 시간 프레임의 크기는 시간 척도와 마찬가지로 예측 작업의 규모와 데이터의 속성에 따라 달라진다.

막대그래프는 평균, 개수, 비율과 같은 단일 통계값의 그룹별 비교에 유용하다. 막대 높이는 통계값을 나타내고, 각 막대는 그룹을 표시하며, 각 막대의 높이(수평 막대의 경우에는 길이)는 변수 값을 나타낸다. [그림 3-1]의 (c)와 (d)가 막대그래프다. (c)는 수치형 변수(MEDV; 주택 가격)를 나타내는 막대그래프이고, (d)는 범주형 변수(CAT.MEDV; 3만 달러 여부)를 나타내는 막대그래프다. 각 막대는 찰스강 인근 구역의 주택과 기타 구역의 주택을 나타낸다(따라서 CHAS 변

수의 두 범주를 비교함). 수치형 결과인 MEDV가 포함된 (c)는 y축에 MEDV 평균을 사용하고 있다. 이것이 예측 작업을 도와준다. 수치형 결과가 y축에 있고, x축이 범주형 예측 변수를 위해 존재한다[1](막대그래프의 x축은 막대 순서를 바꿀 수 있도록 범주형 변수를 위해 사용되어야 함). (d)에서 y축은 주택 가격의 중앙값이 3만 달러 이상인 구역의 비율(CAT.MEDV)을 나타내고, x축은 찰스강 인접 여부를 나타내는 이진 변수다. 이 그래프는 찰스강 인접 구역의 주택 가격 중앙값이 3만 달러 이상일 가능성이 높음을 보여준다.

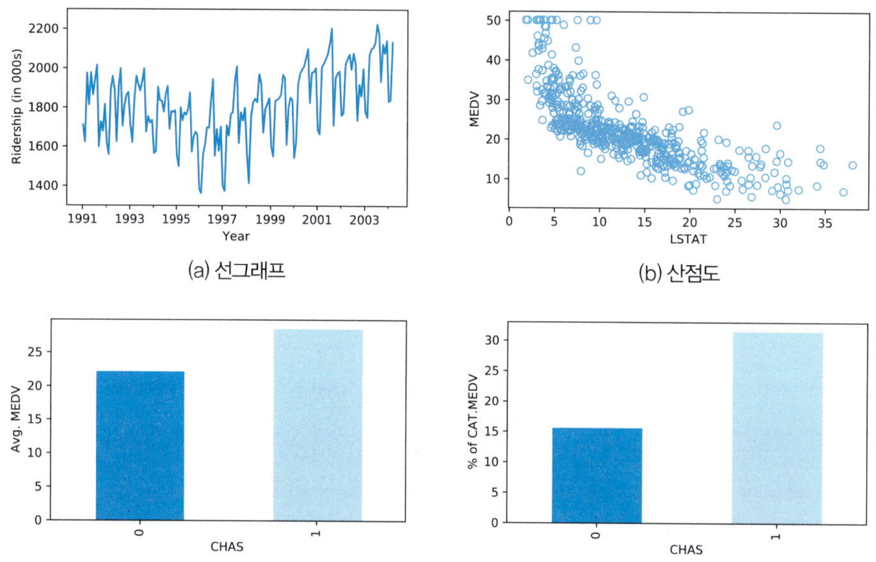

(a) 선그래프 (b) 산점도

(c) 수치형 변수에 대한 막대그래프 (d) 범주형 변수에 대한 막대그래프

그림 3-1 기본 차트

[그림 3-1]의 (b)는 MEDV와 LSTAT의 산점도를 나타내는데 이는 예측 작업에서 의미가 있는 차트다. x축에 있는 LSTAT는 예측 변수이고 y축에 있는 MEDV는 결과 변수다. 기본 산점도에서 두 변수는 수치형이어야 하기 때문에 CAT.MEDV와 예측 변수 사이의 관계를 산점도로 나타낼 수는 없다(그렇게 만들 수도 있는데 이에 대해서는 3.4절 참조). 비지도 학습에서 산점도는 두 가지 수치형 변수 간의 정보 중복이나 군집 발견과 같은 연관성을 밝히는 데 도움이 된다.

세 가지 기본 차트는 승객 혹은 주택 가격의 전반적인 수준은 물론, 시간에 따른 변화(선그래프), 하위 그룹 간의 차이(막대그래프), 수치형 변수 간의 관계(산점도)와 같은 정보를 표시해준다.

---

1 여기서는 세로 막대그래프를 말한다. 막대그래프를 사용하는 경우에도 x축이 숫자 변수 및 y축과 연결된다는 점을 제외하고 수평선 범주형 변수와 함께 동일한 원칙이 적용된다.

[그림 3-1]을 생성하는 파이썬 코드

```
## Load the Amtrak data and convert them to be suitable for time series analysis
Amtrak_df = pd.read_csv('Amtrak.csv', squeeze=True)
Amtrak_df['Date'] = pd.to_datetime(Amtrak_df.Month, format='%d/%m/%Y')
ridership_ts = pd.Series(Amtrak_df.Ridership.values, index=Amtrak_df.Date)

## Boston housing data
housing_df = pd.read_csv('BostonHousing.csv')
housing_df = housing_df.rename(columns={'CAT. MEDV': 'CAT_MEDV'})
```

판다스(Pandas) 버전

```
## line graph
ridership_ts.plot(ylim=[1300, 2300], legend=False)
plt.xlabel('Year') # set x-axis label
plt.ylabel('Ridership (in 000s)') # set y-axis label

## scatter plot with axes names
housing_df.plot.scatter(x='LSTAT', y='MEDV', legend=False)

## barchart of CHAS vs. mean MEDV
# compute mean MEDV per CHAS = (0, 1)
ax = housing_df.groupby('CHAS').mean().MEDV.plot(kind='bar')
ax.set_ylabel('Avg. MEDV')

## barchart of CHAS vs. CAT_MEDV
dataForPlot = housing_df.groupby('CHAS').mean()['CAT_MEDV'] * 100
ax = dataForPlot.plot(kind='bar', figsize=[5, 3])
ax.set_ylabel('% of CAT.MEDV')
```

맷플롯립(matplotlib) 버전

```
## line graph
plt.plot(ridership_ts.index, ridership_ts)
plt.xlabel('Year') # set x-axis label
plt.ylabel('Ridership (in 000s)') # set y-axis label

## Set the color of the points in the scatterplot and draw as open circles.
plt.scatter(housing_df.LSTAT, housing_df.MEDV, color='C2', facecolor='none')
plt.xlabel('LSTAT'); plt.ylabel('MEDV')

## barchart of CHAS vs. mean MEDV
# compute mean MEDV per CHAS = (0, 1)
dataForPlot = housing_df.groupby('CHAS').mean().MEDV
fig, ax = plt.subplots()
ax.bar(dataForPlot.index, dataForPlot, color=['C5', 'C1'])
ax.set_xticks([0, 1], False)
ax.set_xlabel('CHAS')
ax.set_ylabel('Avg. MEDV')

## barchart of CHAS vs. CAT.MEDV
dataForPlot = housing_df.groupby('CHAS').mean()['CAT_MEDV'] * 100
fig, ax = plt.subplots()
ax.bar(dataForPlot.index, dataForPlot, color=['C5', 'C1'])
ax.set_xticks([0, 1], False)
ax.set_xlabel('CHAS'); ax.set_ylabel('% of CAT.MEDV')
```

분포도: 박스 플롯과 히스토그램

다차원 분석이 가능한 고차원 시각화로 넘어가기 전에 기본 차트는 아니지만 통계학과 데이터 마이닝 맥락에서 매우 중요한 두 가지 플롯을 주목할 필요가 있다. 바로 수치형 변수의 전반적인 분포를 표시해 주는 박스 플롯과 히스토그램이다. 평균값이 용도가 다양한 요약 통계이긴 하지만 변수의 중앙값이나 표준편차와 같은 추가적인 통계값을 볼 수 있다면 더 많은 정보를 얻게 되고, 이러한 통계값의 전체 분포를 관찰한다면 더욱 유용할 것이다. 단일 변량을 표시하는 막대그래프와 달리 박스 플롯과 히스토그램은 수치형 변수의 전체 분포를 나타낸다.

박스 플롯을 나란히 생성해 하위 그룹끼리 비교하거나, 여러 개의 박스 플롯을 시간별로 생성함으로써 시간 변화에 따른 분포를 관찰할 수 있다. 분포도는 데이터 마이닝 방법과 변수 변환을 결정하기 위한 지도 학습에 유용하다. 예를 들어, 정규 분포를 가정하는 분석 방법(예 선형 회귀, 판별 분석)에서 편향된 수치형 변수를 적용하려면, 반드시 변환(예 로그 스케일로 이동)을 수행해야 한다.

히스토그램은 일련의 수직 연결된 막대로 모든 x값의 빈도를 나타낸다. 예를 들어, [그림 3-2]의 (a)에는 중앙값(MEDV)이 2만 달러에서 2만 5천 달러 사이인 구역이 150개가 넘는다.

박스 플롯은 y축에 표시되는 변수를 나타낸다(그림은 90°로 회전할 수 있으므로 박스가 x축에 평행함). [그림 3-2]의 (b)에 2개의 박스 플롯(병렬 박스 플롯이라고 함)이 있다. 박스는 데이터의 50%를 포함한다. 예를 들어, 오른쪽 박스에서 구역의 절반은 2만 달러에서 3만 3천 달러 사이의 중앙값(MEDV)을 갖는다. 박스 안의 가로선은 중위수(50위)를 나타낸다. 박스 상단과 하단은 각각 75위와 25위를 나타낸다. 박스 위아래로 연장된 선은 데이터 범위의 나머지를 나타낸다. 아웃라이어들은 점이나 원으로 표시된다. 때때로 평균은 +(또는 이와 유사한) 기호로 표시된다. 평균과 중앙값을 비교해 보면 데이터 비대칭 여부를 판단할 수 있다. 박스 플롯에선 쉽게 비교할 수 있도록 x축에 표시된 두 번째 변수의 다양한 값 분포를 옆에 배치하기도 한다.

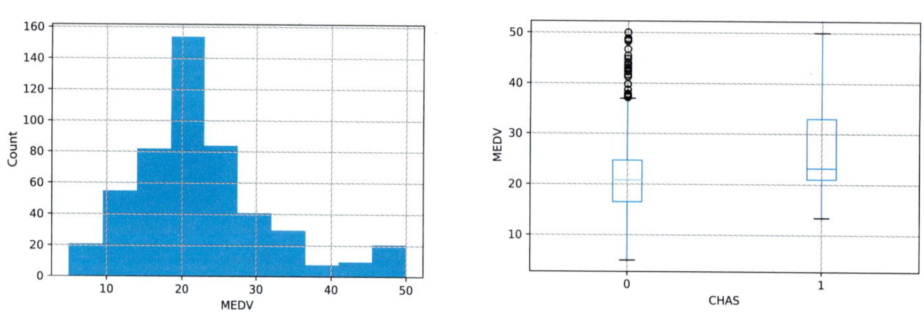

(a) 히스토그램 (b) 박스 플롯

그림 3-2 수치형 변수 MEDV에 관한 분포도

[그림 3-2]를 생성하는 파이썬 코드

```
## histogram of MEDV
ax = housing_df.MEDV.hist()
ax.set_xlabel('MEDV'); ax.set_ylabel('count')

# alternative plot with matplotlib
fig, ax = plt.subplots()
ax.hist(housing_df.MEDV)
ax.set_axisbelow(True) # Show the grid lines behind the histogram
ax.grid(which='major', color='grey', linestyle='--')
ax.set_xlabel('MEDV'); ax.set_ylabel('count')
plt.show()

## boxplot of MEDV for different values of CHAS
ax = housing_df.boxplot(column='MEDV', by='CHAS')
ax.set_ylabel('MEDV')
plt.suptitle('') # Suppress the titles
plt.title('')

# alternative plot with matplotlib
dataForPlot = [list(housing_df[housing_df.CHAS==0].MEDV),
               list(housing_df[housing_df.CHAS==1].MEDV)]
fig, ax = plt.subplots()
ax.boxplot(dataForPlot)
ax.set_xticks([1, 2], False)
ax.set_xticklabels([0, 1])
ax.set_xlabel('CHAS'); ax.set_ylabel('MEDV')
plt.show()
```

히스토그램과 박스 플롯은 수치형 변수에 적합하므로 기본적으로 예측 작업에 유용하다. 박스 플롯도 수치형 변수(y축)와 범주형 변수(x축) 사이의 관계를 표시해 비지도 학습을 지원해 준다. [그림 3-2]의 (a)는 주택 가격의 히스토그램인데, 편향된 분포를 보여준다. 결과 변수를 log(MEDV)로 변환하면 선형 회귀 예측값을 개선할 수 있다.

[그림 3-2]의 (b)는 병렬 박스 플롯으로 찰스 강변 주택(1)과 그 외 구역 주택(0)의 가격 중앙값 분포를 비교해서 볼 수 있다. 찰스 강변 주택의 평균 MEDV가 그 외 구역 주택의 평균 MEDV보다 높을 뿐 아니라 모든 측정값이 더 높음(중간값, 사분위수, 최소와 최대)을 알 수 있다. 또한 찰스 강변 주택들은 모두 1만 달러를 초과하는 높은 MEDV를 가지고 있다. 이와 같은 정보는 이 예측 변수(CHAS)의 잠재적 중요성을 판별하고, 두 분포 사이의 중복되지 않는 구역을 찾아낼 수 있는 데이터 마이닝 방법을 선택하는 데 도움이 된다.

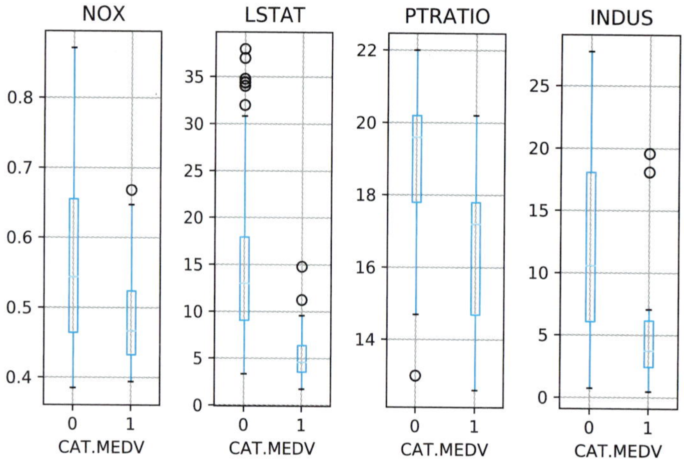

그림 3-3 다양한 수치형 예측 변수로 결과 변수 CAT.MEDV를 탐색하기 위한 병렬 박스 플롯. 각 병렬 박스 플롯에서 한 축은 범주형 변수를 사용하고, 다른 축은 수치형 변수를 사용한다. 범주형 결과 변수와 수치형 예측 변수를 함께 그리면 예측 변수의 분포가 각 결과 범주마다 비교된다. 수치형 결과 변수와 범주형 예측 변수를 함께 그리면 결과 변수의 분포가 예측 변수의 다양한 수준에 걸쳐서 나타난다.

[그림 3-3]을 생성하는 파이썬 코드

```
## side-by-side boxplots
fig, axes = plt.subplots(nrows=1, ncols=4)
housing_df.boxplot(column='NOX', by='CAT_MEDV', ax=axes[0])
housing_df.boxplot(column='LSTAT', by='CAT_MEDV', ax=axes[1])
housing_df.boxplot(column='PTRATIO', by='CAT_MEDV', ax=axes[2])
housing_df.boxplot(column='INDUS', by='CAT_MEDV', ax=axes[3])
for ax in axes:
    ax.set_xlabel('CAT.MEDV')
plt.suptitle('') # Suppress the overall title
plt.tight_layout() # Increase the separation between the plots
```

수치형 변수를 그린 박스 플롯과 히스토그램은 수치형 변수의 구간을 설정하는 방법을 보여주어 새로운 변수를 도출하는 데 도움이 된다(예 나이브 베이즈 분류기를 사용하기 위해 숫자 결과를 구간에 따라 분류하거나, 보스턴 주택 사례처럼 기준값을 선택해 MEDV를 CAT.MEDV로 변환).

결과적으로 말해, 병렬 박스 플롯은 분류 작업에서 수치형 변수의 잠재성을 평가하기 좋다. x축에 범주형 결과 값을, y축에 수치형 예측 변수를 사용하면 되는데, 이에 대한 예가 [그림 3-3]이다. 여기에서 CAT.MEDV에 대한 네 가지 수치 예측 변수의 효과를 볼 수 있다. 가장 분리된 쌍(예 PTRATIO 및 INDUS)이 잠재적으로 유용한 예측 변수를 나타낸다.

기본 차트와 분포도의 주요 약점은 두 변수만 표시할 수 있어 다차원적 정보를 밝힐 수가 없다는 것이다. 기본 차트는 2차원이고 각 차원에 변수 하나가 할당된다. 데이터 마이닝에서 데이터는 보통 다변량이고, 분석 기법은 다변량 정보들을 포착하고 측정하도록 만들어져 있다. 그러므로 시각적 탐색 기법도 이러한 다차원을 수용하는 것이 중요하다. 다음 절에서는 기본 차트(그리고 분산 차트들)로 다차원 데이터를 시각화하기 위한 속성 추가, 조절 기능 도입, 상호작용 추가 방법을 설명한다. 이어서 3.5절에서는 특별한 데이터 구조를 시각화할 수 있게 만들어진 특수 차트들을 제시한다.

히트맵: 상관관계와 결측치 시각화

히트맵은 수치형 데이터를 그래픽으로 나타내는 차트이며, 값을 색상으로 표시한다. 데이터 마이닝 업무에서 히트맵은 상관관계표의 시각화와 결측치의 시각화에 특히 유용하다. 두 경우 모두 정보가 2차원 표로 만들어진다. p개의 변수에 대한 상관관계표는 p행×p열이고 값보다는 색상을 살펴보는 것이 더 쉽고 빠르다. 히트맵은 큰 숫자 값을 검토하는 데 유용하지만 색상 차이를 정확하게 인지하기 어려워 막대그래프와 같은 정확한 그래픽 시각화를 대체하진 못한다.

[그림 3-4]는 상관 테이블 히트맵의 예로, 13개 변수(MEDV 및 12개 예측 변수) 간의 상관관계를 보여준다. 더 어두운 음영은 더 강한(양수 또는 음수) 상관관계를 표시한다. 이를 통해 높은 상관관계와 낮은 상관관계를 빨리 파악할 수 있다. 또한 양의 상관관계와 음의 상관관계를 구분하기 위해 색상을 사용했다.

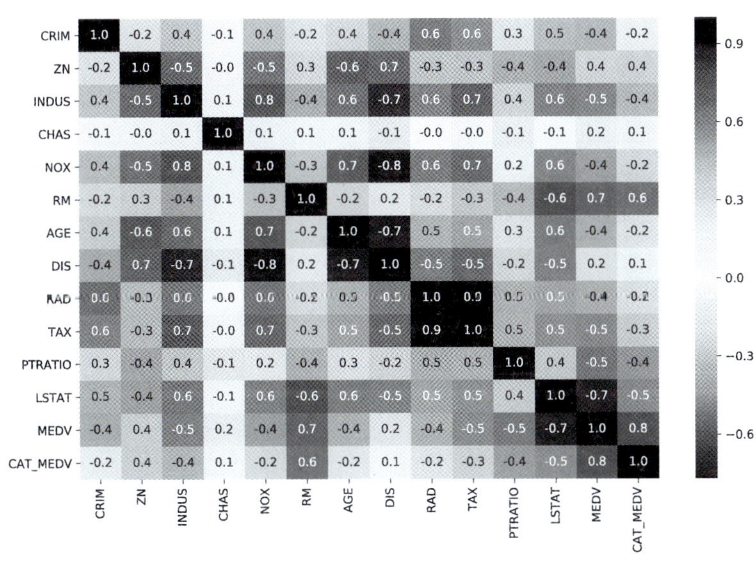

그림 3-4 상관 테이블의 히트맵. 음영이 짙을수록 상관관계가 강함을 나타낸다.

[그림 3-4]를 생성하는 파이썬 코드

```
## simple heatmap of correlations (without values)
corr = housing_df.corr()
sns.heatmap(corr, xticklabels=corr.columns, yticklabels=corr.columns)

# Change the colormap to a divergent scale and fix the range of the colormap
sns.heatmap(corr, xticklabels=corr.columns, yticklabels=corr.columns, vmin=-1, vmax=1,
            cmap="RdBu")

# Include information about values (example demonstrate how to control the size of
# the plot)
fig, ax = plt.subplots()
fig.set_size_inches(11, 7)
sns.heatmap(corr, annot=True, fmt=".1f", cmap="RdBu", center=0, ax=ax)
```

결측치 히트맵에서 행은 레코드에 해당하고, 열은 변수에 해당한다. 이때 원시 데이터셋의 이진법을 그대로 사용하는데, 결측치는 1로 표시하고 나머지 값은 0으로 나타낸다. 이 새로운 이진법 테이블에서는 결측치 셀(값이 1인 셀)에만 색을 입힌다. [그림 3-5]는 자동차 충돌 데이터셋에 대한 결측치 히트맵의 예다. 결측치 히트맵은 데이터셋의 '결측' 수준과 양을 시각화하므로 '결측' 패턴이 쉽게 드러난다. 거의 모든 관측치에서 누락된 변수들이 보이고 많은 값이 누락된 행들도 여러 개 보인다. 결측치가 거의 없는 변수도 있다. 이러한 정보는 누락을 처리하는 방법을 결정하는 데 사용될 수 있다(예 일부 변수 삭제, 일부 레코드 삭제, 대체값 사용).

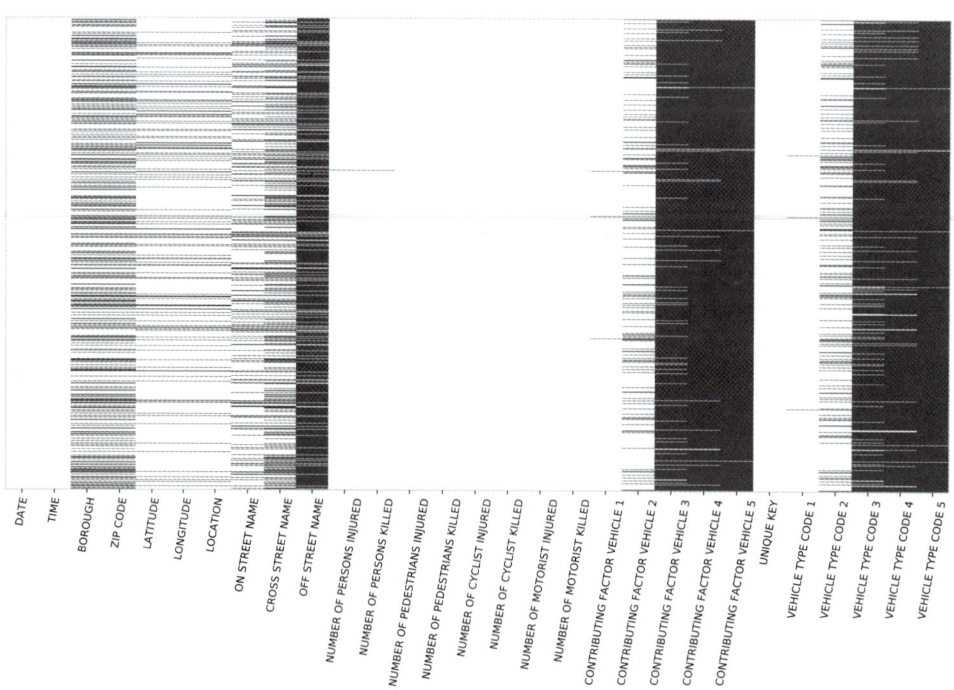

그림 3-5 자동차 충돌에 관한 데이터셋의 결측치 히트맵. 회색은 결측치 표시

[그림 3-5]와 같은 결측치 히트맵을 생성하는 파이썬 코드

```
df = pd.read_csv('NYPD_Motor_Vehicle_Collisions_1000.csv').sort_values(['DATE'])

# given a dataframe df create a copy of the array that is 0 if a field contains a
# value and 1 for NaN
naInfo = np.zeros(df.shape)
naInfo[df.isna().values] = 1
naInfo = pd.DataFrame(naInfo, columns=df.columns)

fig, ax = plt.subplots()
fig.set_size_inches(13, 9)
ax = sns.heatmap(naInfo, vmin=0, vmax=1, cmap=["white", "#666666"], cbar=False, ax=ax)
ax.set_yticks([])

# draw frame around figure
rect = plt.Rectangle((0, 0), naInfo.shape[1], naInfo.shape[0], linewidth=1,
                     edgecolor='lightgrey', facecolor='none')
rect = ax.add_patch(rect)
rect.set_clip_on(False)

plt.xticks(rotation=80)
```

3.4 다차원 시각화

기본 차트에 색상, 크기, 다중 패널을 적용하거나 다양한 기능(리스케일링, 합산, 상호작용)을 구현함으로써 더 풍부한 정보를 표현할 수 있다. 이런 추가 기능 덕분에 여러 변수를 함께 관찰할 수 있다. 추가 기능의 장점은 복잡한 정보를 표현하는 데 효과적이라는 점이다(퓨Few, 2009 참조). 데이터를 더 높은 차원으로 표현하는 게 아니라 정보를 더 이해하기 쉽게 만들어준다(예 3D 플롯은 효과가 낮은 시각화 기법임).

속성 변수 추가: 색상, 크기, 모양, 다중 패널, 애니메이션

차트에 더 많은 변수를 포함하려면 먼저 변수 형태를 고려해야 한다. 범주형 정보를 추가하려면 색조, 모양, 다중 패널을 사용하는 것이 좋다. 수치 정보를 추가하려면 색상 강도를 조절하거나 크기를 변화시키면 된다. 시간 정보는 애니메이션을 사용하면 효과적으로 추가할 수 있다.

기본 차트에 범주형과 수치형 변수를 추가한다는 것은 예측과 분류 작업 양쪽에 모두 사용할 수 있다는 의미다. 예를 들어, 산점도로는 범주형 결과와 예측 변수 간의 관계를 밝힐 수 없다고 했다. 그러나 2개의 수치형 예측 변수 산점도를 색상-코드화된 범주형 결과 변수로 분류한다면 시각적 효과가 아주 클 것이다. [그림 3-6]의 (a)는 CAT.MEDV 변수가 색상으로 표시된 예다.

예측의 관점에서 색상 코드는 수치 결과 변수(y축)와 수치 예측 변수 사이의 관계를 탐색하는 데 도움을 준다. 색상-코드화된 산점도는 상호작용하는 조건을 만들 필요가 있는지 평가하는 데 도움이 된다(예를 들면, MEDV와 LSTAT의 관계가 강변 주택과 강변에서 떨어져 있는 주택을 대비했을 때 다르게 나타나는가?).

또한 범주 수가 적은 경우 색상을 사용해 범주형 변수를 막대그래프에 추가할 수 있다. 범주 수가 많을 때는 다중 패널을 사용하는 것이 낫다. 다중 패널에서는 범주형 변수에 따라 관측 데이터를 분리하고, 별도의 차트로 만들면 된다. [그림 3-6]의 (b)를 보면 RAD에 따른 평균 MEDV의 막대그래프가 CHAS에 의해 2개의 패널로 분리되어 있다. 고속도로 진입 용이성 대비 평균 주택 가격(MEDV)은 강 인접 정도에 따라 다르게 나타난다. 특히 RAD=1일 때 가장 현저하게 차이가 난다. 또한 RAD 레벨 2, 6, 7에는 강변 주택이 전혀 없음을 알 수 있다. 이런 정보들은 RAD와 CHAS 간의 상호작용을 알 수 있게 하고, RAD 범주 축소를 고려하게 한다. 이런 모든 탐색 내용은 예측과 분류 작업에 도움이 된다.

산점도 매트릭스는 다중 패널 산점도를 이용하는 특별한 차트다. 여기서는 하나의 시각화에 여러 조합의 산점도가 존재한다. 산점도 매트릭스의 패널들은 특별하게 구성된다. 즉, 각 열은 하나의 변수에 상응하고 각 행은 또 다른 변수에 상응함으로써 그 교차점들은 가능한 모든 변수 조합의 산점도를 만든다. 산점도 매트릭스는 수치형 변수들 간의 연관성 분석, 아웃라이어 탐지, 군집 식별 등과 같은 비지도 학습에 유용하다. 지도 학습에서는 예측 변수들 간의 쌍별 관련성을 평가함으로써 변수 변환과 변수 선택을 돕는다(4장의 '상관 분석' 참조). 예측 분야에서는 수치형 예측 변수와 결과 변수 간 관계를 서술하는 데 쓰인다.

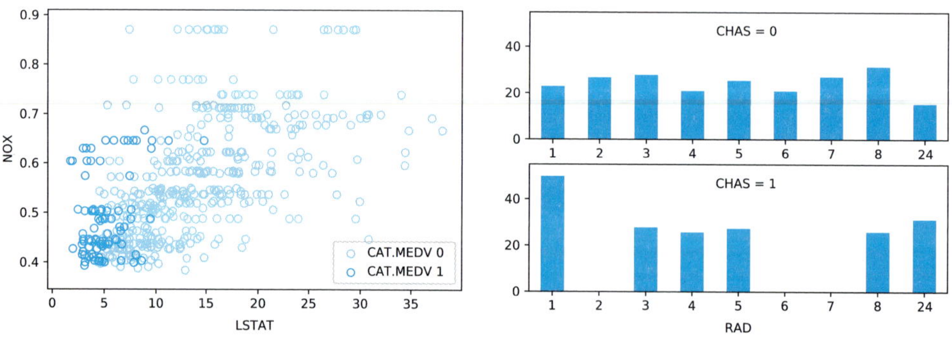

(a) 범주형 결과 값(CAT.MEDV)에 의해 색상-코드화된 두 가지 수치형 예측값의 산점도

(b) CHAS에 의해 패널이 분리된 두 가지 범주형 예측치(CHAS와 RAD)에 관한 MEDV의 막대그래프

그림 3-6 색상 코드와 다중 패널을 이용한 범주형 변수 추가

[그림 3-6]을 생성하는 파이썬 코드

```
# Color the points by the value of CAT.MEDV
housing_df.plot.scatter(x='LSTAT', y='NOX', c=['C0' if c == 1 else 'C1' for c in housing_
                        df.CAT_MEDV])

# Plot first the data points for CAT.MEDV of 0 and then of 1
# Setting color to 'none' gives open circles
_, ax = plt.subplots()
for catValue, color in (0, 'C1'), (1, 'C0'):
   subset_df = housing_df[housing_df.CAT_MEDV == catValue]
   ax.scatter(subset_df.LSTAT, subset_df.NOX, color='none', edgecolor=color)
ax.set_xlabel('LSTAT')
ax.set_ylabel('NOX')
ax.legend(["CAT.MEDV 0", "CAT.MEDV 1"])
plt.show()

## panel plots
# compute mean MEDV per RAD and CHAS
dataForPlot_df = housing_df.groupby(['CHAS','RAD']).mean()['MEDV']
# We determine all possible RAD values to use as ticks
ticks = set(housing_df.RAD)
for i in range(2):
   for t in ticks.difference(dataForPlot_df[i].index):
       dataForPlot_df.loc[(i, t)] = 0
# reorder to rows, so that the index is sorted
dataForPlot_df = dataForPlot_df[sorted(dataForPlot_df.index)]

# Determine a common range for the y axis
yRange = [0, max(dataForPlot_df) * 1.1]

fig, axes = plt.subplots(nrows=2, ncols=1)
dataForPlot_df[0].plot.bar(x='RAD', ax=axes[0], ylim=yRange)
dataForPlot_df[1].plot.bar(x='RAD', ax=axes[1], ylim=yRange)
axes[0].annotate('CHAS = 0', xy=(3.5, 45))
axes[1].annotate('CHAS = 1', xy=(3.5, 45))
plt.show()
```

[그림 3-7]은 MEDV와 세 가지 예측 변수에 대한 산점도 매트릭스의 예다. 변수명은 y축 변수를 의미한다. 예를 들어, 제일 하단의 차트들은 모두 y축에 MEDV를 가지고 있다(따라서 결과 변수와 예측 변수의 관계를 각각 볼 수 있음). 또한 산점도 모양이 다르면 관계도 다르다는 것을 알 수 있다(예 MEDV와 LSTAT 간의 지수 관계와 CRIM과 INDUS 간의 극심하게 편향된 관계). 이 경우, 변환이 필요하다. 우하향 대각선에는 단일 변수만 존재하는데, 여기에는 해당 변수에 대한 빈도 분포가 표시된다. 우하향 대각선 위쪽에 있는 산점도 매트릭스에는 각기 다른 두 가지 변수의 상관 계수들이 표시되어 있다.

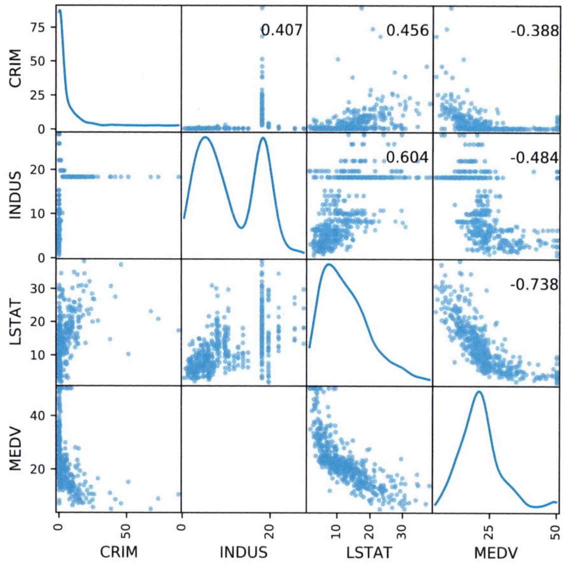

그림 3-7 MEDV와 세 가지 수치형 예측 변수의 산점도 매트릭스

[그림 3-7]을 생성하는 파이썬 코드

```
# Display scatterplots between the different variables
# The diagonal shows the distribution for each variable
df = housing_df[['CRIM', 'INDUS', 'LSTAT', 'MEDV']]
axes = scatter_matrix(df, alpha=0.5, figsize=(6, 6), diagonal='kde')
corr = df.corr().as_matrix()
for i, j in zip(*plt.np.triu_indices_from(axes, k=1)):
    axes[i, j].annotate('%.3f' %corr[i,j], (0.8, 0.8), xycoords='axes fraction',
                        ha='center', va='center')
```

어딘가에 이미 색조를 사용하였다면, 다른 범주형 변수는 점의 모양과 다중 패널을 이용해 나타낼 수 있다. 표시가 너무 많으면 어수선해 인지하기가 어려우므로 변수를 추가할 때는 신중해야 한다.

점 크기를 이용해 수치형 변수를 추가하는 것은 특히 산점도에서 유용한데('거품 차트'가 생성됨) 산점도에서는 점들이 개별적인 관측을 나타내기 때문이다. 관측치가 누적되는 플롯(예 박스 플롯, 히스토그램, 막대그래프)에서는 크기나 색조를 사용하기가 어렵다.

시간 정보가 어떻게 변화하는지를 나타내려면 차트에 시간 차원을 추가해 애니메이션을 통해 보여줄 수 있다. 유명한 예로, 세계 인구가 해마다 어떻게 증가해 왔는지 보여주는 로슬링Rosling의 산점도 애니메이션이 있다(www.gapminder.org). 그러나 애니메이션은 '통계적인 스토리텔링'에는 효과적이지만, 데이터 탐색에는 효과가 떨어진다.

차트 조절: 스케일링, 집계와 계층 구조, 확대/축소, 필터링

데이터 마이닝 프로젝트에서 대부분의 시간은 데이터 전처리 작업에 소요된다. 데이터 마이닝 소프트웨어가 사용할 수 있는 형식으로 데이터를 변환하는 작업에 상당한 노력이 들어간다. 데이터 마이닝 수행 과정을 향상하기 위해 데이터를 개선하는 데도 시간이 들어간다. 이러한 데이터 마이닝 전처리 작업 단계에서 모델이 더 효과적으로 작업을 수행할 수 있도록 변수를 변환하고 새로운 파생 변수를 만들기도 한다. 변환이란 변수의 수치 스케일링, 수치형 변수 그룹화, 범주형 변수의 범주 리스케일링 등을 말한다. 다음과 같은 조작 기법들은 패턴과 그 패턴의 속성을 찾아냄으로써 전처리 단계를 돕고 데이터 마이닝 기법을 잘 선택할 수 있게 한다.

스케일링 디스플레이의 축척을 변경하면 변수 간의 관계를 부각시킬 수 있다. 예를 들어, [그림 3-8]에서 산점도의 양 축을 로그 스케일로 변환한 효과(상단)와 박스 플롯의 y축을 로그 스케일로 변환한 효과(하단)를 볼 수 있다. (a)와 같은 기존 플롯은 이해하기 어렵지만, (b)와 같은 로그 스케일로 변환하면 패턴이 확연히 나타난다. 히스토그램에서 `MEDV`와 `CRIM`의 관계는 기존 스케일에서는 찾기 어려운데, 이는 y축 부근에 점들이 너무 '밀집'되어 있었기 때문이다. 스케일링은 이런 밀집 현상을 해소하고, 2개의 로그 스케일 변수 간 선형 관계(로그-로그 관계)를 드러내준다. 박스 플롯에서는 기존 스케일의 경우 x축 부근에 밀집 현상이 심해 두 박스의 크기, 위치, 하방 아웃라이어, 전체적인 분포 상태를 비교할 수 없다. 스케일링을 통해 'x축 밀집' 현상을 해소함으로써 2개의 박스 플롯을 서로 비교할 수 있게 되었다.

집계와 계층 구조 또 다른 유용한 스케일링은 집계의 수준을 변경하는 것이다. 시간 스케일에서는 월, 일, 시간과 같은 단위로 집계하거나 요일, 월 등과 같은 계절 관점으로 집계할 수 있다. 시계열 데이터에서 흔히 사용하는 집계 방법은 이동 평균인데, 주어진 윈도 크기 안에 인접 값의 평균을 그려준다. 이동 평균 차트는 전체 추세를 시각화해 준다(16장 참조).

비시간성 변수는 지리적 위치(보스턴 주택 예제의 우편번호별 주택), 조직도(부서 또는 부문의 인력) 등 의미 있는 계층이 있다면 집계될 수 있다. [그림 3-9]는 철도 승객 시계열 데이터에 관한 집계의 두 가지 형태를 보여준다. (a)는 월별 시계열 원시 데이터다. (b)는 계절 단위 집계(월별) 데이터인데, 7~8월의 여객 성수기와 1~2월의 침체기를 판독하기가 쉽다. (d)는 시간적 집계를 나타내는데, 여기서 시계열 데이터는 연도별 집계다. 이 차트는 승객 수의 장기적인 추세를 나타내는데 1996년 이후로 전반적으로 증가하는 추세임을 알 수 있다.

스케일, 집계, 계층을 달리하며 분석하면 지도와 비지도 문제를 동시에 다루게 되는데, 그 분석 과정에서 다양한 수준의 패턴과 관계가 드러나고, 집중 분석해야 하는 새로운 변수군을 발견하게 된다.

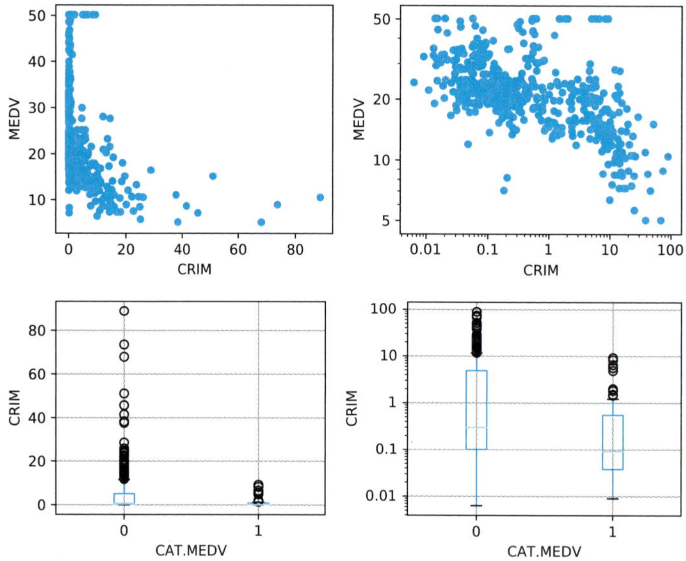

(a) 기존 스케일　　(b) 로그 스케일

그림 3-8 스케일링으로 차트를 개선하고 패턴을 부각시킨다.

[그림 3-8]을 생성하는 파이썬 코드

```
# Avoid the use of scientific notation for the log axis
plt.rcParams['axes.formatter.min_exponent'] = 4

## scatter plot: regular and log scale
fig, axes = plt.subplots(nrows=1, ncols=2, figsize=(7, 4))

# regular scale
housing_df.plot.scatter(x='CRIM', y='MEDV', ax=axes[0])
# log scale
ax = housing_df.plot.scatter(x='CRIM', y='MEDV', logx=True, logy=True, ax=axes[1])
ax.set_yticks([5, 10, 20, 50])
ax.set_yticklabels([5, 10, 20, 50])
plt.tight_layout(); plt.show()

## boxplot: regular and log scale
fig, axes = plt.subplots(nrows=1, ncols=2, figsize=(7, 3))

# regular scale
ax = housing_df.boxplot(column='CRIM', by='CAT_MEDV', ax=axes[0])
ax.set_xlabel('CAT.MEDV'); ax.set_ylabel('CRIM')
# log scale
ax = housing_df.boxplot(column='CRIM', by='CAT_MEDV', ax=axes[1])
ax.set_xlabel('CAT.MEDV'); ax.set_ylabel('CRIM'); ax.set_yscale('log')
# suppress the title
axes[0].get_figure().suptitle(''); plt.tight_layout(); plt.show()
```

확대/축소와 패닝 밀집한 정보나 관심 있는 구역에 대해 더 자세히 알고 싶다면 패턴과 아웃라이어를 발견해야 하는데, 그러려면 차트의 특정 영역을 확대 또는 축소할 수 있어야 한다. 패닝은 확대/축소 윈도를 다른 영역으로 이동하는 작업을 말한다(구글 맵과 같은 지도 응용프로그램에서 흔히 사용함). [그림 3-9]의 (c)는 확대/축소의 예로, 최초 2개년에 해당하는 승객 수 시계열 변화 추세를 확대한 것이다.

확대/축소와 패닝은 다른 행동 영역을 탐지해 지도/비지도 방법을 둘 다 지원하는데, 이를 통해 새로운 상호작용 조건, 새로운 변수, 데이터 서브셋에 관한 별도 모델을 만들어낼 수 있다. 또 확대/축소와 패닝은 전역 행동을 가정하는 방법(예 회귀 모델)과 데이터 중심 방법(예 지수 평활 예측기와 k-최근접 이웃 분류기) 중에서 선택할 수 있도록 돕고, 전역/지역 행동의 수준을 표시해 준다(k-최근접 이웃의 k, 트리 크기, 지수 평활화의 평활화 파라미터와 같은 파라미터로 표시됨).

필터링 필터링은 플롯에서 몇 가지 관측을 제거한다는 뜻이다. 필터링의 목적은 다른 데이터에 의해 만들어진 노이즈를 제거함으로써 특정 데이터에 관심을 집중하는 것이다. 필터링은 확대/축소 및 패닝과 유사한 방법으로 지도/비지도 학습을 돕는다. 즉, 다르거나 특이한 지역 행동을 찾을 수 있게 돕는다.

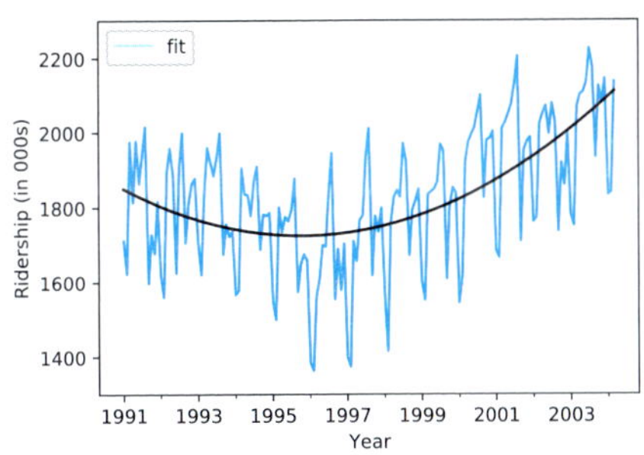

(a) 추세선이 포함된 원시 데이터

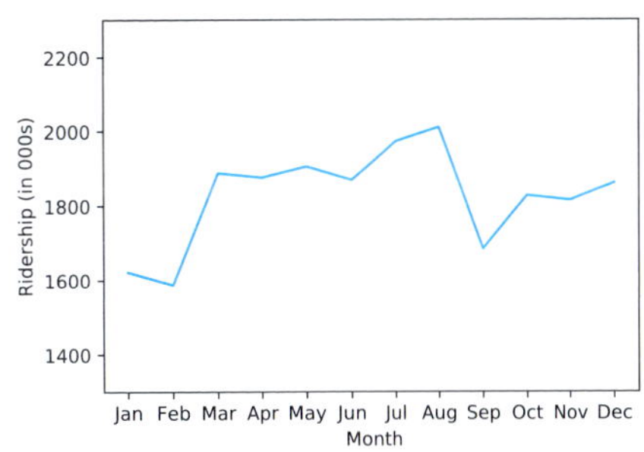

(b) 시계열 라인 그래프: 월별 집계

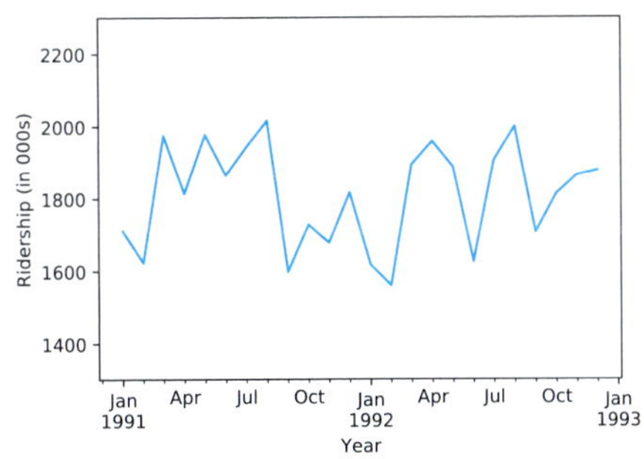

(c) 첫 2개년을 확대한 그래프

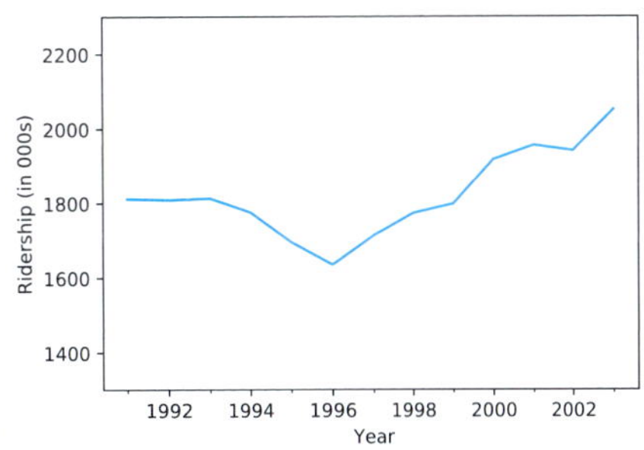

(d) 시계열 라인 그래프: 연도별 집계

그림 3-9 철도 승객 시계열 데이터 집계

[그림 3-9]를 생성하는 파이썬 코드

```
fig, axes = plt.subplots(nrows=2, ncols=2, figsize=(10, 7))

Amtrak_df = pd.read_csv('Amtrak.csv')
Amtrak_df['Month'] = pd.to_datetime(Amtrak_df.Month, format='%d/%m/%Y')
Amtrak_df.set_index('Month', inplace=True)

# fit quadratic curve and display
quadraticFit = np.poly1d(np.polyfit(range(len(Amtrak_df)), Amtrak_df.Ridership, 2))
Amtrak_fit = pd.DataFrame({'fit': [quadraticFit(t) for t in range(len(Amtrak_df))]})
Amtrak_fit.index = Amtrak_df.index

ax = Amtrak_df.plot(ylim=[1300, 2300], legend=False, ax=axes[0][0])
Amtrak_fit.plot(ax=ax)
ax.set_xlabel('Year'); ax.set_ylabel('Ridership (in 000s)') # set x and y-axis label

# Zoom in 2-year period 1/1/1991 to 12/1/1992
ridership_2yrs = Amtrak_df.loc['1991-01-01':'1992-12-01']
ax = ridership_2yrs.plot(ylim=[1300, 2300], legend=False, ax=axes[1][0])
ax.set_xlabel('Year'); ax.set_ylabel('Ridership (in 000s)') # set x and y-axis label

# Average by month
byMonth = Amtrak_df.groupby(by=[Amtrak_df.index.month]).mean()
ax = byMonth.plot(ylim=[1300, 2300], legend=False, ax=axes[0][1])
ax.set_xlabel('Month'); ax.set_ylabel('Ridership (in 000s)') # set x and y-axis label
yticks = [-2.0,-1.75,-1.5,-1.25,-1.0,-0.75,-0.5,-0.25,0.0]
ax.set_xticks(range(1, 13))
ax.set_xticklabels([calendar.month_abbr[i] for i in range(1, 13)]);

# Average by year (exclude data from 2004)
byYear = Amtrak_df.loc['1991-01-01':'2003-12-01'].groupby(pd.Grouper(freq='A')).mean()
ax = byYear.plot(ylim=[1300, 2300], legend=False, ax=axes[1][1])
ax.set_xlabel('Year'); ax.set_ylabel('Ridership (in 000s)') # set x and y-axis label

plt.tight_layout()
plt.show()
```

추세선과 인-플롯 레이블

추세선과 인-플롯 레이블은 패턴과 아웃라이어를 발견하는 데 도움이 된다. 추세선은 참고 사항을 제공하고, 패턴의 형태를 쉽게 평가할 수 있게 해준다. 선형은 시각적으로 쉽게 인지할 수 있지만, 지수와 다항식 추세 같은 더 정교한 관계는 육안으로 파악하기 어렵다. 추세선은 꺾은선그래프와 산점도에서 모두 유용하게 쓰인다. [그림 3-9]의 (a)를 보면 다항식 곡선이 기존의 꺾은선그래프에 겹쳐 있다(16장 참조).

복잡하지 않은 차트라면 인-플롯 레이블을 사용하는 것이 아웃라이어와 군집을 탐색하는 데 더 편하다. [그림 3-10]이 그 예다. 이 차트는 산점도상에 여러 유틸리티 회사를 보여주면서, 각 회사의 연료비와 매출액을 비교하고 있다. 이 회사들을 군집화할 필요가 있다면, 군집 알고리즘을 이용해 연료 비용과 매출의 관점에서 현저하게 차이가 나는 군집을 식별할 수 있다. 레이블이 있는 산점도는 군집들과 그 구성원들을 시각화하는 데 도움이 된다. 예를 들어, Nevada와 Puget은 저연료 비용과 고매출이라는 군집에 속해 있다. 군집과 이 예에 관한 상세 설명은 15장을 참조한다.

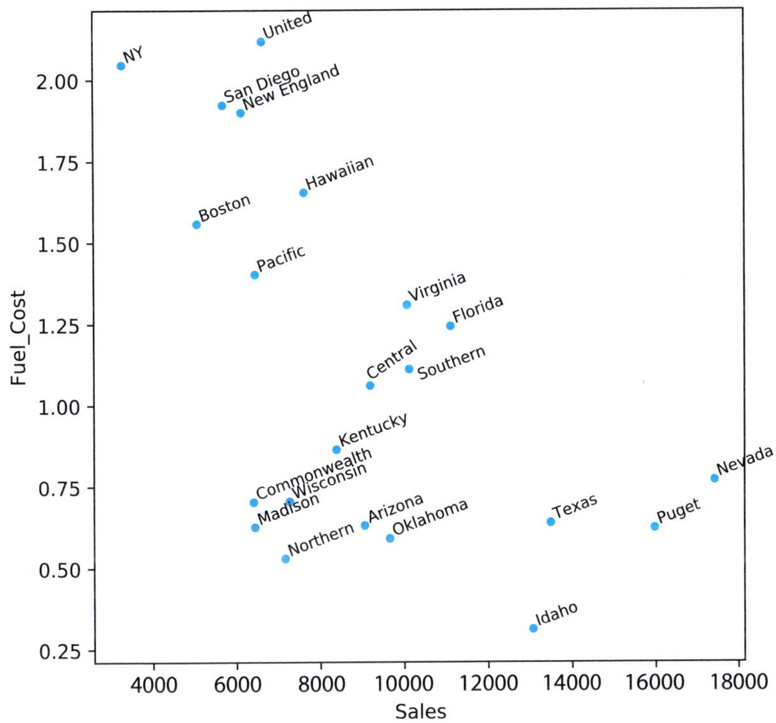

그림 3-10 레이블이 있는 산점도

[그림 3-10]을 생성하는 파이썬 코드

```
utilities_df = pd.read_csv('Utilities.csv')

ax = utilities_df.plot.scatter(x='Sales', y='Fuel_Cost', figsize=(6, 6))
points = utilities_df[['Sales','Fuel_Cost','Company']]
_ = points.apply(lambda x:
            ax.text(*x, rotation=20, horizontalalignment='left',
                    verticalalignment='bottom', fontsize=8), axis=1)
```

대용량 데이터셋으로 스케일 업하기

관측(행) 수가 많을 때는 개별적인 관측치를 표시하는 플롯(예 산점도)이 비효과적이다. 박스 플롯과 같은 집계 차트 외에 다음과 같은 대안을 활용할 수 있다.

❶ 샘플링: 표본을 랜덤하게 추출해 차트를 그린다.

❷ 표시 크기를 줄인다.

❸ 표시 색의 투명도를 사용한다.

❹ 데이터를 구분해 서브셋을 만든다(다중 패널 사용).

❺ 집계를 사용한다(거품 차트에서 거품 크기는 관측 건수에 비례).

❻ 지터링을 사용한다(적은 양의 노이즈를 추가해 개별 표시를 짧게 이동).

큰 데이터셋 위에 표본을 부각시키는 시각화 효과의 예는 12장의 [그림 12-2]에서 제시했다. 이 그림은 고객 5천 명의 산점도에 표본으로 선정된 고객들의 산점도를 함께 올려 시각화한 것이다. [그림 3-11]은 더 작은 표시, 겹쳐진 점들을 드러내기 위한 지터링과 색상의 투명도를 사용해 플롯을 개선한 예다. 회색 등급이 플롯의 대부분을 차지하고 있고, 별색 등급은 주로 우측에 있으며, 우상단에 대규모 중첩이 발생하고 있다.

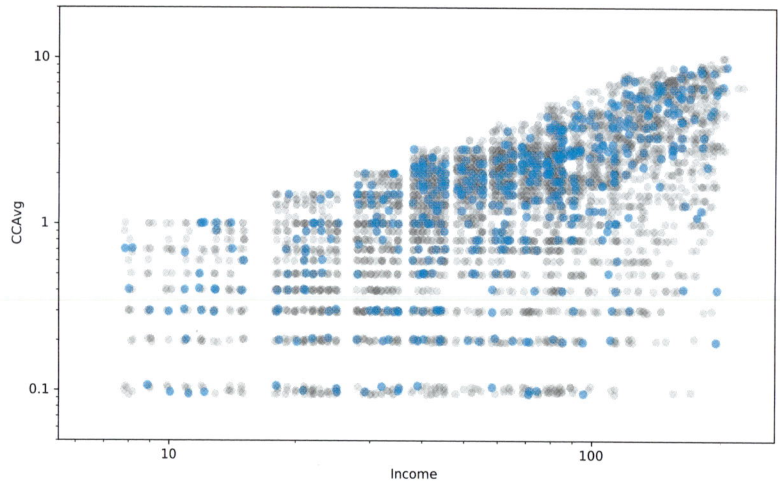

그림 3-11 대용량 데이터셋의 산점도: 표시 크기 축소, 지터링, 컬러의 투명도 사용

[그림 3-11]을 생성하는 파이썬 코드

```
def jitter(x, factor=1):
    """ Add random jitter to x values """
    sx = np.array(sorted(x))
    delta = sx[1:] - sx[:-1]
    minDelta = min(d for d in delta if d > 0)
    a = factor * minDelta / 5
    return x + np.random.uniform(-a, a, len(x))

universal_df = pd.read_csv('UniversalBank.csv')

saIdx = universal_df[universal_df['Securities Account'] == 1].index

plt.figure(figsize=(10,6))
plt.scatter(jitter(universal_df.drop(saIdx).Income),
            jitter(universal_df.drop(saIdx).CCAvg), marker='o', color='grey', alpha=0.2)
plt.scatter(jitter(universal_df.loc[saIdx].Income),
            jitter(universal_df.loc[saIdx].CCAvg), marker='o', color='red', alpha=0.2)
plt.xlabel('Income')
plt.ylabel('CCAvg')
plt.ylim((0.05, 20))
axes = plt.gca()
axes.set_xscale("log")
axes.set_yscale("log")
plt.show()
```

다변량 플롯: 평행 좌표

2차원 플롯에서 다차원 정보를 표현하기 위한 또 다른 방법은 평행 좌표라는 특수 차트를 이용하는 것이다. 평행 좌표에서는 각 변수에 대응하는 수직 축이 하나씩 그려지고, 개별 관측들은 각 수직축 위에 있는 관측치를 연결하는 선으로 표현된다. 이렇게 함으로써 '다변량 프로파일'이 만들어진다. [그림 3-12]는 보스턴 주택 데이터로 만들어진 평행 좌표의 예다. 이 그림에서 2개 값을 지닌 CAT.MEDV를 표현하기 위해 다중 패널을 사용하였는데, 이는 주택의 프로파일을 두 가지 등급(분류 작업용)으로 쉽게 비교하기 위함이다. 고가의 주택(하단 패널)은 저가의 주택(상단 패널)보다 일관되게 낮은 CRIM(범죄율), 낮은 LSTAT(빈곤율), 높은 RM(침실 개수)을 가지고 있다. 이와 같은 관측에 따라 유용한 예측 변수를 찾을 수 있고, 어떤 수치형 예측 변수들을 그룹화할지 생각해 볼 수 있다.

평행 좌표는 비지도 학습 작업에 유용하다. 군집, 아웃라이어, 변수 간의 중복 정보를 가려내준다. 군집을 더 잘 식별하기 위한 효과적인 조작 방법 중 하나는 열을 재정렬하는 것이다.

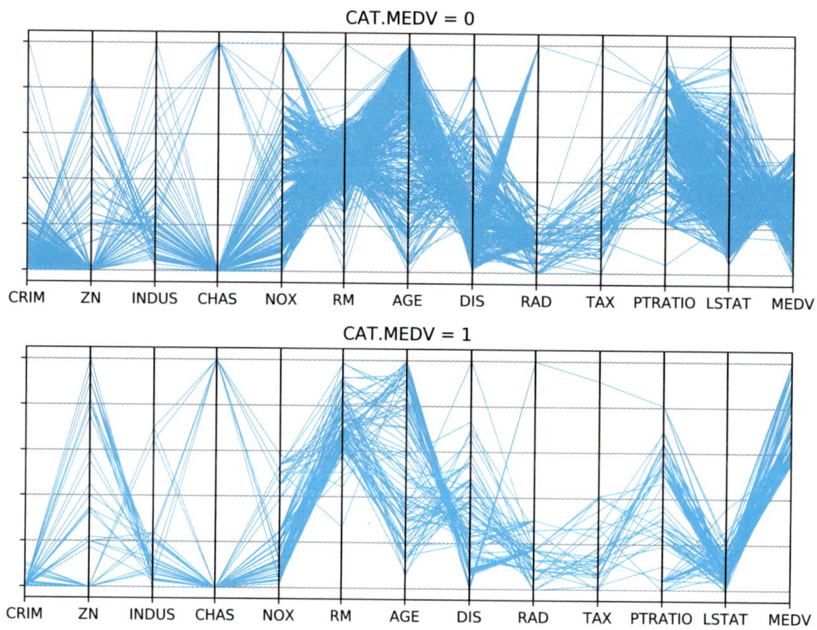

그림 3-12 보스턴 주택 데이터를 그린 평행 좌표. 수평 축에 있는 각 변수는 0~100%로 스케일링되었다. CAT.MEDV를 구분하기 위해 다중 패널을 사용하였다(상단 패널 = 주택 가격 3만 달러 미만).

[그림 3-12]를 생성하는 파이썬 코드

```
# Transform the axes, so that they all have the same range
min_max_scaler = preprocessing.MinMaxScaler()
dataToPlot = pd.DataFrame(min_max_scaler.fit_transform(housing_df), columns=housing_
                          df.columns)

fig, axes = plt.subplots(nrows=2, ncols=1)
for i in (0, 1):
   parallel_coordinates(dataToPlot.loc[dataToPlot.CAT_MEDV == i], 'CAT_MEDV', ax=axes[i],
                        linewidth=0.5)
   axes[i].set_title('CAT.MEDV = {}'.format(i))
   axes[i].set_yticklabels([])
   axes[i].legend().set_visible(False)

plt.tight_layout() # Increase the separation between the plots
```

인터랙티브 시각화

데이터 마이닝 프로세스의 인터랙티브interactive한 속성처럼 데이터 시각화에 인터랙티브한 속성이 들어오면 정보 획득력이 높아진다. 데이터 시각화 분야 전문가인 스테판 퓨Stephen Few(2009)는 인쇄된 그래프와 같은 정적 시각물에서 딱 그만큼만 볼 뿐 데이터와 상호작용할 수 없다면, 해당 데이터를 이해하는 데 한계가 있다고 주장했다.

인터랙티브 시각화는 다음 원리를 지원하는 인터페이스를 말한다.

❶ 차트 변경이 쉽고, 빠르며, 이전 상태로 복구할 수 있다.

❷ 관련 있는 다중 차트가 쉽게 결합되고, 한 화면에 표시할 수 있다.

❸ 서로 연결되는 두 차트 중 한 차트에서 동작이 일어나면, 다른 쪽 차트에도 반영된다.

정적인 차트 생성기(예 엑셀)를 인터랙티브 시각화 인터페이스와 비교해 보기 위해 몇 가지 예를 살펴보자.

히스토그램 구간 간격 변경 수치형 변수를 구간으로 나누고, 히스토그램을 사용한다고 생각해 보자. 정적인 히스토그램의 경우 새로운 그룹을 선택할 때마다 다시 그려야 하고, 히스토그램을 여러 개 만들면 화면이 어수선해진다. 또한 같은 플롯이 다시 생성되면 이전 구간 선택과 비교하기가 어려워진다. 반면, 인터랙티브 시각화는 구간 폭을 쉽게 변경할 수 있어([그림 3-13] 히스토그램 하단의 조절기 참조) 사용자가 구간의 넓이를 변경하면 자동으로 신속하게 히스토그램이 다시 그려진다.

집계와 확대/축소 다량의 시계열 데이터가 주어진 시계열 예측 작업을 생각해 보자. 시간 집계를 여러 계층으로 탐색하면 장단기 패턴을 판별할 수 있다. 또한 확대/축소와 패닝을 사용하면 특이한 패턴을 보이는 시기(또는 시점)를 발견할 수 있다. 이때 정적인 차트 생성기를 사용한다면 또 다른 기간별 집계를 하는 데 새로운 데이터 열이 필요하다(예 주간 집계를 위한 일별 데이터 집계). 확대/축소와 패닝을 할 때는 축 척도의 최솟값과 최댓값을 수동으로 바꿔야 한다. 인터랙티브 시각화는 사용자가 쉽게 변환할 수 있는 시간 계층 구조를 제공한다. 확대/축소는 축에 있는 조절기([그림 3-13] 좌상단 패널의 조절기 참조)를 작동해서 직접 조작하고 신속하게 반응하게 할 수 있다.

동일한 화면에 서로 연결된 멀티 플롯 결합하기 분류 작업을 지원하기 위해 범주형과 수치형 예측 변수를 결과 변수와 비교하기 위한 여러 차트가 만들어진다. 병렬 박스 플롯, 색상-코드화된 산점도, 멀티 패널 막대그래프 등이 그 예다. 사용자가 데이터의 일부(예 어떤 변수의 한 카테고리)를 선택해 다른 차트에서 동일한 데이터를 비교함으로써 다차원적 관계를 살피고 싶어 한다고 하자. 정적인 인터페이스를 사용한다면, 사용자는 관심 차트를 수작업으로 구성해야 하고, 한 화면에 맞추기 위해 각 차트의 크기를 조절해야 한다. 정적인 인터페이스는 차트 간 상호 연계를 지원하지 않으며, 지원한다 하더라도 사용자가 선택을 변경할 때마다 모든 차트를 다시 만들어야 한다. 반면, 인터랙티브 시각화는 이종 차트를 자동으로 구성하고, 크기를 한 화면에 맞도록 조절하는 손쉬운 방법을 제공한다. 일련의 차트를 서로 연결하기 쉽고, 사용자가 차트에서 어떤 선택을 하였을 때, 선택된 해당 내용이 다른 차트에도 자동으로 표시된다([그림 3-13] 참조).

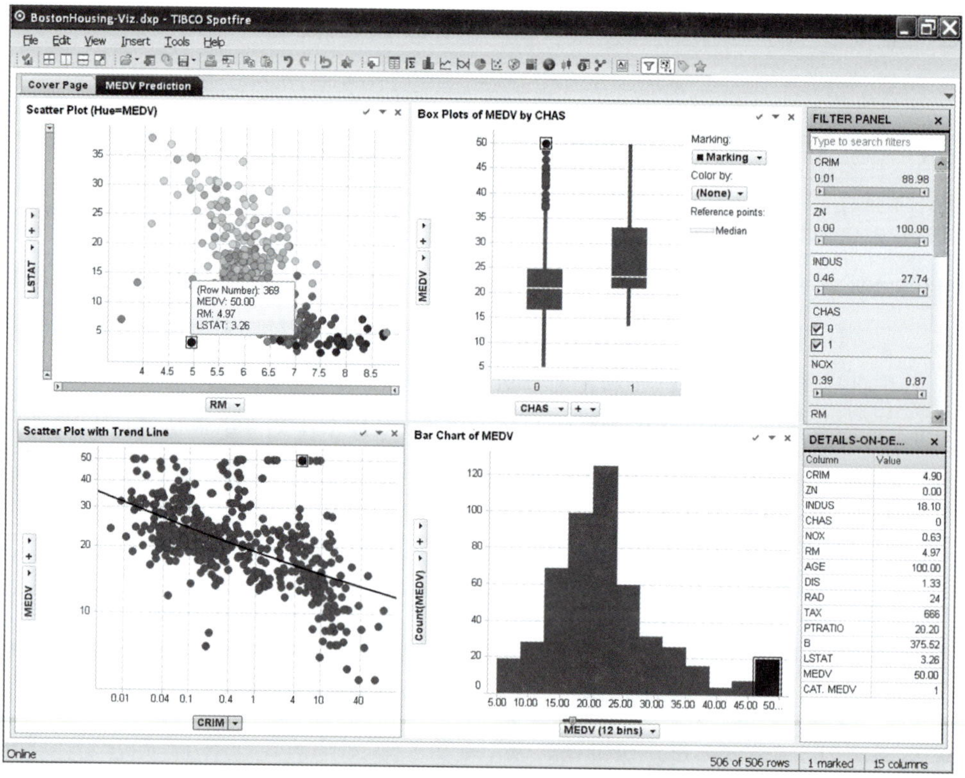

그림 3-13 서로 연결된 여러 차트로 구성된 화면(스팟파이어 사용). 좌상단 패널에서 선택된 점이 나머지 차트들에도 하이라이트되어 나타난다.

지금까지 시각화의 장점을 예시하기 위해 차트를 사용했다. '한 장 그림의 값어치는 천 마디 말과 같기' 때문이다. 인터랙티브 시각화의 장점을 말로 표현하는 게 훨씬 어렵다. 저명한 정보 시각화와 인터페이스 연구자인 벤 슈나이더만Ben Shneiderman은 이 점에 대해 다음과 같이 설명했다.

> "한 장 그림의 값어치는 천 마디 말과 같고, 인터페이스 하나의 값어치는 천 장의 그림과 같다."

시각화 기법이 인터랙티브 기능을 갖추면, 데이터를 지속적으로 탐구하는 분석 툴이 될 수 있다. 일부 유료 시각화 툴은 이와 같은 강력한 기능을 제공하는데, 그중 스팟파이어와 태블로가 가장 인기가 있다. [그림 3-13]은 스팟파이어를 사용해 생성하였다.

태블로와 스팟파이어는 소프트웨어 연구 개발과 고객 리뷰 분석에 수억 달러를 투자하여 분석가가 플롯을 통해 원활하고 효율적으로 데이터와 인터랙티브할 수 있는 인터페이스를 개발했다. 파이썬 같은 프로그래밍 언어에서 데이터에 대한 다양한 탐색을 빠르게 구현하고 동시에 정교한 사용자 인터페이스를 만들기는 어렵다. 그러나 이에 대한 수요가 있기 때문에 파이썬 커뮤니티는 플롯에서 상호작용을 제공하기 위해 노력하고 있다. 웹 개발에서 자바스크립트 JavaScript를 활용하게 되면서 일부 프로그래머는 파이썬을 `Plotly` 또는 `Bokeh`와 같은 자바스크립트 라이브러리와 결합했다(https://plot.ly/python/에서 `Plotly` 라이브러리를 참조하거나 http://bokeh.pydata.org/en/latest/docs/user_guide/bokehjs.htmlp에서 Developing with JavaScript 참조). 이 책을 집필하는 시점에도 파이썬의 인터랙티브 툴은 진화하고 있어, 파이썬 프로그래머는 점점 더 높은 수준의 툴을 경험하게 될 것이다. 이를 통해 사용자 인터랙티브 플롯을 신속하게 개발하고, 조직의 다른 비프로그래밍 분석가가 사용할 수 있도록 배포할 수 있을 것이다.

3.5 특수 시각화

이 절에서는 시계열과 단면 구조를 넘어서는 데이터 구조를 보여주기 위한 특수 시각화에 대해 설명한다. 평범한 차트로는 이처럼 특별한 관계를 시각화하기 어렵기 때문이다. 특히 점차 증가하고 있는 계층 데이터, 네트워크 데이터, 공간 정보 데이터라는 세 가지 형태의 데이터에 초점을 맞춘다.

네트워크 데이터의 시각화

소셜 네트워크 데이터와 제품 네트워크 데이터의 폭발적 증가로 네트워크 분석 기술이 발전하고 있다. 이베이의 판매자와 구매자 네트워크, 페이스북의 사용자 네트워크가 소셜 네트워크의 예에 해당한다. 제품 네트워크의 대표적인 예로 (추천 시스템을 통해 연결된) 아마존 제품들 간의 네트워크를 들 수 있다. 네트워크 데이터 시각화는 다양한 네트워크 특수 소프트웨어로도 가능하고, 일반 소프트웨어로도 가능하다.

네트워크 다이어그램은 액터와 액터 간의 관계로 이루어진다. 노드는 액터(소셜 네트워크상의 사람들 또는 제품 네트워크상의 제품들)이고 원으로 표시된다. 링크는 노드 간의 관계를 나타내며, 노드를 연결하는 선으로 표시한다. 예를 들면, 페이스북 같은 소셜 네트워크에서 사용자(노드)의 리스트와 서로 "친구" 관계인 사용자들 간의 모든 양방향 관계(연결선)를 만들 수 있다. 혹은 어떤 사용자가 다른 사용자의 페이스북 페이지에 올린 포스팅을 연결선으로 정의할 수 있다. 이렇게 하면 두 노드 사이에는 하나 이상의 연결선이 생긴다. 네트워크도 여러 종류의 노드를 가질 수 있다. 흔한 구조는 두 가지 형태의 노드를 가진 네트워크다. [그림 3-14]는 두 가지 형태로 된 노드 네트워크의 예로, 온라인 경매 사이트인 이베이의 판매자와 구매자 간의 거래 네트워크를 나타낸다(수 개월간의 스와로브스키 목걸이 경매 데이터. 출처: 잔크Jank와 야하브Yahav, 2010). 검은색 원은 판매자를, 회색 원은 구매자를 표시한다. 원 크기는 이 네트워크에서 일어난 노드(판매자 또는 구매자) 간의 거래 횟수를 나타낸다. 선의 넓이는 경매 참가자가 판매자에게 가격을 제시한 횟수다. 이 스와로브스키 목걸이 판매 시장은 서너 명의 대형 판매자가 점유하고 있음을 알 수 있다. 또한 많은 구매자들이 한 명의 판매자와 거래하고 있음을 알 수 있다. 개별 제품들에 관한 시장 구조를 이런 방식으로 신속하게 검토할 수 있다.

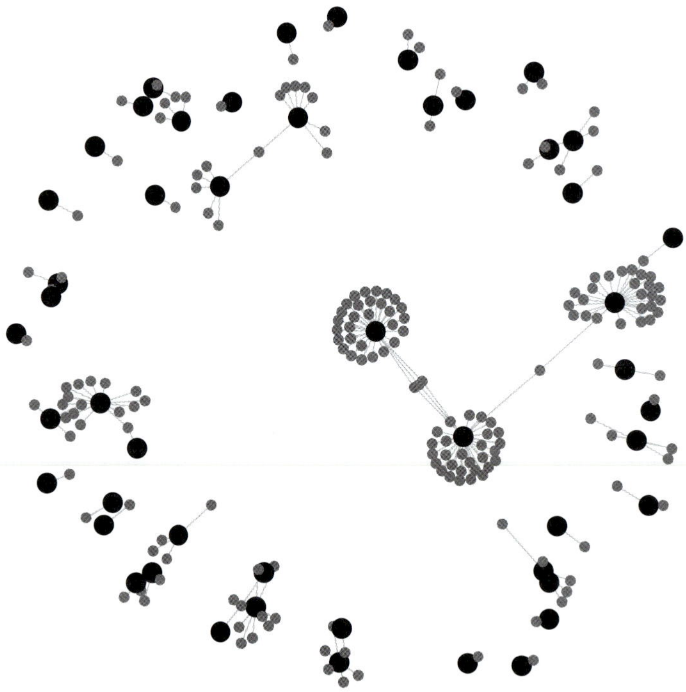

그림 3-14 스와로브스키 목걸이에 관한 이베이 판매자(흑색)와 구매자(회색) 연결망

[그림 3-14]를 생성하는 파이썬 코드

```
ebay_df = pd.read_csv('eBayNetwork.csv')

G = nx.from_pandas_edgelist(ebay_df, source='Seller', target='Bidder')

isBidder = [n in set(ebay_df.Bidder) for n in G.nodes()]
pos = nx.spring_layout(G, k=0.13, iterations=60, scale=0.5)
plt.figure(figsize=(10,10))
nx.draw_networkx(G, pos=pos, with_labels=False,
                 edge_color='lightgray',
                 node_color=['gray' if bidder else 'black' for bidder in isBidder],
                 node_size=[50 if bidder else 200 for bidder in isBidder])
plt.axis('off')
plt.show()
```

[그림 3-14]는 파이썬의 networkx 패키지를 사용해 생성되었다. 또 다른 유용한 패키지는 python-igraph다. 이러한 패키지를 사용해 다양한 소스에서 네트워크를 가져올 수 있다. 플롯의 모양은 사용자가 지정할 수 있으며, 노드 및 연결선의 필터 설정, 플롯 레이아웃 변경, 노드의 클러스터 발견, 네트워크 지수 계산 및 네트워크 분석 수행과 같은 다양한 기능을 사용할 수 있다(자세한 내용 및 사례는 19장 참조).

네트워크 그래프는 연관성 규칙을 탐색하는 데 유용하다(14장 참조). 예를 들어, 어떤 품목들이 함께 구매되었는가를 알기 위해 소비자들의 식품 구매 데이터셋을 마이닝한다고 가정하자. 품목이라는 노드, 함께 구매된 품목을 연결하는 연결선으로 네트워크를 구성할 수 있다. 데이터 마이닝 알고리즘으로 규칙들이 만들어지면(때로 너무 많은 규칙들이 생기고, 그중에는 중요하지 않은 규칙들도 많음) 네트워크 그래프는 서로 다른 규칙들을 시각화하여 그중에서 흥미로운 규칙을 발견하는 데 도움을 줄 수 있다. 예를 들면, 그 유명한 '맥주와 기저귀'의 조합은 연관성이 아주 높은 한 쌍의 노드로 네트워크 그래프에 나타난다. 다른 아이템들과 상관없이 거의 항상 구매되는 품목(예 우유)은 모든 다른 노드들과 높은 연관성을 가지고 있어서 아주 큰 노드로 표시된다.

계층 데이터의 시각화: 트리맵

트리맵은 계층 구조(혹은 트리 구조)를 가진 대규모 데이터셋의 탐색을 시각화하는 데 유용하다. 즉, 데이터의 계층적 속성을 유지하면서 그 데이터의 다양한 차원들을 탐색할 수 있게 해준다. [그림 3-15]는 상품 분류, 중분류, 브랜드에 따라 계층적으로 정렬된 이베이 경매품에 대한 트리맵의 예다. 트리맵 계층 구조의 하위 계층은 직사각형 안에 들어 있는 부속 직사각형으로 시각화된다. 범주형 변수는 색상을 사용해 나타낸다. 수치형 변수는 직사각형 크기와 색상의 음영으로 표시한다(직사각형의 배치는 때로는 크기를 강조하기 위해 쓰임). [그림 3-15]에서 크기는 평균 낙찰가를 나타내고(이것은 상품의 가치를 반영함), 색상의 강도는 부정적인 피드백을 받은 판매자의 비율을 나타낸다(판매자에 대한 부정적 피드백은 과거 거래에서 구매자가 불만족한 경우를 가리키며 때로는 판매자의 사기성 행위를 지적함). 진행 중인 경매의 사기성 여부를 판단해야 하는 상황을 생각해 보자. 트리맵을 보면 부정적인 등급(검은색)의 판매자가 비싼 경매 품목(롤렉스와 까르띠에 손목시계)에 편중되어 있음을 알 수 있다. 현재 파이썬은 단일 계층 수준과 추가 변수로 박스를 색칠하거나 크기를 조정하는 간단한 트리맵만 제공한다. 파이썬으로 만든 [그림 3-16]의 트리맵을 R로 만든 [그림 3-15]의 트리맵과 비교해 보자.

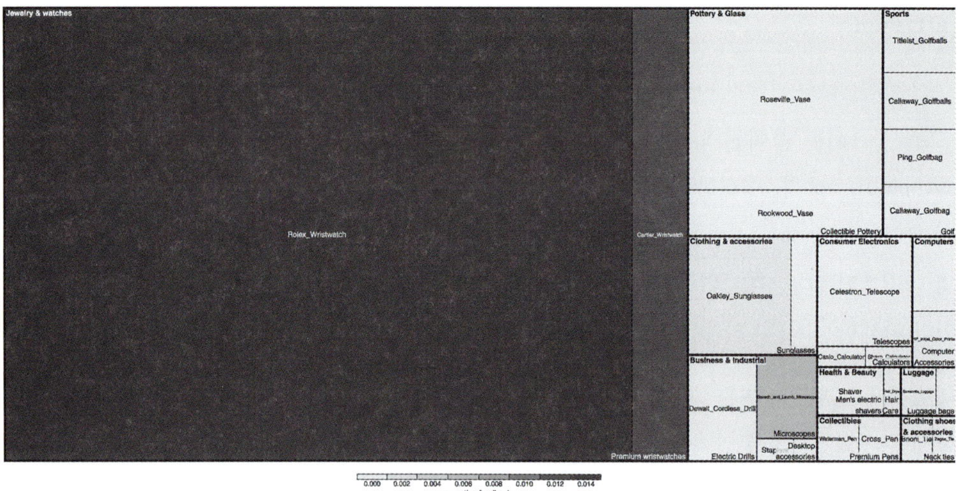

그림 3-15 상품 분류, 중분류, 브랜드로 분류된 약 11,000가지 이베이 경매품의 트리맵. 직사각형 크기는 평균 낙찰가(상품 가치 반영)를 표시하고, 색상 명암은 부정적인 피드백(짙은색 = 높음)을 받은 판매자의 비중을 나타낸다. R로 생성한 그래프이며, 파이썬으로 생성한 그래프는 [그림 3-16] 참조

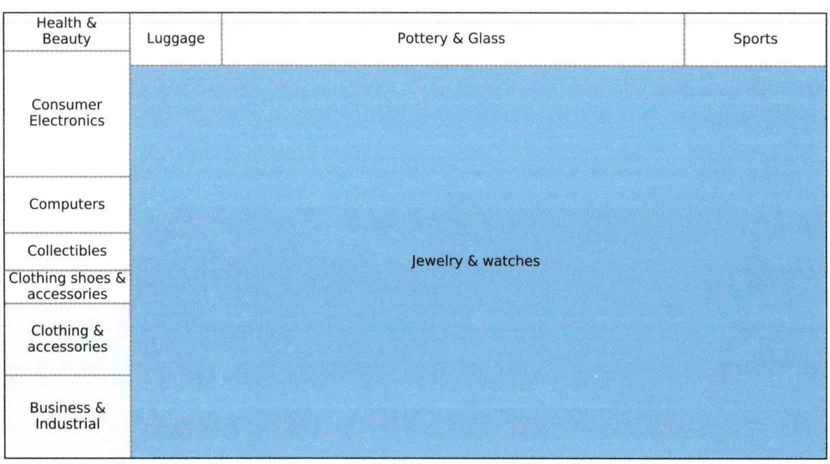

그림 3-16 이베이 경매 11,000건을 상품 카테고리별로 보여주는 트리맵. 직사각형 크기는 평균 종가를 표시하고, 음영은 부정적인 평판을 얻은 판매자의 %를 나타낸다(어두울수록 비율이 더 높음).

[그림 3-16]을 생성하는 파이썬 코드

```
import squarify

ebayTreemap = pd.read_csv('EbayTreemap.csv')

grouped = []
for category, df in ebayTreemap.groupby(['Category']):
    negativeFeedback = sum(df['Seller Feedback'] < 0) / len(df)
    grouped.append({
        'category': category,
        'negativeFeedback': negativeFeedback,
        'averageBid': df['High Bid'].mean()
    })
byCategory = pd.DataFrame(grouped)

norm = matplotlib.colors.Normalize(vmin=byCategory.negativeFeedback.min(),
                                   vmax=byCategory.negativeFeedback.max())

colors = [matplotlib.cm.Blues(norm(value)) for value in byCategory.negativeFeedback]

fig, ax = plt.subplots()
fig.set_size_inches(9, 5)

squarify.plot(label=byCategory.category, sizes=byCategory.averageBid, color=colors,
              ax=ax, alpha=0.6, edgecolor='grey')

ax.get_xaxis().set_ticks([])
ax.get_yaxis().set_ticks([])

plt.subplots_adjust(left=0.1)
plt.show()
```

이상적으로는, 트리맵에서 사용자가 인터랙티브하게 계층을 다양한 수준으로 탐색할 수 있어야 한다. 인터랙티브 온라인 트리맵은 www.drasticdata.nl에서 체험할 수 있다. 이 사이트의 예제 중 하나는 2014 월드컵의 선수 개인별 데이터 시각화로, 팀별로 집계되어 있으며 선수와 팀 데이터를 선택해 탐색할 수 있다.

공간 정보 데이터의 시각화: 맵 차트

데이터 마이닝에 사용되는 수많은 데이터셋은 공간 정보를 포함하고 있다. 우편번호는 수많은 카테고리를 가진 범주형 변수 중 하나인데, 분석에 의미 있는 변수를 만들어내기가 쉽지 않다. 하지만 맵 위에 데이터를 그리면 다른 방법으로는 식별하기 어려웠던 패턴을 발견할 수도 있다. 맵 차트는 지도를 그 배경으로 사용하고 범주형 변수 또는 수치형 변수를 표시하기 위해 색상, 색조, 기타 속성을 사용한다. 맵은 이제 특화된 공간 정보 소프트웨어뿐만 아니라 다목적

소프트웨어의 일부로 자리매김했고, 구글맵은 API를 제공해 여러 회사들이 사내 데이터를 구글맵과 연동해 사용할 수 있게 하였다. 구글맵은 쉽게 사용할 수 있지만 결과물([그림 3-17])은 인터랙티브 시각화 소프트웨어의 맵 차트와 비교할 때 다소 분석 효과가 떨어진다.

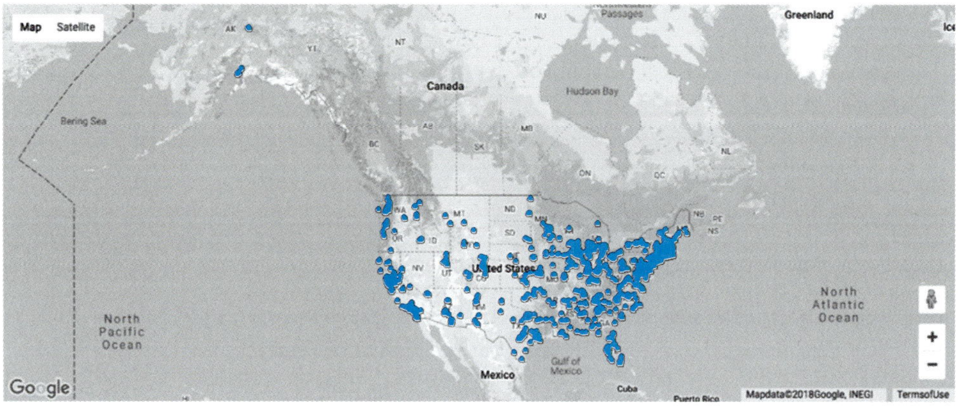

그림 3-17 구글 지도 위에 학생과 강사의 위치를 그린 맵 차트 (출처: STATISTICS.COM)

[그림 3-17]을 생성하는 파이썬 코드

```
import gmaps
SCstudents = pd.read_csv('SC-US-students-GPS-data-2016.csv')

gmaps.configure(api_key=os.environ['GMAPS_API_KEY'])
fig = gmaps.figure(center=(39.7, -105), zoom_level=3)
fig.add_layer(gmaps.symbol_layer(SCstudents, scale=2,fill_color='red', stroke color='red'))
fig
```

[그림 3-18]은 2개의 세계지도 맵 차트를 보여주는데, (a)는 국가 행복지수(2006년 갤럽 조사) 데이터이고, (b)는 국민총생산지수GDP 데이터다. 색조가 옅을수록 큰 값을 의미한다.

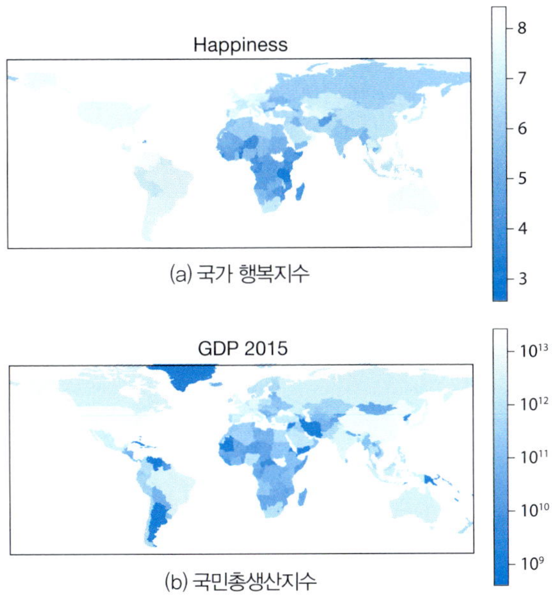

그림 3-18 국가 행복지수와 국민총생산지수를 색조로 표시했으며, 색조가 옅을수록 더 높은 점수 또는 수준을 나타낸다. (출처: VENHOVEN의 세계 행복 데이터베이스)

[그림 3-18]을 생성하는 파이썬 코드

```
import matplotlib
import matplotlib.pyplot as plt
import cartopy
import cartopy.io.shapereader as shpreader
import cartopy.crs as ccrs

gdp_df = pd.read_csv('gdp.csv', skiprows=4)
gdp_df.rename(columns={'2015': 'GDP2015'}, inplace=True)
gdp_df.set_index('Country Code', inplace=True) # use three letter country code to access rows

# The file contains a column with two letter combinations, use na_filter to avoid
# converting the combination NA into not-a-number
happiness_df = pd.read_csv('Veerhoven.csv', na_filter = False)
happiness_df.set_index('Code', inplace=True) # use the country name to access rows

fig = plt.figure(figsize=(7, 8))
ax1 = plt.subplot(2, 1, 1, projection=ccrs.PlateCarree())
ax1.set_extent([-150, 60, -25, 60])
ax2 = plt.subplot(2, 1, 2, projection=ccrs.PlateCarree())
ax2.set_extent([-150, 60, -25, 60])
```

```
# Create a color mapper
cmap = plt.cm.Blues_r
norm1 = matplotlib.colors.Normalize(vmin=happiness_df.Score.dropna().min(),
                                    vmax=happiness_df.Score.dropna().max())
norm2 = matplotlib.colors.LogNorm(vmin=gdp_df.GDP2015.dropna().min(), vmax=gdp_
                                  df.GDP2015.dropna().max())

shpfilename = shpreader.natural_earth(resolution='110m', category='cultural',
                                      name='admin_0_countries')
reader = shpreader.Reader(shpfilename)
countries = reader.records()
for country in countries:
    countryCode = country.attributes['ADM0_A3']
    if countryCode in gdp_df.index:
        ax2.add_geometries(country.geometry, ccrs.PlateCarree(),
                           facecolor=cmap(norm2(gdp_df.loc[countryCode].GDP2015)))
    # check various attributes to find the matching two-letter combinations
    nation = country.attributes['POSTAL']
    if nation not in happiness_df.index: nation = country.attributes['ISO_A2']
    if nation not in happiness_df.index: nation = country.attributes['WB_A2']
    if nation not in happiness_df.index and country.attributes['NAME'] == 'Norway':
        nation = 'NO'
    if nation in happiness_df.index:
        ax1.add_geometries(country.geometry, ccrs.PlateCarree(),
                           facecolor=cmap(norm1(happiness_df.loc[nation].Score)))
ax2.set_title("GDP 2015")
sm = plt.cm.ScalarMappable(norm=norm2, cmap=cmap)
sm._A = []
cb = plt.colorbar(sm, ax=ax2)
cb.set_ticks([1e8, 1e9, 1e10, 1e11, 1e12, 1e13])

ax1.set_title("Happiness")
sm = plt.cm.ScalarMappable(norm=norm1, cmap=cmap)
sm._A = []
cb = plt.colorbar(sm, ax=ax1)
cb.set_ticks([3, 4, 5, 6, 7, 8])
plt.show()
```

3.6 주요 시각화 작업 요약

예측

- 박스 플롯, 막대그래프, 산점도의 y축에 결과 변수 배치
- 병렬 박스 플롯, 막대그래프, 다중 패널을 사용해 결과 변수와 범주형 예측 변수 간의 관계 탐색
- 산점도를 사용해 결과 수치형 예측 변수 간의 관계 탐색
- 분포도(박스 플롯이나 히스토그램)를 사용해 결과 변수(and/or 수치형 예측 변수들)의 변환 필요성 결정
- 인터랙티브 조건의 필요성을 찾기 위해 색상/패널/크기를 추가해 산점도 분석
- 여러 가지 집계 레벨과 확대/축소를 사용해 다른 행동 양식을 보이는 데이터 영역을 찾고, 전역 패턴과 지역 패턴의 레벨 평가

분류

- y축에 있는 결과 변수의 막대그래프를 사용해 범주형 예측 변수와 결과 변수의 관계 탐색
- 색상-코드화된 산점도(색상은 결과 변수를 표시)를 통해 결과 변수와 쌍별 수치형 예측 변수 간의 관계 연구
- 병렬 박스 플롯을 통해 결과 변수와 수치형 예측 변수 간의 관계 연구. 결과 변수에 관한 수치형 변수의 박스 플롯 시각화. 다른 수치형 예측 변수도 동일한 시각화 작업 수행. 가장 분리된 박스가 유용한 예측 변수임
- 평행 좌표에서는 색상을 사용해 결과 변수 표시
- 분포도(박스 플롯이나 히스토그램)를 사용해 결과 변수(and/or 수치형 예측 변수들)의 변환 필요성 결정
- 인터랙티브 조건의 필요성을 찾기 위해 색상/패널/크기를 추가해 산점도 분석
- 여러 가지 집계 레벨과 확대/축소를 사용해 다른 행동 양식을 보이는 데이터 영역을 찾고, 전역 패턴과 지역 패턴의 레벨 평가

시계열 예측

- 패턴의 종류를 결정하기 위해 다양한 시간으로 집계한 선그래프 생성
- 확대/축소와 패닝을 사용해 여러 가지 단기 시계열을 찾고, 서로 다른 행동 양식을 보이는 데이터 영역 결정
- 전역 패턴과 지역 패턴을 찾기 위해 다양한 집계 레벨 사용
- 시계열 데이터의 결측치 식별
- 적절한 모델을 선택하기 위해 여러 유형의 추세선을 겹쳐보기

비지도 학습

- 관측치의 쌍별 관계와 군집을 식별하기 위해 산점도 매트릭스 생성
- 상관관계표를 검토하기 위해 히트맵 사용
- 다른 행동 양식을 보이는 데이터의 영역을 찾기 위해 여러 집계 레벨과 확대/축소 사용
- 데이터 군집을 찾기 위해 평행 좌표 생성

연습문제

3.1 **가전제품 출하량: 선그래프.** ApplianceShipments.csv 파일에는 1985~1989년의 미국 가전제품에 대한 분기별 Shipments(출하량, 단위: 백만 달러) 데이터가 들어 있다.

a. 시계열 차트를 파이썬으로 그리시오.

b. 분기별 패턴이 보이는가? 패턴을 자세히 보기 위해 y축 값 3500~5000 범위를 확대해 보시오.

c. Q1, Q2, Q3, Q4에 대한 차트 1개에 4개의 꺾은선그래프를 파이썬으로 그리시오. 파이썬에서는 분기 및 연도에 대한 열을 추가해 이를 수행할 수 있다. 이어서 데이터 프레임을 분기별로 그룹화한 다음 선그래프를 이용해 분기별 출하량을 그리시오. y축의 3500~5000 범위를 확대해 보시오. 분기별로 차이점이 보이는가?

d. 연도별 집계(각 연도의 Shipments 합계)를 구하고 선그래프를 파이썬으로 그리시오.

3.2 **승차식 잔디깎이 기계 매출액: 산점도.** 이 기계의 제조사는 대대적인 판촉 캠페인을 벌이기 전에 잠재된 우수 고객을 발견하고자 한다. 특히, 개별 가구들을 Income(가계소득, 단위: 1,000달러)과 Lot Size(대지 면적, 단위: 1,000제곱피트)를 기준으로 잠재 고객 여부(owner/nonowner)를 판별하려고 한다. 마케팅 전문가는 RidingMowers.csv 파일 안에 들어 있는 24개 랜덤 표본 가구 데이터를 사용한다. 결과 변수인 owner/nonowner에 의해 색상-코드화된, Lot Size와 Income의 산점도를 파이썬으로 그리시오. 형식이 잘 갖춰진 플롯(읽기 쉬운 레이블과 범례 포함)을 만들어야 한다.

3.3 **런던 컴퓨터 체인점의 노트북 판매 실적: 막대그래프와 박스 플롯.** LaptopSalesJanuary2008.csv 파일은 런던 소재의 한 컴퓨터 체인점의 2008년 1월 매출 데이터로, 2008년 전체 매출 데이터의 일부다.

a. 매장별 평균 소매가격을 보여주는 막대그래프를 그리시오. 평균 소매가격이 가장 높은 매장은 어느 곳인가? 반대로 평균 소매가격이 가장 낮은 매장은 어떤 매장인가?

b. 매장별 소매가격을 더 잘 비교할 수 있도록 병렬 박스 플롯을 그리시오. (a)에서 찾은 두 매장의 가격을 비교해 보시오. 두 매장의 가격 분포에 어떤 차이점이 있는가?

3.4 런던 컴퓨터 체인점의 노트북 판매 실적: 인터랙티브 시각화. 이 작업은 인터랙티브 시각화 툴을 사용할 수 있게 준비되었다. `LaptopSales.txt`라는 파일은 30만 행에 달하는 콤마로 분리된 파일이다. 이 데이터는 2009년 가을에 진행된 콘테스트를 위해 ENBIS the European Network for Business and Industrial Statistics가 제공했다.

여러분이 노트북 컴퓨터를 판매하는 Acell의 데이터 분석가라고 가정하자. 제품과 판매에 대한 데이터가 제공되었다. 주어진 작업은 2009년도 Acell의 예상 매출을 극대화하는 제품 전략과 가격 정책을 만드는 것이다. 인터랙티브 시각화 툴을 사용해 다음 질문에 답하시오.

a. **가격에 관한 질문**

  i. 노트북의 실제 판매가는 얼마인가?

  ii. 시간에 따라서 판매 가격이 변화하였는가?

  iii. 매장별 판매가에 일관성이 있는가?

  iv. 컴퓨터 사양에 따라 판매가가 어떻게 다른가?

b. **장소에 관한 질문**

  i. 매장과 고객의 위치는 어디인가?

  ii. 어느 매장이 가장 많이 판매하는가?

  iii. 고객은 노트북을 사기 위해서 얼마나 이동하는가?

  iv. 고객이 매장을 방문하기 위해 얼마나 이동하는지 다른 방법으로 알아보자. 고객과 매장 간의 이동 거리를 담은 새로운 데이터 열을 만들어 이 문제를 풀어보자.

c. **매출에 관한 질문**

  i. 각 매장의 매출액이 Acell 전체 매출액과 어떤 연관성이 있는가?

  ii. 이 연관성은 노트북 사양에 따라 어떤 영향을 받는가?

d. **노트북 사양에 관한 질문**

  i. 각 노트북 사양의 상세한 내용은 무엇인가? 이것은 판매 가격과 어떤 관련성이 있는가?

  ii. 모든 매장에서 전체 노트북 사양을 판매하는가?

CHAPTER 4

차원 축소

이 장에서는 데이터 마이닝의 중요 단계인 차원 축소dimension reduction를 설명한다. 데이터 차원은 변수의 개수로 정해지는데, 데이터 마이닝 알고리즘을 효율적으로 수행하기 위해서는 변수의 개수를 축소할 필요가 있다. 이 과정은 데이터 마이닝의 파일럿/프로토타입 단계의 일부로 모델을 사용하기 전에 수행된다.

이 장에서는 다음과 같은 몇 가지 차원 축소 방법을 소개한다. (1) 범주를 제거하거나 결합하기 위해 주어진 자료와 관련된 도메인 지식domain knowledge을 도입한다. (2) 변수 간 중복되는 정보를 검출하고 불필요한 변수 및 범주를 제거하거나 합치기 위해 자료 요약을 사용한다. (3) 범주형 변수를 수치형 변수로 변환하는 등 자료 변환 기술을 사용한다. (4) 주성분 분석PCA 같은 자동화된 차원 축소 기술을 사용한다. 주성분 분석에서는 새로운 변수들이 원래 변수들의 가중평균 형태로 생성되는데, 새롭게 생성된 이들 변수는 서로 상관관계가 없으며, 새로운 변수들 중 적은 수가 원래 정보의 대부분을 포함하게 된다. 이처럼 새롭게 생성된 변수들의 일부만 이용하기 때문에 차원 축소가 가능하다. 마지막으로, 회귀 모델, 분류 모델, 회귀 트리 같은 데이터 마이닝 방법을 이용한 차원 축소를 알아본다. 이들 방법은 불필요한 변수들을 제거하고 범주형 변수에서 유사한 범주들을 결합하는 데 사용된다.

파이썬

이 장에서는 데이터 처리에 pandas, 데이터 변환에 scikit-learn, 시각화에 matplotlib을 사용한다.

이 장에 필요한 파이썬 라이브러리 불러오기

```
import numpy as np
import pandas as pd
from sklearn.decomposition import PCA
from sklearn import preprocessing
import matplotlib.pylab as plt
```

4.1 서론

데이터 마이닝에서는 데이터베이스에 많은 수의 변수가 존재하는 경우를 흔하게 볼 수 있다. 변수 수가 적더라도 범주형 변수에 대한 가변수가 작성되거나 이미 존재하는 변수들의 새로운 변환 등으로 변수들이 새롭게 나타나기 때문에, 데이터 준비 단계에서 변수 개수가 빠르게 늘어난다. 이런 경우에는 변수 간에 높은 상관관계가 존재할 가능성이 커진다. 분류 또는 예측 모델에서 상관관계가 높은 변수나 관심 있는 결과 변수와 관련 없는 변수가 포함된 경우에는 과적합overfitting 현상이 생길 수 있고, 이 경우 모델의 정확도와 신뢰도가 떨어진다. 또한 변수 수가 많은 경우에는 비지도 학습 알고리즘뿐 아니라 지도 학습 알고리즘에서 (상관 문제와는 별도로) 계산 문제가 종종 발생한다. 모델을 구축할 때 변수 수가 지나치게 많으면 이들 변수를 수집하고 처리하는 비용이 증가할 수 있다.

4.2 차원의 저주

모델의 차원은 모델이 사용한 예측 변수 또는 입력 변수의 개수다. 차원의 저주는 다변량 데이터 모델에 변수들을 추가함으로써 야기되는 문제를 말한다. 변수가 추가됨에 따라 데이터 공간이 점점 줄어들고, 이에 따라 분류하거나 예측 모델들을 구하기가 어려워진다. 수많은 변수를 다루는 유용한 모델을 제공하는 데 필요한 데이터가 불충분하기 때문이다. 중요한 것은 변수를 추가할 때마다 변수를 추가함으로써 발생하는 어려움이 기하급수적으로 증가한다는 점이다.

이는 체스 판에 있는 말의 위치를 생각해 보면 쉽게 이해할 수 있다. 체스 판은 2차원으로 된 64개의 정사각형 또는 선택지로 이루어져 있다. 체스 판을 큐브로 확장한다면 2차원에서 3차원으로 50%만큼 차원을 키운 게 된다. 하지만 위치에 관한 선택지는 512(8×8×8)로 800%만큼 증가한다. 통계적 거리의 관점에서 변수의 확산은 더 이상 아무것도 가까이에 없음을 의미한다. 즉, 너무 많은 노이즈가 추가되어 패턴과 구조를 더 이상 식별할 수 없게 된다. 이러한 문제는 수천 개의 서로 다른 유전자에 대한 값을 처리해야 하는 유전학 등의 빅데이터를 다룰 때 특히 심각하다. 따라서 데이터 마이닝의 주요 단계 중 하나는 정확도의 희생을 최소로 하여 독립 변수 또는 입력 변수의 차원을 축소하는 방법을 찾는 것이다. 인공지능 분야에서는 차원 축소를 종종 요인 선택factor selection 또는 특징 추출feature extraction이라 칭하기도 한다.

4.3 실질적인 고려 사항

데이터 마이닝에서는 도메인(전문) 지식domain knowledge에 대해 자동화된 데이터 분석 기법을 선호하지만, 데이터 탐색의 첫 단계에서 측정 변수들이 주어진 작업에 적합한지 확인하는 것이 중요하다. 이때 데이터 제공자(또는 사용자)와 논의하여 전문 지식을 통합함으로써 더 나은 결과를 기대할 수 있다. 이와 관련해 다음과 같은 실질적인 고려 사항이 존재한다. 어떤 변수들이 주어진 작업에 가장 중요하고 어떤 것이 가장 쓸모 없을 것 같은가? 어떤 변수들이 오차를 많이 가질 것 같은가? 분석이 반복된다면 어떤 변수가 측정 가능할 것인가(측정 비용은 얼마나 들겠는가)? 결과 값이 발생하기 전에 실제로 측정 가능한 것은 어떤 변수들인가? 예를 들어, 온라인에서 진행 중인 경매의 마감 가격을 예측한다고 할 때, 입찰 횟수는 경매가 끝나기 전까지 알 수 없으므로 입찰 횟수를 예측 변수로 사용할 수 없다.

예제 1: 보스턴 주택 가격

3장에서 소개한 보스턴 주택 가격의 예로 돌아가보자. 보스턴 내 각 지역별로 범죄율, 학생 대 교사 비율(교사 1인당 학생 수), 지역 내 주택 가격의 중앙값 같은 여러 변수가 주어졌다. [표 4-1]은 14개 변수에 대한 설명이다. 데이터의 처음 9개 레코드는 [표 4-2]와 같다. 첫 번째 레코드는 보스턴의 첫 번째 지역을 나타내는데, 1인 기준 평균 범죄율이 0.006%, 토지를 25,000 제곱피트 이상의 구획으로 나눈 거주지의 비율이 18%, 비소매 업종에 이용되는 토지 비율이 2.31%이며, 찰스강 경계에 있지 않음을 나타낸다.

표 4-1 보스턴 주택 데이터셋의 변수 설명

CRIM	범죄율
ZN	25,000제곱피트 이상의 부지에 대해 구획된 주거용 토지의 비율
INDUS	비소매업이 차지하는 토지 비율
CHAS	찰스강 인접 여부(1=인접, 0=비인접)
nox	10ppm당 일산화질소
RM	주택의 평균 방 개수
AGE	1940년 이전에 건축된 주택에 사는 비율
DIS	보스턴 5대 상업 지구와의 거리
RAD	고속도로 진입 용이성 정도
TAX	재산세율(10,000달러당)
PTRATIO	시[town]별 학생 대 교사 비율
LSTAT	저소득층 비율
MEDV	주택 가격의 중앙값(단위: 1,000달러)
CAT.MEDV	주택 가격의 중앙값이 3만 달러 이상인지 여부(1=이상, 0=미만)

표 4-2 보스턴 주택 데이터의 처음 9개 레코드

CRIM	ZN	INDUS	CHAS	NOX	RM	AGE	DIS	RAD	TAX	PTRATIO	LSTAT	MEDV	CAT.MEDV
0.00632	18.0	2.31	0	0.538	6.575	65.2	4.09	1	296	15.3	4.98	24.0	0
0.02731	0.0	7.07	0	0.469	6.421	78.9	4.9671	2	242	17.8	9.14	21.6	0
0.02729	0.0	7.07	0	0.469	7.185	61.1	4.9671	2	242	17.8	4.03	34.7	1
0.03237	0.0	2.18	0	0.458	6.998	45.8	6.0622	3	222	18.7	2.94	33.4	1
0.06905	0.0	2.18	0	0.458	7.147	54.2	6.0622	3	222	18.7	5.33	36.2	1
0.02985	0.0	2.18	0	0.458	6.43	58.7	6.0622	3	222	18.7	5.21	28.7	0
0.08829	12.5	7.87	0	0.524	6.012	66.6	5.5605	5	311	15.2	12.43	22.9	0
0.14455	12.5	7.87	0	0.524	6.172	96.1	5.9505	5	311	15.2	19.15	27.1	0
0.21124	12.5	7.87	0	0.524	5.631	100.0	6.0821	5	311	15.2	29.93	16.5	0

4.4 데이터 요약

3장의 데이터 시각화에서 보았듯이, 데이터의 요약과 그래프를 통해 데이터와 데이터의 특징을 익히는 일은 데이터 탐색의 초기 단계에서 매우 중요하다. 이 단계의 중요성은 몇 번을 강조해도 지나치지 않다. 데이터를 더 잘 이해할수록 모델링과 마이닝 프로세스로부터 더 나은 결과를 도출할 수 있기 때문이다.

데이터에 대한 수치적 요약과 그래프는 데이터 축약에 매우 유용하다. 그것들이 전하는 정보는 범주형 변수의 범주를 합치거나 변수들 중 제외할 변수를 선택할 때, 변수들 간 중복되는 정보의 수준을 평가할 때 도움이 된다. 데이터의 차원을 축소하는 기법들을 소개하기 전에, 유용한 데이터 요약과 도구들을 알아보자.

요약 통계량

pandas는 데이터 요약에 도움이 되는 몇 가지 함수를 제공한다. describe() 함수는 모든 변수의 개요를 보여준다. mean(), std(), min(), max(), median(), len() 함수도 각 변수의 특징을 학습하는 데 매우 유용하다. 첫째, 변수가 취하는 값의 스케일과 형태에 관한 정보를 제공한다. min과 max 통계량은 오류일 가능성이 높은 극단값들을 검출할 수 있다. 평균값과 중앙값은 해당 변수의 중심값에 대한 정보를 제공하고, 이때 평균과 중앙값 간의 편차가 크다면 데이터가 치우쳐 있음을 암시한다. 표준편차는 평균으로부터 데이터가 얼마나 퍼져 있는가를 알려준다. 변수의 관측치에 공백이 나타난 개수를 알려주는 .isnull().sum()의 조합과 같은 추가 옵션은 결측치에 대한 정보를 제공한다.

[표 4-3]은 보스턴 주택 예제에 대한 요약 통계량과 파이썬 코드를 보여준다. 실행 결과를 살펴보면 서로 다른 변수가 매우 다른 범위의 값을 갖고 있음을 알 수 있다. 스케일에 따른 변수들의 변동을 적절히 다루지 못한다면, 변수들의 변동이 분석 결과를 왜곡시킬 수 있다. 또 첫 번째 변수 CRIM(과 몇몇 다른 변수들)의 평균은 중앙값보다 훨씬 커서 오른쪽으로 꼬리가 긴 분포라는 것을 알 수 있다. 모든 변수에서 결측치가 발생하지 않았으며, 데이터 입력 오류로 의심할 만한 극단값 등도 없음을 알 수 있다.

다음으로, 두 변수 이상의 관계에 대해 요약한다. 수치형 변수들에 대해서는 pandas의 corr() 함수를 사용해 두 변수씩 각각의 상관 계수를 구한 상관 행렬을 계산할 수 있다. [표 4-4]는 보스턴 주택 변수들로부터 구한 상관 행렬이다. 대부분은 상관 계수가 낮고, 많은 쌍의 상관 계수가 음수임을 알 수 있다. 이들 상관관계를 히트맵을 통해 시각적으로 표현할 수 있다([그림 3-4] 참조). 상관 분석의 맥락에서 상관 계수 행렬의 중요성은 이후에 다시 다룰 것이다.

표 4-3 보스턴 주택 데이터의 요약 통계량

통계량을 요약하여 보여주는 파이썬 코드

```
bostonHousing_df = pd.read_csv('BostonHousing.csv')
bostonHousing_df = bostonHousing_df.rename(columns={'CAT. MEDV': 'CAT_MEDV'})
bostonHousing_df.head(9)
bostonHousing_df.describe()

# Compute mean, standard deviation, min, max, median, length, and missing values of CRIM
print('Mean : ', bostonHousing_df.CRIM.mean())
print('Std. dev : ', bostonHousing_df.CRIM.std())
print('Min : ', bostonHousing_df.CRIM.min())
print('Max : ', bostonHousing_df.CRIM.max())
print('Median : ', bostonHousing_df.CRIM.median())
print('Length : ', len(bostonHousing_df.CRIM))
print('Number of missing values : ', bostonHousing_df.CRIM.isnull().sum())

# Compute mean, standard dev., min, max, median, length, and missing values for all
# variables
pd.DataFrame({'mean': bostonHousing_df.mean(),
              'sd': bostonHousing_df.std(),
              'min': bostonHousing_df.min(),
              'max': bostonHousing_df.max(),
              'median': bostonHousing_df.median(),
              'length': len(bostonHousing_df),
              'miss.val': bostonHousing_df.isnull().sum(),
             })
```

실행 결과

	mean	sd	min	max	median	length	miss.val
CRIM	3.613524	8.601545	0.00632	88.9762	0.25651	506	0
ZN	11.363636	23.322453	0.00000	100.0000	0.00000	506	0
INDUS	11.136779	6.860353	0.46000	27.7400	9.69000	506	0
CHAS	0.069170	0.253994	0.00000	1.0000	0.00000	506	0
NOX	0.554695	0.115878	0.38500	0.8710	0.53800	506	0
RM	6.284634	0.702617	3.56100	8.7800	6.20850	506	0
AGE	68.57490	128.148861	2.90000	100.0000	77.50000	506	0
DIS	3.795043	2.105710	1.12960	12.1265	3.20745	506	0
RAD	9.549407	8.707259	1.00000	24.0000	5.00000	506	0
TAX	408.237154	168.537116	187.00000	711.0000	330.00000	506	0
PTRATIO	18.455534	2.164946	12.60000	22.0000	19.05000	506	0
LSTAT	12.653063	7.141062	1.73000	37.9700	11.36000	506	0
MEDV	22.532806	9.197104	5.00000	50.0000	21.20000	506	0
CAT_MEDV	0.166008	0.372456	0.00000	1.0000	0.00000	506	0

표 4-4 보스턴 주택 데이터에 대한 상관 계수 표

```
>bostonHousing_df.corr().round(2)
           CRIM     ZN  INDUS   CHAS    NOX     RM    AGE    DIS    RAD    TAX  PTRATIO  LSTAT   MEDV  CAT_MEDV
CRIM       1.00  -0.20   0.41  -0.06   0.42  -0.22   0.35  -0.38   0.63   0.58     0.29   0.46  -0.39     -0.15
ZN        -0.20   1.00  -0.53  -0.04  -0.52   0.31  -0.57   0.66  -0.31  -0.31    -0.39  -0.41   0.36      0.37
INDUS      0.41  -0.53   1.00   0.06   0.76  -0.39   0.64  -0.71   0.60   0.72     0.38   0.60  -0.48     -0.37
CHAS      -0.06  -0.04   0.06   1.00   0.09   0.09   0.09  -0.10  -0.01  -0.04    -0.12  -0.05   0.18      0.11
NOX        0.42  -0.52   0.76   0.09   1.00  -0.30   0.73  -0.77   0.61   0.67     0.19   0.59  -0.43     -0.23
RM        -0.22   0.31  -0.39   0.09  -0.30   1.00  -0.24   0.21  -0.21  -0.29    -0.36  -0.61   0.70      0.64
AGE        0.35  -0.57   0.64   0.09   0.73  -0.24   1.00  -0.75   0.46   0.51     0.26   0.60  -0.38     -0.19
DIS       -0.38   0.66  -0.71  -0.10  -0.77   0.21  -0.75   1.00  -0.49  -0.53    -0.23  -0.50   0.25      0.12
RAD        0.63  -0.31   0.60  -0.01   0.61  -0.21   0.46  -0.49   1.00   0.91     0.46   0.49  -0.38     -0.20
TAX        0.58  -0.31   0.72  -0.04   0.67  -0.29   0.51  -0.53   0.91   1.00     0.46   0.54  -0.47     -0.27
PTRATIO    0.29  -0.39   0.38  -0.12   0.19  -0.36   0.26  -0.23   0.46   0.46     1.00   0.37  -0.51     -0.44
LSTAT      0.46  -0.41   0.60  -0.05   0.59  -0.61   0.60  -0.50   0.49   0.54     0.37   1.00  -0.74     -0.47
MEDV      -0.39   0.36  -0.48   0.18  -0.43   0.70  -0.38   0.25  -0.38  -0.47    -0.51  -0.74   1.00      0.79
CAT_MEDV  -0.15   0.37  -0.37   0.11  -0.23   0.64  -0.19   0.12  -0.20  -0.27    -0.44  -0.47   0.79      1.00
```

취합과 피벗 테이블

데이터를 탐색하는 데 매우 유용한 또 다른 접근법은 한 변수 또는 더 많은 변수로 취합하는 것이다. 변수 하나로 취합하는 경우에는 pandas의 value_counts() 함수를 사용할 수 있다. 예를 들어, [표 4-5]는 찰스강 경계 주변에 있는 지역의 개수와 그렇지 않은 지역의 개수를 보여준다(변수 CHAS를 그룹화 변수로 선택함). 보스턴의 대다수 지역(506개 지역 중 471개 지역)이 찰스강 경계에 있지 않다는 것을 알 수 있다.

표 4-5 찰스강 경계 주변에 있는 지역과 그렇지 않은 지역의 개수

```
> bostonHousing_df = pd.read_csv('BostonHousing.csv')
> bostonHousing_df = bostonHousing_df.rename(columns={'CAT. MEDV': 'CAT_MEDV'})
> bostonHousing_df.CHAS.value_counts()

0    471
1     35
Name: CHAS, dtype: int64
```

groupby() 함수는 하나 또는 여러 변수에 대해 레코드를 취합하고 요약 통계량(도수, 평균값, 중앙값 등)을 계산하는 데 사용된다. 범주형 변수들에 대해 범주의 조합별로 레코드를 분류할 수 있다. 예를 들어, [표 4-6]은 두 변수 CHAS와 RM의 수준 조합에서 MEDV의 평균값을 보여준다. 수치형 변수 RM(지역 내 주택당 평균 방의 개수)은 먼저 구간 간격이 1(0~1개, 1~2개 등)인 변

수로 그룹화했다. 빈칸은 그 칸에 해당하는 변수의 수준 조합(예 찰스강의 경계에 있으면서 주택당 평균 방의 개수가 3개인 경우)에 해당하는 지역이 없음을 나타낸다.

표 4-6 두 변수 CHAS와 RM에 의한 MEDV의 평균

CHAS와 RM에 의해 MEDV를 취합하는 파이썬 코드

```
# Create bins of size 1 for variable using the method pd.cut. By default, the method
# creates a categorical variable, e.g. (6,7]. The argument labels=False determines
# integers instead, e.g. 6.
bostonHousing_df['RM_bin'] = pd.cut(bostonHousing_df.RM, range(0, 10), labels=False)

# Compute the average of MEDV by (binned) RM and CHAS. First group the data frame
# using the groupby method, then restrict the analysis to MEDV and determine the
# mean for each group.
bostonHousing_df.groupby(['RM_bin', 'CHAS'])['MEDV'].mean()
```

실행 결과

```
RM_bin   CHAS
3        0        25.300000
4        0        15.407143
5        0        17.200000
         1        22.218182
6        0        21.769170
         1        25.918750
7        0        35.964444
         1        44.066667
8        0        45.700000
         1        35.950000
Name:    MEDV, dtype: float64
```

피벗 테이블을 작성할 수 있는 또 다른 유용한 방법은 pandas 패키지에 있는 pivot_table()을 사용하는 것으로, 선택한 변수를 취합해서 데이터를 재정렬해 피벗 테이블을 생성한다. 예를 들어, [표 4-7]은 CHAS와 RM에 따라 MEDV 계산하고 이를 피벗 테이블처럼 제시한다.

분류 문제에서 2개의 클래스를 잘 구별할 수 있는 예측 변수들을 찾는 것이 목표일 때, 좋은 탐색적 단계 중 하나는 클래스별로 예측 변수들의 기술 통계량을 요약하는 것이다. 이 방법은 두 클래스를 구별해 주는 유용한 예측 변수들을 탐색하는 데 도움을 줄 수 있다. 데이터 요약은 거의 모든 데이터 마이닝 문제에서 유용하게 쓰이며, 추가 분석이 수행되기 전 데이터를 정제하고 이해하기 위한 중요한 예비 단계에 해당한다.

4.5 상관 분석

변수(예측 변수로 사용될 가능성이 있음)가 많은 데이터에서는 변수들이 담고 있는 정보가 많이 중복된다. 변수 간의 중복을 찾는 간단한 방법은 상관 행렬을 살펴보는 것이다. 상관 행렬은 주어진 모든 변수의 쌍으로부터 구한 상관 계수를 보여준다. 매우 강한 (양의 또는 음의) 상관관계가 있는 변수 쌍은 정보의 많은 부분이 겹쳐 있으므로, 이들 변수 중 하나를 제거함으로써 데이터를 축소할 수 있다. 서로 강한 상관관계가 있는 변수를 제거하는 것은 다양한 모델에서 발생할 수 있는 다중 공선성 문제를 피하는 데 유용하다. (다중 공선성이란 결과 변수와 같은 선형 관계를 공유하는 예측 변수가 2개 또는 그 이상이 있는 상태를 말한다.)

상관 분석도 데이터에서 변수의 중복을 탐지하는 좋은 방법이다. 여러 출처의 데이터가 합해지는 경우, 같은 현상이 다른 단위로 측정되는 경우 등에서는 우연히 같은 변수가 데이터에 (다른 이름으로) 두 번 이상 나타나기도 한다. 3장에서 설명한 것처럼 상관 계수 표에 대한 히트맵을 사용해 강한 상관관계가 있는 변수들을 쉽게 식별할 수 있다.

표 4-7 파이썬의 피벗 테이블

pivot_table() 함수를 사용해 피벗 테이블을 작성하는 파이썬 코드

```
bostonHousing_df = pd.read_csv('BostonHousing.csv')
bostonHousing_df = bostonHousing_df.rename(columns={'CAT. MEDV': 'CAT_MEDV'})
# create bins of size 1
bostonHousing_df['RM_bin'] = pd.cut(bostonHousing_df.RM, range(0, 10), labels=False)

# use pivot_table() to reshape data and generate pivot table
pd.pivot_table(bostonHousing_df, values='MEDV', index=['RM_bin'], columns=['CHAS'],
               aggfunc=np.mean, margins=True)
```

실행 결과

```
CHAS            0          1        All
RM_bin
3       25.300000        NaN  25.300000
4       15.407143        NaN  15.407143
5       17.200000  22.218182  17.551592
6       21.769170  25.918750  22.015985
7       35.964444  44.066667  36.917647
8       45.700000  35.950000  44.200000
All     22.093843  28.440000  22.532806
```

4.6 범주형 변수의 범주 개수 축소

범주의 개수가 많은 범주형 변수가 예측 변수인 경우, 많은 데이터 마이닝 방법에서 이 변수를 다수의 가변수로 변환한다. 예를 들어, 범주가 m개인 예측 변수는 분석법에 따라 m개 또는 $m-1$개의 가변수로 변환된다. 이것은 매우 적은 수의 범주형 변수가 있을지라도 실제 데이터 마이닝 방법에서 사용될 때는 데이터의 차원을 크게 늘릴 수 있음을 의미한다.

이러한 문제를 해결하는 한 가지 방법은 가깝거나 유사한 범주를 하나로 합침으로써 범주의 수를 줄이는 것이다. 범주를 합칠 경우에는 전문가의 지식과 일반적인 상식이 요구된다. 피벗 테이블은 이러한 작업에 유용하다. 즉, 다양한 범주의 크기를 검토하고 각 범주에서 반응 변수가 어떻게 반응하는지 검토할 수 있다. 일반적으로 관측치 개수가 적은 범주들은 다른 범주와 결합하기에 좋다. 분석과 가장 관련 있는 범주들만 사용하고 나머지 범주는 '기타'로 표시할 수 있다. 범주형 반응 변수를 갖는 분류 문제에서, 반응 클래스에 의해 세분화된 피벗 테이블은 클래스를 나누지 못하는 범주를 확인하는 데 도움이 된다. 또한 그런 범주들도 '기타' 범주로 포함될 수 있다.

[그림 4-1]은 이와 관련된 예제로, `ZN`(여기서는 범주형 변수로 다루어짐)에 의해 세분화된 반응 변수 `CAT.MEDV`의 분포를 나타낸다. 그림에서 `ZN` = 17.5, 90, 95, 100일 때 모든 지역이 `CAT.MEDV` = 1로 `CAT.MEDV`의 분포가 동일함을 알 수 있다. 그러므로 이들 범주 4개는 범주 1개로 결합될 수 있다. 유사한 방법으로 `CAT.MEDV` = 0인 `ZN` 범주도 합칠 수 있다. 비슷한 막대 높이에 기초한 추가 조합도 가능하다.

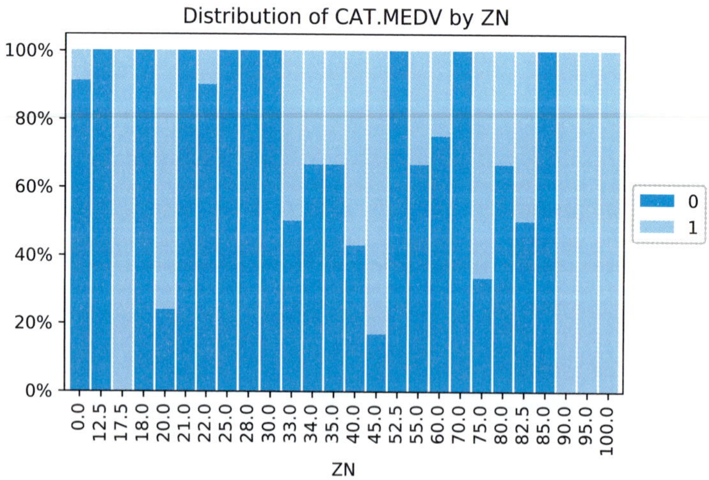

그림 4-1 ZN의 CAT.MEDV 분포(짙은 별색은 CAT.MEDV = 0을 나타냄). 유사한 막대는 클래스 간의 낮은 분리를 나타내며 결합할 수 있다.

[그림 4-1]을 생성하는 파이썬 코드

```
# use method crosstab to create a cross-tabulation of two variables
tbl = pd.crosstab(bostonHousing_df.CAT_MEDV, bostonHousing_df.ZN)

# convert numbers to ratios
propTbl = tbl/tbl.sum()
propTbl.round(2)

# plot the ratios in a stacked bar chart
ax = propTbl.transpose().plot(kind='bar', stacked=True)
ax.set_yticklabels(['{:,.0\%}'.format(x) for x in ax.get_yticks()])
plt.title('Distribution of CAT.MEDV by ZN')
plt.legend(loc='center left', bbox_to_anchor=(1, 0.5))
plt.show()
```

계절(예 월month 또는 하루 중 시간)을 뜻하는 범주형 변수가 예측 변수로 있는 시계열 분석에서는 시계열 그림을 검토하고 유사한 기간을 확인함으로써 범주를 축소할 수 있다. 예를 들어, [그림 4-2]의 시계열 그림은 1992년부터 1995년까지 미국 토이저러스Toys R Us의 분기별 수익을 나타낸다. 4분기에서만 수익률이 다르게 나타나므로, 1~3분기를 하나의 범주로 합할 수 있다.

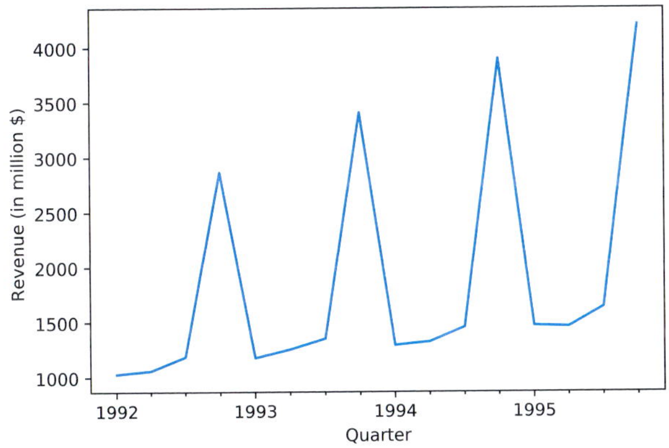

그림 4-2 1992년부터 1995년까지 미국 토이저러스(Toys R Us)의 분기별 수입

4.7 범주형 변수에서 수치형 변수로의 변환

범주형 변수의 범주들은 구간을 나타내기도 한다. 흔한 예로 나이 또는 수입에 관한 범주가 있다. 구간 변수가 알려진 경우(예 범주 2는 나이가 20~30인 경우)라면, 범주형 값(앞의 예에서 '2')을 구간의 중간값(여기서는 '25')으로 대체할 수 있다. 이렇게 범주형 변수를 실제값으로 고려해 전환한 결과, 여러 개의 가변수가 필요 없는 수치형 변수가 된다.

4.8 주성분 분석

주성분 분석Principal Component Analysis, PCA은 특히 변수들의 수가 클 때, 차원 축소에 유용한 방법이다. PCA는 데이터가 같은 스케일로 측정되고 상관관계가 높은 변수들을 포함할 때 특히 유용하다. 그런 경우에 원래 변수들을 가중 선형 결합weighted linear combination으로 재표현해 소수(대개 3개 정도)의 변수들을 새롭게 생성한다. 이렇게 생성된 소수의 새로운 변수는 데이터셋 전체가 가지고 있는 정보의 대부분을 유지하게 된다. PCA는 양적 변수quantitative variable에 사용되는 분석 기법이다. 범주형 변수의 경우에는 대응 분석correspondence analysis과 같은 다른 기법들이 더 적합하다.

예제 2: 아침 식사용 시리얼

77가지 아침 식사용 시리얼의 영양 정보와 소비자 평점을 기초로 데이터가 수집되었다. 소비자 평점은 소비자 정보를 위한 시리얼의 '건강' 평점이다(소비자에 의한 평점이 아님). 각 시리얼에 대하여 데이터는 수치형 변수를 13개 포함하고 있으며, 분석 목표는 이 변수들의 차원을 축소하는 것이다. 시리얼을 섭취할 때는 대부분의 사람들이 시리얼 용기에 시리얼을 채우기 때문에(그 결과, 무게가 아닌 일정한 부피를 유지함) 각 시리얼에 대하여 정보는 1회 분량serving size보다는 용기 단위로 수집되었다. 이 데이터는 [표 4-8]과 같고 변수에 대한 설명은 [표 4-9]와 같다.

먼저 칼로리calories와 소비자 평점consumer rating 변수 2개에 초점을 두기로 한다. 이들 데이터는 [표 4-10]과 같다. 77개 시리얼의 평균 칼로리는 106.88이고 평균 소비자 평점은 42.67이다. 이 두 변수 간의 공분산 행렬(S)은 다음과 같이 추정된다.

$$S = \begin{bmatrix} 379.63 & -188.68 \\ -188.68 & 197.32 \end{bmatrix}$$

표 4-8 77개의 아침 식사용 시리얼 데이터셋의 표본

Cereal name	mfr	Type	Calories	Protein	Fat	Sodium	Fiber	Carbo	Sugars	Potass	Vitamins
100% Bran	N	C	70	4	1	130	10	5	6	280	25
100% Natural Bran	Q	C	120	3	5	15	2	8	8	135	0
All-Bran	K	C	70	4	1	260	9	7	5	320	25
All-Bran with Extra Fiber	K	C	50	4	0	140	14	8	0	330	25
Almond Delight	R	C	110	2	2	200	1	14	8		25
Apple Cinnamon Cheerios	G	C	110	2	2	180	1.5	10.5	10	70	25
Apple Jacks	K	C	110	2	0	125	1	11	14	30	25
Basic 4	G	C	130	3	2	210	2	18	8	100	25
Bran Chex	R	C	90	2	1	200	4	15	6	125	25
Bran Flakes	P	C	90	3	0	210	5	13	5	190	25
Cap'n'Crunch	Q	C	120	1	2	220	0	12	12	35	25
Cheerios	G	C	110	6	2	290	2	17	1	105	25
Cinnamon Toast Crunch	G	C	120	1	3	210	0	13	9	45	25
Clusters	G	C	110	3	2	140	2	13	7	105	25
Cocoa Puffs	G	C	110	1	1	180	0	12	13	55	25
Corn Chex	R	C	110	2	0	280	0	22	3	25	25
Corn Flakes	K	C	100	2	0	290	1	21	2	35	25
Corn Pops	K	C	110	1	0	90	1	13	12	20	25
Count Chocula	G	C	110	1	1	180	0	12	13	65	25
Cracklin' Oat Bran	K	C	110	3	3	140	4	10	7	160	25

표 4-9 아침 식사용 시리얼 데이터셋의 변수 설명

mfr	시리얼 제조 업체(American Home Food Products, General Mills, Kellogg 등)
type	저온용 또는 고온용
calories	1회분에 대한 칼로리
protein	단백질(g)
fat	지방(g)
sodium	나트륨(mg)
fiber	식이섬유(g)
carbo	복합 탄수화물(g)
sugars	설탕(g)
potass	칼륨(mg)
vitamins	비타민과 미네랄: FDA의 권장 비율로서 0, 25 또는 100을 나타냄
shelf	디스플레이 선반(바닥에서부터 1, 2, 3으로 세어나감)
weight	1회분의 무게(Ounces)
cups	1회분에 제공되는 컵의 수
rating	소비자 보고서에 의한 시리얼 평점

표 4-10 시리얼 칼로리와 평점

Cereal	Calories	Rating	Cereal	Calories	Rating
100% Natural Bran	120	33.98368	Kix	110	39.241114
All-Bran	70	59.42551	Life	100	45.328074
All-Bran with Extra Fiber	50	93.70491	Lucky Charms	110	26.734515
Almond Delight	110	34.38484	Maypo	100	54.850917
Apple Cinnamon Cheerios	110	29.50954	Muesli Raisins, Dates & Almonds	150	37.136863
Apple Jacks	110	33.17409	Muesli Raisins, Peaches & Pecans	150	34.139765
Basic 4	130	37.03856	Mueslix Crispy Blend	160	30.313351
Bran Chex	90	49.12025	Multi-Grain Cheerios	100	40.105965
Bran Flakes	90	53.31381	Nut&Honey Crunch	120	29.924285
Cap'n'Crunch	120	18.04285	Nutri-Grain Almond-Raisin	140	40.69232
Cheerios	110	50.765	Nutri-grain Wheat	90	59.642837
Cinnamon Toast Crunch	120	19.82357	Oatmeal Raisin Crisp	130	30.450843
Clusters	110	40.40021	Post Nat. Raisin Bran	120	37.840594
Cocoa Puffs	110	22.73645	Product 19	100	41.50354
Corn Chex	110	41.44502	Puffed Rice	50	60.756112
Corn Flakes	100	45.86332	Puffed Wheat	50	63.005645
Corn Pops	110	35.78279	Quaker Oat Squares	100	49.511874
Count Chocula	110	22.39651	Quaker Oatmeal	100	50.828392
Cracklin' Oat Bran	110	40.44877	Raisin Bran	120	39.259197
Cream of Wheat (Quick)	100	64.53382	Raisin Nut Bran	100	39.7034
Crispix	110	46.89564	Raisin Squares	90	55.333142
Crispy Wheat & Raisins	100	36.1762	Rice Chex	110	41.998933
Double Chex	100	44.33086	Rice Krispies	110	40.560159
Froot Loops	110	32.20758	Shredded Wheat	80	68.235885
Frosted Flakes	110	31.43597	Shredded Wheat 'n'Bran	90	74.472949
Frosted Mini-Wheats	100	58.34514	Shredded Wheat spoon size	90	72.801787
Fruit & Fibre Dates, Walnuts & Oats	120	40.91705	Smacks	110	31.230054
Fruitful Bran	120	41.01549	Special K	110	53.131324
Fruity Pebbles	110	28.02577	Strawberry Fruit Wheats	90	59.363993
Golden Crisp	100	35.25244	Total Corn Flakes	110	38.839746
Golden Grahams	110	23.80404	Total Raisin Bran	140	28.592785
Grape Nuts Flakes	100	52.0769	Total Whole Grain	100	46.658844
Grape-Nuts	110	53.37101	Triples	110	39.106174
Great Grains Pecan	120	45.81172	Trix	110	27.753301
Honey Graham Ohs	120	21.87129	Wheat Chex	100	49.787445
Honey Nut Cheerios	110	31.07222	Wheaties	100	51.592193
Honey-comb	110	28.74241	Wheaties Honey Gold	110	36.187559
Just Right Crunchy Nuggets	110	36.52368			

칼로리와 소비자 평점은 다음과 같이 강한 음의 상관관계임을 알 수 있다.

$$-0.69 = \frac{-188.68}{\sqrt{(379.63)(197.32)}}$$

두 변수의 전체 변동 중 대략 69%가 실질적으로 두 변수가 공유하는 변동으로, 한 변수의 변동이 다른 변수에서 나타난 유사한 변동으로 중복되었다고 할 수 있다. 전체 변동에 각 변수가 미치는 기여도를 최대한 활용하면서도 이와 같은 사실을 변수의 수를 축소하는 데 이용할 수 있을까? 두 변수가 포함하는 정보에 중복이 있으므로 너무 많은 정보를 잃지 않으면서 두 변수를 한 변수로 축소할 수 있다. PCA의 개념은 비록 2개의 변수에 있는 정보를 모두 포함하지 못하더라도 대부분은 포함될 수 있는 두 변수의 선형 결합을 찾는 것이다. 여기서 두 변수에 있는 정보란 두 변수의 변동을 의미한다. 77개 시리얼 중 가장 큰 변동을 설명하는 것은 무엇인가? 여기서 총변동은 두 변수의 분산의 합이므로 이 경우는 379.63 + 197.32 = 577이 된다. 이는 칼로리가 총변동 중 66%(=379.63/577)를 설명하고 있음을 의미하며, 나머지 34%는 소비자 평점에 의한 변동으로 설명되고 있음을 나타낸다. 차원 축소를 위해 이들 변수 중 하나를 제외하면, 총변동 중 최소한 34%가 줄어든다. 좀 더 양극화된 방법으로 두 변수의 선형 결합으로 생성된 새로운 변수에 두 변수 사이의 총변동을 재분배할 수 있을까? 만약 그렇게 할 수 있다면, 총변동의 큰 부분을 설명할 수 있는 새로운 변수 1개만 유지하는 것이 가능할 것이다.

[그림 4-3]은 평점과 칼로리 간의 산점도를 나타낸다. 산점도에서 살펴보면 데이터의 변동성이 가장 큰 방향으로 직선 z_1이 나타나 있다. 이 직선은 데이터의 차원을 2개에서 1개로 축소하려고 할 때 데이터의 변동성이 가장 큰 부분을 보여준다. 가능한 모든 직선 중에서 77개의 일차원 값들로 구성된 집합을 얻기 위해 데이터셋에 있는 점들을 직각으로 교차해 투영한 것이다. 이때 z_1값의 분산은 최대가 된다. 이 직선을 1차 주성분first principal component이라고 부른다. 이 직선은 또한 이 직선과 점들 간의 수직선 거리 제곱합을 최소화하는 선이다. z_2축은 z_1축과 직각으로 교차되는 선이다. 변수가 2개인 경우에는 z_1축과 수직인 직선은 오직 하나이고 그 선은 두 번째로 큰 변동성을 갖지만 직선 z_1과 무관한 정보를 갖는다. 이 직선을 2차 주성분second principal component이라고 부른다. 일반적으로 변수가 2개 이상인 경우에는 변동성이 가장 큰 직선 z_1을 먼저 찾은 다음, 다시 직선 z_1과 직교를 이루는 선 중에서 그다음으로 변동성이 가장 큰 직선을 찾게 되는데 그것이 z_2다. 그런 다음 이들 직선의 좌표를 찾고, 이들 직선이 전체 변동을 어떻게 재분배하는지 알아본다.

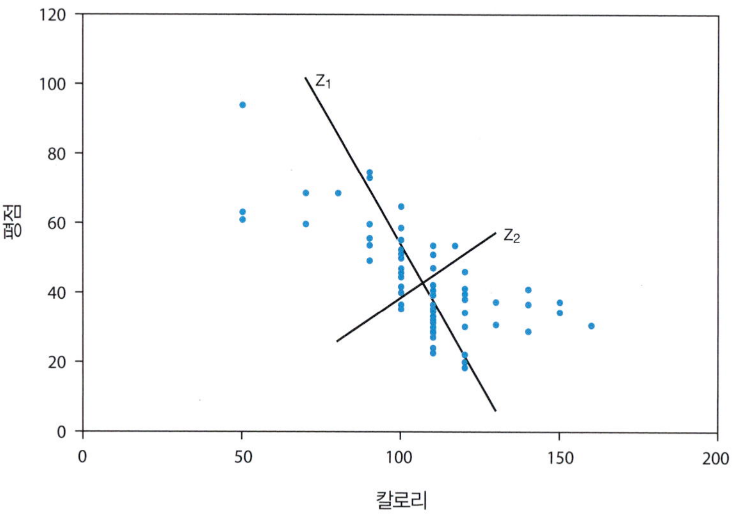

그림 4-3 2개의 주성분 방향이 있는 77개의 아침 식사용 시리얼에 대한 칼로리(calories)와 평점(rating)의 산점도

파이썬 scikit-learn에서는 sklean.decomposition.PCA를 사용하여 PCA를 실행한다. [표 4-11]은 이 두 변수 calories와 rating에 대해 PCA를 실행한 결과다. 이 함수의 components_ 값은 회전 행렬인데, 원래 자료를 2개의 새로운 방향으로 투영하는 데 사용되는 가중치를 제공한다. z_1의 가중치는 (−0.847, 0.532)이고 z_2의 가중치는 (0.532, 0.847)이다. summary는 재조정된 분산을 보여준다. 즉, z_1은 총변동성의 86%를 설명하고, z_2는 나머지 14%를 설명하고 있다. 그러므로 분석에서 z_2를 제외한다고 해도 총변동의 86%를 여전히 유지할 수 있다.

주성분 점수는 (평균을 뺀 후에) 칼로리와 평점을 새로운 축에 사영한 값으로, 가중치는 주성분 점수를 계산하는 데 사용된다. PCS 객체의 transform 방법은 원래 데이터로 주성분 점수를 결정하는 데 사용된다. 첫 번째 열은 가중치 (0.847, −0.532)를 사용해 z_1에 사영한 값이고, 두 번째 열은 가중치 (0.532, 0.847)를 이용해 z_2에 사영한 값이다. 예를 들어, 100% Bran 시리얼(칼로리는 70이고 평점은 68.4임)의 첫 번째 주성분 점수는$(-0.847)(70-106.88)+(0.532)(68.4-42.67)=44.92$가 된다.

새롭게 생성된 변수 z_1과 z_2는 원래 변수에서 평균을 뺀 값들이기 때문에 평균은 0이 된다. 분산의 합 $\text{var}(z_1)+\text{var}(z_2)$는 원래 변수에 대한 분산의 합, var(calories)+var(rating)과 동일하다. 더욱이 z_1과 z_2의 분산은 각각 498과 79로, 첫 번째 주성분인 z_1은 총변동의 86%를 설명한다. 이 주성분은 데이터 대부분의 변동을 담고 있기 때문에, 원래 데이터의 두 변수를 대표하는 하나의 변수로 첫 번째 주성분 점수를 사용하는 것이 합리적으로 보인다. 다음 절에서는 이러한 개념을 3개 이상의 변수로 일반화하여 설명한다.

표 4-11 칼로리와 평점에 대한 주성분 분석

PCA를 실행하는 파이썬 코드

```
cereals_df = pd.read_csv('Cereals.csv')
pcs = PCA(n_components=2)
pcs.fit(cereals_df[['calories', 'rating']])

pcsSummary = pd.DataFrame({'Standard deviation': np.sqrt(pcs.explained_variance_),
                           'Proportion of variance': pcs.explained_variance_ratio_,
                           'Cumulative proportion': np.cumsum(pcs.explained_
                                                             variance_ratio_)})
pcsSummary = pcsSummary.transpose()
pcsSummary.columns = ['PC1', 'PC2']
pcsSummary.round(4)

pcsComponents_df = pd.DataFrame(pcs.components_.transpose(), columns=['PC1', 'PC2'],
                                index=['calories', 'rating'])
pcsComponents_df

scores = pd.DataFrame(pcs.transform(cereals_df[['calories', 'rating']]),
                      columns=['PC1', 'PC2'])
scores.head()
```

실행 결과

```
#  pcsSummary
PC1PC2
Standard deviation       22.3165   8.8844
Proportion of variance    0.8632   0.1368
Cumulative proportion     0.8632   1.0000

#  Components
                PC1        PC2
calories   -0.847053   0.531508
rating      0.531508   0.847053

#  Scores
         PC1         PC2
0    44.921528    2.197183
1   -15.725265   -0.382416
2    40.149935   -5.407212
3    75.310772   12.999126
4    -7.041508   -5.357686
```

주성분

주성분 분석의 절차를 $p > 2$인 경우로 쉽게 일반화하기 위해 앞에서 설명한 절차를 공식으로 만들어보자. 데이터로 주어진 변수 p개는 $X_1, X_2, \cdots, X_p$로 표기한다. PCA에서는 원래 변수들의 (각 평균을 뺀 후) 가중 평균인 새로운 변수 집합 $Z_1, Z_2, \cdots, Z_p$를 찾는다.

$$Z_i = a_{i,1}(X_1 - \bar{X}_1) + a_{i,2}(X_2 - \bar{X}_2) + \cdots + a_{i,p}(X_p - \bar{X}_p), \quad i = 1, \cdots, p \qquad (4.1)$$

식 (4.1)에서 Z 변수들의 각 쌍에 관한 상관 계수는 0이 된다. 분산의 크기에 따라 새로운 변수에 대해 순위를 매기게 되는데, Z_1은 가장 큰 분산을 가지고, Z_p는 가장 작은 분산을 갖게 된다. 소프트웨어는 주성분 점수를 계산하는 데 필요한 가중치 $a_{i,j}$를 계산해 준다.

원래 데이터와 비교했을 때 주성분의 더 큰 장점은 주성분들이 서로 상관되어 있지 않다는 점이다(상관 계수 = 0). 만약 이들 주성분을 예측 변수로 하여 회귀 모델을 세운다면 다중 공선성의 문제가 발생하지 않을 것이다.

변수 15개가 모두 있는 시리얼 데이터셋으로 돌아가 13개의 수치형 변수에 대해 PCA를 적용한 결과가 [표 4-12]다. `dropna(axis=0)` 함수를 사용해 결측치를 포함하는 관측치를 제거하고 `transpose()` 함수를 사용해 주성분 점수를 얻는다. 처음 3개의 성분이 원래 변수 13개 모두와 관련된 총변동 중 96% 이상을 차지한다. 이것은 데이터의 원래 차원 수의 25% 미만으로 데이터의 변동을 대부분 파악할 수 있음을 나타낸다. 사실 첫 2개의 주성분만으로도 총변동의 92.6%를 차지하고 있다. 그러나 이러한 결과들은 다음에 설명할 변수들의 스케일에 의해 영향을 받는다.

표 4-12 아침 식사용 시리얼 데이터셋에서 13개의 수치형 변수를 모두 사용해 주성분 5개를 분석한 결과

```
pcs = PCA()
pcs.fit(cereals_df.iloc[:, 3:].dropna(axis=0))
pcsSummary_df = pd.DataFrame({'Standard deviation': np.sqrt(pcs.explained_variance_),
                    'Proportion of variance': pcs.explained_variance_ratio_,
                    'Cumulative proportion': np.cumsum(pcs.explained_variance_ratio_)})
pcsSummary_df = pcsSummary_df.transpose()
pcsSummary_df.columns = ['PC{}'.format(i) for i in range(1, len(pcsSummary_df.columns) + 1)]
pcsSummary_df.round(4)

                            PC1      PC2      PC3      PC4     PC5     PC6  \
Standard deviation      83.7641  70.9143  22.6437  19.1815  8.4232  2.0917
Proportion of variance   0.5395   0.3867   0.0394   0.0283  0.0055  0.0003
Cumulative proportion    0.5395   0.9262   0.9656   0.9939  0.9993  0.9997
```

```
                        PC7     PC8     PC9     PC10    PC11    PC12   PC13
Standard deviation     1.6994  0.7796  0.6578  0.3704  0.1864  0.063   0.0
Proportion of variance 0.0002  0.0000  0.0000  0.0000  0.0000  0.000   0.0
Cumulative proportion  0.9999  1.0000  1.0000  1.0000  1.0000  1.000   1.0

pcsComponents_df = pd.DataFrame(pcs.components_.transpose(), columns=pcsSummary_df.columns,
                                index=cereals_df.iloc[:, 3:].columns)
pcsComponents_df.iloc[:,:5]

               PC1        PC2        PC3        PC4        PC5
calories  -0.077984  -0.009312   0.629206  -0.601021   0.454959
protein    0.000757   0.008801   0.001026   0.003200   0.056176
fat        0.000102   0.002699   0.016196  -0.025262  -0.016098
sodium    -0.980215   0.140896  -0.135902  -0.000968   0.013948
fiber      0.005413   0.030681  -0.018191   0.020472   0.013605
carbo     -0.017246  -0.016783   0.017370   0.025948   0.349267
sugars    -0.002989  -0.000253   0.097705  -0.115481  -0.299066
potass     0.134900   0.986562   0.036782  -0.042176  -0.047151
vitamins  -0.094293   0.016729   0.691978   0.714118  -0.037009
shelf      0.001541   0.004360   0.012489   0.005647  -0.007876
weight    -0.000512   0.000999   0.003806  -0.002546   0.003022
cups      -0.000510  -0.001591   0.000694   0.000985   0.002148
rating     0.075296   0.071742  -0.307947   0.334534   0.75770
```

데이터 정규화

PCA를 데이터 구조를 이해하는 데 사용할 수 있다. 이는 원래 변수가 서로 다른 주성분에 어떻게 기여하는지 가중치를 검토함으로써 이루어진다. 이 예제에서 시리얼의 나트륨 항목이 첫 번째 주성분에 지배적임을 알 수 있다. 즉, 여기에서 가장 높은 (양의) 가중치를 갖고 있다. 이것은 첫 번째 주성분이 실제로 시리얼에 나트륨이 얼마나 많이 포함되어 있는지를 측정한다는 의미다. 이와 비슷하게 두 번째 주성분은 칼륨양을 측정하는 것이다. 그런데 다른 영양소들은 그램으로 측정되는 반면, 나트륨과 칼륨은 밀리그램으로 측정되었기 때문에 이러한 결과가 발생한 것이다. 칼륨과 나트륨의 분산은 다른 변수들의 분산보다 훨씬 크므로, 이들 두 분산이 총분산을 독차지한다. 이를 해결하는 방법 하나는 PCA를 수행하기 전에 데이터를 정규화하는 것이다. 정규화(또는 표준화)는 각각의 원래 변수를 분산이 1인 표준화된 변수로 대체하는 것인데, 정규화하려면 각 변수를 각각의 표준편차로 나누기만 하면 된다. 정규화(표준화)의 효과는 변동의 관점에서 모든 변수에 동등한 중요성을 부여하는 것이다.

그렇다면 데이터 정규화를 언제 해야 할까? 이는 데이터의 성격에 달려 있다. 측정 단위가 모든 변수에 공통적이고(예 달러), 변수의 스케일이 변수의 중요성을 반영할 때에는(예 제트 연료 판매액, 난방 기름의 판매액) 변수들을 정규화, 즉 분산이 1이 되도록 데이터의 스케일을 재조정하지 않는 것이 최선일 수 있다. 만약 변수들이 다른 단위로 측정되어 변수 간의 변동성을 비교하는 방법이 불분명하거나(예 일부는 달러 단위, 다른 변수들은 PPM 단위), 변수들이 동일한 단위로 측정되었지만 변수의 스케일이 중요성을 반영하지 않는 경우라면(예 주당 순이익, 총 수익), 일반적으로 정규화하는 것이 바람직하다. 이런 식으로 측정 단위의 변경은 주성분들의 가중치를 바꾸지 않는다. 드물지만 변수들에 대해 상대적 가중치를 제공할 수 있는 경우에는 정규화된 변수에 이들 가중치를 곱한 후 주성분 분석을 수행한다.

지금까지 공분산 행렬을 사용한 주성분을 계산해 보았다. 데이터를 정규화한 후 PCA를 수행하는 대신 공분산 행렬이 아닌 상관 행렬을 이용해 PCA를 수행할 수 있다. 대부분의 소프트웨어 프로그램에서는 사용자가 이 두 행렬 중 하나를 선택할 수 있다. 다만, 상관 행렬을 사용한다는 것은 사용자가 정규화된 데이터에서 작업하고 있음을 의미한다.

아침 식사용 시리얼 데이터로 돌아가, 변수들의 척도가 서로 다르기 때문에 13개 변수들을 정규화한 다음 PCA를 수행하도록 한다(또는 상관 행렬에 적용된 PCA를 사용함). 출력 결과는 [표 4-13]과 같다. PCA를 실행하기 전에 데이터를 정규화하기 위해 `preprocessing.scale`을 사용했다.

여기서 총변동의 90% 이상을 설명하기 위해서는 7개의 주성분이 필요함을 알 수 있다. 첫 2개의 주성분이 총변동의 52%만 설명하고 있어, 변수의 수를 2개로 축소하는 경우 많은 정보를 잃을 수 있다. 가중치를 검토해 보면 첫 번째 주성분은 (1) 칼로리calories와 1회분 용량cups(큰 양의 가중치)과 (2) 단백질fiber, 식이섬유fiber, 칼륨potassium, 소비자 평점consumer rating(큰 음의 가중치)의 두 가지 양 사이의 균형을 측정하고 있음을 알 수 있다. 첫 번째 주성분의 높은 점수는 시리얼의 칼로리가 높고, 용기당 양이 많고, 단백질과 칼륨이 낮다는 것을 가리킨다. 당연히 이러한 유형의 시리얼은 낮은 소비자 평점과 연관된다. 두 번째 주성분은 대부분 1회분의 무게에 영향을 받고, 세 번째 주성분은 탄수화물 항목에 영향을 받는다. 그다음의 주성분들에 대해서도 이와 비슷한 방식으로 데이터 구조를 이해할 수 있는 레이블을 부여할 수 있다.

데이터를 2차원으로 축소할 때 유용한 그림 중 하나로 관측치에 대한 레이블이 있는 첫 번째 주성분 점수와 두 번째 주성분 점수의 산점도를 들 수 있다(데이터셋이 너무 크지 않은 경우[1]). 이를 설명하기 위해서 [그림 4-4]는 아침 식사용 시리얼에 대한 첫 번째, 두 번째의 주성분 점수들을 보여주고 있다.

[그림 4-4]를 보면, 오른쪽(브랜 시리얼bran cereals)에서 왼쪽으로 이동할수록 각 시리얼은 높은 칼로리와 낮은 단백질 및 식이섬유 등의 관점에서 건강에 좋지 않은 제품임을 알 수 있다. 또한 아래쪽에서 위쪽으로 이동할수록 포만감을 주는 시리얼을 얻는다(퍼프드 라이스puffed rice에서 레이즌 브랜raisin bran으로 이동). 이러한 플롯은 흥미로운 군집이 발견될 때 특히 유용하다. 예를 들어, 여기서는 아동용 시리얼들이 중앙에서 왼쪽 부분에 몰려 있음을 알 수 있다.

1 파이썬 레이블 산점도는 시리얼 예에서와 같이 마커 수가 많을 때 레이블에 대해 너무 많은 오버플로팅을 생성한다.

표 4-13 아침 식사용 시리얼 데이터에서 정규화한 13개의 수치형 변수를 모두 사용해 5개 주성분을 분석한 결과

```
pcs = PCA()
pcs.fit(preprocessing.scale(cereals_df.iloc[:, 3:].dropna(axis=0)))
pcsSummary_df = pd.DataFrame({'Standard deviation': np.sqrt(pcs.explained_variance_),
                      'Proportion of variance': pcs.explained_variance_ratio_,
                      'Cumulative proportion': np.cumsum(pcs.explained_variance_ratio_)})
pcsSummary_df = pcsSummary_df.transpose()
pcsSummary_df.columns = ['PC{}'.format(i) for i in range(1, len(pcsSummary_df.columns) + 1)]
pcsSummary_df.round(4)

                          PC1     PC2     PC3     PC4     PC5     PC6  \
Standard deviation     1.9192  1.7864  1.3912  1.0166  1.0015  0.8555
Proportion of variance 0.2795  0.2422  0.1469  0.0784  0.0761  0.0555
Cumulative proportion  0.2795  0.5217  0.6685  0.7470  0.8231  0.8786

                          PC7     PC8     PC9    PC10    PC11    PC12  PC13
Standard deviation     0.8251  0.6496  0.5658  0.3051  0.2537  0.1399   0.0
Proportion of variance 0.0517  0.0320  0.0243  0.0071  0.0049  0.0015   0.0
Cumulative proportion  0.9303  0.9623  0.9866  0.9936  0.9985  1.0000   1.0

pcsComponents_df = pd.DataFrame(pcs.components_.transpose(), columns=pcsSummary_df.columns,
                                index=cereals_df.iloc[:, 3:].columns)
pcsComponents_df.iloc[:,:5]

                PC1        PC2        PC3        PC4        PC5
calories  -0.299542  -0.393148   0.114857  -0.204359   0.203899
protein    0.307356  -0.165323   0.277282  -0.300743   0.319749
fat       -0.039915  -0.345724  -0.204890  -0.186833   0.586893
sodium    -0.183397  -0.137221   0.389431  -0.120337  -0.338364
fiber      0.453490  -0.179812   0.069766  -0.039174  -0.255119
carbo     -0.192449   0.149448   0.562452  -0.087835   0.182743
sugars    -0.228068  -0.351434  -0.355405   0.022707  -0.314872
potass     0.401964  -0.300544   0.067620  -0.090878  -0.148360
vitamins  -0.115980  -0.172909   0.387859   0.604111  -0.049287
shelf      0.171263  -0.265050  -0.001531   0.638879   0.329101
weight    -0.050299  -0.450309   0.247138  -0.153429  -0.221283
cups      -0.294636   0.212248   0.140000  -0.047489   0.120816
rating     0.438378   0.251539   0.181842  -0.038316   0.057584
```

그림 4-4 정규화한 아침 식사용 시리얼 데이터에 대한 첫 번째와 두 번째 주성분 점수의 산점도(타블로(Tableau)로 생성)

분류와 예측을 위한 주성분 사용

데이터 축소의 목적이 예측 변수로 사용될 변수의 개수를 축소하는 것이라고 할 때, 다음과 같이 진행할 수 있다. 먼저 학습 데이터를 사용해 예측 변수들에 대해 PCA를 적용한다. 분석 결과로부터 예측 변수로 사용할 주성분의 개수를 결정한다. 그리고 모델에서 (축소된 개수의) 주성분 점수를 예측 변수로 사용한다. 검증 데이터셋에 대해서는 학습 데이터로부터 계산된 가중치를 검증셋에 있는 변수들에 적용함으로써 주성분 점수를 얻을 수 있다. 새롭게 계산된 이들 주성분 점수가 검증 데이터셋의 예측 변수로 사용된다.

지도 학습에서 예측 변수로 주성분을 사용할 때의 단점 하나는 비선형인 예측 정보(예 결과 변수에 대한 예측 변수의 2차 효과 또는 예측 변수들 간의 상호 작용)를 잃을 수 있다는 것이다. 이는 PCA가 선형 변환을 생성해 원래 변수들 간의 선형 관계를 보존하기 때문이다.

4.9 회귀 모델을 사용한 차원 축소

이 장에서는 요약 통계량, 플롯, 주성분 분석을 사용해 예측 변수의 수를 축소하는 방법을 알아보았다. 이 방법들은 모두 탐색적 방법이다. 일부는 결과 변수를 완전히 무시하고(예 PCA), 일부는 예측 변수와 결과 변수 사이의 관계를 비공식적으로 포함하려고 시도한다(예 y값 관점에서 유사한 범주를 결합). 예측 변수의 개수를 축소하는 또 다른 접근법은 예측이나 분류 작업을 직접 고려해 회귀 모델을 적합시키는 것이다. 예측에 선형 회귀 모델을 사용하고(6장 참조), 분류에 로지스틱 회귀 모델을 사용한다(10장 참조). 두 경우 모두 예측 변수의 수를 줄이기 위해 변수 선택 절차를 사용할 수 있다(자세한 내용은 관련 장 참조).

적합한 회귀 모델을 사용해 유사한 범주를 더 결합할 수 있다. 통계적으로 유의미하지 않은(p-값이 높은) 회귀 계수를 갖는 범주는 기준 범주와의 차이가 반응 변수에 유의미한 영향을 주지 않으므로 기준 범주와 결합될 수 있다. 더욱이 회귀 계수 값이 유사한 범주(그리고 같은 부호)들은 반응 변수에 미치는 영향 정도가 유사한 것이므로, 이 범주들은 대개 결합된다. 회귀 모델이 차원 축소에 어떻게 사용되는지를 설명한 10장의 항공기 운항 연착 예제를 참조하기 바란다.

4.10 분류 트리와 회귀 트리를 이용한 차원 축소

예측 변수의 개수를 축소하고 범주형 변수의 범주를 결합하는 또 다른 방법은 분류와 회귀 트리(9장 참조)를 사용하는 것이다. 분류 트리는 분류 작업에 사용되고, 회귀 트리는 예측 작업에 사용된다. 두 경우 모두에서 알고리즘은 결과 변수를 가장 잘 분류 또는 예측하도록 예측 변수들에 관해 이진 분할(예 나이 30 이상/이하)을 생성한다. 자세한 사항은 9장에서 다루겠지만, 여기서 주목할 것은 결과로 나타난 트리 차트가 중요한 예측 변수를 결정하는 데 사용될 수 있다는 것이다. 트리 차트에 나타나지 않은 (수치형 또는 범주형) 예측 변수들은 제거할 수 있다. 비슷한 방식으로 트리 차트에 나타나지 않은 범주들을 결합할 수 있다.

연습문제

4.1 아침 식사용 시리얼. 4.8절에 있는 아침 식사용 시리얼 예제의 데이터를 사용해 다음 데이터를 탐색하고 요약하시오.

a. 양적/수치적 변수와 순서형 변수는 어떤 것인가? 명목형 변수는 어떤 것인가?

b. 각 양적 변수에 대해서 평균, 중앙값, 최솟값, 최댓값, 표준편차를 계산하시오. [표 4-3]의 예처럼 pandas를 사용한다.

c. 각 양적 변수에 대해 히스토그램을 작성하시오. 히스토그램과 요약 통계량을 바탕으로 다음 질문에 답하시오.

   i. 어떤 변수의 변동이 가장 큰가?

   ii. 어떤 변수가 치우쳐 있는가?

   iii. 극단값으로 보이는 값이 있는가?

d. 저온용과 고온용 시리얼에 함유된 칼로리를 비교하기 위해 박스 플롯을 나란히 그리시오. 이를 통해 무엇을 알 수 있는가?

e. 시리얼이 놓인 진열대 높이에 따른 소비자 평점의 박스 플롯을 나란히 그리시오. 진열대 높이를 통해 소비자 평점을 예측할 수 있다면, 세 종류의 진열대 높이를 그대로 유지할 필요가 있겠는가?

f. 양적 변수에 대한 상관 계수 표를 작성하시오(`corr()` 함수 사용). 또한 이들 변수에 대한 산점도 행렬을 작성하시오.

   i. 어느 변수 쌍이 가장 높은 상관관계를 나타내는가?

   ii. 이들 상관관계를 바탕으로 어떻게 변수의 개수를 축소할 수 있는가?

   iii. 데이터를 먼저 정규화했다면 상관관계가 어떻게 변하겠는가?

g. [표 4-12]에서 13개의 수치형 변수에 대한 첫 번째 주성분이 무엇을 나타내는지 간략하게 설명하시오.

4.2 대학 순위. 미국 내 전문대학과 종합대학교 순위에 관한 데이터셋(www. dataminingbook.com에서 이용 가능)에는 학부 과정을 운영하는 1,302개 학교의 정보가 담겨 있다. 각 대학마다 연속형 측정치(예 수업료와 졸업률)와 범주형 측정치(예 주별 위치, 사립 또는 공립 여부)를 포함해 17개의 측정치가 있다.

a. 모든 범주형 변수들을 제거하시오. 그런 후 데이터에서 연속형 측정치가 결측인 모든 레코드를 제거하시오.

b. 정제된 데이터에 대해 주성분 분석을 실시하고 그 결과에 대해 설명하시오. 데이터를 정규화해야 하는가? 핵심으로 여겨지는 성분의 특징을 설명하시오.

4.3 도요타 코롤라 자동차 판매. `ToyotaCorolla.csv` 파일은 네덜란드에서 2004년 늦여름에 판매된 중고차(도요타 코롤라)에 대한 데이터다. 데이터 1,436개에는 각 중고차의 가격Price, 사용 기간Age, 주행 거리Kilometers, 마력HP, 기타 사양Other specifications을 비롯해 38개의 특성에 관한 세부 사항이 들어 있다. 분석 목표는 사양에 따른 도요타 코롤라의 중고차 가격을 예측하는 것이다.

a. 범주형 변수를 확인하시오.

b. 범주형 변수와 그로부터 파생된 이진형 가변수들 간의 관계를 설명하시오.

c. *N*개의 범주를 가진 범주형 변수의 정보를 표현하기 위해 가변수가 얼마나 많이 필요한가?

d. 파이썬을 사용해 이 데이터셋에 있는 범주형 변수들을 이진형 가변수로 변환하고, 하나의 레코드에 대해 이진형 가변수들의 값을 설명하시오.

4.4 와인의 화학적 특성. [표 4-14]는 (정규화되지 않은) 와인의 화학적 특성을 나타내는 변수에 대한 PCA 결과를 나타내며, 각 케이스는 서로 다른 와인이 된다.

a. 이 데이터는 파일 `Wine.csv`에 있다. `Proportion of Variance` 행을 살펴보고, 첫 번째 주성분(`PC1`)의 분산이 다른 열의 분산보다 더 큰 이유를 설명하시오.

b. (a)에서 정규화(표준화)된 데이터 사용에 대한 의견을 쓰시오.

표 4-14 비정규화된 와인 데이터의 주성분

와인 데이터에 관한 PCA를 실행하는 파이썬 코드

```
wine_df = pd.read_csv('Wine.csv')
wine_df = wine_df.drop(columns=['Type'])
pcs = PCA()
pcs.fit(wine_df.dropna(axis=0))
pcsSummary_df = pd.DataFrame({'Standard deviation': np.sqrt(pcs.explained_variance_),
                    'Proportion of variance': pcs.explained_variance_ratio_,
                    'Cumulative proportion': np.cumsum(pcs.explained_variance_ratio_)})
pcsSummary_df = pcsSummary_df.transpose()
pcsSummary_df.columns = ['PC{}'.format(i) for i in range(1, len(pcsSummary_df.columns) + 1)]
pcsSummary_df.round(4)
```

```
                         PC1      PC2     PC3     PC4     PC5     PC6  \
Standard deviation  314.9632  13.1353  3.0722  2.2341  1.1085  0.9171
Proportion of variance  0.9981   0.0017  0.0001  0.0001  0.0000  0.0000
Cumulative proportion   0.9981   0.9998  0.9999  1.0000  1.0000  1.0000

                         PC7     PC8     PC9    PC10    PC11    PC12    PC13
Standard deviation      0.5282  0.3891  0.3348  0.2678  0.1938  0.1452  0.0906
Proportion of variance  0.0000  0.0000  0.0000  0.0000  0.0000  0.0000  0.0000
Cumulative proportion   1.0000  1.0000  1.0000  1.0000  1.0000  1.0000  1.0000
```

```
pcsComponents_df = pd.DataFrame(pcs.components_.transpose(),  columns=pcsSummary_
                    df.columns, index=wine_df.columns)
pcsComponents_df.iloc[:,:5]
```

	PC1	PC2	PC3	PC4	PC5
Alcohol	0.001659	0.001203	-0.016874	-0.141447	0.020337
Malic_Acid	-0.000681	0.002155	-0.122003	-0.160390	-0.612883
Ash	0.000195	0.004594	-0.051987	0.009773	0.020176
Ash_Alcalinity	-0.004671	0.026450	-0.938593	0.330965	0.064352
Magnesium	0.017868	0.999344	0.029780	0.005394	-0.006149
Total_Phenols	0.000990	0.000878	0.040485	0.074585	0.315245
Flavanoids	0.001567	-0.000052	0.085443	0.169087	0.524761
Nonflavanoid_Phenols	-0.000123	-0.001354	-0.013511	-0.010806	-0.029648
Proanthocyanins	0.000601	0.005004	0.024659	0.050121	0.251183
Color_Intensity	0.002327	0.015100	-0.291398	-0.878894	0.331747
Hue	0.000171	-0.000763	0.025978	0.060035	0.051524
OD280_OD315	0.000705	-0.003495	0.070324	0.178200	0.260639
Proline	0.999823	-0.017774	-0.004529	0.003113	-0.002299

Part 03

성능 평가

Part 03
성능 평가

CHAPTER 5

예측 성능 평가

이 장에서는 데이터 마이닝 방법들의 예측 성능을 평가하는 방법에 대해 설명한다. 학습 데이터에 과적합overfitting될 위험이 있음을 지적하고, 학습 단계에서 사용하지 않은 데이터로 모델의 성능을 평가할 필요성이 있음을 짚어본다. 또한 널리 사용되는 성능 척도에 대해 논의한다. 예측을 위한 척도에는 검증 데이터 기반의 평균 오차, MAPE, RMSE가 있다. 분류 작업에 대한 정오 행렬 기반의 척도에는 전체 정확도, 특이도와 민감도, 오분류 비용 설명 척도가 있다. 또한 컷오프 값의 선택과 분류 성능 간의 관계를 살펴보고, 다른 컷오프 값 방법의 성능을 평가하는 데 널리 사용되는 ROCReceiver Operating Characteristics(수신자 조작 특성) 곡선을 소개한다. 전체 표본을 정확하게 분류하기보다는 가장 관심이 있거나 중요한 레코드를 정확하게 분류하는 랭킹ranking(예 제안에 대해 응답할 가능성이 가장 큰 10%의 고객들, 사기일 가능성이 가장 큰 5%의 청구들)이 목적이라면, 성능 평가에 리프트 차트lift chart가 사용된다. 또한 희귀 클래스에 대한 오버샘플링의 필요성과 이를 위한 성능 척도의 조정 방법을 설명한다. 마지막으로 과적합 탐지를 위해 검증 데이터 기반 결과를 학습 데이터 기반 결과와 비교하는 작업의 유용성을 언급한다. 그 두 값 사이에는 어느 정도 차이가 예상되지만, 극단적인 차이가 나타난다면 과적합되었음을 시사할 수 있다.

파이썬

이 장에서는 데이터 처리를 위해 `pandas`, 회귀 분석 모델들을 사용하기 위해 `statsmodels`, 성능 척도를 위해 `scikit-learn`, 시각화를 위해 `matplotlib`을 사용한다. 또한 부록에 수록된 파이썬 함수를 사용한다.

이 장에 필요한 파이썬 라이브러리 불러오기

```
import math
import pandas as pd
from sklearn.model_selection import train_test_split
from sklearn.linear_model import LinearRegression
from sklearn.metrics import accuracy_score, roc_curve, auc
import matplotlib.pylab as plt

from dmba import regressionSummary, classificationSummary
from dmba import liftChart, gainsChart
```

5.1 서론

지도 학습에서는 새로운 레코드에 대해 다음과 같은 유형의 출력 변수를 예측하는 데 관심이 있다.

- 수치 값: 결과 변수가 수치형일 때(예 주택 가격)
- 클래스 소속도: 결과 변수가 범주형일 때(예 구매자/비구매자)
- 경향: 결과 변수가 범주형일 때(예 채무 불이행 경향) 클래스 소속도의 확률

예측 방법들은 수치 예측값을 산출하는 반면, 분류 방법들("분류기들")은 경향을 산출하는 데 사용되는데, 이 경향에 컷오프 값을 적용하면 예측된 클래스 소속도를 얻을 수 있다.

이 둘 사이의 중요한 차이는 분류기들을 예측에 사용하는 방식이다. 분류는 새로운 레코드들의 클래스 소속도를 예측하기 위한 것이고, 랭킹은 새로운 레코드들 중에서 관심 있는 클래스에 속할 가능성이 가장 큰 것을 탐지하는 것이다.

이제 수치 예측에 사용되는 예측 방법(5.2절), 분류에 사용되는 분류기(5.3절), 랭킹에 사용되는 분류기(5.4절)의 유용성을 판단하는 방식을 검토해 보자. 5.5절에서는 오버샘플링 상황의 성능 평가를 살펴볼 것이다.

5.2 예측 성능의 평가

예측 정확성은 적합도goodness-of-fit와 동일한 개념이 아니다. 전통적인 통계적 성능 척도는 학습된 데이터에 적합한 모델을 찾는 것을 목표로 한다. 데이터 마이닝에서는 새로운 레코드에

적용했을 때 예측 정확성이 높은 모델에 관심이 있다. R^2나 표준 추정 오차와 같은 척도는 전통적인 회귀 분석 모델링의 일반적인 척도들이고, 잔차 분석residual analysis은 이러한 모델링 상황에서 적합도를 측정하는 데 사용된다. 하지만 이 척도들은 모델이 새로운 레코드들을 예측하는 성능에 대해서는 많은 것을 알려주지 않는다.

예측 성능을 평가하기 위해 여러 척도가 사용된다. 척도는 검증 데이터를 기반으로 모든 케이스에 대해 예측 정확도를 평가해 학습 데이터보다 좀 더 객관적인 근거를 제공한다. 검증 데이터의 레코드가 예측 변수를 선택하거나 모델의 파라미터를 추정하는 데 사용되지 않아 예측할 미래의 레코드와 좀 더 유사하기 때문이다. 모델은 학습 데이터로 학습해 검증 데이터에 적용되는데, 정확성 척도는 검증 데이터셋에 대한 예측 오차를 기반으로 한다.

나이브 벤치마크: 평균

예측에서 벤치마크는 평균 결과 값을 기준으로 사용한다(그렇게 함으로써 모든 예측 변수 정보를 무시함). 즉, 새로운 레코드에 대한 예측은 학습 데이터셋($\overline{y}$) 레코드에 대한 결과 값의 평균이다. 이를 나이브 벤치마크라 부르기도 한다. 좋은 예측 모델은 예측의 정확성 면에서 벤치마크 기준을 넘어서야 한다.

예측 정확성 척도들

레코드 i의 예측 오차는 예측된 결과 값과 실제 결과 값의 차($e_i = y_i - \hat{y}_i$)로 정의된다. 널리 사용되는 예측 정확성의 몇 가지 수치 척도는 다음과 같다.

- MAE(평균 절대 오차/편차) $= \frac{1}{n}\sum_{i=1}^{n}|e_i|$는 평균 절대 오차의 규모를 알려준다.
- **평균 오차** $= \frac{1}{n}\sum_{i=1}^{n}e_i$는 오차의 부호를 유지한다는 점을 제외하면 MAE와 유사해, 음의 오차가 동일한 규모의 양의 오차를 상쇄한다. 따라서 이 값은 예측이 평균적으로 결과 변수의 예측을 넘어서는지 미달되는지를 나타낸다.
- MPE(평균 백분율 오차) $= 100 \times \frac{1}{n}\sum_{i=1}^{n}e_i/y_i$는 오차의 방향을 고려해 예측이 실제값에서 (평균적으로) 얼마나 벗어나는지에 대한 백분율 점수를 알려준다.
- MAPE(평균 절대 백분율 오차) $= 100 \times \frac{1}{n}\sum_{i=1}^{n}|e_i/y_i|$는 예측이 실제값에서 (평균적으로) 얼마나 벗어나는지에 대한 백분율 점수를 알려준다.
- RMSE(근의 평균 제곱 오차) $= \sqrt{\frac{1}{n}\sum_{i=1}^{n}e_i^2}$는 학습 데이터 대신 검증 데이터로 계산된 것만 빼면 선형 회귀 분석에서 추정값의 표준 오차와 유사하다. 결과 변수와 단위가 같다.

위 척도들은 예측 정확성의 정도를 평가해 모델을 비교하는 데 사용된다. 이 척도들은 모두 이상치에 의해 영향을 받는다. 이상치의 영향을 검토하기 위해 중간값 기반 척도를 계산(위의 평균 기반 척도과 비교)하거나 단순히 그 오차들의 히스토그램이나 박스 플롯box plot을 그릴 수 있다. 실제로 예측 오차의 분포를 그리는 것은 매우 유용해 척도만 사용하는 것보다 많은 정보를 강조할 수 있다.

예측 정확성 척도와 예측 오차 분포 차트의 사용법을 [표 5-1]과 [그림 5-1]의 오차 척도와 차트를 통해 살펴보자. 표와 그림은 도요타 코롤라 중고차의 가격을 예측하는 하나의 모델을 적합시킨 결과다. 학습 데이터셋에는 861대의 자동차가, 검증 데이터셋에는 575대의 자동차가 포함된다. 출력 결과를 보면 학습 데이터셋과 검증 데이터셋에 대한 결과가 별도로 나타나 있다. 검증 데이터셋에 대한 히스토그램과 박스 플롯에서 대부분의 오차가 [−2000, 2000]의 범위에 있다.

표 5-1 도요타 자동차 가격에 대한 모델의 예측 오차 척도, 학습과 검증

정확성 척도를 위한 파이썬 코드

```
# Reduce data frame to the top 1000 rows and select columns for regression analysis
car_df = pd.read_csv('ToyotaCorolla.csv')

# create a list of predictor variables by remvoing output variables and text columns
excludeColumns = ('Price', 'Id', 'Model', 'Fuel_Type', 'Color')
predictors = [s for s in car_df.columns if s not in excludeColumns]
outcome = 'Price'

# partition data
X = car_df[predictors]
y = car_df[outcome]
train_X, valid_X, train_y, valid_y = train_test_split(X, y, test_size=0.4, random_state=1)

# train linear regression model
reg = LinearRegression()
reg.fit(train_X, train_y)

# evaluate performance
# training
regressionSummary(train_y, reg.predict(train_X))
# validation
regressionSummary(valid_y, reg.predict(valid_X))
```

실행 결과(일부)

```
# training
Regression statistics

                      Mean Error (ME) : 0.0000
       Root Mean Squared Error (RMSE) : 1121.0606
            Mean Absolute Error (MAE) : 811.6770
          Mean Percentage Error (MPE) : -0.8630
Mean Absolute Percentage Error (MAPE) : 8.0054

# validation
Regression statistics

                      Mean Error (ME) : 97.1891
       Root Mean Squared Error (RMSE) : 1382.0352
            Mean Absolute Error (MAE) : 880.1396
          Mean Percentage Error (MPE) : 0.0138
Mean Absolute Percentage Error (MAPE) : 8.87440
```

학습과 검증 성능의 비교

학습 데이터셋에서 오차는 모델이 얼마나 잘 적합되었는지 알려주는 반면, 검증 데이터셋에서 오차(예측 오차)는 모델이 새로운 데이터를 예측하는 성능(예측 성능)을 측정한다. 모델은 학습 데이터셋을 사용해 적합되었기 때문에 학습 오차가 검증 오차보다 작고, 복잡한 모델일수록 학습 데이터에 과적합될 가능성이 더 크다(학습 오차와 검증 오차의 차가 더 커지는 것으로 나타남)고 예측된다. 극단적으로 과적합되면 학습 오차는 0(학습 데이터에 대한 모델의 완벽한 적합)이 되고 검증 오차는 무시할 수 없는 0이 아닌 값이 될 것이다. 이러한 이유로 [표 5-1]과 같이 학습 데이터셋과 검증 데이터셋에 대한 오차의 차트와 척도(RMSE, MAE 등)를 비교하는 것이 중요하다. [그림 5-1]은 학습 데이터셋과 검증 데이터셋에 대한 오차의 비슷한 분포를 보여주는데 학습 데이터셋의 성능 척도들이 검증 데이터셋보다 조금 낮은(나은) 것으로 나타나고, 척도만 사용할 때보다 더 많은 것을 보여주고 있다.

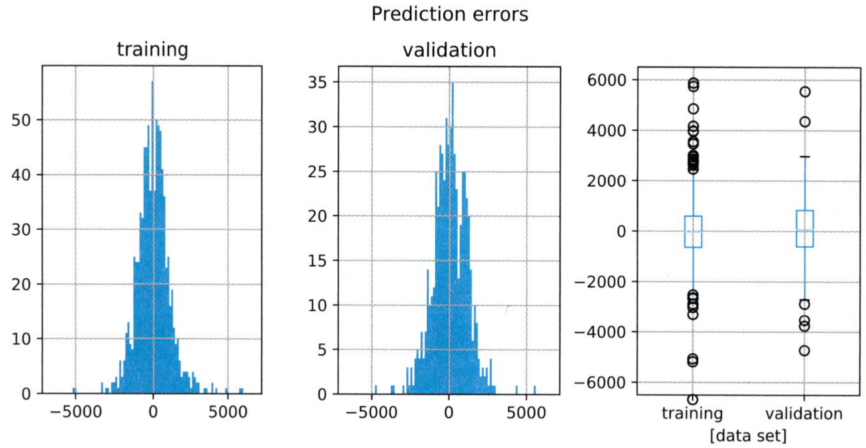

그림 5-1 학습 데이터셋과 검증 데이터셋에 대한 도요타 가격 예측 오차의 히스토그램과 박스 플롯

[그림 5-1]을 생성하는 파이썬 코드

```
pred_error_train = pd.DataFrame({
    'residual': train_y - reg.predict(train_X),
    'data set': 'training'
})
pred_error_valid = pd.DataFrame({
    'residual': valid_y - reg.predict(valid_X),
    'data set': 'validation'
})
boxdata_df = pred_error_train.append(pred_error_valid, ignore_index=True)

fig, axes = plt.subplots(nrows=1, ncols=3)
fig.set_size_inches(9, 4)
common = {'bins': 100, 'range': [-6500, 6500]}
pred_error_train.hist(ax=axes[0], **common)
pred_error_valid.hist(ax=axes[1], **common)
boxdata_df.boxplot(ax=axes[2], by='data set')

axes[0].set_title('training')
axes[1].set_title('validation')
axes[2].set_title(' ')
axes[2].set_ylim(-6500, 6500)
plt.suptitle('Prediction errors')
plt.subplots_adjust(bottom=0.1, top=0.85, wspace=0.35)
plt.show()
```

누적 이득과 리프트 차트

새로운 레코드에서 단지 누적 예측값이 가장 큰 레코드들의 부분집합을 찾는 것을 목적으로 할 수 있다. 이 경우 예측 성능을 시각적으로 측정하는 방법은 누적 이득 차트cumulative gains chart와 리프트 차트lift chart를 이용하는 방법이다. 이 방법은 모델의 예측 성능을 예측 변수들을 사용하지 않는 기준 모델과 비교한다.[1] 연속 반응값의 누적 이득과 리프트 차트는 누적 예측값이 가장 큰 레코드들의 집합을 찾을 때에만 의미가 있다. 새로운 레코드의 각 결과 값을 예측하는 데 이 차트들은 의미가 없다.

랭킹이라 불리는 유형의 목표를 분명하게 그려보기 위해, 보유 차량을 정기적으로 갱신해 고객이 최신 모델의 자동차를 몰 수 있도록 하는 렌트카 회사를 생각해 보자. 중고 차량을 지속적으로 대량 처분해야 하는데 이 회사는 중고차 판매업이 주가 아니므로 중고차 중개업자에게 대량 판매해 많은 차량을 처분하려고 한다. 하지만 일부 자동차는 자체 경로로 판매할 때 득이 된다. 중고차 중개업자와 대량 거래 시 판매 방식을 선택할 여지가 있어 자체 경로를 통해 재판매할 자동차를 선택하는 모델을 만들고 싶다. 모든 자동차는 구매한 후 시간이 상당히 흘러 중고차 중개업자와의 거래가 (특정 메이커와 모델 클래스 자동차의 주어진 수를 명시한) 고정 가격이 되었기 때문에 중개업자는 자동차 가격보다 수익을 극대화하는 일에만 관심이 있다. 수익을 극대화하는 일은 자체 경로로 판매해 가장 큰 수익을 거둘 가능성이 있는 자동차를 선택함으로써 완료된다. 이 경우의 리프트 차트는 수익에 대한 예측된 향상 정도를 보여준다.

누적 이득과 리프트 차트는 관심 레코드들의 집합(보통 검증 데이터)을 예측값에 따라 높은 값부터 낮은 값으로 정렬하는 것에 기반한다. 그러고 나서 실제값들을 누적시키고 누적된 레코드의 수(x-축 값)에 대한 함수로 y-축에 그 누적값(=이득)을 그린다. 이것이 누적 이득 차트(곡선)다. 이 차트는 각 레코드에 나이브 예측($\bar{y}$)을 배정하고 이 평균값들을 누적시켜 대각선이 되는 직선과 비교한다. 이 누적 이득 차트가 벤치마크 대각선에서 멀리 떨어질수록 모델이 높은 결과 값의 레코드들과 낮은 결과 값의 레코드들을 더 잘 분리한다. 같은 정보가 십분위 리프트 차트에서도 나올 수 있는데, 이 차트는 정렬된 레코드들을 10개의 십분위로 그룹화하고 각 십분위에 대해 나이브 벤치마크 이득에 대한 모델의 이득 비(리프트라고 불림)를 보여준다.

[그림 5-2]는 도요타 데이터를 선형 회귀 분석 모델로 적합시킨 것을 기반으로 한 누적 이득 차트와 십분위 리프트 차트다. 이 차트들은 575대 자동차의 검증 데이터에 기반한다. 이 모델의 누적 이득 차트가 기준 모델보다 더 높기 때문에, 이득에 대한 예측 성능이 기준 모델보다 더

---

1 누적 이득과 리프트라는 용어를 가끔 혼용하는데, 혼란을 피하기 위해 다음과 같이 일반적인 정의를 기준으로 사용한다. 누적 이득은 모델에 의해 식별된 상위 케이스들의 결과 값을 합한 것이고, 리프트는 그 합과 임의 선택으로 얻은 합의 비율을 가리킨다.

좋은 것을 볼 수 있다. [그림 5-2]의 차트들은 다음과 같은 시나리오에서 유용할 것이다. 예를 들어, 가장 높게 판매 예측이 되는 자동차들의 상위 10%를 선택하면 임의의 10% 자동차를 선택하는 것에 비해서 1.75배 높은 수익을 얻을 것이다. 이 향상 수치는 누적 이득 차트에서도 계산할 수 있다. 이 수치는 임의의 57대 자동차의 판매 금액($x = 57$에서 기준선의 값)인 607,703달러(=575대의 검증 데이터셋 자동차의 실제 판매액의 합을 10으로 나눈 값)와 예측값이 가장 높은 57대 자동차의 실제 판매액($x = 57$에서 누적 이득 차트의 값)인 1,073,830달러를 비교해서 얻는다. 이 수치들의 비율은 1.76이다.

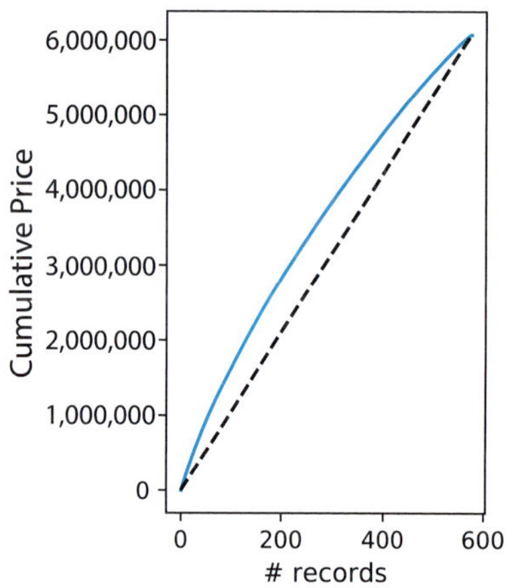

(a) 누적 이득 차트

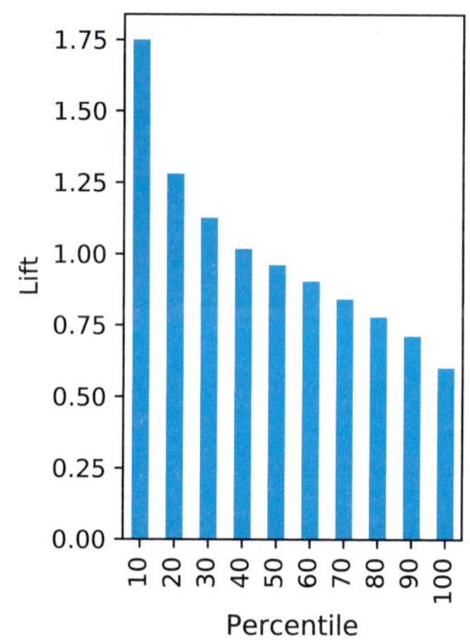

(b) 십분위 리프트 차트

그림 5-2 연속 결과 변수(도요타 자동차 판매량)에 대한 차트

[그림 5-2]의 누적 이득과 백분위 리프트 차트를 생성하는 파이썬 코드

```
# sort the actual values in descending order of the prediction
df = pd.DataFrame({
    'predicted': reg.predict(valid_X),
    'actual': valid_y,
})
df = df.sort_values(by=['predicted'], ascending=False)

fig, axes = plt.subplots(nrows=1, ncols=2)
ax = gainsChart(df['actual'], ax=axes[0])
ax.set_ylabel('Cumulative Price')
ax.set_title('Cumulative Gains Chart')

ax = liftChart(df['actual'], ax=axes[1], labelBars=False)
ax.set_ylabel('Lift')

plt.tight_layout()
plt.show()
```

5.3 분류기 성능의 판단

선택할 분류기와 예측 방법들이 광범위하기 때문에 성능 척도가 필요하다. 예측 방법이 다양할 뿐만 아니라, 보통 단일 방법 내에서도 완전히 다른 결과를 낼 수 있는 선택 사항이 많다. 간단한 예로 특정 예측 알고리즘에서 사용되는 예측 변수들의 선택을 들 수 있다. 다양한 알고리즘을 자세히 공부하고 이러한 선택 사항들을 결정해야 하는 상황에 닥치기 전에 성공 여부를 어떻게 측정하는지 알아둘 필요가 있다.

분류기의 성능을 판단하는 자연스러운 기준은 오분류 오차misclassification error를 낼 확률이다. 오분류는 모델이 한 클래스에 속하는 레코드를 다른 클래스의 일원으로 분류하는 것이다. 오차를 내지 않는 분류기는 완벽할 수 있지만, 실제로는 노이즈도 있고 데이터를 정확하게 분류하는 데 필요한 모든 정보를 갖고 있지 않아 구축을 기대하기가 어렵다. 그렇다면 한 분류기에 요구되는 최소한의 오분류 확률이 있을까?

벤치마크: 나이브 규칙

예측 변수가 가질 수 있는 모든 정보($x_1, x_2, \cdots, x_p$)를 무시하고 주어진 레코드를 m개 클래스 중 하나로 분류하는 매우 간단한 규칙은 해당 레코드를 다수 클래스의 멤버로 분류하는 것이다. 다시 말해서 '가장 일반적인 클래스에 속한다고 분류'하는 것이다. 나이브 규칙은 주로 좀 더 복잡한 분류기들의 성능을 평가하기 위한 기준선이나 벤치마크로 사용된다. 클래스 소속도의 분포에 덧붙여 예측 변수의 추가 정보를 사용하는 분류기는 나이브 규칙을 능가해야 한다. 특정 분류기가 나이브 규칙보다 얼마나 더 좋은 성능을 내는지 측정하는, 나이브 규칙에 기반한 다양한 성능 척도들이 있다.

수치 결과의 경우에 표본 평균($\bar{y}$)을 나이브 벤치마크로 사용한 것과 유사하게, 분류를 위한 나이브 규칙은 추가적인 예측 변수 정보는 배제하고 y 정보에만 의존한다.

클래스 분리

클래스들이 예측 변수 정보로 잘 분리된다면 작은 데이터셋으로도 충분히 좋은 분류기를 찾겠지만, 클래스가 잘 분리되지 않는다면 매우 큰 데이터셋이라 해도 별 도움이 되지 않을 것이다. [그림 5-3]은 2-클래스 문제에서 이를 설명한다. (a)는 두 예측 변수(수입과 주차장 크기)가 소유자와 비소유자를 분리하기 위해 사용한 작은 데이터셋(n = 24레코드)을 보여준다. (이 예는 존슨Johnson과 위천Wichern의 논문(2002)에 기술된 것으로 사용을 허락한 딘 위천에게 감사한다.) 여기에는 예측 변수 정보가 2개의 클래스(소유자/비소유자) 분리에 유용한 것 같다. (b)는 2개의 예측 변수(수입과 월평균 신용카드 소비)가 대부분의 높은 범위에서 2개의 클래스(대부수용자/비수용자)를 잘 분리하지 못하는 훨씬 큰 데이터셋(n = 5000레코드)을 보여준다.

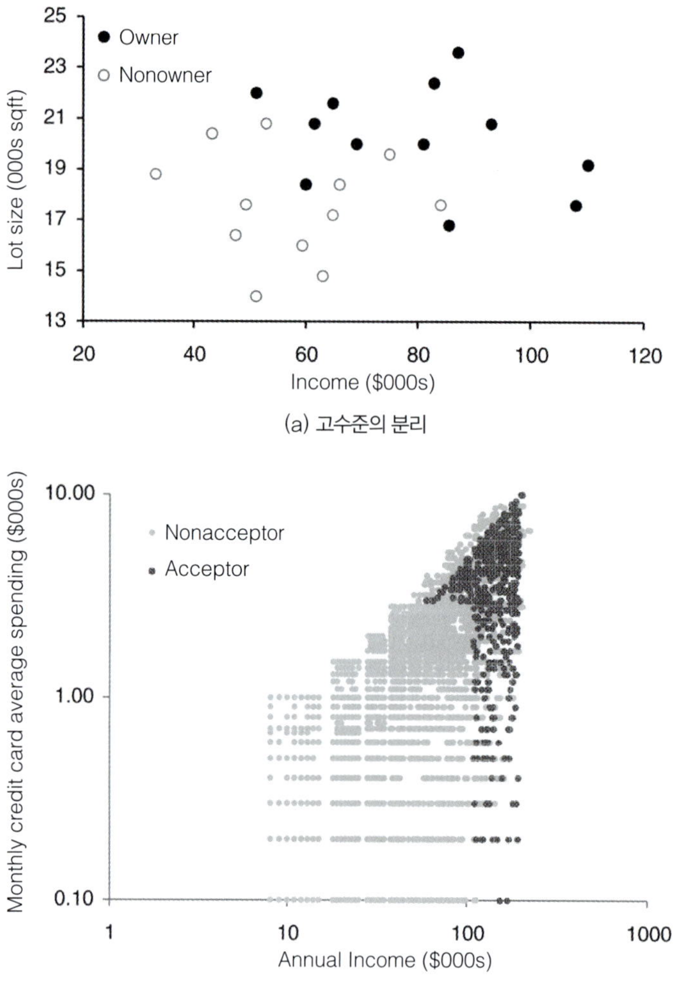

(a) 고수준의 분리

(b) 저수준의 분리

그림 5-3 두 예측 변수를 사용한 두 클래스 사이의 분리

정오(분류) 행렬

실제로 대부분의 정확성 척도들은 분류 행렬classification matrix이라고도 불리는 정오 행렬confusion matrix에서 유도된다. 이 행렬은 분류기가 특정 데이터셋에 대해 산출하는 정확한 분류와 부정확한 분류를 요약한다. 정오 행렬의 행과 열은 각각 예측 클래스와 진(실제)클래스에 상응한다. [표 5-2]는 특정 분류기를 3,000개의 레코드에 적용해 얻은 2-클래스(0/1) 문제의 정오(분류) 행렬의 예다. 2개의 대각선 셀(왼쪽 위, 오른쪽 아래)은 예측된 클래스가 레코드의 실제 클래스와 일치하는 올바른 분류의 수를 보여준다. 오프-대각 셀들은 오분류의 수를 나타낸다. 왼쪽 아래의 셀은 0으로 오분류된 클래스 1 멤버의 수를 나타낸다(오분류 85개). 유사하게 오른쪽 위의 셀은 1로 오분류된 클래스 0 멤버의 수(오분류 25개)를 나타낸다. 파이썬에서는

scikit-learn 패키지의 confusion_matrix() 함수를 사용해 정오 행렬을 얻을 수 있다. 이 함수는 실제와 예측 클래스들의 교차표를 생성한다. 유틸리티 ClassificationSummary(부록 참조)는 좀 더 읽기 쉬운 정오 행렬을 산출한다. 이 장의 후반에서 한 가지 예를 살펴볼 것이다.

표 5-2 3,000개 레코드와 클래스에 기반한 정오 행렬

	예측된 클래스 0	예측된 클래스 1
실제 클래스 0	2689	25
실제 클래스 1	85	201

정오 행렬은 진분류율과 오분류율의 추정값을 보여준다. 물론 추정값이어서 부정확할 수 있지만, 충분히 큰 데이터셋이 있고 어떤 클래스도 매우 희귀하지 않다면 추정값이 안정적일 것이다. 때때로 이러한 비율을 추정하기 위해 미국 인구조사 데이터와 같은 공개 데이터를 사용할 수도 있다. 하지만 대부분의 실제 비즈니스 환경에서는 그와 같은 공개 데이터들을 사용할 수 없을 것이다.

검증 데이터의 사용

미래 분류 오차의 정확한 추정값을 얻기 위해 검증 데이터validation data로 계산된 정오 행렬을 사용한다. 즉, 레코드들을 먼저 랜덤하게 추출해 학습 데이터셋과 검증 데이터셋으로 데이터를 분할한다. 그러고 나서 학습 데이터를 사용해 분류기를 구축한 후 검증 데이터에 적용한다. 이것은 검증 데이터셋의 레코드들에 대한 예측된 분류 결과를 산출할 것이다(2장의 [그림 2-4] 참조). 그다음에 이 분류 결과를 정오 행렬로 요약한다. 학습 데이터에 대해서도 정오 행렬로 결과를 요약할 수 있지만, 과적합의 위험성 때문에 그 정오 행렬의 결과는 새로운 데이터에 대한 오분류율의 솔직한 추정값을 얻기에는 유용하지 않다.

새로운 데이터의 분류 성능을 평가하기 위해 검증 데이터 정오 행렬을 검토하는 것과 더불어, 과적합을 검출하기 위해 학습 데이터 정오 행렬과 검증 데이터 정오 행렬을 비교한다. 검증 데이터에 대해 다소 낮은 결과가 예상되긴 하지만, 학습 성능과 검증 성능의 큰 차이는 과적합을 시사할 수 있다.

정확성 척도들

정오 행렬에서 다양한 정확성 척도가 유도될 수 있다. 클래스 C_1과 C_2(예 구매자/비구매자)로 구성된 2-클래스 문제를 생각해보자. [표 5-3]의 개념적 정오 행렬은 클래스 C_i의 일원이면서 C_j의 일원으로 분류된 경우의 수를 나타내기 위해 표기 $n_{i,j}$를 사용한다. 물론 $i \neq j$ 이면 이것은 오분류의 수가 된다. 레코드들의 전체 수는 $n = n_{1,1} + n_{1,2} + n_{2,1} + n_{2,2}$다.

표 5-3 정오 행렬: 각 셀의 의미

		예측된 클래스	
		C_1	C_2
실제 클래스	C_1	$n_{1,1}$ = 정확히 분류된 C_1 레코드의 수	$n_{1,2}$ = C_2로 잘못 분류된 C_1 레코드의 수
	C_2	$n_{2,1}$ = C_1로 잘못 분류된 C_2 레코드의 수	$n_{2,1}$ = 정확히 분류된 C_2 레코드의 수

주요 정확성 척도는 전체 오차율overall error rate이라고도 불리는 추정된 오분류율estimated misclassification rate로 다음과 같이 정의된다. 여기서 n은 검증 데이터셋의 총 레코드 수다. [표 5-2]의 예에서 err = (25 + 85)/3000 = 3.67%를 얻는다.

오분류 대신 정확한 분류(가득한 반 컵)를 살펴봄으로써 정확도를 측정할 수도 있다. 분류기의 전체 정확성accuracy은 다음과 같이 추정된다. 이 예에서는 (201 + 2689)/3000 = 96.33%가 된다.

$$\text{정확성} = 1 - \text{err} = \frac{n_{1,1} + n_{2,2}}{n}$$

분류의 경향과 컷오프

대다수 분류 알고리즘의 첫 단계는 레코드가 각 클래스에 속할 확률을 추정하는 것이다. 이 확률을 경향propensities이라고도 부른다. 경향은 보통 예측된 클래스 소속도(분류)를 생성하거나 레코드들을 관심 클래스에 속할 확률로 순위를 정하기 위해 사용된다. 이 절에서는 첫 번째 방법을 알아보고 5.4절에서 두 번째 방법을 알아본다.

세 가지로 분류하기 위한 컷오프 값

2개의 컷오프 값을 사용해 분류기의 선택 사항을 "말할 수 없음"으로 설정하는 것이 유용한 경우도 있다. 이는 2-클래스 상황에서 어떤 레코드에 대해 세 가지 예측 중의 하나를 선택할 수 있음을 의미한다. 즉, 데이터가 C_1에 속하거나 C_2에 속하거나, 또는 C_1이나 C_2를 확실하게 선택하기에 충분한 정보가 없어 예측할 수 없다는 것이다. 분류기가 분류할 수 없는 데이터는 전문가가 판정하도록 하거나, 획득하기 좀 더 어렵거나 비용이 많이 드는 추가 정보를 모아 예측 변수의 변수 집합에 추가해 좀 더 정밀히 조사한다. 한 가지 예로 법률상의 자료를 찾던 중에 입수된 문서의 분류(소송 절차에서 상호 강제된 문서의 공개)를 들 수 있다. 해당 소송에 관련 있는 문서인지 결정하기 위해 사람이 검토해야 하는 시스템에서는 자격을 갖춘 법률 전문가가 수만 개의 문서들을 검토해야 한다. 세 가지 결과를 내는 분류기를 사용하면 문서들을 명백하게 관련 있는 것과 명백하게 관련 없는 것, 사람의 검토가 필요한 회색 영역의 문서로 정리할 수 있다. 이렇게 하면 자료 조사 비용을 상당히 줄일 수 있다.

모든 클래스에 대한 전체 분류 정확성에 관심이 있다면, 레코드는 가장 큰 확률의 클래스로 배정될 수 있다. 많은 레코드에서 특정 클래스 하나에 관심이 있어 그 클래스에 집중해 거기에 속할 경향을 분석가가 지정한 컷오프 값cutoff value과 비교할 것이다. 이 접근 방식은 둘 이상의 클래스에 대해 사용될 수 있다. 왜냐하면 그러한 경우에 클래스들을 통합해 관심 클래스와 나머지 모든 클래스처럼 두 클래스로 만드는 것이 타당할 수 있기 때문이다. 관심 클래스에 속할 확률이 컷오프 값보다 크면 레코드를 이 클래스로 배정한다.

2-클래스 분류기의 기본 컷오프 값은 0.5다. 따라서 레코드가 C_1 클래스의 일원이 될 확률이 0.5보다 크면 해당 레코드는 C_1 클래스로 분류된다. 추정된 확률이 0.5보다 작은 레코드라면 C_2 클래스로 분류될 것이다. 하지만 0.5보다 크거나 작은 컷오프 값을 사용하는 것도 가능하다. 컷오프 값이 0.5보다 크면 더 적은 레코드를 C_1 클래스로 분류하고, 컷오프 값이 0.5보다 작으면 더 많은 레코드를 C_1 클래스로 분류할 것이다. 보통 두 경우 모두에서 오분류율은 증가한다.

24개 레코드의 실제 클래스를 보여주는 [표 5-4]의 데이터를 살펴보자. 레코드가 데이터 마이닝 알고리즘에 의해 추정되어 "소유자"일 확률에 따라 정렬되었다. 표준적인 컷오프 값인 0.5를 선택한다면 오분류율은 3/24이 되는 반면, 컷오프 값을 0.25로 선택하면 더 많은 레코드들을 소유자로 분류해(더 많은 비소유자를 소유자로 오분류해) 오분류율이 5/24로 올라간다. 반대로, 컷오프 값을 0.75로 선택하면 더 적은 레코드들을 소유자로 분류한다. 이때는 더 많은 소유자를 비소유자로 오분류해 오분류율은 6/24으로 올라간다. 이를 [표 5-5]의 분류표에서 확인할 수 있다. 여기서 사용한 `classificationSummary()` 함수는 부록의 파이썬 유틸리티 함수에서 찾아볼 수 있다.

표 5-4 실제 클래스와 분류기로 추정된 "소유자" 클래스가 될 확률(경향)이 표시된 24개 레코드

실제 클래스	"소유자" 클래스의 확률	실제 클래스	"소유자" 클래스의 확률
Owner	0.9959	Owner	0.5055
Owner	0.9875	Nonowner	0.4713
Owner	0.9844	Nonowner	0.3371
Owner	0.9804	Owner	0.2179
Owner	0.9481	Nonowner	0.1992
Owner	0.8892	Nonowner	0.1494
Owner	0.8476	Nonowner	0.0479
Nonowner	0.7628	Nonowner	0.0383
Owner	0.7069	Nonowner	0.0248
Owner	0.6807	Nonowner	0.0218
Owner	0.6563	Nonowner	0.0161
Nonowner	0.6224	Nonowner	0.0031

표 5-5 0.5, 0.25, 0.75 컷오프에 기반한 정오 행렬(잔디깎이 기계 예)

```
owner_df = pd.read_csv('ownerExample.csv')

## cutoff = 0.5
predicted = ['owner' if p > 0.5 else 'nonowner' for p in owner_df.Probability]
classificationSummary(owner_df.Class, predicted, class_names=['nonowner', 'owner'])

Confusion Matrix (Accuracy 0.8750)

          Prediction
  Actual  nonowner   owner
nonowner        10       2
   owner         1      11

## cutoff = 0.25
predicted = ['owner' if p > 0.25 else 'nonowner' for p in owner_df.Probability]
classificationSummary(owner_df.Class, predicted, class_names=['nonowner', 'owner'])

Confusion Matrix (Accuracy 0.7917)

          Prediction
  Actual  nonowner   owner
nonowner         8       4
   owner         1      11

## cutoff = 0.75
predicted = ['owner' if p > 0.75 else 'nonowner' for p in owner_df.Probability]
classificationSummary(owner_df.Class, predicted, class_names=['nonowner', 'owner'])

Confusion Matrix (Accuracy 0.7500)

          Prediction
  Actual  nonowner   owner
nonowner        11       1
   owner         5       7
```

전체 범위의 컷오프 값들과 오분류율이나 정확성이 컷오프 값의 함수로 어떻게 변하는지 보기 위해 컷오프 값에 따라 관심 있는 성능 척도를 그려볼 수 있다. 승차식 잔디깎이 기계의 예에 대한 결과가 [그림 5-4]다. 0.2와 0.8 사이의 컷오프 값들에 대한 정확성은 0.8 부근에서 매우 안정적임을 볼 수 있다.

오분류율이 높아지는데도 0.5가 아닌 다른 값을 컷오프 값으로 사용하는 이유는 뭘까? 소유자를 비소유자보다 적절히 분류하는 것이 더 중요해서 후자의 좀 더 큰 오분류에 관대할 수 있기 때문이다. 또는 그 반대가 참일 수도 있다. 다시 말해 오분류율의 비용이 비대칭적일 수 있다. 그러한 경우에 더 많은 레코드를 고가치 클래스로 분류하기 위해 오분류 비용이 낮은 오분류를 더 많이 허용하는 식으로 컷오프 값을 조정할 수 있다. 이러한 조정은 데이터 마이닝 모델을 이미 선택하고 난 후에 수행한다는 점을 명심해야 한다. 그 모델 자체를 바꾸지는 않는다. 또한 모델링하기 전에 오분류 비용을 고려하는 것도 가능하다. 이 문제들을 좀 더 자세히 살펴보자.

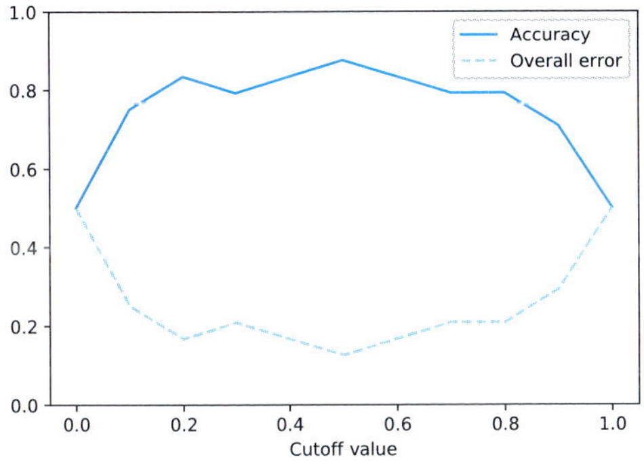

그림 5-4 컷오프 값의 함수로 그려진 정확성과 전체 오차(잔디깎이 기계 예)

[그림 5-4]를 생성하는 파이썬 코드

```
df = pd.read_csv('liftExample.csv')

cutoffs = [i * 0.1 for i in range(0, 11)]
accT = []
for cutoff in cutoffs:
    predicted = [1 if p > cutoff else 0 for p in df.prob]
    accT.append(accuracy_score(df.actual, predicted))

line_accuracy = plt.plot(cutoffs, accT, '-', label='Accuracy')[0]
line_error = plt.plot(cutoffs, [1 - acc for acc in accT], '--', label='Overall error')[0]
plt.ylim([0,1])
plt.xlabel('Cutoff Value')
plt.legend(handles=[line_accuracy, line_error])
plt.show()
```

클래스의 중요성이 불균등한 경우의 성능

C_1 클래스의 소속도를 C_2 클래스보다 정확하게 예측하는 것이 더 중요하다고 가정해 보자. 회사의 재무 상태(파산/상환 가능)를 예측하는 경우를 생각해 보자. 주어진 회사가 파산할지를 정확히 예측하는 것이 그 회사가 상환 능력을 유지할지 정확히 예측하는 것보다 더 중요할 수 있다. 이 분류기는 기본적으로 파산을 감지하거나 경고하기 위한 시스템으로 사용된다. 이러한 경우에 전체 정확도는 분류기를 평가하는 좋은 척도가 아니다. 중요한 클래스를 C_1이라고 가정하면, 다음의 정확성 척도 쌍이 가장 널리 사용된다.

- **분류기의 민감도**sensitivity/recall는 중요한 클래스의 멤버를 올바르게 알아내는 능력이다. 이것은 정확하게 분류된 C_1 멤버의 비율인 $n_{1,1}/(n_{1,1}+n_{1,2})$로 측정된다.
- **분류기의 특이도**specificity는 C_2 멤버를 정확하게 제외하는 능력이다. 이것은 정확하게 분류된 C_2 멤버의 비율인 $n_{2,2}/(n_{2,1}+n_{2,2})$로 측정된다.

이 척도들의 균형을 맞추는 컷오프 값을 찾기 위해 컷오프 값에 대한 이 척도들을 그려보는 게 유용할 수 있다. 두 척도를 그리는 데 널리 사용되는 방법은 ROCReceiver Operating Characteristic 곡선이다.

- ROC 곡선은 왼쪽 아래에서 시작해 컷오프 값을 1에서 0으로 줄이면서 {민감도, 특이도} 쌍을 그린 것이다. 전형적인 대안은 x-축상에 1-특이도를 그리는 것인데, 이러면 0이 축의 왼쪽 끝에, 1이 오른쪽에 위치한다. 왼쪽 위 모퉁이에 가깝게 가는 곡선일수록 더 좋은 성능을 의미한다. 비교 곡선은 대각선으로서 예측 변수나 결과 변수에 대한 정보 없이 추측으로 알아맞히는 분류기의 평균 성능을 나타낸다. 이 추측 분류기는 레코드들의 비율 α가 클래스 1이라고 짐작해 각 레코드에 동일한 확률 $P(Y=1)=\alpha$를 배정한다. 이 경우에 평균적으로 클래스 1의 비율 α는 정확하게 분류(민감도 $=\alpha$)될 것이고, 클래스 0의 비율 α도 정확하게 분류($1-$특이도 $=\alpha$)될 것이다. 컷오프 값 α를 0에서 1로 증가시킴에 따라 대각선 민감도 $=$ $1-$특이도를 얻는다. 나이브 규칙은 이 대각선상에서 $\alpha=$ 실제 클래스 1의 비율인 한 점임에 유의한다.
- 흔히 ROC 곡선을 요약하는 척도는 '곡선 아래 영역AUC, area under the curve'인데, 1(클래스들 사이의 완벽한 구별)에서 0.5(임의 추측보다 좋지 않음) 사이의 값을 갖는다. 소유자/비소유자의 예에 대한 ROC 곡선과 상응하는 AUC는 [그림 5-5]와 같다.

척도의 계산: 누구의 관점에서?

민감도와 특이도는 '분류 대행자'(예 고객을 분류하는 회사나 환자를 분류하는 병원)의 관점에서 분류기의 성능을 측정한다. 이를 통해 "분류기가 중요한 클래스 멤버들을 얼마나 잘 구분하는가?"라는 질문에 답을 얻을 수 있다. 반면, 예측되는 주체(예 고객이나 환자)의 관점에서 정확성을 측정하는 것도 가능하다. 보통 데이터 마이닝 응용에서는 별로 의미가 없는 질문이지만 "주어진 예측 클래스에 대해 내가 실제로 그 클래스에 속할 가능성이 얼마나 되나?"를 묻는다. '거짓 발견율false discovery rate'과 '거짓 누락률false omission rate'은 개별 주체 관점의 성능 척도들이다. 만일 C_1이 중요한 (양성) 클래스라면 다음과 같이 정의된다.

- 거짓 발견율(FDR)은 틀린 C_1 예측의 비율인 $n_{2,1}/(n_{1,1}+n_{2,1})$과 같다. 이것은 C_1 예측의 행 내의 비율임에 유의한다(즉, C_1로 분류된 레코드들만 사용함).
- 거짓 누락률(FOR)은 틀린 C_2 예측의 비율인 $n_{1,2}/(n_{1,2}+n_{2,2})$와 같다. 이것은 C_2 예측의 행 내의 비율임에 유의한다(즉, C_2로 분류된 레코드들만 사용함).

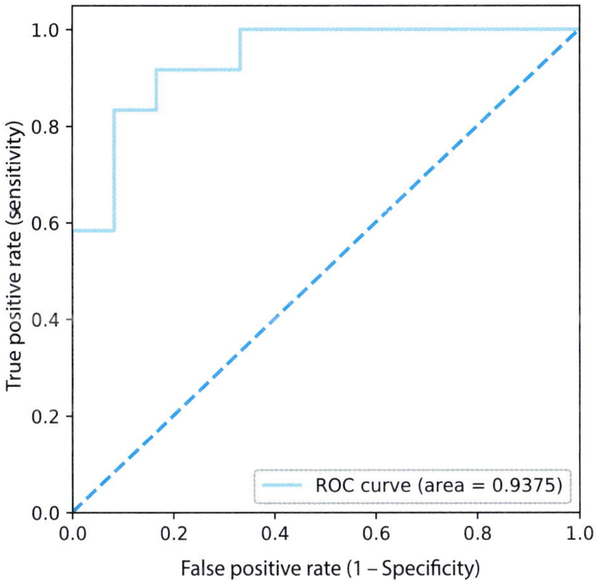

그림 5-5 잔디깎이 기계 예에 대한 ROC 곡선

ROC 곡선을 생성하고 AUC를 계산하는 파이썬 코드

```
from sklearn.metrics import roc_curve, auc

# compute ROC curve and AUC
fpr, tpr, _ = roc_curve(df.actual, df.prob)
roc_auc = auc(fpr, tpr)

plt.figure(figsize=[5, 5])
plt.plot(fpr, tpr, color='darkorange', lw=2, label='ROC curve (area = %0.4f)' % roc_auc)
plt.plot([0, 1], [0, 1], color='navy', lw=2, linestyle='--')
plt.xlim([0.0, 1.0])
plt.ylim([0.0, 1.05])
plt.xlabel('False Positive Rate (1 - Specificity)')
plt.ylabel('True Positive Rate (Sensitivity)')
plt.legend(loc="lower right")
```

비대칭적 오분류 비용

특정 클래스의 멤버를 식별하는 데 얼마나 효과적인지 측정하는 향상 곡선에 대한 논의의 저변에는 다른 클래스에 비해 한 클래스에 속하는 레코드를 오분류하는 오차가 더 심각하다는 가정이 깔려 있다. 예를 들어, 어떤 가구가 구매 제의에 응답할 클래스에 속함에도 응답하지 않을 것으로 오분류하면 그 반대 오차보다 더 큰 비용(누락된 판매에 대한 기회 비용)을 초래한다. 전자의 경우에는 아마도 수십, 수백 달러 가치의 판매 기회를 놓칠 것이다. 후자의 경우에는 구매하지도 않을 사람에게 우편물을 발송하는 비용을 초래하게 된다. 이러한 시나리오에서 오분류율을 기준으로 사용하는 것은 오해의 소지가 있을 수 있다.

정확히 분류하는 비용(또는 이득)은 0이라고 가정하고 있음에 주목하자. 얼핏 보면 불완전해 보일 수 있다. 결국 구매자를 구매자로 제대로 분류하는 이득(부정적 비용)이 상당할 수 있다. 그리고 다른 환경(예 결정을 내리기 위해 새로운 데이터에 대해 분류 알고리즘을 평가하는 경우)에서 가능한 각 분류(또는 오분류)에 대한 실제 순수 비용 효과를 고려하는 것이 적절할 것이다. 하지만 여기서는 분류기의 가치를 분류 오차로 평가하고 있어 모든 오분류 셀들의 비용/이득 정보를 획득할 수 있다면 사정이 크게 단순화된다. 따라서 응답 가구를 정확하게 분류하는 이득을 기록하는 대신, 응답 가구로 분류하지 못하는 비용을 기록한다. 결과는 비용이 실제 비용이든 놓친 이득(기회 비용)이든 비용을 최소화한다는 목적 면에서는 동일하다.

좋은 분류기를 구축하기 위해 임의로 선택된 가구들에 구매 제의 우편물을 발송하는 상황을 생각해 보자. 그 제의에 대해 1%의 가구가 수용했다고 가정하자. 이 데이터에 대해 분류기가 단순히 각 가구를 비응답자로 분류하면 단지 1%의 오차율을 내겠지만, 실제로는 무용할 것이다. 구매 가구의 2%를 비구매자로 오분류하고 비구매자의 20%를 구매자로 오분류하는 분류기의 경우 오차율은 더 크지만 우편물을 보내는 비용에 비해 판매로 얻는 이득이 훨씬 크다면 더 좋을 수 있다. 이 상황에서 두 가지 유형의 오분류에 대한 비용을 추정한다면, 정오 행렬을 사용해 검증 데이터의 각 레코드에 대한 오분류 비용의 기댓값을 계산할 수 있다. 이렇게 하면 전체 기대 비용(또는 이득)을 기준으로 사용해 서로 다른 분류기들을 비교할 수 있다.

1,000명에게 추가로 우편물을 보내 평균적으로 1%가 응답(1)했다고 가정하자. 모든 사람을 단순하게 0으로 분류하면 오차율은 1%에 불과하다. 데이터 마이닝 방법을 적용해 다음과 같은 분류를 얻을 수 있다고 가정하자. 이 분류의 오차율은 $100 \times (20+2)/1000 = 2.2\%$가 되어 나이브 규칙보다 더 높다.

	예측 클래스 0	예측 클래스 1
실제 0	970	20
실제 1	2	8

이제 응답자 한 명에게서 얻을 수 있는 이득이 10달러이고 우편물 발송 비용이 1달러라고 가정하자. 모든 사람을 0으로 분류하면 오분류율은 여전히 1%에 불과하지만 이득은 0달러가 된다. 데이터 마이닝 방법을 적용하면 오분류율이 더 높더라도 이득이 60달러가 된다.

이득 행렬은 다음과 같다(0으로 예측된 사람에게는 아무것도 보내지 않아 그 열에는 비용도 판매도 없음).

이득	예측 클래스 0	예측 클래스 1
실제 0	0	-20달러
실제 1	0	80달러

단순히 비용 측면에서 보면, 모든 사람이 0으로 분류되면 우편물 비용은 없고 유일한 비용이 10개의 1 = 100달러에 해당하는 판매 실패에 따른 기회 비용이다. 우편물을 보낼 사람을 선택하기 위해 데이터 마이닝 방법을 사용할 때 비용(우편물 발송 비용 더하기 누락 판매의 기회 비용)은 다음과 같이 48달러뿐이다.

비용	예측 클래스 0	예측 클래스 1
실제 0	0	20달러
실제 1	20달러	8달러

하지만 이것이 실제 분류율 자체를 개선하지는 않는다. 더 좋은 방법은 앞 절에서 논의한 것처럼 비대칭 비용을 반영해 분류 규칙(과 오분류율)을 변경하는 것이다.

비용을 비롯한 일반적인 성능 척도는 평균 오분류 비용average misclassification cost인데, 이것은 분류된 레코드당 오분류의 평균 비용을 측정한다. C_1 클래스의 레코드를 C_2 클래스에 속하는 것으로 오분류하는 비용을 q_1로 하고, C_2 클래스의 레코드를 C_1 클래스에 속하는 것으로 오분류하는 비용을 q_2로 나타내면, 평균 오분류 비용은 다음과 같다.

$$\frac{q_1 n_{1,2} + q_2 n_{2,1}}{n}$$

이와 같은 값을 최소화하는 분류기를 찾고자 한다. 예를 들어, 이것은 서로 다른 컷오프 값들에 대해 계산될 수 있다.

최적의 파라미터는 이 비용들의 비율을 통해서만 오분류 비용에 의해 영향을 받게 된다. 이는 앞선 척도를 조금 다르게 작성하면 볼 수 있다.

$$\frac{q_1 n_{1,2} + q_2 n_{2,1}}{n} = \frac{n_{1,2}}{n_{1,1} + n_{1,2}} \frac{n_{1,1} + n_{1,2}}{n} q_1 + \frac{n_{2,1}}{n_{2,1} + n_{2,2}} \frac{n_{2,1} + n_{2,2}}{n} q_2$$

이 식을 최소화하는 것은 상수로 나눈 동일한 수식을 최소화하는 것과 같다. 만일 q_1로 나누면 최소화가 개별적인 값들이 아니라 q_2/q_1에만 의존한다는 것을 명확하게 볼 수 있다. 이것은 매우 실용적인데, 많은 경우에 C_1 멤버와 C_2 멤버를 오분류하는 데 드는 비용을 측정하기는 어렵지만 그 비율을 추정하는 것은 상대적으로 쉽기 때문이다.

표본 데이터에 대한 C_1과 C_2 클래스의 비율이 미래에 기대되는 C_1과 C_2 클래스의 비율과 유사하다면, 이 수식은 미래의 오분류 비용에 대한 합리적인 추정값이 된다. 랜덤 표본 대신 다음 절에서 설명하는 것처럼 한 클래스가 오버샘플링되는 식으로 표본을 선택하면, C_1과 C_2 클래스의 표본 비율이 미래나 모집단에 비해 왜곡될 것이다. 나중에 외부 데이터나 영역 지식을 사용해 $p(C_1)$과 $p(C_2)$로 표시된 실제 비율의 추정값을 수식에 반영해 왜곡된 표본 비율에 대한 평균 오분류 비용 척도를 교정할 수 있다.

$$\frac{n_{1,2}}{n_{1,1} + n_{1,2}} p(C_1)\, q_1 + \frac{n_{2,1}}{n_{2,1} + n_{2,2}} p(C_2)\, q_2$$

위와 동일한 논리를 사용하면 이 값을 최적화하는 것은 그 비율(q_2/q_1)을 통한 비용과 그들의 비율[$p(C_2)/p(C_1)$]을 통한 사전 확률에만 의존함을 볼 수 있다. 비용과 사전 확률을 사용하는 소프트웨어 패키지가 사용자에게 실제 비용과 확률보다 비율을 묻는 이유가 바로 이 때문이다.

2개 이상의 클래스로 일반화하기

앞에서 2-클래스 분류기에 대해 논의한 내용은 전부 그대로 2개 이상의 클래스로 분류하는 경우로 확장된다. m개의 클래스 $C_1, C_2, \cdots, C_m$이 있다고 가정하자. 정오 행렬은 m행 m열이다. 물론 대각선 셀과 연관된 오분류 비용은 항상 0이다. (이제 그와 같은 m개의) 다양한 클래스들의 사전 확률을 포함하는 것은 여전히 같은 방식으로 수행된다. 하지만 오분류 비용을 평가하는 작업이 훨씬 더 복잡해진다. m-클래스의 경우에 오분류 유형은 $m(m-1)$가지다. 따라서 오분류 비용의 행렬 구축이 매우 복잡해진다.

5.4 랭킹 성능의 판단

이제 새로운 레코드에서 관심 클래스에 속할 가능성이 가장 큰 것들을 탐지하는 예측 작업으로 넘어가보자. 새로운 각 레코드의 클래스 소속도를 예측하는 작업과 어떤 차이점이 있는지 다시 상기해 보자.

이진 데이터에 대한 누적 이득 차트와 리프트 차트

누적 이득 차트와 리프트 차트는 이미 수치 결과의 맥락에서 소개한 바 있다(5.2절). 이제 이진 결과와 관련하여 이 차트들을 설명하려고 한다. 연속 결과를 예측하는 데는 이 경우가 더 일반적인 사용 예에 해당한다. 이득과 향상은 상대적으로 적은 데이터를 선택해 상대적으로 많은 응답자를 얻음으로써 얼마나 효과적으로 '실속을 챙길skim the cream' 수 있는지 판단하는 데 도움을 준다.[2] 이 차트들을 만드는 데 필요한 입력은 각 레코드에 주어진 클래스에 속할 경향을 첨부해 '점수 매겨진' 검증 데이터셋이다.

상대적으로 희귀한 특정 클래스에 다른 클래스보다 훨씬 더 관심이 있는 경우(탈세, 채무 불이행, 우편물 홍보에 대한 응답)를 생각해 보자. 우리의 분류 모델이 레코드를 꼼꼼하게 살펴 추려내서 어떤 것이 탈세나 우편물 홍보의 응답자가 될 가능성이 큰지에 따라서 정리하고자 한다. 그러면 좀 더 잘 알고 결정을 내릴 수 있다. 예를 들어, 탈세를 찾는다면 어떤 세금 신고를 얼마나 많이 검토해야 할지 결정할 수 있다. 이 모델은 탈세 가능성이 가장 큰 레코드에서 시작해 정렬된 데이터를 검토해 가면서 점점 더 많은 속이지 않은 신고를 발견하게 될 추정치를 제공할 것이다. 또는 제한된 예산으로 우편물을 보내야 할 잠재 고객들을 결정하는 데 정렬된 데이터를 사용할 수 있다. 다시 말해, 여기서는 클래스 소속도의 경향에 따라 레코드들의 랭크 순위를 얻는 것이 목표인 경우를 설명하고 있다.

2 리프트와 이득이란 용어를 종종 혼용하는데, 혼란을 피하기 위해 다음과 같은 일반적인 정의를 사용한다. 이득은 모델에 의해 식별된 관심 케이스들의 총 수나 백분율이고, 리프트는 그러한 케이스들과 임의 선택으로 발견된 것들의 비율을 가리킨다.

경향에 따른 정렬 누적 이득 차트를 만들려면 일단 레코드를 경향에 따라 내림차순으로 정렬한다. 이것이 중요한 클래스, 예를 들면 C_1에 속하는 경향이다. 그러고 나서 각 행에서 C_1 멤버(실제 클래스 = C_1)의 누적 수를 계산한다. 예를 들어, [표 5-6]은 클래스 "1"의 경향에 따라 내림차순으로 정렬된 24개의 레코드다. 가장 오른쪽 열은 실제 클래스 1의 수를 누적한 값이다. 그러고 나서 누적 이득 차트는 레코드의 수에 따라 이 누적 열을 그린다.

파이썬에서 누적 이득 차트를 생성하는 작업은 간단하다([그림 5-6] 참조).

누적 이득 차트의 해석 어떤 것이 좋은 성능 혹은 나쁜 성능으로 간주되는 걸까? 이상적인 랭킹 성능은 클래스 1을 모두 시작에 위치시키고(실제 클래스 1의 데이터는 가장 높은 경향을 가져 표 상단에 있을 것임), 모든 클래스 0을 뒤쪽에 위치시킬 것이다. 이처럼 이상적인 경우에 해당하는 곡선은 모든 클래스 1이 축적되고 나면 기울기 1인 대각선이 될 것이다. 이 예에서 가능한 최상의 분류기(오차가 없는 분류기)의 곡선은 기존 곡선과 겹쳐 시작해서 기울기 1로 계속 가다가 클래스 1의 모든 12개 데이터에 도달하면 오른쪽 끝까지 수평선으로 계속 갈 것이다.

이에 반해서, 쓸모없는 모델은 경향을 실제 클래스 열에서 클래스 1과 0을 임의로 섞어 임의로 배정할 것이다. 그러한 행태는 평균적으로 각 행에 $\frac{\#1\text{'s}}{n}$만큼 클래스 1의 누적 수를 증가시킬 것이다. 그리고 사실상 이것은 [그림 5-6]에 제시된 (0, 0)에서 (24, 12)를 연결하는 대각선이다. 이 대각선은 참조선의 역할을 한다. 이것은 주어진 수의 레코드(x-축 값)에 대해 모델 없이 단순히 임의로 데이터를 선택했을 때 클래스 1로 분류되는 수의 기댓값을 나타낸다. 이는 모델의 랭킹 성능을 평가할 수 있는 벤치마크를 제공한다. 이 예에서 우리 모델은 완벽하진 않지만 랜덤 벤치마크보다는 훨씬 좋은 성능을 내는 것 같다.

누적 이득 차트는 어떻게 읽어야 할까? 주어진 수의 레코드(x-축)에 대해 y-축의 이득 곡선 값은 이득을 얼마나 잘 얻는지 알려주는데, 이것을 임의로 배정해서 얻은 이득과 비교할 수 있다. 예를 들어 [그림 5-6]은 우리 모델을 사용해 상위 10개의 레코드를 선택할 때, 그중 9개 정도는 맞을 것임을 알려준다. 만일 단순히 임의로 10개의 데이터를 선택한다면, $10 \times 12/24 = 5$개의 레코드가 맞을 것이라 기대한다. 향상 면에서 이 모델은 클래스 1의 멤버를 탐지하는 데 $9/5 = 1.8$의 '향상'을 가져다준다. 이 향상도는 처리하려고 선택하는 레코드의 수에 따라 다를 것이다. 좋은 분류기는 적은 레코드만 처리할 때도 높은 향상도를 줄 것이다. 보통 더 많은 레코드를 포함할수록 이 향상도는 감소할 것이다.

표 5-6 잔디깎이 기계 예에 대한 소유 경향(높은 것에서 낮은 것)으로 정렬된 레코드

Obs	클래스 1의 경향	실제 클래스	누적 실제 클래스
1	0.995976726	1	1
2	0.987533139	1	2
3	0.984456382	1	3
4	0.980439587	1	4
5	0.948110638	1	5
6	0.889297203	1	6
7	0.847631864	1	7
8	0.762806287	0	7
9	0.706991915	1	8
10	0.680754087	1	9
11	0.656343749	1	10
12	0.622419543	0	10
13	0.505506928	1	11
14	0.471340450	0	11
15	0.337117362	0	11
16	0.217967810	1	12
17	0.199240432	0	12
18	0.149482655	0	12
19	0.047962588	0	12
20	0.038341401	0	12
21	0.024850999	0	12
22	0.021806029	0	12
23	0.016129906	0	12
24	0.003559986	0	12

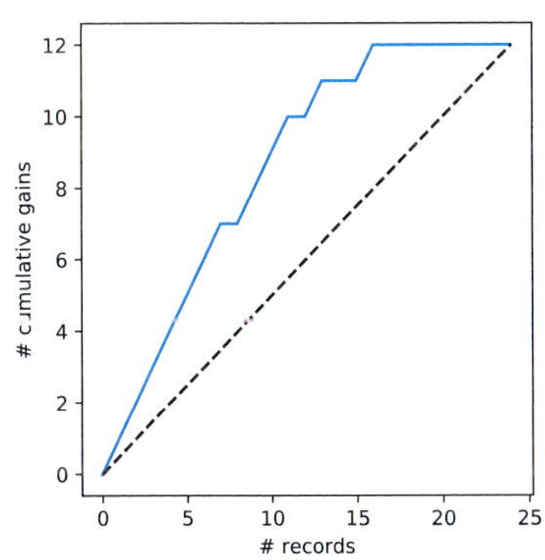

그림 5-6 잔디깎이 기계 예에 대한 누적 이득 차트

누적 이득 차트를 생성하는 파이썬 코드

```
df = pd.read_csv('liftExample.csv')
df = df.sort_values(by=['prob'], ascending=False)
gainsChart(df.actual, figsize=(4, 4))
```

십분위 리프트 차트

누적 이득 차트의 정보는 [그림 5-7]과 같이 십분위 리프트 차트decile lift chart로 그릴 수 있는데, 직거래 예측 모델링에 널리 사용된다. 십분위 리프트 차트는 모든 향상 정보를 10개의 그룹으로 집계한다. y-축상의 막대들은 한 번에 십분위 하나씩 취하면서 우리 모델이 0과 1을 임의로 배정하는 방법을 얼마나 능가하는지 보여준다. 가장 왼쪽 막대를 보면 이 모델에 의한 경향이 가장 커서 '가장 1이 될 가능성이 높다'고 랭크된 레코드들의 10%를 취하면 임의로 10%의 레코드들을 선택하는 것보다 두 배 많은 1을 얻을 수 있음을 알 수 있다. 이 예에서 십분위 리프트 차트는 심지어 이 모델을 사용해 경향이 가장 큰 상위 40%의 레코드들을 선택해도 여전히 임의로 선택하는 것보다 두 배 가까운 좋은 성능을 낼 수 있음을 나타낸다.

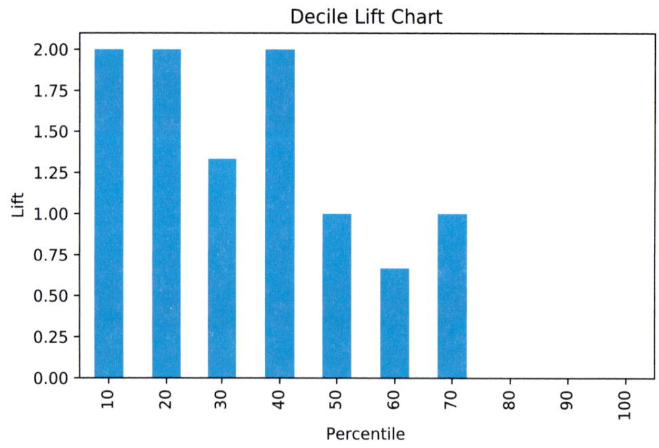

그림 5-7 십분위 리프트 차트

십분위 리프트 차트를 생성하는 파이썬 코드

```
# use liftChart method from utilities
liftChart(df.actual, labelBars=False)
```

2-클래스를 넘어서

이득 차트와 리프트 차트는 단일 '중요 클래스'가 정의되고 분류가 '중요한' 클래스와 '중요하지 않은' 클래스로 변환되지 않는 한, 다중 클래스 분류기에는 사용할 수 없다.

비용과 혜택을 포함한 누적 이득 차트와 리프트 차트

정확한 분류와 부정확한 분류의 혜택과 비용이 알려져 있거나 추정될 수 있을 때도 이득 차트와 리프트 차트는 여전히 유용한 시각화와 의사결정 도구가 된다. 이전처럼 각 레코드가 특정 클래스에 속할 경향을 배정하는 분류기가 필요하다. 그다음 절차는 다음과 같다.

❶ 레코드들을 예측된 성공 확률의 내림차순으로 정렬한다(여기서 성공 = 관심 클래스에 속함).

❷ 각 레코드에 대해 실제 결과에 수반된 비용(혜택)을 기록한다.

❸ 경향이 가장 큰 (즉, 첫 번째) 레코드에 대해 x-축 값은 1이고, y-축 값은 누적 이득 차트상의 (단계 ❷에서 계산된) 비용이나 혜택이다.

❹ 다음 레코드에 대해 실제 결과에 수반된 비용(혜택)을 다시 계산한다. 이것을 이전 레코드의 비용(혜택)에 더한다. 이 합이 누적 이득 차트상의 두 번째 점의 y-축 좌표다. 이 값에 해당하는 x-축 값은 2다.

❺ 모든 레코드를 검토할 때까지 단계 ❹를 반복한다. 모든 점을 연결하면 이것이 누적 이득 차트가 된다.

❻ 참조선은 원점에서 $x = n$(n = 레코드 수), y = 총 순혜택의 점을 잇는 직선이다.

NOTE

전체 데이터셋의 순가치가 음수라면 비용과 혜택이 음의 기울기를 갖는 참조선이 만들어질 수 있다. 예를 들어, 한 사람에게 우편물을 보내는 비용이 0.65달러이고 응답자의 가치는 25달러이며 전체 응답률이 2%라면 10,000명의 사람에게 우편물을 보내는 기대 순가치는 (0.02 × 25달러 × 10,000) − (0.65달러 × 10,000) = 5000달러 − 6500달러 = −1500달러가 된다. 따라서 향상 곡선의 오른쪽 끝(x = 10,000)의 y-값은 −1500이고, 원점에서 그려진 참조선의 기울기는 음의 값이 될 것이다. [그림 5-8]에서 최적점은 누적 이득 차트가 최댓값(즉, 약 3,000명에게 우편 발송)이 되는 지점일 것이다.

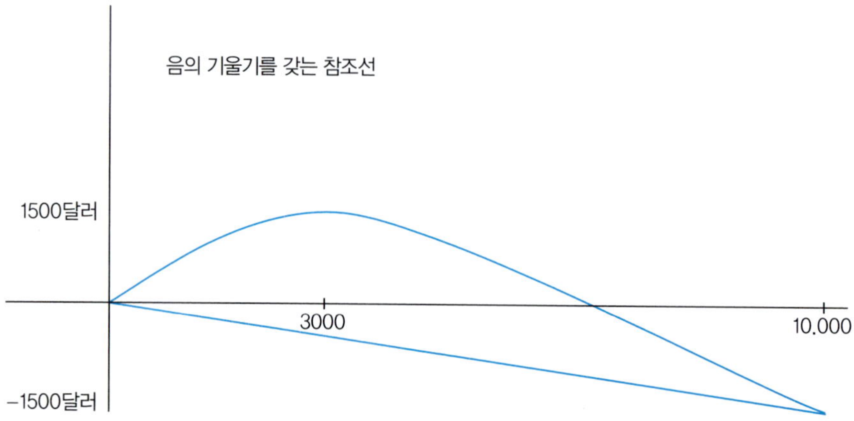

그림 5-8 비용이 포함된 누적 이득 차트

컷오프 값의 함수로 그리는 누적 이득

누적 이득은 컷오프 값의 함수로도 그릴 수 있다. 유일한 차이는 x-축상의 스케일이다. 어떤 예산에 근거해 상위 레코드들을 선택하는 것이 목적일 때는 레코드 수에 대한 누적 이득이 선호된다. 이에 반해 두 클래스 사이를 잘 구별하는 컷오프 값을 찾는 것이 목적일 때는 컷오프 값에 대한 누적 이득이 더 유용하다.

5.5 오버샘플링

2장에서 간략하게 살펴본 것처럼 클래스들이 매우 불균등한 비율일 경우 단순한 랜덤 샘플링을 사용하면 희귀 클래스를 너무 적게 선택해 우세한 클래스와 구별하기에 유용한 정보를 얻지 못할 수 있다. 이런 경우에 층화 샘플링stratified sampling이 희귀 클래스의 데이터를 더 오버샘플링해 분류기의 성능을 향상하는 데 사용되기도 한다. 희귀한 사건이 더 흥미롭거나 중요한 경우가 종종 있다. 우편 광고의 응답자들, 사기 치는 사람들, 채무 불이행자들과 같은 케이스가 여기에 해당된다. 이와 같은 층화 샘플링 절차를 때때로 가중 샘플링weighted sampling이나 언더샘플링undersampling으로 부르기도 하는데, 특히 후자는 희귀 클래스와 비교할 때 표본이 더 많은 클래스가 언더샘플링된다는 점을 나타낸다. 여기서는 오버샘플링oversampling이란 용어를 사용할 것이다.

오버샘플링과 관련한 모든 논의는 일반적으로 클래스 하나가 다른 클래스보다 훨씬 더 관심이 가는 2개의 클래스가 있는 상황을 가정한다. 따라서 클래스가 3개 이상인 데이터에는 이 방법이 적절하지 않다.

×는 비응답자, ○는 응답자를 나타내는 [그림 5-9]의 데이터를 살펴보자. 2개의 축은 2개의 예측 변수에 해당한다. 수직 점선은 동일한 비용이라는 가정하에 최상의 분류 결과를 내서, 오직 하나의 오분류(하나의 ○가 ×로 오분류)를 낼 뿐이다. 더 실제적인 오분류 비용을 고려한다면(○를 분류하는 데 실패하는 것이 ×를 분류하는 데 실패하는 것보다 다섯 배 비용이 더 든다고 했을 때) 오분류 비용은 5로 뛴다. 그러한 경우에는 [그림 5-10]의 수평선이 더 좋은 성능을 내서, 오분류 비용이 단지 2에 불과하게 된다.

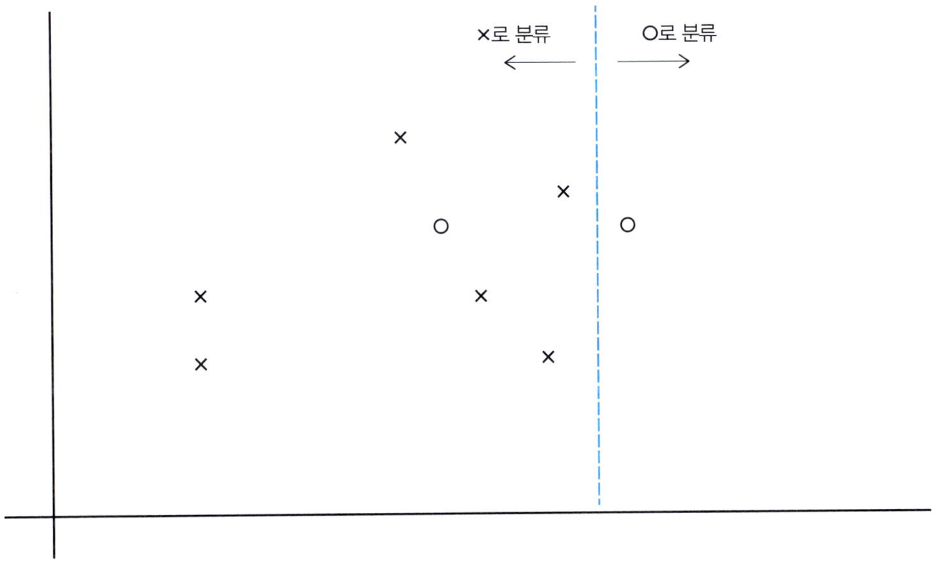

그림 5-9 동일한 비용의 오분류를 가정한 분류

오버샘플링은 학습 과정에 이러한 비용을 반영하는 한 방법이다. [그림 5-11]에서 기존의 각 ○에 4개의 추가적인 ○를 더하면 분류 알고리즘이 자동으로 적절한 분류선을 결정함을 볼 수 있다. 필요하면 복원 추출을 하여 단순한 랜덤 추출로 얻는 것보다 ○를 다섯 배 많이 취하거나, 기존의 ○를 네 배 복제함으로써 적절한 결과를 얻을 수 있다.

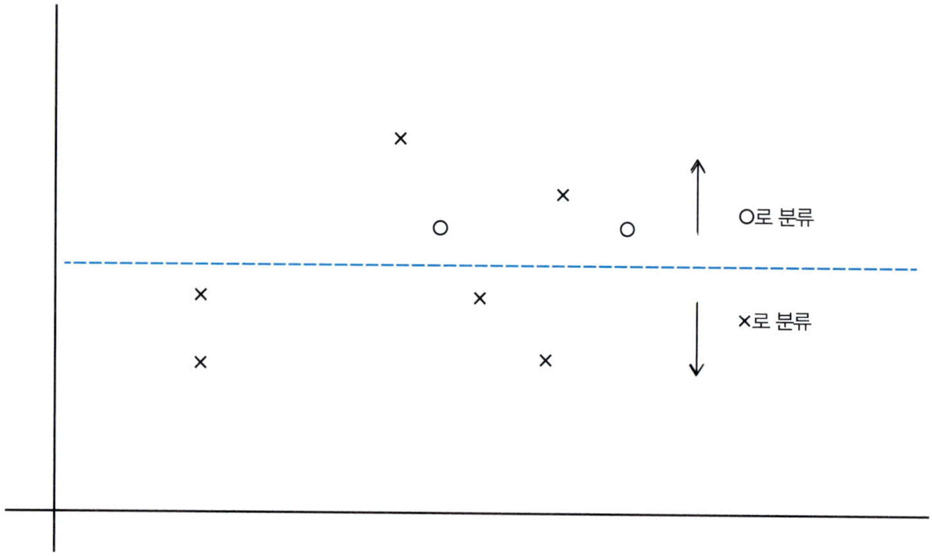

그림 5-10 동일하지 않은 비용의 오분류를 가정한 분류

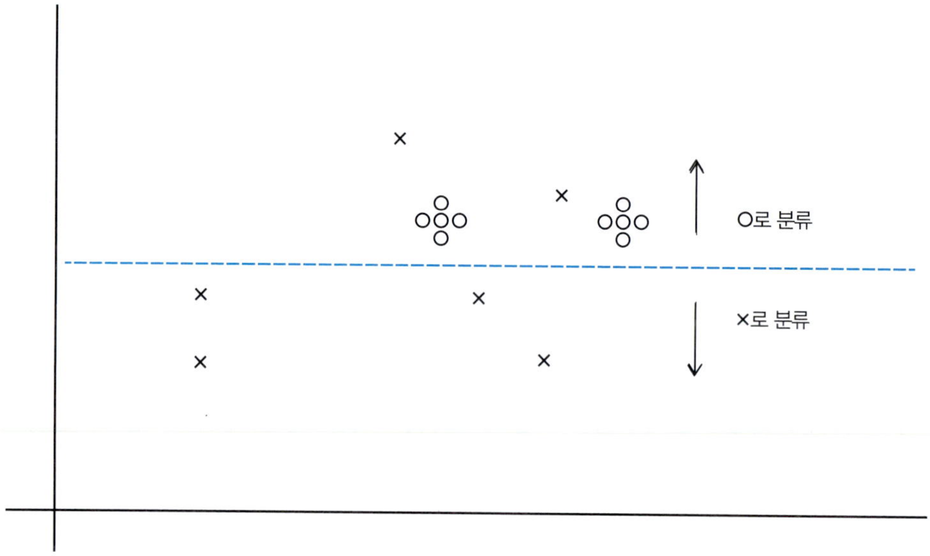

그림 5-11 동일하지 않은 비용을 설명하기 위해 오버샘플링을 사용한 분류

비용의 비율에 따라 비복원 오버샘플링하는 것(위의 첫 번째 선택 사항)이 최적의 해결책이지만 항상 실용적인 것은 아니다. 응답자가 전체의 작은 부분만 차지한다면 모델을 적합하기에 충분할 것이라 보증하는 적절한 수의 응답자가 없을 수도 있다. 또한 응답자를 발견하려는 것이 비응답자를 발견하려는 것보다 훨씬 관심이 큰 경우가 보통이긴 하지만 비용의 정확한 비율은 결정하기 어렵다. 분류 문제에서 매우 낮은 응답률에 직면하면, 전문가들은 종종 상대적으

로 효과적이고 편리한 방법으로 응답자와 비응답자의 수를 동일하게 샘플링한다. 어떤 방법을 사용하든, 모델의 성능을 평가하고 예측해야 할 때가 되면 다음 두 방법 중 하나로 오버샘플링을 바로잡아야 할 것이다.

❶ 오버샘플링 없이, 즉 단순한 랜덤 샘플링으로 선택된 검증 데이터셋으로 모델의 점수를 계산한다.

❷ 오버샘플링된 검증 데이터셋으로 모델의 점수를 계산한 후, 오버샘플링 효과를 제거하기 위해 그 결과를 재조정한다.

첫 번째 방법이 좀 더 직접적이고 구현하기 쉽다. 두 방법 각각에 대한 오버샘플링 방법과 성능 평가 방법을 살펴보자.

> 전문가는 응답률이 매우 낮은 데이터를 다음과 같이 분류한다.
>
> - 50%의 응답자와 50%의 비응답자로 구성된 데이터로 모델을 학습한다.
> - 원본 데이터의 편향되지 않은 (단순 랜덤) 표본으로 모델을 검증한다.

학습 데이터셋의 오버샘플링

가중 샘플링은 어떻게 작동할까? 응답자들이 아주 적어 모든 데이터를 사용하기 원하는 경우의 일반적인 절차는 다음과 같다.

❶ 응답과 비응답 데이터를 2개의 서로 다른 집합, 즉 계층strata으로 분리한다.

❷ 학습 데이터셋을 위해 각 계층에서 임의로 레코드들을 선택한다. 보통 학습 데이터셋의 반을 (희귀한) 응답자들로 선택하고 동일한 수의 비응답자들을 선택할 수 있다.

❸ 나머지 응답자들을 검증 데이터셋에 넣는다.

❹ 응답자와 비응답자의 원래 비율을 유지하기에 충분한 수의 검증 데이터셋을 위해 임의로 비응답자들을 선택한다.

❺ 테스트 데이터셋이 필요하면 검증 데이터셋에서 임의로 가져올 수 있다.

오버샘플링되지 않은 검증 데이터셋을 이용한 모델 성능의 평가

오버샘플링된 데이터는 모델을 학습하는 데 사용될 수 있지만, 응답자의 수가 과장될 것이기 때문에 종종 모델의 성능을 예측하기에 적합하지 않다. 모델 성능의 비편향된 추정값을 얻는 가장 간단한 방법은 일반 데이터(즉, 오버샘플링되지 않은 데이터)에 모델을 적용하는 것이다. 요약하자면, 오버샘플링된 데이터로 모델을 학습하더라도 원래 데이터로 검증한다.

오버샘플링된 검증 데이터셋만 존재하는 경우의 모델 성능 평가

매우 낮은 응답률 때문에 오버샘플링된 데이터를 학습 데이터로만 쓰는 게 아니라 검증 데이터로도 사용하는 것이 더 실용적일 수 있다. 예를 들어, 작은 데이터셋을 전달해 작업하는 것이 더 편해서 분석가에게 희귀한 관심 응답 데이터의 비율을 늘려 이미 오버샘플링한 데이터셋을 주고 탐색과 원형 개발을 하도록 했다면 이런 현상이 발생할 수 있다. 그러한 경우에도 여전히 모델이 실제 데이터를 얼마나 잘 분류할지 평가할 수는 있지만, 샘플링 과정에서 실제보다 적게 나타난 레코드들의 클래스를 복구하기 위해 오버샘플링된 검증 데이터셋을 재조정할 필요가 있다. 좋은 정확성 척도를 유도하기 위해 이러한 조정이 정오 행렬과 리프트 차트에 적용되어야 한다. 다음은 이러한 조정에 대한 설명이다.

오버샘플링을 위한 정오 행렬의 조정 데이터에서 전체적으로 응답률이 2%인데, 데이터가 오버샘플링되어 응답률이 25배 큰 표본(50% 응답자들)을 얻었다고 하자. 관계를 나타내면 다음과 같다.

- 응답자들: 전체 데이터의 2%, 표본의 50%
- 비응답자들: 전체 데이터의 98%, 표본의 50%

전체 데이터에서 각 응답자는 표본에서 25명에 해당하는 응답자들의 가치가 있다(50/2). 전체 데이터에서 각 비응답자는 표본에서 0.5102명의 비응답자들에 해당하는 가치가 있다(50/98). 이러한 값들을 오버샘플링 가중치oversampling weights라 부른다.

검증 정오 행렬은 다음과 같다고 가정한다.

정오 행렬, 오버샘플링된 데이터 (검증)

	예측 0	예측 1	합계
실제 0	390	110	500
실제 1	80	420	500
합계	470	530	1000

이 지점에서 오분류율은 (80 + 110)/1000 = 19%가 되고, 이 모델은 53%의 레코드를 클래스 1로 분류하게 된다. 하지만 이것은 50%가 응답자인 표본에 대한 성능을 보여준다.

(2% 응답자들이 있는) 원래 모집단을 사용해서 이 모델의 예측 성능을 평가하기 위해서는 오버샘플링의 효과를 되돌릴 필요가 있다. 실제 응답자의 수를 25로 나누고, 실제 비응답자의 수는 0.5102로 나눠야 한다.

수정된 정오 행렬은 다음과 같다.

재조정된 정오 행렬

	예측 0	예측 1	합계
실제 0	390/0.5102 = 764.4	110/0.5102 = 215.6	980
실제 1	80/25 = 3.2	420/25 = 16.8	20
합계			1000

조정된 오분류율은 $(3.2+215.6)/1000 = 21.9\%$이다. 2%의 응답자를 가정할 때 이 모델은 $(215.6+16.8)/1000 = 23.24\%$의 레코드를 클래스 1로 분류하게 된다.

오버샘플링을 위한 누적 이득 차트의 조정 향상과 누적 이득 차트는 낮은 응답 상황에서 좀 더 유용한 척도일 가능성이 높은데, 우리의 관심은 모든 레코드를 정확히 분류하는 것보다는 부족한 자원으로 모든 레코드를 조사하거나 검토하는 것이 어렵다는 가정하에 관심 있는 응답이 포함될 가능성이 높은 레코드들로 안내하는 모델을 찾는 것이다. 보통 이러한 경우에는 가치를 최대화하거나 비용을 최소화하는 데 관심이 있으므로, 혜택/비용 요소를 포함한 조정 과정을 살펴보고자 한다. 다음과 같은 절차를 사용할 수 있다.

1. 예측된 성공(성공 = 관심 클래스에 속함) 확률 순으로 검증 레코드들을 정렬한다.
2. 각 레코드에 대해 실제 결과에 수반된 비용(혜택)을 기록한다.
3. 이 값을 오버샘플링률로 나눈다. 예를 들어, 응답자들이 25배 과중되었다면 25로 나눈다.
4. 확률이 가장 큰(즉, 처음) 레코드에 대해, 위의 값은 누적 이득 차트에서 첫 번째 점의 y-좌표다. x-좌표는 인덱스 번호 1이다.
5. 다음 레코드에 대해 실제 결과에 수반된 조정값을 다시 계산한다. 이전 레코드의 조정된 비용(혜택)에 이 값을 더한다. 이 합은 누적 이득 차트상에서 두 번째 점의 y-좌표다. x-좌표는 인덱스 번호 2다.
6. 모든 레코드를 검토할 때까지 단계 ❺를 반복한다. 모든 점을 연결하면 이것이 누적 이득 차트가 된다.
7. 참조선은 원점에서 $x = n$(n = 레코드 수)과 y = 총 순혜택인 점을 잇는 직선이다.

연습문제

5.1 거래 데이터셋에 데이터 마이닝 방법을 적용해 88개의 레코드를 사기로 분류(그중 30개가 맞음)하고, 952개를 비사기로 분류(그중 920개가 맞음)했다. 정오 행렬을 작성하고 전체적인 오차율을 계산하시오.

5.2 이 방법에 사기로 분류된 레코드들의 비율을 변경할 수 있는 조정 가능한 컷오프(임곗값) 메커니즘이 있다고 하자. 컷오프 값을 올리거나 내리면 다음에 대해 어떤 효과가 있는지 설명하시오.

a. 진짜 사기인 레코드들의 분류 오차율

b. 진짜 비사기인 레코드들의 분류 오차율

5.3 FiscalNote는 워싱턴 D.C.의 기업가가 창업하여 싱가포르 국부 펀드와 페이스북에서 명성을 떨치는 Winklevoss 트윈즈 등이 투자한 벤처 기업이다. 이 회사는 고객들을 위한 법안이 미국 의회와 주의회를 통과할지 여부를 예측하기 위해 머신러닝과 데이터 마이닝 기법을 사용하며, 94%의 정확성을 보고하였다(워싱턴 포스트, 2014년 11월 21일, "캐피털 업계"). 미국 의회에서 제기된 법안에만 한정하여, 제기된 법안의 수와 통과율에 대해 인터넷에서 조사해 보시오. 가능한 오분류의 유형을 규정하고 전체적인 정확성을 평가 척도로 사용하는 것에 대한 의견을 피력하시오. 다른 가능한 척도들과 경향의 잠재적 역할에 대한 논의를 포함하시오.

5.4 [그림 5-12]는 새로운 데이터에 적용된 거래 데이터 모델의 십분위 리프트 차트를 나타낸다. 다음 물음에 답하시오.

a. 왼쪽에서 첫 번째와 두 번째 막대의 의미를 해석하시오.

b. 이 정보를 실제로 어떻게 사용할 수 있는지 설명하시오.

c. 다른 분석가가 모든 것을 비사기로 분류하여 모델의 정확성을 개선할 수 있다고 주장한다. 그렇게 한다면, 오차율은 어떻게 되는가?

d. 이 상황에서 모델의 성능에 대한 이 두 척도(오차율과 향상도)의 유용성에 대해 의견을 피력하시오.

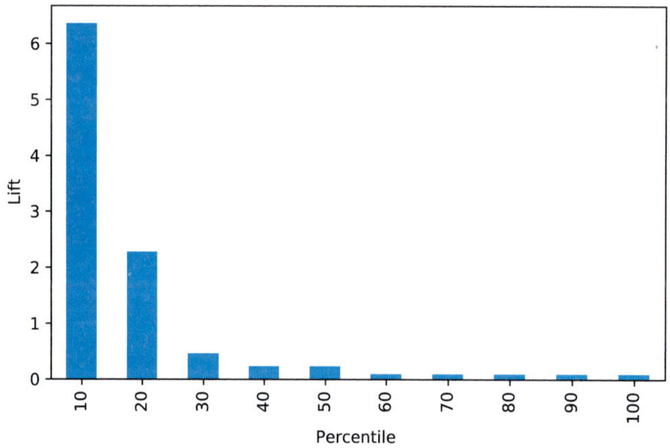

그림 5-12 거래 데이터에 대한 십분위 리프트 차트

5.5 보험의 부정 청구를 예측하는 모델을 개발하기 위해 대규모의 레코드들을 조사하여, 과거 데이터베이스의 청구 중 1%를 사기로 판정하였다. 모델을 개발하기 위해 표본을 취했는데, 매우 낮은 응답률을 고려하여 균형 잡힌 표본을 제공하기 위해 오버샘플링을 사용하였다. 이 표본($n = 800$)에 모델을 적용한 결과, 310개의 사기와 270개의 비사기를 정확히 분류했다. 반면에 90개의 사기를 놓쳤고, 사기가 아닌 130개의 레코드를 사기라고 잘못 분류했다.

a. 위의 정보대로 표본에 대한 정오 행렬을 작성하시오.

b. (오버샘플링을 위해 조정한) 수정된 오분류율을 구하시오.

c. 새로운 레코드의 몇 퍼센트가 사기로 분류되리라 예상하는가?

5.6 소프트웨어 서비스를 판매하는 어떤 회사가 새로운 제품을 개발하면서 그 서비스를 구매하거나 구매하지 않으리라 결정한 500명의 고객 레코드들을 얻었다. 목표 값은 각 판매로부터 추정되는 (판매 비용을 제외한) 수익으로, 전체 평균은 2,500달러다. 하지만 판매 영업 비용이 저렴하지 않아서, 이 회사는 500명의 고객 각각에 대해서 (구매하든지 안 하든지) 영업 비용이 2,500달러에 달한다고 예측하고 있다. 이 회사는 미래의 최고 소비자를 알아내기 위해 예측 모델을 개발했는데, 검증 데이터셋에 대한 누적 이득 차트와 십분위 리프트 차트는 [그림 5-13]과 같다.

a. 이 회사가 앞선 파일럿 조사의 500명과 유사한 서비스를 판매하기 위한 1,000명의 새로운 데이터로 작업을 시작할 때 목표 판매 영업을 위한 예측 모델링을 사용하지 않는다면 추정 수익은 얼마가 되겠는가?

b. 이 회사가 각 판매에 대해 적어도 판매 영업 비용의 두 배에 해당하는 평균 수익을 얻기 원해 1,000개의 새로운 데이터에 적절한 컷오프 값을 사용한 예측 모델에 적용한다면, 1,000개의 새로운 리스트 중에서 얼마나 많이 내려가야(얼마나 많은 십분위를 취해야) 하겠는가?

c. 다시 이 새로운 1,000명의 리스트에 대해 이 회사가 예측 모델에 2,500달러보다 낮은 컷오프 값을 적용한다면 십분위에 대해 랭크된 리스트에서 얼마나 내려가야 하겠는가?

d. 수익을 예측하기 위해 이러한 두 단계 방법을 사용해야 하는 이유는 무엇인가? 즉, 단순히 1,000명의 새로운 데이터에 대해 수익을 예측하는 모델을 개발하지 않은 이유는 무엇인가?

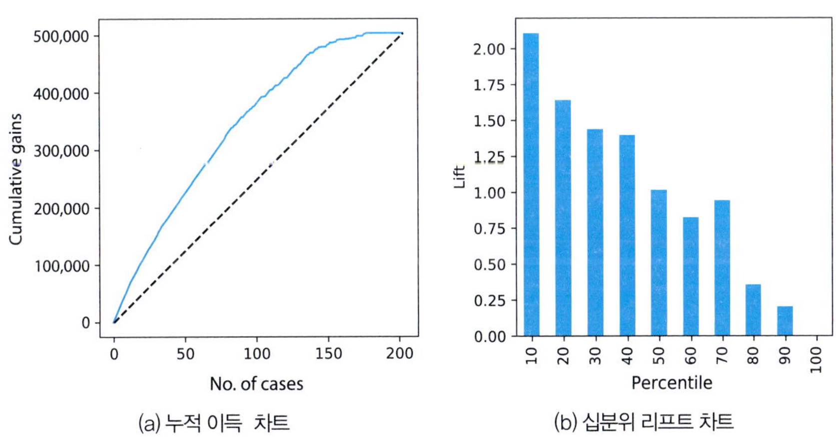

그림 5-13 소프트웨어 서비스 제품 판매에 대한 차트

5.7 [표 5-7]은 실제값과 경향 모두를 포함한 분류 모델의 일부 예측 모델 검증 결과를 보여준다.

a. 0.25, 0.5, 0.75의 컷오프 값을 사용해 오차율, 민감도, 특이도를 계산하시오.

b. 십분위 리프트 차트를 작성하시오.

표 5-7 검증 데이터에 대한 경향과 실제 클래스 소속도

클래스 1의 경향	실제 클래스
0.03	0
0.52	0
0.38	0
0.82	1
0.33	0
0.42	0
0.55	1
0.59	0
0.09	0
0.21	0
0.43	0
0.04	0
0.08	0
0.13	0
0.01	0
0.79	1
0.42	0
0.29	0
0.08	0
0.02	0

Part

04

예측 및 분류

Part 04
예측 및 분류

- Chapter 06 다중 선형 회귀
- Chapter 07 *k*-NN 알고리즘
- Chapter 08 나이브 베이즈 분류기
- Chapter 09 분류 회귀 트리
- Chapter 10 로지스틱 회귀 분석
- Chapter 11 신경망
- Chapter 12 판별 분석
- Chapter 13 방법론 결합: 앙상블과 업리프트 모델링

CHAPTER 6

다중 선형 회귀

이 장에서는 예측을 위한 선형 회귀 모델을 소개한다. 우선 전통적인 통계학에서 추론을 위해 회귀 모델을 적합시키는 것과 적합시킨 모델을 사용하는 것의 차이를 알아본다. 마찬가지로, 예측을 위해 모델을 적합시키는 것과 적합시킨 모델을 사용하는 것의 차이를 알아본다. 예측을 목적으로 하는 경우, 검증 데이터셋으로 모델의 성능을 평가하는 과정과 예측 성능을 평가할 수 있는 테스트 툴이 필요하다. 이어서 많은 수의 예측 변수를 사용할 수 있는 상황과 이를 해결하기 위한 변수 선택 알고리즘을 설명한다.

파이썬

이 장에서는 pandas 라이브러리를 사용하여 데이터 처리를 하고, scikit-learn 라이브러리를 사용하여 모델 구축 및 변수(특성) 선택을 한다. 또한 부록의 파이썬 함수도 사용한다. statsmodels 라이브러리는 예측 모델링에 필요 이상의 정보를 제공하지만, 선형 회귀 모델을 구축하는 데 사용할 것이다.

이 장에 필요한 파이썬 라이브러리 불러오기

```
import pandas as pd
from sklearn.model_selection import train_test_split
from sklearn.linear_model import LinearRegression, Lasso, Ridge, LassoCV, BayesianRidge
import statsmodels.formula.api as sm
import matplotlib.pylab as plt

from dmba import regressionSummary, exhaustive_search
from dmba import backward_elimination, forward_selection, stepwise_selection
from dmba import adjusted_r2_score, AIC_score, BIC_score
```

6.1 서론

다중 선형 회귀는 예측을 하는 데 가장 많이 사용하는 모델로, 대부분의 통계학 수업에서 다뤄진다. 이 모델은 정량적인 종속 변수(출력 변수 또는 반응 변수로도 불림)와 예측 변수(독립 변수, 입력 변수, 회귀 변수, 공변량 등으로도 불림)들, $X_2, X_3, \cdots, X_p$ 사이의 관계를 적합시키는 데 사용된다. 다중 선형 회귀는 예측 변수와 종속 변수가 식 (6.1)과 같은 관계라고 가정한다.

$$Y = \beta_0 + \beta_1 x_1 + \beta_2 x_2 + \cdots + \beta_p x_p + \epsilon \tag{6.1}$$

여기서 $\beta_0, \cdots, \beta_p$는 회귀 계수이고 ϵ은 모델로 설명되지 않는 노이즈noise다. 주어진 데이터는 회귀 계수를 추정하고 노이즈를 정량화하는 데 사용된다. 또한 예측 모델링의 경우 모델의 성능을 평가할 때 활용된다.

회귀 모델링은 회귀 계수를 추정하는 것뿐 아니라 어떤 예측 변수를 어떤 형식으로 포함할지 선택하는 것을 의미한다. 예를 들어 숫자 예측 변수는 숫자 그대로, $\log X$ 형태, 구간 형태(예 나이, 그룹)로 활용될 수 있다. 이때 올바른 형태를 선택하는 것은 도메인 지식, 데이터 가용성 및 필요한 예측력에 달려 있다.

다중 선형 회귀 모델은 다양한 예측 모델링 분야에 적용될 수 있다. 예를 들어, 인구통계학적 데이터와 과거의 카드 사용 패턴으로부터 고객의 신용카드 사용 패턴을 예측할 수 있다. 항공기 탑승 실적 데이터를 바탕으로 고객의 휴가 여행 비용을 예측할 수도 있고, 제품 및 판매에 대한 정보를 바탕으로 고객 상담 데스크의 담당 직원 선정 및 배치를 예측할 수도 있다. 이 밖에도 과거의 데이터로부터 제품들의 교차 판매 정보를 통해 매출액을 예측할 수 있으며, 소매점에서는 할인 행사의 효과를 예측할 수도 있다.

6.2 설명 모델과 예측 모델의 모델링

예측을 위한 선형 회귀 분석의 활용도를 알아보기 전에 기존 통계 수업에서 배운 선형 회귀와 어떤 중요한 차이점들이 있는지 살펴봐야 한다. 특히, 회귀 모델을 적합시키는 이면에는 서로 다르지만 일반적인 다음 두 가지 목적이 있다.

❶ 출력에 대한 입력의 평균 효과에 대한 설명 또는 정량화(각각, 설명적 혹은 기술적 작업)

❷ 주어진 입력 값을 활용하여 새 레코드의 결과 값 예측(예측 작업)

고전적인 통계 접근법은 목적 ❶에 초점을 맞추고 있으며 데이터는 보다 큰 관심 대상 모집단의 랜덤 표본으로 취급된다. 이 표본에서 추정된 회귀 모델은 관심 모집단의 평균적인 관계를 포착하도록 한다. 만들어진 모델은 의사결정에서 "다른 모든 요소(X_2, X_3, ⋯ , X_p)의 변화량을 고려하지 않았을 때, 서비스 속도(X_1)의 단위 증가 시 고객 만족도(Y)가 평균 5포인트 상승하는 관계를 보여준다."와 같은 문장을 생성한다. 이것이 인과관계로 밝혀지면 서비스 속도의 개선 같은 방침을 이끌 수 있다는 점을 의미하므로 이를 설명 모델링이라고 한다. 반면 인과관계가 확실치 않으면 이 모델은 입력과 출력 간의 연관성을 정량화하는데, 이러한 방법을 기술 모델링이라고 한다.

예측 분석에서는 새로운 개별 관측치에 대한 예측 등 주로 목적 ❷에 초점을 맞춘다. 여기서는 회귀 계수나 '평균 레코드'를 다루지 않고 생성되는 모델을 활용한 새로운 레코드에 대한 예측에 중점을 둔다. 이 경우, 생성되는 모델은 레코드 수준의 미시적 의사결정에 사용된다. 예를 들어, 앞의 예에서는 회귀 모델을 활용하여 관심 대상의 신규 고객에 대해 고객 만족도를 예측할 수 있다.

설명 모델링과 예측 모델링은 둘 다 모델을 적합시키기 위한 데이터 사용(즉, 모델의 계수 추정), 모델의 타당성 검증, 모델의 성능 평가, 다른 모델과의 비교를 포함한다. 그러나 모델링 단계와 성능 평가 방식이 다르며, 이는 대개 서로 다른 최종 모델로 이어진다. 따라서 모델 선택은 그 목적이 설명인지 예측인지와 밀접하게 관련되어 있다.

평균 레코드의 모델링에 초점이 맞춰진 설명 모델링은 모집단에 있는 근본적인 관계를 알아보기 위해 데이터에 가장 적합한 모델을 적용한다. 반면, 예측 모델링(데이터 마이닝)은 새로운 개별 레코드에 대해 예측력이 가장 뛰어난 회귀 모델을 찾는다. 이때 기존 데이터에 꼭 맞춘 회귀 모델은 새로운 데이터를 적용했을 때 낮은 성능을 보일 수 있다. 따라서 별도 검증 데이터셋holdout set에서 이를 평가하고 예측 척도를 사용해 최고의 예측력을 가진 모델을 찾는다(5장 참조).

두 모델에서 선형 회귀 분석을 사용할 때 주요 차이점을 요약하면 다음과 같다.

❶ 좋은 설명 모델이 데이터를 잘 적합시키는 모델인 반면, 좋은 예측 모델은 새로운 사례를 정확하게 예측하는 모델이다. 따라서 활용될 입력 변수와 그 형태는 다를 수 있다.

❷ 설명 모델에서는 모집단에 가정된 관계에 대한 정보가 최대한 반영된 최적의 적합 모델을 추정하기 위해서 전체 데이터셋을 사용한다. 반면, 새로운 사례를 예측하는 것이 목적인 예측 모델에서는 데이터를 일반적으로 학습 데이터셋과 검증 데이터셋으로 나눈다. 학습 데이터셋은 모델을 추정하는 데 사용되고, 검증 데이터셋은 이전에 관측되지 않은 새로운 데이터에 대한 모델의 예측 성능을 평가하는 데 사용된다.

❸ 설명 모델의 성능 측정이 데이터가 모델에 얼마나 잘 적합하는지(즉, 모델이 데이터의 실제 값과 얼마나 비슷한 값을 주는지)와 평균 관계가 얼마나 강한지를 측정하는 것이라면, 예측

모델의 성능 측정은 예측의 정확도(즉, 모델이 새로운 사례를 얼마나 잘 예측하는지)를 측정하는 것이다.

❹ 설명 모델에서는 회귀 계수(β)에 초점을 두는 반면, 예측 모델에서는 예측에 초점을 둔다($\hat{y}$).

위와 같은 차이가 있기 때문에 모델링 전에 분석의 목적을 명확히 하는 것이 매우 중요하다. 좋은 예측 모델은 모델링에 사용한 데이터를 조금 느슨하게 적합할 수 있고, 좋은 설명 모델은 좀 더 낮은 정확도를 가질 수 있다. 대부분의 통계학 교재에서는 설명 모델에 초점을 두고 있다. 그러나 데이터 마이닝 분야에서는 예측 모델이 더 자주 다루어지므로, 이 장의 나머지 부분에서는 예측 모델에 초점을 두고 설명한다.

6.3 회귀식의 추정과 예측

포함시킬 입력 변수와 그 형태를 결정하면, 일반적인 보통 최소제곱법OLS, Ordinary Least Squares을 사용해 데이터로부터 회귀식의 계수를 추정한다. 이 방법으로 실제값(Y)과 모델에서의 예측을 기반으로 한 값($\hat{Y}$) 사이의 편차제곱합을 최소화하는 추정치 $\hat{\beta}_0$, $\hat{\beta}_1$, $\hat{\beta}_2$, $\cdots$, $\hat{\beta}_p$를 찾는다.

입력 값이 $x_1, x_2, \cdots, x_p$인 레코드의 출력 변수 값을 예측하는 식은 다음과 같다.

$$\hat{Y} = \hat{\beta}_0 + \hat{\beta}_1 x_1 + \hat{\beta}_2 x_2 + \cdots + \hat{\beta}_p x_p \tag{6.2}$$

이 식에 의한 예측은 가장 좋은 예측이라고 할 수 있다. 그 이유는 다음과 같은 가정을 만족하면 예측값이 불편 값이고unbiased(예측값의 평균값이 실제값과 동일하고), 다른 불편 추정값과 비교했을 때 평균 제곱 오차가 가장 작기 때문이다.

❶ 노이즈 ϵ(또는 Y)는 표준 정규 분포를 따른다.

❷ 선택된 예측 변수가 적절하고 선형성을 따른다.

❸ 각 관측치들이 서로 독립적이다.

❹ 각 예측 변수에 대한 Y값의 변동성은 예측 변수 값에 상관없이 동일하다(등분산성homoskedasticity).

예측을 목적으로 하는 경우 중요하고 흥미로운 사실은 첫 번째 가정이 만족되지 않고 노이즈가 임의 분포를 따른다고 하더라도 예측의 추정값은 매우 좋은 결과를 보여준다는 것이다. 즉, 최소제곱 추정값least squares estimates인 $\hat{\beta}_0$, $\hat{\beta}_1$, $\hat{\beta}_2$, $\cdots$, $\hat{\beta}_p$을 사용하는 모델이 식 (6.1)과 같이 정의된 모든 선형 모델 중에서 가장 작은 평균 제곱 오차를 갖는다. 하지만 모델 모수들에 대한 신뢰 구간 구성 및 통계적 검증을 위해서는 정규 분포를 가정해야 한다.

다른 가정이 지켜지지 않더라도 예측 결과는 의도한 목적에 맞게 충분히 정확할 수 있다. 따라서 핵심은 모델의 예측 성능을 평가하는 것이다. 조건을 만족시키는 점은 이차적인 문제이며, 잔차에 대한 분석을 통해 개선 가능성이 있는 잠재적인 모델에 대해 조사할 수 있다.

예제: 도요타 코롤라Toyota Corolla 중고차의 가격 예측

규모가 큰 도요타 자동차 대리점은 도요타 자동차 신규 구매자들에게 보상 판매trade-in의 일환으로 그들이 사용하던 중고차를 대리점이 구입해 준다는 선택권을 제공한다. 특히, 새로운 판매 촉진 홍보 활동에서는 신차 구입 고객 중 사용하던 도요타 코롤라 중고차를 되파는 고객에게 높은 가격을 지불하겠다고 약속한다. 자동차 판매원은 사들인 중고차에 낮은 차익만 남기고 이를 다시 판매한다. 적절한 이익을 보장하려면 자동차 판매원은 대리점의 중고차 판매 가격을 예측할 수 있어야 한다. 이를 위해, 대리점에서 판매된 모든 도요타 코롤라 중고차의 이전 판매 기록에 대한 데이터를 수집하였다. 데이터에는 판매 가격price 및 자동차에 대한 기타 정보, 즉 연수age, 주행 거리kilometer, 연료 유형fuel type, 마력horse power 정보가 들어 있다. 각 변수에 대한 설명은 [표 6-1]과 같다. [표 6-2]는 이 데이터셋의 표본이다.

표 6-1 도요타 코롤라 예제의 변수 설명

Price	판매 가격(단위: 유로)
Age	2004년 8월 당시 자동차의 내용 연수
Kilometer	연비, 누적 평균 주행 거리
Fuel Type	연로 유형(휘발유, 경유, 천연가스)
HP	마력horse power
Metallic	금속 색상(yes = 1, no = 0)
Automatic	자동 변속(yes = 1, no = 0)
CC	실린더 부피
Doors	자동차 문의 개수
QuartTax	분기별 도로사용세(단위: 유로)
Weight	무게(단위: 킬로그램)

표 6-2 도요타 코롤라 중고차 30개 표본에 대한 가격과 속성들

Price	Age	Kilometers	Fuel type	HP	Metallic	Automatic	CC	Doors	Quarttax	Weight
13,500	23	46,986	Diesel	90	1	0	2000	3	210	1165
13,750	23	72,937	Diesel	90	1	0	2000	3	210	1165
13,950	24	41,711	Diesel	90	1	0	2000	3	210	1165
14,950	26	48,000	Diesel	90	0	0	2000	3	210	1165
13,750	30	38,500	Diesel	90	0	0	2000	3	210	1170

12,950	32	61,000	Diesel	90	0	0	2000	3	210	1170
16,900	27	94,612	Diesel	90	1	0	2000	3	210	1245
18,600	30	75,889	Diesel	90	1	0	2000	3	210	1245
21,500	27	19,700	Petrol	192	0	0	1800	3	100	1185
12,950	23	71,138	Diesel	69	0	0	1900	3	185	1105
20,950	25	31,461	Petrol	192	0	0	1800	3	100	1185
19,950	22	43,610	Petrol	192	0	0	1800	3	100	1185
19,600	25	32,189	Petrol	192	0	0	1800	3	100	1185
21,500	31	23,000	Petrol	192	1	0	1800	3	100	1185
22,500	32	34,131	Petrol	192	1	0	1800	3	100	1185
22,000	28	18,739	Petrol	192	0	0	1800	3	100	1185
22,750	30	34,000	Petrol	192	1	0	1800	3	100	1185
17,950	24	21,716	Petrol	110	1	0	1600	3	85	1105
16,750	24	25,563	Petrol	110	0	0	1600	3	19	1065
16,950	30	64,359	Petrol	110	1	0	1600	3	85	1105
15,950	30	67,660	Petrol	110	1	0	1600	3	85	1105
16,950	29	43,905	Petrol	110	0	1	1600	3	100	1170
15,950	28	56,349	Petrol	110	1	0	1600	3	85	1120
16,950	28	32,220	Petrol	110	1	0	1600	3	85	1120
16,250	29	25,813	Petrol	110	1	0	1600	3	85	1120
15,950	25	28,450	Petrol	110	1	0	1600	3	85	1120
17,495	27	34,545	Petrol	110	1	0	1600	3	85	1120
15,750	29	41,415	Petrol	110	1	0	1600	3	85	1120
11,950	39	98,823	CNG	110	1	0	1600	5	197	1119

데이터셋의 총 개수는 1,000개다(`ToyotaCorolla.xls` 데이터셋의 처음 1,000개 데이터 사용). 전체 데이터셋을 학습 데이터셋 60%, 검증 데이터셋 40%의 비율로 나눈 후, 학습 데이터셋만 사용해 판매 가격(종속 변수)과 다른 변수들(예측 변수들) 간의 관계를 다중 회귀 모델을 통해 적합시켰다. [표 6-3]은 계산된 계수의 추정치를 보여준다. 예측 변수인 연료 유형(`Fuel Type`)에는 세 가지 범주, 즉 휘발유(`Petrol`), 경유(`Diesel`), 천연가스(`CNG`)가 있으므로 모델에서는 2개의 가변수를 사용한다(휘발유(0/1)와 경유(0/1), 세 번째 범주인 천연가스(0/1)는 앞의 두 가변수를 통해 정보를 얻을 수 있으므로 불필요함). 불필요한 변수를 포함하면 이 변수가 다른 두 변수의 완벽한 선형 조합이 되므로 회귀 모델이 작동하지 않는다(R의 `lm()` 함수는 이 문제를 자동으로 처리함).

이 변수들의 계수들은 사용 기간, 주행 거리 등과 함께 도요타 코롤라 중고차 판매 가격 예측에 사용된다. [표 6-4]는 검증 데이터셋의 20개 자동차 판매 가격에 대한 모델의 예측값을 보여준다. 이 표에는 20개 데이터에 대한 예측값과 오차(실제값과의 차이)가 제시되어 있다. 예측값 아래에는 예측 정확도에 대한 전반적인 평가 지표가 나와 있는데 평균 오차는 104달러, 평균 제곱근 편차[RMSE]는 1313달러로 나타나 있다.

표 6-3 코롤라 중고차 속성을 이용한 가격 선형 회귀 모델

가격 vs. 선형 회귀 모델 자동차 속성

```
# reduce data frame to the top 1000 rows and select columns for regression analysis
car_df = pd.read_csv('ToyotaCorolla.csv')
car_df = car_df.iloc[0:1000]

predictors = ['Age_08_04', 'KM', 'Fuel_Type', 'HP', 'Met_Color', 'Automatic', 'CC',
              'Doors', 'Quarterly_Tax', 'Weight']
outcome = 'Price'

# partition data
X = pd.get_dummies(car_df[predictors], drop_first=True)
y = car_df[outcome]
train_X, valid_X, train_y, valid_y = train_test_split(X, y, test_size=0.4, random_state=1)

car_lm = LinearRegression()
car_lm.fit(train_X, train_y)

# print coefficients
print(pd.DataFrame({'Predictor': X.columns, 'coefficient': car_lm.coef_}))

# print performance measures (training data)
regressionSummary(train_y, car_lm.predict(train_X))
```

실행 결과

```
            Predictor   coefficient
0           Age_08_04   -140.748761
1                  KM     -0.017840
2                  HP     36.103419
3           Met_Color     84.281830
4           Automatic    416.781954
5                  CC      0.017737
6               Doors    -50.657863
7       Quarterly_Tax     13.625325
8              Weight     13.038711
9    Fuel_Type_Diesel   1066.464681
10   Fuel_Type_Petrol   2310.249543

Regression statistics

                      Mean Error (ME) : 0.0000
       Root Mean Squared Error (RMSE) : 1400.5823
            Mean Absolute Error (MAE) : 1046.9072
          Mean Percentage Error (MPE) : -1.0223
Mean Absolute Percentage Error (MAPE) : 9.2994
```

표 6-4 검증 데이터셋 20개의 예측값 및 검증 데이터셋에 대한 성능 요약

회귀 모델을 학습 데이터셋에 맞추고 검증에서 가격을 예측하기 위한 파이썬 코드

```
# Use predict() to make predictions on a new set
car_lm_pred = car_lm.predict(valid_X)

result = pd.DataFrame({'Predicted': car_lm_pred, 'Actual': valid_y,
                       'Residual': valid_y - car_lm_pred})

print(result.head(20))

# print performance measures (validation data)
regressionSummary(valid_y, car_lm_pred)
```

실행 결과

```
        Predicted   Actual     Residual
507  10607.333940    11500   892.666060
818   9272.705792     8950  -322.705792
452  10617.947808    11450   832.052192
368  13600.396275    11450 -2150.396275
242  12396.694660    11950  -446.694660
929   9496.498212     9995   498.501788
262  12480.063217    13500  1019.936783
810   8834.146068     7950  -884.146068
318  12183.361282     9900 -2283.361282
49   19206.965683    21950  2743.034317
446  10987.498309    11950   962.501691
142  18501.527375    19950  1448.472625
968   9914.690947     9950    35.309053
345  13827.299932    14950  1122.700068
971   7966.732543    10495  2528.267457
133  17185.242041    15950 -1235.242041
104  19952.658062    19450  -502.658062
6    16570.609280    16900   329.390720
600  13739.409113    11250 -2489.409113
496  11267.513740    11750   482.486260

Regression statistics

                      Mean Error (ME) : 103.6803
       Root Mean Squared Error (RMSE) : 1312.8523
            Mean Absolute Error (MAE) : 1017.5972
          Mean Percentage Error (MPE) : -0.2633
Mean Absolute Percentage Error (MAPE) : 9.0111
```

[그림 6-1]의 잔차residual에 대한 히스토그램을 보면 대부분의 오차가 ±2000달러 사이에 있다. 이는 자동차 판매 가격에 비하면 상대적으로 작은 값이지만 이익을 고려할 때는 함께 반영해야 한다.

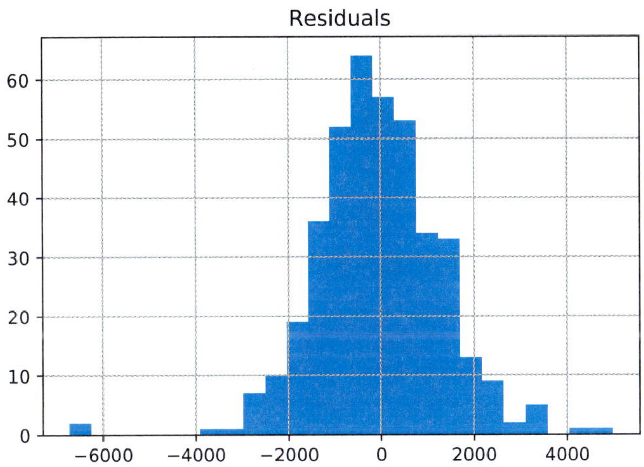

그림 6-1 모델의 잔차에 대한 히스토그램(검증 데이터셋)

6.4 선형 회귀 분석의 변수 선택

예측 변수 수 줄이기

데이터 마이닝에서 빈번하게 발생되는 문제는 종속 변수 값을 예측하기 위한 회귀 방정식을 만드는 데 예측 변수로 선택할 수 있는 변수의 수가 많을 때 발생한다. 다중 선형 회귀 분석용으로 최근 개발된 알고리즘들의 속도가 매우 빠르기 때문에 모든 변수를 사용해 분석을 수행하려는 경향이 있다. 이처럼 모든 변수를 모델에 사용하면 되는 데 왜 굳이 변수의 일부만 사용하려 할까?

수많은 변수를 포함하려고 하는 또 다른 이유는 숨겨진 관계가 나타날 가능성이 있기 때문이다. 예를 들어, 한 회사에서는 의자 및 테이블 다리용 손상 방지 장치를 구입한 고객은 신용 위험도가 낮았다는 관계를 찾았다. 하지만 모델에 가능한 모든 변수를 활용하고자 할 때는 다음과 같은 다양한 주의 사항을 고려해야 한다.

- 미래를 예측할 때 예측 변수들을 전부 수집하는 것이 실행 가능하지 않거나 비용이 너무 비쌀 수 있다.
- 적은 수의 예측 변수를 사용하면 더 정확한 측정을 수행할 수 있다(예 설문조사).
- 예측 변수가 많을수록 데이터에 결측치가 존재할 위험성이 높아진다. 만약 결측치가 있는 경우 해당 데이터를 삭제하거나 대체한다고 하면, 다수 개의 예측 변수를 갖는 경우에는 높은 삭제율 혹은 대체율이 나타날 것이다.

- 간결성parsimony은 좋은 모델의 중요한 성질이 된다. 적은 수의 모수를 가지는 모델에서 예측 변수의 영향력에 대해 더 잘 통찰할 수 있을 것이다.
- 변수가 많은 모델에서는 다중 공선성multicollinearity으로 인해 회귀 계수의 추정치들이 불안정할 수 있다(다중 공선성은 둘 이상의 예측 변수가 종속 변수에 동일한 선형 관계를 공유하는 것을 말함). 회귀 계수는 간결한 모델에서 더욱 안정적이다. 상당히 대략적이긴 하지만 잘 알려진 경험에 의하면, 예측 변수의 수가 n개일 때, $5(p+2)$보다 많은 p개의 사례들을 데이터로 사용해야 한다.
- 종속 변수와 상관관계가 없는 예측 변수를 사용하면 예측의 분산variance이 증가할 수 있다.
- 종속 변수와 실제 상관관계가 있는 예측 변수를 누락시키면 예측의 평균 오차 혹은 바이어스bias가 증가할 수 있다.

위의 마지막 두 사항은 예측 변수의 수가 너무 적거나 너무 많은 경우에 대한 상충 관계trade-off를 의미한다. 일반적으로 약간의 바이어스를 허용하면 예측에서 분산variance을 줄일 수 있다. 편의-분산 상충 관계bias-variance trade-off는 특히 예측 변수가 많을 때 중요하다. 예측 변수가 많은 경우에는 노이즈에 대한 표준편차에 비해 상대적으로 작은 회귀 계수를 갖는 변수들이 모델에 존재하고, 또한 이들은 다른 변수들과도 어느 정도 이상의 상관관계를 보일 가능성이 높기 때문이다. 이러한 변수들을 누락시키면 예측 분산을 줄일 수 있기 때문에 예측 성능이 향상된다. 이러한 유형의 편의-분산 상충 관계는 예측과 분류를 위한 대부분의 데이터 마이닝 절차에서 볼 수 있는 기본적인 측면이다. 이러한 관점에서 예측 변수의 수 p를 더 작게 줄이기 위한 방법들이 자주 사용되고 있다.

예측 변수의 수를 어떻게 줄일 것인가

예측 변수를 줄이는 첫 번째 단계는 그 분야의 지식을 활용하는 것이다. 다양한 예측 변수가 무엇을 측정하고 있는지, 이 변수들이 종속 변수의 반응 예측에 적절한 이유는 무엇인지 이해하는 것이 중요하다. 이러한 지식을 바탕으로 분별력 있는 예측 변수들이 되도록 그 개수를 줄여 나가야 한다. 예측 변수를 삭제하는 이유는 향후 이러한 정보를 수집하는 데 드는 비용, 부정확성, 다른 예측 변수와의 높은 상관관계, 다수의 결측치, 부적절성 등 때문이다. 또한 요약 통계량과 그래프, 즉 빈도와 테이블, 예측 변수 중심의 요약 통계량과 산점도, 결측치의 개수 등은 잠재적인 예측 변수를 조사하는 데 유용하다.

다음 단계는 계산력과 통계적 유의성을 이용하는 것이다. 일반적으로 모델에서 예측 변수를 줄이는 두 가지 방법이 있다. 첫째는 전역 탐색 방법으로, 예측 변수의 가능한 모든 조합으로부터 회귀 모델을 적합시켜 최적의 예측 변수 집합을 찾는 방법이다. 전역 탐색은 가능한 모델 수가 많기 때문에 다소 실용적이지 않아 많이 사용되지 않는다. 둘째는 모델 중 일부 집합을 통해 찾는 방법이다. 두 방법을 좀 더 살펴보자.

전역 탐색(최상의 서브셋Best Subset) 전역 탐색exhaustive search은 모든 예측 변수의 서브셋(부분집합)을 평가하는 것이다. 적당한 p값을 찾기 위한 서브셋의 수가 매우 많기 때문에 가장 가능성이 높은 서브셋이 어떤 것인지 검토하여 그로부터 예측 변수를 선택하는 방법을 사용해야 한다. 이때, 너무 단순한 모델(과소적합 모델)을 선택해 중요한 변수들을 누락한다거나 반대로 너무 복잡한 모델(과적합 모델)을 선택하여 노이즈까지 학습하지 않도록 주의해야 한다. 모델을 평가하고 비교하는 기준은 학습 데이터셋에 대한 적합에 근거한다. 자주 쓰이는 방법 중 하나로 다음과 같이 정의된 수정 결정 계수(R^2_{adj})가 있다.

$$R^2_{\text{adj}} = 1 - \frac{n-1}{n-p-1}(1-R^2)$$

여기서 R^2은 모델에서 설명할 수 있는 변동성의 비율을 의미한다(단일 예측 변수를 가진 모델에서 이는 상관 계수의 제곱에 해당함). R^2과 마찬가지로 수정 결정 계수 R^2_{adj} 값이 높으면 더 나은 적합성을 가지는 것을 의미한다. 그러나 모델에 사용된 예측 변수의 수를 고려하지 않은 R^2과 달리, 수정 결정 계수 R^2_{adj}는 예측 변수의 수에 대한 패널티penalty를 반영한다. 이는 정보량의 증가가 아니라 단순히 예측 변수의 수만 증가시켰을 경우에도 발생하는 R^2의 인위적인 증가를 배제하는 효과가 있다. 서브셋을 선택하기 위해 R^2_{adj}를 사용하는 것은 학습 RMSE를 최소화하는 서브셋을 선택하는 것과 동일하다.

두 번째로 살펴볼 과소적합과 과적합의 균형을 위한 기준으로는 AICAkaike Information Criterion와 BICSchwartz's Bayesian Information Criterion가 있다. AIC와 BIC는 모델 평가 시 적합성뿐 아니라 파라미터 수에 대한 패널티도 측정한다. 두 지표는 같은 데이터를 적합시킨 여러 모델을 비교할 때 사용되며, 정보 이론을 기반으로 예측 에러를 측정한다. 선형 회귀의 경우, AIC와 BIC는 다음 식으로 계산할 수 있다. 여기서 SSE는 모델의 오차제곱합이다. 일반적으로 AIC와 BIC 값이 작은 모델이 더 나은 모델로 간주된다.

$$\text{AIC} = n\ln(\text{SSE}/n) + n(1+\ln(2\pi)) + 2(p+1) \tag{6.3}$$

$$\text{BIC} = n\ln(\text{SSE}/n) + n(1+\ln(2\pi)) + \ln(n)(p+1) \tag{6.4}$$

마지막으로 한 가지 짚고 넘어갈 것이 있다. 서브셋의 크기가 고정되어 있다면 R^2, R^2_{adj}, AIC, BIC는 모두 같은 집합을 선택하게 된다는 것이다. 사실상 고정 크기의 서브셋에 대한 장단점을 비교했을 때, 이들 간의 차이점은 없다. 이러한 점은 동일한 수의 예측 변수를 사용한 모델을 비교할 때 유용하지만 다른 수의 예측 변수를 사용하는 모델들을 비교하는 경우도 있다는 점을 참고해야 한다.

[표 6-5]는 도요타 코롤라 가격 데이터의 11개 예측 변수에 대해 전역 탐색을 수행한 결과다. 파이썬에는 완전 탐색 루틴이 없기 때문에, 본문에서는 동일한 수의 예측 변수를 가진 모델에서 모든 예측 변수 조합을 반복하는 루프를 만들었고, R^2_{adj}가 가장 높은 모델을 선택(위에서 언급한 다른 측도 중 하나를 선택하는 것과 동일함)했다. 코드 결과에서는 예측 변수가 1개일 때, 예측 변수가 2개일 때 등의 순으로 최적 모델을 제시하고 있다. R^2_{adj}는 8개의 예측 변수를 사용할 때까지 증가하다가 그 후 서서히 감소한다. AIC 역시 예측 변수가 8개인 모델이 좋다는 것을 나타낸다. 모든 모델에서 유력하게 나타나는 변수는 자동차의 내용 연수age이며, 마력horse power과 주행 거리kilometer 또한 중요한 역할을 하는 변수들이다.

표 6-5 도요타 코롤라 예제의 예측 변수 감소를 위한 전역 탐색 결과

전체 검색을 위한 코드: 부록에서 소스코드를 제공하는 유틸리티 함수 exhausive_search()를 사용한다. 이 함수는 모든 기능의 목록, 모델을 생성하는 함수, 주어진 기능과 모델에 점수를 매기는 함수로 인수가 3개다.

```
def train_model(variables):
    model = LinearRegression()
    model.fit(train_X[list(variables)], train_y)
    return model

def score_model(model, variables):
    pred_y = model.predict(train_X[list(variables)])
    # we negate as score is optimized to be as low as possible
    return -adjusted_r2_score(train_y, pred_y, model)

allVariables = train_X.columns
results = exhaustive_search(allVariables, train_model, score_model)

data = []
for result in results:
    model = result['model']
    variables = list(result['variables'])
    AIC = AIC_score(train_y, model.predict(train_X[variables]), model)

    d = {'n': result['n'], 'r2adj': -result['score'], 'AIC': AIC}
    d.update({var: var in result['variables'] for var in allVariables})
    data.append(d)
pd.DataFrame(data, columns=('n', 'r2adj', 'AIC') + tuple(sorted(allVariables)))
```

실행 결과

```
     n     r2adj          AIC  Age_08_04  Automatic     CC  Doors  Fuel_Type_Diesel \
1    2  0.801160  10597.910645      True      False  False  False             False
2    3  0.829659  10506.084235      True      False  False  False             False
3    4  0.846357  10445.174820      True      False  False  False             False
4    5  0.849044  10435.578836      True      False  False  False             False
5    6  0.853172  10419.932278      True      False  False  False             False
6    7  0.853860  10418.104025      True      False  False  False              True
7    8  0.854297  10417.290103      True       True  False  False              True
8    9  0.854172  10418.789079      True       True  False   True              True
9   10  0.854036  10420.330800      True       True  False   True              True
10  11  0.853796  10422.298278      True       True   True   True              True

    Fuel_Type_Petrol     HP     KM  Met_Color  Quarterly_Tax  Weight
0              False  False  False      False          False   False
1              False   True  False      False          False   False
2              False   True  False      False          False    True
3              False   True   True      False          False    True
4              False   True   True      False           True    True
5               True   True   True      False           True    True
6               True   True   True      False           True    True
7               True   True   True      False           True    True
8               True   True   True      False           True    True
9               True   True   True       True           True    True
10              True   True   True       True           True    True
```

대표적인 서브셋 선택 알고리즘 최적의 예측 변수 집합을 찾는 두 번째 방법은 모든 가능한 회귀 모델로 이루어진 공간에 대해 부분적이며 반복적인 탐색을 통해 이루어진다. (다양한 크기의 예측 변수 서브셋에 대해 최적에 가까운 선택을 찾아내는 방법이 여러 가지 존재하지만) 최종 결과물은 하나의 최적 예측 변수 서브셋이다. 이 접근 방법은 계산상으로는 간단하나 '좋은' 예측 변수들의 조합을 놓칠 잠재적 위험이 있다. 이러한 방법 중 어떠한 방법도 일정 기준에 대해(예 수정 결정 계수(R^2_{adj})와 같은 기준) 최적의 예측 변수 서브셋을 선택한다고 보장하지는 않는다. 이 방법들은 예측 변수 수가 많을 때 사용하기 적합한 방법이고, 예측 변수 수가 보통 수준이라면 전역 탐색을 하는 게 더 낫다.

대표적인 반복 탐색 알고리즘으로 전방 선택 방법forward selection, 후방 소거법backward elimination, 단계적 선택 방법stepwise selection의 세 가지를 들 수 있다. 전방 선택 방법은 처음에는 예측 변수가 없는 상태에서 예측 변수를 하나씩 추가해 나가는 방법이다. (모든 예측 변수 중) 여기서 추가되는 예측 변수는 이미 모델에 포함된 예측 변수들에 더하여 모델의 증가에 가장 크게 기여하는 변수다. 이 알고리즘은 추가되는 예측 변수의 기여도가 통계적으로 유의하지 않을 때 중단된다. 이 방법의 가장 큰 단점은 둘 이상의 예측 변수가 함께 사용될 때는 효과적이지만 각각 단일 변수로 사용될 때는 낮은 성능을 보이는 예측 변수들을 누락시킬 수 있다는 점이다. 이는 팀 프로젝트를 진행하기 위해 구직자들을 한 사람씩 면접 보는 것과 유사하다. 즉, 혼자 일하거나 동료가 아닌 사람들과 함께 일할 때는 성과가 좋지 않지만 '동료와 함께' 일할 때에는 월등한 성과를 보이는 구직자들을 탈락시키게 된다.

후방 소거법은 처음에는 모든 예측 변수를 사용하는 데에서 시작해 단계별로 가장 유용하지 않은 예측 변수들을 (통계적 유의성에 의해) 제거해 나가는 방법이다. 이 알고리즘은 제거되지 않고 남아 있는 예측 변수들의 기여도가 모두 유의하다고 판단될 때 중단된다. 이 알고리즘의 단점은 모든 예측 변수를 포함하는 초기 모델을 계산하는 데 시간이 많이 소요되고 불안정하다는 점이다. 단계적 선택 방법은 후방 소거법에서처럼 각 단계별로 통계적으로 유의하지 않은 변수들을 탈락시키는 것을 제외하면 전방 선택 방법과 동일하다.

현재 `scikit-learn`이나 `statsmodels`은 단계적 회귀 분석을 지원하지 않는다. 그러나 코드 몇 줄로 간단히 구현할 수 있다. [표 6-6]은 도요타 코롤라 가격 예제에 대한 후방 소거법의 결과다. 선택된 8개의 변수로 구성된 모델은 전역적 탐색으로 구한 8개 변수 모델과 동일하다. 이번 예제에서는 전방 선택 방법([표 6-7])뿐 아니라 단계적 회귀 분석([표 6-8])에서도 동일한 8개 변수 모델이 된다. 다른 데이터셋의 경우에는 이렇게 할 필요가 없다.

유망한 모델이 하나 이상 선택되면, 검증 예측 성능을 평가하기 위해 모델을 실행한다. 예를 들어, [표 6-6]은 검증 지표validation matrix 측면에서 8개 변수 모델이 10개 변수 모델([표 6-4])보다 아주 미세하게 더 나은 검증 성능을 보여준다. 성능은 좀 더 나쁘더라도 검약성parsimony 측면에서 더 작은 모델이 선호될 수 있다.

마지막으로 데이터의 차수를 줄이는 추가 방법으로 주성분 분석(4장)과 회귀 트리(9장)를 사용할 수 있다.

표 6-6 도요타 코롤라 예제의 예측 변수 감소를 위한 후방 소거법 결과

후방 소거법을 실행하는 파이썬 코드

```
def train_model(variables):
    model = LinearRegression()
    model.fit(train_X[variables], train_y)
    return model

def score_model(model, variables):
    return AIC_score(train_y, model.predict(train_X[variables]), model)

allVariables = train_X.columns
best_model, best_variables = backward_elimination(allVariables, train_model,
                                                  score_model, verbose=True)

print(best_variables)

regressionSummary(valid_y, best_model.predict(valid_X[best_variables]))
```

실행 결과

```
Variables: Age_08_04, KM, HP, Met_Color, Automatic, CC, Doors, Quarterly_Tax,
           Weight, Fuel_Type_Diesel, Fuel_Type_Petrol
Start: score=10422.30
Step: score=10420.33, remove CC
Step: score=10418.79, remove Met_Color
Step: score=10417.29, remove Doors
Step: score=10417.29, remove None

['Age_08_04', 'KM', 'HP', 'Automatic', 'Quarterly_Tax', 'Weight',
'Fuel_Type_Diesel', 'Fuel_Type_Petrol']

Regression statistics

                      Mean Error (ME) : 103.3045
       Root Mean Squared Error (RMSE) : 1314.4844
            Mean Absolute Error (MAE) : 1016.8875
          Mean Percentage Error (MPE) : -0.2700
Mean Absolute Percentage Error (MAPE) : 8.9984
```

표 6-7 도요타 코롤라 예제의 예측 변수 감소를 위한 전방 선택 방법 결과

```
# The initial model is the constant model - this requires special handling
# in train_model and score_model
def train_model(variables):
    if len(variables) == 0:
        return None
    model = LinearRegression()
    model.fit(train_X[variables], train_y)
return model

def score_model(model, variables):
    if len(variables) == 0:
        return AIC_score(train_y, [train_y.mean()] * len(train_y), model, df=1)
    return AIC_score(train_y, model.predict(train_X[variables]), model)

best_model, best_variables = forward_selection(train_X.columns, train_model, score_model,
                                        verbose=True)
print(best_variables)
```

실행 결과

```
Start: score=11565.07, constant
Step: score=10689.71, add Age_08_04
Step: score=10597.91, add HP
Step: score=10506.08, add Weight
Step: score=10445.17, add KM
Step: score=10435.58, add Quarterly_Tax
Step: score=10419.93, add Fuel_Type_Petrol
Step: score=10418.10, add Fuel_Type_Diesel
Step: score=10417.29, add Automatic
Step: score=10417.29, add None
['Age_08_04', 'HP', 'Weight', 'KM', 'Quarterly_Tax', 'Fuel_Type_Petrol',
'Fuel_Type_Diesel', 'Automatic']
```

표 6-8 도요타 코롤라 예제의 예측 변수 감소를 위한 단계적 선택 방법 결과

```
best_model, best_variables = stepwise_selection(train_X.columns, train_model, score_model,
                                                verbose=True)
print(best_variables)
```

실행 결과

```
Start: score=11565.07, constant
Step: score=10689.71, add Age_08_04
Step: score=10597.91, add HP
Step: score=10506.08, add Weight
Step: score=10445.17, add KM
Step: score=10435.58, add Quarterly_Tax
Step: score=10419.93, add Fuel_Type_Petrol
Step: score=10418.10, add Fuel_Type_Diesel
Step: score=10417.29, add Automatic
Step: score=10417.29, unchanged None
['Age_08_04', 'HP', 'Weight', 'KM', 'Quarterly_Tax', 'Fuel_Type_Petrol', 'Fuel_Type_
Diesel', 'Automatic']
```

정규화(수축 모델)

예측 변수의 서브셋을 선택하는 것은 일부 모델의 계수를 0으로 설정하는 것과 같다. 이러한 접근 방식은 해석 가능한 결과를 생성하며, 이를 통해 어떤 예측 변수가 삭제되고 어떤 예측 변수가 유지되는지 알 수 있다. 이때 좀 더 유연한 대안으로 정규화regularization 또는 수축shrinkage이라고 불리는 방식이 있다. 이 방식은 계수를 0으로 '수축'시킨다. 앞서 수정 결정 계수 R^2_{adj}는 예측 변수의 수에 따라 패널티를 부과한다는 것을 배웠다. 수축법Shrinkage method에서도 모델 적합성에 패널티를 부과하는데, 패널티가 예측 변수의 수가 아닌 계수 값의 일부 집합(일반적으로 예측 변수가 먼저 동일한 척도로 표준화됨)에 따라 결정된다는 점이 다르다.

$\hat{\beta}$ 계수의 크기를 제한하는 이유는, 높은 상관관계를 가진 예측 변수들은 표준 오차가 높은 계수를 나타내는 경향이 있는데 이 경우 학습 데이터셋의 작은 변화가 상관된 예측 변수 중 어느 것이 강조되는지를 급격하게 바꿀 수 있기 때문이다. 이러한 불안정성(높은 표준 오차)은 예측력 저하로 이어진다. 이때 계수의 결합된 크기를 제한함으로써 이 분산은 감소된다.

가장 일반적인 수축법으로 릿지 회귀Ridge regression와 라쏘Lasso가 있다. 이 둘은 사용하는 패널티 측면에서 차이가 존재한다. 릿지 회귀에서 패널티는 계수의 제곱합인 $\sum_{j=1}^{p}\beta_j^2$(L2 패널티)를 사용하는 반면, 라쏘는 예측 변수 p(절편은 제외)에 대한 절댓값의 합인 $\sum_{j=1}^{p}|\beta_j|$(L1 패널티)를 사용한다. 라쏘 패널티는 효과적으로 일부 계수를 0으로 축소하여 예측 변수의 서브셋을 생성한다.

선형 회귀 계수는 오차제곱합SSE의 학습 데이터셋 합을 최소화하여 추정하는 반면, 릿지 회귀 및 라쏘에서는 학습 데이터셋의 SSE를 최소화하여 계수를 추정하며, 패널티 항이 일부 임곗값 t 미만일 수 있다. 이 임곗값은 사용자가 설정하거나 교차 검증을 하여 선택할 수 있다.

파이썬에서 정규화된 선형 회귀는 `sklearn.linear_model`의 라쏘 및 릿지 방법을 사용해 실행할 수 있다. 패널티 파라미터 α는 임곗값을 결정한다(일반적인 기본값은 $\alpha = 1$. $\alpha = 0$은 패널티가 없음을 의미하고 일반적인 선형 회귀의 결과를 산출함). `LassoCV`, `RidgeCV` 및 `BayesianRidge` 방법을 사용하면 패널티 파라미터를 자동으로 선택할 수 있다. 이때 `LassoCV`와 `RidgeCV`는 교차 검증을 사용해 패널티 파라미터의 최적값을 결정한다. 반면 `BayesianRidge`는 전체 학습 데이터셋에서 패널티 파라미터를 도출하기 위해 반복 접근법을 사용하기 때문에 다른 접근 방식이 사용된다. 또한 정규화된 회귀 모델을 적용하기 전에 인수를 `normalize=True`로 설정하거나 데이터를 정규화해야 한다.

[표 6-9]는 도요타 코롤라의 예제에 라쏘 및 릿지 회귀 분석을 적용한 것이다. 여기서 최적화된 라쏘 회귀 분석의 모델 성능이 일반 선형 회귀 분석의 모델 성능보다 약간 더 나쁘다는 것을 확인할 수 있다. 계수를 살펴보면 라쏘 접근법이 6개의 예측 변수(`Age_08_04`, `KM`, `HP`, `Automatic`, `Quarterly_Tax`, `Weight`)를 가진 모델로 이루어짐을 알 수 있다. `BayesianRidge` 회귀에 의해 도출된 정규화 파라미터는 매우 작으며, 이는 이 데이터셋이 정규화의 혜택을 받지 못한다는 것을 나타낸다. 이러한 방법의 강점은 데이터셋에 상관관계가 높은 예측 변수가 많이 포함되어 있을수록 더 명확해진다.

표 6-9 도요타 코롤라 데이터에 적용된 라쏘(Lasso)와 릿지 회귀(Ridge regression)

정규화된 선형 회귀를 위한 파이썬 코드와 출력(일부)

```
lasso = Lasso(normalize=True, alpha=1)
lasso.fit(train_X, train_y)
regressionSummary(valid_y, lasso.predict(valid_X))

    Regression statistics
                          Mean Error (ME) : 120.6311
          Root Mean Squared Error (RMSE) : 1332.2752
               Mean Absolute Error (MAE) : 1021.5286
             Mean Percentage Error (MPE) : -0.2364
    Mean Absolute Percentage Error (MAPE) : 9.0115

lasso_cv = LassoCV(normalize=True, cv=5)
lasso_cv.fit(train_X, train_y)
regressionSummary(valid_y, lasso_cv.predict(valid_X))
print('Lasso-CV chosen regularization: ', lasso_cv.alpha_)
print(lasso_cv.coef_)

    Regression statistics
                          Mean Error (ME) : 145.1571
          Root Mean Squared Error (RMSE) : 1397.9428
               Mean Absolute Error (MAE) : 1052.4649
             Mean Percentage Error (MPE) : -0.2966
    Mean Absolute Percentage Error (MAPE) : 9.2918
          Lasso-CV chosen regularization : 3.5138
[-140 -0.018 33.9 0.0 69.4 0.0 0.0 2.71 12.4 0.0 0.0]

ridge = Ridge(normalize=True, alpha=1)
ridge.fit(train_X, train_y)
regressionSummary(valid_y, ridge.predict(valid_X))

    Regression statistics
                          Mean Error (ME) : 154.3286
          Root Mean Squared Error (RMSE) : 1879.7426
               Mean Absolute Error (MAE) : 1353.2735
             Mean Percentage Error (MPE) : -2.3897
    Mean Absolute Percentage Error (MAPE) : 11.1309

bayesianRidge = BayesianRidge(normalize=True)
bayesianRidge.fit(train_X, train_y)
regressionSummary(valid_y, bayesianRidge.predict(valid_X))
alpha = bayesianRidge.lambda_ / bayesianRidge.alpha_
print('Bayesian ridge chosen regularization: ', alpha)
```

```
Regression statistics
                       Mean Error (ME) : 105.5382
        Root Mean Squared Error (RMSE) : 1313.0217
             Mean Absolute Error (MAE) : 1017.2356
           Mean Percentage Error (MPE) : -0.2703
Mean Absolute Percentage Error (MAPE) : 9.0012
 Bayesian ridge chosen regularization : 0.004623
```

부록: STATMODELS 사용

scikit-learn의 LinearRegression을 대체할 수 있는 방법으로 statmodels의 sm.ols가 있다. sm.ols는 모델의 통계적 속성에 대해 보다 광범위한 출력을 생성하고, 통계적 추론과 같은 비예측 작업에 적합하다. [표 6-10]은 sm.ols를 사용해 실행한 [표 6-3]과 동일한 모델을 보여준다. 정규화를 위해 statmodels의 OLS.fit_regularized() 함수를 사용한다. 이때 릿지 회귀의 경우 인수를 L1_wt=0으로 설정하고 라쏘의 경우 L1_wt=1로 설정한다.

표 6-10 Stat Models를 사용한, 가격 vs. 자동차 속성의 선형 회귀 모델([표 6-3]과 비교)

회귀 모델을 적합하기 위한 파이썬 코드

```
# run a linear regression of Price on the remaining 11 predictors in the training set
train_df = train_X.join(train_y)

predictors = train_X.columns
formula = 'Price ~ ' + ' + '.join(predictors)

car_lm = sm.ols(formula=formula, data=train_df).fit()
car_lm.summary()
```

실행 결과

```
OLS Regression Results
==============================================================================
Dep. Variable:                  Price   R-squared:                       0.856
Model:                            OLS   Adj. R-squared:                  0.854
Method:                 Least Squares   F-statistic:                     319.0
Date:                Mon, 18 Feb 2019   Prob (F-statistic):          1.73e-239
Time:                        18:38:04   Log-Likelihood:                -5198.1
No. Observations:                 600   AIC:                         1.042e+04
Df Residuals:                     588   BIC:                         1.047e+04
Df Model:                          11
Covariance Type:            nonrobust
=====================================================================================
                         coef    std err          t      P>|t|      [0.025      0.975]
-------------------------------------------------------------------------------------
Intercept          -1319.3544   1728.427     -0.763      0.446   -4713.997    2075.288
Age_08_04           -140.7488      5.142    -27.374      0.000    -150.847    -130.650
KM -0.0178              0.002     -7.286      0.000      -0.023      -0.013
HP 36.1034              5.321      6.785      0.000      25.653      46.554
Met_Color             84.2818    127.005      0.664      0.507    -165.158     333.721
Automatic            416.7820    259.794      1.604      0.109     -93.454     927.018
CC 0.0177               0.099      0.179      0.858      -0.177       0.213
Doors                -50.6579     65.187     -0.777      0.437    -178.686      77.371
Quarterly_Tax         13.6253      2.518      5.411      0.000       8.680      18.571
Weight                13.0387      1.602      8.140      0.000       9.893      16.185
Fuel_Type_Diesel    1066.4647    527.285      2.023      0.044      30.872    2102.057
Fuel_Type_Petrol    2310.2495    521.045      4.434      0.000    1286.914    3333.585
=====================================================================================
Omnibus:                       62.422   Durbin-Watson:                   1.899
Prob(Omnibus):                  0.000   Jarque-Bera (JB):              366.046
Skew:                           0.186   Prob(JB):                     3.27e-80
Kurtosis:                       6.808   Cond. No.                     2.20e+06
```

연습문제

6.1 **보스턴 주택 가격 예측.** BostonHousing.csv 파일은 미국 인구통계조사국이 수집한 메사추세츠 주 보스턴 지역의 주택 정보를 담고 있다. 이 데이터셋은 보스턴 지역에 있는 506개의 인구통계 조사 주택 단지 정보를 포함한다. 데이터 수집의 목적은 범죄율, 공해, 방의 개수에 대한 정보를 바탕으로 새로운 주택 단지의 주택 가격 중앙값^median^을 예측하는 것이다. 데이터셋에는 13개의 예측 변수와 결과(목표) 변수인 주택 가격의 중앙값(MEDV)이 담겨 있다. [표 6-11]은 예측 변수와 결과 변수에 대한 설명이다.

표 6-11 보스턴 주택 예제의 변수 설명

CRIM	범죄율
ZN	25,000제곱피트 이상의 부지에 대해 구획된 주거용 토지의 비율
INDUS	비소매업이 차지하는 토지 비율
CHAS	찰스강 인접 여부(1=인접, 0=비인접)
nox	10ppm당 일산화질소
RM	주택의 평균 방 개수
AGE	1940년 이전에 건축된 주택에 사는 비율
DIS	보스턴 5대 상업 지구와의 거리
RAD	고속도로 진입 용이성 정도
TAX	재산세율(10,000달러당)
PTRATIO	시^town^별 학생 대 교사 비율
B	1000Bk–0.63, 단 Bk는 시별 흑인 비율
LSTAT	저소득층 비율
MEDV	주택 가격의 중앙값(단위: 1,000달러)

a. 데이터를 학습 데이터셋과 검증 데이터셋으로 나누는 이유는 무엇인가? 학습 데이터셋과 검증 데이터셋은 어떠한 용도로 사용되는가? CRIM, CHAS, RM을 사용하는 함수로 주택 가격 중앙값에 대한 다중 선형 회귀 모델을 만드시오.

b. 모델의 예측 변수로부터 주택 가격 중앙값을 예측하는 식을 쓰시오.

c. 찰스강 경계에 위치하지 않고, 범죄율이 0.1이고, 평균 방의 개수가 6개인 보스턴 주택 단지의 주택 가격 중앙값은 얼마로 예측되는가? 예측 오차는 얼마인가?

d. 예측 변수의 수 감소:

   i. 14개의 예측 변수 중에서 어떠한 예측 변수들이 동일한 것을 측정할 것 같은가? INDUS, NOX, TAX 간의 관계에 대해 논하시오.

   ii. 13개의 수치형 예측 변수들에 대한 표를 계산하고 높은 상관관계를 갖는 변수의 쌍을 찾으시오. 이들은 잠재적으로 중복성을 가지며 다중 공선성의 원인이 될 수 있다. 표를 보고 어떤 변수들을 제거할지 고르시오.

iii. 나머지 예측 변수들을 감소시키기 위해 세 가지 서브셋 선택 알고리즘(backward, forward, stepwise)을 사용하시오. 먼저, 세 가지 모델에 대한 각각의 검증 성능을 계산하시오. 다음으로 RMSE, MAPE, 평균 오차, 오차의 히스토그램을 비교하시오. 마지막으로 가장 좋은 모델을 선택하고 이에 대해 기술하시오.

6.2 **소프트웨어 재판매 이익 예측.** 타이코 소프트웨어Tayko Software는 게임 및 교육용 소프트웨어를 판매하는 소프트웨어 카탈로그 회사다. 이 회사는 소프트웨어 제품 제조로 창업하였고 나중에 제품에 대한 제3의 소유권을 가지게 되었다. 최근 이 회사는 새로운 카탈로그에 들어갈 제품 목록을 수정해 이를 고객에게 우편 배송했다. 이 우편물 발송으로 2,000건의 구매 성과를 올렸다. 타이코 소프트웨어는 이 데이터를 기반으로 구매 고객의 소비 금액을 예측하는 모델을 고안하고자 한다. `Tayko.csv` 파일에는 2,000건의 구매 정보가 담겨 있다. [표 6-12]는 이 문제에서 사용된 변수에 대한 설명이다(csv 파일에는 추가 변수들이 포함되어 있음).

표 6-12 타이코 소프트웨어 예제의 변수 설명

FREQ	전년도의 거래 건수
LAST_UPDATE	고객 레코드 최종 갱신일로부터의 경과 일수
WEB	고객이 최소한 한 번 이상 인터넷 구매를 했는지 여부
GENDER	남성 또는 여성
ADDRESS_RES	거주지 주소인지 여부
ADDRESS_US	미국 주소지인지 여부
SPENDING	결과 변수로, 테스트 우편물에 의한 구매액(단위: 달러)

a. 범주형 변수들에 대한 테이블을 만들고, 범주별로 소비 금액의 평균과 표준편차를 계산하시오.

b. 연속형 변수들에 대해 산점도를 작성해 소비 금액과의 관계를 탐색하시오(SPENDING 대 FREQ, SPENDING 대 LAST_UPDATE). 이들이 선형 관계가 있어 보이는가?

c. SPENDING에 대한 예측 모델 적합:

i. 2,000개의 레코드를 학습 데이터셋과 검증 데이터셋으로 나누시오.

ii. SPENDING을 목적 변수로 설정하고 6개의 예측 변수를 사용해 다중 선형 회귀 모델을 만드시오. 추정된 회귀 모델식을 구하시오.

iii. 이 모델을 기반으로 하였을 때, 가장 많은 돈을 지출할 것 같은 구매 고객의 유형은 무엇인가?

iv. 예측 변수들의 수를 줄이기 위해 후방 소거법을 사용한다면, 어떤 예측 변수가 모델에서 가장 먼저 탈락되겠는가?

v. 검증 데이터셋의 첫 번째 구매 데이터를 이용해 예측값과 예측 오차가 어떻게 계산되는지 보이시오.

vi. 검증 데이터셋에 대한 모델의 성능을 검토한 후 모델의 예측 정확도에 대해 평가하시오.

vii. 모델의 잔차에 대한 히스토그램을 작성하시오. 정규 분포를 따르는가? 이는 모델의 예측 성능에 어떠한 영향을 미치는가?

6.3 신규 노선 항공 운임 예측. 새로운 공항들이 주요 도시에 생겼고, 신규 항공 노선에 대한 운행을 시작하려고 한다(항공 노선이란 2개의 공항이 연결되는 것을 의미함). 사우스웨스트 항공사Southwest, SW는 아직 어느 도시에서 어느 도시로 연결할지에 대해 발표하지 않았다. 각 노선의 항공편 가격을 책정하기 위해 어떤 주요 항공사가 미국 내 638개의 노선 정보들을 수집했다. 이 중 새로운 노선에 대해 알려진 요인으로는 운항 거리, 새로운 공항이 위치한 도시의 인구통계 정보, 도시가 휴양 목적지인지 여부 등이 있다. 그러나 얼마나 많은 고객이 이 노선으로 여행할지와 같은 요소들은 아직 알려지지 않았다. 알려지지 않은 중요한 요인 중 하나는 사우스웨스트 또는 다른 할인 항공사가 이 새로운 노선들을 운항하는지 여부다. 사우스웨스트 항공사의 전략(주요 도시들만 연결하는 1대1 노선, 2등급 공항의 이용, 표준화된 항공기군, 저가 운임)은 다른 전통 있는 대규모 항공사들의 전략 모델(중소 도시까지 확장되는 허브식 모델hub-and-spoke, 1등급 공항의 유무, 항공기군의 다양화, 상류 비즈니스 여행객 유치 추구)과는 매우 차별화된다. 또한 할인 항공사들의 출현은 아주 큰 폭으로 운임료를 낮추리라고 믿고 있다.

`Airfares.csv` 파일에는 1996년도의 3분기부터 1997년도 2분기까지의 실제 데이터가 담겨 있다. 데이터는 [표 6-13]의 예측 변수와 반응 변수로 구성되어 있다. 공항이 1개 이상인 도시의 공항은 세 글자 코드로 구분되어 있다.

표 6-13 항공 운임 예제의 변수 설명

변수	설명
S_CODE	출발지 공항 코드
S_CITY	출발 도시
E_CODE	도착지 공항 코드
E_CITY	도착 도시
COUPON	노선별 평균 쿠폰 개수(단일 쿠폰 노선인 경우에는 직항, 2개 쿠폰 노선인 경우에는 1회 경유)
NEW	Q3-96과 Q2-97 사이의 노선에 진입한 신규 항공사의 수
VACATION	휴양지 노선인지 여부
SW	사우스웨스트가 해당 노선을 제공하는지 여부
HI	시장 점유율을 나타내는 측도인 허핀달 지수Herfindahl index
S_INCOME	출발 도시의 평균 개인 소득
E_INCOME	도착 도시의 평균 개인 소득
S_POP	출발 도시의 인구
E_POP	도착 도시의 인구
SLOT	종점 공항의 슬롯 통제 여부(공항 체증을 나타내는 측도)
GATE	종점 공항의 탑승구 제한 여부(공항 체증을 나타내는 측도)
DISTANCE	두 종점 공항 사이의 거리(마일 단위)
PAX	데이터 수집 기간 동안 해당 노선의 승객 수
FARE	노선의 평균 항공 운임

a. 수치형 예측 변수들과 결과 변수인 운임(FARE)에 대한 표를 만들고 운임과 예측 변수들 사이의 산점도를 조사하시오. 어떤 예측 변수가 운임을 예측하는 데 최적의 예측 변수인가?

b. 분류형 예측 변수들(처음 4개는 제외)에 대해 범주별로 비행 편의 백분율을 계산해 조사하시오. 범주별 평균 운임을 보여주는 표를 작성하시오. 어떤 범주형 예측 변수가 운임을 예측하는 데 가장 좋은 예측 변수인가?

c. 새로운 노신의 평균 운임을 예측하는 모델을 칮으시오.

   i. 범주형 변수(예 SW)들을 가변수로 변환하시오. 그런 다음, 데이터를 학습 데이터셋과 검증 데이터셋으로 분할하시오. 학습 데이터셋에 모델을 적합하고 이를 검증 데이터셋으로 평가하시오.

   ii. 예측 변수의 수를 줄이기 위해서 단계적 회귀 분석을 사용하시오. 처음 4개의 예측 변수(S_CODE, S_CITY, E_CODE, E_CITY)는 제외해도 무방하다. 선택된 모델을 제시하시오.

   iii. 단계적 회귀 분석 대신 전역 탐색을 사용해 (ii)를 반복하시오. 이를 통해 얻은 최적 모델의 예측 변수들과 (ii)에서 얻은 최적 모델의 예측 변수들을 비교하시오.

   iv. RMSE, 평균 오차, 리프트 차트와 같은 측도들을 사용해 모델 (ii)와 (iii)에 대한 예측 정확도를 비교하시오.

   v. 모델 (iii)을 사용해 다음과 같은 특징을 가진 노선의 평균 운임을 예측하시오.
   COUPON =1.202, NEW=3, VACATION=No, SW=No, HI=4442.141, S_INCOME= $28760, E_INCOME= $27644, S_POP=4557004, E_POP=3195503, SLOT=Free, GATE=Free, PAX=12782, DISTANCE =1976 miles

   vi. (v)에서 사우스웨스트가 이 노선을 운행한다고 결정할 경우, 이 노선의 평균 운임 감소율을 예측하시오(모델 (iii)을 사용하시오).

   vii. (노선에 항공편을 운행하기 전에) 신공항의 평균 운임을 예측하는 데 현실적으로 사용할 수 없는 요인에는 어떤 것들이 있는가? 어떤 요인들을 추정할 수 있고 어떻게 하면 되는가?

   viii. 새로운 노선에 운행이 개시되기 전에 사용될 수 있는 요인들만 포함한 모델을 선택하시오. 전역 탐색 방법을 사용하시오.

   ix. 모델 (viii)를 사용해 다음 특징을 가진 노선의 평균 운임을 예측하시오.
   COUPON =1.202, NEW=3, VACATION=No, SW=No, HI=4442.141, S_INCOME= $28760, E_INCOME=$27664, S_POP=4557004, E_POP=3195503, SLOT= Free, GATE=Free, PAX=12782, DISTANCE =1976 miles

   x. 이 모델과 모델 (iii)의 예측 정확도를 비교하시오. 이 모델은 충분히 좋은가? 일단 신규 노선의 운행을 시작하고 난 후, 모델을 재평가할 필요가 있겠는가?

d. 경쟁이 치열한 산업에서는 참신한 비즈니스 계획을 세운 신규 사업자의 등장이 기존 회사들에게는 위협적일 수 있다. 만약 신규 사업자의 비즈니스 모델이 지속된다면 다른 사업자들은 기존 비즈니스 형태를 바꿔야 하는 압박을 받게 될 것이다. 만약 분석의 목표가 새로운 노선의 운임을 예측하는 것이 아니라 사우스웨스트의 등장이 미치는 영향을 평가하는 것이었다면 분석은 어떻게 달라졌겠는가? 기술적 측면 및 개념적 측면에서 설명하시오.

6.4 중고차의 가격 예측. `ToyotaCorolla.csv` 파일에는 2004년 여름 후반기 동안 네덜란드에서 판매된 중고차(도요타 코롤라)에 관한 데이터가 담겨 있다. 이 파일은 1,436개의 레코드와 가격^{Price}, 내용 연수^{Age}, 주행 거리^{Kilometer}, 마력^{HP} 등 38개의 상세 속성들을 포함하고 있다. 이 특성들을 기반으로 중고 도요타 코롤라의 가격을 예측하고자 한다. (6.3절의 예제는 이 데이터의 일부임) 데이터를 학습용(50%), 검증용(30%), 테스트용(20%)의 셋으로 나누시오. 가격(`Price`)을 출력 변수로 하고 입력 변수로는 `Age_08_04, KM, Fuel_Type, HP, Automatic, Doors, Quarterly_Tax, Mfg_Guarantee, Guarantee_Period, Airco, Automatic_Airco, CD_Player, Powered_Windows, Sport_Model, Tow_Bar`를 설정한 후, 다중 선형 회귀 모델을 실행하시오.

a. 자동차 가격을 예측하는 데 가장 중요한 3~4개의 자동차 속성들은 무엇인가?

b. 유용하다고 생각하는 테스트 지표를 사용해 가격 예측 모델의 성능을 평가하시오.

CHAPTER 7

k-NN 알고리즘

이 장에서는 범주형 결과를 위한 분류 문제나 수치형 결과를 위한 예측 문제에 사용할 수 있는 *k*-NN*k*-Nearest Neighbor(최근접 이웃) 알고리즘을 설명한다. *k*-NN 알고리즘에서는 새로운 레코드를 분류하거나 예측할 때, 학습 데이터셋에서 찾아낸 유사한 레코드들을 사용한다. 그리고 이러한 '이웃들neighbors'로부터 새로운 레코드의 분류 결과나 예측 결과를 끌어내는 데 투표voting나 평균화averaging를 사용한다. 이 장에서는 유사도가 어떻게 결정되고, 이웃의 개수가 어떻게 선택되며, 분류 또는 예측이 어떻게 계산되는지를 설명한다. *k*-NN 알고리즘은 데이터로부터 자동으로 결과를 유도해 내고 그 결과를 매우 잘 활용하는 기법 중 하나다. 또한 이 장에서는 *k*-NN 알고리즘의 장점과 단점을 성능과 계산 시간 같은 현실적인 고려 사항 측면에서 설명한다.

파이썬

이 장에서는 pandas를 사용해 데이터 처리 및 조작을 수행하고, scikit-learn을 사용해 모델 구축 작업을 수행한다.

이 장에 필요한 파이썬 라이브러리 불러오기

```
import pandas as pd
from sklearn import preprocessing
from sklearn.model_selection import train_test_split
from sklearn.metrics import accuracy_score
from sklearn.neighbors import NearestNeighbors, KNeighborsClassifier
import matplotlib.pylab as plt
```

7.1 *k*-NN 분류기(범주형 결과)

k-NN 기법은 학습 데이터셋으로부터 분류하고자 하는 새로운 레코드와 유사한 *k*개의 레코드를 식별하는 것에서부터 시작된다. 그다음 이러한 유사(이웃) 레코드를 사용해 새로운 레코드를 특정 클래스로 분류하는데, 주로 이웃 레코드들 중 상당수가 속한 클래스로 배정된다. 새로운 레코드에 대한 예측 변수들의 값을 $x_1, x_2, \cdots, x_p$로 표현한다고 할 때, *k*-NN 알고리즘은 예측 변수의 공간에서 유사하거나 가까운 레코드, 즉 *k*에 근접한 값을 갖는 레코드들을 학습 데이터셋에서 찾는다. 그런 다음 이 이웃 레코드들이 속한 클래스들을 참조하여 분류하고자 하는 레코드에 클래스를 할당한다.

이웃 결정하기

k-NN 알고리즘은 소속 클래스(Y)와 예측 변수들 $X_1, X_2, \cdots, X_p$ 간의 관계에 대한 가정을 만들지 않는 분류 기법이다. *k*-NN 알고리즘은 비모수적 방법으로, 선형 회귀 모델의 선형식과 같이 미리 가정된 함수 형태에 대한 모수 추정을 포함하지 않는다. 대신 데이터셋의 레코드(좀 더 정확히 말하면, 레코드들의 예측 변수 값들) 간의 유사성으로부터 정보를 얻는다.

여기서 중요한 이슈는 예측 변수 값을 기반으로 레코드 간의 거리를 어떻게 측정하는가 하는 문제다. 가장 보편적으로 사용되는 거리 척도는 유클리드 거리[Euclidean Distance]다. 두 레코드 $x_1, x_2, \cdots, x_p$와 $u_1, u_2, \cdots, u_p$ 간의 유클리드 거리는 식 (7.1)로 표현된다.

$$\sqrt{(x_1 - u_1)^2 + (x_2 - u_2)^2 + \cdots + (x_p - u_p)^2} \tag{7.1}$$

수치형 변수와 범주형 변수 모두에 적용할 수 있는 여러 거리 척도에 관해서는 12장과 14장에서 좀 더 다룬다. *k*-NN 알고리즘에서는 거리 계산(예측할 레코드와 학습 데이터셋의 모든 레코드들 간의 계산)을 많이 해야 한다. 따라서 *k*-NN 알고리즘에서는 계산 비용이 낮은 유클리드 거리가 가장 많이 사용되고 있다.

대부분의 경우 다양한 예측 변수들의 척도를 균등하게 하기 위해 유클리드 거리 계산에 앞서 예측 변수들을 표준화한다. 새로운 레코드를 표준화할 때는 학습 데이터셋의 평균과 표준편차를 사용하는데 이때 새로운 레코드는 계산에서 제외된다. 또한 검증 데이터셋의 평균과 표준편차는 표준화에 사용하지 않는다.

분류 규칙

분류할 레코드와 기존 레코드 사이의 거리를 계산한 후, 분류할 레코드의 클래스를 배정할 수 있는 규칙이 필요한데 이때는 이웃들이 속한 클래스를 참조해 결정한다. 가장 단순한 경우는 $k = 1$이다. 이 경우, 가장 유사한 레코드(최근접 이웃)를 하나 찾아 새로운 레코드를 이 근접 이웃이 속한 클래스로 분류하는 것이다. 레코드를 분류하기 위해 가장 가까운 이웃 하나를 사용한다는 간단하고 직관적인 아이디어는 학습 데이터셋의 레코드 수가 많을 때 매우 강력하다. 1-NN 알고리즘의 오분류 오차는 클래스별 확률 밀도 함수를 정확하게 알고 있을 때의 오차를 두 배 이상 넘지 않는다고 알려져 있다.

$k > 1$의 이웃을 갖는 경우에 대해서는 1-NN 알고리즘의 아이디어를 다음과 같이 확장할 수 있다.

❶ 분류될 레코드와 가장 가까운 k개의 이웃을 찾는다.

❷ 레코드를 분류하기 위해 다수결 결정 규칙을 사용한다. 즉, 레코드는 k개 이웃들의 다수가 속하는 클래스로 분류된다.

예제: 승차식 잔디깎이

승차식 잔디깎이Riding Mowers 기계 제조 회사는 한 도시의 가구들을 대상으로 승차식 잔디깎이 기계를 구입할 가구와 구입하지 않을 가구에 대한 분류 방법을 찾고자 한다. 이를 위한 예비 표본으로 승차식 잔디깎이 기계를 소유한 12가구와 그렇지 않은 12가구가 랜덤으로 선택되었다. 이 데이터의 자세한 내용은 [표 7-1]과 같다. 데이터는 14가구의 학습 데이터셋과 10가구의 검증 데이터셋으로 분할된다. 이 데이터는 표본이 너무 작아 불안정한 결과를 도출할 수도 있지만, 예시를 위해 이 데이터를 계속 사용하기로 한다. 학습 데이터셋의 산점도는 [그림 7-1]과 같다.

[그림 7-1]과 같이 소득이 60,000달러이고 주택 대지 크기가 20,000제곱피트인 새로운 가구를 고려해 보자. 학습 데이터셋의 가구 중 새로운 가구와 가장 가까운 가구는 4번으로 소득이 61,500달러이고 주택 대지가 20,800제곱피트다(소득과 주택 대지 크기를 정규화한 후 유클리드 거리로 계산). 만약 1-NN 알고리즘을 사용한다면 새로운 가구는 4번과 같이 승차식 잔디깎이 기계를 소유한 가구로 분류될 것이다. $k = 3$을 사용한다면 근접한 세 이웃은 4번, 14번, 1번 가구다. [표 7-2]는 소프트웨어를 통해 계산된 산점도를 시각적으로 보여준다. 처음 두 가구는 승차식 잔디깎이 기계를 소유한 가구이고, 나머지 한 가구는 비소유 가구다. 따라서 다수결 원칙에 따라서 새로운 가구는 소유 가구로 분류된다([표 7-2]의 출력 결과 참조).

표 7-1 24가구의 주택 대지 크기, 소득, 승차식 잔디깎이 기계의 소유 여부

가구 번호	소득 (1,000달러 단위)	주택 대지 크기 (1,000제곱피트 단위)	승차식 잔디깎이 기계 소유
1	60.0	18.4	Owner
2	85.5	16.8	Owner
3	64.8	21.6	Owner
4	61.5	20.8	Owner
5	87.0	23.6	Owner
6	110.1	19.2	Owner
7	108.0	17.6	Owner
8	82.8	22.4	Owner
9	69.0	20.0	Owner
10	93.0	20.8	Owner
11	51.0	22.0	Owner
12	81.0	20.0	Owner
13	75.0	19.6	Nonowner
14	52.8	20.8	Nonowner
15	64.8	17.2	Nonowner
16	43.2	20.4	Nonowner
17	84.0	17.6	Nonowner
18	49.2	17.6	Nonowner
19	59.4	16.0	Nonowner
20	66.0	18.4	Nonowner
21	47.4	16.4	Nonowner
22	33.0	18.8	Nonowner
23	51.0	14.0	Nonowner
24	63.0	14.8	Nonowner
25	60.0	20.0	?

승차식 잔디깎이 기계 데이터를 로드 및 분할하고 산포도를 그리기 위한 파이썬 코드

```
mower_df = pd.read_csv('RidingMowers.csv')
mower_df['Number'] = mower_df.index + 1

trainData, validData = train_test_split(mower_df, test_size=0.4, random_state=26)

## new household
newHousehold = pd.DataFrame([{'Income': 60, 'Lot_Size': 20}])

## scatter plot
def plotDataset(ax, data, showLabel=True, **kwargs):
    subset = data.loc[data['Ownership']=='Owner']
    ax.scatter(subset.Income, subset.Lot_Size, marker='o',
        label='Owner' if showLabel else None, color='C1', **kwargs)
    subset = data.loc[data['Ownership']=='Nonowner']
    ax.scatter(subset.Income, subset.Lot_Size, marker='D',
        label='Nonowner' if showLabel else None, color='C0', **kwargs)
    plt.xlabel('Income') # set x-axis label
    plt.ylabel('Lot_Size') # set y-axis label
    for _, row in data.iterrows():
        ax.annotate(row.Number, (row.Income + 2, row.Lot_Size))

fig, ax = plt.subplots()
plotDataset(ax, trainData)
plotDataset(ax, validData, showLabel=False, facecolors='none')
ax.scatter(newHousehold.Income, newHousehold.Lot_Size, marker='*',
    label='New household', color='black', s=150)

plt.xlabel('Income'); plt.ylabel('Lot_Size')
ax.set_xlim(40, 115)
handles, labels = ax.get_legend_handles_labels()
ax.legend(handles, labels, loc=4)
plt.show()
```

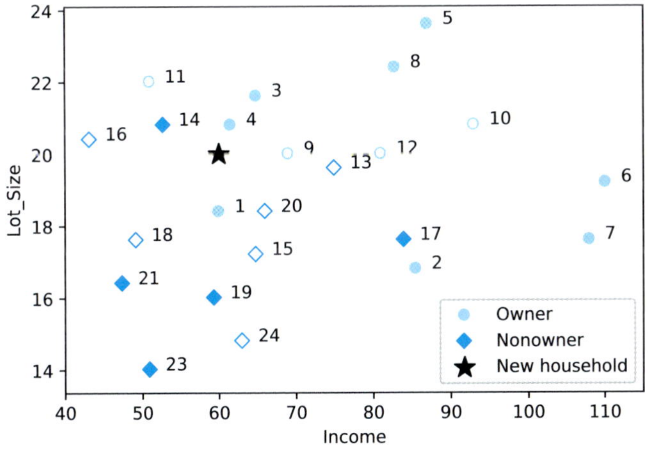

그림 7-1 주택 대지 vs. 소득 간의 산점도: 13개 학습 대상 가구(●, ◆), 10개의 검증 데이터셋 가구(○, ◇), 분류될 새로운 가구(★)

표 7-2 *k*-NN 실행

정규화한 데이터와 가까운 이웃을 결정하는 파이썬 코드

```
predictors = ['Income', 'Number]
outcome =

# initialize normalized training, validation, and complete data frames
# use the training data to learn the transformation.
scaler = preprocessing.StandardScaler()
scaler.fit(trainData[['Income', 'Lot_Size']]) # Note use of array of column names

# Transform the full dataset
mowerNorm = pd.concat([pd.DataFrame(scaler.transform(mower_df[['Income', 'Lot_Size']]),
                                    columns=['zIncome', 'zLot_Size']),
                       mower_df[['Ownership', 'Number']]], axis=1)
trainNorm = mowerNorm.iloc[trainData.index]
validNorm = mowerNorm.iloc[validData.index]
newHouseholdNorm = pd.DataFrame(scaler.transform(newHousehold),
    columns=['zIncome', 'zLot_Size'])

# use NearestNeighbors from scikit-learn to compute knn
from sklearn.neighbors import NearestNeighbors
knn = NearestNeighbors(n_neighbors=3)
knn.fit(trainNorm.iloc[:, 0:2])
distances, indices = knn.kneighbors(newHouseholdNorm)

# indices is a list of lists, we are only interested in the first element
trainNorm.iloc[indices[0], :]
```

실행 결과

```
      zIncome   zLot_Size   Ownership   Number
3   -0.409776    0.743358       Owner        4
13  -0.804953    0.743358    Nonowner       14
0   -0.477910   -0.174908       Owner        1
```

값 선택

$k > 1$을 선택했을 때의 장점은 값이 커질수록 학습 데이터셋에 존재하는 노이즈로 인해 발생하는 과적합화의 위험을 줄이는 평활 효과를 얻는다는 것이다. 일반적으로 k가 너무 작으면 데이터의 노이즈를 적합할 위험이 있다. 반대로 k가 너무 크면 이 알고리즘의 주된 장점 중 하나인 데이터의 지역적 구조를 파악할 수 있는 능력을 놓칠 수 있다. 극단적인 경우에는 $k = n$(학습 데이터셋의 레코드 수)으로 설정할 수 있다. 이 경우에는 $x_1, x_2, \cdots, x_p$ 값에 관계없이 모든 레

코드를 학습 데이터셋에서 가장 큰 다수 클래스로 단순히 분류하게 되는데, 이러한 결과는 나이브 규칙naive rule의 결과와 일치한다. 이는 클래스에 대해 예측 변수들이 갖고 있는 유용한 정보를 사용하지 않고 과도하게 평활화한 명확한 예에 해당한다. 다시 말해, 예측 변수의 정보를 과적합화하는 것과 이를 완전히 배제하는 것 사이에서 균형이 필요하다. 이에 대한 균형 잡힌 선택은 데이터의 성격에 따라 크게 달라진다. 데이터가 복잡하고 불규칙한 구조일수록 k의 최적값은 더 작아진다. 일반적으로 k 값은 1~20의 범위 내에서 결정된다. 또한 클래스별로 같은 수가 나오는 경우를 피하기 위해서 홀수를 사용해야 한다.

그러면 k 값을 어떻게 선택해야 할까? 이에 대한 답은 가장 분류 성능이 좋은 k를 선택하는 것이다. 학습 데이터셋을 사용해 검증 데이터셋의 레코드를 분류한 다음 다양한 값에 대해 오차율을 계산한다. 만약 이 예제에서 $k = 1$로 선택한다면 학습 데이터셋의 지역적 특성에 매우 민감한 분류가 될 것이다. 반면 $k = 14$와 같이 매우 큰 값으로 선택하면 모든 레코드가 이 데이터셋에서 가장 빈도가 높은 클래스로 분류될 것이다. 이는 매우 안정적인 예측이지만, 예측 변수의 정보를 완전히 배제한 결과를 초래한다. 따라서 균형을 찾기 위해서는 1부터 14 사이의 다양한 값에 대해 (검증 데이터셋에 대한) 정확도를 검토한다. 예제에서는 k가 짝수일 경우 가구들을 분류하는 데 동점이 발생하면 랜덤으로 선택한다.[1] [표 7-3]은 검증 데이터셋에서 정확성이 가장 높게 나타난 경우, 즉 $k = 4$를 선택한 것을 제시하고 있다.[2] 그러나 여기서 검증 데이터셋은 각 학습 데이터셋으로 사용되므로 이전에서와 같이 테스트 데이터셋의 역할을 하지는 못한다. 따라서 이 방법의 성능을 평가하기 위해서는 이전에 보지 못한 데이터들로 구성된 제3의 테스트 데이터셋을 준비하는 것이 이상적이다.

일단 k가 선택되면 새로운 레코드를 분류하기 위해 학습 데이터셋과 테스트 데이터셋을 합치고 알고리즘을 반복한다. [표 7-4]는 4개의 이웃들이 새로운 레코드를 분류하기 위해 사용되는 예를 보여준다.

1 결과의 재현성에 관심이 있다면 각각의 홀수 k에 대해서만 정확도를 확인하라.

2 이 예는 단지 설명을 위한 것으로, 결과가 특정 데이터에 크게 의존하기 때문에 실제로는 이런 작은 데이터셋 분할은 좋은 방법이 아니다. 다른 분할을 사용한다면 다른 "최적" k를 얻을 수 있다.

표 7-3 다양한 *k*에 대한 *k*-NN의 검증 정확도(또는 정분류율)

각기 다른 값에 대해 정확도를 측정하는 파이썬 코드

```
train_X = trainNorm[['zIncome', 'zLot_Size']]
train_y = trainNorm['Ownership']
valid_X = validNorm[['zIncome', 'zLot_Size']]
valid_y = validNorm['Ownership']

# Train a classifier for different values of k
results = []
for k in range(1, 15):
    knn = KNeighborsClassifier(n_neighbors=k).fit(train_X, train_y)
    results.append({
        'k': k,
        'accuracy': accuracy_score(valid_y, knn.predict(valid_X))
    })

# Convert results to a pandas data frame
results = pd.DataFrame(results)
print(results)
```

실행 결과

```
     k  accuracy
0    1       0.6
1    2       0.7
2    3       0.8
3    4       0.9  <==
4    5       0.7
5    6       0.9
6    7       0.9
7    8       0.9
8    9       0.9
9   10       0.8
10  11       0.8
11  12       0.9
12  13       0.4
13  14       0.4
```

표 7-4 최적의 k=4를 사용한 새로운 가구에 대한 분류

k-NN 알고리즘으로 새로운 가구를 분류하기 위한 파이썬 코드

```
# Retrain with full dataset
mower_X = mowerNorm[['zIncome', 'zLot_Size']]
mower_y = mowerNorm['Ownership']
knn = KNeighborsClassifier(n_neighbors=4).fit(mower_X, mower_y)

distances, indices = knn.kneighbors(newHouseholdNorm)
print(knn.predict(newHouseholdNorm))
print('Distances',distances)
print('Indices', indices)
print(mowerNorm.iloc[indices[0], :])
```

실행 결과

```
['Owner']
Distances [[0.31358009 0.40880312 0.44793643 0.61217726]]
Indices [[ 3 8 13 0]]

      zIncome   zLot_Size   Ownership   Number
3   -0.409776    0.743358       Owner        4
8   -0.069107    0.437269       Owner        9
13  -0.804953    0.743358    Nonowner       14
0   -0.477910   -0.174908       Owner        1
```

컷오프 값 설정

k-NN은 새로운 레코드를 분류하기 위해 다수결 원칙을 사용하는데, 이는 근접 이웃들 중 다수가 속한 클래스의 멤버가 되도록 새로운 레코드를 분류하는 것이다. 여기서 다수는 클래스 멤버십 확률, 즉 레코드가 클래스에 속할 확률에 대한 컷오프 값의 개념과 직접 연결된다. 이분형 결과의 경우를 고려해 보자. 새로운 레코드에 대해 그 이웃이 클래스 1에 속한 비율은 이 레코드가 클래스 1에 속할 확률의 추정치로 볼 수 있다. 승차식 잔디깎이 기계의 예제에서 $k = 4$일 때, 새로운 가구(소득 = 60,000달러, 주택 대지 크기 = 20,000제곱미터)에 대한 근접 이웃으로 네 가구, 즉 4번, 9번, 14번, 1번 가구를 찾아냈다. 세 가구는 승차식 잔디깎이 기계를 소유한 가구이고 나머지 한 가구는 소유하지 않았다. 따라서 새로운 가구가 소유 가구에 속할 확률은 0.75로 추정할 수 있다(또한 비소유 가구가 될 확률도 0.25임). 단순 다수결 원칙을 사용한다는 것은 컷오프 값^cutoff value^을 0.5로 정하는 것과 같은 의미다. [표 7-4]에서는 소프트웨어가 레코드의 클래스를 소유한 가구^owner^로 할당하는 것을 확인할 수 있다.

5장에서 언급했듯이 컷오프 값을 변화시키면 분류 행렬이 영향을 받는다(예 에러율). 이런 이유로 어떤 경우에는 정확도를 최대화하거나 오분류 비용을 결합하기 위해서 내정된 컷오프 값 0.5 대신 다른 값을 선택하기도 한다.

클래스가 3개 이상인 경우

k-NN 분류기는 $(m > 2)$개의 m 클래스로 분류하는 문제에도 쉽게 적용할 수 있다. 다수결 원칙은 새로운 레코드를 k개 근접 이웃들이 속한 다수 클래스로 분류한다는 것을 의미한다. 특별히 식별하고자 하는 관심 클래스가 있는 경우라면 다음 방법을 사용할 수 있다. 먼저 k개의 이웃들이 이 관심 클래스에 속한 비율을 계산한 후, 이를 새로운 레코드가 그 클래스에 속할 확률 추정치로 사용한다. 그런 다음, 사용자가 설정한 컷오프 값을 참조하여, 새로운 레코드를 그 클래스에 할당할지에 대해 결정한다. 관심 있는 클래스가 하나일 때 컷오프 값을 설정하는 방법은 5장에서 설명했다.

범주형 변수에서 이진 가변수로 변환하기

일반적으로 비수치형 카테고리(예 서점에서 판매하는 요리책과 지도) 사이의 유클리드 거리를 계산하는 것은 의미가 없다. 따라서 k-NN을 적용하기 전에는 범주형 변수를 이진 가변수로 변환해야 한다. 회귀와 같은 통계 모델을 사용하는 상황과 달리, 이진 변수가 모두 생성되어 k-NN에 사용되어야 한다. 물론, $m-1$개의 가변수는 m개의 가변수와 동일한 정보를 가져 수학적으로 불필요하지만 선형 모델과 달리 다중 공선성 문제를 일으키지 않는다. 또한 k-NN에서 $m-1$개의 가변수를 사용하면 m개의 가변수를 사용할 때와 다른 분류를 산출할 수 있으며 모델에 대한 다양한 범주의 기여도에 불균형을 초래할 수 있다.

7.2 *k*-NN 예측기(수치형 결과)

k-NN의 개념은 다중 선형 회귀 분석에서와 같이 연속형 변수를 예측하는 것으로도 쉽게 확장될 수 있다. 첫 번째 단계에서는 거리를 계산해 이웃을 결정한다. 두 번째 단계에서는 클래스를 결정한다. 이를 위해, 이웃들의 다수결 투표를 사용하던 것에서 예측값을 결정하기 위해 최근접 이웃들의 평균 결과 값을 사용하는 것으로 수정한다. 가중 평균값이 평균값으로 종종 사용되는데, 이는 예측하고자 하는 점으로부터 거리가 증가할수록 가중치를 줄여 평균을 구하는 방법이다.

`scikit-learn` 라이브러리를 사용할 경우 `KNeighborsRegressor()` 함수를 사용해 수치형 검증 데이터셋에 대해서 k-NN 예측을 계산할 수 있다.

그 외 수정이 필요한 단계는 최적의 k를 결정하기 위해 오류 행렬을 사용하는 부분이다. 분류 문제에서는 총 에러율을 사용하였으나 예측 문제에서는 RMSE[root-mean-squared error] 혹은 다른 예측 오류 측정치를 사용한다(5장 참조).

판도라PANDORA

판도라는 인터넷 음악 라디오 방송으로, 사용자가 직접 방송국station을 만들어 지정한 음악이나 음악가들과 비슷한 노래들을 틀어주는 서비스다. 판도라는 음악 유전체 프로젝트라 불리는 *k*-NN식의 군집 및 분류 절차를 사용하는데, 이는 새로운 노래나 음악가들을 사용자가 지정한 노래나 음악가들로 유사하게 위치시키는 데 활용된다.

판도라가 탄생한 간단한 배경만 소개하면 다음과 같다. 판도라는 1980년대 스탠퍼드대학을 졸업하고 음악가이자 보모로 일하던 팀 웨스터그렌Tim Westergren의 아이디어였다. 그는 중세 음악을 연구하는 놀란 게서Nolan Gasser와 함께, 스프레드 시트spread sheet에 노래 특징 데이터를 입력해 'matching engine'을 개발했다. 첫 번째 결과물에서는 비틀즈Beetles 노래가 비 지스Bee Gees 노래와 매칭되었으며 이를 바탕으로 회사를 설립했다. 회사 설립 초기에는 매우 어려웠다. 웨스터그렌의 개인 부채는 300,000달러를 넘어갔고 11장의 신용카드도 한도가 초과되었다. 결국 웨스터그렌은 스트레스 유발성 두근거림으로 병원 신세를 지게 되었다. 그러나 2004년에 한 벤처 투자자가 회사를 살리기 위해 자금을 투자해 주었고 2013년에 뉴욕 증권 거래소NY Stock Exchange에 상장할 정도로 성장했다. 판도라가 노래를 선택하고 틀어주는 절차를 간단히 설명하면 다음과 같다.

❶ 판도라는 노래가 0에서 5 사이의 스케일로 측정될 수 있도록 수백 가지 변수를 설정한다. 변수 목록의 첫 번째 네 변수는 다음과 같다.

- 액시드 록의 품질Acid Rock Qualities
- 아코디언 연주Accordion Playing
- 어쿠스틱 레트릭 반향Acoustic-Lectric Sonority
- 어쿠스틱 합성 반향Acoustic-Synthetic Sonority

❷ 판도라는 수만 개의 노래를 분석하기 위해 음악가들에게 돈을 지불하고 각각의 노래를 이러한 속성에 따라 평가한다. 각 노래는 0에서 5 사이의 값을 갖는 행 벡터로 표현되는데, 레드 제플린Led Zeppelin의 캐쉬미르kashmir를 예로 들면 다음과 같다.

`kashmir 4 0 3 3` ... (엑시드 록 속성에 대해서는 점수가 높고, 아코디언 연주는 없으며 등등)

이 단계는 높은 투자 비용이 들어갔음을 보여주며, 판도라의 진가가 이 부분에 있다고 할 수 있다. 이러한 변수들이 노래의 본질을 정확하게 반영하고 있으며 고도로 개인화된 선호도를 설정하는 데 기초가 될 수 있도록 검증하고 선택했기 때문이다.

❸ 온라인 사용자는 자신이 좋아하는 노래를 지정한다(노래는 반드시 판도라 데이터베이스 안에 있어야 함).

❹ 판도라는 사용자가 지정한 노래와 데이터베이스에 있는 노래들 간의 통계적 거리를 계산한다. 판도라는 사용자가 지정한 노래와 가장 가까운 노래를 선택하고 틀어준다.

❺ 사용자는 "이 노래가 좋다"라든가 "이 노래가 싫다" 또는 아무것도 말하지 않을 선택권이 있다.

❻ "좋다"가 선택되면 원래의 노래와 새로운 노래가 합쳐져서 하나의 '두 노래 군집'이 된다. 군집은 하나의 벡터로 표현되는데, 벡터 값은 원래 두 노래 벡터들의 변수들의 평균값으로 이루어진다.

❼ "싫다"가 선택되면 그 노래의 벡터는 나중에 참조하기 위해 저장된다(이 예제에서는 사용자가 노래에 대한 의견을 표현하지 않았다면 새로운 노래는 앞으로 비교에 사용되지 않음).

❽ 판도라는 새로운 노래에 대해 데이터베이스를 검색하는데 "좋다"의 군집과는 통계적 거리가 가깝지만 "싫다"의 군집과는 거리가 먼 노래를 찾는다. 새로운 노래는 사용자의 반응에 따라 "좋다" 또는 "싫다"의 군집에 추가된다.

시간이 흐름에 따라 판도라는 특정 사용자의 특정 취향에 맞는 노래들을 더 잘 골라줄 수 있는 기능이 개발되었다. 개인 사용자는 다른 노래의 군집으로 이루어진 여러 방송국을 만들 수도 있다. 이는 노래가 속한 장르를 이용해 노래를 선택하는 것(제한이 많은 접근 방법)보다는 덜 제한적인 접근 방법이다.

여기서 설명한 절차는 앞서 이 장에서 소개한 기초적인 '새로운 데이터의 분류' 절차보다는 조금 더 복잡하지만, 기본 절차의 핵심, 즉 레코드를 다른 레코드들과의 근접도에 따라 분류한다는 것은 같다. 이 머신러닝 절차 중 도메인 지식domain knowledge의 역할, 즉 프로젝트 책임자가 변수들을 검증하고 선택하였으며 전문가가 측정했다는 점도 주지할 만하다.

이에 대해 좀 더 알고 싶다면 www.pandora.com과 위키피디아Wikipedia에 실린 기사인 음악 유전체 프로젝트 또는 조이스 존Joyce John이 쓴 기사인 "판도라와 음악 유전체 프로젝트"(2006년 9월 Scientific Computing [23(10):14, 40–41])를 참조하기 바란다.

7.3 *k*-NN 알고리즘의 장점과 단점

k-NN 알고리즘의 주요 장점은 단순하다는 것과 모수에 대한 가정이 거의 없다는 점이다. 학습 데이터셋이 충분히 많을 때, 특히 각 클래스의 특성이 예측 변수 값들의 여러 조합으로 결정될 때 이 방법은 탁월한 성능을 보여준다. 예를 들어 부동산 데이터베이스에는 {주택 유형, 방의 개수, 이웃 환경, 호가, 기타 등등}의 여러 조합이 있을 수 있는데, 이는 집이 빠르게 팔릴지, 오랫동안 안 팔리고 남아 있을지에 대한 특성을 보여준다고 할 수 있다.

k-NN 접근 방법을 실제로 활용하는 데 세 가지 어려운 점이 있다. 첫째, (회귀 모델과 같이 모수 모델인 경우처럼) 학습 데이터셋으로부터 모수를 추정하는 데 걸리는 시간은 없어도 학습 데이터셋이 클 경우에는 근접 이웃을 찾는 데 매우 많은 시간이 소요될 수 있다. 이를 극복하기 위한 몇 가지 방법은 다음과 같다.

- 주성분 분석과 같은 차원 축소 방법으로 차원을 감소시킴으로써 거리 계산 시간을 줄인다(4장 참조).
- 근접 이웃을 빨리 찾기 위해 검색 트리와 같은 정교한 데이터 구조를 사용한다. 이런 접근 방법은 종종 근접 이웃을 정확하게 찾는다기보다 근접하다고 볼 수 있는 이웃을 찾는다. 한 예로 비슷한 레코드를 한 그룹으로 묶어두는 버킷팅bucketing이 있다. 먼저, 예측될 레코드를 기준으로 버킷(그룹)은 레코드와의 거리에 따라 정렬된다. 그다음으로 가장 가까운 버킷부터 시작해 버킷 내의 각 레코드까지의 거리가 측정된다. 이러한 알고리즘은 버킷까지의 거리가 가장 가까운 레코드까지의 거리보다 멀어지게 되면 멈춘다.

둘째, 학습 데이터셋으로 필요한 레코드의 개수는 예측 변수의 개수 p가 증가함에 따라 기하급수적으로 증가한다. p가 증가함에 따라서 학습 데이터셋의 크기가 기하급수적으로 증가하지 않는다면, 근접 이웃과의 거리에 대한 기댓값이 급격하게 증가하게 된다. 이 현상은 분류, 예측 및 군집 분석에서도 마찬가지로 기본 이슈가 되어온 문제로, 차원의 저주curse of dimensionality라고 알려져 있다. 예측 변수의 서브셋을 선택해 예측 변수의 개수를 줄이거나 주성분 분석이나 특이값 분해, 요인 분석과 같은 방법을 사용해 예측 변수들을 결합시켜 줄이려는 것도 바로 이러한 이유 때문이다(4장 참조).

셋째, k-NN은 '나태 학습 방법Lazy Learner'이다. 많은 학습 시간이 소요되는 계산이 예측에 집중되어 있다. 구체적으로 말하자면, 예측될 각 레코드에 대해서 전체 학습 레코드 셋과 각각의 거리는 예측할 때만 계산된다. 이러한 과정은 k-NN이 동시에 많은 수의 레코드를 실시간으로 예측하는 데 적합하지 않음을 나타낸다.

연습문제

7.1 범주형 변수의 거리 계산. 작은 데이터셋을 이용하는 이 연습문제에서는 유클리드 거리 계산과 이진 가변수를 만드는 과정을 나타낸다. 온라인 교육 회사인 Statistics.com은 고객과 잠재 고객을 IT 전문가(IT), 통계 전문가(Stat), 기타(기타)의 세 범주로 나눈다. 또한 각 고객에 대해 첫 번째 연락 이후 경과 일수(연수)를 추적한다. 다음은 고객의 코스 수강 여부(예상되는 결과)에 관한 정보다.

- 고객 1: 통계, 1년, 코스 수강하지 않음
- 고객 2: 기타, 1.1년, 코스 수강함

a. 새 잠재 고객은 다음과 같다. 고객 두 명과 잠재 고객 한 명에 대한 정보를 바탕으로 범주형 예측 변수를 2개의 이진 변수로 변환하여 세 명에 대한 하나의 데이터셋을 만들고, 범주형 예측 변수를 3개의 이진 변수로 변환하여 비슷한 데이터셋을 만드시오.
   - 잠재 고객 1: IT, 1년

b. 도출된 각 셋에서 잠재 고객과 각 고객과의 유클리드 거리를 계산하시오. (주의: k-NN에서는 데이터를 표준화하는 것이 일반적이지만, 필수는 아니므로 여기서는 정규화하지 않고 진행한다.)

c. $k = 1$일 때 k-NN을 통해 잠재 고객을 2개의 도출된 각 데이터셋을 이용해 코스를 수강함 또는 코스를 수강하지 않음으로 분류하시오. 2개 또는 3개의 가변수를 사용하는 경우, 차이가 있는가?

7.2 개인 대출 수락 Personal Loan Acceptance. 유니버설 은행은 전체 고객 확보 면에서 상대적으로 빠르게 성장하고 있는 신생 은행이다. 은행 고객들 중 대다수는 다양한 규모로 은행과 관계를 맺고 있는 채무 고객(예금자)들이다. 자산이 많은 고객의 수는 많지 않으며, 은행은 대출 사업을 확장하는 데 관심이 있다. 특히 부채가 있는 고객들을 개인 대출 고객으로 전환하기 위해 은행은 다방면으로 노력하고 있다.

작년에 은행이 채무 고객들을 내상으로 실시한 캠페인에서는 9% 이상의 성공적인 선환율을 보여주었다. 개인 마케팅 부서는 지난해의 실적에 힘입어 목표 마케팅을 활용하여 보다 효과적인 캠페인을 고안했다. 이 사례에 대한 분석 목표는 이전 캠페인 데이터를 바탕으로 고객의 행동을 모델링하는 것으로, 어떠한 요인들의 조합이 고객들로 하여금 개인 대출 제의를 더 잘 수락할 수 있게 하는지를 분석하는 것이다. 분석 결과는 새로운 캠페인을 설계하는 기초로 쓰일 것이다.

제공 받은 `UniversalBank.csv` 파일에는 고객 5,000명에 대한 데이터가 들어 있다. 이 데이터에는 인구통계학적 정보(나이, 소득 등), 고객과 은행 간 관계 정보(담보 부채권, 증권 계좌 등), 과거 개인 대출 캠페인에 대한 고객의 반응(개인 대출로 표기됨) 정보가 담겨 있다. 고객 5,000명 중 480명(= 9.6%)만이 이전 캠페인에서 고객에게 제안된 개인 대출을 받아들였다.

데이터를 학습 데이터셋 60%와 검증 데이터셋 40%로 분할하시오.

a. 다음 고객에 대해 ID와 우편번호를 제외한 모든 예측 변수를 사용해 $k = 1$일 때 k-NN 분류를 수행하시오. 먼저, 3개 이상의 범주를 가지는 범주형 예측 변수들을 가변수들로 변환하시오. 성공 클래스(대출 수락)를 1로 하고 컷오프 값은 0.5를 사용하시오. 이 고객들은 어떻게 분류되는가?

   `Age=40, Experience=10, Income=84, Family=2, CCAvg=2, Education_1=0, Education_2=1, Education_3=0, Mortgage=0, Securities Account=0, CD Account=0, Online=1, Credit Card=1`

b. 예측 변수들의 정보를 과도하게 적합하거나 무시하지 않게끔 균형을 잡아주는 k 값은 얼마인가?

c. 최적의 k를 사용해 검증 데이터셋에 대한 정오 행렬표를 만드시오.

d. 다음 고객에 대해 최적의 k를 사용해 고객들을 분류하시오.

   `Age=40, Experience=10, Income=84, Family=2, CCAvg=2, Education_1=0, Education_2=1, Education_3=0, Mortgage=0, Securities Account=0, CD Account=0, Online=1, Credit Card=1`

e. 데이터를 학습 데이터셋, 검증 데이터셋, 테스트 데이터셋으로 다시 분할하시오(50%:30%:20%). 앞에서 선택한 k를 사용해 k-NN을 적용하시오. 테스트 데이터셋에 대한 분류 행렬을 학습 데이터셋 및 검증 데이터셋의 정오 행렬표와 비교하시오. 차이점을 찾고 그 이유를 설명하시오.

7.3 보스턴 주택 가격 예측. BostonHousing.csv 파일은 보스턴 지역에 있는 500개의 인구통계조사 주택 단지 정보를 포함하고 있으며, 주택 단지별로 여러 변수에 대한 값들이 기록되어 있다. 마지막 열에 있는 CAT.MEDV는 주택 가격 중앙값(MEDV)의 파생된 변수로, 주택 가격 중앙값이 30 이상이면(MEDV>30) 1을 갖고 그렇지 않으면 0을 갖는다. 처음 12개 열에 주어진 정보로 주택 가격 중앙값을 예측하고자 한다.

데이터를 학습 데이터셋 60%와 검증 데이터셋 40%로 분할하시오.

a. 12개의 예측 변수(CAT.MEDV 열은 제외)를 사용해 k-최근접 이웃 예측을 수행하시오. 데이터 정규화를 꼭 수행해야 한다. 1부터 5까지의 k 값 중 최적의 k 값은 얼마인가? 이것은 무엇을 의미하는가?

b. 최적의 값을 사용해 다음 정보를 가진 주택 단지의 중앙값(MEDV)을 예측하시오.
(이 표를 열 이름들과 함께 새로운 워크시트에 복사한 다음 "새로운 데이터 점수"에 있는 "워크시트로부터"를 선택하시오.)

CRIM	ZN	INDUS	CHAS	NOX	RM	AGE	DIS	RAD	TAX	PTRATIO	LSTAT
0.2	0	7	0	0.538	6	62	4.7	4	307	21	10

c. 만약 k-NN 알고리즘을 사용해 학습 데이터셋들의 점수를 낸다면 학습 데이터셋에 대한 오류는 얼마가 되겠는가?

d. 검증 데이터셋 오류는 새로운 데이터에 k-최근접 이웃을 적용할 때의 오류율에 비해 지나치게 낙관적이다. 그 이유는 무엇인가?

e. 새로운 주택 단지 수천 개에 대한 주택 가격 중앙값(MEDV)을 예측하는 것이 목적이라면, k-NN 예측 사용의 단점은 무엇인가? 각 예측을 위해 알고리즘이 거치는 수행 절차에 대한 목록을 작성하시오.

CHAPTER 8

나이브 베이즈 분류기

이 장에서는 데이터의 예측 변수들이 범주형인 경우에 적용할 수 있는 나이브 베이즈Naive Bayes 분류기를 소개한다. 먼저 조건부 확률의 개념을 살펴본 후, 완전한(정확한) 베이지안 분류기에 대해 설명한다. 그다음 대부분의 경우에 이 분류기가 얼마나 비실용적인지 알아보고, 좀 더 일반적으로 적용하기 위해 '나이브 베이즈' 분류기로 변환해 사용하는 방법을 살펴본다.

파이썬

이 장에서는 데이터 처리를 위해 `pandas`, 나이브 베이즈 모델을 위해 `scikit-learn`, 시각화를 위해 `matplotlib`을 사용할 것이다. 또한 부록의 파이썬 함수도 사용한다.

이 장에 필요한 파이썬 라이브러리 불러오기

```
import pandas as pd
from sklearn.model_selection import train_test_split
from sklearn.naive_bayes import MultinomialNB
import matplotlib.pylab as plt
from dmba import classificationSummary, gainsChart
```

8.1 서론

나이브 베이즈 방법은 리버런드 토마스 베이즈Reverend Thomas Bayes(1702~1761)의 이름을 따서 명명되었다. 나이브 베이즈 분류기를 이해하기 위해 먼저 완전한(정확한) 베이지안 분류기에 대해 알아보자. 기본 원리는 간단하다. 분류할 각 레코드에 대해 다음 순서로 진행한다.

❶ 예측 변수 프로파일이 동일한(즉, 예측 변수 값들이 동일한) 다른 모든 레코드를 찾는다.

❷ 그 레코드들이 어떤 클래스에 속하고 어떤 클래스가 가장 일반적인지 결정한다.

❸ 그 클래스를 새로운 레코드의 답으로 한다.

이보다는 다음 질문에 답하도록 방법을 조정하는 것이 바람직할 수 있다. "어떤 클래스가 가장 가능성이 있나?"가 아닌 "관심 있는 클래스에 속할 경향은 얼마나 되나?"라는 질문이다. C_i가 해당 레코드에 대해 가장 가능성이 큰 클래스가 아니더라도 클래스 확률을 얻음으로써 그 레코드가 클래스 C_i에 속한다고 분류하는 컷오프 값을 조정할 수 있다. 이 접근 방법은 알아내고자 하는 특정 관심 클래스에 대해 더 많은 레코드가 이 클래스에 속한다고 하고 싶을 때 유용하다. (분류 컷오프 값의 사용과 비대칭 오분류 비용에 대한 좀 더 자세한 내용은 5장에서 설명했다.)

컷오프 확률 방법

❶ 어떤 레코드가 해당 클래스에 속한다고 간주하는 값 이상으로 관심 클래스의 컷오프 확률을 설정한다.

❷ 새로운 레코드와 동일한 예측 변수 프로파일을 갖는(즉, 예측 변수 값들이 동일한) 모든 학습 레코드를 찾는다.

❸ 그 레코드들이 관심 클래스에 속할 확률을 결정한다.

❹ 그 확률이 컷오프 확률보다 크면 새로운 레코드의 답을 관심 클래스로 한다.

조건부 확률

위의 두 절차는 조건부 확률의 개념, 즉 [$P(A|B)$로 표시되는] 사건 B가 발생한 조건에서 사건 A가 발생할 확률을 사용한다. 이 경우에 해당 레코드의 예측 변수 값들이 $x_1, x_2, \cdots, x_p$라고 할 때 그 레코드가 클래스 C_i에 속할 확률을 알아볼 것이다. 일반적으로는 예측 변수들의 값 $x_1, x_2, \cdots, x_p$에 대한 m개의 클래스 $C_1, C_2, \cdots, C_m$의 결과에 대해서 다음을 계산한다.

$$P(C_i|x_1, \cdots, x_p) \tag{8.1}$$

하나의 레코드를 분류하기 위해 이러한 방식으로 각 클래스에 속할 확률을 계산하고 나서 가장 큰 확률의 클래스로 레코드를 분류하거나 관심 클래스로 배정해야 할지 결정하기 위해 컷오프 확률을 사용한다.

이 정의로부터 베이지안 분류기는 범주형 예측 변수들에만 작동함을 알 수 있다. 만일 수치형 예측 변수들을 사용한다면 여러 개의 레코드가 이렇게 동일한 수치형 예측 변수들의 값을 갖게 될 가능성은 매우 희박하다. 따라서 수치형 예측 변수들의 경우, 그룹화하여 범주형 예측 변수들로 변환해야 한다. 베이지안 분류기는 이 책에서 소개하는 방법들 중에서 특히 범주형 예측 변수들에 적합한 유일한 분류이자 예측 방법이다.

예제 1: 사기 재무 보고의 예측

여러 회사를 고객으로 둔 회계 법인 있다고 하자. 각 고객이 연례 재무 보고서를 회계 법인에 제출하면 이 회계 법인에서 감사를 진행한다. 문제를 단순화하기 위해, 회계 법인의 고객 재무 보고서 평가를 나타내는 감사 결과를 "사기" 또는 "정직"으로 지정할 예정이다. 회계 법인이 사기 보고서를 정확하게 잡아내면 큰 인센티브를 받게 될 것이고, 사기 보고서를 정직한 것으로 통과시키면 법적 문제에 처할 것이다.

회계 법인은 모든 재무 레코드와 더불어 고객이 이전에 법적 문제(민형사상의 청구 소송)에 처한 적이 있었는지와 관련한 정보도 갖고 있다. 이제까지는 이 정보를 감사에 사용하지 않았는데, 앞으로 해당 보고서를 좀 더 면밀히 검토해야 할지 결정하는 데 이 정보를 사용할 수 있는지 알고 싶다. 특히 이전의 법적 문제가 사기 보고를 예측하는 데 사용될 수 있을지 알고 싶어 한다.

이 경우에 각 고객은 하나의 레코드이고, 관심 출력 변수 $Y = \{$사기, 정직$\}$은 한 회사가 분류될 수 있는 2개의 클래스, 즉 $C_1 =$ 사기, $C_2 =$ 정직이 된다. 예측 변수("이전 법적 문제")는 0(이전 법적 문제 없음)과 1(이전 법적 문제 있음)이라는 2개의 값을 가질 수 있다.

이 회계 법인은 과거에 감사했던 1,500개 회사의 데이터를 보유하고 있다. 각 회사에 대해, 재무 보고가 사기나 정직으로 판정되었는지와 해당 회사가 이전에 법적 문제에 처했는지에 대한 정보가 들어 있다. 이 데이터는 학습 데이터셋(1,000개 회사)과 검증 데이터셋(500개 회사)으로 분할되어 있다. 학습 데이터셋의 데이터 분포는 [표 8-1]과 같다.

표 8-1 재무 보고 예제를 위한 피벗 테이블

	이전 법적 문제 있음 ($X=1$)	이전 법적 문제 없음 ($X=0$)	합계
사기(C_1)	50	50	100
정직(C_2)	180	720	900
합계	230	770	1000

8.2 완전한(정확한) 베이지안 분류기의 적용

이제 어떤 새로운 회사의 재무 보고에 대해, 이 데이터가 사기인지 정직인지 분류한다고 하자. 이 작업을 수행하려면 앞에서 했던 것처럼 2개 클래스 각각에 속할 확률을 계산해야 한다.

만일 이 새로운 회사가 이전에 법적 문제가 있었다면, 사기 클래스에 속할 확률은 학습 데이터셋에 이전에 법적 문제가 있던 회사가 230개 있고, 그중 50개는 사기 재무 보고를 하였기 때문에 P(사기|이전 법적 문제 있음) = 50/230이 될 것이다. 물론 다른 클래스인 "정직"에 속할 확률은 그 나머지인 180/230이 된다.

'가장 가능성 있는 클래스에 배정'하는 방법의 사용

어떤 회사가 이전에 법적 문제가 있었다면 이것은 "정직" 클래스로 배정한다. 이전에 법적 문제가 없는 경우에 대한 계산은 유사 문제이므로 연습문제로 남겨두겠다. 이 예에서 가장 가능성 있는 클래스로 배정하는 규칙을 사용하면 모든 레코드에 "정직" 클래스가 배정된다. 이것은 '모든 레코드를 가장 많은 수의 클래스로 배정'하는 나이브 규칙과 같은 결과다.

컷오프 확률 방법의 사용

이 예에서는 사기 보고(감사자를 구속시킬 수도 있는 보고)를 제대로 식별하는 데 더 큰 관심이 있다. 사기 보고를 잘 식별하려다 보면 일부 정직 보고가 사기인 것으로 잘못 식별될 수 있어 전체 분류 정확도가 떨어질 수도 있다. 따라서 접근 방법은 사기일 확률에 대한 컷오프 값을 설정하고 이 값보다 큰 모든 레코드를 사기로 분류하는 것이다. 한 레코드가 C_i 클래스에 속할 확률을 계산하기 위한 베이지안 공식은 식 (8.2)와 같다.

$$P(C_i|x_1,\cdots,x_p)=\frac{P(x_1,\cdots,x_p|C_i)P(C_i)}{P(x_1,\cdots,x_p|C_1)P(C_1)+\cdots+P(x_1,\cdots,x_p|C_m)P(C_m)} \tag{8.2}$$

사기가 더 드문 이 예에서, 컷오프 값이 0.20으로 설정되었다면 P(사기|이전 법적 문제) = 50/230 = 0.22이기 때문에 이전에 법적 문제에 처한 레코드를 사기로 분류할 것이다. 사용자는 다른 분류 모델의 파라미터들과 마찬가지로 이 컷오프 값도 성능을 최적화하기 위해 조정하는 '조절기'로 취급할 수 있다.

완전한(정확한) 베이즈 절차의 실질적 어려움

앞에서 대략 소개한 접근 방식은 모든 예측 변수 값이 모두 동일하다는 점에서 분류될 새로운 레코드와 정확하게 일치하는 표본의 모든 레코드를 찾는 것과 같다. 이 방식은 앞에서 제시한 재무 보고의 예에서처럼 예측 변수가 하나뿐이라면 적용하기 쉽다.

예측 변수의 수가 많아지면(20개 정도만 되어도) 분류할 많은 레코드들과 정확하게 일치하는 것은 없을 것이다. 이것은 인구통계학적 변수들에 근거하여 투표 결과를 예측하는 모델의 상황으로도 이해할 수 있다. 상당히 큰 표본이 있어도 새로운 레코드에 대해 일치하는 예는 단 하나도 찾지 못할 수 있다. 예를 들어, 미국 중서부에 거주하는 고수익의 히스패닉 남성으로서 지난 선거에는 투표했지만 그 이전 선거에는 투표하지 않았고 딸 셋과 아들 하나가 있으며 현재 이혼한 사람에 대한 레코드는 없을 가능성이 크다. 이 예에서 보면 변수가 단지 8개뿐인데 대부분의 데이터 마이닝 문제에 비하면 이는 적은 수에 해당한다. 5개의 균등한 빈발 범주를 갖는 새로운 변수를 하나만 추가해도 일치하는 레코드를 찾을 확률은 다섯 배 줄어든다.

해결책: 나이브 베이즈

나이브 베이즈에서는 더 이상 분류할 레코드와 정확히 일치하는 레코드의 확률 계산에 얽매이지 않는다. 그 대신 전체 데이터셋을 사용한다.

이 장의 도입부에서 간략하게 소개한 원래의 기본 분류 절차로 돌아가서, 새로운 레코드를 분류하기 위한 절차가 다음과 같음을 기억하자.

❶ 동일한 예측 변수 프로파일을 갖는(즉, 예측 변수 값들이 동일한) 다른 모든 레코드를 찾는다.

❷ 그 레코드들이 어떤 클래스에 속하고 어떤 클래스가 가장 일반적인지 결정한다.

❸ 그 클래스를 새로운 레코드의 답으로 한다.

기본 분류 절차를 나이브 베이즈로 변경한 내용은 다음과 같다.

❶ C_1 클래스에 대해 각 예측 변수의 개별 조건부 확률 $P(x_j|C_1)$을 추정한다. 이 확률은 분류할 레코드의 예측 변수 값이 C_1 클래스에서 발생할 확률이다. 예를 들어, x_1에 대한 이 확률은 학습 데이터셋에서 C_1 클래스에 속하는 레코드들 중 x_1의 비율에 의해 추정된다.

❷ 이 확률을 서로 곱한 후 C_1 클래스에 속하는 레코드들의 비율을 곱한다.

❸ 모든 클래스에 대해서 단계 ❶과 ❷를 반복한다.

❹ 클래스 C_i에 대해 단계 ❷에서 계산한 값을 모든 클래스의 값들의 합으로 나눠서 클래스 C_i의 확률을 추정한다.

❺ 이 예측 변수 값들에 대해 가장 큰 확률값을 내는 클래스가 이 레코드의 답이 된다.

앞의 단계들을 따르면 주어진 예측 변수 값들 $x_1, \cdots, x_p$를 갖는 레코드가 m개의 클래스 중 C_1 클래스에 속할 확률을 계산하기 위한 나이브 베이즈 공식을 얻을 수 있다. 그 공식은 식 (8.3)과 같다.

$$P_{\mathrm{nb}}(C_1 | x_1, \cdots, x_p) = \frac{P(C_1)[P(x_1|C_1)P(x_2|C_1)\cdots P(x_p|C_1)]}{P(C_1)[P(x_1|C_1)P(x_2|C_1)\cdots P(x_p|C_1)] + \cdots + P(C_m)[P(x_1|C_m)P(x_2|C_m)\cdots P(x_p|C_m)]} \quad (8.3)$$

이것은 다소 만만찮은 공식이다. 좀 더 단순한 수치 버전은 [예제 2]를 참조한다. 필요한 모든 값은 Y 대 범주형 예측 변수들 각각을 나타내는 피벗 테이블에서 얻을 수 있음을 기억하자.

조건부 독립의 나이브 베이즈 가정

확률적으로 말하면, 예측 변수 프로파일 $x_1, x_2, \cdots, x_p$를 갖는 레코드가 특정 클래스 $P(x_1, x_2, \cdots, x_p | C_i)$ 내에서 나올 정확한 조건부 확률은 단순하게 개별적인 조건부 확률의 곱, $P(x_1 | C_i) \times P(x_2 | C_i) \times \cdots \times (x_p | C_i)$으로 잘 추정될 수 있다고 가정하는 것이다. 예측 변수들이 각 클래스 내에서 독립일 때 이 2개의 값은 동일하다.

예를 들어, 회계 사기 예에서 '작년의 금전적 손실'이 변수로 추가된다고 가정해 보자. 나이브 베이즈로 만든 단순화 가정을 사용하면 더 이상 주어진 클래스 내에서 '이전 법적 문제'와 '작년의 금전적 손실' 모두에 의해서 특징지어지는 레코드들을 찾을 필요가 없다. 오히려 이 둘이 독립이라고 가정하여 단순히 '이전 법적 문제'의 확률에 '작년의 금전적 손실'의 확률을 곱하면 된다. 물론 완전한 독립성은 실제로 발생할 가능성이 없어 어느 정도 예측 변수들 사이의 상관성이 예상된다.

실제로는 이 가정에 위배되는 경우라도 이 절차가 꽤 잘 작동하는데, 그 이유는 보통 필요한 것이 각 레코드의 절대적으로 정확한 경향이 아니라 단지 적당히 정확한 경향의 순위이기 때문이다. 이 가정에 위배되는 경우라도 보통 레코드들의 경향에 대한 순위는 유지된다.

관심 있는 것이 단지 순위라면 분모는 모든 클래스에 대해 동일하기 때문에 분자에만 집중하는 것으로 충분하다. 이 방식의 단점은 산출되는 확률값(경향)이 순위로는 올바르지만 사용자가 기대하는 정확한 값과 동일한 척도상에 있지 않다는 점이다.

컷오프 확률 방법의 사용

위의 절차는 모든 클래스에 대해 최대 분류 정확도를 찾는 기본 상황을 위한 것이다. 특별히 관심 있는 클래스가 상대적으로 드문 경우의 절차는 다음과 같다.

1. 어떤 레코드가 그 클래스에 속한다고 결정하는 데 사용하는 관심 클래스의 컷오프 확률을 설정한다.
2. 관심 클래스에 대해 분류할 레코드의 개별 예측 변수 값이 학습 데이터셋에 나타날 확률을 계산한다.
3. 이 확률들을 서로 곱한 후, 관심 클래스에 속하는 레코드의 비율을 곱한다.
4. 관심 클래스에 대해 단계 ❸에서 계산한 값을 모든 클래스에 대해 유사하게 계산한 값들의 합으로 나눠서 관심 클래스의 확률을 추정한다.
5. 이 값이 컷오프 값을 넘으면 새로운 레코드를 관심 클래스로 배정하고, 그렇지 않으면 배정하지 않는다.
6. 필요시 모델의 파라미터로 컷오프 값을 조정한다.

예제 2: 2개의 예측 변수를 사용한 사기 재무 보고의 예측

재무 보고의 예를 2개의 예측 변수로 확장하고, 데이터의 일부를 사용해 완전한(정확한) 베이즈 계산과 나이브 베이즈 계산을 비교해 보자.

[표 8-2]에 열거된 회계 법인 고객 10곳에 대해 생각해 보자. 각 고객에 대해 이전에 법적 문제가 있었는지, 작은 회사인지 큰 회사인지, 재무 보고가 사기인지 정직인지에 대한 정보가 있다. 이 정보를 사용해서 4개의 가능한 조합 {y, 작음[Small]}, {y, 큼[Large]}, {n, 작음[Small]}, {n, 큼[Large]} 각각에 대해 사기의 조건부 확률을 계산할 것이다.

표 8-2 10개 회사에 대한 정보

회사	이전 법적 문제	회사 규모	상태
1	Yes	Small	Truthful
2	No	Small	Truthful
3	No	Large	Truthful
4	No	Large	Truthful
5	No	Small	Truthful
6	No	Small	Truthful
7	Yes	Small	Fraudulent
8	Yes	Large	Fraudulent
9	No	Large	Fraudulent
10	Yes	Large	Fraudulent

완전한(정확한) 베이즈 계산 확률값들은 다음과 같이 계산된다.

$$P(\text{사기}\,|\,\text{이전 법적 문제} = y,\ \text{크기} = \text{작음}) = 1/2 = 0.5$$

$$P(\text{사기}\,|\,\text{이전 법적 문제} = y,\ \text{크기} = \text{큼}) = 2/2 = 1$$

$$P(\text{사기}\,|\,\text{이전 법적 문제} = n,\ \text{크기} = \text{작음}) = 0/3 = 0$$

$$P(\text{사기}\,|\,\text{이전 법적 문제} = n,\ \text{크기} = \text{큼}) = 1/3 = 0.33$$

나이브 베이즈 계산 이제 나이브 베이즈 확률을 계산해 보자. {이전 법적 문제 = y, 크기 = 작음}이 주어졌을 때 사기 행위의 조건부 확률에 대해, 분자는 사기 회사들 중에서 {이전 법적 문제 = y}인 사례의 비율과 사기 회사들 중에서 {크기 = 작음}인 사례 비율, 사기 회사의 비율을 곱한 값 (3/4)(1/4)(4/10) = 0.075가 된다. 실제 확률을 얻기 위해서는 {이전 법적 문제 = y, 크기 = 작음}이 주어졌을 때 정직한 행위의 조건부 확률에 대한 분자도 계산해야 한다. (1/6)(4/6)(6/10) = 0.067. 그러고 나면 분모는 이 두 조건부 확률값의 합(0.075 + 0.067 = 0.14)이 된다. 따라서 {이전 법적 문제 = y, 크기 = 작음}이 주어졌을 때 사기 행위의 조건부 확률은 0.075/0.14 = 0.53이 된다. 비슷한 방식으로 4개의 조건부 확률을 전부 계산한다.

$$P_{\text{nb}}(\text{사기}\,|\,\text{이전 법적 문제} = y,\ \text{크기} = \text{작음}) = \frac{(3/4)(1/4)(4/10)}{(3/4)(1/4)(4/10) + (1/6)(4/6)(6/10)} = 0.53$$

$$P_{\text{nb}}(\text{사기}\,|\,\text{이전 법적 문제} = y,\ \text{크기} = \text{큼}) = 0.87$$

$$P_{\text{nb}}(\text{사기}\,|\,\text{이전 법적 문제} = n,\ \text{크기} = \text{작음}) = 0.07$$

$$P_{\text{nb}}(\text{사기}\,|\,\text{이전 법적 문제} = n,\ \text{크기} = \text{큼}) = 0.31$$

이 나이브 베이즈 확률값들이 정확한 베이즈 확률값들과 얼마나 가까운지 살펴보자. 둘은 완전히 같지는 않지만 컷오프 값 0.5(와 다른 많은 값들)에 대해 정확히 같은 분류 결과를 낼 것이다. 확률값의 순위가 확률값 자체보다 정확한 베이즈 방법에 훨씬 더 가까운 경우가 종종 있기 때문에, 분류 목적으로 중요한 것은 순위다.

이제 항공기 정보를 사용해서 항공편 연착을 예측하는 좀 더 큰 수치 예제를 살펴보자.

예제 3: 연착 항공편 예측

항공기 연착에 대한 예측 정보는 공항 당국, 항공사, 항공 당국 등 여러 기관에 유용할 수 있다. 이 문제를 해결하기 위해 공동 대책 위원회가 소집되기도 한다. 이 기관들이 향후 항공기 연착에 대한 정보를 실시간으로 제공할 수 있다면 연착될 가능성이 있는 항공편을 사전 공지하여 여러 관련된 문제들을 해소할 수 있을 것이다.

이 단순화된 예에서는 5개의 예측 변수를 사용한다([표 8-3] 참조). 관심 있는 결과 변수는 해당 항공기의 연착(여기서 연착은 15분 이상 늦게 도착하는 것을 의미함) 여부다. 이 데이터는 2004년 1월 워싱턴 D.C. 지역에서 뉴욕시 지역으로 가는 모든 항공편으로 구성되어 있다. 하나의 레코드는 특정 항공기 하나다. 전체 2,201대의 항공편 중에서 연착된 항공편의 비율은 19.5%다. 이 데이터는 교통 통계국(www.transtats.bts.gov)에서 얻었다. 분석 목표는 (이 데이터셋에 없는) 새로운 항공기가 연착될지 여부를 정확히 예측하는 것이다. 출력 변수는 해당 항공기가 연착될지 여부(1 = 연착, 0 = 정시)다. 여기에 더해 [표 8-3]의 예측 변수에 대한 정보가 수집되었다.

모든 예측 변수를 범주형으로 변환하고 가변수들을 생성한 다음, 이 데이터를 학습 데이터셋(60%)과 검증 데이터셋(40%)으로 분할해 학습 데이터셋을 나이브 베이즈 분류기에 적용하였다([표 8-4] 참조).

표 8-3 항공편 연착 예제에 대한 변수 설명

Day of week	1=월요일, 2=화요일, ⋯, 7=일요일
Sch. dep. time	오전 6:00와 오후 10:00 사이를 18개 구간으로 나눈 출발 시간
Origin	3개의 출발 공항 코드: DCA(레이건 국제공항), IAD(댈러스 국제공항), BWI(볼티모어-워싱턴 국제공항)
Destination	3개의 도착 공항 코드: JFK(케네디 국제공항), LGA(라구아디아 공항), EWR(뉴어크 국제공항)
Carrier	8개의 항공사 코드: CO(컨티넨탈 항공), DH(아틀란틱 코스트 항공), DL(델타 항공), MQ(아메리카 이글 항공), OH(컴에어 항공), RU(컨티넨탈 익스프레스 항공), UA(유나이티드 항공), US(US에어웨이 항공)

표 8-4 항공편 연착 학습 데이터셋에 적용된 나이브 베이즈 분류기

나이브 베이즈를 실행하는 파이썬 코드

```
delays_df = pd.read_csv('FlightDelays.csv')

# convert to categorical
delays_df.DAY_WEEK = delays_df.DAY_WEEK.astype('category')
delays_df['Flight Status'] = delays_df['Flight Status'].astype('category')

# create hourly bins departure time
delays_df.CRS_DEP_TIME = [round(t / 100) for t in delays_df.CRS_DEP_TIME]
delays_df.CRS_DEP_TIME = delays_df.CRS_DEP_TIME.astype('category')

predictors = ['DAY_WEEK', 'CRS_DEP_TIME', 'ORIGIN', 'DEST', 'CARRIER']
outcome = 'Flight Status'

X = pd.get_dummies(delays_df[predictors])
y = delays_df['Flight Status'].astype('category')
classes = list(y.cat.categories)

# split into training and validation
X_train, X_valid, y_train, y_valid = train_test_split(X, y, test_size=0.40, random_state=1)

# run naive Bayes
delays_nb = MultinomialNB(alpha=0.01)
delays_nb.fit(X_train, y_train)

# predict probabilities
predProb_train = delays_nb.predict_proba(X_train)
predProb_valid = delays_nb.predict_proba(X_valid)

# predict class membership
y_valid_pred = delays_nb.predict(X_valid)
```

실행 결과를 보기 전에 이 알고리즘이 어떻게 작동하는지 알아보자. 먼저 조건부 확률들을 얻기 위해 [표 8-5]와 같이 학습 데이터셋에서 출력 변수 대 5개의 예측 변수들 각각에 대한 피벗 테이블을 생성한다. 이 예에서는 학습 데이터셋에 나타나지 않는 예측 변수 값들은 없다는 점에 주목한다.

표 8-5 목적지 공항에 따른 항공기 상태의 피벗 테이블(학습 데이터셋)

```
# split the original data frame into a train and test using the same random_state
train_df, valid_df = train_test_split(delays_df, test_size=0.4, random_state=1)
pd.set_option('precision', 4)

# probability of flight status
print(train_df['Flight Status'].value_counts() / len(train_df))
print()

for predictor in predictors:
    # construct the frequency table
    df = train_df[['Flight Status', predictor]]
    freqTable = df.pivot_table(index='Flight Status', columns=predictor, aggfunc=len)

    # divide each value by the sum of the row to get conditional probabilities
    propTable = freqTable.apply(lambda x: x / sum(x), axis=1)
    print(propTable)
    print()
pd.reset_option('precision')
```

실행 결과

```
ontime     0.8023
delayed    0.1977

DAY_WEEK            1       2       3       4       5      6       7
Flight Status
delayed        0.1916  0.1494  0.1149  0.1264  0.1877  0.069  0.1609
ontime         0.1246  0.1416  0.1445  0.1794  0.1690  0.136  0.1048

CRS_DEP_TIME        6       7       8       9      10      11      12      13  \
Flight Status
delayed        0.0345  0.0536  0.0651  0.0192  0.0307  0.0115  0.0498  0.0460
ontime         0.0623  0.0633  0.0850  0.0567  0.0519  0.0340  0.0661  0.0746

CRS_DEP_TIME       14      15      16      17      18      19      20      21
Flight Status
delayed        0.0383  0.2031  0.0728  0.1533  0.0192  0.0996  0.0153  0.0881
ontime         0.0576  0.1171  0.0774  0.1001  0.0349  0.0397  0.0264  0.0529

ORIGIN            BWI     DCA     IAD
Flight Status
delayed        0.0805  0.5211  0.3985
ontime         0.0604  0.6478  0.2918

DEST              EWR     JFK     LGA
Flight Status
delayed        0.3793  0.1992  0.4215
ontime         0.2663  0.1558  0.5779

CARRIER            CO      DH      DL      MQ      OH      RU      UA      US
Flight Status
delayed        0.0575  0.3142  0.0958  0.2222  0.0077  0.2184  0.0153  0.0690
ontime         0.0349  0.2295  0.2040  0.1171  0.0104  0.1690  0.0170  0.2181
```

새로운 항공기를 분류하기 위해 연착 확률과 정시 확률을 계산한다. 두 값은 모두 분모가 같기 때문에 분자만 비교해도 된다는 점을 기억하자. 각 분자는 관련된 예측 변수 값들의 조건부 확률을 모두 곱하고 마지막으로 해당 클래스의 비율을 곱해서 계산된다(이 경우에 $\hat{P}$(연착) = 0.2). 예를 들어 어떤 일요일 오전 10시에서 11시 사이에 DCA에서 LGA로 가는 델타 항공기를 분류한다면, 먼저 피벗 테이블에서 다음과 같은 값들을 이용해 분자를 계산한다.

$$\hat{P}(\text{delayed}|\text{Carrier}=\text{DL}, \text{Day\_Week}=7, \text{Dep\_Time}=10, \text{Dest}=\text{LGA}, \text{Origin}=\text{DCA})$$
$$\propto (0.0958)(0.1609)(0.0307)(0.4215)(0.5211)(0.2) = 0.000021$$

$$\hat{P}(\text{ontime}|\text{Carrier}=\text{DL}, \text{Day\_Week}=7, \text{Dep\_Time}=10, \text{Dest}=\text{LGA}, \text{Origin}=\text{DCA})$$
$$\propto (0.2040)(0.1048)(0.0519)(0.5779)(0.6478)(0.8) = 0.00033$$

이 계산이 나이브 베이즈 공식(식 8.3)의 분자만 다룬다는 사실에 입각하여, '비례함'을 의미하는 기호 $\propto$를 사용했다. 따라서 분자들을 비교해 보면 이 항공기는 정시에 도착할 가능성이 더 크다. 이와 같은 예측 변수들의 조합을 갖는 레코드는 학습 데이터셋에는 존재하지 않기 때문에 정확한 베이즈 대신 나이브 베이즈를 사용했음에 주목한다. 실제 확률을 계산하기 위해서는 각 분자를 그들의 합으로 나눈다.

$$\hat{P}(\text{delayed}|\text{Carrier}=\text{DL}, \text{Day\_Week}=7, \text{Dep\_Time}=10, \text{Dest}=\text{LGA}, \text{Origin}=\text{DCA})$$
$$= \frac{0.000021}{0.000021 + 0.00033} = 0.058$$

$$\hat{P}(\text{on time}|\text{Carrier}=\text{DL}, \text{Day\_Week}=7, \text{Dep\_Time}=10, \text{Dest}=\text{LGA}, \text{Origin}=\text{DCA})$$
$$= \frac{0.00033}{0.000021 + 0.00033} = 0.942$$

물론 학습 데이터셋, 검증 데이터셋, 새로운 데이터 평가에서 관심 레코드들의 확률을 계산하는 데 소프트웨어를 사용한다. [표 8-6]에 예제 항공기에 대한 예측된 확률과 클래스가 있는데, 수동으로 계산한 내용과 일치한다.

표 8-6 예제 항공기의 평가 점수(확률과 클래스)

나이브 베이즈를 사용해 데이터의 점수를 구하는 파이썬 코드

```
# classify a specific flight by searching in the dataset
# for a flight with the same predictor values
df = pd.concat([pd.DataFrame({'actual': y_valid, 'predicted': y_valid_pred}),
                pd.DataFrame(predProb_valid, index=y_valid.index)], axis=1)
mask = ((X_valid.CARRIER_DL == 1) & (X_valid.DAY_WEEK_7 == 1) &
        (X_valid.CRS_DEP_TIME_10 == 1) & (X_valid.DEST_LGA == 1) & (X_valid.ORIGIN_DCA == 1))

df[mask]
```

실행 결과

```
      actual  predicted         0         1
1225  ontime     ontime  0.057989  0.942011
```

마지막으로, 이 데이터에 대한 나이브 베이즈 분류기의 성능을 평가하기 위해서 정오 행렬, 향상 차트 등 5장에서 설명한 모든 척도를 사용할 수 있다. 이 예에서 학습과 검증 데이터셋에 대한 정오 행렬은 [표 8-7]과 같다. 학습과 검증 데이터셋 모두에 대해 전체 정확도 수준은 대략 80% 정도임을 알 수 있다. 한편, 검증 데이터셋의 880대 항공기를 모두 정시로 분류하는 나이브 규칙은 172개의 연착 항공기를 놓쳐서 80% 수준의 정확도를 얻게 될 것이다. 따라서 단순히 정확도 척도로만 보면 나이브 베이즈 모델이 나이브 규칙보다 좋다고 할 수 없다. 하지만 [그림 8-1]의 향상 차트를 보면 목적이 순위를 매기는 것일 때 효과적으로 연착 항공기를 잡아내는 나이브 베이즈의 강점을 볼 수 있다.

표 8-7 나이브 베이즈 분류기를 사용한 항공편 연착에 대한 혼동 행렬

혼동 행렬을 위한 파이썬 코드

```
# training
classificationSummary(y_train, y_train_pred, class_names=classes)

# validation
classificationSummary(y_valid, y_valid_pred, class_names=classes)
```

실행 결과

```
Confusion Matrix (Accuracy 0.7955)

            Prediction
Actual      delayed    ontime
delayed          52       209
ontime           61       998

Confusion Matrix (Accuracy 0.7821)

            Prediction
Actual      delayed    ontime
delayed          26       141
ontime           51       663
```

[그림 8-1]을 생성하는 파이썬 코드

```
df = pd.DataFrame({'actual': 1 - y_valid.cat.codes, 'prob': predProb_valid[:, 0]})
df = df.sort_values(by=['prob'], ascending=False).reset_index(drop=True)

fig, ax = plt.subplots()
fig.set_size_inches(4, 4)
gainsChart(df.actual, ax=ax)
```

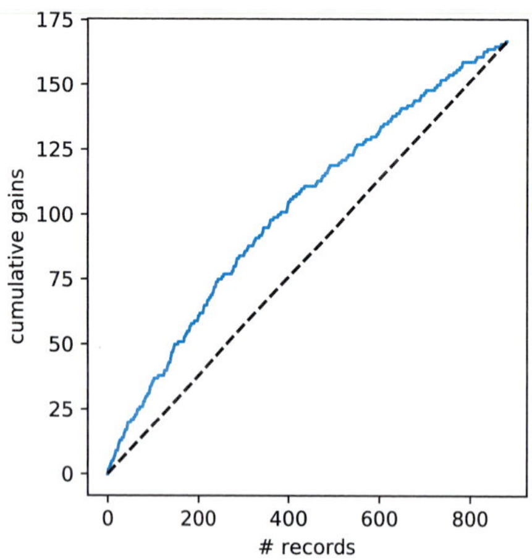

그림 8-1 항공편 연착 데이터에 적용된 나이브 베이즈 분류기의 누적 향상 차트

8.3 나이브 베이즈 분류기의 장점과 단점

나이브 베이즈 분류기의 매력은 단순성, 계산 효율성, 좋은 분류 성능, 범주형 변수를 직접 다룰 수 있는 능력에 있다. 사실상 예측 변수들의 독립성 가정이 사실에서 한참 먼 경우에도 더 복잡한 분류기들보다 종종 나은 결과를 내기도 한다. 이 장점은 예측 변수의 수가 매우 많은 경우에 특히 두드러진다.

하지만 다음과 같은 주요 이슈를 명심해야 한다.

- 나이브 베이즈 분류기로 좋은 결과를 얻으려면 아주 많은 수의 레코드가 필요하다.
- 어떤 예측 변수의 범주가 학습 데이터셋에 나타나지 않는 경우에 나이브 베이즈는 예측 변수의 해당 범주를 갖는 새로운 레코드가 0의 확률을 갖는다고 가정한다. 이 가정은 이 드문 예측 변수 값이 중요할 때 문제가 될 수 있다. 한 가지 예로 항공기 연착 데이터셋의 이진 예측 변수 `Weather`를 들 수 있는데, 이 변수는 분석에 사용하진 않았지만 악천후를 나타낸다. 날씨가 나쁠 때 모든 항공기가 연착되었다. 또 다른 예로 출력 변수가 **고가 생명보험의 가입**이고 한 예측 변수의 범주가 **요트 소유**인 경우를 생각해 보자. 만일 학습 데이터셋에 **요트 소유 = 1**인 레코드가 없다면, **요트 소유 = 1**인 모든 새로운 레코드에 대해 나이브 베이즈는 출력 변수 **고가 생명보험의 가입**에 0의 확률을 배정할 것이다. 물론 **요트 소유 = 1**인 학습 레코드가 없다면 어떠한 데이터 마이닝 기법도 잠재적으로 중요한 이 변수를 분류 모델에 포함시킬 수 없기 때문에 무시될 것이다. 하지만 나이브 베이즈는 이 예측 변수가 없으면 (이 경우에 1이 될 가능성이 상대적으로 클 때) 이 레코드의 다른 정보를 적극적으로 '동원해서' 출력값에 0을 배정한다. 큰 학습 데이터셋(그리고 필요하다면 연속 예측 변수의 적절한 범주화)이 이 효과를 경감시키는 데 도움이 된다. 이 경우에 일반적인 해결책은 평활화smoothing (예 `MultinomialNB()` 함수에 `alpha > 0` 인자를 사용해 라플라스 평활화를 적용할 수 있음. `scikit-learn`은 이미 기본적으로 평활화 파라미터 값을 1로 사용함)라고 불리는 방법을 사용해 0의 확률들을 0이 아닌 값들로 대체하는 것이다.
- 어떤 클래스에 속할 확률에 따라서 레코드들의 분류나 순위를 구하는 것이 목적일 때 좋은 성능을 얻을 수 있다. 하지만 클래스의 소속도 확률(경향)을 추정하는 것이 목적이라면 이 방법은 매우 편향된 결과를 낸다. 이런 이유로 나이브 베이즈 방법은 신용 평가에는 거의 사용되지 않는다(Larsen, 2005).

스팸 필터링

이메일의 스팸 필터링은 오래 전부터 널리 알려진 데이터 마이닝 응용 기법이다. 많은 부분에서 자연어 어휘를 기반으로 한 스팸 필터링은 범주형 변수들에 특화된 나이브 베이즈 분류기에 자연스럽게 잘 맞는다. 대부분의 스팸 필터가 이 방법에 기반하고 있는데, 다음과 같이 작동된다.

❶ 사람들이 대규모의 이메일을 검토해 "스팸"이나 "비스팸"으로 분류하고, 이 분류를 바탕으로 대규모의 동일한 수에 해당하는 스팸 이메일과 비스팸 이메일을 선정한다. 이것이 학습 데이터셋이 된다.

❷ 이메일은 수천 개의 단어로 구성되는데, 각 단어에 대해서 스팸 데이터셋에 나타나는 빈도와 비스팸 데이터셋에 나타나는 빈도를 계산한다. 이 빈도를 추정 확률로 변환한다(즉, '무료'라는 단어가 스팸 이메일 1,000개 중 500개에서 나타나고, 비스팸 이메일 1,000개 중 100개에서만 나타난다면, 스팸 이메일에서 '무료'라는 단어가 나올 확률은 0.5이고, 비스팸 이메일에서 '무료'라는 단어가 나올 확률은 0.1임).

❸ 스팸과 비스팸을 분류하려는 새로운 메시지에 있는 유일한 단어가 '무료'라면, '무료'가 나왔을 때 메시지가 스팸일 베이지안 사후 확률이 0.5/(0.5+0.1), 즉 5/6이기 때문에 해당 메시지는 스팸으로 분류될 것이다.

❹ 물론, 이메일 메시지에는 훨씬 더 많은 단어들이 있다. 각 단어에 대해 단계 ❷에서 설명한 확률을 계산하여 서로 곱하고, 식 (8.3)을 사용해 각 클래스에 속할 나이브 베이즈 확률을 결정한다. 단순한 버전에서 클래스 소속도(스팸이나 비스팸)는 확률이 더 큰 것으로 결정된다.

❺ 좀 더 유연한 해석에서는 "스팸"과 "비스팸" 확률 사이의 비율이 작업자가 컷오프 임곗값을 설정/변경할 수 있는 점수로 취급되어, 이 값보다 큰 것은 모두 스팸으로 분류된다.

❻ 사용자는 수신된 메시지를 스팸이나 비스팸으로 분류한 후 그것들을 학습 데이터베이스에 추가함으로써 개인적인 학습 데이터베이스를 구축할 수 있다. 어떤 사람에게는 스팸인 메시지가 다른 사람에게는 중요한 메시지일 수도 있다.

'나이브' 단순화를 한다고 해도 이것은 엄청난 계산상의 부담임에 틀림없다. 요즘 스팸 필터는 보통 2단계로 작동한다. 즉, 개인 컴퓨터로는 전달되지 못하도록 하는 서버 단계와 사용자가 검토할 선택권이 있는 개인용 컴퓨터 단계다. 스팸 메일을 만드는 사람들 또한 임의로 선정한 무관한 단어들의 시퀀스를 포함시킴으로써 어휘 기반 베이지안 접근 방식을 '우회'할 수 있는 방법을 찾았다. 이 단어들은 무작위로 선정되기 때문에 비스팸에서보다 스팸에서 체계적으로 일반화될 가능성이 적어서, '비아그라'나 '무료'와 같은 핵심 스팸 용어의 효과를 희석시킨다. 이러한 이유에서 정교한 스팸 분류기들에는 메시지의 링크 수나 제목 라인의 어휘, "From:" 이메일 주소가 실존하는지(속임 방지)의 결정, HTML과 영상의 사용, 발송지의 동적/정적 IP 주소 등(후자가 더 비싸고 신속하게 알아낼 수 없음)과 같은 어휘 이외의 다른 요소에 근거한 변수들이 포함되고 있다.

연습문제

8.1 개인 대출 수락. `UniversalBank.csv` 파일에는 유니버설 은행의 5,000명 고객에 대한 데이터가 있다. 이 데이터에는 고객의 인구통계학적 정보(나이, 수입 등), 고객과 은행 간 관계(저당, 안심 계좌 등), 지난 개인 대출 캠페인에 대한 고객의 응답(개인 대출) 정보가 담겨 있다. 고객 5,000명 중 480명(= 9.6%)만 이전 캠페인에서 개인 대출을 수락했다. 이 문제에서는 2개의 예측 변수, 즉 온라인(고객이 온라인 뱅킹 서비스의 적극적인 사용자인지 여부)과 신용카드(이후 CC로 표시됨; 고객이 은행에서 발행한 신용카드를 소유하고 있는지 여부)에 초점을 맞춘다. 출력 변수는 개인 대출(이후 Loan으로 표시됨)다.

데이터를 학습 데이터셋(60%)과 검증 데이터셋(40%)으로 분할하시오.

a. 학습 데이터셋에 대해서 `Online`을 열 변수로, `CC`를 첫 번째 행 변수로, `Loan`을 두 번째 행 변수로 하는 피벗 테이블을 생성하시오. 셀 내부의 값들은 개수로 표시한다. `pandas`의 데이터 프레임 함수 `melt()`와 `pivot()`을 사용한다.

b. 은행 신용카드를 소유하고 온라인 뱅킹 서비스를 적극적으로 사용하는 고객을 분류하는 문제를 생각해 보자. 피벗 테이블에서 보면 이 고객이 대출 제안을 받아들일 확률은 얼마인가? [이는 은행 신용카드를 갖고(`CC = 1`) 온라인 뱅킹 서비스의 적극적인 사용자(`Online = 1`)인 조건에서 대출을 수락(`Loan = 1`)할 확률이다.]

c. 이 학습 데이터셋으로부터 2개의 독자적인 피벗 테이블을 작성하시오. 하나는 `Online`(열)의 함수로 `Loan`(행)을 가질 것이고, 다른 하나는 `CC`의 함수로 `Loan`(행)을 가질 것이다.

d. 다음 값을 계산하시오. [$P(A|B)$는 "B가 주어졌을 때 A의 확률"을 의미한다]

   i. $P(\text{CC} = 1 | \text{Loan} = 1)$ (대출 수락자들 중에서 신용카드 소유자의 비율)

   ii. $P(\text{Online} = 1 | \text{Loan} = 1)$

   iii. $P(\text{Loan} = 1)$ (대출 수락자들의 비율)

   iv. $P(\text{CC} = 1 | \text{Loan} = 0)$

   v. $P(\text{Online} = 1 | \text{Loan} = 0)$

   vi. $P(\text{Loan} = 0)$

e. 위에서 계산한 값들을 이용해 나이브 베이즈 확률 $P(\text{Loan} = 1 | \text{CC} = 1, \text{Online} = 1)$을 계산하시오.

f. 이 값을 (b)의 피벗 테이블에서 얻은 값과 비교하시오. 어느 것이 더 정확한 추정인가?

g. 이 표의 어떤 항목들이 $P(\text{Loan} = 1 | \text{CC} = 1, \text{Online} = 1)$을 계산하는 데 필요한가? 파이썬에서 이 데이터로 나이브 베이즈를 실행하시오. 학습 데이터셋에 대해 모델이 출력한 결과를 검토하고, $P(\text{Loan} = 1 | \text{CC} = 1, \text{Online} = 1)$에 해당하는 항목을 찾으시오. 이것을 (e)에서 얻은 값과 비교하시오.

8.2 자동차 사고. accidentsFull.csv 파일에는 세 단계 부상 수준(NO INJURY, INJURY, FATALITY)으로 기록된 2001년 미국의 실제 자동차 사고 42,183건에 대한 정보가 담겨 있다. 각 사고에 대해 요일, 기상 조건, 도로 종류와 같은 추가 정보도 기록되어 있다. 어떤 회사가 초기 보고서와 이 시스템의 연관된 데이터(그중 일부는 GPS-지원 보고에 의존함)에 근거하여 사고의 심각성을 신속하게 분류하는 시스템을 개발하고자 한다.

목적은 보고된 사고에 부상이 동반될지(MAX_SEV_IR = 1 또는 2), 부상이 없을지(MAX_SEV_IR = 0)를 예측하는 것이다. 이를 위해 MAX_SEV_IR = 1 또는 2이면 값이 "Yes"가 되고 그렇지 않으면 "No"가 되는 INJURY라는 가변수를 생성하시오.

a. 이 데이터셋의 정보를 사용하여, 막 보고된 사고에 추가 정보가 없다면 예측은 무엇이 되어야 하는가? (INJURY = Yes 또는 No?) 그 이유는 무엇인가?

b. 이 데이터셋의 처음 12개 레코드를 선택하여 응답값(INJURY)과 2개의 예측 변수 WEATHER_R과 TRAF_CON_R만 고려하자.

  i. 12개의 레코드들에 대해 두 예측 변수의 함수로서 INJURY를 검토하는 피벗 테이블을 작성하시오. 피벗 테이블에서 이 세 변수를 모두 행/열로 사용하시오.

  ii. 예측 변수들의 가능한 조합 6가지에 대해 부상이 있을(INJURY = Yes) 정확한 베이즈 조건부 확률을 계산하시오.

  iii. 이 확률값들과 컷오프 값 0.5를 사용해 이 12개의 사고를 분류하시오.

  iv. WEATHER_R = 1과 TRAF_CON_R = 1이 주어졌을 때 부상이 있을 나이브 베이즈 조건부 확률을 손으로 계산하시오.

  v. scikit-learn을 사용해 2개의 예측 변수를 갖는 12개의 레코드들에 대해 나이브 베이즈 분류기를 실행하시오. 12개 레코드 모두에 대해 확률값과 분류 결과를 구해서 모델의 출력값을 살펴보시오. 이 출력값을 정확한 베이즈 분류 결과와 비교하시오. 분류 결과가 동일한가? 관측치들의 랭킹(=순위)은 동일한가?

c. 이제 전체 데이터셋으로 돌아가보자. 데이터를 학습 데이터셋(60%)과 검증 데이터셋(40%)으로 분할하시오.

  i. 예측하는 시점에 사고 자체에 대한 정보나 초기 보고서가 가용하지 않다고 가정할 때 (위치 특성과 기상 조건 등만 주어짐), 어떤 예측 변수들을 분석에 포함시킬 수 있는가? (www.dataminingbook.com의 데이터 명세 페이지를 참조하시오.)

  ii. 관련된 예측 변수들(과 결과에 해당하는 INJURY)로 구성된 완전한 학습 데이터셋을 이용해 나이브 베이즈 분류기를 실행하시오. 모든 예측 변수가 범주형이라는 점에 주목하고, 정오 행렬을 나타내시오.

  iii. 검증 데이터셋에 대한 전체 오차는 얼마인가?

  iv. (검증 데이터셋을 사용한) 나이브 규칙과 비교한 상대적인 퍼센트 향상 정도는 얼마인가?

  v. 피벗 테이블들의 조건부 확률들을 검토하시오. $P(\text{INJURY} = \text{No} \mid \text{SPD_LIM} = 5)$에 대해 확률값이 0이 되는 이유는 무엇인가?

CHAPTER 9

분류 회귀 트리

이 장에서는 분류classification tree(분류 트리)와 예측regression tree(회귀 트리)에 두루 쓰일 수 있는 분석 기법을 설명한다. 트리 모델은 데이터로부터 모델을 만드는 여러 기법 중에서도 가장 명료하며 결과에 대한 해석이 용이한 모델로 알려져 있다. 트리 모델은 관측치들을 하위 그룹으로 분리해 나가는 절차를 기반으로 한다. 이때, 하위 그룹으로 분할하는 작업은 예측 변수를 통해 이루어지는데, 예를 들어, "IF 나이 < 55 AND 교육 수준 > 12 THEN 클래스 = 1"과 같이 명료하고 쉽게 이해할 수 있는 논리 규칙을 통해 이루어진다. 분할의 결과로 생성된 하위 그룹들은 종속 변수 측면에서 더욱 동질적으로 되어가며, 이러한 과정의 결과로서 좋은 예측이나 분류 규칙이 만들어진다.

이 장에서는 트리 모델의 두 가지 핵심 아이디어인 재귀적 분할recursive partitioning과 가지치기pruning에 대해 설명한다. 재귀적 분할은 트리를 만드는 과정에서 사용되고 가지치기는 생성된 트리를 잘라나가는 과정에서 사용된다. 트리 생성과 관련하여, 관측치를 하위 그룹들로 분할한 후 이들의 동질성을 결정하기 위해서 보편적으로 사용하는 동질성 측도들에 대해 설명한다. 이어서 트리의 크기를 제한하는 것이 과적합overfitting을 피하기 위한 효과적인 전략이라는 점과 이 과정이 어떻게 이루어지는지를 설명한다. 더불어 과적합을 피하기 위한 대안적인 전략에 관해서도 설명한다. 데이터로부터 모델을 만드는 다른 분석 기법과 마찬가지로 트리 모델도 대량의 데이터가 필요하다. 하지만 일단 모델이 생성된 후에는 대량의 표본을 처리하는 계산 과정이 쉽고 간단하다. 이 밖에도 트리 모델은 자동화하기 쉽고 이상치outlier에 강하며 결측치를 쉽게 다룰 수 있는 점 등 여러 장점이 있다. 더 나아가 예측과 분류뿐 아니라, 차원 축소dimension reduction에 트리 모델을 어떻게 사용할 수 있는지를 설명한다. 마지막으로, 예측력을 향상하기 위해서 다중 트리들을 결합한 랜덤 포레스트random forest와 부스트 트리boosted trees를 소개한다.

파이썬

이 장에서는 pandas 라이브러리를 사용해 데이터 처리와 조작 작업을 수행하며, scikit-learn 라이브러리를 사용해 모델링을 수행한다. 또한 matplotlib 라이브러리를 사용해 시각화한다.

이 장에 필요한 파이썬 라이브러리 불러오기

```
import pandas as pd
import numpy as np
from sklearn.tree import DecisionTreeClassifier, DecisionTreeRegressor
from sklearn.ensemble import RandomForestClassifier, GradientBoostingClassifier
from sklearn.model_selection import train_test_split, cross_val_score, GridSearchCV
import matplotlib.pylab as plt
from dmba import plotDecisionTree, classificationSummary, regressionSummary
```

9.1 서론

분석가가 크게 애쓰지 않아도 사용자가 분석 정보를 이해하기 쉽고, 다양한 상황에서도 성능을 잘 발휘할 수 있는 범용적인 분류 기법classification technique을 선택해야 한다면, 가장 유력한 후보는 브레이만 등Breiman et al.(1984)이 개발한 트리 방법론tree methodology이 될 것이다. 이 장에서는 우선 트리 방법론의 분류 절차를 이야기하고, 후반부에서는 수치형(연속형) 결과 값 예측을 위해 이러한 절차가 어떻게 확장될 수 있는지 살펴본다. 이 절차들을 구현하기 위해 브레이만 등이 만든 프로그램이 CARTClassification And Regression Trees이며 이와 관련된 알고리즘으로는 C4.5가 있다.

분류 트리classification tree란 무엇인가? [그림 9-1]은 은행 고객들의 소득이나 교육 수준, 평균 신용카드 사용액 등의 정보를 기반으로 고객의 대출 신청을 승인할지 여부를 분류하는 트리 모델이다.

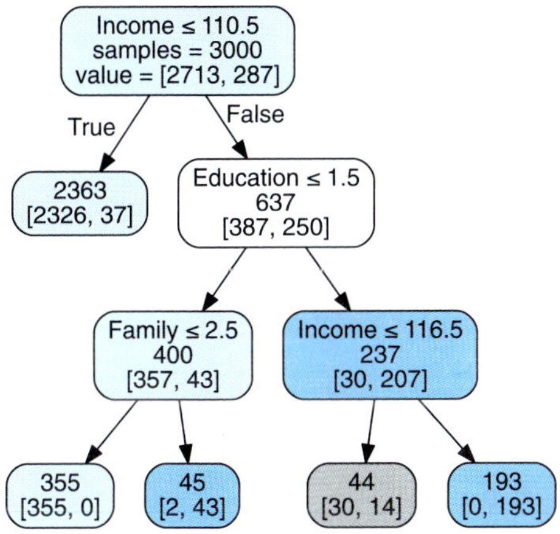

그림 9-1 은행 고객을 대출 승인 또는 거부로 분류하는 트리의 예

트리 구조

트리 구조에는 결정 노드decision node, splitting node와 단말 노드terminal node라는 두 종류의 노드가 있다. 자식 노드successor를 가진 노드를 결정 노드라고 한다. 그 이유는, 예측 변수 값만 알고 있는 새로운 관측치를 분류하기 위해 트리 모델을 사용할 경우 이 관측치는 트리에 떨어져서 결정 노드에 이를 때마다 적합한 값을 갖는 가지를 통해 트리 아래로 계속 내려 보내지기 때문이다. 이 과정은 자식 노드가 없을 때까지 수행된다. 이처럼 자식이 없는 노드를 단말 노드(또는 리프 노드)라고 하며, 예측 변수에 의한 데이터의 분할을 나타낸다.

파이썬의 `DecisionTreeClassifier()` 함수로 만들어진 CART 또는 이진 트리 모델binary tree 유형의 트리 모델들은 리프 노드의 개수가 결정 노드보다 정확히 하나 더 많다는 사실도 알아두자.

scikit-learn의 `export_graphviz()` 함수를 사용해 트리 모델을 그리면 노드가 박스로 표현된다. 함수에는 최종 그래프를 제어할 수 있는 다양한 인수가 있다. 이 장의 그래프를 표현하기 위해 부록의 효용 함수인 `plotDecisionTree()`를 사용한다. 선택한 설정을 사용하면 모든 노드가 해당 노드(표본)의 레코드 수, 클래스 분포, 해당 노드의 다수 클래스에 대한 정보를 가진다. 또한 분류classification를 위해 노드의 회귀 또는 순도purity에 대한 노드의 평균값에 따라 노드를 색칠한다.

결정 노드의 경우 분할 및 분할값을 위해 선택된 예측 변수의 이름은 각 결정 노드의 위쪽에 표시된다. 결정 노드 아래에 연결된 2개의 하위 노드 중 왼쪽 박스는 분할 조건을 충족하는 레코드("True")를 위한 것이고, 오른쪽 박스는 이를 충족하지 않는 레코드("False")를 위한 것이다.

의사결정 규칙

트리 모델을 통한 분류가 널리 사용되는 이유 중 하나는 트리가 지나치게 크지 않다면 모델이 제공하는 결정 기준이 이해하기 쉽다는 데 있다. [그림 9-1]의 트리 모델에서는 단말 노드terminal nodes들이 색상으로 표현되어 있고, 0은 대출 신청이 거부된 고객을 뜻하며 1은 대출 신청이 승인된 고객을 뜻한다. 각 분할 노드의 상단에 있는 조건은 분할을 위해 예측값과 분할값을 제공한다(예 상위 노드의 소득 ≤ 110.5달러). 또한 `samples`는 해당 노드의 레코드 수를 나타내고, `values`는 해당 노드에 있는 두 클래스(0 또는 1)의 개수를 표시한다. 라벨은 상단 노드에만 표시된다. 따라서 이 트리 모델은 은행 고객들을 분류하는 규칙들로 쉽게 번역될 수 있다. 예를 들어, 트리 모델에서 결정 노드 "Family"의 아래에서 왼쪽 노드는 다음 규칙을 나타낸다.

IF (소득 > 110.5) AND (교육 수준 ≤ 1.5) AND (가족 수 ≤ 2.5)
THEN 클래스 = 0 (비승인자)

새로운 관측치의 분류

새로운 관측치를 분류하기 위해서 관측치를 트리에 떨어뜨리는, 즉 관측치를 트리 모델의 위에서 아래로 할당해 가는 과정을 거치게 된다. 이 관측치가 단말 리프terminal leaf까지 할당되어 내려왔다면, 새로운 관측치의 클래스는 투표vote를 통해(결과가 수치인 경우에는 평균을 통해) 단순하게 결정될 수 있다. 투표는 트리 모델이 학습 데이터셋을 통해 완전히 성장했을 때, 해당 단말 리프에 속했던 학습 데이터셋들 간에 이루어진다. 가장 높은 투표율을 갖는 클래스가 새로운 관측치에 할당되는 것이다.

예를 들어, [그림 9-1]에서 새로운 관측치가 트리 모델의 가장 왼쪽 리프 노드에 이르렀다고 하자. 이 노드에서는 관측치들의 대부분이 0 클래스에 속하므로 새로운 관측치도 '비승인자' 클래스로 분류된다. 또는 노드의 클래스가 0인 레코드 수를 비율(성향)로 변환한 다음 사용자에 의해 지정된 컷오프 값cutoff value과 비교한다. 특별한 경우의 이진 분류, 즉 특별히 관심이 있으나 상대적으로 발생 빈도가 드문 성공success 클래스를 분류하고자 할 때는 컷오프 값을 낮게 설정함으로써 드물게 일어나는 성공 클래스들을 더욱 잘 잡아낼 수 있다(이 경우 성공하지 못한 것을 성공한 것으로 분류하는 비용이 크게 증가할 수 있음). 이때에는 전체 리프를 성공으로 분류할 수 있을 정도의 낮은 컷오프 값만 알고 있으면 된다. 그러므로 이 경우의 컷오프 값이란, 리프 노드의 클래스를 결정하는 데 필요한 투표의 비율을 의미한다고 볼 수 있다. 단일 클래스에 중점을 둔 분류 문제에서 컷오프 값을 어떻게 사용하는가에 대해서는 5장에서 자세히 다루었다. 이제 트리를 구성하고 평가하는 방법에 대해 살펴보자.

9.2 분류 트리

트리 구성의 핵심 아이디어는 예측 변수의 공간을 재귀적 분할recursive partitioning하는 것이다. 그다음으로 중요한 문제는 과적합을 피하는 것이다. 이 절에서는 재귀적 분할을 설명하고 다음 절에서는 과적합을 피하면서 트리를 평가하고 미세 조정하는 접근 방식을 설명한다.

재귀적 분할

종속 변수를 Y로 표시하고 예측 변수들을 $X_1, X_2, X_3, \cdots, X_p$로 표시한다고 하자. 분류 문제에서는 모델의 결과 변수가 범주형 변수여야 한다. 재귀적 분할은 예측 변수들의 p차원 공간을 서로 겹치지 않는 다차원의 직사각형들로 나눈다. 여기서 예측 변수들은 연속형, 이진형, 서열형이 될 수 있다. 이러한 방식의 분할은 이전 분할의 결과에 영향을 받으며 재귀적으로 이루어진다.

먼저 하나의 변수 X_i가 선택되고, p차원의 공간을 두 부분으로 분할하게끔 X_i의 변수 값인 s_i가 선택된다. 이 중 한 부분은 $X_i \leq s_i$인 모든 점을 포함하고 다른 한 부분은 $X_i > s_i$인 모든 점을 포함한다. 그다음, 나누어진 두 부분 중 한 부분은 마찬가지로 동일한 과정에 의해 다시 한 번 변수를 선정(X_i가 될 수도 있고 다른 변수가 될 수도 있음)하고 다시 두 부분으로 분할된다. 그 결과, 처음에 하나였던 영역은 3개(다차원)의 직사각형 영역이 되었다. 이 과정이 계속 될수록 점점 더 작은 직사각형 영역들이 만들어진다. 이러한 개념은 전체 X 공간을 분할한 모든 직사각형이 가능한 한 동질적으로 또는 순수pure하게 되도록 만드는 것이다. 여기서 '순수'라는 의미는 모든 점이 오직 하나의 클래스에만 속하게 되는 것을 말한다. (물론, 이것이 항상 가능하지는 않다. 왜냐하면 서로 다른 클래스에 속하지만 예측 변수 값이 정확히 같은 점들이 존재할 수도 있기 때문이다.) 이제 예제를 통해 재귀적 분할을 살펴보자.

예제 1: 승차식 잔디깎이 기계

3장에서 제시한 승차식 잔디깎이 기계 예제를 다시 살펴보자. 승차식 잔디깎이 제조 회사는 한 도시의 가구들을 대상으로 승차식 잔디깎이 기계를 구입할 가구와 구입하지 않을 가구에 대한 분류 방법을 찾고자 한다. 테스트 표본으로서, 승차식 잔디깎이 기계를 소유한 가구들 중 12가구와 그렇지 않은 가구들 중 12가구가 랜덤으로 선정되었다. 데이터는 [표 9-1]와 같고 산점도는 [그림 9-2]와 같다.

만약 이 데이터에 분류 트리의 절차를 적용한다면, 첫 번째 분할을 위한 변수로는 소득(Income)이 선택되고 분할값은 60으로 선택될 것이다. (X_1, X_2) 공간은 이제 2개의 직사각형으로 나뉜다. 하나는 소득 59.7인 공간이며 다른 하나는 소득 59.7인 공간이다. 이는 [그림 9-3]에 나타나 있다.

표 9-1 24가구의 주택 대지의 크기Lot size, 소득Income, 잔디깎이 기계의 소유 여부Owner

가구 번호	소득 (1,000달러 단위)	주택 대지의 크기 (1,000제곱피트 단위)	잔디깎이 기계 소유 여부
1	60.0	18.4	Owner
2	85.5	16.8	Owner
3	64.8	21.6	Owner
4	61.5	20.8	Owner
5	87.0	23.6	Owner
6	110.1	19.2	Owner
7	108.0	17.6	Owner
8	82.8	22.4	Owner
9	69.0	20.0	Owner
10	93.0	20.8	Owner
11	51.0	22.0	Owner
12	81.0	20.0	Owner
13	75.0	19.6	Nonowner
14	52.8	20.8	Nonowner
15	64.8	17.2	Nonowner
16	43.2	20.4	Nonowner
17	84.0	17.6	Nonowner
18	49.2	17.6	Nonowner
19	59.4	16.0	Nonowner
20	66.0	18.4	Nonowner
21	47.4	16.4	Nonowner
22	33.0	18.8	Nonowner
23	51.0	14.0	Nonowner
24	63.0	14.8	Nonowner

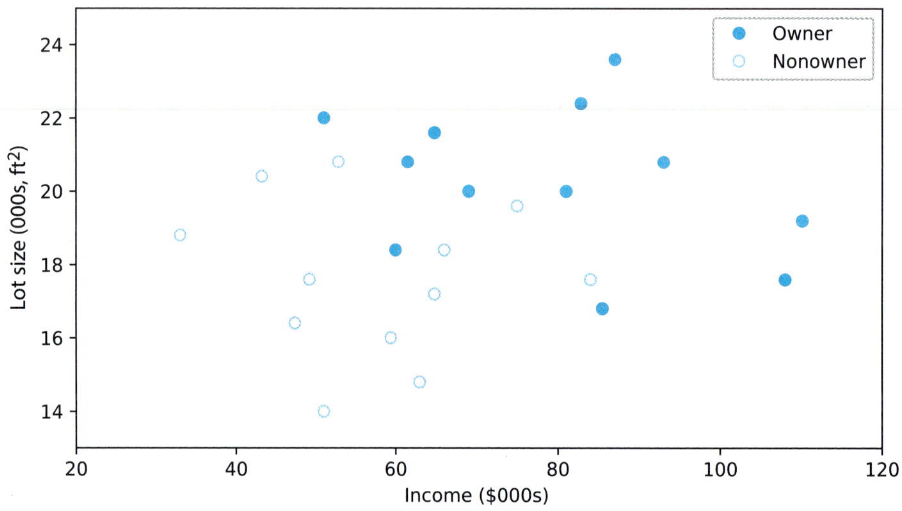

그림 9-2 승차식 기계 소유 및 비소유에 대한 24가구의 주택 대지의 크기 vs. 소득에 대한 산점도

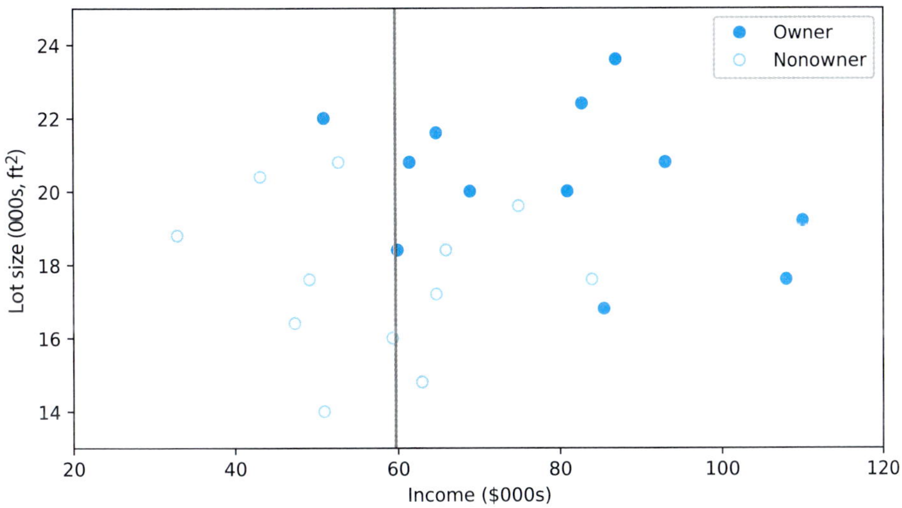

그림 9-3 소득 59.7인 값을 기준으로 한 24개 관측치 분할

이러한 분할이 어떻게 2개의 직사각형을 생성하는지에 대해 살펴보면, 각각의 분할된 직사각형이 분할되기 전의 직사각형에 비해 더욱 동질적이라는 것을 알 수 있다. 좌측의 직사각형은 대부분 비소유자일 것으로 추정되는 점들(7명의 비소유 가구와 1명의 소유 가구)을 포함하고 있으며 우측의 직사각형은 대부분 소유 가구일 것으로 추정되는 점들(11명의 소유 가구와 5명의 비소유 가구)을 포함하고 있다.

어떻게 이러한 특정 분할이 선정되었을까? 알고리즘은 최적의 분할을 찾기 위해, 변수(이 예제의 경우, 소득과 주택 대지의 크기)와 각 변수에 대한 모든 분할 가능 값을 검토한다. 각 변수에 대한 분할 가능 값들이란 무엇인가? 이 값은 단순히 예측 변수가 갖는 연속된 두 값들 사이의 중간값을 말한다. 소득에 대한 분할 가능 값은 {38.1, 45.3, 50.1, ⋯, 109.5}이며, 주택 대지의 크기에 대한 분할 가능 값은 {14.4, 15.4, 16.2, ⋯, 23}이다. 이러한 분할값들은 분할의 결과로 생기는 직사각형에서 얼마나 많이 불순도(이질성)를 감소시켰는가를 통해 순위가 매겨진다. 순수한 직사각형이란 하나의 클래스(예 소유자들)에 속한 점들로만 구성된 직사각형을 말한다. 또한 불순도 감소는 분할 전의 전체 불순도에서 분할 후의 3개 직사각형에 대한 불순도의 합을 뺀 값으로 정의된다.

범주형 예측 변수 지금까지 한 설명들은 연속형 예측 변수에 해당하는 내용이다. 그러나 범주형 변수에도 앞서 재귀적 분할에서 설명한 방법들을 적용할 수 있다. 범주형 변수를 다룰 때는 데이터를 2개의 서브셋으로 나눌 수 있는 모든 범주가 분할 가능 값으로 선택될 수 있다. 예를 들어, 4개의 범주 {a, b, c, d}를 갖는 범주형 변수가 있다고 하자. 이를 2개의 서브셋으로 나눌 수 있는 방법은 7가지다. 즉, {a}와 {b, c, d}, {b}와 {a, c, d}, {c}와 {a, b, d}, {d}와 {a, b, c}, {a, b}와 {c, d}, {a, c}와 {b, d}, {a, d}와 {b, c}가 존재한다. 범주의 수가 많아지면 분할 가능한 방법의 수도 매우 많아진다. k-NN법 $^{k\text{-nearest-neighbors, } k\text{-NN}}$과 마찬가지로, m개의 범주($m > 2$)를 갖는 예측 변수는 $m-1$이 아닌 m으로 인수분해되어야 한다.

정규화 예측 변수가 숫자형이든 범주형이든, 표준화되어 있든 아니든 차이가 없다.

불순도 측정

불순도를 측정하는 수많은 방법이 존재한다. 이 방법들 중 가장 대표적인 측정치로 지니 지수 gini index와 엔트로피 측도 entropy measure를 들 수 있다. 두 측정치에 대한 설명은 다음과 같다. 반응 변수가 m개의 클래스를 갖고 $k = 1, 2, \cdots, m$으로 표기된다고 가정하자. 그러면 직사각형 A에 대한 지니의 불순도 지수는 다음과 같이 정의된다.

$$I(A) = 1 - \sum_{k=1}^{m} p_k^2$$

여기서 p_k는 직사각형 A에서 k 클래스에 속하는 관측치들의 비율을 나타낸다. 이 측정치는 0(모든 관측치들이 같은 클래스에 속하는 경우)과 $(m-1)/m$(관측치들이 m개의 클래스에 동일하게 분포된 경우) 사이의 값을 갖는다. [그림 9-4]는 이진 클래스인 경우에 지니 지수의 값을 p_k의 함수로 보여준다. 직사각형이 2개의 클래스를 각각 50%씩 포함하고 있을 때, 즉 $p_k = 0.5$일 때 불순도 측정치는 최댓값을 갖는다.

두 번째 불순도 측정 방법은 엔트로피 지수다. 직사각형 A에 대한 엔트로피는 다음과 같이 정의된다.

$$\text{엔트로피}(A) = -\sum_{k=1}^{m} p_k \log_2(p_k)$$

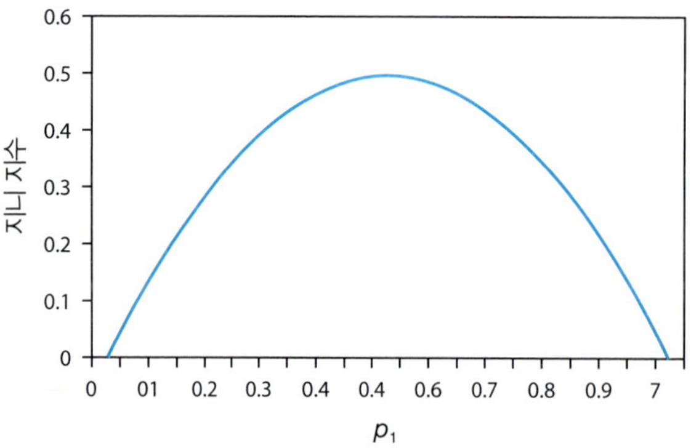

그림 9-4 이진 클래스 문제에 대한 지니 지수의 값: 클래스 1에 속하는 관측치 비율(p_1)에 대한 함수 관계

파이썬에서 $\log_2(x)$를 계산하려면 `math.log2(x)` 함수를 사용해야 한다. 이 측정치는 0(가장 순수한 형태로, 모든 관측치들이 동일 클래스에 속하는 경우)과 $\log_2(m)$(관측치들이 m개의 클래스에 동일하게 분포되어 있을 경우) 사이의 값을 갖는다. 이진 클래스 문제에서는 지니 지수와 마찬가지로 엔트로피 지수도 $p_k = 0.5$에서 최댓값을 갖는다.

잔디깎이 예제에서 주택 대지 크기 값 59.7을 사용해 첫 번째 분할 전후의 불순도를 계산해 보자. 분할하기 전의 데이터셋은 소유 12가구와 비소유 12가구를 포함하고 있다. 이는 2개의 클래스가 동일한 수의 관측치를 갖는 이진 클래스 문제에 해당한다. 따라서 분할 전 두 불순도 측정 방법은 각각 최댓값을 갖게 된다. 즉, 지니 지수 = 0.5이고 엔트로피 지수 = $\log_2(2) = 1$이다. 분할 후, 좌측의 직사각형은 비소유 7가구와 소유 1가구를 포함한다. 이 직사각형에 대한 불순도 측정치는 다음과 같다.

$$\text{gini\_left} = 1 - (7/8)^2 - (1/8)^2 = 0.219$$
$$\text{entropy\_left} = -(7/8)\log_2(7/8) - (1/8)\log_2(1/8) = 0.544$$

우측 노드는 소유 11가구와 비소유 5가구를 포함하고 있다. 따라서 우측 노드의 불순도는 다음과 같다.

$$\text{gini\_right} = 1 - (11/16)^2 - (5/16)^2 = 0.430$$
$$\text{entropy\_right} = -(11/16)\log_2(11/16) - (5/16)\log_2(5/16) = 0.896$$

분할을 통해 생성된 두 노드의 불순도를 결합한 값은 두 노드에 대한 불순도 측정치의 가중 평균weighted average으로 나타낼 수 있다. 이때, 가중치는 노드별 관측치의 수에 따라 달라진다.

$$\text{gini} = (8/24)(0.219) + (16/24)(0.430) = 0.359$$
$$\text{entropy} = (8/24)(0.544) + (16/24)(0.896) = 0.779$$

따라서 지니 불순도 지수는 분할 전 0.5에서 분할 후 0.359로 감소한 결과를 얻었다. 이와 유사하게 엔트로피 불순도 지수도 분할 전 1에서 분할 후 0.779로 감소했다.

모든 가능한 예측 변수별로 모든 가능한 분할에 대해 불순도 감소를 비교해 봄으로서, 그다음 분할이 선택된다. 승차식 잔디깎이 기계 데이터를 계속해서 분할하면, 다음 분할은 '대지의 크기'로서 변수 값이 21.4인 점에서 분할이 이루어진다. [그림 9-5]는 트리 모델의 절차가 다음 직사각형의 순수도를 높이기 위해 빈틈없이 직사각형을 분할해 나가는 선택 과정을 보여준다. 왼쪽 하단의 직사각형은 '소득 ≤ 59.7'이고 '주택 대지의 크기 ≤ 21.4'인 조건을 만족하는 관측치들이며 모두 비소유 가구다. 반면, 왼쪽 상단의 직사각형은 '소득 ≤ 59.7'이고 '주택 대지의 크기 > 21.4'인 조건을 만족하는 관측치들로 오직 한 가구만 포함하고 있다. 즉, 두 좌측의 직사각형들은 '순수'하다.

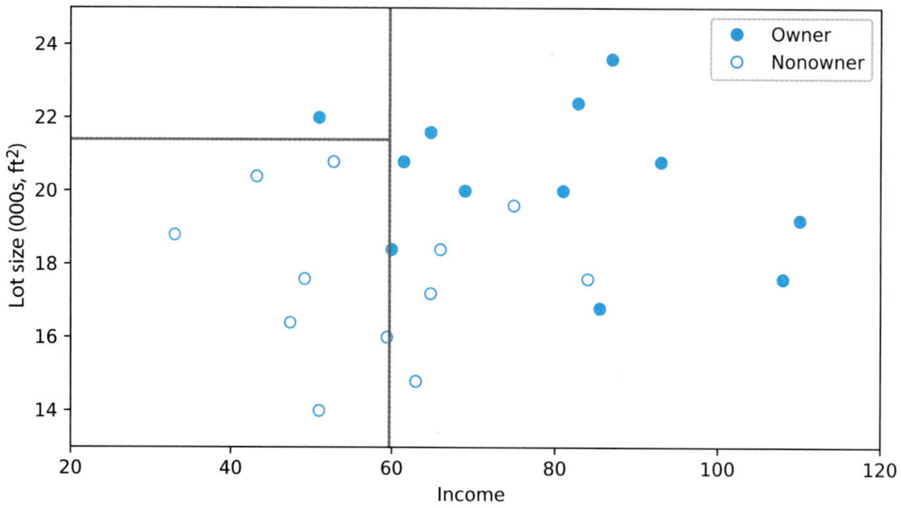

그림 9-5 먼저 소득 59.7로, 그다음에는 대지의 크기 21.4을 기준으로 24개 관측치를 분할한다.

이처럼 재귀적 분할 과정은 알고리즘이 진행되는 동안 만들어낸 직사각형들이 보다 순수하게 정제되어 가는 것을 보여준다. [그림 9-6]은 재귀적 분할 과정의 마지막 단계를 보여준다.

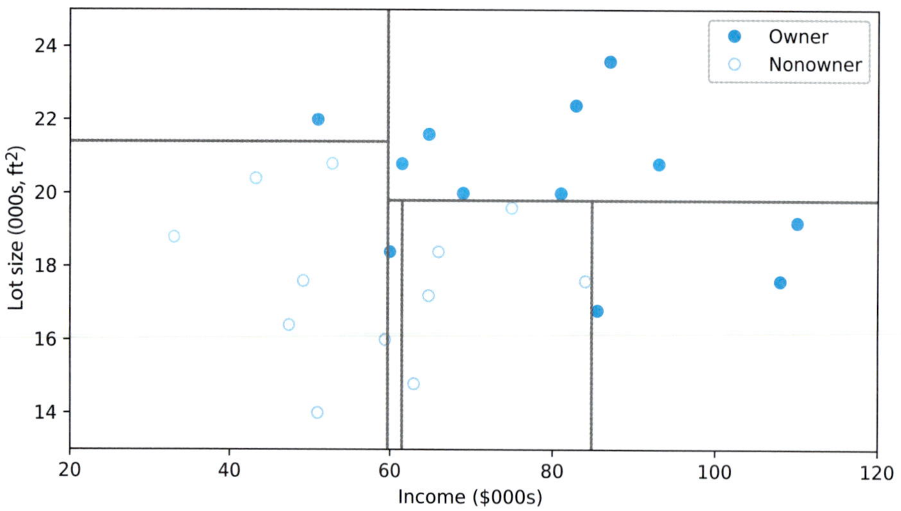

그림 9-6 재귀적 분할의 마지막 단계. 각 직사각형은 하나의 클래스(소유 가구 또는 비소유 가구)로만 구성되어 있다.

여기서 각 직사각형이 순수하다는 것을 눈여겨볼 필요가 있다. 즉, 각 직사각형이 2개의 클래스 중 한 클래스에 속한 점들만 포함하고 있다.

이 기법이 분류 트리 알고리즘classification tree algorithm이라고 불리는 이유는 분할 과정이 하나의 노드를 2개의 자식 노드successor로 분할하는 방식으로 묘사될 수 있기 때문이다. [그림 9-7]에서 첫 번째 분할은 트리의 루트 노드root node에서 가지가 뻗어나간 것처럼 보인다. [그림 9-8]은 처음 3개의 분할을 보여주는 트리이고 [그림 9-9]는 완전히 성장한 트리 모델을 보여준다.

분류 트리를 실행하고 시각화하는 파이썬 코드

```
mower_df = pd.read_csv('RidingMowers.csv')
# use max_depth to control tree size (None = full tree)
classTree = DecisionTreeClassifier(random_state=0, max_depth=1)
classTree.fit(mower_df.drop(columns=['Ownership']), mower_df['Ownership'])
print("Classes: {}".format(', '.join(classTree.classes_)))
plotDecisionTree(classTree, feature_names=mower_df.columns[:2],
                 class_names=classTree.classes_))
```

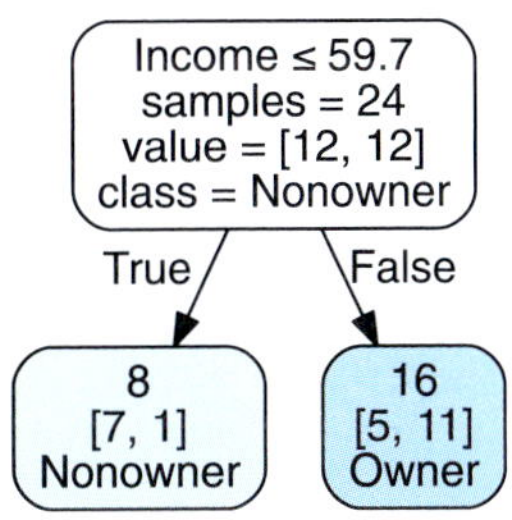

그림 9-7 첫 번째 분할에 대한 트리 모델 표현([그림 9-3]에 대응)

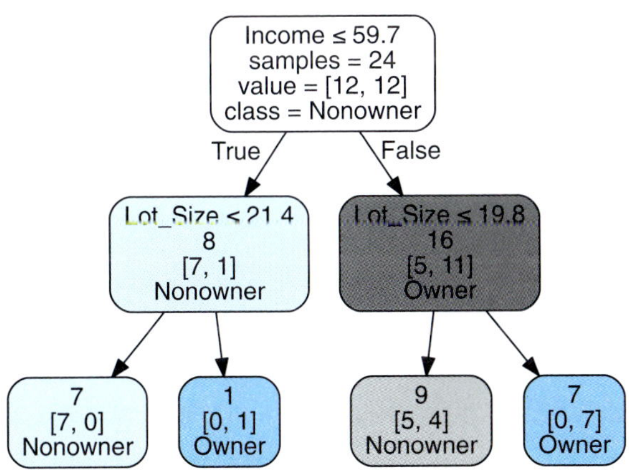

그림 9-8 처음 3개 분할에 대한 트리 모델 표현

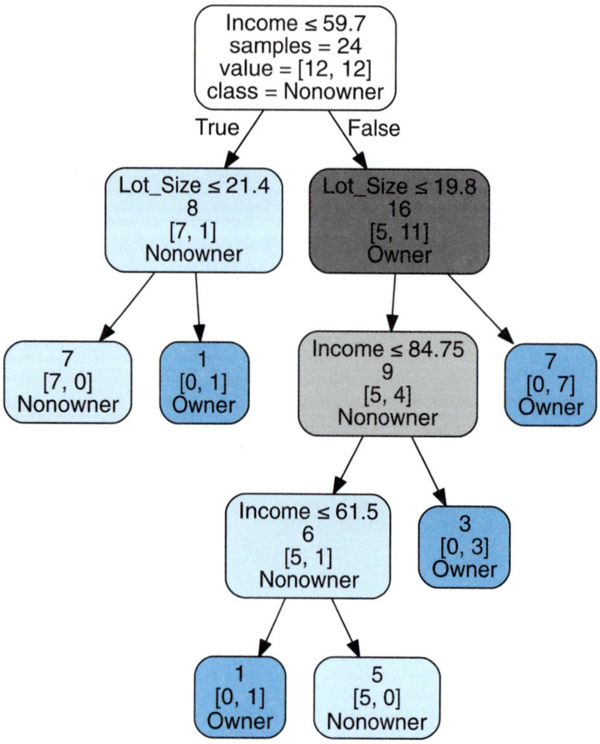

그림 9-9 모든 분할이 끝난 트리 모델 표현([그림 9-6]에 대응). 완전히 성장한 트리 모델

9.3 분류 트리의 성능 평가

모델링이라는 작업이 학습 데이터셋에 모델을 적합시키는 것만 의미하지 않음을 앞선 방법론들을 통해서 살펴보았다. 모델을 평가하고 조정하려면 학습 데이터셋 외에 표본 데이터가 필요하다. 특히 분류 예측 트리 모델에서는 다음 두 가지 측면에서 더욱 그러하다.

- 트리 구조는 선택된 표본에 따라서 다소 불안정하고 크게 변할 수 있다.
- 완전 적합된 트리 모델은 대개 과적합overfitting을 초래한다.

첫 번째 문제인 잠재적 불안정성을 구체적으로 보여주기 위해 데이터를 두 표본 A와 B로 랜덤하게 나누고 각각의 표본으로 트리 모델을 각각 만들었다고 가정해 보자. 만약 대략적으로 동일한 예측력을 가지는 몇 개의 예측 변수가 있다면 표본 A와 B의 가장 위쪽 단계 분류에서 서로 다른 예측 변수들을 선택할 수도 있을 것이다. 그리고 가장 위쪽 단계에서 분류가 다르게 시작되면 그 영향이 폭포수처럼 트리를 타고 흘러 전혀 다른 규칙 집합을 산출할 것이다. 따라서 트리 모델의 결과를 확인하는 데에는 주의를 기울여야 한다.

두 번째 과적합 문제는 다른 예제를 통해 살펴보자.

예제 2: 개인 대출 수락

유니버설 은행은 전체 고객 확보와 관련하여 상대적으로 빠르게 성장하고 있는 신생 은행이다. 은행 고객들 중 대다수는 다양한 규모로 은행과 관계를 맺고 있는 채무 고객(예금자)들이다. 자산이 많은 고객의 수는 많지 않으며, 은행은 대출 사업을 확장하는 데 관심이 있다. 특히 부채가 있는 고객들을 개인 대출 고객으로 전환하기 위해 은행은 다방면으로 노력하고 있다.

은행이 채무 고객들을 대상으로 실시한 대출 캠페인에서는 9% 이상의 성공적인 전환율을 보여주었다. 마케팅 부서는 이러한 실적에 힘입어 타깃 마케팅target marketing을 활용한 보다 효과적인 캠페인을 고안하고자 한다. 분석 목적은 이전 캠페인 데이터를 바탕으로 고객의 행동을 모델링하는 것으로, 어떠한 요인들의 조합이 고객들로 하여금 개인 대출 제안을 더 잘 수락하게 하는지를 분석하는 것이다. 분석 결과는 새로운 캠페인을 설계하는 기초로 쓰일 것이다.

여기서 예측 모델은 분류 트리가 될 것이다. 이 트리 모델이 새로운 관측치를 분류하는 정확도를 평가하는 방법으로 5장에서 논의한 방법과 기준들을 사용한다. 즉, 데이터를 학습 데이터셋과 검증 데이터셋으로 나눈 후 교차 검증cross-validation의 개념을 소개하겠다.

은행의 데이터셋에는 고객 5,000명에 대한 데이터가 들어 있다. 이 데이터는 인구통계학적 정보(나이, 소득 등), 개인 대출 캠페인에 대한 고객들의 반응(개인 대출로 표기됨), 고객과 은행 간 관계 정보(담보 부채권, 증권 계좌 등)를 포함하고 있다. [표 9-2]는 고객 20명에 대한 표본 데이터로, 데이터의 구조를 보여준다. 고객 5,000명 중에서 480명(= 9.6%)만 대출 캠페인에서 고객에게 제안된 개인 대출을 받아들였다.

데이터를 랜덤하게 학습 데이터셋(관측치 3,000개)과 검증 데이터셋(관측치 2,000개)으로 나눈 후, 학습 데이터셋을 사용해 트리 모델을 성장시킨다. [그림 9-12]는 그 결과를 보여준다(해당 모델은 제공된 데이터에 대해서 `DecisionTreeClassifier()`를 활용해 만든 기본 트리 모델임). 정확한 분할을 보기는 어렵지만 최상위 결정 노드가 학습 데이터셋에 포함된 전체 레코드를 참조하며, 그중 2,704명의 고객은 대출을 받지 않았고, 296명의 고객은 대출을 받았다. 최상단 노드의 "class = 0"은 가장 많은 관측치가 속한 클래스(비수용자)를 나타낸다. 첫 번째 분할은 `Income` 변수에 의해 이루어졌으며 좌우 자식 노드를 하위 레벨에 생성했다. 왼쪽의 자식 노드는 소득이 110.5 이하인 고객들을 포함한다. 소득이 110.5 이상인 고객들은 오른쪽 자식 노드에 포함된다. 이러한 분류 과정은 알고리즘이 파라미터 설정에 의해 멈출 때까지 계속된다. 고객에 대한 최종 분류 결과는 단말 노드에 나타난다. 43개 단말 노드 중에서 24개는 "비수용자"로 분류되었고, 19개는 "수용자"으로 분류되었다.

표 9-2 유니버설 은행의 20명 고객에 대한 표본 데이터

ID	Age	Professional experience	Income	Family size	CC avg.	Education	Mortgage	Personal loan	Securities account	CD account	Online banking	Credit card
1	25	1	49	4	1.60	UG	0	No	Yes	No	No	No
2	45	19	34	3	1.50	UG	0	No	Yes	No	No	No
3	39	15	11	1	1.00	UG	0	No	No	No	No	No
4	35	9	100	1	2.70	Grad	0	No	No	No	No	No
5	35	8	45	4	1.00	Grad	0	No	No	No	No	Yes
6	37	13	29	4	0.40	Grad	155	No	No	No	Yes	No
7	53	27	72	2	1.50	Grad	0	No	No	No	Yes	No
8	50	24	22	1	0.30	Prof	0	No	No	No	No	Yes
9	35	10	81	3	0.60	Grad	104	No	No	No	Yes	No
10	34	9	180	1	8.90	Prof	0	Yes	No	No	No	No
11	65	39	105	4	2.40	Prof	0	No	No	No	No	No
12	29	5	45	3	0.10	Grad	0	No	No	No	Yes	No
13	48	23	114	2	3.80	Prof	0	No	Yes	No	No	No
14	59	32	40	4	2.50	Grad	0	No	No	No	Yes	No
15	67	41	112	1	2.00	UG	0	No	Yes	No	No	No
16	60	30	22	1	1.50	Prof	0	No	No	No	Yes	Yes
17	38	14	130	4	4.70	Prof	134	Yes	No	No	No	No
18	42	18	81	4	2.40	UG	0	No	No	No	No	No
19	46	21	193	2	8.10	Prof	0	Yes	No	No	No	No
20	55	28	21	1	0.50	Grad	0	No	Yes	No	No	Yes

기본 트리는 트리의 최대 깊이(또는 리프의 노드 수)나 불순도 측정의 감소 정도에 제한이 없다. 트리 크기를 제어하는 파라미터의 이러한 기본값은 순수한 리프 노드를 가진, 완전히 성장한 트리로 이어진다. [그림 9-10]은 완전히 성장한 트리 모델을 보여준다.

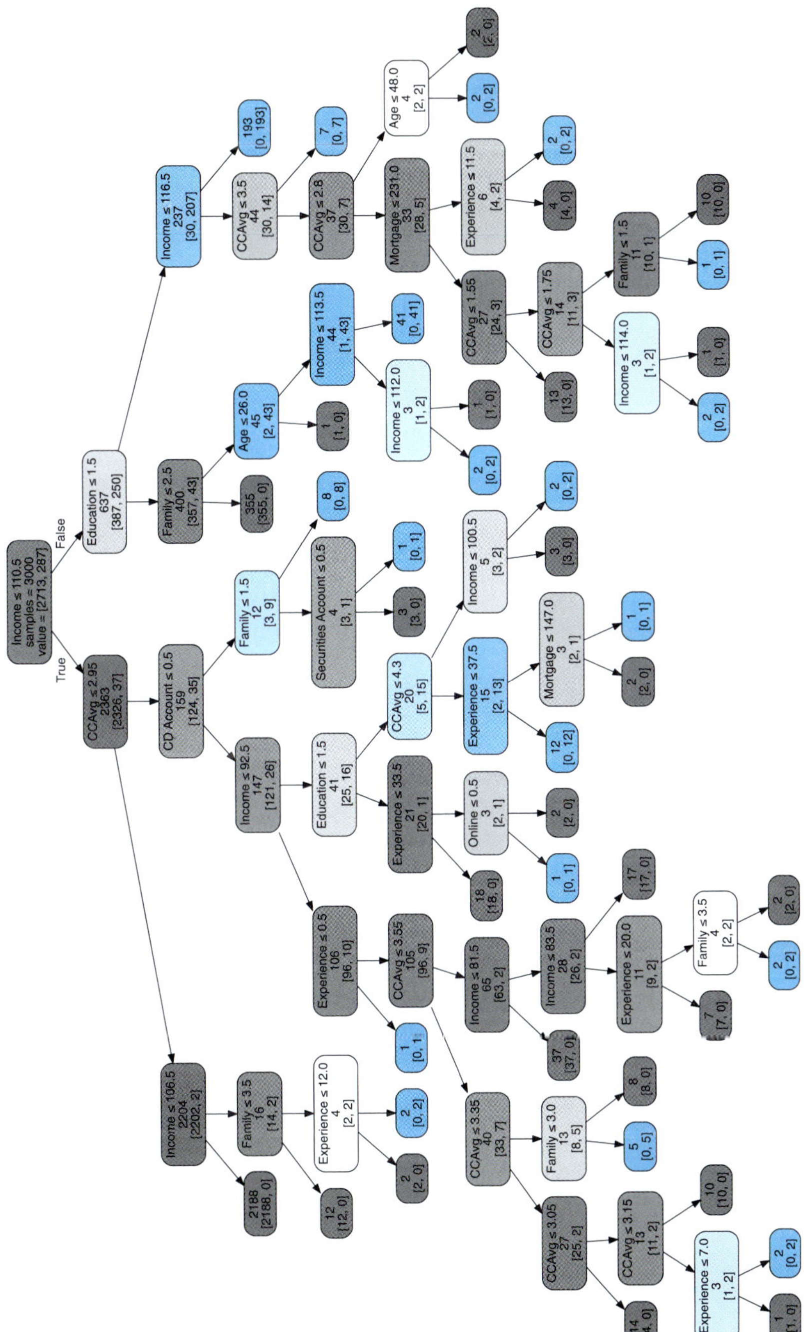

그림 9-10 개인 대출 수락 데이터의 학습 데이터셋(관측치 3,000개)를 이용해서 만든 완전히 성장한 트리 모델

완전히 성장한 분류 트리 모델을 생성하기 위한 파이썬 코드

```
bank_df = pd.read_csv('UniversalBank.csv')
bank_df.drop(columns=['ID', 'ZIP Code'], inplace=True)

X = bank_df.drop(columns=['Personal Loan'])
y = bank_df['Personal Loan']
train_X, valid_X, train_y, valid_y = train_test_split(X, y, test_size=0.4, random_state=1)

fullClassTree = DecisionTreeClassifier(random_state=1)
fullClassTree.fit(train_X, train_y)

plotDecisionTree(fullClassTree, feature_names=train_X.columns)
```

검증 데이터셋으로 이 전체 트리 모델의 성능을 평가해 보자. 검증 데이터셋의 각 관측치가 트리 모델에 '떨어뜨려'지면 트리를 타고 내려가 도달하는 단말 노드에 의해 분류된다. 이렇게 예측된 클래스는 정오 행렬표를 통해 실제 결과와 비교해 볼 수 있다. 특정 클래스에 관심이 있는 경우, 향상 차트lift chart는 모델이 이 클래스에 속한 레코드를 얼마나 잘 찾아내는가에 대한 성능을 평가하는 데 유용하다. [표 9-3]은 완전히 성장한 트리의 정오 행렬표다. 학습 데이터셋은 완벽하게 분류된 반면(Accuracy = 1), 검증 데이터셋의 정확도는 더 낮다(Accuracy = 0.98).

표 9-3 대출 승인 데이터의 학습·검증 데이터셋에 대한 기본(전체) 분류 트리 모델의 정오 행렬표와 정확도

하나의 트리 모델을 사용해 검증 데이터셋을 분류하고, 학습·검증 데이터셋에 대한 정오 행렬표와 정확도를 계산하기 위한 파이썬 코드

```
classificationSummary(train_y, fullClassTree.predict(train_X))
classificationSummary(valid_y, fullClassTree.predict(valid_X))
```

실행 결과

```
# full tree: training
Confusion Matrix (Accuracy 1.0000)

       Prediction
Actual    0    1
     0 2727    0
     1    0  273

# full tree: validation
Confusion Matrix (Accuracy 0.9790)

       Prediction
Actual    0    1
     0 1790   17
     1   25  168
```

교차 검증을 사용한 민감도 분석

트리 모델의 불안정성instbility 문제로 인해 학습 및 검증 데이터셋으로 다른 분할을 사용할 경우 성능 결과가 크게 달라질 수 있다. 따라서 교차 검증을 하여 서로 다른 데이터 분할에 대한 성능 변동을 평가하는 것이 유용할 수 있다(2.5절 참조). [표 9-4]는 코드와 파이썬에서 제공하는 `cross_val_score()` 함수를 사용해 완전히 성장한 기본 트리에 대해 5겹 교차 검증5-fold cross validation을 수행한 결과다. 이를 통해 검증 정확도가 0.972에서 0.992까지 서로 다른 분할 수에 걸쳐 크게 변화하는 것을 알 수 있다.

표 9-4 5접 교차 검증을 이용한 5개의 검증 분할에 대한 기본(전체) 분류 트리 모델의 정확성

완전히 성장한 트리에 5겹 교차 검증을 수행하여 정확도를 계산하는 파이썬 코드

```
treeClassifier = DecisionTreeClassifier(random_state=1)

scores = cross_val_score(treeClassifier, train_X, train_y, cv=5)
print('Accuracy scores of each fold: ', [f'{acc:.3f}' for acc in scores])
```

실행 결과

```
Accuracy scores of each fold: ['0.985', '0.972', '0.992', '0.987', '0.992']
```

9.4 과적합 방지하기

5장에서 살펴보았듯이, 과적합은 새로운 데이터에 대해 성능 저하를 초래한다. 트리 모델의 다양한 분할 레벨에서 모델의 총 오류를 살펴보면, 과적합이 일어나는 점에 이르기까지 분할 레벨의 수는 증가하고 이에 따라 총 오류는 감소하는 것을 알 수 있다. 물론 학습 데이터셋의 총 오류는 트리 모델의 분할 레벨이 최대가 되어 그 값이 0이 될 때까지 계속해서 줄어든다. 그러나 새로운 데이터에 대해서는 트리 모델이 클래스와 예측 변수 사이의 관계를 모델링하는 시점까지만 오류가 감소한다. 그 시점이 지나면 트리 모델은 학습 데이터셋의 노이즈들까지도 모델링하기 시작하는데, 이때부터는 검증 데이터셋에 대한 오류가 증가한다. [그림 9-11]은 이를 설명하고 있다. 트리 모델의 분할 레벨이 높을 때(많을 때) 과적합이 생기는 이유를 직관적으로 살펴보면, 이는 노드들이 매우 적은 수의 관측치를 사용해 분할되었기 때문이다. 이 경우에는 클래스 간의 차이가 예측 변수가 주는 정보에 기반하여 발생했다기보다는 노이즈를 기반으로 발생했을 가능성이 높다.

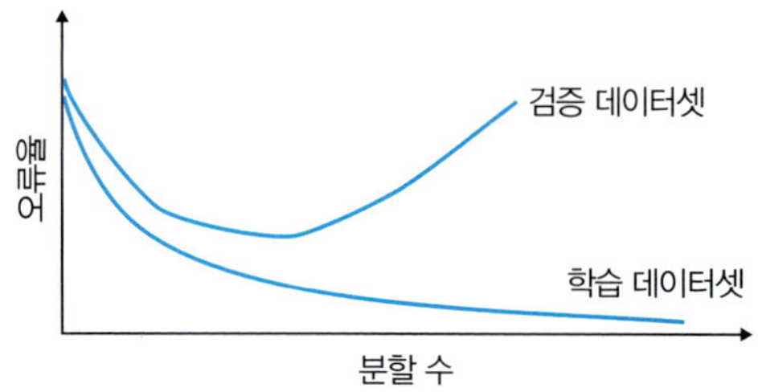

그림 9-11 과적합: 분할 노드 수의 함수로서의 오류율(학습 데이터셋 vs. 검증 데이터셋)

트리 모델 성장 중단시키기

트리 모델이 과적합되기 전에 트리 모델의 성장을 중단시키기 위해 여러 기준이 제시될 수 있다. 예를 들어 트리 모델의 깊이(분할 횟수), 노드의 최소 관측치 수, 불순도의 최소 감소량 등이 있다. 파이썬의 `DecisionTreeClassifier()` 함수를 사용해 트리의 깊이, 분할에 필요한 노드의 최소 레코드 수, 단말 노드의 최소 레코드 수 등을 조절할 수 있다. 문제는 이러한 방법들을 사용할 때도 성장을 멈추기에 적절한 시점을 결정하기가 쉽지 않다는 것이다.

트리의 깊이, 분할에 필요한 노드의 최소 레코드 수, 최소 불순도를 제한한 개인 대출 수락 예제로 돌아가보자. [그림 9-12]는 코드와 결과 트리를 나타낸다. 결과 트리에는 2개의 순수한 노드와 그렇지 않은 노드 2개가 있고, 마지막 리프 노드 4개가 달려 있다. 가장 작은 마지막 리프 노드에는 44개의 레코드가 있다.

[표 9-5]는 작은 분류 트리 모델의 학습 및 검증 데이터셋에 대한 정오 행렬표다. 완전히 성장한 트리 모델과 비교해 보자. 완전히 성장한 트리 모델로 학습 데이터셋을 분류하면 100% 정확도를 보이는데, 이는 순수한 마지막 리프 노드를 가지고 있음을 의미한다. 작은 트리 모델의 경우 완전히 성장한 모델과 동일한 검증 성능을 보이지만, 학습 데이터셋과 검증 데이터셋의 성능 차이가 작게 발생했다. 트리 모델의 성장을 멈추는 이유는 완전 성장 모델은 학습 데이터셋에 대해서 과적합을 발생시키기 때문이다.

작은 분류 트리 모델을 생성하는 파이썬 코드

```
smallClassTree = DecisionTreeClassifier(max_depth=30, min_samples_split=20,
                        min_impurity_decrease=0.01, random_state=1)
smallClassTree.fit(train_X, train_y)

plotDecisionTree(smallClassTree, feature_names=train_X.columns)
```

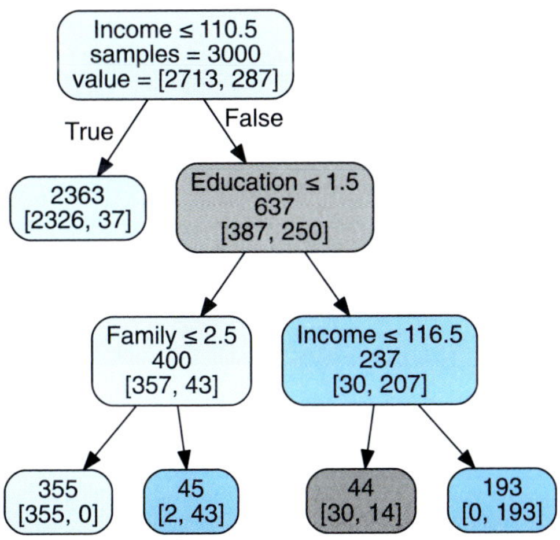

그림 9-12 개인 대출 수락 데이터의 학습 데이터셋(3,000 관측치)을 이용해서 만든 작은 분류 트리 모델

표 9-5 작은 분류 트리 모델: 학습 및 검증 데이터셋에 대한 정오 행렬표와 정확도(개인 대출 예제)

작은 분류 트리 모델을 사용해 검증 데이터셋을 분류하고 학습 및 검증 데이터셋에 대한 정오 행렬표와 정확도를 계산하는 파이썬 코드

```
classificationSummary(train_y, smallClassTree.predict(train_X))
classificationSummary(valid_y, smallClassTree.predict(valid_X))
```

실행 결과

```
# full tree: training
Confusion Matrix (Accuracy 1.0000)

       Prediction
Actual    0    1
     0 2711    2
     1   51  236

# full tree: validation
Confusion Matrix (Accuracy 0.9790)

       Prediction
Actual    0    1
     0 1804    3
     1   43  150
```

트리 모델의 파라미터 조정

최대 모델의 깊이를 조정하여 트리 모델의 성장을 멈추는 방법을 사용할 때 문제가 되는 것은 가장 좋은 시점이 언제인지 결정하는 것이다. 이는 간단한 문제가 아니다. 가장 좋은 해결책은 서로 다른 파라미터 값의 조합에 그리드 검색grid search을 사용하는 것이다. 예를 들어, 최대 깊이가 [5, 30], 단말 노드의 최소 레코드 수가 [20, 100], 불순물 기준이 [0.001, 0.01]인 범위에서 감소하는 트리를 검색할 수 있다. 철저한 그리드 검색을 사용해 오류가 가장 작은(가장 정확도가 높은) 모델의 파라미터 조합을 찾을 수 있다.

동일한 학습 데이터셋에서 정확도를 측정하면서 검색 범위의 모든 트리 모델 중 오차가 가장 작은 모델을 찾는다면 이는 학습 데이터셋에 대해서 과적합될 것이다. 만약 검증 데이터셋으로 이같이 그리드 검색을 시도한다면 검증 데이터셋에 대해서 과적합될 것이다. 이에 대한 해결책은 학습 데이터셋에 대해서 교차 검증cross-validation하여 가장 좋은 모델을 선정하고, 해당 트리 모델에 대해서 새로운 검증 데이터셋으로 성능을 평가하는 것이다. 다음과 같은 방법은 과적합을 감지하고 방지하는 데 도움이 된다.

파이썬의 `GridSearchCV()`를 사용해 이러한 유형의 그리드 검색을 수행할 수 있다. [표 9-6]은 5겹 교차 검증5-fold cross-validation과 함께 그리드 검색을 사용한 코드와 그 결과다. `max_depth`는 5, `min_impurity_decrease`는 0.0011, `min_samples_split`는 13이다. 학습 및 검증 데이터셋에 대한 최종 모델 성능은 [그림 9-13]과 같다.

표 9-6 철저한 그리드 검색을 통한 파라미터 조정

GridSearchCV를 사용해 모델의 최적 파라미터를 선정하는 파이썬 코드

```
# Start with an initial guess for parameters
param_grid = {
    'max_depth': [10, 20, 30, 40],
    'min_samples_split': [20, 40, 60, 80, 100],
    'min_impurity_decrease': [0, 0.0005, 0.001, 0.005, 0.01],
}
gridSearch = GridSearchCV(DecisionTreeClassifier(random_state=1), param_grid, cv=5,
                          n_jobs=-1) # n_jobs=-1 will utilize all available CPUs
gridSearch.fit(train_X, train_y)
print('Initial score: ', gridSearch.best_score_)
print('Initial parameters: ', gridSearch.best_params_)
```

```
# Adapt grid based on result from initial grid search
param_grid = {
    'max_depth': list(range(2, 16)), # 14 values
    'min_samples_split': list(range(10, 22)), # 11 values
    'min_impurity_decrease': [0.0009, 0.001, 0.0011], # 3 values
}
gridSearch = GridSearchCV(DecisionTreeClassifier(random_state=1), param_grid, cv=5,
                          n_jobs=-1)
gridSearch.fit(train_X, train_y)
print('Improved score: ', gridSearch.best_score_)
print('Improved parameters: ', gridSearch.best_params_)

bestClassTree = gridSearch.best_estimator_
```

실행 결과

```
Initial score: 0.988
Initial parameters: {'max_depth': 10, 'min_impurity_decrease': 0.001,
                     'min_samples_split': 20}

Improved score: 0.9883333333333333
Improved parameters: {'max_depth': 5, 'min_impurity_decrease': 0.0011,
                      'min_samples_split': 13}
```

미세 조정한 분류 트리의 성능을 플로팅 및 평가하는 파이썬 코드

성능 평가

```
# fine-tuned tree: training
> classificationSummary(train_y, bestClassTree.predict(train_X))
Confusion Matrix (Accuracy 0.9900)

       Prediction
Actual    0    1
     0 2703   10
     1   20  267

# fine-tuned tree: validation
> classificationSummary(valid_y, bestClassTree.predict(valid_X))
Confusion Matrix (Accuracy 0.9825)

       Prediction
Actual    0    1
     0 1793   14
     1   21  172
```

트리 플로팅

```
plotDecisionTree(bestClassTree, feature_names=train_X.columns)
```

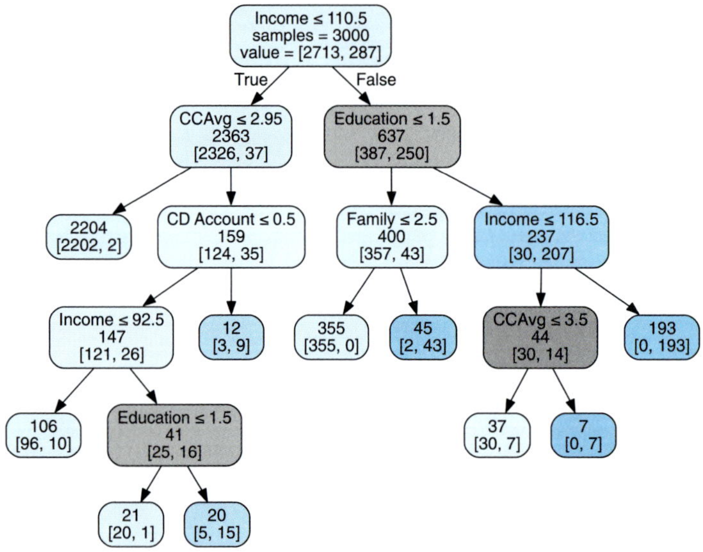

그림 9-13 학습 데이터셋을 사용한 대출 수락 데이터에 대해 최적으로 가지치기된 트리 모델(관측치 3,000개)

그리드 검색을 철저히 하면 시간이 아주 많이 걸릴 수 있다. 이 예에서 첫 번째 그리드 검색은 $4 \times 5 \times 5 = 100$개의 조합을 평가했다. 두 번째 그리드 검색은 $14 \times 11 \times 3 = 462$개의 조합을 평가했다. 더 많은 조정 가능한 파라미터를 사용할 경우 조합의 수는 커질 수 있다. 이 경우에는 총 시도 횟수(`n_iter`)를 제한하면서 모든 조합을 랜덤으로 샘플링하는 함수인 `RandomizedSearchCV()`를 사용하는 것이 더 좋다. `RandomizedSearchCV()`를 사용하면 개별적으로 나열하지 않고 분포(예 0에서 1 사이의 임의의 숫자)에서 파라미터를 샘플링할 수도 있다.

트리 크기를 제한하는 기타 방법

트리 크기를 제한하는 몇 가지 다른 방법도 있다. 여기서는 파이썬 코드는 제공하지 않고 간단히 소개만 한다.

CHAID CHAID^CHi-squared Automatic Interaction Detection^는 분류 회귀 트리^CART^ 절차보다 수년 앞서 나온 재귀적인 분할 방법으로 오늘날 데이터베이스 마케팅에서 폭넓게 사용되고 있다. 이 방법은 잘 알려진 통계 검정 기법(독립 변수에 대한 카이제곱 검정)을 사용하여 노드를 더 분할할지를 결정하는데, 노드의 분할 결과로 얻은 순도의 증가량이 통계적으로 유의할 경우에 노드를 분할한다. 각 노드에서는 반응 변수와 가장 큰 연관성을 보이는 예측 변수로 분할한다. 연관성의 강도는 카이제곱 독립성 검정에 의한 값으로 측정한다. 만약 가장 연관성이 큰 예측 변수가 통계적으로 유의한 개선 결과를 보이지 못한다면 분할은 일어나지 않으며 트리 모델은 그대로 종료된다. 이 방법은 범주형 예측 변수에 더 적합하지만 연속형 예측 변수에도 구간화binning를 통해 범주형 구간으로 변환시킨 후 적용할 수 있다.

이 아이디어를 기반으로 하는 더 일반적인 트리를 조건부 추론 트리라고 한다(호손 외Horthorn et al., 2006). R의 party와 partykit 패키지에 구현되어 있으며, 범주형과 연속형 변수 모두 적용 기능하다.

가지치기 가지치기Pruning의 배경에 깔린 개념은 큰 트리가 학습 데이터셋에 과적합될 가능성이 높고, 마지막에 자라는 몸통에서 가장 멀리 떨어진 가장 작은 가지가 학습 데이터셋에 노이즈를 적합시킬 가능성이 높다는 것을 인식하는 것이다. 실제로 새로운 데이터가 들어왔을 때 오차가 발생할 수 있으므로 이 부분에 가지치기를 수행한다. 완전히 성장한 트리 모델에서 가지치기하는 것이 널리 사용되는 CART 방법의 기본이다. CART(브레이만Breiman 등이 개발하고 SAS Enterprise Miner, CART, MARS, R의 rpart 패키지 등 다수의 데이터 마이닝 소프트웨어 패키지에 구현되어 있음)와 C4.5(퀸런Quinlan이 개발하고 IBM SPSS Modeler에 구현되어 있음)에서 도입한 방법이다.

구체적으로 보면, CART 알고리즘은 트리 크기를 선택하기 위해 트리 크기(복잡도)와 오분류 오류(비용)의 균형을 맞추는 비용-복잡도 함수를 사용한다. 비용 복잡도 기준Cost Complexity, CC은 (학습 데이터셋에 대한) 트리 모델의 오분류율과 트리 모델의 크기에 대한 벌점 인수penalty factor를 합해 놓은 것이라고 볼 수 있다. 트리 모델 T가 $L(T)$개의 리프 노드를 가진다고 할 때 비용 복잡도는 다음과 같이 쓸 수 있다.

$$\mathrm{CC}(T) = \mathrm{err}(T) + \alpha L(T)$$

$\mathrm{err}(T)$는 트리 모델 T에 의해 오분류된 학습 데이터셋 관측치들의 비율이고, α는 트리 모델 크기에 대한 복잡도 파라미터다. $\alpha = 0$일 때는 트리 모델이 아무리 많은 노드를 갖는다고 해도 복잡도가 부여되지 않는다. 이때, 비용 복잡도 기준으로 선택된 최적의 트리 모델은 완전 성장 트리, 즉 가지치기가 이루어지지 않은 트리가 된다. 그러나 α를 아주 큰 값으로 증가시키면 비용 복잡도 기준 함수의 복잡도 비용 부분이 오분류율 부분을 압도하므로 이 경우 최적의 트리 모델이란 단순히 가장 적은 수의 리프 노드를 갖는 트리를 의미한다. 다시 말해서 노드가 1개인 트리 모델인 것이다. 즉, 트리의 크기는 α의 범위에 따라 정해진다(α가 클수록 트리는 작아지고, α가 작을수록 트리는 커짐).

이 트리 모델의 과정을 보면, 검증 데이터셋에서 오분류 오류가 가장 낮은 트리를 선택하는 것은 자연스럽다. 또는 단일 검증에 의존하는 대신 k-교차 검증을 사용해 α를 선택할 수 있다.

9.5 분류 트리 모델의 분류 규칙

9.1절에서 설명했듯이, 분류 트리 모델은 모델이 너무 크지 않다면 쉽게 이해할 수 있는 분류 규칙을 제공한다. 각 리프 노드는 분류 규칙에 해당한다. 다시 예제로 돌아가보자. [그림 9-13]의 최적으로 가지치기된 트리 모델에서 왼쪽 리프 노드에 해당하는 규칙은 다음과 같다.

> IF (소득 ≤ 110.5) AND (월별 신용카드 사용액 ≤ 2.95)
> THEN 클래스 = 0

그러나 많은 경우, 규칙의 수는 중복된 규칙들을 제거함으로써 줄일 수 있다. 예를 들어, [그림 9-13]의 좌측 하단 두 번째 리프 노드에서 ❶은 ❷와 같이 단순하게 정리될 수 있다.

❶ IF (소득 ≤ 110.5) AND (월별 신용카드 평균사용액 ≥ 2.95)
AND (CD 계좌 ≤ 0.5) AND (소득 ≤ 92.5),
THEN 클래스 = 0

❷ IF (소득 ≤ 92.5) AND (월별 신용카드 평균사용액 > 2.95) (CD 계좌 ≤ 0.5),
THEN 클래스 = 0

이와 같이 데이터를 어느 특정 클래스로 분류하는 분류 트리 모델은 절차가 명료하고 알고리즘을 이해하기 쉽기 때문에 분류만이 최종적인 목적이 아닌 경우에도 매우 유용하다. 베리Berry와 리노프Linoff의 책(2000)에 실린 예처럼, 보험회사는 건강 보험 심사에서 보험자의 가입 요구에 대한 거절이 차별에서 비롯되지 않았음을 보여줄 필요가 있다. 거절된 사유를 제시한다면 (예 소득 < 20,000달러 AND 낮은 신용 이력이 낮음), 보험회사는 이에 대해 제기될 수 있는 소송을 피할 수 있다. 판별 분석과 같은 다른 분류 기법과 비교해 보면 트리 모델에 기반한 분류 법칙은 관리자나 운영 직원에게도 쉽게 설명된다. 분류 트리 모델의 논리는 신경망의 가중치보다 훨씬 간단 명료하다.

9.6 3개 이상의 클래스 분류하기

분류 트리 모델은 클래스가 3개 이상인 분류 문제에도 유용하다. 불순도 측정 측면에서 앞서 제시한 지니 지수 및 엔트로피 지수 측정 방법은 m 클래스로도 쉽게 확장·정의될 수 있다. 따라서 분류 모델은 3개 이상의 클래스 분류 문제로도 확장이 가능하다. 이런 경우 분류 트리 모델 자체의 구조는 트리의 마지막 리프 노드들이 m 클래스의 레이블들 중 하나를 가질 수 있다는 점만 제외하고는 이진 분류 문제의 트리 구조와 동일하다.

9.7 회귀 트리 모델

트리 모델을 이용한 방법론은 반응 변수가 연속형인 경우에도 사용할 수 있다. 예측을 위한 회귀 트리 모델도 분류 트리 모델과 상당히 유사한 방법으로 작동한다. 이 경우에는 반응 변수 Y가 연속형(수치형) 변수라는 점이 다르나 트리 모델의 작동 원리나 절차는 분류 트리와 동일하다. 수많은 분할이 시도되고 그 결과로 나온 트리 모델들의 모든 가지에 대해 불순도를 측정한다. 다음 단계에서는 불순도의 합이 최소가 되는 분할을 선택한다.

6장에서 소개한 도요타 코롤라의 자동차 가격 예측 문제를 사용해 회귀 트리 모델을 살펴보자. 데이터셋은 판매된 1,000대의 도요타 코롤라 자동차에 대한 정보를 담고 있다(`ToyotaCorolla.xls` 데이터셋의 처음 1,000개 데이터 사용). 이 예제의 목적은 10개의 예측 변수(주행거리, 마력, 자동차 문의 개수 등)를 사용해 자동차 가격을 예측할 수 있는 모델을 찾는 것이다. 이 데이터에 대한 회귀 트리 모델은 600개의 학습 데이터셋을 이용해 만들었다. 최적으로 가지치기된 트리는 [그림 9-14]와 같다. 회귀 트리 모델의 학습과 평가에 사용된 코드는 [표 9-7]과 같다.

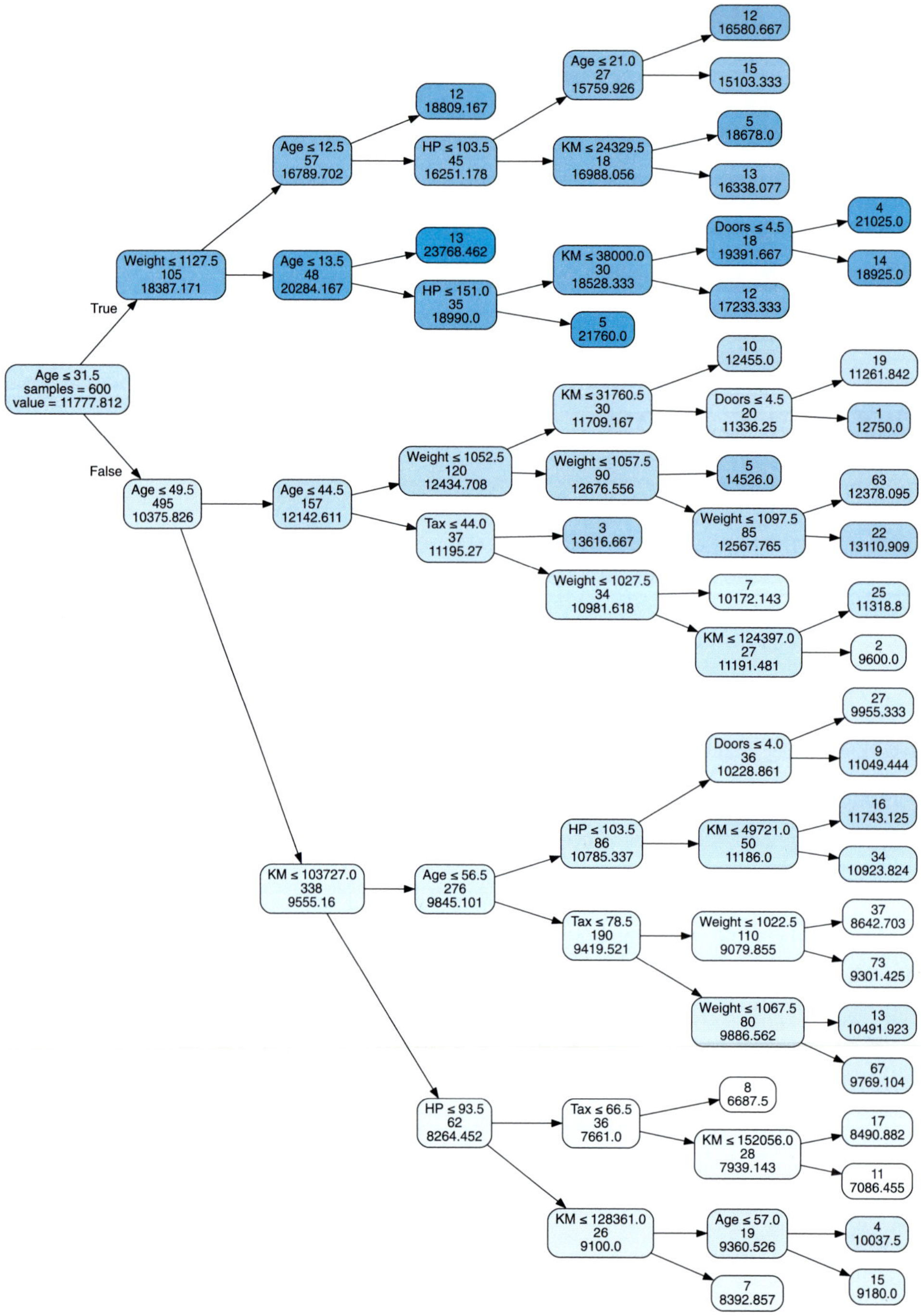

그림 9-14 최적으로 가지치기된 회귀 트리 모델: 도요타 코롤라 자동차 가격 예측

표 9-7 최적으로 가지치기된 회귀 트리 모델의 학습과 평가

회귀 트리를 생성하는 파이썬 코드

```
from sklearn.tree import DecisionTreeRegressor
toyotaCorolla_df = pd.read_csv('ToyotaCorolla.csv').iloc[:1000,:]
toyotaCorolla_df = toyotaCorolla_df.rename(columns={'Age_08_04': 'Age', 'Quarterly_Tax': 'Tax'})

predictors = ['Age', 'KM', 'Fuel_Type', 'HP', 'Met_Color', 'Automatic', 'CC',
              'Doors', 'Tax', 'Weight']
outcome = 'Price'

X = pd.get_dummies(toyotaCorolla_df[predictors], drop_first=True)
y = toyotaCorolla_df[outcome]

train_X, valid_X, train_y, valid_y = train_test_split(X, y, test_size=0.4, random_state=1)

# user grid search to find optimized tree
param_grid = {
    'max_depth': [5, 10, 15, 20, 25],
    'min_impurity_decrease': [0, 0.001, 0.005, 0.01],
    'min_samples_split': [10, 20, 30, 40, 50],
}
gridSearch = GridSearchCV(DecisionTreeRegressor(), param_grid, cv=5, n_jobs=-1)
gridSearch.fit(train_X, train_y)
print('Initial parameters: ', gridSearch.best_params_)

param_grid = {
    'max_depth': [3, 4, 5, 6, 7, 8, 9, 10, 11, 12],
    'min_impurity_decrease': [0, 0.001, 0.002, 0.003, 0.005, 0.006, 0.007, 0.008],
    'min_samples_split': [14, 15, 16, 18, 20, ],
}
gridSearch = GridSearchCV(DecisionTreeRegressor(), param_grid, cv=5, n_jobs=-1)
gridSearch.fit(train_X, train_y)
print('Improved parameters: ', gridSearch.best_params_)

regTree = gridSearch.best_estimator_

regressionSummary(train_y, regTree.predict(train_X))
regressionSummary(valid_y, regTree.predict(valid_X))
```

실행 결과

```
Initial parameters: {'max_depth': 10,'min_impurity_decrease': 0.001,'min_samples_split': 20}
Improved parameters: {'max_depth': 6,'min_impurity_decrease': 0.01,'min_samples_split': 12}

Regression statistics

                      Mean Error (ME) : 0.0000
       Root Mean Squared Error (RMSE) : 1058.8202
            Mean Absolute Error (MAE) : 767.7203
          Mean Percentage Error (MPE) : -0.8074
Mean Absolute Percentage Error (MAPE) : 6.8325

Regression statistics

                      Mean Error (ME) : 60.5241
       Root Mean Squared Error (RMSE) : 1554.9146
            Mean Absolute Error (MAE) : 1026.3487
          Mean Percentage Error (MPE) : -1.3082
Mean Absolute Percentage Error (MAPE) : 9.2311
```

회귀 트리 모델의 상위 3레벨까지는 차량의 내용 연수, 무게, 주행 거리가 지배적임을 알 수 있다. 또한 낮은 레벨에서는 전동 유리창 같은 차량의 개별 세부 사항이 가격을 더 미세하게 조정하는 것을 알 수 있다. 회귀 트리 모델과 분류 트리 모델의 다른 점 세 가지는 반응 변수 값을 예측하는 방법, 불순도 측정 방법, 성능 평가 방법이다. 이에 대해서는 바로 이어서 설명한다.

반응 변수 값을 예측하는 방법

관측치의 반응 변수 Y 값을 예측하는 방법은 분류 문제를 수행하는 방식과 유사하다. 작동 원리를 살펴보기 위해 여기서는 [그림 9-14]의 잘려진 트리를 사용한다. 예측 변수의 정보는 관측치를 트리 모델에 떨어뜨리는 용도, 즉 관측치가 트리의 루트로부터 리프 노드에 도달할 때까지 트리를 타고 내려가게끔 만드는 용도로 사용된다. 예를 들면 내용 연수가 60, 주행 거리(KM)가 160,000, 마력이 100인 도요타 코롤라 자동차의 가격을 예측할 때, 이 관측치를 트리 모델에 떨어뜨리면 관측치는 트리를 타고 내려가서 8392.857달러 값을 갖는 노드에 도달한다. 이 값이 이 자동차의 가격에 대한 회귀 트리 모델의 예측값이다. 분류 트리 모델의 경우 리프 노드의 값은 해당 노드에 속한 학습 데이터셋들 중 대다수가 속한 클래스로 다수결에 의해

결정되었다. 회귀 트리 모델의 경우에는 리프 노드의 값은 해당 노드에 속한 학습 데이터셋들의 평균값으로 결정된다. 앞의 예에서 8392.857달러라는 값은 학습 데이터셋에서 내용 연수 > 49.5, 주행 거리 > 128361, 마력 > 93.5인 조건에 해당하는 자동차 7대의 평균값이다.

불순도 측정 방법

분류 트리 모델에서는 노드에 대한 불순도 측정 방법으로 지니 지수와 엔트로피 지수를 설명했다. 두 경우 모두 노드에 속한 관측치들의 범주에 대한 비율 함수로서 지수가 정의된다. 회귀 트리 모델에서 전형적인 불순도 측정은 리프 노드의 평균에 대한 제곱 편차 합으로 나타낸다. 리프 노드 평균값은 예측값으로 쓰이기 때문에 이 값은 제곱 오차와 동일하다. 앞의 예에서 8392.857달러의 값을 갖는 노드의 불순도는 이 노드의 학습 데이터셋인 7대 자동차의 각 가격에서 평균값인 8392.857달러를 뺀 후, 이 편차들을 제곱한 다음 합산하여 계산된다. 노드에 속한 모든 값이 같을 때, 가장 작은 불순도의 값인 0을 갖게 된다.

성능 평가

앞서 언급했듯이, 회귀 트리 모델의 예측값은 노드에 속한 반응 변수 값들의 평균으로부터 얻는다. 예측값이 정의되었으므로 모델의 성능 평가에 필요한 오차에 대해서도 일반적인 정의를 내릴 수 있다. 회귀 트리 모델의 예측 성능은 다른 예측 모델들을 평가하는 방법과 마찬가지로 측정된다. 즉, RMSE와 같은 요약 측도들이나 향상 차트 같은 차트 방법들을 사용해 평가한다.

9.8 예측력 향상: 랜덤 포레스트와 부스트 트리

단일 트리의 명료한 장점들에도 불구하고, 일련의 규칙을 시각화하는 것이 중요하지 않은 순수 예측 응용 문제들에서는 다중 트리의 결과들을 조합하는 몇 가지 확장된 트리 모델이 더 나은 성능을 제공한다. 이는 앙상블ensembles(13장 참조)의 예에 해당한다. 잘 알려진 다중 트리 방법론 중 하나는 브레이만Breiman과 커틀러Cutler의 랜덤 포레스트random forest다. 랜덤 포레스트는 배깅bagging의 특별한 경우로 다중 분류기 또는 예측 알고리즘을 조합하여 예측 성능을 향상시킨다. 배깅에 대한 자세한 설명은 13장을 참조한다.

랜덤 포레스트

랜덤 포레스트의 기본 아이디어는 다음과 같다.

❶ 복원 추출sampling with replacement 방식으로 데이터로부터 여러 랜덤 표본을 생성한다(이러한 추출 방법을 부트스트랩bootstrap이라고 함).

❷ 각 단계마다 랜덤으로 예측 변수들을 선택하여 서브셋을 만들고, 표본에 대해 분류(혹은 예측) 트리를 적합시킨다(그 결과 '포레스트forest'를 얻음).

❸ 예측을 향상시키기 위해서 각 트리로부터 얻은 예측/분류 결과를 결합한다. 분류에 대해선 투표voting 방법을, 예측에 대해선 평균화averaging 방법을 적용한다.

[표 9-8]의 코드와 결과는 파이썬을 사용해 개인 대출 예제에 랜덤 포레스트를 적용한 것이다. 예제의 검증 정확도(0.982)는 단일 최적-가지치기된 트리 모델과 비슷하고, 이전에 적합시킨 단일 작은 트리 모델(0.977)보다는 미세하게 높다([표 9-5]의 검증 성능과 비교).

단일 트리와 달리 랜덤 포레스트로부터 얻은 결과는 트리 다이어그램으로 표현될 수 없기 때문에 단일 트리에서 제공하는 해석력을 잃어버린다. 하지만 랜덤 포레스트는 각기 다른 예측 변수들의 상대적인 기여도를 측정하는 변수 중요도variable importance 점수를 제공할 수 있다. 특정 예측 변수에 대한 중요도 점수는 포레스트에 속한 모든 트리에서 이 변수에 의해 감소한 지니 지수Gini index를 합산하여 계산한다. [그림 9-15]는 개인 대출 예제에 대해 랜덤 포레스트 모델로 생성된 변수 중요도 차트를 보여준다. Income과 Education 변수의 점수가 가장 높고, CCavg 변수의 점수는 세 번째로 높다. 다른 예측 변수들의 중요도 점수는 상당히 낮은 편이다.

표 9-8 랜덤 포레스트(개인 대출 예제)

랜덤 포레스트를 실행하여 변수 중요도를 플로팅하고 정확도를 계산하는 파이썬 코드

```
bank_df = pd.read_csv('UniversalBank.csv')
bank_df.drop(columns=['ID', 'ZIP Code'], inplace=True)

X = bank_df.drop(columns=['Personal Loan'])
y = bank_df['Personal Loan']
train_X, valid_X, train_y, valid_y = train_test_split(X, y, test_size=0.4, random_state=1)

rf = RandomForestClassifier(n_estimators=500, random_state=1)
rf.fit(train_X, train_y)

# variable (feature) importance plot
importances = rf.feature_importances_
std = np.std([tree.feature_importances_ for tree in rf.estimators_], axis=0)
```

```
df = pd.DataFrame({'feature': train_X.columns, 'importance': importances, 'std': std})
df = df.sort_values('importance')
print(df)

ax = df.plot(kind='barh', xerr='std', x='feature', legend=False)
ax.set_ylabel('')
plt.show()

# confusion matrix for validation set
classificationSummary(valid_y, rf.predict(valid_X))
```

실행 결과

```
              feature  importance       std
7  Securities Account    0.003964  0.004998
9              Online    0.006394  0.005350
10         CreditCard    0.007678  0.007053
6            Mortgage    0.034243  0.023469
1          Experience    0.035539  0.016061
0                 Age    0.036258  0.015858
8          CD Account    0.057917  0.043185
3              Family    0.111375  0.053146
4               CCAvg    0.172105  0.103011
5           Education    0.200772  0.101002
2              Income    0.333756  0.129227

Confusion         Matrix   (Accuracy     0.9820)
        Prediction
Actual     0    1
     0  1803    4
     1    32  161
```

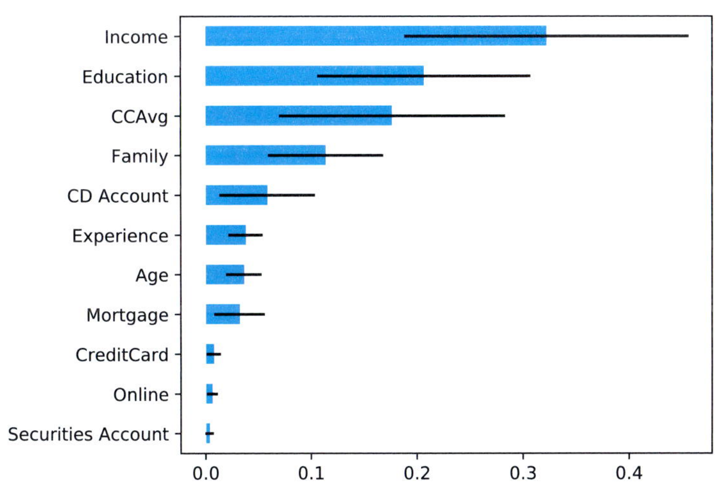

그림 9-15 랜덤 포레스트의 변수 중요도 차트(개인 대출 예제, 코드는 [표 9-8] 참조)

부스트 트리

또 다른 다중 트리 향상 방법은 부스트 트리boosted tree다. 이 방법에서는 트리들이 순차적으로 구성되는데 이때 각 트리는 이전 트리의 오분류 레코드를 고려한다.

❶ 단일 트리를 생성한다.

❷ 잘못 분류된 레코드들에 가장 높은 선택 확률을 제공하는 하나의 표본을 추출한다.

❸ 새로운 표본을 트리에 학습시킨다.

❹ 단계 ❷, ❸을 여러 번 반복한다.

❺ 레코드들을 분류하기 위해서 가중 투표를 사용한다. 이때 가중치의 크기는 구성되는 트리들의 역순으로 부여한다.

[표 9-9]는 앞서 설명한 개인 대출 예제에 부스트 트리를 적용한 결과를 보여준다. 단일 작은 트리([표 9-5])와 비교하면, 부스트 트리가 검증 데이터셋에 대한 정확도(0.9835) 측면에서 더 좋은 성능을 보였다. 특히 관심 클래스인 1에 대한 분류 정확도 측면에서 더 좋은 성능을 보였다. 부스트 트리의 1을 찾는 특별한 능력은 어디에서 나오는 것일까? 한 클래스의 개수가 월등히 많을 때(이 데이터의 경우 90% 이상이 클래스 0), 일반적인 분류기는 개수가 많은 클래스 쪽으로 분류하려는 경향이 있다. 앞선 예제에서, 최적으로 가지치기된 단일 트리 모델에 의해 오분류된 레코드들 중 대부분이 클래스 1에 속한 레코드들이라는 점으로도 짐작할 수 있다. 부스트 트리 알고리즘은 이 오분류(대부분 클래스 1)된 레코드들에 중점을 두기 때문에, 클래스 1에 대한 오분류가 자연스럽게 감소한다. 검증 데이터셋의 결과를 보면, 단일 작은 트리에 의해 오분류된 43개의 레코드들이 부스트 트리에서는 25개로 줄었다.

표 9-9 부스트 트리: 검증 데이터셋에 대한 정오 행렬표(개인 대출 예제)

부스트 트리를 수행하는 파이썬 코드

```
boost = GradientBoostingClassifier()
boost.fit(train_X, train_y)
classificationSummary(valid_y, boost.predict(valid_X))
```

실행 결과

```
Confusion Matrix (Accuracy 0.9835)

       Prediction
Actual    0    1
     0 1799    8
     1   25  168
```

9.9 트리 모델의 장점과 단점

트리 모델을 이용한 방법은 분류와 예측을 편리하게 수행할 수 있도록 패키지화된 좋은 툴이다. 또한 이 모델에서는 트리의 상단 부분에 나타나는 변수들이 일반적으로 가장 중요한 예측 변수들이기 때문에 변수 선택 기법에서도 유용하게 쓰인다. 트리 모델을 사용하면 사용자들은 다음과 같은 측면에서 상대적으로 수고를 덜 들일 수 있다. 첫째, 변수를 변환시킬 필요가 없다(변수들에 대한 어떠한 단조 변환에 대해서도 트리 모델은 동일한 결과를 산출함). 둘째, 변수에 대한 서브셋 선택이 자동으로 이루어진다. 이는 변수 선택이 트리 분할 과정의 일부분이기 때문이다. 대출 예제에서 작은 트리 모델을 보면, 14개의 선택 가능한 변수들 중 3개 변수, 즉 **소득, 교육 수준, 가족 수**만 자동 선택하였고, 최적으로 가지치기된 모델은 5개의 변수(**소득, 교육 수준, 가족 수, CCAvg, CD 계정**)를 선택했다.

트리 모델은 분할에 대한 선택이 절댓값 크기가 아닌 값의 순서에 의해 결정되기 때문에 본질적으로 이상치outlier에 강하다. 그러나 트리 모델은 데이터의 변화에 민감해서 데이터에 작은 변화만 생겨도 완전히 다른 분할을 일으키기도 한다.

반응 변수와 예측 변수 간의 특정한 관계를 가정하는 모델들과 달리(예 선형 회귀 분석 모델과 선형 판별 분석 모델 같은 선형 관계), 분류 회귀 트리 모델은 비선형 비모수 모델이다. 이러한 특징은 예측 변수와 반응 변수가 모델에서 다양한 관계를 맺을 수 있는 여지를 만들어준다. 그러나 이것은 단점으로도 작용할 수 있다. 트리 모델의 분할은 예측 변수들의 조합보다는 단일 예측 변수에 대해 이루어지기 때문이다. 특히, 선형 회귀 모델이나 로지스틱 회귀 모델에서와 같이 선형 구조를 가진 예측 변수 간의 관계를 놓치는 경우가 있다. 분류 트리 모델은 예측 공간을 수직적 또는 수평적으로 분할하여 클래스를 적절하게 나눌 수 있는 경우에 유용하다. 그렇지 못한 경우에는 어떤지 예를 들어 살펴보자. [그림 9-16]과 같이 2개의 예측 변수와 2개의 클래스를 가진 데이터셋이 있고, 이 두 클래스는 대각선을 이용하면 가장 분명하게 분리된다고 하자. 이 경우, 수직 또는 수평 분할을 통해 클래스를 나누기가 어려우므로 분류 트리 모델은 판별 분석과 같은 모델보다 더 나쁜 성능을 나타낸다. 이때 성능을 향상할 수 있는 방법은 기존 예측 변수들로부터 파생된 새로운 예측 변수를 생성하는 것이다. 여기서 새로운 예측 변수는 기존 예측 변수 간의 가설 관계, 즉 회귀 모델의 교호작용과 같은 관계를 잡아낼 수 있는 변수가 된다. 랜덤 포레스트는 이러한 경우에 하나의 해결책이 된다.

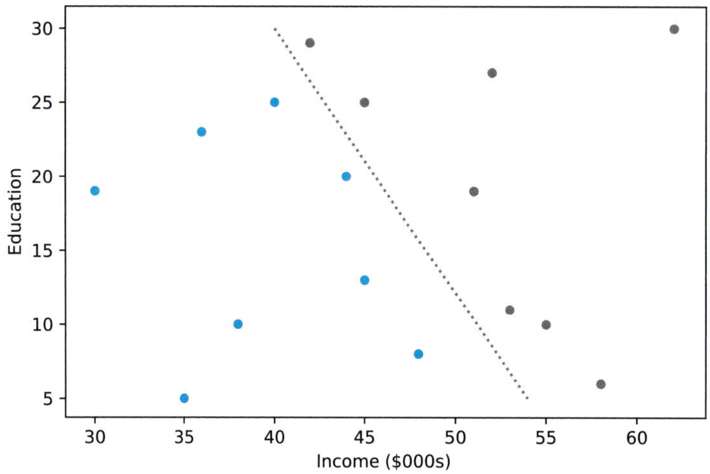

그림 9-16 2개의 예측 변수로 묘사한 이진 클래스 산점도: 가장 좋은 분할은 대각선을 이용해 얻을 수 있는데, 이는 분류 트리로 구현할 수 없다.

분류 트리의 성능에 관한 또 다른 이슈는 좋은 분류 모델을 만들기 위해서는 큰 데이터셋이 필요하다는 것이다. 계산적인 측면에서, 트리 모델을 성장시키는 데는 상대적으로 많은 비용이 든다고 할 수 있다. 트리 모델에서는 모든 변수에 대해 모든 가능한 분할을 계산하게 되는데 이때마다 수차례의 정렬이 동반되기 때문이다. 교차 검증이나 검증 데이터셋을 이용해 데이터를 가지치기하는 것과 같은 과적합을 피하기 위한 방법들도 계산 시간을 더 늘린다.

트리는 변수 선택에 유용하지만, 분할 잠재력이 많은 예측 변수를 '선호'한다는 점에서 도전 과제가 남아 있다. 여기에는 많은 범주형 예측 변수와 다양한 수치적 예측 변수가 포함된다. 이러한 예측 변수들은 트리에서 나타날 가능성이 높다. 간단한 해결 방법은 다수의 범주들을 작은 셋으로 결합하고 수치 값들을 묶는 것이다. 한편, 다양한 분할 기준을 사용하여 이 문제를 피할 수 있도록 고안한 몇 가지 특별한 대안 알고리즘들이 있다(관련 정보는 R의 패키지 `party`에서 호손 외Hothorn et al.(2006)의 조건부 추론 트리, 로Loh와 시Shih(1997)의 QUEST 분류 트리 모델을 참조하기 바람)

트리 모델이 갖는 설득력 있는 특징 중 하나는 결측치를 대체하거나 결측치를 가진 데이터를 삭제하지 않고도 결측치를 처리할 수 있다는 점이다. 마지막으로, 트리 모델의 가장 중요하고 실질적인 장점은 모델이 생성하는 분류 규칙이 명료하다는 데 있다. 트리 모델이 경영 분야의 응용 문제에 자주 활용되는 주된 이유가 바로 이 명료함이다. 그러나 이러한 장점은 트리 모델의 앙상블 버전(랜덤 포레스트, 부스트 트리)에서는 사라진다.

연습문제

9.1 **eBay.com의 경쟁 경매.** `eBayAutions.csv`에는 2004년 5월부터 6월까지 eBay.com에서 거래된 1,972개의 경매 정보가 담겨 있다. 이 데이터는 비경쟁적인 경매에서 경쟁적 경매를 분류하는 모델링을 하기 위한 목적으로 사용된다. '경쟁적 경매'란 경매에 오른 물품에 최소한 2개의 입찰이 있는 경매를 말한다. 데이터는 물품(경매 목록), 판매자(eBay의 등급), 판매자가 선택한 경매 조항(경매 기간, 시작가, 거래될 통화, 경매 마감일)을 설명하는 변수들로 구성되어 있다. 또한 경매 마감 가격도 포함되어 있다. 이 분석의 목적은 경매가 경쟁적일지 아닐지를 예측하는 것이다.

데이터 전처리: `Duration` 변수를 범주형 변수로 바꾸시오. 데이터를 학습 데이터셋(60%)과 검증 데이터셋(40%)으로 나누시오.

a. 모든 예측 변수를 사용해 분류 트리를 생성하시오. 과적합을 방지하기 위해 리프 노드에 포함되는 관측치 수에 대한 최솟값을 50으로 설정하고 최대 분할 레벨의 수(트리 깊이)를 7로 설정하시오. 그리고 그 결과를 규칙으로 작성하시오.
b. 이 모델은 새로운 경매에 대한 결과를 예측하는 데 실제 사용할 수 있는 모델인가?
c. 결과로 제공된 규칙들 중 흥미로운 정보와 흥미롭지 못한 정보에 대해 설명하시오.
d. 분류 트리 모델을 하나 더 만드시오(최적으로 가지치기된 트리를 이용하고 리프 노드에 포함되는 최소 관측치 수를 50으로, 분할 레벨(트리 깊이)에 대한 최대 허용 값을 7로 설정하시오). 이번에는 새로운 경매의 결과를 예측하기 위해 사용될 수 있는 변수들만 사용하시오. 결과를 규칙으로 제시하되, 분류에 필요한 최소한의 규칙만 사용하시오.
e. 결과로 나온 트리 모델에 대한 산점도를 작성하시오. 가장 좋은 2개의 예측 변수(정량적 변수)들을 산점도의 두 축으로 사용하시오. 각 경매는 점으로 표현되며 두 축을 이룬 예측 변수들에 대한 값들이 각 점의 좌표에 해당한다. 경쟁 경매와 비경쟁 경매를 구분하기 위해 서로 다른 기호나 색깔을 사용하시오. 분할이 일어난 값들을 연결하여 선을 그리시오(손으로 그리거나 파이썬을 이용하시오). 두 예측 변수들의 의미를 고려해 볼 때, 이 분할이 합리적이라고 할 수 있는가? 두 클래스의 분리가 잘된 것처럼 보이는가?
f. 이 트리 모델에 대한 향상 차트와 분류표를 작성하시오. 이 모델의 예측 성능은 어떠한가?
g. 마지막 트리 모델에 기반하여, 최소한 두 번 입찰할 수 있는 경매 기회와 이것이 판매자 경매 조건(경매 기간, 시작가, 경매 마감일, 통화)과 갖는 관계로부터 어떤 결론을 내릴 수 있는가? 판매자에게 경쟁 경매가 이루어질 수 있도록 조언한다면 어떤 전략을 추천하겠는가?

9.2 연착 항공편 예측. FlightDelays.csv는 2004년 1월 동안 워싱턴 D.C.에서 출발해 뉴욕에 도착하는 모든 민간 항공기에 대한 정보를 담고 있다. 데이터에는 각 항공편에 대한 출발지 및 도착지 공항, 운항 경로 거리, 항공편 예정 날짜 및 시간 등에 관한 정보가 있다. 여기서 예측하고자 하는 변수는 항공편의 연착 여부다. 연착은 예정된 시간보다 최소 15분 이상 늦게 도착하는 것으로 정의한다.

데이터 전처리: DAY_WEEK 변수를 범주형 변수로 바꾸시오. 항공편 예정 출발 시간을 8구간으로 구간화하시오. 이 8개의 변수와 다른 모든 열columns들을 예측 변수로 사용하시오(DAY_OF_MONTH 변수 제외). 데이터를 학습 데이터셋(60%)과 검증 데이터셋(40%)으로 나누시오.

a. 적절한 예측 변수들을 사용해 항공편 연착 변수에 대한 분류 트리 모델을 만드시오. 예측 시점에서는 DEP_TIME을 알 수 없으므로(항공기 이륙 후 연착을 예측하는 게 분석의 목적이 아니므로) 모델에는 출발 시간을 포함하지 마시오. 최대 깊이는 8이고 최소 불순도 감소는 0.01인 트리 모델을 사용하시오. 트리 모델의 결과를 규칙으로 표현하시오.

b. 월요일 오전 7시에 DCA에서 EWR로 비행해야 한다면, 이 트리 모델을 사용할 수 있겠는가? 필요한 다른 정보는 무엇인가? 이 모델은 실제로 사용할 수 있는 모델인가? 중복된 정보는 무엇인가?

c. 이번에는 '날씨'를 예측 변수에서 제외하고 (a)와 동일한 분류 트리 모델을 하나 더 만드시오. 결과로 도출된 작은 트리 모델과 완전 성장 트리 모델을 함께 나타내시오. 작은 트리 모델에 단일 단말 노드가 있음을 확인하시오.

   i. 작은 트리 모델은 분류를 위해 어떻게 사용되는가? (분류 규칙은 무엇인가?)

   ii. 이 규칙에 상응하는 것은 무엇인가?

   iii. 완전 성장 트리 모델을 검토하시오. 이 트리 모델에서 가장 좋은 예측 변수 3개는 어떤 것들인가?

   iv. 기술적으로 볼 때, 작은 트리 모델의 결과가 왜 단일 노드를 가진 트리 모델이 되었다고 생각하는가?

   v. 작은 트리 모델을 사용하지 않고, 완전 성장 트리 모델의 최상위 수준을 사용한다면 어떤 단점이 있겠는가?

   vi. 이 문제의 일반적인 결과를 10장 예제의 로지스틱 회귀 분석 모델로부터 얻은 결과와 비교하시오. 분류 트리 모델이 좋은 예측 모델을 찾지 못하고 실패한 이유는 무엇인가?

9.3 중고차의 가격 예측(회귀 트리 모델). `ToyotaCorolla.csv` 파일에는 2004년 여름 후반기 동안 네덜란드에서 판매된 중고차(도요타 코롤라)에 관한 데이터가 담겨 있다. 이 파일에는 1,436개의 관측치가 들어 있으며 `Price`, `Age`, `Kilometer`, `HP` 등 38개의 상세 특징도 들어 있다. 이 특성들을 기반으로 중고 도요타 코롤라의 가격을 예측하고자 한다. (9.7절의 예제는 이 데이터 일부에 해당한다.)

데이터 전처리: 데이터를 학습 데이터셋(60%)과 검증 데이터셋(40%)으로 나누시오.

a. `Price`를 반응 변수로 하고 예측 변수로는 `Age_08_04`, `KM`, `Fuel_Type`(가변수로 변환시키시오), `HP`, `Automatic`, `Doors`, `Quarterly_Tax`, `Mfr_Guarantee`, `Guarantee_Period`, `Airco`, `Automatic_Airco`, `CD_Player`, `Powered_Windows`, `Sport_Model`, `Tow_Bar`를 설정한 후 회귀 트리 모델(RT)을 실행하시오. `random_state`는 1로 설정하시오.

   i. 자동차 가격을 예측할 때, 가장 중요한 자동차 속성 3~4개는 무엇인가?

   ii. 학습 데이터셋, 검증 데이터셋, 테스트 데이터셋의 예측 오류를 비교하시오. 평균 제곱 오차의 제곱근[RMSE]과 세 데이터셋에 대한 상자그림[box-plot]을 이용하시오. 검증 데이터셋에 대한 예측 성능을 학습 데이터셋과 비교했을 때 어떠한가? 이러한 결과가 생기는 이유는 무엇인가?

   iii. 학습 데이터셋의 성능을 희생하면서 검증 데이터셋의 예측 성능을 향상할 수 있는 방법에는 무엇이 있는가?

   iv. 최적의 가지치기된 트리 모델을 찾기 위해 `cv`를 5로 설정하고 `GridSearchCV()` 함수를 사용해 더 작은 트리 모델을 생성하시오. 완전 성장 트리 모델과 비교했을 때, 검증 데이터셋에 대한 예측 성능은 어떠한가?

b. `Price` 변수를 범주형 변수로 변환하고 그 효과를 확인하시오. 우선 가격을 20구간으로 범주화하는 새로운 변수를 만드시오. 그 다음으로 가격 대신 `Binned_Price`를 이용해 데이터를 다시 나누시오. 이제 회귀 트리 모델에서 사용한 입력 변수를 동일하게 사용하고 `Binned_Price`를 출력 변수로 설정하여 분류 트리 모델을 실행하시오. 최적의 가지치기된 트리 모델을 찾기 위해 `cv`를 5로 설정하고 `GridSearchCV()` 함수를 사용해 더 작은 트리 모델을 생성하시오.

   i. 생성한 분류 트리 모델과 회귀 트리 모델을 비교하시오. 두 모델은 서로 다른가? (모델의 구조, 트리 모델의 상위 예측 변수, 트리 모델의 크기 등을 비교하시오.) 그 이유는 무엇인가?

ii. [표 9-10]의 상세 속성을 갖는 도요타 코롤라의 자동차 가격을 회귀 트리 모델과 분류 트리 모델을 사용해 예측하시오.

표 9-10 도요타 코롤라 자동차의 규격

변수	변수 값
Age_08_04	77
KM	117,000
Fuel_Type	Petrol
HP	110
Automatic	No
Doors	5
Quarterly_Tax	100
Mfg_Guarantee	No
Guarantee_Period	3
Airco	Yes
Automatic_airco	No
CD_Player	No
Powered_Windows	No
Sport_Model	No
Tow_Bar	Yes

iii. 예측 결과를 사용된 변수, 두 예측 결과 간의 차이, 두 방법의 장단점 측면에서 비교하시오.

CHAPTER 10

로지스틱 회귀 분석

이 장에서는 인기가 많은 강력한 분류 기법인 로지스틱 회귀 분석에 대해 살펴보자. 선형 회귀와 마찬가지로 로지스틱 회귀는 예측 변수와 반응 변수 사이의 관계를 특정한 모델이다. 사용자는 모델에 들어갈 예측 변수와 그 형태(예 상호작용 항 포함)를 정해야 한다. 이는 크기가 작은 데이터도 로지스틱 회귀 모델링을 하는 데 사용될 수 있으며, 일단 모델이 추정되면 이를 이용해 더 큰 표본의 새로운 레코드도 쉽고 빠르게 분류할 수 있음을 의미한다.

이 장에서는 로지스틱 회귀 모델 공식과 데이터로부터 모델을 추정하는 방법에 대해 설명한다. 또한 로지스틱 모델에서 발생하는 개념인 사건의 로짓logit, 오즈odds, 확률probability을 정의하고, 이들 사이의 관계를 알아본다. 더불어 변수의 중요도와 회귀 계수의 해석, 차원 축소를 위한 변수 선택과 다중 클래스에 관한 분류로 확장하는 문제를 논하기로 한다.

파이썬

이 장에서는 `pandas` 라이브러리를 사용하여 데이터를 처리하고, `scikit-learn`과 `statsmodels` 라이브러리를 사용하여 모델을 적합시킨다. 또한 `matplotlib` 라이브러리를 사용하여 시각화하고 부록의 파이썬 함수도 사용한다.

이 장에 필요한 파이썬 라이브러리 불러오기

```
import numpy as np
import pandas as pd
from sklearn.linear_model import LogisticRegression, LogisticRegressionCV
from sklearn.model_selection import train_test_split
import statsmodels.api as sm
from mord import LogisticIT
import matplotlib.pylab as plt
import seaborn as sns
from dmba import classificationSummary, gainsChart, liftChart
from dmba.metric import AIC_score
```

10.1 서론

로지스틱 회귀는 선형 회귀의 개념을 반응 변수 Y가 범주형인 경우로 확장한 것이다. 범주형 변수는 관측치를 클래스로 분류해 준다. 예를 들어, Y가 주식의 보유/매도/매수 추천을 나타낸다면 범주가 3개인 범주형 변수라고 할 수 있다. 여기서 데이터(레코드들)에 있는 주식 각각은 보유 클래스, 매도 클래스, 매수 클래스 3개 중 하나에 속하는 것으로 생각할 수 있다. 로지스틱 회귀는 예측 변수 값을 바탕으로 클래스가 알려지지 않은 새로운 관측치를 클래스 중 하나로 분류할 때 사용할 수 있다(이를 분류라고 함). 클래스가 알려진 데이터에서는 예측 변수 또는 '예측 변수 프로파일'의 관점에서 서로 다른 클래스의 관측치들을 구별하는 요인을 찾을 때 로지스틱 회귀를 사용할 수 있다(이를 프로파일링이라고 함). 로지스틱 회귀 분석은 다음과 같은 분야에서 응용된다.

❶ 고객을 재구매 고객과 처음 구매한 고객으로 분류하기(분류)

❷ 남자 최고 경영진과 여자 최고 경영진을 구별하는 요인 찾기(프로파일링)

❸ 신용 점수와 같은 정보로부터 대출의 승인 또는 비승인 예측하기(분류)

로지스틱 회귀 모델은 다양한 분야에서 범주형(특히, 이진형) 반응 변수를 설명하거나 예측하기 위해 구조화된 모델이 필요할 때마다 사용된다. 한 예로 계량 경제학에서 선택 행동을 설명할 때 사용된다.

이 장에서는 분류를 위한 로지스틱 회귀 분석의 사용에 초점을 두고, 가능한 범주가 2개인 이진형 반응 변수를 중심으로 다룬다. Y의 범주가 2개 이상인 경우에 대해서는 10.5절에서 로지스틱 회귀 모델이 어떻게 확장되는지와 관련하여 살펴본다. 이진형 반응 결과의 일반적인 예로는 성공/실패, 예/아니요, 구매/비구매, 채무 이행/채무 불이행, 생존/사망 등이 있다. 편의상 대개 이진형 반응 변수 Y의 값을 0과 1로 코드화한다.

어떤 경우에는 의사결정이 이진형(대출의 승인/비승인, 제안/비제안)이 될 수 있다는 사실에 근거하여, 분석을 단순화하기 위해 연속형 또는 다범주 결과를 갖는 데이터를 이진형 결과로 변환하기도 한다. 다중 선형 회귀와 마찬가지로 예측 변수 $X_1, X_2, \cdots, X_p$는 범주형 변수이거나 연속형 변수 또는 이들 두 가지를 혼합한 형태일 수 있다. 다중 선형 회귀의 분석 목적이 새로운 레코드에 대해 연속형 Y의 값을 예측하는 것인 반면, 로지스틱 회귀의 분석 목적은 새로운 레코드가 속할 클래스를 예측하는 것, 즉 레코드를 클래스들 중 하나로 분류하는 것이다. 이를 주식 예제에 적용한다면 분석 목표는 새로운 주식을 3개의 추천 클래스(매도, 보유, 매수) 중 하나로 분류하는 것이다. 또는 새로운 레코드에 대해 각 클래스에 속할 경향(= 확률)을 계산하여, 가장 높은 경향을 갖는 레코드부터 가장 낮은 경향을 갖는 레코드까지 순위를 매긴 후 가장 높은 경향을 갖는 레코드들에 대해 조치를 취할 수도 있다.[1]

로지스틱 회귀는 두 단계로 이루어진다. 첫 번째 단계에서는 각 클래스에 속하는 경향propensities 또는 확률probabilities을 추정한다. 이진 변수인 경우 이 단계에서 클래스 1에 속할 확률인 $p = P(Y = 1)$을 추정한다(1에서 $P(Y = 1)$을 빼면 클래스 0에 속할 확률도 알 수 있음). 두 번째 단계에서는 각 관측치를 클래스 중 하나로 분류하기 위해 확률값에 대한 컷오프Cutoff 값을 적용한다. 예를 들어, 이진형 변수의 경우 컷오프 값이 0.5라면 $P(Y = 1) \geq 0.5$이면 클래스 1로, $P(Y = 1) < 0.5$이면 클래스 0으로 분류한다. 이때 컷오프 값을 0.5로 고정할 필요는 없다. 해당 사건의 발생 가능성이 낮지만 주목할 만하거나 중요한 사건(예 1 = 사기 거래)인 경우라면 더 많은 관측치들이 클래스 1에 속하도록 분류하기 위해 낮은 컷오프가 사용될 수 있다.

10.2 로지스틱 회귀 모델

로지스틱 회귀의 원리는 간단하다. 반응 변수로 Y 대신 로짓logit이라고 부르는 Y 함수를 사용하는 것이다. 즉, 로짓을 예측 변수들의 선형 함수로 모델링하는 것이다. 일단 로짓이 예측되면 그로부터 다시 확률을 계산할 수 있다.

---

1 잠재적으로 0/1 결과 변수에 대한 선형 회귀를 학습하여 분류하는 데 사용할 수 있다(이를 선형 확률 모델(linear probability model)이라고 함). 이 모델은 양적 예측값을 생성하므로 임곗값을 사용해 이진 분류로 변환하여 사용한다. 그러나 선형 확률 모델은 그 이름과는 달리 적절한 예측 확률을 생성하지 않는다. 선형 확률 모델이 생성하는 수치적 예측은 분류 임곗값과 비교하는 데는 유용하지만, 그 밖에는 의미가 없다.

로짓을 이해하기 위해 몇 가지 중간 단계를 거쳐야 한다. 우선, 클래스 1에 속할 확률 $p = P(Y = 1)$을 구한다. 클래스 0에 속할 확률은 $1 - p$가 된다. 0과 1이라는 두 값만 가질 수 있는 Y와 달리 p는 구간 [0, 1]에 존재하는 모든 값을 가질 수 있다. 그러나 만약 확률 p를 q개의 예측 변수들에 대한 선형 함수로 다음과 같이 나타낸다면 우변항이 구간 [0, 1]에 들어간다는 것을 보장할 수 없다.[2]

$$p = \beta_0 + \beta_1 x_1 + \beta x_2 + \cdots + \beta_q x_q \tag{10.1}$$

이러한 문제를 해결하기 위해 다음과 같이 예측 변수들에 대한 비선형 함수를 사용한다.

$$p = \frac{1}{1 + e^{-(\beta_0 + \beta_1 x_1 + \beta_2 x_2 + \cdots + \beta_q x_q)}} \tag{10.2}$$

이러한 식을 로지스틱 반응 함수logistic response function라고 한다. 임의의 예측 변수 $x_1, \cdots, x_q$에 대해 우변은 항상 구간 [0, 1] 사이의 값이 된다. 다음으로 클래스 분류와 연관된 다른 척도인 오즈odds에 대해 알아보자. 클래스 $1(Y = 1)$에 속할 오즈는 클래스 0에 속하는 확률에 대한 클래스 1에 속하는 확률의 비로 정의된다.

$$\text{odds}(Y = 1) = \frac{p}{1 - p} \tag{10.3}$$

이 척도는 경마, 스포츠, 도박, 역학 등 다양한 분야에서 널리 사용된다. 사람들은 경기에 승리할 확률 또는 질병에 걸릴 확률을 논하는 대신, 경기에 승리할 오즈 또는 질병에 걸릴 오즈를 이야기한다. 그렇다면 확률과 오즈는 어떻게 다른가? 예를 들어, 경기에 승리할 확률이 0.5일 때 경기에 승리할 오즈는 0.5/0.5 = 1이 된다. 역으로 오즈가 주어지면 확률을 계산할 수도 있는데, 식 (10.3)을 변형하면 된다.

$$p = \frac{\text{odds}}{1 + \text{odds}} \tag{10.4}$$

이때 식 (10.2)에 식 (10.4)를 대입하면, 예측 변수와 오즈의 관계는 다음과 같이 정의된다.

$$\text{odds}(Y = 1) = e^{\beta_0 + \beta_1 x_1 + \beta_2 x_2 + \cdots + \beta_q x_q} \tag{10.5}$$

마지막 식은 예측 변수와 오즈 사이의 비례 관계를 설명해 준다. 이러한 관계는 백분율의 관점에서 해석할 수 있다. 예를 들어, 예측 변수 X_j가 한 단위 증가하면 다른 예측 변수들이 모두 일

2 이 책의 다른 장에서는 예측 변수의 개수를 p로 표기하지만, 이 장에서는 확률 p와 혼동하지 않도록 예측 변수의 개수를 q로 표기한다.

정하다고 가정할 때 오즈는 e^{β_j}배만큼 증가한다. 이제, 식 (10.5)의 양변에 자연로그를 취하면 로지스틱 모델의 표준형을 얻는다.[3]

$$\log(\text{odds}) = \beta_0 + \beta_1 x_1 + \beta_2 x_2 + \cdots + \beta_q x_q \tag{10.6}$$

이때 log(odds)를 로짓logit이라고 부르며 $-\infty$(매우 낮은 오즈)부터 ∞(매우 높은 오즈)[4] 사이의 값을 가질 수 있다. 로짓 = 0이면 오즈 = 1(확률 = 0.5)이다. 따라서 반응 변수와 예측 변수의 관계를 나타내는 최종 형태는 로짓을 반응 변수로 하여 q개의 예측 변수에 대한 선형 함수로 모델링하는 것이다.

클래스 1에 속할 확률, 오즈, 로짓 사이의 관계를 알아보기 위해 [그림 10-1]에서 (a) 오즈와 (b) 로짓을 p에 대한 함수로 살펴보자. 오즈는 음이 아닌 값을 가질 수 있고, 로짓은 모든 실수 값을 가질 수 있다.

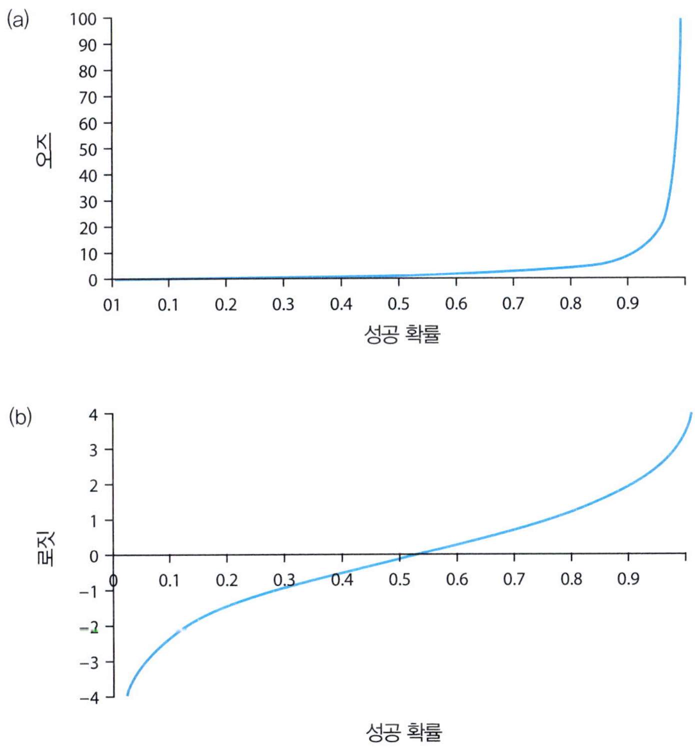

그림 10-1 p에 대한 오즈와 로짓 함수

3 자연로그 함수는 대개 ln() 또는 log()를 사용한다. 이 책에서는 log()를 사용한다.

4 odds와 odds($Y = 1$)은 같은 의미로 사용된다.

10.3 예제: 개인 대출 신청 수락

9장에서 다룬 유니버설 은행Universal Bank의 개인 대출 수락 예제를 떠올려보자. 이 은행의 데이터에는 5,000명의 고객 데이터가 있고 여기에는 [표 10-1]과 같은 고객의 인구통계 정보(Age, Income 등)와 은행과 고객의 관계(담보 대출 건, 증권 계좌 등)뿐 아니라 최종 개인 대출 캠페인에 대한 고객의 반응(Personal Loan)이 포함되어 있다. 고객 5,000명 중 480명(= 9.6%)만이 캠페인에서 제안했던 개인 대출을 신청했다. 이 예제의 분석 목적은 향후 캠페인에서 대출 신청에 긍정적으로 반응할 가능성이 높은 고객을 식별하기 위한 모델를 구축하는 것이다.

표 10-1 개인 대출 수락 예제에 관한 예측 변수 설명

Age	캠페인 완료 당시 고객의 나이
Experience	경력 연수
Income	고객의 연간 수입(단위: 1,000달러)
Family Size	고객의 가족 수
CCAvg	월평균 신용카드 지출액(단위: 1,000달러)
Education	교육 수준 (1: Undergrad, 2: Graduate 3: Advanced/Professional)
Mortgage	주택 모기지 가치 (해당하는 경우) (단위: 1,000달러)
Securities Account	고객이 은행에 증권 계좌가 있는 경우 1로 코딩
CD Account	고객이 은행에 CD 계좌가 있는 경우 1로 코딩
Online Banking	인터넷 뱅킹 이용 시 1로 코딩
Credit Card	유니버설 은행에서 발급한 신용카드를 사용하는 경우 1로 코딩

단일 예측 변수를 갖는 모델

먼저 단일 예측 변수를 갖는 간단한 로지스틱 회귀 모델에 대해 살펴보자. 이것은 하나의 예측 변수 X와 반응 변수 Y의 관계를 직선으로 적합시킨 단순 선형 회귀 모델과 개념적으로 비슷하다.

예측 변수로 수입(Income)만 사용하여 고객의 개인 대출(Personal Loan) 여부를 분류하기 위한 단순 로지스틱 회귀 모델을 만들어보자. 확률의 관점에서 반응 변수와 예측 변수를 연관 짓는 방정식은 다음과 같다.

$$P(\text{Personal Loan} = \text{Yes} \mid \text{Income} = x) = \frac{1}{1 + e^{-(\beta_0 + \beta_1 x)}}$$

오즈의 관점에서는 다음과 같이 표현된다.

$$\text{Odds}(\text{Personal Loan} = \text{Yes} \mid \text{Income} = x) = e^{\beta_0 + \beta_1 x} \tag{10.7}$$

이때 모델로부터 추정된 계수는 $\hat{\beta}_0 = -6.04892$와 $\hat{\beta}_1 = 0.036$이다. 따라서 이를 바탕으로 적합시킨 모델은 다음과 같다.

$$P(\text{Personal Loan} = \text{Yes} \mid \text{Income} = x) = \frac{1}{1 + e^{6.04892 - 0.036x}} \tag{10.8}$$

로시스틱 회귀는 범주형 반응의 확률을 예측하게 해준다는 점에서 예측 문제에 사용될 수도 있지만 대개 분류 문제에서 사용된다. 이 두 문제의 차이를 확인하려면, 대출 제안을 수락한 사람과 수락하지 않은 사람으로 분류하는 문제와 함께 고객이 대출 제안을 수락할 확률을 예측하는 문제에 대해 생각해 보아야 한다. [그림 10-2]를 통해 개인 대출 수락의 확률 값은 0과 1 사이의 값을 나타냄을 알 수 있다([그림 10-2]의 S-자형 커브). 이때 최종적으로 1과 0(예 고객이 대출 제안을 수락하거나 수락하지 않음) 둘 중 하나의 그룹으로 분류하기 위해서는 분류 기준값 또는 컷오프 값(5장의 '분류의 경향과 컷오프' 참조)이 필요하다. 이는 여러 개의 예측 변수를 사용하는 경우에도 그대로 적용된다.

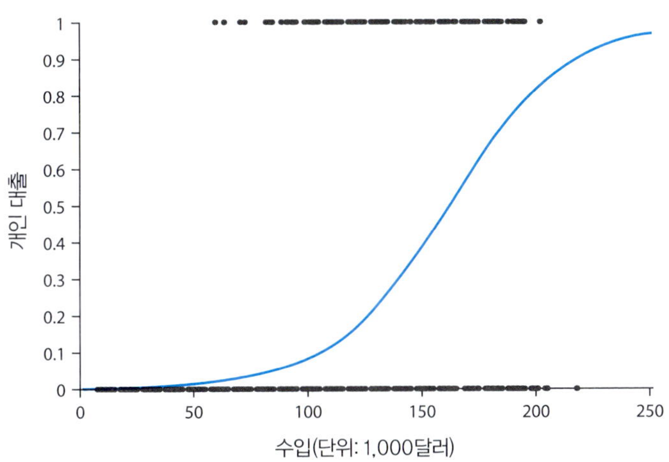

그림 10-2 수입(Income)과 개인 대출(Personal loan) 여부에 대한 산점도와 수입의 함수로 개인 대출 여부를 적합한 로지스틱 곡선

유니버설 은행 예제에서는 새로운 고객이 대출 제안을 수락할 고객인지, 거절할 고객인지 분류하기 위해 고객의 수입 정보를 식 (10.8)에 대입한다. 이것은 대출 제안을 수락할 확률을 추정해 준다. 고객이 대출 제안을 수락할 확률이 컷오프 값보다 높다면 해당 고객은 대출 제안 수락자로 분류된다.[5]

---

5 여기서 우리는 확률을 컷오프 값 c와 비교했다. 확률보다는 수락할 오즈를 보고자 한다면, 같은 방법은 식 (10.7)을 사용하여 오즈를 $c/(1-c)$와 비교하는 것이다. 오즈가 이것보다 크다면 고객은 대출 제안을 수락할 것으로 분류한다. 오즈가 낮다면 수락하지 않을 고객으로 분류된다.

데이터로부터 로지스틱 모델 추정: 모수 추정치 계산

로지스틱 회귀에서 Y와 모수 β의 관계는 비선형이다. 따라서 모수 β는 다중 선형 회귀에서와 같이 최소제곱법을 사용해 추정되지 않는다. 대신 최대가능도법maximum likelihood method을 사용해 추정한다. 간단히 말해, 최대가능도법은 주어진 데이터를 얻을 가능성을 최대화하는 추정치를 찾는 방법이다. 이때 컴퓨터 프로그램을 사용해 반복 추정하는 과정이 필요하다.[6]

회귀 계수 추정치를 계산하는 알고리즘은 선형 회귀 알고리즘보다 덜 강건하다. 그러나 데이터에서 반응 변수로 0과 1을 갖는 관측치가 모두 많을 때, 각각에 대한 관측치의 비가 0과 1 둘 중 무엇과도 충분히 가깝지 않을 때, 로지스틱 회귀 모델에서 회귀 계수의 개수가 표본의 크기에 비해 작을 때(즉, 표본의 10% 이하)는 일반적으로 회귀 계수의 추정치를 신뢰할 수 있다. 선형 회귀와 마찬가지로 공선성collinearity(예측 변수들 간의 강한 상관관계)은 추정치 계산을 어렵게 만들며, 이러한 어려움을 해결하기 위한 계산 집약적인 알고리즘이 최근까지도 개발되어 왔다. 로지스틱 회귀의 최대가능도 추정에 관한 자세한 기술적 내용은 호스머Hosmer와 렘쇼우Lemeshow의 논문(2000)을 참조하기 바란다.

이러한 과정을 통해 얻는 전형적인 결과를 보여주기 위해 유니버설 은행 고객 3,000명으로 구성된 학습 데이터셋에 로지스틱 모델을 적합했다. 반응 변수는 `Personal Loan`이고 `Yes`가 성공 사건으로 정의되었다. 즉 개인 대출 제안을 수락하면 반응 변수가 1, 거절하면 0이다.

데이터 전처리 먼저 예측 변수 `Education`을 범주형 변수로 전환하는 작업부터 해야 한다. 데이터에서 이 예측 변수는 정수integer로 1, 2, 3 중 하나로 코딩되어 있다. 이를 범주형 변수로 변환하기 위해 `pandas` 라이브러리의 `astype('category')`와 `rename_categories`를 사용한다. 그런 후 데이터 프레임에 `pd.get_dummies( )` 함수를 적용해 세 범주에 대한 2개의 가변수dummy variable를 생성한다. 로지스틱 회귀는 3개 범주 중 2개만 이용하는데, 이는 세 가지를 모두 이용할 경우 다중 공선성multicollinearity 문제를 일으키기 때문이다(6장 참조). `statsmodels`에 있는 로지스틱 회귀 함수는 총 $6 = 2 + 1 + 1 + 1 + 1$개의 가변수로 [표 10-1]에 제시된 5개의 범주형 변수를 설명할 수 있다. 수치형 예측 변수 6개를 포함하여, 총 12개의 예측 변수가 있다.

다음으로 데이터를 학습 데이터셋(60%)과 검증 데이터셋(40%)로 랜덤하게 분할한다. 학습 데이터셋은 로지스틱 회귀 모델 적합에 사용되고, 검증 데이터셋은 모델의 성능을 평가하는 데 사용된다.

---

6 최대가능도법은 추정치에 대한 좋은 점근적 (대표본) 성질을 보장한다. 매우 일반적인 조건에서 최대가능도 추정량은 다음을 만족한다. (1) 일치성(consistent): 표본 크기가 증가함에 따라 추정량과 실제값이 다를 확률이 0에 가까워진다. (2) 점근적인 효율성(asymptotically efficient): 일치성을 만족하는 추정량 중에서 가장 작은 분산을 갖는다. (3) 점근적으로 정규 분포를 따름(asymptotically normally distributed): 표본 크기가 클 때 다중 선형 회귀 모델 분석과 유사한 방식으로 신뢰 구간을 계산하고 통계적 검정을 수행할 수 있다.

추정된 모델 [표 10-2]는 학습 데이터셋으로 12개의 예측 변수를 사용해 로지스틱 회귀를 실행시킨 결과를 보여준다. 12개의 예측 변수를 모두 사용한 모델로부터 추정된 로지스틱 식은 다음과 같다.

$$
\begin{aligned}
&\text{Logit(Personal Loan} = \text{Yes)} \\
&\quad = -12.619 - 0.0325\ \text{Age} + 0.0342\ \text{Experience} \\
&\qquad + 0.0588\ \text{Income} + 0.6141\ \text{Family} + 0.2405\ \text{CCAvg} \\
&\qquad + 0.0010\ \text{Mortgage} - 1.0262\ \text{Securities\_Account} + 3.6479\ \text{CD\_Account} \\
&\qquad - 0.6779\ \text{Online} - 0.9560\ \text{Credit Card} \\
&\qquad + 4.1922\ \text{Education\_Graduate} + 4.3417\ \text{Education\_Advanced/Professional} \qquad (10.9)
\end{aligned}
$$

가변수 `Education_Graduate`, `Education_Advanced/Professiona`, `CD_Account`에 대응하는 양의 회귀 계수는 CD 계좌를 가진 것과 대학원 또는 전문 교육을 받은 것(가변수에서 모두 1로 표기)이 대출 제안을 수락할 확률이 높은 것과 관련이 있음을 시사한다. 반면 증권 계좌를 가진 것, 온라인 뱅킹을 이용하는 것, 유니버설 은행 신용카드를 가진 것은 대출 제안을 수락할 확률이 낮은 것과 관련이 있다. 연속적인 예측 변수에 대해서, 양의 회귀 계수는 그 예측 변수 값이 클수록 제안을 수락할 확률이 높음을 의미한다(예 `Income`: 수입이 높은 사람일수록 제안을 수락할 확률이 높다). 마찬가지로 음의 회귀 계수는 그 예측 변수 값이 클수록 제안을 수락할 확률이 낮음을 의미한다(예 Age: 나이가 많은 사람일수록 제안을 승인할 확률이 낮다).

표 10-2 대출 수락에 대한 로지스틱 회귀 모델(학습 데이터셋)

로지스틱 회귀 모델을 적합할 파이썬 코드

```
bank_df = pd.read_csv('UniversalBank.csv')
bank_df.drop(columns=['ID', 'ZIP Code'], inplace=True)
bank_df.columns = [c.replace(' ', '_') for c in bank_df.columns]

# Treat education as categorical, convert to dummy variables
bank_df['Education'] = bank_df['Education'].astype('category')
new_categories = {1: 'Undergrad', 2: 'Graduate', 3: 'Advanced/Professional'}
bank_df.Education.cat.rename_categories(new_categories, inplace=True)
bank_df = pd.get_dummies(bank_df, prefix_sep='_', drop_first=True)

y = bank_df['Personal_Loan']
X = bank_df.drop(columns=['Personal_Loan'])

# partition data
train_X, valid_X, train_y, valid_y = train_test_split(X, y, test_size=0.4, random_state=1)

# fit a logistic regression (set penalty=l2 and C=1e42 to avoid regularization)
logit_reg = LogisticRegression(penalty="l2", C=1e42, solver='liblinear')
logit_reg.fit(train_X, train_y)
```

```
print('intercept ', logit_reg.intercept_[0])
print(pd.DataFrame({'coeff': logit_reg.coef_[0]}, index=X.columns).transpose())

print('AIC', AIC_score(valid_y, logit_reg.predict(valid_X), df = len(train_X.columns) + 1))
```

실행 결과

```
intercept  -12.61895521314035
                          Age  Experience    Income    Family   CCAvg Mortgage
coeff      -0.032549   0.03416    0.058824  0.614095  0.240534  0.001012

       Securities_Account   CD_Account    Online  CreditCard
coeff           -1.026191     3.647933 -0.677862    -0.95598
       Education_Graduate   Education_Advanced/Professional
coeff            4.192204                          4.341697

AIC -709.1524769205962
```

(프로파일링을 위한) 오즈 관점의 결과 해석

데이터에 잘 맞는 로지스틱 모델은 서로 다른 예측 변수들의 역할에 대해 유용한 정보를 줄 수 있다. 예를 들어, 가족의 수입이 한 단위 증가하는 것이 대출 제안을 수락할 확률에 어떠한 영향을 미치는지 알고 싶다고 하자. 이는 확률이 아니라 오즈를 고려한다면 바로 알아낼 수 있다.

앞에서 살펴본 대로 오즈는 다음과 같은 식으로 표현된다.

$$\text{Odds} = e^{\beta_0+\beta_1 x_1+\beta_2 x_2+\cdots+\beta_q x_q}$$

먼저 단일 예측 변수 예제로 돌아가 고객의 수입에 따라 개인 대출 제안의 수락 여부를 모델링한 다음의 경우를 살펴보자.

$$\text{Odds}(\text{Personal Loan} = \text{Yes} \mid \text{Income}) = e^{\beta_0+\beta_1 \text{Income}}$$

여기서 모델은 오즈의 승법 모델로 나타난다. 수입이 0인 고객이 대출 제안을 수락할 오즈는 $e^{-6.04892+(0.036)(0)} = 0.00236$으로 추정된다. 이것은 기준 오즈를 나타낸다. 이 예제에서 수입이 0이라는 것은 경제학적으로 의미가 없다. 그러나 다른 예측 변수가 존재하는 조건이라면 수입이 0이라는 것과 거기에 대응하는 기준 오즈는 의미가 있다. 다시 말해, 수입이 100,000달러인 고객이 대출 제안을 수락할 오즈는 수입이 0일 때보다 $e^{(0.036)(100)} = 36.6$배 증가한다. 따라서 그러한 고객이 대출 제안을 수락할 오즈는 $e^{-6.04892+(0.036)(100)} = 0.086$이 된다.

수입을 x_1이라 하고 다른 예측 변수는 일정한 값($x_2, \cdots, x_{12}$로 표시함)으로 고정시켰을 때, 수입이 x_1에서 $x_1 + 1$로 한 단위 증가하는 경우를 살펴보자. 이 경우 오즈비는 다음과 같다.

$$\frac{\text{odds}(x_1+1, x_2, \cdots, x_{12})}{\text{odds}(x_1, \cdots, x_{12})} = \frac{e^{\beta_0+\beta_1(x_1+1)+\beta_2 x_2+\cdots+\beta_{12}x_{12}}}{e^{\beta_0+\beta_1 x_1+\beta_2 x_2+\cdots+\beta_{12}x_{12}}} = e^{\beta_1}$$

이 오즈비는 $x_2, \cdots, x_{12}$의 값이 상수로 고정되어 있고 x_1이 한 단위 증가할 때 고객이 대출 제안을 수락할 오즈가 e^{β_1}배만큼 증가함을 알려준다. 바꾸어 말하면 e^{β_1}은 x_1 외의 모든 예측 변수가 고정되어 있고, x_1이 1단위 증가할 때 (클래스 1에 속할) 오즈가 증가하는 곱셈 요인이 된다. 양의 β_1이 오즈의 증가와 관련이 있는 반면에, $\beta_1 < 0$이라면 x_1의 증가는 클래스 1에 속할 오즈의 감소와 관련이 있다.

예측 변수가 가변수일 때, 이에 대한 해석은 기술적으로는 동일하지만 실질적으로는 다른 의미를 가지게 된다. 예를 들어, 데이터로부터 `CD_Account`의 회귀 계수가 3.647933으로 추정된 경우를 살펴보자. 이때 기준 그룹은 CD 계좌를 보유하지 않은 고객이 된다. 따라서 이 회귀 계수에 대한 해석은 다음과 같다. $e^{3.647933} = 38.4$는 다른 요인들은 모두 일정한 것으로 가정할 때, CD 계좌를 가진 고객이 CD 계좌를 가지지 않은 고객에 비하여 대출 제안을 수락할 오즈가 된다. 이것은 유니버설 은행의 CD 계좌를 가지고 있는 고객이 CD 계좌를 가지고 있지 않은 고객에 비해 대출 제안을 수락할 경향이 더 높다는 것을 말해 준다(다른 모든 요인들은 일정하다고 가정함).

확률과 대조적으로 모델의 결과를 오즈로 보고할 때의 장점은 x_1의 어떤 값에 대해서도 위와 같은 해석이 가능하다는 것이다. 만약 x_1이 가변수가 아니라면, x_1의 한 단위 증가가 확률에 미치는 효과를 위와 같이 설명할 수 없다. 이는 그 결과가 x_1의 실제값에 의존하기 때문이다. 즉, x_1이 3에서 4로 증가할 때 클래스 1에 속하는 확률 p에 미치는 효과는 x_1이 30에서 31로 한 단위 증가할 때 확률 p에 미치는 효과와는 다르다. 간단히 말해서, 다른 예측 변수가 모두 일정하다고 했을 때 특정 예측 변수의 한 단위 증가에 의한 확률 p의 변화는 일정하지 않다는 뜻이다. 확률의 변화는 예측 변수의 특정 값에 따라 달라진다. 그러므로 오직 특정 레코드에 대해서만 확률이 언급될 수 있다.

10.4 분류 성능 평가

5장에서 기술한 모델 성능에 대한 일반적인 측도는 로지스틱 모델의 성능을 평가하는 데 사용된다. 모델 성능 측도들 중에서 가장 많이 사용되는 것은 정오 분류표(정확도만 평가하거나 비용을 함께 고려할 수 있음)와 향상 차트에 기반한 측도다. 다른 분류 방법과 마찬가지로 로지스틱 회귀의 목적은 예측 변수의 정보만 사용해 관측치가 속할 클래스를 정확히 분류하는 모델을 찾는 것이다. 이러한 분석 목표의 또 다른 형태는 순위ranking를 매기거나 전체적인 정확도가 낮아지는 것을 감안하고라도 새로운 레코드에 대해 특정 클래스를 식별하는 데 뛰어난 능력을 갖춘 모델을 찾는 것이다. 학습 데이터셋은 모델을 선택하는 데 사용되기 때문에, 학습 데이터셋에 대해서는 모델의 성능이 꽤 좋을 것으로 예상할 수 있어, 검증 데이터셋에 대한 성능 평가를 선호한다. 검증 데이터셋은 모델링할 때 포함되지 않아 이전에 '보지 못한' 데이터를 분류할 수 있는 능력을 평가하는 데 사용될 수 있다.

로지스틱 회귀 분석에서 정오 행렬을 얻기 위해서는 추정된 로지스틱 회귀식으로부터 검증 데이터셋의 각 레코드에 대해 클래스에 속할 확률(경향)을 예측하고, 이들 레코드의 클래스를 정하기 위해 컷오프 값을 사용한다. 그런 후 이 레코드의 실제 클래스와 예측 클래스를 비교한다. 유니버설 은행 예제의 경우 식 (10.9)를 이용해 2,000명의 고객을 포함하는 검증 데이터셋(모델 적합 단계에서는 이 데이터를 사용하지 않음)에 대해 제안 수락 확률을 예측한다. 기술적으로는 로지스틱 회귀 추정식 (10.9)로부터 로짓을 예측한 후, $p = e^{\text{logit}}/1 + e^{\text{logit}}$의 관계식을 통해 확률 p를 구할 수 있다. 그런 후 이들 확률값을 컷오프 값과 비교하여, 2,000개의 검증 레코드 각각을 대출 제안의 수락 또는 비수락으로 분류한다.

[표 10-3]은 검증 데이터셋에서 선택한 4개 레코드의 경향을 보여준다. 컷오프 값으로 0.5를 쓴다고 해보자. 첫 번째 고객은 제안을 수락할 확률인 $p(1)$이 컷오프 값인 0.5보다 낮기 때문에 이 고객은 대출 제안 비수락(0)으로 분류된다. 그리고 실제로도 비수락(actual=0)이었다. 두 번째와 세 번째 고객의 수락 확률은 예측 모델에서 0.5를 초과하므로 이 고객들은 대출 제안 수락(1)으로 분류된다. 세 번째 고객은 실제로 수락(actual=1)이 맞았지만, 두 번째 고객은 모델이 잘못 분류한 것으로, 실제로는 비수락(actual=0)이었다. 네 번째 고객도 비수락으로 잘못 분류되었는데, 실제로는 수락한 경우였다.

표 10-3 검증 데이터셋에서 네 명의 고객에 대한 경향

예측 확률을 생성하기 위한 로지스틱 회귀를 사용하는 파이썬 코드

```
logit_reg_pred = logit_reg.predict(valid_X)
logit_reg_proba = logit_reg.predict_proba(valid_X)
logit_result = pd.DataFrame({'actual': valid_y,
                             'p(0)': [p[0] for p in logit_reg_proba],
                             'p(1)': [p[1] for p in logit_reg_proba],
                             'predicted': logit_reg_pred })

# display four different cases
interestingCases = [2764, 932, 2721, 702]
print(logit_result.loc[interestingCases])
```

실행 결과

```
      actual   p(0)   p(1)  predicted
2764       0  0.976   .024          0
932        0  0.335  0.665          1
2721       1  0.032  0.968          1
702        1  0.986  0.014          0
```

[표 10-4]는 0.5 컷오프 값을 사용한 학습 및 검증 데이터셋의 정오 행렬을 보여준다. 두 데이터에서 대부분의 비수락(0)이 올바르게 분류된 반면, 수락(1)의 경우 약 1/3이 잘못 분류되었음을 알 수 있다.

표 10-4 학습 및 검증 데이터셋의 정오 행렬

정오 행렬을 생성하기 위한 로지스틱 회귀를 사용하는 파이썬 코드

```
# training confusion matrix
classificationSummary(train_y, logit_reg.predict(train_X))

# validation confusion matrix
classificationSummary(valid_y, logit_reg.predict(valid_X))
```

실행 결과

```
Confusion Matrix (Accuracy 0.9603)

       Prediction
Actual    0    1
     0 2684   29
     1   90  197
Confusion Matrix (Accuracy 0.9595)

       Prediction
Actual    0    1
     0 1791   16
     1   65  128
```

모델의 분류 성능을 평가하기 위한 또 다른 유용한 툴로 향상(이득) 차트와 십분위 향상 차트가 있다(5장 참조). [그림 10-3]은 검증 데이터셋을 이용해 개인 대출 제안 수락 로지스틱 모델로부터 구한 결과를 보여준다. 누적 이득 차트cumulative gain chart에서 기준 곡선보다 위에 위치한 '향상lift' 곡선은 주어진 레코드 수(*x*축에서 읽음)에 대해 모델을 사용함으로써 식별할 수 있는 추가적인 응답자 수를 나타낸다. 이와 동일한 정보는 십분위 향상 차트decile lift chart에도 나타나 있다. 모델상에서 대출 제안을 수락할 확률이 높은 레코드, 즉 '1로 분류될 확률이 높은' 레코드를 10% 선택한 경우는 레코드를 임의로 10% 선발한 경우보다 대출 제안을 수락한 고객 수가 7.8배 높게 나타난다.

누적 이득 차트와 십분위 향상 차트를 생성하는 파이썬 코드

```
df = logit_result.sort_values(by=['p(1)'], ascending=False)
fig, axes = plt.subplots(nrows=1, ncols=2, figsize=(10, 4))

gainsChart(df.actual, ax=axes[0])
liftChart(df.actual, title=False, ax=axes[1])

plt.tight_layout()
plt.show()
```

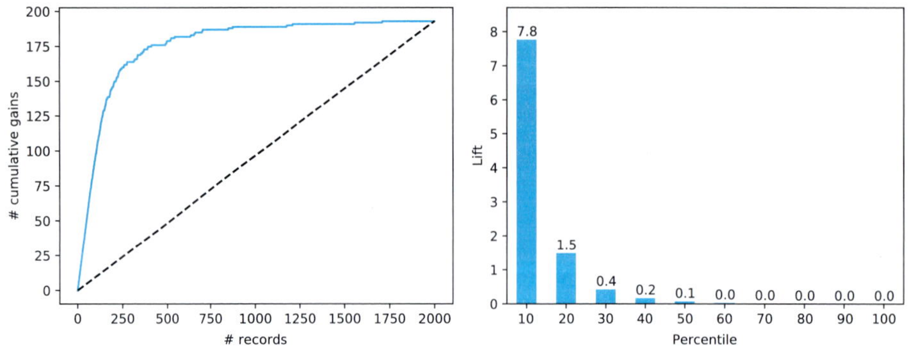

그림 10-3 유니버설 은행 대출 제안을 위한 검증 데이터셋의 누적이득 차트와 십분위 향상 차트

변수 선택

다음 단계는 대체 모델들을 찾는 것이다. 이를 위해, 사용되는 예측 변수의 개수를 줄임으로써 더 간단한 모델을 찾는 방법이 있다. 또는 이와 반대로 예측 변수들 간의 상호작용과 그로부터 새롭게 파생되는 변수들을 고려하여 더 복잡한 모델을 세우는 방법이 있다. 예를 들어, 수입income과 가족 수family size 간에 상호작용 영향이 있다고 가정한다면 수입 × 가족의 형태로 상호작용 항을 추가해야 한다.

대체 모델 집합 중 모델을 선택하는 일은 우선적으로 검증 데이터셋의 성능에 따라 결정된다. 성능이 비슷한 모델들 중에서는 일반적으로 복잡한 모델보다 간단한 모델이 선호된다. 또한 검증 데이터셋의 성능은 모델링에 전혀 사용되지 않은 데이터에 대한 성능을 예측할 때 지나치게 낙관적일 수 있다. 이는 모델들이 주어진 검증 데이터셋에 얼마나 잘 적용되는지를 보고 최종 모델을 선택하는데, 이때 검증 데이터셋에 있는 무의미한 특성들이 관여할 수도 있기 때문이다. 이러한 모델은 최종 모델의 후보 모델들 중에서는 최고라 하더라도, 새로운 데이터에 대해서는 다른 모델들에 비해 성과가 월등히 좋지 않을 수도 있다. 따라서 최종 선택된 모델이 새로운 데이터에 얼마나 잘 적용될지를 평가하기 위해, 새로운 테스트 데이터셋을 도입해 보는 것이 도움이 된다. 또한 최종 모델을 선택할 때는 변수 수집 비용, 오류 가능성, 모델 복잡도와 같은 실질적인 문제를 고려해야 한다.

선형 회귀(6.4절 참조)에서와 같이 로지스틱 회귀에서도 단계적 선택 방법stepwise selection, 전방 선택 방법forward selection, 후방 소거법backward elimination과 같은 자동화된 변수 선택 방법을 사용할 수 있다. 변수 선택은 예측 변수의 수를 고려하여 학습 데이터셋의 로그 가능도 함수값에 패널티를 부여한 AIC 또는 기타 측도를 최소화하도록 설정된다. 또는 L1이나 L2 패널티를 사용해 벌점화 로지스틱 회귀regularized logistic regression 모델을 추정할 수도 있다. 파이썬에서는 `penalty` 인자를 `l1` 또는 `l2`로 설정하여 선택한다. 패널티 파라미터 `C`는 기본값이 `1`이다. `l2` 패널티와 매우 큰 패널티 파라미터 `C`(예 `LogisticRegression(penalty="l2", C=1e42)`)를 선택하면 일반 로지스틱 회귀를 추정한다. 벌점화 로지스틱 회귀에 대해서는 10.6절에서 설명한다.

10.5 다중 클래스 분류에 대한 로지스틱 회귀

이진형 반응 변수에 대한 로지스틱 모델은 2개 클래스 이상으로 확장될 수 있다. 클래스가 m개 있다고 가정하자. 로지스틱 회귀 모델을 사용해 각 관측치에 대해서 m개의 클래스에 속할 m개 확률을 가정한다. m개 확률의 합은 1이므로 $m-1$개의 확률만 추정하면 된다.

순서형 클래스

순서형 클래스Ordinal Class는 의미 있는 순서를 가지고 있는 클래스다. 예를 들어, 주식을 추천하는 경우에 매수buy, 보유hold, 매도sell와 같은 3개 클래스는 순서형으로 처리될 수 있다. 간단한 규칙에 따라 클래스에 의미 있게 번호를 부여한 것을 순서형이라고 한다. 클래스의 수가 많을 때(일반적으로 5 이상), 반응 변수를 연속형처럼 취급하여 다중 선형 회귀를 수행할 수 있다. $m = 2$일 경우에는 앞에서 설명한 로지스틱 회귀를 사용한다. 그러므로 순서형 클래스의 수가 작을 때($3 \leq m \leq 5$)는 로지스틱 회귀를 확장해야 한다. 이진형 클래스를 확장하는 방법은 다양하지만 여기서는 비례 오즈proportional odds 또는 누적 로짓cumulative logit 방법을 설명한다. 다른 방법을 알고 싶다면 호스머Hosmer와 렘쇼우Lemeshow의 논문(2000)을 참조하기 바란다.

해석과 계산을 단순화하기 위해, 클래스에 속할 누적 확률을 살펴보기로 한다. 예를 들어, 주식 추천에서 $m = 3$개의 클래스를 가정하고 $1 =$ 매수, $2 =$ 보유, $3 =$ 매도로 표기하자. 이 모델을 통해서 추정되는 확률은 $P(Y \leq 1)$(매수를 추천할 확률)과 $P(Y \leq 2)$(매수 또는 보유를 추천할 확률)이다. 클래스 3에 속할 확률은 2개의 누적 확률로부터 쉽게 얻을 수 있다.

$$P(Y=1) = P(Y \leq 1)$$
$$P(Y=2) = P(Y \leq 2) - P(Y \leq 1)$$
$$P(Y=3) = 1 - P(Y \leq 2)$$

다음으로 각 로짓을 예측 변수의 함수로서 모델링한다. $m-1$개 누적 확률 각각에 대응하는 로짓이다. 주식 추천 문제에서는 다음과 같은 로짓을 얻는다.

$$\text{logit}(buy) = \log\left[\frac{P(Y \leq 1)}{1 - P(Y \leq 1)}\right]$$

$$\text{logit}(buy \text{ or } hold) = \log\left[\frac{P(Y \leq 2)}{1 - P(Y \leq 2)}\right]$$

두 클래스의 경우와 마찬가지로, 각각의 로짓은 예측 변수들의 선형 함수로 모델링된다. 만약 주식 추천이 단일 예측 변수 x를 갖는다면 다음 두 식을 구할 수 있다.

$$\text{logit}(buy) = \alpha_0 + \beta_1 x$$
$$\text{logit}(buy \text{ or } hold) = \beta_0 + \beta_1 x$$

두 식을 살펴보면 선의 기울기(β_1)는 같지만 절편은 다르다. 일단 회귀 계수 α_0, β_0, β_1이 추정되면, 확률의 관점에서 로짓 방정식을 다시 표현함으로써 클래스에 속할 확률을 계산할 수 있다. 이 예제에서 세 클래스의 경우에는 다음과 같은 식을 얻을 수 있다. 이때, a_0, b_0, b_1은 학습 데이터셋으로부터 얻은 추정치다.

$$P(Y=1) = P(Y \leq 1) = \frac{1}{1+e^{-(a_0+b_1 x)}}$$

$$P(Y=2) = P(Y \leq 2) - P(Y \leq 1) = \frac{1}{1+e^{-(b_0+b_1 x)}} - \frac{1}{1+e^{-(a_0+b_1 x)}}$$

$$P(Y=3) = 1 - P(Y \leq 2) = 1 - \frac{1}{1+e^{-(b_0+b_1 x)}}$$

이제 각 레코드에 대해 각각의 클래스에 속할 확률을 추정할 수 있다. 이 예제에서 각 주식은 3개의 확률값(매수 추천, 보유 추천, 매도 추천)을 갖는다. 마지막 단계는 관측치를 세 클래스 중 하나로 분류하는 것이다. 이 작업은 각 클래스에 속할 확률 중 가장 높은 확률을 가진 클래스로 할당함으로써 이루어진다. 예를 들어, 주식의 확률 추정값이 $P(Y=1) = 0.2$, $P(Y=2) = 0.3$, $P(Y=3) = 0.5$와 같다면, 이 주식은 매도 추천으로 분류된다.

명목형 클래스

클래스들이 순서형이 아니고 단순히 서로 다른 클래스일 때, 이를 명목형 클래스Nominal Class라고 한다. 예를 들면, 시리얼 제품을 판매하는 여러 브랜드 중 하나를 선택하는 것과 같다. 명목형 클래스를 확인하는 간단한 방법이 있다. 클래스에 A, B, C, ⋯ 로 태그를 만들고, 클래스에 문자를 할당하는 것이 중요하지 않은 경우에는 명목형 클래스가 된다. 간단히 설명하기 위해 소비자가 선택할 수 있는 시리얼 브랜드가 $m = 3$개라고 가정하자(각 소비자가 한 브랜드를 선택한다고 가정함). 그러면 $P(Y = \mathrm{A})$, $P(Y = B)$, $P(Y = C)$ 확률을 추정할 수 있다. 순서형 클래스에서와 마찬가지로 2개의 확률값을 알고 있다면, 세 번째 확률값은 자동으로 결정된다. 따라서 세 클래스 중 하나를 기준 클래스로 사용한다. 이 예제에서는 C를 기준 브랜드로 정한다.

다시 한 번 이 사례의 목적을 말하자면 예측 변수의 함수로 클래스 멤버십을 모델링하는 것이다. 시리얼 예제에서 시리얼의 가격 x를 알 때 어떤 시리얼이 선택될지 예측하려 한다.

다음으로 예측 변수와 선형인 $m-1$개의 유사 로짓pseudologit 식을 만든다. 시리얼 예제에서는 다음과 같은 유사 로짓을 얻는다.

$$\operatorname{logit}(A) = \log\left[\frac{P(Y = A)}{P(Y = C)}\right] = \alpha_0 + \alpha_1 x$$

$$\operatorname{logit}(B) = \log\left[\frac{P(Y = B)}{P(Y = C)}\right] = \beta_0 + \beta_1 x$$

학습 데이터셋으로부터 4개의 회귀 계수를 추정할 때, 각 클래스에 속할 확률은 다음과 같이 추정된다.[7]

$$P(Y=A) = \frac{e^{a_0+a_1 x}}{1 + e^{a_0+a_1 x} + e^{b_0+b_1 x}}$$

$$P(Y=B) = \frac{e^{b_0+b_1 x}}{1 + e^{a_0+a_1 x} + e^{b_0+b_1 x}}$$

$$P(Y=C) = 1 - P(Y=A) - P(Y=B)$$

---

7 2개의 로짓 방정식으로부터 다음 식을 얻는다.

$$P(Y = A) = P(Y = C)\cdot e^{\alpha_0 + \alpha_1 x},\quad P(Y = B) = P(Y = C)\cdot e^{\beta_0 + \beta_1 x}$$

이때, $P(Y = A) + P(Y = B) + P(Y = C) = 1$을 만족하므로 다음 값을 얻는다.

$$P(Y = C) = 1 - P(Y = C)e^{\alpha_0 + \alpha_1 x} - P(Y = C)e^{\beta_0 + \beta_1 x} = \frac{1}{1 + e^{\alpha_0 + \alpha_1 x} + e^{\beta_0 + \beta_1 x}} \qquad (10.10)$$

이 값을 앞의 두 식에 대입하여, 클래스 A와 클래스 B에 속할 확률을 추정할 수 있다.

여기서 a_0, a_1, b_0, b_1은 학습 데이터셋으로부터 추정된 추정치다. 마지막으로, 레코드는 가장 높은 확률을 갖는 클래스에 할당된다.

순서형과 명목형 모델 비교

추정된 로지스틱 모델은 반응 변수가 순서형인지 명목형인지에 따라 달라진다. 예를 들어, 미국 교통 통계국의 사고 데이터를 살펴보도록 하자. 이러한 데이터는 알코올 관련 여부, 사고 시간, 도로 상태와 같은 예측 변수를 기반으로 하여 사고가 부상 또는 사망을 초래할지 여부를 예측하는 데 사용될 수 있다. 사고의 심각도severity를 0 = 부상 없음, 1 = 비치명적 부상, 2 = 사망의 세 가지 등급으로 나눈다.

먼저 심각도를 순서형 변수로 고려하고 2개의 명목형 예측 변수인 알코올과 날씨를 사용해 간단한 모델을 적합한다. 이러한 예측 변수 각각은 아니요(사고와 관련이 없음) 또는 예(사고와 관련됨)로 코딩된다. 다음으로 심각도에 대한 모델링 유형을 명목형으로 변경하고 동일한 예측 변수를 사용해 모델을 적합한다. 두 모델 모두에서 기준이 되는 심각도 수준은 심각도 = 2다.

[표 10-5]는 사고 데이터에 적용된 순서형 및 명목형 다항 회귀에 대한 파이썬 코드를 제시하고, 모델에 대한 추정 결과와 몇 가지 표본 레코드에 대한 예측 확률을 보여준다.

순서형 로지스틱 모델에는 2개의 절편(첫 번째는 심각도 = 0, 두 번째는 심각도 = 1)에 대한 추정치가 있지만, 각 예측 변수에 대한 추정치는 하나다. 이와 대조적으로, 명목형 로지스틱 모델에는 3개의 절편에 대한 추정값이 있으며 반응 변수의 각 수준에 대해 예측 변수에 대한 3개의 개별적인 회귀 계수가 있다.

표 10-5 파이썬으로 실행하는 순서형과 명목형 다범주 회귀

2클래스 이상의 로지스틱 회귀를 사용하는 파이썬 코드

```
data = pd.read_csv('accidentsFull.csv')
outcome = 'MAX_SEV_IR'
predictors = ['ALCHL_I', 'WEATHER_R']

y = data[outcome]
X = data[predictors]
train_X, train_y = X, y

print('Nominal logistic regression')
logit = LogisticRegression(penalty="l2", solver='lbfgs', C=1e24, multi_class='multinomial')
logit.fit(X, y)
print(' intercept', logit.intercept_)
print(' coefficients', logit.coef_)
print()
```

```
probs = logit.predict_proba(X)
results = pd.DataFrame({
    'actual': y, 'predicted': logit.predict(X),
    'P(0)': [p[0] for p in probs],
    'P(1)': [p[1] for p in probs],
    'P(2)': [p[2] for p in probs],
})
print(results.head())
print()

print('Ordinal logistic regression')
logit = LogisticIT(alpha=0)
logit.fit(X, y)
print(' theta', logit.theta_)
print(' coefficients', logit.coef_)
print()
probs = logit.predict_proba(X)
results = pd.DataFrame({
    'actual': y, 'predicted': logit.predict(X),
    'P(0)': [p[0] for p in probs],
    'P(1)': [p[1] for p in probs],
    'P(2)': [p[2] for p in probs],
})
print(results.head())
```

실행 결과

```
Nominal logistic regression
  intercept
    [-0.09100315 0.9036454 -0.81264225]
  coefficients [[ 0.51606685 0.3391015 ]
 [ 0.14900396 0.09543369]
 [-0.66507082 -0.43453518]]

  actual  predicted   P(0)   P(1)   P(2)
0      1          1  0.491  0.499  0.010
1      0          0  0.553  0.441  0.005
2      0          0  0.553  0.441  0.005
3      0          1  0.491  0.499  0.010
4      0          1  0.394  0.579  0.027
```

```
Ordinal logistic regression
  theta
    [-1.06916285 2.77444326]
  coefficients
    [-0.40112008 -0.25174207]

  actual  predicted   P(0)   P(1)   P(2)
  actual  predicted   P(0)   P(1)   P(2)
0      1          1  0.496  0.483  0.021
1      0          0  0.559  0.425  0.017
2      0          0  0.559  0.425  0.017
3      0          1  0.496  0.483  0.021
4      0          1  0.397  0.571  0.031
```

마지막으로 예측 확률의 결과도 두 모델에서 다르게 나타난다. 따라서 어떤 모델이 결과에 더 적합한지 결정하고, 검증 데이터셋에 대한 예측 성능을 평가하는 것이 유용하다.

10.6 분석 예제: 연착 항공편 예측

항공기 연착 예측 자료는 공항 당국, 항공사, 항공 당국 등 다양한 조직에서 유용하게 쓰일 것이다. 때로는 항공기 연착 문제를 해결하기 위해 공동 대책 위원회가 만들어지기도 했다. 이들 조직이 항공기 연착과 관련하여 지속적으로 실시간 지원을 제공한다면, 연착될 가능성이 있는 항공편에 대한 사전 통보가 도움이 된다.

단순화된 예로 6개의 예측 변수를 생각해 보자([표 10-6] 참조). 여기서 관심 사항인 반응 변수는 항공기의 연착 여부다(연착은 15분 이상 늦는 것을 의미함). 데이터는 2004년 1월 한 달간 워싱턴 D.C.에서 뉴욕으로 가는 모든 항공편으로 구성되어 있다. 2,201대의 항공편 중에서 연착 항공편의 비율은 19.5%다. 이 데이터는 미국 교통통계국 웹 사이트에서 수집되었다(www.transtats.bts.gov).

표 10-6 항공편 연착 예제에 대한 변수 설명

Day of Week	1=월요일, 2=화요일, …, 7=일요일
Departure Time	오전 6시와 오후 10시 사이를 18개 구간으로 나눈 출발 시간
Origin	3개의 출발 공항 코드: DCA(레이건 국립공항), IAD(댈러스 국제공항), BWI(볼티모어-워싱턴 국제공항)
Destimation	3개의 도착 공항 코드: JFK(케네디 국제공항), LGA(라구아디아 공항), EWR(뉴어크 국제공항)
Carrier	8개의 항공사 코드: CO(컨티넨탈 항공), DH(아틀란틱 코스트 항공), DL(델타 항공), MQ(아메리카 이글 항공), OH(컴에어 항공), RU(컨티넨탈 익스프레스 항공), UA(유나이티드 항공), US(US 에어웨이 항공)
Weather	악천후로 연착된 경우 1로 표기

분석 목적은 데이터셋에 포함되어 있지 않은 새로운 항공편의 연착 여부를 정확하게 예측하는 것이다. 반응 변수는 `Flight Status`로, `delayed` 또는 `ontime`의 두 가지 결과 값을 가질 수 있다.

거리, 도착 시간과 같은 웹 사이트에서 이용 가능한 기타 정보들은 특정한 경로(거리, 비행시간 등은 거의 동일하다고 가정함)를 대상으로 한 이번 분석 예제와는 관계가 없다. 20대의 항공편에 대한 데이터 표본은 [표 10-7]에 나타나 있다. [그림 10-4]와 [그림 10-5]는 항공편 연착과 다른 예측 변수들 또는 예측 변수들의 조합 간 관계를 보여준다.

표 10-7 20대의 항공편 표본

Flight status	Carrier	Day of week	Departure time	Destination	Origin	Weather
Ontime	DL	2	728	LGA	DCA	0
Delayed	US	3	1600	LGA	DCA	0
Ontime	DH	5	1242	EWR	IAD	0
Ontime	US	2	2057	LGA	DCA	0
Ontime	DH	3	1603	JFK	IAD	0
Ontime	CO	6	1252	EWR	DCA	0
Ontime	RU	6	1728	EWR	DCA	0
Ontime	DL	5	1031	LGA	DCA	0
Ontime	RU	6	1722	EWR	IAD	0
Delayed	US	1	627	LGA	DCA	0
Delayed	DH	2	1756	JFK	IAD	0
Ontime	MQ	6	1529	JFK	DCA	0
Ontime	US	6	1259	LGA	DCA	0
Ontime	DL	2	1329	LGA	DCA	0
Ontime	RU	2	1453	EWR	BWI	0
Ontime	RU	5	1356	EWR	DCA	0
Delayed	DH	7	2244	LGA	IAD	0
Ontime	US	7	1053	LGA	DCA	0
Ontime	US	2	1057	LGA	DCA	0
Ontime	US	4	632	LGA	DCA	0

예측 변수에 대한 평균 연착률의 막대그래프를 생성하는 파이썬 코드

```
delays_df = pd.read_csv('FlightDelays.csv')
# Create an indicator variable
delays_df['isDelayed'] = [1 if status == 'delayed' else 0
for status in delays_df['Flight Status']]

def createGraph(group, xlabel, axis):
    groupAverage = delays_df.groupby([group])['isDelayed'].mean()
    if group == 'DAY_WEEK': # rotate so that display starts on Sunday
       groupAverage = groupAverage.reindex(index=np.roll(groupAverage.index,1))
       groupAverage.index = ['Sun', 'Mon', 'Tue', 'Wed', 'Thu', 'Fri', 'Sat']
    ax = groupAverage.plot.bar(color='C0', ax=axis)
    ax.set_ylabel('Average Delay')
    ax.set_xlabel(xlabel)
    return ax

def graphDepartureTime(xlabel, axis):
    temp_df = pd.DataFrame({'CRS_DEP_TIME': delays_df['CRS_DEP_TIME'] // 100,
                            'isDelayed': delays_df['isDelayed']})
    groupAverage = temp_df.groupby(['CRS_DEP_TIME'])['isDelayed'].mean()
    ax = groupAverage.plot.bar(color='C0', ax=axis)
    ax.set_xlabel(xlabel); ax.set_ylabel('Average Delay')
```

```
fig, axes = plt.subplots(nrows=3, ncols=2, figsize=(10, 10))

createGraph('DAY_WEEK', 'Day of week', axis=axes[0][0])
createGraph('DEST', 'Destination', axis=axes[0][1])
graphDepartureTime('Departure time', axis=axes[1][0])
createGraph('CARRIER', 'Carrier', axis=axes[1][1])
createGraph('ORIGIN', 'Origin', axis=axes[2][0])
createGraph('Weather', 'Weather', axis=axes[2][1])
plt.tight_layout()
```

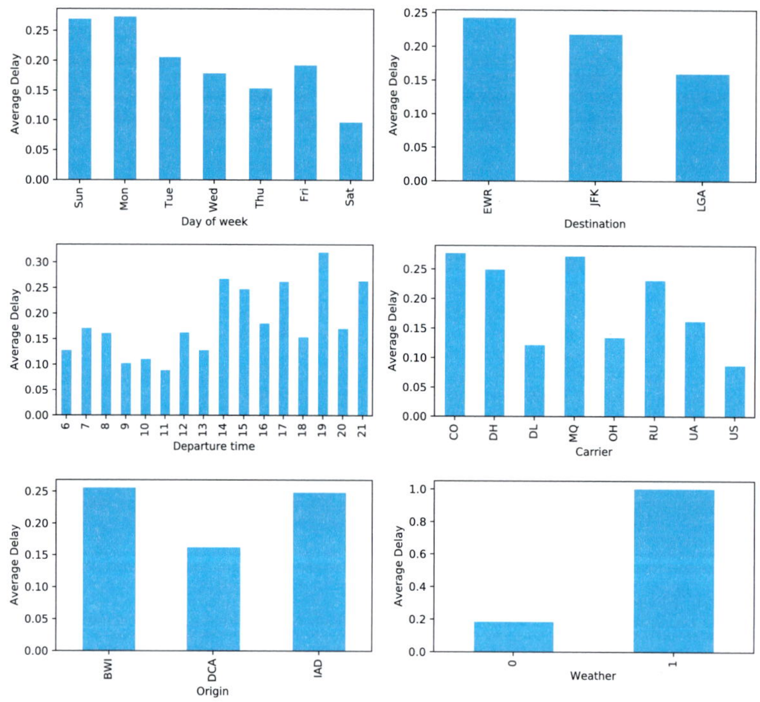

그림 10-4 6개의 예측 변수별로 연착된 항공편 비율. 출발 시간은 한 시간 단위로 구분한다.

항공편 연착을 탐색하기 위한 히트맵을 생성하는 파이썬 코드

```
agg = delays_df.groupby(['ORIGIN', 'DAY_WEEK', 'CARRIER']).isDelayed.mean()
agg = agg.reset_index()

# Define the layout of the graph
height_ratios = []
for i, origin in enumerate(sorted(delays_df.ORIGIN.unique())):
    height_ratios.append(len(agg[agg.ORIGIN == origin].CARRIER.unique()))
gridspec_kw = {'height_ratios': height_ratios, 'width_ratios': [15, 1]}
fig, axes = plt.subplots(nrows=3, ncols=2, figsize=(10, 6), gridspec_kw = gridspec_kw)

axes[0, 1].axis('off')
axes[2, 1].axis('off')

maxIsDelay = agg.isDelayed.max()
for i, origin in enumerate(sorted(delays_df.ORIGIN.unique())):
    data = pd.pivot_table(agg[agg.ORIGIN == origin], values='isDelayed', aggfunc=np.sum,
                          index=['CARRIER'], columns=['DAY_WEEK'])
    data = data[[7, 1, 2, 3, 4, 5, 6]] # Shift last columns to first
    ax = sns.heatmap(data, ax=axes[i][0], vmin=0, vmax=maxIsDelay,
                     cbar_ax=axes[1][1], cmap=sns.light_palette("navy"))
    ax.set_xticklabels(['Sun', 'Mon', 'Tue', 'Wed', 'Thu', 'Fri', 'Sat'])
    if i != 2:
        ax.get_xaxis().set_visible(False)
    ax.set_ylabel('Airport ' + origin)
plt.show()
```

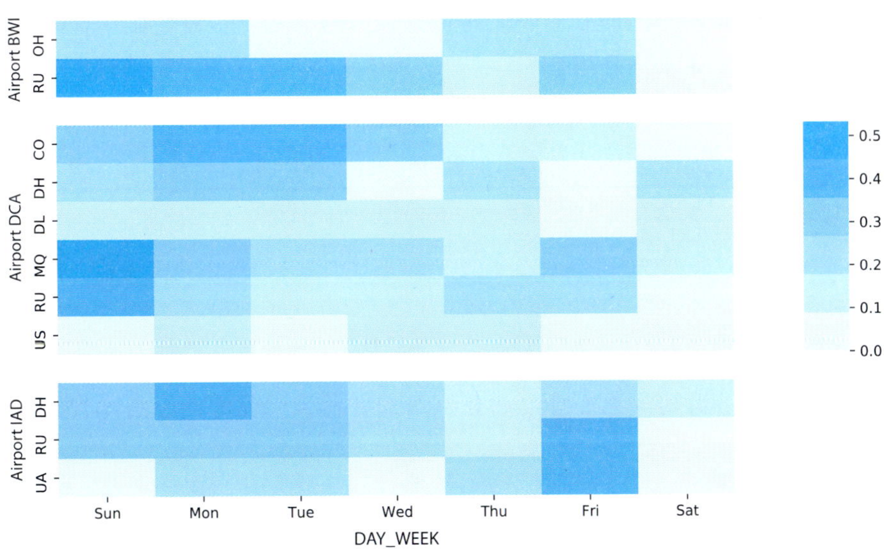

그림 10-5 요일(Day of Week), 출발 공항(Origin), 항공사(Carrier)에 의한 연착 항공편 비율(짙을수록 연착 비율이 높음)

[그림 10-4]를 보면 일요일과 월요일에 연착 비율이 가장 높다. 연착률은 출발지와 도착지 공항뿐 아니라 항공사와 출발 시간에 따라서도 다르게 나타난다. 날씨의 경우, Weather = 1(이 경우 항상 연착함)인지 Weather = 0인지에 따라 연착 여부가 뚜렷이 구분된다. [그림 10-5]에 있는 히트맵heat map은 BWI에서 RU 항공사로 일요일에 출발하거나 DCA에서 MQ 항공사로 일요일에 출발하는 것처럼 연착률이 높은 특정 조합을 나타낸다. 마찬가지로 연착률이 낮은 조합들도 확인할 수 있다.

이 분석의 첫 번째 목적은 예측 변수의 정보를 기반으로 새로운 비행기의 연착 여부를 정확하게 분류할 수 있는 모델을 찾는 것이다. 두 번째 목적은 연착될 가능성이 가장 높거나/낮은 항공편의 비율을 찾는 것이다(ranking). 세 번째 목적은 항공편를 프로파일링하는 것이다. 즉, (이 표본뿐 아니라 해당 노선의 전체 항공편에 대해) 어떤 요인이 연착과 관련이 있는지 찾아내고 이들 요인을 정량화하고자 한다. 로지스틱 회귀 모델을 서로 다른 관점에서 활용하면 이들 목적을 모두 달성할 수 있다.

데이터 전처리

먼저 FlightStatus=delayed이면 1을, ontime이면 0을 값으로 갖는 이진형 결과 변수 isDelay를 생성한다. 요일(Day of Week)을 범주형 변수로 변환하고, 출발 시간(Departure Time)을 오전 6시에서 오후 10시까지 한 시간 단위로 구분한다. 다음으로 범주형 변수에 대해 기준 범주를 설정한다. 출발 공항은 IAD, 도착 공항은 LGA, 항공사는 USAirways, 요일은 수요일로 설정한다(파이썬 코드는 [표 10-8] 참조). 이로써 34개의 가변수가 생성된다. 한편 날씨 변수에 대해서도 하나의 가변수가 존재한다. 이렇게 하면 많은 예측 변수를 얻게 되는데, 우리는 이들을 모두 사용해 성능을 살펴본 후에 차원을 축소하는 방법을 살펴보기로 한다. 그다음 데이터를 학습 데이터셋(60%)과 검증 데이터셋(40%)로 분할하여 학습 데이터셋은 모델 적합에 사용하고 검증 데이터셋은 모델 성능 평가에 사용한다.

모델 학습

[표 10-8]은 34개의 예측 변수에 대해 추정된 로지스틱 회귀 모델을 보여준다. 이 로짓 모델에서 음의 회귀 계수는 1보다 작은 오즈 계수(e^{β})로, 양의 회귀 계수는 1보다 큰 오즈 계수로 변환되는 것에 주목하자.

표 10-8 학습 데이터셋에 기초하여 연착 항공편에 대해 추정된 로지스틱 회귀 모델

로지스틱 회귀에 대한 데이터 전처리와 실행 코드

```
delays_df = pd.read_csv('FlightDelays.csv')
# Create an indicator variable
delays_df['isDelayed'] = [1 if status == 'delayed' else 0 for status in delays_df['Flight
Status']]

# convert to categorical
delays_df.DAY_WEEK = delays_df.DAY_WEEK.astype('category')

# create hourly bins departure time
delays_df.CRS_DEP_TIME = [round(t / 100) for t in delays_df.CRS_DEP_TIME]
delays_df.CRS_DEP_TIME = delays_df.CRS_DEP_TIME.astype('category')

predictors = ['DAY_WEEK', 'CRS_DEP_TIME', 'ORIGIN', 'DEST', 'CARRIER', 'Weather']
outcome = 'isDelayed'

X = pd.get_dummies(delays_df[predictors], drop_first=True)
y = delays_df[outcome]
classes = ['ontime', 'delayed']

# split into training and validation
train_X, valid_X, train_y, valid_y = train_test_split(X, y, test_size=0.4, random_state=1)

logit_full = LogisticRegression(penalty="l2", C=1e42, solver='liblinear')
logit_full.fit(train_X, train_y)

print('intercept ', logit_full.intercept_[0])
print(pd.DataFrame({'coeff': logit_full.coef_[0]}, index=X.columns).transpose())

print('AIC', AIC_score(valid_y, logit_full.predict(valid_X), df = len(train_X.columns) + 1))
```

실행 결과

```
intercept  -1.2190975950944987

       Weather  DAY_WEEK_2  DAY_WEEK_3  DAY_WEEK_4    DAY_WEEK_5 DAY_WEEK_6DAY_WEEK_7
coeff   9.325       -0.598      -0.705      -0.799       -0.296      -1.129    -0.135

       CRS_DEP_TIME_7  CRS_DEP_TIME_8  CRS_DEP_TIME_9  CRS_DEP_TIME_10  CRS_DEP_TIME_11
coeff           0.631           0.382          -0.365            0.337            0.078

      CRS_DEP_TIME_12  CRS_DEP_TIME_13  CRS_DEP_TIME_14  CRS_DEP_TIME_15  CRS_DEP_TIME_16
coeff           0.399            0.175            0.202            1.265            0.628

      CRS_DEP_TIME_17  CRS_DEP_TIME_18  CRS_DEP_TIME_19  CRS_DEP_TIME_20  CRS_DEP_TIME_21
coeff           1.093            0.285            1.655            1.023            1.077

       ORIGIN_DCA  ORIGIN_IAD  DEST_JFK  DEST_LGA  CARRIER_DH  CARRIER_DL  CARRIER_MQ
coeff       -0.01      -0.134    -0.524    -0.546       0.352      -0.685       0.743

       CARRIER_OH  CARRIER_RU  CARRIER_UA  CARRIER_US
coeff      -0.711      -0.194       0.315      -0.971

AIC 1004.5346225948085
```

모델 해석

도착 공항이 JFK(DEST_JFK)인 경우에 대한 회귀 계수는 -0.524로 추정된다. 우선 도착 공항 변수에 대한 기준 범주는 EWR이었음을 기억하자. 이는 다음과 같이 해석된다. 다른 요인이 모두 일정할 때, $e^{-0.524} = 0.59$는 EWR로 도착하는 항공편이 연착될 오즈(기준 항공편의 오즈)에 대해 JFK로 도착하는 항공편이 연착될 오즈다. 이는 (다른 요인이 모두 일정할 때) EWR에 도착하는 항공편이 JFK에 도착하는 항공편보다 연착될 가능성이 더 크다는 것을 의미한다. 항공사(CO가 기준 범주)의 경우, (다른 요인이 모두 일정할 때) US가 가장 큰 음의 계수를 갖고 있어 연착될 오즈가 가장 낮고, MQ는 연착될 오즈가 가장 높다. 요일[day of week]의 경우, (다른 요인이 모두 일정할 때) 모든 회귀 계수가 음수인 월요일(DAY_WEEK_1, 기준 범주)의 연착 확률이 가장 높은 반면에, 토요일은 가장 큰 음의 계수를 갖고 있어 연착 확률이 가장 낮다. 또한 연착 오즈는 하루 동안에도 변하는 것으로 나타났는데, 기준 범주인 오전 6~7시와 비교할 때 오후 7~8시에 가장 큰 차이를 보인다. 끝으로 날씨(Weather)는 Weather=0과 Weather=1인 비행 간에 큰 차이를 나타내며 가장 큰 회귀 계수를 갖는다.

지금까지 회귀 계수의 크기만 고려했으며 통계적 유의성은 고려하지 않았다. 이 분석의 궁극적인 목표는 예측이기 때문에, 예측 성능에 초점을 맞출 것이다.

모델 성능

모델의 성능을 어떻게 측정해야 할까? 측정 방법 중 하나는 '정확하게 분류된 항공편의 비율'을 보는 것이다. 정확한 분류는 검증 데이터셋의 정오 행렬에서 얻을 수 있다. 정오 행렬을 통해 분류 정확도에 대한 감을 얻을 수 있고, 어떤 유형의 오분류가 자주 일어나는지 알 수 있다. [그림 10-6]의 정오 행렬과 오분류율을 보면 모델이 연착된 항공편보다 정시에 도착한 항공편을 훨씬 더 정확하게 분류하고 있음을 알 수 있다. (학습 데이터셋의 정오 행렬에서도 이와 동일한 유형이 나타나기 때문에 새로운 데이터에서 이러한 결과는 놀라운 일이 아니다.) 만약 연착 항공편을 분류할 때와 정시 도착 항공편을 분류할 때 오분류에 대한 비용이 서로 다르다면, 컷오프 값 설정 시 이를 고려하여 비용이 최소화되도록 선택해야 한다. 물론 이러한 컷오프 값 조정은 학습 데이터셋에서 수행하고 평가는 오직 검증 데이터셋에서만 이루어져야 한다.

검증 데이터셋에 모든 예측 변수를 사용한 모델의 성능 평가 코드

```
logit_reg_pred = logit_full.predict_proba(valid_X)
full_result = pd.DataFrame({'actual': valid_y,
                            'p(0)': [p[0] for p in logit_reg_pred],
                            'p(1)': [p[1] for p in logit_reg_pred],
                            'predicted': logit_full.predict(valid_X)})
full_result = full_result.sort_values(by=['p(1)'], ascending=False)

# confusion matrix
classificationSummary(full_result.actual, full_result.predicted, class_names=classes)

gainsChart(full_result.actual, figsize=[5, 5])
plt.show()
```

실행 결과

```
Confusion Matrix (Accuracy 0.8309)

        Prediction
 Actual   ontime   delayed
 ontime      705         9
delayed      140        27
```

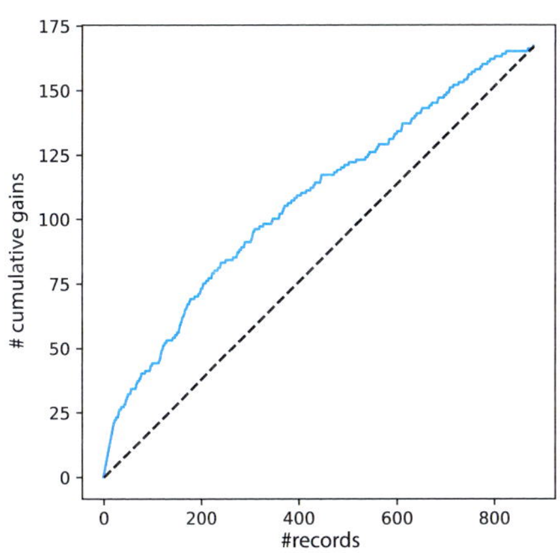

그림 10-6 모든 예측 변수를 사용한 항공편 연착 검증 데이터셋에 대한 정오 행렬 및 누적 이득 차트

대부분의 경우 모델 구축의 목적은 연착할 가능성이 가장 높은 항공편을 찾아내 항공기의 연착을 줄이거나 그 영향을 완화할 수 있도록 조치하는 것이다. 연착 가능성을 미리 알게 된다면 항공 관제사는 항로를 추가로 열 수 있고, 짧은 시간 동안 특정 지역에 더 많은 관제사를 할당할 수도 있다. 항공사들은 고객들의 예약을 관리하고, 비행 예정 승무원과 항공기를 대기시킬 수 있다. 또한 호텔은 발이 묶인 여행자들을 위한 숙박 공간을 마련할 수 있다. 이 모든 경우에서 이용 가능한 자원은 제한적일 수 있으며, 시간의 흐름과 조직에 따라 달라질 수 있다.

이러한 상황에서 가장 유용한 모델은 연착 확률에 따라 항공기의 순서를 제공하여, 모델 사용자로 하여금 해당 목록의 어느 선까지 조치를 취할지 결정하도록 돕는다. 그러므로 모델의 향상lift은 유용한 성능 측도가 된다. 연착 가능성을 기준으로 순위가 매겨진 항공기 목록을 통해 연착을 예측하는 모델이 모든 항공편에 대해 평균 연착률을 예측하는 단순한 모델보다 얼마나 성능이 좋을까? [그림 10-6]에서 검증 데이터셋에 대한 이득 곡선을 보면, 추정된 모델이 기준선(항공편의 단순 랜덤 추출)보다 우수한 성과를 나타냄을 알 수 있다.

변수 선택

항공편 연착 모델에 대한 데이터 탐색 차트([그림 10-4]와 [그림 10-5])와 회귀 계수표([표 10-8])를 보면, 몇몇 예측 변수를 제거하거나 다르게 코드화해야 한다는 것을 알 수 있다. 또한 항공편이 거의 없거나 전혀 없는 범주를 식별하기 위해 여러 범주의 항공편 개수를 살펴봐야 한다. 이러한 범주는 제거되거나 다른 범주와 통합될 후보가 된다([표 10-9] 참조).

표 10-9 항공사와 출발 공항별 항공편 수

	BWI	DCA	IAD	Total
CO		94		94
DH		27	524	551
DL		388		388
MQ		295		295
OH	30			30
RU	115	162	131	408
UA			31	31
US		404		404
Total	145	1370	686	2201

먼저, 대부분의 항공사는 한 공항(DCA)에서 출발한다. 3개 공항 모두에서 출발하는 항공사에서는 출발 공항이 어딘지와 관계없이 연착률이 비슷하게 나타났다. 따라서 출발 공항 가변수를 제외하여 출발 공항 변수를 제거한다. 이 작업이 모델의 성능과 적합에는 나쁜 영향이 없음을 알 수 있다. 또한 실제로 보면 모든 항공사가 모든 공항으로 비행하는 것은 아니기 때문에, 도착 공항 또한 모델에서 제거한다. 추정된 모델이 존재하지 않는 항공기와 도착 공항의 조합에 대해 항공편의 연착 여부를 예측하는 경우 그 모델은 타당하다고 볼 수 없을 것이다. 또한 연착과 관련하여 항공사, 요일, 출발 시간을 좀 더 적은 범주 수로 그룹화한다. 예를 들어, 일요일과 월요일은 화요일~토요일의 낮은 연착률과 다른 유사한 연착률을 보이고 있다. 그러므로 요일을 일요일 + 월요일과 기타 요일로 그룹화하여 하나의 가변수로 나타낸다.

마지막으로, L1 패널티의 벌점화를 사용해 자동화된 변수 선택을 해보자. 벌점화 모델은 7개의 예측 변수만 포함하며 더 간결한 모델을 선택한다는 장점이 있다.

[표 10-10]은 검증 데이터셋에 대한 정오 행렬 및 AIC와 함께 작은 모델에 대한 추정 결과를 보여준다. [그림 10-7]은 검증 데이터셋의 누적 이득 차트를 나타낸다. 이 모델은 분류 정확도와 향상 측면에서 큰 모델에 뒤지지 않지만, 훨씬 적은 수의 예측 변수를 사용하는 것을 알 수 있다.

그러므로 이 예제에서는 항공사, 요일, 출발 시간, 악천후 여부에 관한 7개의 예측 변수(가변수의 개수임)를 포함하는 모델로 결론을 맺는다. 그런데 이 날씨 변수는 실제 비행 시점의 날씨를 나타내는 것이므로, 미리 알 수가 없다. 따라서 특정 항공편의 연착 여부를 예측하는 것이 분석 목적이라면, 날씨 변수는 제거되어야 한다. 이와 달리, 연착되지 않은 비행과 비교하여 연착된 경우를 프로파일링하는 것이 분석 목적이라면, 날씨 변수를 일정하게 하여 다른 요인의 영향을 평가할 수 있도록 모델에 날씨 변수를 포함시킬 수 있다(즉, 악천후가 있는 날과 없는 날을 비교할 수 있음).

결론적으로, 2004년 1월 한 달간 작성된 데이터를 바탕으로 구축한 모델에 따르면 워싱턴 D.C.에서 뉴욕까지 정시에 도착할 가능성이 가장 높은 항공편은, 화요일부터 토요일 아침에 운항하는 델타, 컴에어, 유나이티드, US에어웨이 항공이라고 요약할 수 있다. 그리고 날씨가 좋으면 확실히 정시 도착에 유리하다.

표 10-10 적은 수의 예측 변수들로 적합한 로지스틱 회귀 모델

적은 수의 예측 변수들로 적합한 로지스틱 회귀 코드

```
delays_df = pd.read_csv('FlightDelays.csv')
delays_df['isDelayed'] = [1 if status == 'delayed' else 0
                          for status in delays_df['Flight Status']]
delays_df['CRS_DEP_TIME'] = [round(t / 100) for t in delays_df['CRS_DEP_TIME']]
delays_red_df = pd.DataFrame({
   'Sun_Mon' : [1 if d in (1, 7) else 0 for d in delays_df.DAY_WEEK],
   'Weather' : delays_df.Weather,
   'CARRIER_CO_MQ_DH_RU' : [1 if d in ("CO", "MQ", "DH", "RU") else 0
                            for d in delays_df.CARRIER],
   'MORNING' : [1 if d in (6, 7, 8, 9) else 0 for d in delays_df.CRS_DEP_TIME],
   'NOON' : [1 if d in (10, 11, 12, 13) else 0 for d in delays_df.CRS_DEP_TIME],
   'AFTER2P' : [1 if d in (14, 15, 16, 17, 18) else 0 for d in delays_df.CRS_DEP_TIME],
   'EVENING' : [1 if d in (19, 20) else 0 for d in delays_df.CRS_DEP_TIME],
   'isDelayed' : [1 if status == 'delayed' else 0 for status in delays_df['Flight Status']],
})

X = delays_red_df.drop(columns=['isDelayed'])
y = delays_red_df['isDelayed']
classes = ['ontime', 'delayed']

# split into training and validation
train_X, valid_X, train_y, valid_y = train_test_split(X, y, test_size=0.4,
                                                      random_state=1)

logit_red = LogisticRegressionCV(penalty="l1", solver='liblinear', cv=5)
logit_red.fit(train_X, train_y)

print('intercept ', logit_red.intercept_[0])
print(pd.DataFrame({'coeff': logit_red.coef_[0]}, index=X.columns).transpose())

print('AIC', AIC_score(valid_y, logit_red.predict(valid_X), df=len(train_X.columns) + 1))

# confusion matrix
classificationSummary(valid_y, logit_red.predict(valid_X), class_names=classes)
```

실행 결과

```
intercept -2.2872748179110203
      Sun_Mon  Weather  CARRIER_CO_MQ_DH_RU  MORNING    NOON  AFTER2P  EVENING
coeff   0.578    4.978                1.299   -0.583  -0.666   -0.055    0.561

AIC 934.6153607819033

Confusion Matrix (Accuracy 0.8343)

       Prediction
Actual  ontime  delayed
ontime     711        3
delayed    143       24
```

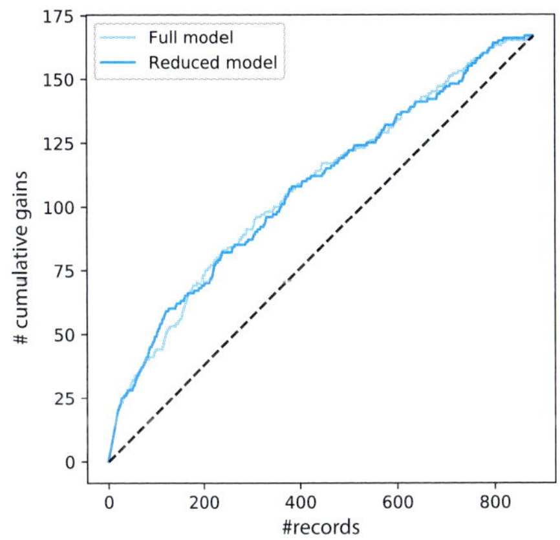

그림 10-7 적은 수의 예측 변수들을 사용한 항공편 연착 검증 데이터셋에 대한 누적 이득 차트. 비교를 위한 완전 모델(full model)에 대한 결과

```
logit_reg_proba = logit_red.predict_proba(valid_X)
red_result = pd.DataFrame({'actual': valid_y,
                           'p(0)': [p[0] for p in logit_reg_proba],
                           'p(1)': [p[1] for p in logit_reg_proba],
                           'predicted': logit_red.predict(valid_X),
                          })
red_result = red_result.sort_values(by=['p(1)'], ascending=False)

ax = gainsChart(full_result.actual, color='C1', figsize=[5, 5])
gainsChart(red_result.actual, color='C0', ax=ax)
```

부록: statsmodels 사용

scikit-learn 라이브러리의 LogisticRegression에 대한 대안으로 statsmodels 라이브러리의 sm.GLM이 있다. 후자는 통계적 추론과 같은 비예측 작업에 적합한 모델의 통계적 특성을 더 광범위하게 보여준다. [표 10-11]은 sm.GLM을 사용하여 [표 10-2]의 대출 수락에 대한 모델 결과와 동일한 결과를 보여준다. $\sum_{j=1}^{p}|\beta_j|$ (L1 패널티) 벌점화를 위해 statsmodels에서는 Logit.fit_regularized() 함수를 사용한다.

표 10-11 대출 수락에 대한 로지스틱 회귀 모델(statsmodels 사용)

statsmodels를 사용해 로지스틱 회귀 모델을 적용하기 위한 파이썬 코드

```
# same initial preprocessing and creating dummies

# add constant column
bank_df = sm.add_constant(bank_df, prepend=True)

y = bank_df['Personal_Loan']
X = bank_df.drop(columns=['Personal_Loan'])

# partition data
train_X, valid_X, train_y, valid_y = train_test_split(X, y, test_size=0.4, random_state=1)

# use GLM (general linear model) with the binomial family to fit a logistic regression
logit_reg = sm.GLM(train_y, train_X, family=sm.families.Binomial())
logit_result = logit_reg.fit()
logit_result.summary()
```

실행 결과

```
                 Generalized Linear Model Regression Results
==============================================================================
Dep. Variable:          Personal_Loan No. Observations:                  3000
Model:                            GLM Df Residuals:                      2987
Model Family:                Binomial Df Model:                            12
Link Function:                  logit Scale:                           1.0000
Method:                          IRLS Log-Likelihood:                 -340.15
Date:                Tue, 19 Feb 2019 Deviance:                        680.30
Time:                        18:00:41 Pearson chi2:                  8.10e+03
No. Iterations:                     8 Covariance Type:              nonrobust
=======================================================================================
                                coef  std err        z    P>|z|   [0.025    0.975]
---------------------------------------------------------------------------------------
const                       -12.5634    2.336   -5.377    0.000  -17.143    -7.984
Age                          -0.0354    0.086   -0.412    0.680   -0.204     0.133
Experience                    0.0369    0.086    0.431    0.666   -0.131     0.205
Income                        0.0589    0.004   15.044    0.000    0.051     0.067
Family                        0.6128    0.103    5.931    0.000    0.410     0.815
CCAvg                         0.2408    0.060    4.032    0.000    0.124     0.358
Mortgage                      0.0010    0.001    1.301    0.193   -0.001     0.003
Securities_Account           -1.0305    0.422   -2.443    0.015   -1.857    -0.204
CD_Account                    3.6628    0.460    7.961    0.000    2.761     4.565
Online                       -0.6794    0.216   -3.140    0.002   -1.103    -0.255
CreditCard                   -0.9609    0.274   -3.507    0.000   -1.498    -0.424
Education_Graduate            4.2075    0.364   11.573    0.000    3.495     4.920
Education_Advanced/Professional 4.3580  0.365   11.937    0.000    3.642    5.0740
```

연습문제

10.1 은행 재정 상태. Banks.csv 파일에는 20개 은행의 표본 데이터가 담겨 있다. '재정 상태Financial Condition' 열에는 각 은행의 재정 상태에 대한 전문가의 판단이 기록되어 있다. 이 결과 변수는 은행의 재정 상태에 따라서 약함weak과 강함strong의 두 가지 값 중 하나를 가진다. 예측 변수는 은행의 재무 분석에 사용되는 두 가지 비율이다. TotLns&Lses/Assets는 총자산 대비 대출과 리스의 총합 비율이고, TotExp/Assets은 총자산 대비 총비용의 비율이다. 분석 목표는 새로운 은행의 재정 상태를 분류하기 위해 두 비율을 이용하는 것이다.

제공된 2개 재무 변수의 함수로서 은행의 재정 상태를 모델링하는 로지스틱 회귀를 전체 데이터셋에서 실행하시오. 재정 상태가 약한 클래스를 성공 클래스로 지정하고(은행이 재정적으로 약하면 1, 그 외는 0의 값을 가지는 가변수를 생성하는 것과 유사함), 컷오프 값은 0.5를 사용하시오.

a. 다음 세 가지 형식에 따라 2개의 예측 변수를 사용해 은행의 재정 상태를 연결하는 추정식을 작성하시오.
   i. 예측 변수의 함수로서 로짓을 사용하시오.
   ii. 예측 변수의 함수로서 오즈를 사용하시오.
   iii. 예측 변수의 함수로서 확률을 사용하시오.
b. 대출과 임대의 총합/총자산의 비율(TotLns&Lses/Assets)은 0.6이고 총비용/총자산(TotExp/Assets)의 비율은 0.11인 새로운 은행을 고려해 보자. 로지스틱 회귀 모델을 통해 이 은행에 대한 로짓, 오즈, 재정적으로 약할 확률, 은행의 클래스(컷오프 값 = 0.5 사용)를 추정하시오. (모든 중간 계산은 파이썬을 사용하고, 최종 답을 소수점 4자리까지 표시하시오.)
c. 컷오프 값 0.5는 재정적으로 약할 확률과 함께 사용된다. 재정적으로 약한 상태를 오즈에 기초하여 분류하고자 할 때 오즈의 임곗값과 해당 로짓에 대한 임곗값을 계산하시오.
d. 재정적으로 약할 오즈의 관점에서, 총자산에 대한 대출과 임대의 총합 비율(TotLns&Lses/Assets)에 대해 회귀 계수의 추정치를 해석하시오.
e. 열악한 재정 상태에 있는 은행을 재정 상태가 좋다고 오분류한 경우의 오분류 비용이 재정이 튼튼한 은행을 재정이 약하다고 오분류한 경우보다 훨씬 크다. 오분류에 대한 기대 비용을 최소화하기 위해 컷오프 값(현재 0.5)을 증가 또는 감소해야 하겠는가?

10.2 올바른 시스템 관리자 식별. 한 경영 컨설턴트가 정해진 시간에 업무를 완료하는 시스템 관리자의 역량을 갖추는 데 경험과 교육이 미치는 역할을 연구하고 있다. 특히 주어진 업무를 정해진 시간에 완료하는 관리자와 그렇지 않은 관리자를 판별하는 데 관심이 있다. 랜덤으로 선정한 75명 관리자의 성과를 데이터로 수집하였다. 이 데이터는 `SystemAdministrator.csv` 파일에 저장되어 있다. 교육 변수는 관련된 교육 이수의 횟수로 측정된 반면, 경험 변수는 시스템 관리자의 풀타임 경험 개월 수를 측정했다. 반응 변수인 완료(`Completed`) 변수는 관리자의 업무 완료 여부에 따라 '네' 또는 '아니요'로 정의된다.

a. 다른 색상이나 기호를 이용해 업무를 완료한 관리자와 완료하지 못한 관리자를 구분하여 실무 경험과 교육에 대한 산점도를 그리시오. 어떤 예측 변수(들)이 업무의 완료 여부를 분류하는 데 잠재적으로 유용하게 나타나는가?

b. 전체 데이터셋을 학습 데이터셋으로 사용해 2개의 예측 변수를 갖는 로지스틱 회귀를 실행하시오. 업무를 완료한 관리자들 중 업무를 완료하지 못한 것으로 잘못 분류된 관리자의 비율은 몇 %인가?

c. (b)에서 구한 비율을 감소시키기 위해, 컷오프 값을 증가 또는 감소해야 하는가?

d. 업무 완료의 추정 확률이 50%를 초과하기 위해서는 4회의 교육을 받은 관리자들이 얼마나 오랜 경험을 쌓아야 하는가?

10.3 승차식 잔디깎이 기계의 판매. 승차식 잔디깎이를 제조하는 회사가 집중적인 판매 캠페인을 벌이기 위해 최고의 잠재 고객을 파악하고자 한다. 특히 제조업체는 소득(단위: 1,000달러)과 주택 대지의 크기(단위: 1,000제곱피트)를 기초로 하여 가구를 미래에 소유할 가능성이 있는 고객과 그렇지 않은 고객으로 분류하는 데 관심이 있다. 마케팅 전문가는 `RidingMowers.csv` 파일에 들어 있는 랜덤 표본인 24가구를 살펴보았다. 모든 데이터를 사용하여 2개 예측 변수에 의한 소유 여부를 로지스틱 회귀로 적합했다.

a. 승차식 잔디깎이 기계를 소유한 가구의 비율은 얼마인가?

b. 다른 색상이나 기호를 이용하여, 승차식 잔디깎이 기계의 소유자와 비소유자를 구별하기 위해 소득과 주택 대지 크기에 대한 산점도를 그리시오. 이 산점도에서 소유자와 비소유자 중 어떤 클래스가 평균 소득보다 높은 소득을 가지는가?

c. 비소유자 중에서 정확하게 분류된 가구의 비율은 얼마인가?

d. 정확하게 분류된 비소유자의 비율을 높이려면, 컷오프 값을 증가 또는 감소해야 하는가?

e. 소득이 60,000달러이고 주택 대지의 크기가 20,000제곱피트인 가구가 승차식 잔디깎이 기계를 소유하고 있을 오즈는 얼마인가?

f. 소득이 60,000달러이고 주택 대지의 크기가 20,000제곱피트인 가구의 분류 결과는 무엇인가? 컷오프 값은 0.5를 사용하시오.

g. 주택 대지의 크기가 16,000제곱피트인 가구가 소유자로 분류되기 위한 최소한의 소득은 얼마인가?

10.4 **eBay.com의 경쟁적인 경매.** `eBayAuction.csv` 파일에는 2004년 5~6월에 eBay.com에서 거래된 총 1,972건의 경매 정보가 담겨 있다. 분석 목적은 이 데이터를 사용해 경쟁적인 경매와 비경쟁적인 경매를 구분하는 모델을 구축하는 것이다. 경쟁적인 경매는 경매되고 있는 물품에 대해 최소한 2개 이상의 입찰이 있는 경매로 정의된다. 데이터는 물품을 나타내는 변수(경매 범주), 판매자(eBay 등급), 판매자가 선택한 경매 조건(경매 기간, 시작가, 화폐 단위, 경매 마감 요일)을 포함한다. 경매가 마감된 가격에 대한 데이터도 있다. 분석 목표는 경매가 경쟁적인지 아닌지를 예측하는 것이다.

데이터 전처리: 범주형 예측 변수들에 대해서 가변수를 생성하시오. 범주형 변수에는 물품 항목(18개 범주), 화폐 단위(USD, GBP, 유로), 경매 종료일(월요일~일요일), 경매 기간(1, 3, 5, 7, 10일)이 포함된다.

a. 다양한 범주형 변수들(가변수가 아닌 원래 변수 사용)의 함수로서 이진형 반응 변수(경쟁적인 경매 여부)의 평균을 구하기 위해 피벗 테이블을 작성하시오. 모델에서 사용될 가변수의 개수를 줄이기 위해서 피벗 테이블의 정보를 사용하시오. 예를 들어, 경쟁적인 경매의 분포가 유사한 범주는 합칠 수 있다.

b. 데이터를 학습 데이터셋(60%)과 검증 데이터셋(40%)로 분할한다. 컷오프 값을 0.5로 하여 모든 예측 변수들을 사용한 로지스틱 모델을 실행하시오.

c. 경매가 경쟁적인 경매인지 아닌지를 경매 시작 시점에서 예측하길 원한다면 경매 종가에 대한 정보를 사용할 수 없다. 경매 종가를 제외한 모든 예측 변수를 이용해 앞에서와 같이 로지스틱 모델을 실행하시오. 이러한 모델은 예측 정확도 관점에서 모든 예측 변수를 사용한 모델과 어떻게 비교되는가?

d. 경매 종가에 대한 회귀 계수의 의미를 해석하시오. 경매 종가는 실질적인 의미가 있는가? 경매 종가를 이용해 경쟁적인 경매를 예측하는 것이 통계적으로 의미가 있는가? (유의수준 10% 사용)

e. 6.4절에서 설명한 대로 단계적 회귀를 사용해 학습 데이터셋에 가장 잘 맞는(정확도가 가장 높은) 모델을 찾으시오. 어떤 예측 변수가 사용되는가?

f. 검증 데이터셋에서 가장 정확도가 높은 모델을 찾기 위해 단계적 회귀를 사용하시오. 어떤 예측 변수가 사용되는가?

g. 여러분이 찾은 최상의 예측 모델을 사용할 때 어떤 위험이 있는가?

h. 가장 잘 적합한 모델과 가장 잘 예측하는 모델이 어떻게 같은지 또는 다른지 설명하고 그 이유도 설명하시오.

i. 학습 데이터셋에 L1 패널티가 있는 벌점화 로지스틱 회귀를 사용한다. 이 결과(예측 변수와 분류 성능)를 가장 잘 적합한 모델 및 가장 잘 예측한 모델의 결과와 비교하시오.

j. 모델 분석의 주목적이 정확한 분류라고 한다면, 컷오프 값을 어떻게 사용해야 하는가?

k. 이 데이터를 바탕으로 판매자가 정한 경매 조건(경매 기간, 시작가, 경매 마감 요일, 화폐 단위) 중 어떤 설정이 경쟁적인 경매로 이어질 가능성을 가장 높인다고 할 수 있겠는가?

CHAPTER 11

신경망

이 장에서는 분류와 예측, 특징 추출에 사용할 수 있는 유연한 데이터 기반 방법인 신경망neural networks에 대해 설명한다. 신경망은 영상 인식이나 음성 인식과 같은 인공지능 응용에 숨겨진 강력한 딥러닝deep learning 기법의 기반이 된다. 먼저 '노드'와 '층'(입력층, 출력층, 은닉층)의 개념을 살펴보고 이들이 어떻게 연결되어 망 구조를 형성하는지 설명한다. 그런 다음 한 가지 수치 예를 이용해 신경망이 데이터에 어떻게 적합되는지 설명한다. 신경망의 주요 위험 요인인 과적합overfitting을 피하기 위한 전략도 소개한다. 또한 사용자가 지정하는 여러 파라미터가 신경망 사용 과정에서 어떤 영향을 주는지 설명한다. 마지막으로 기본 신경망에 대한 상세한 설명에서 한발 나아가 더 깊고 복잡한 신경망인 딥러닝에 대한 일반적인 논의로 넘어간다.

파이썬

이 장에서는 pandas 라이브러리를 사용하여 데이터를 처리하고, scikit-learn 라이브러리를 사용하여 모델을 구축한다. 또한 부록의 파이썬 함수도 이용한다.

이 장에 필요한 파이썬 라이브러리 불러오기

```
import pandas as pd
from sklearn.model_selection import train_test_split
from sklearn.neural_network import MLPClassifier
from dmba import classificationSummary
```

11.1 서론

인공 신경망artificial neural networks이라고도 불리는 신경망neural networks은 분류와 예측에 필요한 모델이다. 복잡하고 깊은 신경망인 딥러닝은 특징 추출과 같은 비지도 작업에도 사용할 수 있다. 신경망은 뉴런neuron이 상호 연결되어 경험으로부터 학습하는, 두뇌의 생물학적 활동 모델에 기반한다. 신경망은 전문가가 학습하는 방식을 모방한다. 신경망의 학습과 기억 특성은 인간의 학습과 기억 특성을 닮았는데, 개개의 사례들을 학습하여 일반화하는 능력이 있다.

신경망 모델은 금융 분야에서 여러 성공적인 응용 사례가 보고되었는데(트리피Trippi와 터번Turban, 1996 참조), 대표적으로 파산 예측, 통화 시장 거래, 선별 증시와 상품 거래, 신용카드와 금융 거래상의 사기 검출, 고객 관계 관리CRM 등이 있다. 공학 분야에도 성공적인 응용 사례가 많다. 가장 잘 알려진 사례 중 하나는 고속도로에서 정상 속도로 자율 주행할 수 있게 하는 자동차 응용프로그램인 ALVINN이다. 차량에 고정된 카메라로 입력된 30 × 32화소의 강도 값을 사용해 분류기가 적절한 핸들의 조정 방향을 결정한다. 결과 변수는 급좌회전, 직진, 우회전과 같은 30클래스를 갖는 범주형이다.

신경망의 주요 강점은 높은 예측 성능이다. 신경망 구조는 예측 변수들과 결과 변수 사이의 매우 복잡한 관계를 포착하는 데 도움이 되는데, 이는 보통 다른 예측 모델들에서는 불가능한 작업이다.

11.2 신경망의 개념과 구조

신경망의 핵심 개념은 입력 변수 간, 입력 변수와 결과 변수 간의 복잡한 관계를 파악하는 매우 유연한 방법으로 예측 변수 정보를 결합하는 것이다. 예를 들어, 선형 회귀 분석 모델에서는 결과와 예측 변수 간의 관계 형태를 사용자가 직접 명시한다는 점을 상기하자(6장 참조). 일반적으로, 관계의 정확한 형태는 매우 복잡하거나 알려져 있지 않다. 선형 회귀 분석 모델에서는 예측 변수들의 변환이나 예측 변수들 간의 상호작용 등을 시도해 볼 수 있지만, 그 관계의 특정한 형태는 선형으로 남는다. 이에 비해, 신경망에서는 사용자가 올바른 형태를 지정할 필요가 없다. 그 대신 신경망은 그러한 관계를 데이터를 통해 학습한다. 사실상 선형 회귀 분석과 로지스틱 회귀 분석은 입력층과 출력층만 있고 은닉층이 없는 매우 단순한 신경망의 특수 형태로 볼 수 있다.

연구자들이 수많은 신경망 구조에 대해 연구했지만, 데이터 마이닝 분야에서 가장 성공적으로 응용된 신경망은 다층 전방향 신경망multilayer feedforward networks이다. 이는 단순히 예측 변수 값을 받는 노드(뉴런이라고도 함)들이 있는 입력층과 이전 층들에서 입력받는 노드들로 이루어진 층들이 연이어 구성된 신경망이다. 각 층에 있는 노드들의 출력은 다음 층에 있는 노드들의 입력이 된다. 마지막 층을 출력층이라고 하며, 입력층과 출력층 사이에 있는 층들을 은닉층이라고 한다. 전방향 신경망은 순환 없이 한쪽 방향으로 완전히 연결된 네트워크다. [그림 11-1]은 2개의 은닉층과 예측된 결과 값을 나타내는 출력층에 하나의 노드를 갖는 신경망 구조를 보여준다. m개의 클래스로 이루어진 분류 문제에는 m개의 출력 노드(소프트웨어에 따라서는 $m - 1$개의 출력 노드)가 있을 것이다.

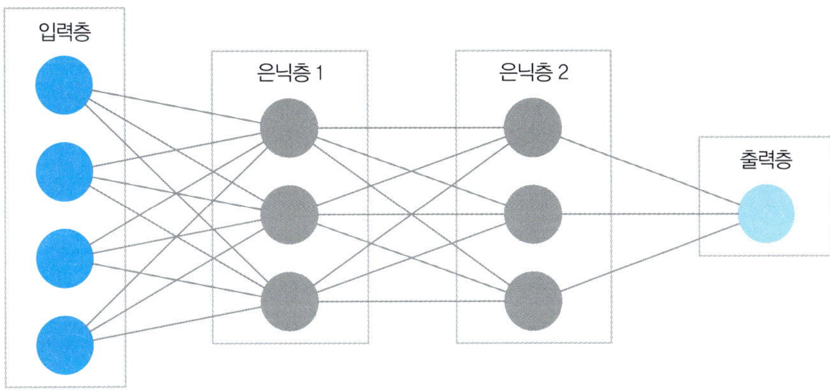

그림 11-1 다층 전방향 신경망

11.3 데이터에 신경망 적합하기

아주 간단한 예를 들어 신경망이 데이터에 어떻게 적합되는지 설명하고자 한다. 이렇게 간단한 예로는 작동 방법을 제대로 보여주기 어렵지만 주요 단계와 기능, 계산 수행 방법을 보여줄 수 있으므로 신경망 데이터 적합의 모든 측면을 통합하여 설명하기에는 유용하다. 나중에 좀 더 현실적인 설정에 대해 논의할 것이다.

예제 1: 작은 데이터셋

다음과 같이 매우 작은 규모의 데이터셋을 생각해 보자. [표 11-1]은 특정 방식으로 가공된 치즈에 대한 시식 점수 정보다. 2개의 예측 변수는 지방과 염분에 대한 점수로, 특정 치즈 표본에 든 지방과 염분의 상대적 양을 나타낸다(0은 제조 공정에서 가능한 최소량이고, 1은 최대량임). 출력 변수는 치즈 표본에 대한 소비자의 맛 선호도로, "좋아함like"과 "싫어함dislike"은 소비자가 그 치즈를 좋아하는지 여부를 나타낸다.

표 11-1 2개의 예측 변수, 6명의 소비자를 대상으로 한 시식 점수 예

관측	지방 점수	염분 점수	수용 여부
1	0.2	0.9	like
2	0.1	0.1	dislike
3	0.2	0.4	dislike
4	0.2	0.5	dislike
5	0.4	0.5	like
6	0.3	0.8	lik

[그림 11-2]는 앞의 데이터에 기반하여 새로운 소비자들의 치즈 선호도(좋아함/싫어함)를 예측하는 데 사용될 수 있는 전형적인 신경망의 예다. 이 예에서 노드들에 1부터 6까지의 숫자를 붙였다. 노드 N1과 N2는 입력층에 속하고, 노드 N3에서 N5는 은닉층에 속하며, 노드 N6은 출력층에 속한다. 연결선 위의 값들은 연결 강도weights를 나타내며, 노드 i에서 노드 j로 이어지는 연결선상의 연결 강도는 $w_{i,j}$로 표시한다. (각 노드 안에 있는) θ_j로 표시된 추가 바이어스bias 파라미터들은 노드 j의 출력을 가로채는 역할을 한다. 이들 내용을 좀 더 자세히 살펴보자.

노드의 출력 계산

세 유형의 층(입력층, 은닉층, 출력층) 각각에 대한 노드의 입력과 출력을 살펴보기로 한다. 가장 큰 차이는 노드의 입력에서 출력으로 맵핑하는 데 사용되는 함수다.

입력 노드는 예측 변수 값을 입력으로 취하며, 출력이 입력과 같다. 예측 변수가 p개라면 입력층은 보통 p개의 노드로 구성된다. [그림 11-2]에서 볼 수 있듯이 예측 변수가 2개이므로 입력층이 노드 2개로 구성되고, 각각 은닉층의 각 노드에 연결된다. [표 11-1]의 첫 번째 레코드를 살펴보면, 입력층으로 들어간 입력은 지방 = 0.2, 염분 = 0.9이므로 이 층의 출력값도 $x_1 = 0.2$이고 $x_2 = 0.9$다.

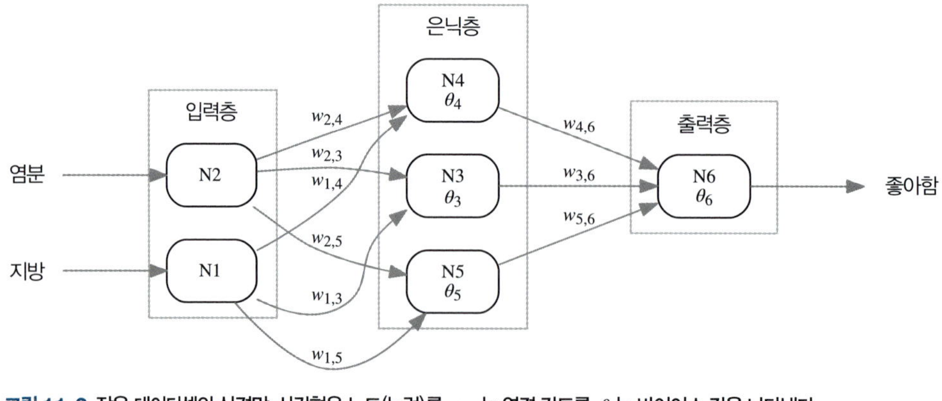

그림 11-2 작은 데이터셋의 신경망. 사각형은 노드(뉴런)를, $w_{i,j}$는 연결 강도를, θ_j는 바이어스 값을 나타낸다.

은닉층 노드들은 입력층의 출력값을 입력으로 취한다. 이 예에서 은닉층은 노드 3개로 구성되었고, 각각 모든 입력 노드에서 입력을 받는다. 은닉층 노드의 출력값을 계산하기 위해서 입력의 가중합을 계산한 후 여기에 특정 함수를 적용한다. 좀 더 공식적으로는 표현하자면 x_1, $x_2, \cdots, x_p$와 같은 입력값들에 대한 노드 j의 출력값은 $\theta_j + \sum_{i=1}^{n} w_{ij}x_i$인 가중치의 합[1]으로 계산되는데, θ_j, $w_{1,j}, \cdots, w_{p,j}$는 초기에 임의로 설정된 후 신경망이 '학습'됨에 따라 조정되는 연결 강도다. 노드 j의 바이어스인 θ_j는 노드 j의 공헌도를 조절하는 상수임에 주목하자.

다음 단계에서 이 합에 함수 g를 적용한다. 전달 함수 또는 활성 함수라고도 하는 함수 g는 일종의 단조 함수monotone function다. 단조 함수의 예로 선형 함수[$g(s) = bs$], 지수 함수 [$g(s) = \exp(bs)$], 로지스틱/시그모이드 함수[$g(s) = 1/1 + e^{-s}$] 등이 있다. 이 중에서 로지스틱/시그모이드 함수가 신경망 분야에서 가장 널리 사용된다. 이 함수의 실용적 가치는 함수 값이 0.1~0.9 범위에서는 거의 선형이지만, 매우 작은 값이나 매우 큰 값에 대해서는 제한하는 효과squashing effect가 있다는 데 있다. 딥러닝은 대부분 ReLUrectified liner unit 활성 함수나 활성 함수의 변형을 사용한다. 이 함수는 선형 함수와 같은데 $s < 0$일 때는 0이 된다.

로지스틱 활성 함수 사용 시 은닉층에서 노드 j의 출력은 다음과 같이 계산된다.

$$\text{출력}_j = g\left(\theta_j + \sum_{i=1}^{p} w_{ij}\, x_i\right) = \frac{1}{1 + e^{-(\theta_j + \sum_{i=1}^{p} w_{ij}\, x_i)}} \tag{11.1}$$

연결 강도와 바이어스의 초기화 θ_j와 w_{ij}의 값은 대개 임의의 매우 작은 0 근처의 숫자로 초기화된다. 이 값들은 예측 변수가 없는 모델과 마찬가지로 신경망에 아무런 지식이 없는 상태를 나타낸다. 이 초기 연결 강도가 학습의 첫 단계에서 사용된다.

[그림 11-3]처럼 노드 N3의 초기 바이어스와 연결 강도가 각각 $\theta_3 = -0.3$, $w_{1,3} = 0.05$, $w_{2,3} = 0.01$이라고 가정하자. 로지스틱 함수를 사용하면 첫 번째 레코드에 대해 은닉층 노드 N3의 출력값을 다음과 같이 계산할 수 있다.

$$\text{출력}_{\text{N3}} = \frac{1}{1 + e^{-[-0.3 + (0.05)(0.2) + (0.01)(0.9)]}} = 0.43$$

[그림 11-3]은 이 작은 데이터셋의 예에서 첫 번째 레코드에 대한 초기 연결 강도, 바이어스, 입력값, 출력값을 보여준다. 은닉층이 2개 이상인 경우 두 번째, 세 번째 등의 은닉층 입력값이 이전 은닉층의 출력값이 될 것이란 점을 제외하면 동일한 방식으로 계산이 진행된다. 이것은 특정 노드에 대한 입력값의 수는 이전 층의 노드 수와 같음을 의미한다. (이 예에서 은닉층이 하나 더 있었다면, 해당 노드들은 첫 번째 은닉층의 세 노드에서 입력을 받는다.)

1 합 대신 가중 입력값의 최대나 최소를 취하는 것과 같이 입력을 결합하는 방법도 있지만 거의 사용되지 않는다.

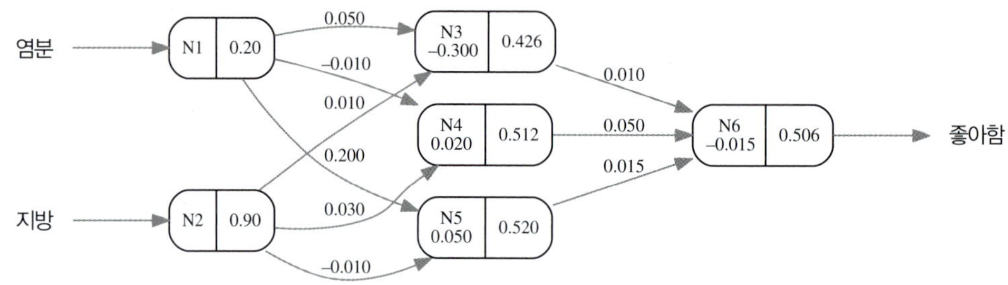

그림 11-3 작은 데이터셋 예의 첫 번째 레코드와 로지스틱 함수를 사용하여 노드 출력(각 노드 내의 오른쪽 값)을 계산한다.

마지막으로 출력층은 마지막 은닉층으로부터 입력값을 받고, 앞에서와 같은 함수를 적용해 출력값을 생성한다. 다시 말해, 이 노드의 입력값들의 가중합을 취한 후 함수 g를 적용한다. 이 예에서 출력 노드 N6은 3개의 은닉층 노드들에서 입력을 받는다. 이 노드의 출력은 다음과 같이 계산할 수 있다.

$$\text{출력}_{N6} = \frac{1}{1 + e^{-[-0.015 + (0.01)(0.43) + (0.05)(0.51) + (0.015)(0.52)]}} = 0.506$$

이 출력값은 이 레코드에 대한 $P(Y = \text{좋아함})$의 경향값이다. 분류를 위해 이 경향값에 이진 결과를 내기 위한 컷오프 값을 사용한다. 컷오프로 0.5를 사용한다면 이 레코드를 "좋아함"으로 분류할 것이다. 클래스가 3개 이상인 응용에 대해서는 가장 큰 값을 갖는 출력 노드를 선택하면 된다.

선형과 로지스틱 회귀 분석의 관계 출력 노드가 1개이고 은닉층이 없는 신경망을 생각해 보자. p개의 예측 변수를 갖는 데이터셋에 대해 출력 노드는 $x_1, x_2, \cdots, x_p$를 입력받아 가중합을 계산한 후 g 함수를 적용한다. 따라서 이 신경망의 출력값은 $g(\theta_j + \sum_{i=1}^{p} w_i x_i)$가 된다.

수치 결과 변수가 Y일 때 g가 항등 함수[$g(s) = s$]라면 출력은 다음과 같다.

$$\hat{Y} = \theta + \sum_{i=1}^{p} w_i x_i$$

이 수식은 다중 선형 회귀 분석의 수식과 일치한다. 이는 은닉층이 없고 단일 출력 노드를 가지며 항등 함수 g를 사용하는 신경망은 결과와 예측 변수들 사이의 선형 관계만 찾는다는 것을 의미한다.

Y가 이진 출력 변수이고 g가 로지스틱 함수라면 출력은 다음과 같이 로지스틱 회귀 분석의 공식과 동일하다.

$$\hat{P}(Y = 1) = \frac{1}{1 + e^{-\left(\theta + \sum_{i=1}^{p} w_i x_i\right)}}$$

앞의 두 공식이 선형 및 로지스틱 회귀 분석 모델과 동일할지라도 추정 모델이 다르기 때문에 바이어스와 연결 강도(선형과 로지스틱 회귀 분석의 계수)의 결과 추정치는 다를 수 있다. 신경망 추정 방법은 선형 회귀의 계수를 계산하는 데 사용되는 최소제곱 방법이나 로지스틱 회귀에서 사용되는 최대가능도maximum likelihood 방법과 다르다. 이어서 신경망을 학습하는 데 사용하는 방법을 알아보자.

데이터의 전처리

로지스틱 활성 함수(scikit-learn에서 옵션 `activation='logistic'`)를 사용하는 경우, 신경망은 예측 변수들과 결과 변수가 [0, 1]상의 값일 때 최상으로 작동한다. 따라서 모든 변수 값은 신경망에 입력되기 전에 [0, 1] 사이의 값으로 맞춰져야 한다. $[a, b](a < b)$상의 값을 취하는 수치 변수 X에 대해서 a를 빼고 $b - a$로 나누어 측정값을 정규화한다. 그러면 정규화된 측정값은 다음과 같다. $[a, b]$가 [0, 1] 사이의 값이라면 원래 값의 범위가 넓어지게 된다는 점에 주목하자.

$$X_{\text{norm}} = \frac{X - a}{b - a}$$

만일 a와 b를 모른다면 데이터에서 X 값의 최솟값과 최댓값을 통해 추정할 수 있다. 새 데이터가 이 범위를 약간 초과하여 정규화된 값이 0보다 조금 작거나 1보다 조금 큰 경우라면 결과에 큰 영향을 미치지는 않을 것이다.

이진 변수들에 대해서는 가변수dummy variables를 생성하는 것 말고는 조정할 게 없다. 범주가 m개인 범주형 변수들이 본질적으로 서수형이라면 [0, 1]을 m개의 조각으로 나누는 선택은 감지된 순서를 반영해야 한다. 예를 들어, 4개의 서수형 범주가 서로 균등하게 떨어져 있다면 [0, 0.25, 0.5, 1]로 맵핑될 수 있다. 만일 범주가 명목형이라면 $m-1$개의 가변수로 변환하는 것이 좋은 해결책이다.

신경망의 성능을 향상하는 또 다른 작업은 심하게 비대칭인 예측 변수들을 변환하는 것이다. 비즈니스 응용에서는 수입과 같이 심하게 우향 비대칭인 변수들이 많은 경향이 있다. 우향 비대칭인 변수를 [0, 1] 범위로 변환하기 전에 로그변환하면 보통 값들을 좀 더 대칭적으로 펼치는 효과가 있을 것이다.

널리 사용되는 또 다른 시그모이드 함수는 쌍곡선 탄젠트(scikit-learn에서 옵션 `activation ='tanh'`)다. 이 함수를 사용할 때는 보통 예측 변수들을 [−1, 1] 범위로 맞추는 것이 좋다.

모델 학습

모델 학습이란 최상의 예측 결과를 도출하는 θ_j와 w_{ij}(바이어스와 연결 강도들)를 추정하는 것이다. 앞에서 설명한 과정, 즉 하나의 레코드에 대해 신경망의 출력을 계산하는 과정을 학습 데이터셋의 모든 레코드에 대해 반복한다. 모델은 각 레코드에 대한 예측값을 출력하고 실제 출력값과 비교하는데, 그 차이가 출력 노드의 오차다. 하지만 오차의 전역 함수(예 오차의 제곱합)가 계수들을 추정하는 데 사용되는 최소제곱이나 최대가능도와 달리, 신경망의 추정 과정은 추정된 파라미터들(바이어스와 연결 강도들)을 갱신하기 위해 반복적으로 오차를 사용한다.

특히 출력 노드의 오차는 이와 연결된 모든 은닉층의 노드들에 배분되어, 각 노드가 오차의 일부분에 대해 '책임'을 진다. 그 후에 이러한 노드별 오차가 각기 해당 연결 강도들과 바이어스 값들을 갱신하는 데 사용된다.

오차의 역전파 연결 강도를 갱신(학습)하기 위해 모델의 오차를 사용하는 방법 중 가장 널리 알려진 것은 역전파back propagation라고 불리는 알고리즘이다. 이름에서 짐작할 수 있듯이, 마지막 층(출력층)에서부터 거꾸로 은닉층들로 오차가 계산된다.

출력 노드 k의 출력을 $\hat{y}_k$라고 하면, $\hat{y}_k$는 관측치의 실제 클래스가 노드 k의 레이블과 일치하는지 아닌지에 따라 1 또는 0이 된다(예 [그림 11-3]에서 출력 클래스가 "좋아함"인 사람에 대해 $y_6 = 1$이 됨). 출력 노드 k에 수반된 오차는 다음과 같이 계산된다.

$$\text{err}_k = \hat{y}_k(1 - \hat{y}_k)(y_k - \hat{y}_k)$$

이 식은 오차에 대한 일반적인 정의인 $(y_k - \hat{y}_k)$에 보정인자가 곱해진 것과 비슷하다는 점에 주목하자. 그러고 나면 바이어스와 연결 강도들은 다음과 같이 갱신된다.

$$\begin{aligned} \theta_j^{\text{new}} &= \theta_j^{\text{old}} + l \times \text{err}_j \\ w_{i,j}^{\text{new}} &= w_{i,j}^{\text{old}} + l \times \text{err}_j \end{aligned} \tag{11.2}$$

여기서 l은 학습률 또는 연결 강도 감쇄 파라미터로서 보통 0과 1 사이의 상수인데, 반복할 때마다 연결 강도의 변화량을 조절한다.

이 예에서 첫 레코드에 대한 출력 노드 N6과 연관된 오차는 (0.506)(1 − 0.506)(1 − 0.506) = 0.123이다. 그런 다음 이 오차는 은닉층 노드들과 연관된 오차를 계산하는 데 사용되고, 이러한 바이어스와 연결 강도들은 식 (11.2)와 유사한 공식을 사용해 적절하게 갱신된다.

바이어스와 연결 강도들을 갱신하는 방법에는 크게 개별 갱신case updating과 일괄 갱신batch updating의 두 가지가 있다. 개별 갱신에서는 각 레코드가 신경망 내부로 관통(시행이라고 부름)된 후에 파라미터 값들이 갱신된다. 예를 들어, 앞서 소개한 작은 데이터셋의 예에서 개별 갱신을 사용한다면 바이어스와 연결 강도들은 우선 다음과 같이 레코드 1을 실행한 후에 갱신될 것이다. 학습률 0.5를 사용하면 θ_6, $w_{3,6}$, $w_{4,6}$, $w_{5,6}$을 다음과 같이 갱신한다.

$$\theta_6 = -0.015 + (0.5)(0.123) = 0.047$$
$$w_{3,6} = 0.01 + (0.5)(0.123) = 0.072$$
$$w_{4,6} = 0.05 + (0.5)(0.123) = 0.112$$
$$w_{5,6} = 0.015 + (0.5)(0.123) = 0.077$$

그다음 이 새로운 값들은 두 번째 레코드, 세 번째 레코드 등 모든 레코드가 이 신경망을 관통할 때마다 다시 갱신된다. 이것을 데이터에 대한 한 에포크epoch나 스윕sweep 또는 반복iteration이라고 부르는데, 보통 여러 번 반복된다.

일괄 갱신에서는 바이어스와 연결 강도들의 갱신이 실행되기 전에 전체 학습 데이터셋이 신경망을 관통한다. 그 경우, 갱신 수식에서 오차 err_k는 모든 레코드의 오차 합이다. 실제로 개별 갱신이 일괄 갱신보다 더 정확한 결과를 내는 경향이 있지만 학습에 소요되는 시간이 더 길어진다. 일괄 갱신에서조차 전체 학습 데이터셋을 수백, 수천 번 반복해서 실행하기 때문에, 학습 소요 시간은 매우 중요한 고려 사항이다.

갱신은 언제 멈출까? 가장 일반적인 조건은 다음 중 하나가 충족될 때다.

❶ 바이어스와 연결 강도들의 새로운 값이 이전 반복에서 얻은 값과 조금만 차이가 날 때

❷ 오분류율이 필요한 목표 값에 도달했을 때

❸ 실행 횟수의 제한에 도달했을 때

파이썬에는 신경망을 위한 패키지가 여러 개 있다. 기본 신경망인 경우, 가장 일반적인 패키지는 `scikit-learn`이다. 딥러닝 응용에는 케라스keras, 파이토치pytorch, 텐서플로tensorflow 등을 사용할 수 있다.

신경망을 앞에서 소개한 작은 데이터셋으로 실행하여 나온 출력을 검토해 보자. [그림 11-2]와 [그림 11-3]에서는 3개의 노드로 구성된 은닉층을 하나 사용했다. 이 예에서는 `scikit-learn`의 `MLPClassifier()`를 사용했다.[2] 최종 바이어스와 연결 강도들, 모델의 예측값은 [표 11-2]와 같다. [그림 11-4]는 앞에서 보여준 그림과 유사한 형식으로 최종 바이어스와 연결 강도를 부여준다.

출력의 첫 부분은 입력층과 은닉층을 연결하는 추정된 파라미터들과 은닉층과 출력층을 연결하는 파라미터들을 보여준다. `Intercepts`는 바이어스 노드들이고, θ_3, θ_4, θ_5, θ_6에 해당한다. `Intercepts`와 `Weights`는 은닉층 노드들의 출력을 계산하는 데 사용된다. 이것들은 [그림 11-3]에서 선택한 값들처럼 초깃값을 임의로 선택한 후에 반복적으로 계산되었다. 앞에서 은닉층의 출력을 계산할 때 설명했던 방식으로 바이어스와 연결 강도들을 사용한다. 예를 들어,

2 함수 `MLPClassifier()`는 다른 최적화 함수들을 사용할 수 있다. 이 장의 범위를 넘어가지만, 기본값 `solver='adam'`이 학습 시간과 검증 성능 모두에 대해 상대적으로 큰 (적어도 수천 개의 학습 레코드들로 구성된) 데이터셋에 적합하다는 점을 짚어둔다. 작은 데이터셋에서는 `solver='lbfgs'`가 더 빨리 수렴하고 좋은 성능을 낼 수 있다.

첫 번째 레코드에 대해 이전 노드 N3의 출력은 다음과 같다.

$$출력_{N3} = \frac{1}{1 + e^{-[0.134 + (-1.307)(0.2) + (-0.044)(0.9)]}} = 0.458$$

마찬가지로 동일한 레코드에 대해 2개의 다른 은닉 노드들의 출력을 계산해서, $Output_{N4} = 0.233$, $Output_{N5} = 0.253$을 얻을 수 있다. 두 번째 intercepts와 weights는 은닉층과 출력층 노드들을 연결한 것이다. 첫 번째 레코드에 대한 "좋아함" 출력 노드(N6)의 확률(=경향)을 계산하기 위해 앞에서 계산한 은닉층의 출력값을 사용하여 다음을 얻는다. (좀 더 정확하게 표현하자면, [표 11-2]에 나온 모든 소수들을 사용하면 $Output_{N6} = 0.9995$가 된다.)

$$출력_{N6} = \frac{1}{1 + e^{-[14.307 + (-0.273)(0.458) + (-9.012)(0.233) + (-17.635)(0.253)]}}$$

5개의 다른 레코드들에 대한 확률도 동일하게 계산한 후 은닉층 출력값의 계산에 입력값을 교체하고 나서 이 출력값들을 출력층을 위한 계산에 사용한다. 이 확률값들에 0.5의 컷오프 값을 적용해 분류하면 [표 11-2]의 하단과 같이 된다. 이 분류들에 기반한 혼동 행렬은 [표 11-3]과 같다. 이 신경망이 6개의 레코드를 모두 올바르게 분류했음을 알 수 있다.

표 11-2 작은 데이터셋 예에 대한 정오 행렬

정오 행렬을 위한 파이썬 코드

```
example_df = pd.read_csv('TinyData.csv')

predictors = ['Fat', 'Salt']
outcome = 'Acceptance'

X = example_df[predictors]
y = example_df[outcome]
classes = sorted(y.unique())

clf = MLPClassifier(hidden_layer_sizes=(3), activation='logistic', solver='lbfgs',
                    random_state=1)

clf.fit(X, y)
clf.predict(X)

# Network structure
print('Intercepts')
print(clf.intercepts_)

print('Weights')
print(clf.coefs_)

# Prediction
print(pd.concat([
   example_df,
   pd.DataFrame(clf.predict_proba(X), columns=classes)
], axis=1))
```

실행 결과

```
Intercepts
[array([0.13368045, 4.07247552, 7.00768104]),
array([14.30748676])]
Weights
[array([
    [ -1.30656481, -4.20427792, -13.29587332],
    [ -0.04399727, -4.91606924, -6.03356987]
]),
array([
    [ -0.27348313],
    [ -9.01211573],
    [-17.63504694]
])]

   Fat  Salt  Acceptance   dislike      like
0  0.2   0.9        like  0.000490  0.999510
1  0.1   0.1     dislike  0.999994  0.000006
2  0.2   0.4     dislike  0.999741  0.000259
3  0.2   0.5     dislike  0.997368  0.002632
4  0.4   0.5        like  0.002133  0.997867
5  0.3   0.8        like  0.000075  0.999925
```

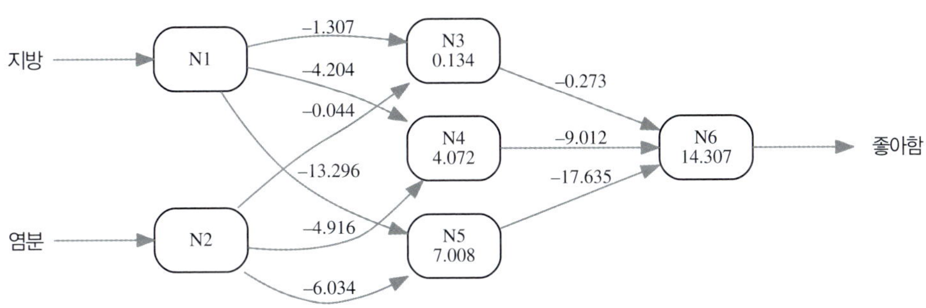

그림 11-4 최종 연결 강도와 바이어스 값([표 11-2]의 값)을 갖는 작은 데이터셋 예를 위한 신경망

표 11-3 작은 데이터셋 예에 대한 정오 행렬

정오 행렬을 위한 파이썬 코드

```
classificationSummary(y, clf.predict(X), class_names=classes)
```

실행 결과

```
Confusion Matrix (Accuracy 1.0000)

        Prediction
 Actual  dislike   like
dislike        3      0
   like        0      3
```

예제 2: 사고의 심각성 분류

좀 더 실제적인 데이터에 신경망 학습 과정을 적용해 보자. 사고의 심각성 정도에 따라 무상해, 상해, 치명으로 분류되는 미국 자동차 사고 데이터가 있다. 어떤 회사가 초기 보고서와 시스템의 연관 데이터(그중 일부는 GPS-지원 보고서에 의존함)에 근거하여 사고의 심각성을 신속하게 분류하는 시스템을 개발하는 데 관심이 있다고 하자. 이러한 시스템은 응급 구조대가 우선순위를 결정하는 데 사용될 수 있다. [표 11-4]는 미국 정부 데이터베이스에서 추출한 일부 데이터(10개 레코드 10개, 예측 변수 4개)를 보여준다.

표 11-4 높은 치명 영역에 대한 사고 데이터의 일부

Obs.	ALCHL_I	PROFIL_I_R	SUR_COND	VEH_INVL	MAX_SEV_IR
1	1	1	1	1	1
2	2	1	1	1	0
3	2	1	1	1	1
4	1	1	1	1	0
5	2	1	1	1	2
6	2	0	1	1	1
7	2	0	1	3	1
8	2	0	1	4	1
9	2	0	1	2	0
10	2	0	1	2	0

표 11-5 자동차 사고 예의 변수 설명

ALCHL_I	음주(1), 비음주(2)
PROFIL_I_R	도로 정보: 평평(1), 기타(0)
SUR_COND	도로의 노면 상태: 건조(1), 젖음(2), 눈/진창(3), 결빙(4), 모름(9)
VEH_INVL	관련된 차량 수
MAX_SEV_IR	상해/치명의 정도: 무상해(0), 상해(1), 치명(2)

4개의 예측 변수와 결과 변수에 대한 설명은 [표 11-5]와 같다. 분석을 위해 ALCHL_I를 0/1 가변수(1 = 음주)로 변환하고 SUR_COND에는 4개의 가변수를 생성했다. 이로써 예측 변수는 총 7개가 된다.

음주 여부 및 보다 큰 데이터베이스의 일부 다른 변수들을 제외하면, 최초 검사관이 사고의 상세 정황과 심각성을 결정하기 전, 대부분의 변수는 초기 사고 보고서가 작성된 시점에 이용 가능할 것으로 합리적으로 기대할 수 있는 것들이다. 이러한 초기 보고서에 기반하여 사고의 심각성을 예측할 수 있는 데이터 마이닝 모델은 최초 검사관의 재원을 배정하는 데 쓸모가 있을 것이다.

표 11-6 노드가 2개인 은닉층의 신경망(사고 데이터)

사고 데이터로 신경망을 실행하고 평가하는 파이썬 코드

```
accidents_df = pd.read_csv('accidentsnn.csv')
input_vars = ['ALCHL_I', 'PROFIL_I_R', 'VEH_INVL']

accidents_df.SUR_COND = accidents_df.SUR_COND.astype('category')
accidents_df.MAX_SEV_IR = accidents_df.MAX_SEV_IR.astype('category')

# convert the categorical data into dummy variables
# exclude the column for SUR_COND 9 = unknown
processed = pd.get_dummies(accidents_df, columns=['SUR_COND'])
processed = processed.drop(columns=['SUR_COND_9'])

outcome = 'MAX_SEV_IR'
predictors = [c for c in processed.columns if c != outcome]

# partition data
X = processed[predictors]
y = processed[outcome]
train_X, valid_X, train_y, valid_y = train_test_split(X, y, test_size=0.4,
                                                       random_state=1)

# train neural network with 2 hidden nodes
clf = MLPClassifier(hidden_layer_sizes=(2), activation='logistic', solver='lbfgs',
                    random_state=1)
clf.fit(train_X, train_y.values)

# training performance (use idxmax to revert the one-hot-encoding)
classificationSummary(train_y, clf.predict(train_X))

# validation performance
classificationSummary(valid_y, clf.predict(valid_X))
```

실행 결과

```
Training set
Confusion Matrix (Accuracy 0.8664)

       Prediction
Actual   0   1   2
     0 331   0   1
     1   0 180   0
     2  30  49   8

Validation set
Confusion Matrix (Accuracy 0.8550)

       Prediction
Actual   0   1   2
     0 218   0   1
     1   0 119   0
     2  24  33   5
```

신경망 구조로 이 분류 문제를 해결하기 위해 7개의 예측 변수들 각각에 하나씩, 입력층에 7개의 노드를 두고, 출력층에는 (각 클래스에 하나씩) 3개의 노드를 둔다. 이제 하나의 은닉층을 두고 노드 수를 바꿔가며 실험한다. 노드의 수를 1개에서 5개까지 증가시키면서 결과로 얻은 정오 행렬을 검토하여, 2개의 노드가 학습 데이터셋상의 예측 성능을 개선하면서 검증 데이터셋상의 성능을 저하시키지 않는 좋은 균형점임을 알아낸다(은닉층에 노드가 3개 이상인 신경망도 2-노드 신경망만큼 성능을 냈지만 바람직하지 않은 복잡성을 야기했음). [표 11-6]은 파이썬 코드와 사고 데이터에 대한 성능을 보여준다. 클래스 0과 1은 학습과 검증 데이터셋 모두에서 완벽하게 분류됨을 볼 수 있다. 하지만 클래스 2는 높은 오분류율을 나타낸다.

이 결과는 파라미터를 어떻게 설정하느냐에 따라 달라질 수 있으며, 몇 가지 피해야 할 함정이 있다. 이에 대해 살펴보자.

과적합의 회피

신경망의 단점은 주어진 데이터에 쉽게 과적합되어 검증 데이터셋(과 더 중요하게는 새로운 데이터)에 대한 오차율이 너무 커질 수 있다는 점이다. 따라서 학습의 반복 횟수를 제한하여 데이터를 과도하게 학습하지 않도록 하는 것이 중요하다(예 파이썬의 `MLPClassifier()` 함수에서 `max_iter` 인자를 사용하면 반복 횟수를 제어할 수 있음). 분류와 회귀 트리에서처럼, 학습 데이터셋에서는 여전히 성능이 개선되고 있지만 검증 데이터셋이나 교차-검증 데이터셋상에서 성능이 저하되기 시작할 때를 찾아서 탐지할 수 있다. 이 접근 방법은 일부 알고리즘에서 학습 반복 횟수를 제한하는 데 사용된다. 검증 오차는 학습의 초기 반복에서는 줄어들지만, 얼마 지나지 않아 증가하기 시작한다. 검증 오차가 최소로 되는 시점이 학습을 위한 최적 반복 횟수의 좋은 지표이며, 그 단계의 연결 강도들이 새로운 데이터에서 최선의 오차율을 낼 가능성이 크다.

예측과 분류를 위한 출력 사용

신경망이 수치 결과 변수를 예측하기 위해 사용될 때, `MLPRegressor()` 함수는 항등 활성 함수(즉, 활성 함수 비사용)를 사용한다. 예측과 결과 변수들은 모두 신경망을 학습하기 전에 [0, 1] 사이로 맞춰져야 한다. 따라서 출력값도 [0, 1] 사이의 값일 것이다. 예측값을 $[a, b]$ 범위에 있는 원래 y 단위로 재변환하기 위해서는 신경망의 출력값에 $b - a$를 곱하고 a를 더한다.

$(m = 2)$인 이진 결과의 경우, `MLPClassifier()` 함수가 단일 출력 노드를 사용하여 $P(Y = 1)$을 출력하는 것을 확인했다. `predict_proba()` 함수는 두 클래스에 대한 확률값을 반환한다. 보통 다른 분류기들에서는 0.5의 컷오프 값을 사용하지만, 신경망에서는 (위아래로) 0.5 근처로 모이는 값들을 사용하는 경향이 있다. 또는 합리적인 예측 성능을 내는 컷오프 값을 결정하기 위해 검증 데이터셋을 사용하는 방법도 있다.

MLPClassifier()를 $m > 2$ 클래스의 분류에 사용하는 경우에 일반적으로 각 클래스당 하나씩 m개의 출력 노드를 갖는 신경망을 사용한다. 어떻게 이 m개의 출력값을 하나의 분류 규칙으로 변환할까? 보통 가장 큰 값(가장 큰 확률)을 내는 출력 노드가 신경망의 분류를 결정한다.

Scikit-learn의 MLPClassifier()는 클래스들이 상호 배타적이지 않은 다중-클래스 데이터를 분류하는 데도 사용될 수 있다. 이는 각 레코드에 대해 하나 이상의 클래스가 1의 값(예 변수 Race)을 가질 수 있음을 의미한다. 이 경우에 MLPClassifier()는 모두 더해서 반드시 1이 될 필요가 없는 클래스 확률값을 출력한다.

11.4 요구되는 사용자 입력

역전파 알고리즘으로 모델을 학습하는 데 오랜 시간이 걸리는 복잡한 측면 중 하나는 맨 먼저 네트워크의 구조를 결정해야 한다는 점이다. 이는 은닉층의 수와 각 층의 노드 수를 지정해야 한다는 의미다. 일반적인 절차는 과거의 경험에 비추어 현명하게 추측하고 서로 다른 구조에 대해 여러 번 시행착오를 거치는 것이다. 분류와 회귀 트리에서 수행했던 것(9장 참조)과 유사한 방식으로 학습 중에 선택적으로 노드 수를 증가시키거나 잘라내는 알고리즘들이 있다. 이들 방법에 대한 연구가 계속되고 있는데, 이제까지 어떠한 자동 방법도 시행착오 방식을 확실하게 뛰어넘지는 못하는 것 같다. 구조 선정을 위한 몇 가지 일반적인 가이드는 다음과 같다.

은닉층의 수 가장 널리 사용하는 은닉층의 수는 1개다. 보통 단일 은닉층으로도 예측 변수들 간의 매우 복잡한 관계를 알아내는 데 충분하다.

은닉층의 크기 은닉층의 노드 수도 신경망이 알아내는 입력 예측 변수들 간 관계의 복잡도 수준을 결정한다. 그 수에 따라 미적합되거나 과적합된다. 한편 너무 적은 노드를 사용하면 복잡한 관계를 알아내는 데 충분하지 않을 수 있다. (노드가 없거나 은닉층이 없는 극단적인 경우는 선형이나 로지스틱 회귀 분석과 같은 선형 관계의 특수한 경우임을 상기하라.) 반면에 너무 많은 노드는 과적합을 야기할 수 있다. 경험상 가장 좋은 방법은 p개(예측 변수의 수)의 노드로 시작하여 과적합 여부를 검토하면서 점진적으로 줄이거나 늘려가는 것이다. 은닉층의 수와 각 은닉층의 크기는 scikit-learn의 MLPClassifier()와 MLPRegressor() 함수에서 인자 hidden_layer_sizes를 사용해 지정할 수 있다.

출력 노드의 수 클래스가 m개인 범주형 결과 변수에 대해 출력 노드의 수는 m이나 $m - 1$이어야 한다. 수치형 결과 변수의 경우, 둘 이상의 함수를 예측하는 데 관심이 없는 한 일반적으로 단일 출력 노드를 사용한다.

사용자는 구조 선택과 함께 예측 변수들을 선택하는 데에도 주의를 기울여야 한다. 신경망은 입력의 질에 크게 의존하기 때문에, 신경망을 사용하기 전에 영역 지식, 변수 선택, 차원 축소 기법을 사용해 예측 변수들을 주의 깊게 선택해야 한다. 이와 관련한 내용은 신경망의 장점과 단점을 설명할 때 다시 다룬다.

사용자가 조정할 수 있는 주요 파라미터는 연결 강도 감쇄로 알려진 학습률learning rate l인데, 이것은 주로 새로운 정보를 비중 강하함으로써 과적합을 피하는 데 사용된다. 이는 연결 강도상의 이상치 효과를 약화시키는 데 도움을 주어 지역 최적점에 빠지지 않도록 한다. 이 파라미터는 보통 [0, 1] 사이의 값을 취한다. 베리Berry와 리노프Linoff의 논문(2000)에서는 큰 값에서 시작해 (임의의 초기 연결 강도에서 벗어나 데이터를 '신속하게 학습'할 수 있도록 하면서) 반복이 진행되고 연결 강도가 보다 안정화됨에 따라 점차로 줄여나가는 방법을 제시했다. 한Han과 캠버Kamber의 논문(2001)에서는 $l = 1/$(현재 반복 횟수)와 같이 보다 구체적인 경험적 방법을 제시했다. 이것은 처음에 $l = 1$로 시작하여 두 번째 반복 중에 $l = 0.5$로 한 뒤 $l = 0$이 될 때까지 지속적으로 줄여나감을 의미한다. `scikit-learn`에서는 `MLPClassifier()`와 `MLPRegressor()`에서 `learning_rate` 인자를 사용해 학습률을 지정할 수 있다.

11.5 예측 변수들과 결과 변수 간의 관계 탐색

신경망은 인간의 두뇌처럼 출력이 모델링하는 데이터의 패턴을 설명하지 못한다는 면에서 블랙박스로 알려져 있다. 사실상 이 점이 이 방법을 비난하는 가장 큰 이유 중 하나다. 하지만 경우에 따라 검증 데이터셋상의 민감도 분석을 수행하여 신경망이 포착한 관계에 대해서 좀 더 알아낼 수 있다. 이 작업은 모든 예측 변수의 값을 평균으로 지정하고 신경망의 예측값을 구해서 수행된다. 그런 다음 각 예측 변수를 순차적으로 최솟값과 최댓값으로 지정하면서 이 과정을 반복한다. 예측 변수의 여러 수준에서 예측값들을 비교함으로써 어떤 예측 변수가 어떤 방식으로 예측에 좀 더 영향을 미치는지 감을 잡을 수 있다.

11.6 딥러닝

신경망은 2006년 이래로 AI 연구자 지오프리 힌튼Geoffrey Hinton이 게재한 논문과 더불어 크나큰 영향을 끼쳤으며 딥러닝deep learning을 통해 급속하게 인기가 상승하고 있다. 딥러닝은 차원 축소와 특징 발견의 과정들을 수행하는 많은 층으로 구성된 복잡한 네트워크를 수반한다.

이 책에서 지금까지 다룬 데이터는 대개 기관의 데이터베이스에 저장된 구조화된 데이터다. 관심 있는 결과를 예측하는 데 의미 있을 수 있다고 생각하는 예측 변수들이나 특징들이 이미 데이터 내에 존재한다. 예를 들어, 은행의 파산 가능성을 예측하는 데 특정 재무 비율(자산 수익률, 자기자본 수익률 등)이 예측 변수로 사용될 수 있다고 추측할 수 있다. 또 보험 사기를 예측하는 데 보험 연령이 예측 변수로 사용될 수 있다고 추측할 수 있다. 물론 예측 변수가 될 것으로 알고 있는 변수들에 한정되지는 않는다. 때때로 유용한 예측 변수가 예상하지 못한 방식으로 드러나기도 한다.

음성 인식과 영상 인식 같은 작업에서는 이처럼 구조화된 고수준의 예측 변수 정보를 구할 수 없다. 주어진 정보는 저수준의 음파 주파수와 진폭 또는 강도와 색상을 나타내는 개별 화소 값들이다. 우리는 컴퓨터에 "두 눈을 찾아라"라고 말한 다음 눈이 어떻게 생겼는지, 예를 들면 흰 영역으로 둘러싸인 원형(홍채)이 감싸고 있는 단단한 원(눈동자)이라고 좀 더 자세히 알려주고 싶다. 그러나 컴퓨터에 있는 것들은 전부 저수준 화소 값들의 열이기 때문에 눈에 해당하는 서로 다른 고수준 화소 패턴을 다 정의하려면 많은 추가 작업이 필요할 것이다. 바로 이 지점에 딥러닝이 개입된다. 딥러닝은 이러한 고수준 특징들을 어떻게 식별할지 스스로 '학습'할 수 있다.

딥러닝은 빠르게 성장하고 진화하는 분야로, 단순한 예측 모델들과 구별되는 여러 측면이 있다. 딥러닝 분야를 자세히 소개하는 것은 이 책의 범위를 넘어선다. 여기서는 딥러닝과 연관된 알고리즘 설계 분야의 핵심적인 혁신 중 하나만 생각해 보자. 이는 지금까지 우리가 논의해 온 지도와 비지도 학습 작업을 수행하는 단순한 신경망의 능력을 확장하는 것이다. 이 혁신은 '컨볼루션'이다. CNN(컨볼루션 신경망)은 다양한 응용 영역과 분야에서 사용되는데, 음성 인식이나 자연어 처리를 통한 텍스트에서 의미를 추출(20.3절과 이 주제를 간략하게 다룬 20.4절의 잠재 의미 색인에 대한 논의 참조)하는 데 커다란 진전을 이루었다. 컨볼루션의 기본 아이디어는 영상 인식의 맥락에서 잘 설명된다.

CNN(컨볼루션 신경망)

표준 신경망에서는 각 예측 변수가 신경망의 각 층에서 독자적인 연결 강도를 받는다. 반면, 컨볼루션은 예측 변수들의 일부 화소를 선택하고 그 일부에 동일한 연산을 적용한다. 특징들을 자동으로 발견하도록 유도하는 것이 이 그룹핑이다. 영상 인식 작업에서 데이터는 많은 수의 화소 값들로 구성되는데, 흑백 영상의 경우 0(검은색)에서 255(흰색) 사이의 값을 갖는다. 우리는 검은색 선과 음영을 탐지하는 데 관심이 있으므로 여기서는 검은색을 255, 흰색을 0으로 뒤바꿀 것이다.

[그림 11-5]에 소개된 선화를 살펴보자. 이 선화는 1893년 펑크와 와널스Funk and Wagnalls 출판사에서 게재한 것이다. 컴퓨터가 눈, 귀, 코, 머리와 같은 복잡한 특징들을 식별할 수 있으려

면 선과 테두리 같은 매우 단순한 특징들에 통달해야 한다. 예를 들면 남자의 턱선([그림 11-6]). 일반적인 컨볼루션에서 알고리즘은 3×3화소처럼 한 번에 작은 영역을 고려한다. [그림 11-7]이 그러한 경우를 보여준다. 턱선은 [그림 11-7]의 (a)와 같이 보이겠지만, (b)의 행렬이 우리가 다루는 화소 값들이다. 첫 번째 컨볼루션 연산에서 이 네트워크는 (c)의 행렬과 같이 수직선을 식별하는 데 적합할 수 있는 3×3 행렬 값을 화소 값들에 곱함으로써 필터 연산을 적용할 수 있다. 개별 셀의 곱을 합하면 [0 + 0 + 0 + 200 + 225 + 225 + 0 + 0 + 0] = 650이 된다. 필터 행렬을 달리 배열해서 얻을 수 있는 것에 비해서 이 값은 상대적으로 큰 값이다. 왜냐하면 영상 부분과 필터가 모두 중앙 열에 큰 값이 있고 다른 부분에는 작은 값이 있기 때문이다. (3개의 1과 6개의 0을 3×3에 달리 배열하는 간단한 실험을 해보면 이 특정한 행렬이 수직선을 식별하는 데 적합함을 알 수 있을 것이다.) 따라서 이러한 초기 필터 연산의 경우 필터가 수직선을 검출했다고 볼 수 있으므로 초기 9개의 값들을 하나의 값(예 수직선의 유무를 나타내는 1과 0 사이의 값)으로 통합할 수 있다.

그림 11-5 1893년 펑크와 와널스 출판사에서 게재한 선화

그림 11-6 남자의 턱선에 집중하기

(a)

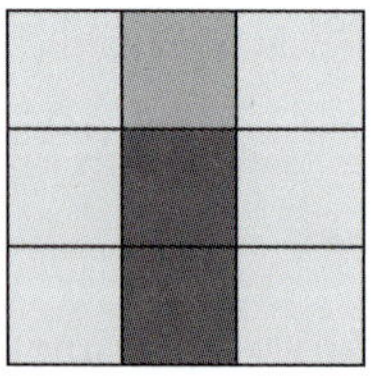

(b)

25	200	25
25	225	25
25	225	25

(c)

0	1	0
0	1	0
0	1	0

그림 11-7 남자의 턱선에 대해 음영(a)과 값들(b)을 사용한 3×3 화소 표현. 필터(c)는 수직선 식별

지역 특징 지도

이 '수직선 탐지기' 필터는 원본 영상 행렬을 가로세로로 움직이면서 매번 하나의 출력값을 계산해서 생성한다. 결국 좀 더 작은 행렬로 귀결되는데, 얼마나 작은지는 필터를 한 번에 한 화소나 두 화소로 움직일지 또는 그 이상의 화소로 움직일지에 따라 달라진다. 원본 영상 값들이 단순히 개별 화소 값들이라면 더 작은 새로운 행렬은 특징들의 지도가 되어 "이 영역에 수직선이 있는가?"라는 물음에 답한다.

컨볼루션을 위한 프레임이 상대적으로 작다는 사실은 전체 연산이 지역적인 특성을 갖는 특징들을 식별할 수 있음을 의미한다. 수평선이나 대각선, 곡선, 경계선 등을 발견하는 다른 지역 필터들을 상상해 볼 수 있다. 이 지역 특징 지도들을 입력으로 취하는 또 다른 컨볼루션 연산의 층들은 연이어 좀 더 높은 수준의 특징들(모서리, 사각형, 원형 등)을 구축할 수 있다.

특징들의 계층

첫 번째 특징 지도는 수직선을 탐지하는 것이었는데, 수평선과 대각선을 식별하기 위해서 이 과정을 반복할 수 있다. 또한 밝은 영역과 어두운 영역 간의 경계를 식별하기 위한 필터들도 생각해 볼 수 있다. 그런 다음 일단의 초기 저수준 특징 지도들을 생성하고 나서 이 과정을 반복할 수 있는데, 이번에는 원본 화소 값들 대신 이 특징 지도들을 사용한다. 이 반복 과정은 보다 수준이 높은 특징들의 다차원 행렬 지도, 즉 텐서를 형성하면서 계속된다. 이 과정이 진행되면서 고수준 특징들의 행렬 표현은 다소 추상적으로 되기 때문에 심층 신경망의 내부를 들여다보는 일, 예를 들면 눈을 식별하는 일이 반드시 가능하지는 않다.

이 과정에서 [그림 11-8]에 설명된 것처럼 고수준의 특징들이 나타나며 정보가 점진적으로 압축(단순화)된다.

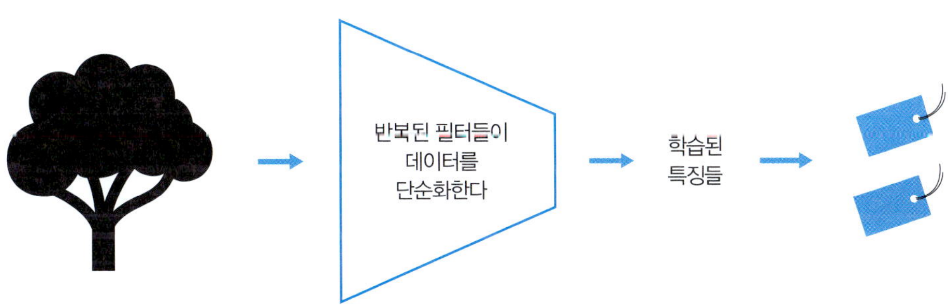

그림 11-8 지도 학습에 의한 컨볼루션 신경망 과정: 네트워크 컨볼루션 과정의 반복된 필터링은 신경망을 학습하기 위해 실제 클래스와 비교되어야 하는 클래스 레이블의 적용을 용이하게 하는 고수준 특징들을 생성한다.

학습 과정

신경망이 어떤 컨볼루션 연산을 수행해야 하는지 어떻게 알까? 간단히 말하면, 신경망은 성공적인 분류를 이끄는 것들을 유지한다. 기본 신경망에서 개별 연결 강도들은 반복적인 학습 과정으로 조정된다. 이에 반해 CNN(컨볼루션 신경망)에서는 어떤 컨볼루션을 수행할지가 학습된다.

지도 학습 환경에서 신경망은 학습 작업의 목표가 될 수 있는 가장 높은 수준에 이르기까지 특징들을 계속 형성한다. 영상에 얼굴이 있는지 결정하는 작업을 생각해 보자. 얼굴이 들어 있는 영상들과 얼굴이 없는 영상들로 레이블된 학습 데이터셋이 주어진다. 학습 과정에서 이 분류 과정을 성공으로 이끄는 특징들의 계층(예 모서리 > 원형 > 눈)을 식별하는 컨볼루션 필터들을 얻을 것이다. 신경망이 맞닥뜨릴 가능성이 있는 다른 계층들(예 모서리 > 사각형 > 집)은 성공적으로 얼굴을 식별하는 데 기여하지 못하기 때문에 떨어져 나간다. 때때로 신경망에서 하나의 뉴런 출력이 효과적인 분류기가 되는 경우도 있는데, 이는 초점을 맞추고 있는 특징을 이 뉴런이 담고 있음을 시사한다.

비지도 학습

가장 황홀하게 보이는 딥러닝의 성취는 특징들, 그리고 더 나아가 객체들을 비지도 방식으로 식별할 수 있는 능력이다. 유명한 예로는 얼굴 영상 식별하기와 영상에서 개와 고양이 식별하기(레[Le] 등의 논문, 2012 참조)가 있다. 이것이 어떻게 가능할까?

오토인코더라고 부르는 신경망을 사용하는 방법이 있다. 이 네트워크는 먼저 데이터의 저차원 표현을 생성한 다음 생성된 표현을 사용하여 원본 데이터를 재생하도록 학습된다. 즉, 이 네트워크는 입력을 정확하게 재생하는 데 용이한 특징들을 유지하도록 학습된다.

영상 예의 맥락에서 보면 오토인코더는 [그림 11-9]의 고수준 구조를 갖는다.

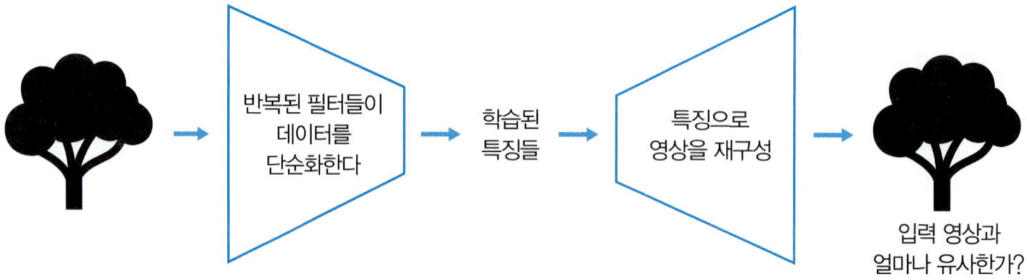

그림 11-9 오토인코더 네트워크 과정: 네트워크 컨볼루션 과정의 반복된 필터링은 영상을 재구성하는 고수준의 특징을 생성한다. 재구성된 출력 영상을 입력 영상과 비교해 일치하는 네트워크 구조는 입력을 정확하게 재생하는 데 용이한 특징들을 유지하도록 학습된다.

학습된 특징들을 뽑는 지점(이 영상의 병목점)까지는 신경망이 지도 방식의 네트워크와 유사하다. 데이터의 저차원 표현인 학습된 특징들을 구축하고 나면 이 특징들을 역과정으로 영상으로 확장한다. 출력 영상은 입력 영상과 비교되며, 만일 비슷하지 않다면 앞에서 설명한 것과 같은 역전파 방법을 사용해 이 네트워크는 계속 작동할 것이다. 이 네트워크가 확실하게 입력과 유사한 출력 영상들을 생성하게 되면 이 과정은 중단된다.

이제 병목점의 내부 표현은 신경망이 학습한 일반적인 영역(여기서는 영상들)에 대한 유용한 정보를 갖는다. 이 과정에서 드러나는 학습된 특징들(병목점의 뉴런 출력)이 보통 유용하다고 알려져 있다. 이 특징들이 (4장에서 소개한 PCA의 주성분과 원리적으로 유사하게) 원본 데이터의 저차원 표현으로 간주될 수 있기 때문에, 예를 들어 지도 방식으로 예측 모델링하거나 비지도 클러스터링을 하는 데 유용할 수 있다.

결론

CNN(컨볼루션 신경망)의 성공 비결은 반복을 통해서 상당한 계산 능력과 용량을 필요로 하는 매우 복잡한 다차원 특징 지도들을 구축하여 데이터의 저차원 표현을 형성하는 학습된 특징들을 개발하는 능력에 있다. 서로 다른 컨볼루션 구조(예 필터 연산의 유형)가 각기 다른 작업에 적합하다는 것을 알 수 있다. AI 분야에서는 분석가들이 특정 작업들을 학습하고 벤치마킹할 수 있는 데이터셋(예 많은 클래스의 일반 영상들, 특히 얼굴 영상, 위성사진 영상, 텍스트 데이터, 음성 데이터 등의 데이터셋)은 물론이고, 요구되는 길고 복잡한 학습 과정을 단축할 수 있는 사전 학습된 신경망을 공유한다.

마지막으로 RNN[Recurrent Neural Networks](순환 신경망)이라는 다른 유형의 딥러닝에 대해 간단히 살펴보자. RNN은 보통 장기-단기 기억[Long Short-Term Memory, LSTM]이나 게이티드 순환 유닛[Gated Recurrent Units, GRU]을 기본 구조로 구현된다. 이 신경망들은 시계열, 음악, (문장 내 단어들의 순서가 중요한) 텍스트와 음성, 사용자나 로봇의 행위(예 사용자 행위의 순서가 중요할 수 있는 클릭스트림 데이터)와 같이, 사실상 순차적이거나 시간적인 행태를 띠는 데이터에 특히 유용하다. 이 신경망의 메모리가 그러한 순차적 정보를 획득하는 데 도움이 된다. 이런 방법들을 주어진 비즈니스 애널리틱스 응용에 사용할지 결정하려고 할 때 중요하게 고려할 사항은 다른 방법들과 비교되는 성능과 (데이터와 계산의 관점에서) 요구되는 자원이다.

소프트웨어 라이브러리 딥러닝이 등장하면서 신경망은 인공지능에 대한 약속을 실현하는 데 큰 진전을 이루었고, 부활을 즐기고 있다. 이와 동시에 분야에 따라서는 그 구조가 매우 복잡하고 다양할 수 있다. 결과적으로 서로 다른 구조가 선택되고 적절한 파이썬 코드가 생성될 수 있는 텐서플로, 케라스, 파이토치 등이 널리 사용되고 있다. 텐서플로는 https://playground.tensorflow.org에서 간단한 신경망의 훌륭한 시각화/데모를 제공한다.

11.7 신경망의 장점과 단점

신경망의 가장 큰 장점은 높은 예측 성능이다. 신경망은 노이즈가 많은 데이터에 매우 강건하고, 예측 변수들과 결과 변수 간의 매우 복잡한 관계를 알아내는 능력이 있다고 알려져 있다. 가장 약한 부분은 관계의 구조에 대한 직관을 제공하지 못한다는 점인데, 이는 블랙박스 특성이다.

신경망을 사용할 때는 다음의 고려 사항과 위험 요소에 주의해야 한다.

- 신경망은 사례 집합으로부터 일반화하는 능력이 있기는 하지만, 외삽 추론은 여전히 심각한 위험 요소가 된다. 신경망이 특정 범위의 레코드들만으로 학습되었다면, 이 범위를 벗어나는 예측은 완전히 무의미할 수 있다.
- 신경망은 내장형 변수 선택 메커니즘을 가지고 있지 않다. 이는 예측 변수들에 대한 주의 깊은 고려가 필요함을 의미한다. 분류와 회귀 트리(9장 참조) 및 다른 차원 축소 기법(예 4장의 주성분 분석)의 결합이 종종 핵심 예측 변수를 식별하는 데 사용된다.
- 신경망의 높은 유연성은 학습 목적을 달성하는 데 충분한 데이터를 얼마나 가지느냐에 크게 의존한다. 이와 관련된 문제는 신경망이 분류 문제에서 소수 클래스를 제대로 학습하기 위해서는 이에 대한 충분한 양의 레코드가 필요하다는 것이다. 이 문제는 2장에서 설명했듯이 오버샘플링으로 해결될 수 있다.
- 신경망의 유용성을 결정할 수 있는 실제적인 고려 사항은 계산 시간이다. 신경망은 비교적 계산 시간을 많이 요구하므로 다른 분류기들에 비해 긴 실행 시간이 필요하다. 이러한 실행 시간은 예측 변수들의 수가 증가하면 (계산해야 할 연결 강도가 더욱 많아져서) 크게 증가한다. 실시간이나 거의 실시간에 가까운 예측이 필요한 응용에서는 실행 시간을 측정하여 의사결정에서 용납할 수 없는 지연이 발생하지 않도록 해야 한다.

연습문제

11.1 **신용카드 사용.** [표 11-7]은 고객의 신용카드 신용거래에 대한 가상 은행 데이터다. 엑셀이나 파이썬 프로그램으로 작은 워크시트를 생성하여, 간단한 신경망을 통해 한 번의 반복에 대한 계산 과정을 보이시오. (초기 연결 강도 값들은 임의로 생성하시오.)

표 11-7 신용카드 예의 데이터와 변수 설명

연수	급여	사용된 신용도
4	43	0
18	65	1
1	53	0
3	95	0
15	88	1
6	112	1

연수: 고객이 은행과 거래한 연수
급여: 고객 연봉(단위: 1,000달러)
사용된 신용도: 1=고객이 전년도에 최소 한 달간 월말에 미지불 신용카드 사용액이 남음,
0=매달 월말에 사용액이 모두 지불됨

11.2 **신경망 진화.** 신경망은 보통 바이어스와 연결 강도들을 임의의 값으로 시작하기 때문에 처음 데이터를 입력하면 기본적으로 임의의 예측값을 출력한다. 신경망이 좀 더 정확한 예측을 산출하기 위해 진화하는 데 사용되는 핵심 요소는 무엇인가?

11.3 **자동차 판매.** Price, Age, KM, HP 및 다른 명세들을 포함해서 38개의 속성을 갖는 1,436개의 레코드로 구성된 중고차 데이터(`ToyotaCorolla.csv`)가 있다. 목표는 이 명세에 근거하여 도요타 코롤라의 중고차 가격을 예측하는 것이다.

a. 이 데이터로 신경망 모델을 적합하시오. 이때 노드가 2개인 단일 은닉층을 사용하시오.

- 예측 변수로는 `Age_08_04`, `KM`, `Fuel_Type`, `HP`, `Automatic`, `Doors`, `Quarterly_Tax`, `Mfr_Guarantee`, `Guarantee_Period`, `Airco`, `Automatic_airco`, `CD_Player`, `Powered_Windows`, `Sport_Model`, `Tow_Bar`를 사용하시오.
- `scikit-learn` 변환기 `MinMaxScaler()` 함수를 사용해 이 데이터를 [0, 1] 범위에 맞추시오. 입력과 출력 데이터에 대해 별개의 변환기를 사용하시오. 가변수를 생성하기 위해서는 `pandas`의 `pd.get_dummies()` 함수를 사용하시오.

- 학습 데이터셋과 검증 데이터셋에 대한 RMS 오차를 기록하시오. 은닉층과 노드의 수를 {노드가 5개인 단일 층}, {각 층에 노드가 5개인 2개의 층}으로 바꿔가면서 이 과정을 반복하시오.

  i. 층과 노드의 수를 증가시킴에 따라 학습 데이터셋에 대한 RMS 오차에 어떤 일이 발생하는가?

  ii. 검증 데이터셋에 대한 RMS 오차에는 어떤 일이 발생하는가?

  iii. 이 응용에 대한 층과 노드의 적절한 수에 대한 의견을 말하시오.

11.4 항공사 고객에 대한 광고 우편물. 이스트-웨스트 항공사는 무선통신회사 텔콘과 파트너십을 맺고 텔콘의 서비스를 광고 우편물로 판매하고자 한다. `EastWestAirlinesNN.csv` 파일은 이미 테스트 우편물을 받은 데이터 표본의 일부분인데, 약 13%가 승인했다. 무선통신 서비스 계약(결과 변수 `Phone_Sale`)을 체결할지 여부와 관련해, 이스트-웨스트 항공사 고객들을 분류하는 모델을 개발하도록 요청받았다. 이 모델은 추가 고객들을 분류하는 데 사용될 것이다.

a. 노드가 5개인 단일 은닉층을 사용하는 신경망 모델을 이 데이터로 실행하시오. 먼저 범주형 변수를 가변수로 변환하고 (`scikit-learn` 변환기 `MinMaxScaler()`를 사용해) 수치형 예측 변수를 0–1 사이로 맞춰야 한다. 학습과 검증 데이터셋에 대한 십분위 리프트 차트를 작성하시오. 검증용 십분위 리프트 차트의 가장 왼쪽 막대에 대한 의미를 (비즈니스 용어로) 해석하시오.

b. 학습 리프트 차트와 검증 리프트 차트의 차이점을 설명하시오.

c. 이번에는 은닉 노드의 수를 1로 지정한 두 번째 신경망 모델을 이 데이터로 실행하시오. 이제 이 모델과 앞에서 실행한 모델의 차이와 과적합이 결과에 어떤 영향을 미칠 수 있는지 설명하시오.

d. 다양한 변수의 효과가 있다면 이러한 효과에 대해 어떤 종류의 정보가 제공되었는가?

CHAPTER 12

판별 분석

이 장에서는 모델에 기반한 분류 기법 중 하나인 판별 분석에 대해 설명한다. 분류의 가장 중요한 원칙은 '관측치가 각 클래스 평균으로부터 얼마나 떨어져 있는가'이므로 이에 대해 우선적으로 논의한다. 이어서 '통계적 거리statistical distance', 즉 예측 변수 간의 상관성을 고려한 거리 측도에 대해 설명한다. 판별 분석 절차의 결과물로는 추정된 '분류 함수classification function'를 얻게 되는데 이로부터 모든 관측치는 분류 점수classification score를 갖게 된다. 분류 점수란 각 관측치가 클래스에 얼마나 속해 있는지에 대한 정도 또는 확률을 나타낸다고 할 수 있다. 또한 판별 분석에는 관측치의 클래스를 잘못 분류했을 때 발생하는 오분류 비용misclassification cost을 포함할 수 있는데 이 과정에 대해도 설명한다. 마지막으로 판별 분석의 기본 가정들을 설명하고 각 가정이 현실적으로 얼마나 잘 지켜질 수 있는가(강건성)와 이들이 잘 충족되었을 때(예 학습 데이터셋이 충분할 때) 판별 분석이 갖는 장점들에 대해 설명한다.

파이썬

이 장에서는 pandas 라이브러리를 사용해 데이터 처리 및 조작 작업을 수행할 것이며, scikit-learn 라이브러리를 사용해 모델 구축 작업을 수행할 것이다. 또한 부록의 파이썬 함수도 사용한다.

이 장에 필요한 파이썬 라이브러리 불러오기

```
import numpy as np
import pandas as pd
from sklearn.discriminant_analysis import LinearDiscriminantAnalysis
import matplotlib.pylab as plt
from dmba import classificationSummary
```

12.1 서론

판별 분석은 분류 기법으로, 로지스틱 회귀 분석과 같이 분류classifcation와 프로파일링profiling에 사용되는 전통적인 통계 기법이다. 여러 클래스의 측정치를 활용하여 새로운 항목을 이들 클래스 중 하나로 분류하는 데 판별 분석을 사용한다. 판별 분석의 적용 사례는 다양하다. 자연과학 분야에서는 동물이나 식물을 서로 다른 종과 그 하위 아종으로 분류하는 데 사용하기도 하고, 금융 분야에서는 대출, 신용카드, 보험 가입 신청자들을 저위험군 또는 고위험군으로 분류할 때 사용하거나 채권을 등급별로 분류할 때 사용한다. 마케팅 분야에서는 신제품이 출시되었을 때 제품에 대한 수용 시기에 따라 고객 그룹을 나누는 데 사용하기도 한다. 즉, 고객이 신제품의 초기 수용 그룹에 속할지, 그보다 수용 시기는 늦지만 인원수가 많은 초기 또는 후기 다수자 그룹에 속할지, 제품에 대한 반응이 다른 그룹들에 비해 매우 늦은 고객 그룹에 속할지 등을 분류하는 데 활용한다. 그 밖에 판별 분석을 의사결정에 활용하는 사례도 다양하다. 인간의 두개골 화석을 분석하여 해당 시대 및 인종, 지역 등을 결정하는 데 활용하기도 하고, 특정 연구의 저작권 논쟁에서 저작권을 결정하는 데 사용하기도 하며, 대학 입학 사정에 관한 결정에 활용하기도 한다. 또한 의학 분야 연구에서는 알코올 중독자와 비중독자에 대한 분류에 사용하기도 하고, 지문 인증 시스템에서는 본인인지 아닌지를 규명하는 작업에 사용하기도 한다. 이 밖에도 서로 다른 클래스를 구별시켜 주는 요인들을 찾아내는 방법, 즉 프로파일링에 판별 분석을 사용하기도 한다.

이 장에서는 앞선 장들에서 기술된 승차식 잔디깎이 기계와 개인 대출 수락 예제를 살펴본다. 각 예제의 경우 반응 변수가 2개의 클래스로 구성되어 있다. 맨 마지막에는 반응 변수가 3개 이상인 예제를 살펴본다.

예제 1: 승차식 잔디깎이 기계

7장에서 소개한 바와 같이, 승차식 잔디깎이 기계를 생산하는 제조업자가 도시 가구들을 대상으로 하여 기계를 구입할 가구와 구입하지 않을 가구로 분류하고자 한다. 테스트 표본으로서, 승차식 잔디깎이 기계를 소유한 가구들 중 12가구와 그렇지 않은 가구들 중 12가구가 랜덤으로 선정되었다. 데이터는 7장의 [표 7-1]에서 제시되었으며, 산점도는 [그림 12-1]에 나타나 있다. 이 예제의 선형 분류 규칙linear classification rule은 2차원 공간을 2개의 영역으로 나누는 직선으로 생각할 수 있다. 즉 직선의 한쪽 영역에는 승차식 잔디깎이 기계 소유자들의 대다수가 속하게 되고 반대쪽 영역에는 비소유자들의 대다수가 속하게 된다. 좋은 분류 규칙은 오분류되는 데이터의 수가 적어야 하는데, [그림 12-1]의 직선은 24가구 중 4가구만 오분류한 것으로 나타난다. 그러므로 이 예제의 직선은 두 클래스를 잘 구별해 낸 것으로 볼 수 있다.

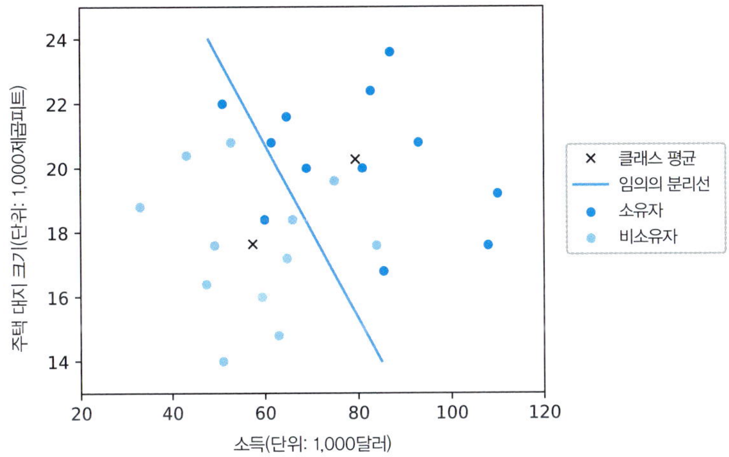

그림 12-1 주택 대지 크기 vs. 소득에 대한 산점도 (승차식 잔디깎이 기계 소유자와 비소유자 24명). 직선은 소유자와 비소유자를 분류한다.

예제 2: 개인 대출 수락

앞서 승차식 잔디깎이 기계 예제는 판별 분석의 개념과 목적을 잘 설명해 주는 기본 사례 중 하나로 볼 수 있다. 그러나 오늘날의 실제 비즈니스 응용 문제에서는 데이터 관측치의 수가 훨씬 더 많을 뿐만 아니라 이들을 서로 다른 클래스로 분리하는 것이 훨씬 모호해졌다. 이를 좀 더 자세히 설명하기 위해 9장에서 소개한 유니버설 은행의 예제를 다시 한 번 살펴보기로 한다.

예제에서 은행은 대출 제안을 받아들이는 새로운 고객을 알아내는 데 목표를 두었다. 복잡성을 피하기 위해 예제에서는 입력 변수로서 고객의 연간 소득(Income, 단위: 1,000달러)과 월별 신용카드 평균 사용액(CCAvg, 단위: 1,000달러)의 두 예측 변수만 사용한다. [그림 12-2]의 첫 번째 그림은 은행의 고객 데이터베이스에서 얻은 200명의 고객 데이터로, 개인 대출 수락 여부를 고객의 연간 소득 및 월별 신용카드 평균 사용액에 대한 함수로 보여주고 있다. 소득이 낮고 월별 신용카드 평균 사용액이 적은 영역에 많은 데이터가 조밀하게 분포되어 있기 때문에, 이 영역에서 대출 신청을 수락한 사람들과 거절한 사람들 간의 분리가 모호해진다. 따라서 그림의 가시성을 높이기 위해 그래프의 두 축을 로그 스케일로 제시하였다. 두 번째 그림은 전체 5,000명의 고객 데이터를 산점한 것이다. 이 그림에서는 데이터가 많을 경우 적은 수의 데이터를 다룰 때에 비해 상대적으로 문제의 복잡성이 증가함을 제시하고 있다.

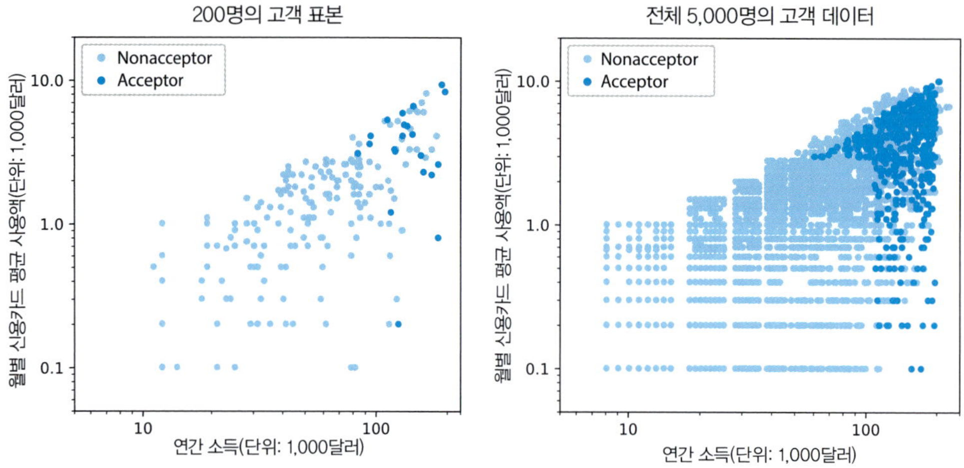

그림 12-2 개인 대출 수락에 대한 소득 및 월별 신용카드 평균 사용액의 함수 관계 (로그 변환 적용): 유니버설 은행 5,000명의 고객 데이터

12.2 클래스로부터 관측치에 이르는 거리

서로 다른 클래스에 속한 데이터들을 잘 분리하기 위해서는 클래스와 관측치 간의 거리를 측정하는 과정이 진행되어야 한다. 분류에 대한 일반적인 개념은 데이터를 그와 가장 가까운 클래스에 속하게 하는 것이다. 유니버설 은행에서 신규 고객의 연간 소득(`Income`)을 기반으로 은행의 개인 대출 제안에 대한 고객의 수락 여부를 결정하여 수락자와 비수락자로 분류한다고 가정하자. 은행의 고객 데이터베이스에서 얻은 자료에 의하면 수락자들의 평균 연간 소득은 144.75K달러이며, 비수락자들의 평균 연간 소득은 66.24K달러다. 여기서 우리는 유클리드 거리 법칙 Euclidean distance rule을 통해 연간 소득을 개인 대출 수락의 예측 변수로 사용할 수 있다. 만약 x가 비수락이자 클래스의 평균 연간 소득보다 수락이자 클래스의 평균 연간 소득에 더 가까우면, 해당 고객을 수락자로 분류한다. 만약 그렇지 않다면, 해당 고객은 비수락자로 분류된다. 다시 말해서, $|x - 144.75| < |x - 66.24|$이면 "분류 = 수락자"이며 그렇지 않다면 "분류 = 비수락자"다. 1개의 예측 변수(연간 소득)에서 2개 이상의 변수로 늘어나면, 클래스의 평균 대신 클래스의 중심 centroid을 사용하게 되는데, 이는 클래스 평균 벡터인 $\bar{\mathbf{x}} = [\bar{x}_1, \cdots, \bar{x}_p]$를 의미한다. 즉 p개의 입력 변수를 갖는 관측치 $\mathbf{x} = [x_1, \cdots, x_p]$와 클래스 중심 $\bar{\mathbf{x}}$ 사이의 유클리드 거리는 관측치와 클래스 평균값 간의 차이에 대한 제곱합에 제곱근을 취한 값으로 정의한다.

$$D_{\text{Euclidean}}(\mathbf{x}, \bar{\mathbf{x}}) = \sqrt{(x_1 - \bar{x}_1)^2 + \cdots + (x_p - \bar{x}_p)^2} \tag{12.1}$$

유클리드 거리를 사용하는 경우, 다음과 같은 세 가지 단점이 있다.

- 거리 측정이 입력 변수들에 대한 측정 단위 선택에 따라 달라진다는 점이다. 즉, 연간 소득을 1,000달러 기준이 아닌 달러 기준으로 측정한다면, 산출된 유클리드 거리가 달라지므로 분류 결과도 달라질 수 있다.
- 유클리드 거리는 변수의 변동성을 반영하지 못한다. 예를 들어 두 클래스의 연간 소득 변동성을 비교해 보면, 수락자들의 표준편차가 비수락자들의 표준편차보다 낮게 나타난다 (31.6K달러 대 40.6K달러). 비수락자들의 연간 소득 변동성이 크기 때문에, 신규 고객이 비수락자가 될 가능성이 높은데도 불구하고 그의 연간 소득은 수락자들의 평균 소득에 더 가깝게 측정될 수 있다. 그러므로 거리 측정은 각 변수의 변동성을 고려해야 하며, 원래 측정 단위를 사용하기보다는 표준편차를 고려하여 측정해야 한다. 이는 표준화된 값인 z값z-scores을 사용해 거리를 측정한다는 의미다.
- 유클리드 거리는 변수들 간의 상관관계를 무시한다. 이 문제는 종종 아주 중요하게 고려되어야 하는데, 많은 예측 변수를 사용해 분류하고자 할 때 특히 그렇다. 클래스를 분류하는데 유용한 변수들이라 할지라도 이들 간에 상관관계가 있다면, 한 변수가 갖는 효과를 다른 변수들이 포함하기 때문에 실제로는 그 변수가 중요하지 않을 수 있다.

이러한 단점들에 대한 해결책은 통계적 거리statistical distance 혹은 마할라노비스 거리Mahalanobis distance를 측정 방법으로 사용하는 것이다. p개의 변수들 간 공분산 행렬을 S라고 하자. 통계적 거리에 대한 정의는 다음과 같다.

$$D_{\text{Statistical}}(\mathbf{x}, \bar{\mathbf{x}}) = \sqrt{[\mathbf{x} - \bar{\mathbf{x}}]' S^{-1} [\mathbf{x} - \bar{\mathbf{x}}]}$$

$$= \sqrt{[(x_1 - \bar{x}_1), (x_2 - \bar{x}_2), \ldots, (x_p - \bar{x}_p)] S^{-1} \begin{bmatrix} x_1 - \bar{x}_1 \\ x_2 - \bar{x}_2 \\ \vdots \\ x_p - \bar{x}_p \end{bmatrix}} \quad (12.2)$$

$'$ 표기는 전치 연산자로, 열벡터를 행벡터로 바꾼다는 의미다. S^{-1}은 S의 역행렬로, 일차원의 나눗셈이 p차원으로 확장된 것을 의미한다. 만약 예측 변수($p = 1$)가 1개라면, 예측 변수에서 평균값을 뺀 후 이를 표준편차로 나누기 때문에, 통계적 거리는 z값을 의미하게 된다. 통계적 거리는 예측 변수의 평균값을 고려할 뿐만 아니라 예측 변수 값의 퍼짐spread 정도와 다른 예측 변수 간의 상관관계를 고려한다. 관측치와 클래스 사이의 통계적 거리를 계산하기 위해서는 먼저 예측 변수의 평균(중심점)과 변수들 간의 공분산을 계산해야 한다. 이러한 요소들이 거리 측정을 하는 데 사용된다. 판별 분석은 통계적 거리를 기반으로 분리선(예측 변수가 3개 이상인 경우에는 분리 초평면hyperplane)을 찾는다.[1] 분리선은 모든 클래스의 평균들로부터 동일 거리에

1 다른 접근법으로 관측치들의 분포 밀도가 낮은 부분에서 두 클래스를 나누는 분리선 또는 초평면을 찾는 방법이 있다. 클래스가 2개인 경우에는 두 방법이 동일하다.

위치하게 된다. 판별 분석은 관측치와 각 클래스의 통계적 거리를 측정하고 이를 가장 가까운 클래스로 할당하는 작업이며, 이 작업은 다음 절에서 설명하는 분류 함수classification function를 사용해 진행된다.

12.3 피셔의 선형 분류 함수

선형 분류 함수linear classification function는 관측치들을 여러 클래스로 분리하는 방법으로 1936년 저명한 통계학자인 피셔R.A. Fisher가 제안하였다. 선형 분류 함수의 기본 개념은 클래스 간 변동성between-calss variablility 대 클래스 내 변동성within-class variability의 비율을 최대화하는 선형 함수를 찾는 것이다. 다시 말해서, 각 클래스 내의 관측치들은 매우 동질적이지만 다른 클래스들과 비교했을 때는 서로 이질적인 클래스들을 얻고자 하는 것이다. 분류 함수는 관측치가 주어졌을 때, 각 클래스까지의 근접성을 점수로 계산하고 이들 중 가장 높은 분류 점수(가장 가까운 통계적 거리)를 주는 클래스로 관측치를 분류한다.

분류 함수 점수를 이용한 분류

각 관측치에 대해, 클래스별 분류 함수 값을 계산한다. 가장 큰 함수 값(점수)을 주는 클래스로 관측치를 할당한다. scikit-learn 라이브러리의 LinearDiscriminantAnalysis( ) 함수의 경우, 이진 분류 문제에서는 결정 함수의 부호를 사용해 예측 클래스를 관측치에 할당한다. 값이 양수이면 "1"로, 음수이면 "0"으로 분류한다. 다중 분류 문제에서는 가장 큰 함수 값을 주는 클래스를 관측치에 할당한다.

분류 함수는 소프트웨어를 이용해 추정할 수 있다. 이진 분류 문제에서 scikit-learn의 LinearDiscriminantAnalysis() 함수는 클래스별 선형 분류 함수를 자세하게 제공하지 않는 대신 두 분류 함수 간 차이를 의미하는 결정 함수decision function를 제공해 준다. 예를 들어, [표 12-1]은 2개의 예측 변수로 구성된 승차식 잔디깎이 기계 데이터에 대해서 판별 분석을 수행하여 결정 함수가 도출된 결과를 보여준다. 결정 함수의 값이 음수일 때는 해당 관측치를 "0"으로 분류하고 양수일 때는 "1"로 분류하며, 다중 분류 문제에서는 각각의 클래스에 대해서 결정 함수가 반환된다(12.7절 참조).

가구를 소유자 또는 비소유자의 클래스로 분류하기 위해서는 이미 언급했듯이 클래스별로 가구에 대한 분류 점수들을 계산하기 위해 분류 함수들을 이용하게 된다. 만약 소유자 클래스의 함수 값이 비소유자 클래스의 함수 값보다 크면 소유자 클래스로 분류하고, 그 반대의 경우에는 비소유자 클래스로 분류한다. 이 함수들은 3개 이상의 클래스로 쉽게 일반화되도록 설정될 수 있다. 다중 선형 회귀 분석의 경우와 유사하게, 각 분류 함수를 추정하는 데에 필요한 값들은 선형 함수의 각 변수와 연관된 가중치를 의미한다. 예를 들어, 첫 번째 가구의 연간 소득이 60,000(60K)달러이고, 18,400(18.4K)제곱피트의 주택 면적을 가지고 있다고 하자. 이 가구에 대한 결정 함수의 값은 $(0.1)(60) + (0.79)(18.4) - 21.74 = -1.28$이고 그 값이 음수이기 때문에 이 가구는 비소유자 클래스로 분류(또는 오분류)된다. 이러한 계산은 소프트웨어를 사용해 할 수 있으므로 수작업으로 계산할 필요가 없다. 예를 들어, [표 12-2]는 `scikit-learn`의 `LinearDiscriminantAnalysis()` 함수에 의해 생성된 24가구의 분류 점수와 분류 결과를 보여 준다.

관측치를 클래스들 중 하나로 분류하는 또 다른 방법은 관측치가 각 클래스에 속할 확률을 계산하고, 이 중에서 가장 높은 확률을 갖는 클래스로 관측치를 할당하는 것이다. 클래스가 2개인 경우에는 관측치별로 하나의 확률만 계산하면 된다(예 소유자 클래스에 속하는 확률). 이때에는 분류 기준값 0.5를 사용하게 되는데, 이는 관측치를 가장 높은 점수를 주는 클래스로 할당하는 방법과 동일하다. 이 방법의 장점 중 하나는 데이터들에 대해 랭킹을 매길 수 있다는 점이다. 관측치를 확률값에 따라 내림차순으로 정렬하여 향상 곡선을 그릴 수 있다.

예를 들어, m개의 클래스가 있다고 가정하자. 관측치 i가 클래스 k에 속할 확률을 계산하기 위해서는 모든 분류 점수 $c_1(i)$, $c_2(i)$, $\cdots$, $c_m(i)$를 계산한 다음, 이들을 다음 공식을 이용해 결합해야 한다.

$$P[\text{record } i (\text{with measurements } x_1, x_2, \cdots, x_p) \text{ belongs to class } k] \\ = \frac{e^{c_k(i)}}{e^{c_1(i)} + e^{c_2(i)} + \cdots + e^{c_m(i)}}$$

승차식 잔디깎이 기계 데이터에 대해 계산된 확률들은 [표 12-2]에 나타나 있다. `scikit-learn`의 `LinearDiscriminantAnalysis()` 함수에서는 분류 점수(`decision_function`)와 분류 결과(`predict`), 클래스에 속할 확률(`predict_proba`)을 제공해 준다.

표 12-1 승차식 잔디깎이 기계 데이터에 대한 판별 분석 결과: 추정된 분류 함수

선형 판별 함수에 대한 파이썬 코드

```
mower_df = pd.read_csv('RidingMowers.csv')

da_reg = LinearDiscriminantAnalysis()
da_reg.fit(mower_df.drop(columns=['Ownership']), mower_df['Ownership'])

print('Coefficients', da_reg.coef_)
print('Intercept', da_reg.intercept_)
```

실행 결과

```
Coefficients [[0.1002303   0.78518471]]
Intercept [-21.73876167]
```

표 12-2 승차식 잔디깎이 기계 데이터에 대한 분류 점수, 예측된 클래스, 확률

분류 점수, 예측된 클래스, 확률을 얻기 위한 파이썬 코드

```
da_reg = LinearDiscriminantAnalysis()
da_reg.fit(mower_df.drop(columns=['Ownership']), mower_df['Ownership'])

result_df = mower_df.copy()
result_df['Dec. Function'] = da_reg.decision_function(mower_df.drop(columns=['Ownership']))
result_df['Prediction'] = da_reg.predict(mower_df.drop(columns=['Ownership']))
result_df['p(Owner)'] = da_reg.predict_proba(mower_df.drop(columns=['Ownership']))[:, 1]
result_df
```

실행 결과

	Income	Lot_Size	Ownership	Dec. Function	Prediction	p(Owner)
1	60.0	18.4	Owner	-1.277545	Nonowner	0.217968
2	85.5	16.8	Owner	0.022032	Owner	0.505508
3	64.8	21.6	Owner	1.716152	Owner	0.847632
4	61.5	20.8	Owner	0.757244	Owner	0.680755
5	87.0	23.6	Owner	5.511634	Owner	0.995977
6	110.1	19.2	Owner	4.372141	Owner	0.987533
7	108.0	17.6	Owner	2.905362	Owner	0.948111
8	82.8	22.4	Owner	4.148445	Owner	0.984456
9	69.0	20.0	Owner	0.880823	Owner	0.706993
10	93.0	20.8	Owner	3.914499	Owner	0.980440
11	51.0	22.0	Owner	0.647047	Owner	0.656345
12	81.0	20.0	Owner	2.083587	Owner	0.889298
13	75.0	19.6	Nonowner	1.168131	Owner	0.762807
14	52.8	20.8	Nonowner	-0.114760	Nonowner	0.471342
15	64.8	17.2	Nonowner	-1.738661	Nonowner	0.149483
16	43.2	20.4	Nonowner	-1.391044	Nonowner	0.199241
17	84.0	17.6	Nonowner	0.499835	Owner	0.622420
18	49.2	17.6	Nonowner	-2.988180	Nonowner	0.047963
19	59.4	16.0	Nonowner	-3.222126	Nonowner	0.038342
20	66.0	18.4	Nonowner	-0.676163	Nonowner	0.337118
21	47.4	16.4	Nonowner	-4.110816	Nonowner	0.016130
22	33.0	18.8	Nonowner	-3.669689	Nonowner	0.024851
23	51.0	14.0	Nonowner	-5.634430	Nonowner	0.003560
24	63.0	14.8	Nonowner	-3.803519	Nonowner	0.021806

이 결과에서는 오분류된 관측치들의 수가 3개로, 이전에 임의의 직선에 의한 오분류수 4개에 비해 감소했다. [그림 12-3]에서는 판별 모델로부터 얻은 직선과 분류된 관측치들을 함께 보여준다.[2]

2 판별 함수의 직선의 기울기는 $-a_1/a_2$이고 절편은 $-intercept/a_2$이다. 여기서 a_i는 결정 함수의 계수를 말한다(예를 들어, 이 예제에서는 Lot_Size $\frac{21.74}{0.79} + \frac{-0.1}{0.79}$ 혹은 Lot_Size 27.5 − 0.13임).

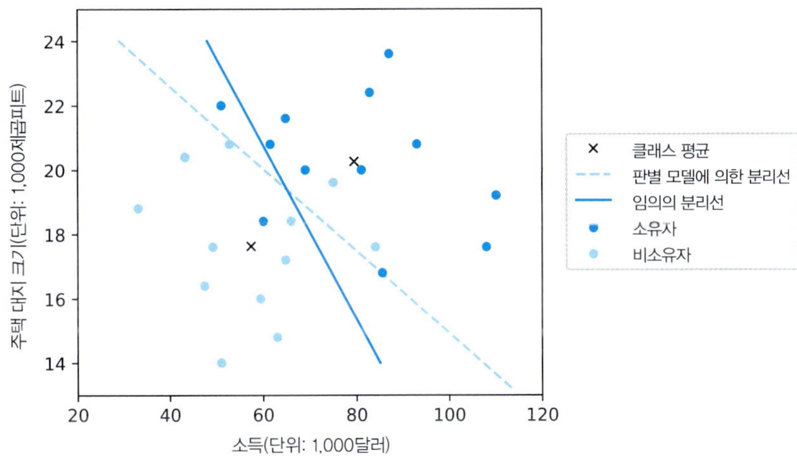

그림 12-3 판별 모델을 이용한 클래스 분리([그림 12-1]의 임의의 직선에 의한 분리와 비교해 참조)

12.4 판별 분석의 분류 성능

판별 분석 방법은 분류 점수classification score에 이르는 두 가지 주요한 가정에 의존한다. 첫 번째로 모든 클래스의 측정치들은 다변량 정규 분포로부터 얻었다고 가정한다. 이러한 가정이 만족된다면, 판별 분석은 로지스틱스 회귀 분석logistic regression과 같은 다른 분류 방법들보다 더 효과적인 분류 방법이라 할 수 있다. 사실상, 데이터가 다변량 정규 분포를 따른다면 판별 분석은 로지스틱 회귀 분석에 비해 30% 정도 더 효과적인 성능을 발휘한다고 말할 수 있는데, 이는 동일한 결과를 도출한다고 할 때 로지스틱 회귀 분석에 비해 30% 정도 적은 데이터만 사용한다는 점에서 그렇다고 볼 수 있다. 실제로, 예측 변수들이 정규 분포를 따르지 않거나 심지어 가변수dummy variable를 포함하더라도 판별 분석은 비교적 강건한 결과를 보여주고 있다. 가장 작은 클래스의 데이터 수가 충분히 크다면(대략 20개 이상 정도), 판별 분석으로부터 강건한 결과를 얻을 수 있다. 또한 판별 분석은 단일 예측 변수를 사용할 때의 단변량 공간에서나 다변량 공간 모두에서 이상치에 민감하다고 알려져 있다. 그러므로 탐색적 분석을 통해 이상치를 찾아내고 이를 제거할지 여부를 미리 결정하는 게 좋다.

판별 분석의 두 번째 가정은 예측 변수들 간의 상관관계는 특정 클래스에서나 다른 클래스들에서도 동일하다는 것이다. 이러한 가정은 클래스별로 상관관계 행렬을 계산하고 이를 비교해 봄으로써 대략적으로 확인할 수 있다. 만약 클래스별로 상관관계가 상당히 다르다면, 분류기classifier는 사례들을 변동이 큰 클래스로 분류하는 경향이 있을 것이다. 또한 상관 구조가 유의하게 다르고 데이터셋이 매우 크다면, 이차 판별 분석quadratic discriminant analysis을 사용하는 것이 대안이 될 수 있다.[3]

이러한 통계적 가정에 내포된 적합성에도 불구하고 예측 모델을 만들 때 가장 중요한 평가는 구성한 모델이 효과적으로 구현되는지 여부다. 적절한 접근 방법은 정규성 및 상관관계에 대해 탐색적 분석을 수행하고, 모델을 학습 및 평가한 다음 분류 정확도 및 초기 탐색을 바탕으로 이상치에 대한 검토 또는 변수 선택에 대한 재검토를 수행하는 것이다.

분류 정확도를 평가할 때는 5장에서 설명한 일반적인 성능 평가 측도(분류기의 성능을 판단하는 척도)를 사용할 수 있다. 기본적인 측도로는 분류에 필요한 정오 행렬confusion matrix이 있으며 이는 단순 정확도 또는 비용과 결부된 정확도를 나타낸다. 다른 하나는 랭킹에 필요한 향상 차트lift chart가 있다. 성능 평가를 위해 검증 데이터셋을 사용할지에 대한 논의는 여전히 남아 있다. 예를 들어, 승차식 잔디깎이 예제에서, 1번째, 13번째, 17번째 가구는 오분류되었다. 이는 이 데이터를 사용한 모델의 오차율이 12.5%임을 의미한다. 그러나 이러한 비율은 편향 추정된 것으로 지나치게 낙관적인 결과를 보여준다. 왜냐하면 동일한 데이터를 통해 분류 모델의 모수도 추정하고 모델의 오차도 측정하였기 때문이다. 그러므로 여기서는 다른 모델의 경우에서처럼, 분류 함수를 추정하는 데 포함되지 않았던 데이터로 이루어진 검증 데이터셋을 이용해 성능을 측정한다.

판별 분석에서 정오 행렬를 얻기 위해, 분류 점수를 직접 사용하거나 분류 점수에 기반하여 계산된 클래스에 속할 확률을 사용한다. 두 경우 모두 가장 높은 점수나 가장 높은 확률에 기반하여 관측치의 클래스 할당이 결정된다. 그런 후, 관측치들의 할당된 클래스들과 실제 클래스들을 비교할 수 있는데, 이러한 비교를 통해 정오 행렬을 얻게 된다.

12.5 사전 확률

지금까지 판별 분석의 목적은 오분류를 최소화하는 것으로 가정했다. 앞서 제시한 방법에서는 클래스별로 제시되는 관측치의 빈도가 동일하다고 가정했다. 그러나 만약 관측치가 제시될 확률이 클래스별로 동일하지 않다면, 평균 오차율(장기적으로 볼 때의 평균 기대 오차율)을 줄이기 위해 분류 함수를 수정해야 한다. 함수 수정은 다음과 같이 이루어진다. 우선 p_j를 클래

3 실제로 이차 판별 분석은 상관관계 행렬에서 차이가 크고 학습 및 테스트 데이터가 매우 많은 경우를 제외하면 유용하다고 밝혀진 것이 없다. 그 이유는 이차 판별 분석에서는 많은 파라미터를 추정해야 하는데 이때 추정 오차가 발생할 수 있기 때문이다. (m개의 클래스와 p개의 변수가 있을 때, 모든 서로 다른 상관관계 행렬로부터 추정되어야 할 총 파라미터의 수는 $mp(p+1)/2$이다.)

스 j에 속할 사전 확률 또는 미래 확률로 표기하자(두 클래스인 경우에는 p_1과 $p_2 = 1 - p_1$을 가짐). 그리고 클래스별 분류 함수에 $\log(p_j)$를 추가한다. 예를 들면, 전체 모집단에서는 승차식 잔디깎이 기계의 소유자 비율이 15%라고 가정하자(표본에서는 50%). 이는 모델이 좀 더 적은 수의 가구를 소유자 클래스로 분류해야 한다는 것을 의미한다. 이를 반영하기 위해서 [표 12-1]에 있는 결정 함수의 상수를 $-21.74 + \log(0.15) - \log(0.85) = -23.47$로 수정한다. 이러한 수정이 분류에 어떤 영향을 미치는지 보기 위해서, 클래스별 사전 확률이 동일하다고 여겼을 때 비소유자를 소유자로 잘못 분류한 13번과 17번 가구를 살펴보자. 승차식 잔디깎이 기계 소유자의 확률을 모집단으로부터 얻은 사전 확률을 반영하여 작게 수정했을 때, 이 두 가구는 비소유자로 올바르게 분류된다.

절편을 이동시키는 것 외에도 scikit-learn은 클래스 공분산 행렬을 평균화할 때 사전 확률을 사용한다.

12.6 서로 다른 오분류 비용

두 번째 수정은 오분류의 비용이 동일하지 않을 때 필요하다. 클래스 1에 속한 데이터를 오분류할 때의 비용이 클래스 2의 데이터를 오분류할 때의 비용과 현저히 다르다면, 단순 오차율보다는 오분류의 기대 비용을 최소화해야 한다(단순 오차율은 서로 다른 오분류 비용을 고려하지 않음). 2개의 클래스를 분류할 때는 (사전 확률들과 함께) 오분류 비용을 다르게 하기 위해 분류 함수를 수정하면 되므로 조작하는 것이 쉽다. 클래스 1에 속한 멤버를 (클래스 2로) 오분류한 비용을 q_1이라 하고, 클래스 2에 속한 멤버를 (클래스 1로) 오분류한 비용을 q_2라 하자. 이러한 비용들은 클래스 1의 분류 함수의 상수에 $\log(q_1)$을 더하고, 클래스 2의 분류 함수의 상수에 $\log(q_2)$를 더함으로써 분류 함수들의 상수에 통합된다. 사전 확률과 오분류 비용을 함께 반영시키려면, 클래스 1의 분류 함수의 상수에 $\log(p_1 q_1)$을 더하고, 클래스 2의 분류 함수의 상수에도 $\log(p_2 q_2)$를 더하면 된다.

실제로 각 클래스에서 오분류 비용인 q_1과 q_2를 함께 다루는 것이 항상 쉬운 일은 아니다. 대개의 경우, 오분류 비용들의 비율인 q_2/q_1을 추정하는 것이 훨씬 용이하다(예 채무 불이행자를 오분류하는 비용은 채무 이행자를 오분류하는 비용보다 10배 더 듦). 다행히도 분류 함수들 사이의 관계는 오직 이 비율에만 영향을 받는다. 그러므로 $q_1 = 1$, $q_2 = ratio$라 설정하고, 클래스 2의 상수에 간단히 $\log(q_2/q_1)$을 더하면 된다.

12.7 클래스가 3개 이상일 경우의 분류

예제 3: 사고 현장으로 의료진 파견하기

원칙적으로는 자동차 교통사고 발생에 대한 신고 전화가 119에 접수되는 즉시 사고 현장으로 응급차가 출동한다. 그러나 어떤 경우에는 응급 출동이 지연되기도 한다(예 사고 발생이 많은 피크 타임, 응급차나 구조 의료진 등이 부족한 지역, 근무 교대 시간). 이 경우 119 응급 구조대에서는 신고자의 신고로 알게 된 대략적인 정보를 바탕으로 어떤 팀을 보내야 할지를 결정해야 한다. 만약 이때 최초의 신고전화와 함께 사고에 대한 부가적인 분류 정보, 즉 사고 정도가 무상해인지 중상인지 사망인지에 대한 정보가 함께 제공된다면 매우 유용할 것이다. 이 목적을 이루기 위해, 2001년 미국에서 발생한 자동차 교통사고 데이터를 이용한다. 데이터에는 부상의 종류 및 부가적인 정보들, 즉 요일, 기상 상태, 도로 유형이 기록되어 있다. [표 12-3]은 우리가 관심을 갖고 있는 11개 변수들에 대한 측정치들을 기록한 표본이다.

표 12-3 20개의 교통사고 표본(교통부 데이터베이스, 2001년): 각 교통사고는 세 가지 부상 유형, 즉 무상해(no-injury), 중상(non-fatal), 사망(fatal)으로 분류되며 10개의 변수들에 대한 측정치를 포함한다(전체 데이터셋에서 일부 추출).

Accident #	RushHour	WRK_ZONE	WKDY	INT_HWY	LGTCON	LEVEL	SPD_LIM	SUR_COND	TRAF_WAY	WEATHER	MAX_SEV
1	1	0	1	1	dark_light	1	70	ice	one_way	adverse	no-injury
2	1	0	1	0	dark_light	0	70	ice	divided	adverse	no-injury
3	1	0	1	0	dark_light	0	65	ice	divided	adverse	non-fatal
4	1	0	1	0	dark_light	0	55	ice	two_way	not_adverse	non-fatal
5	1	0	0	0	dark_light	0	35	snow	one_way	adverse	no-injury
6	1	0	1	0	dark_light	1	35	wet	divided	adverse	no-injury
7	0	0	1	1	dark_light	1	70	wet	divided	adverse	non-fatal
8	0	0	1	0	dark_light	1	35	wet	two_way	adverse	no-injury
9	1	0	1	0	dark_light	0	25	wet	one_way	adverse	non-fatal
10	1	0	1	0	dark_light	0	35	wet	divided	adverse	non-fatal
11	1	0	1	0	dark_light	0	30	wet	divided	adverse	non-fatal
12	1	0	1	0	dark_light	0	60	wet	divided	not_adverse	no-injury
13	1	0	1	0	dark_light	0	40	wet	two_way	not_adverse	no-injury
14	0	0	1	0	day	1	65	dry	two_way	not_adverse	fatal
15	1	0	0	0	day	0	55	dry	two_way	not_adverse	fatal
16	1	0	1	0	day	0	55	dry	two_way	not_adverse	non-fatal
17	1	0	0	0	day	0	55	dry	two_way	not_adverse	non-fatal
18	0	0	1	0	dark	0	55	ice	two_way	not_adverse	no-injury
19	0	0	0	0	dark	0	50	ice	two_way	adverse	no-injury
20	0	0	0	0	dark	1	55	snow	divided	adverse	no-injury

이 예제의 목적은 예측 변수들이 부상 유형을 분류하는 데 얼마나 유용하게 사용될 수 있는가를 알아보는 데 있다. 이를 평가하기 위해 (대부분의 예측 변수가 이항이 되도록 범주들을 결합하여) 600개의 데이터로 이루어진 표본을 추출했다. 그리고 학습 데이터셋과 검증 데이터셋으로 분리한 후, 이 중 학습 데이터셋에 대해 판별 분석을 실시했다. 그 결과는 두 클래스일 때와 매우 유사하다. 유일한 차이점은 각 관측치가 3개의 분류 함수를 갖는다는 점(부상 유형당 하나

씩), 정오 행렬와 오차 행렬이 정분류와 오분류의 모든 조합을 설명하기 위해 3×3 구조를 갖는 행렬이라는 점이다([표 12-4] 참조).

표 12-4 세 가지 부상 유형 예제에 대한 판별 분석: 학습 데이터셋에 대한 분류 함수와 정오 행렬

교통사고 데이터에 대한 선형 판별 분석을 위한 파이썬 코드

```
accidents_df = pd.read_csv('accidents.csv')
lda_reg = LinearDiscriminantAnalysis()
lda_reg.fit(accidents_df.drop(columns=['MAX_SEV']), accidents_df['MAX_SEV'])

print('Coefficients and intercept')
fct = pd.DataFrame([lda_reg.intercept_], columns=lda_reg.classes_, index=['constant'])
fct = fct.append(pd.DataFrame(lda_reg.coef_.transpose(), columns=lda_reg.classes_,
                              index=list(accidents_df.columns)[:-1]))

print(fct)
print()
classificationSummary(accidents_df['MAX_SEV'],
                      lda_reg.predict(accidents_df.drop(columns=['MAX_SEV'])),
                      class_names=lda_reg.classes_)
```

실행 결과

```
Coefficients and intercept
                    fatal  no-injury  non-fatal
constant        -1.972659  -0.891172  -0.610471
RushHour        -0.996411   0.033430  -0.015774
WRK_ZONE        -0.457188   0.220012  -0.204480
WKDY            -1.471777   0.165707  -0.135404
INT_HWY          0.755344  -0.075816   0.060599
LGTCON_day       0.009515  -0.031421   0.030124
LEVEL            0.976626  -0.082717   0.063598
SPD_LIM          0.048033   0.004381  -0.005014
SUR_COND_dry    -5.999809  -0.164874   0.257895
TRAF_two_way     0.752985  -0.012844  -0.000048
WEATHER_adverse -6.596690   0.079166   0.032564

Confusion Matrix (Accuracy 0.5283)

          Prediction
   Actual  fatal  no-injury  non-fatal
    fatal      1          1          3
no-injury      6        114        172
non-fatal      6         95        202
```

관측치에 대한 분류 규칙은 여전히 가장 높은 분류 점수를 주는 클래스로 관측치를 분류하는 것이다. 앞에서와 마찬가지로, 분류 점수는 분류 함수의 계수들을 이용해 계산되며 이는 [표 12-5]에서 볼 수 있다. 예를 들어, 학습 데이터셋의 첫 번째 사고 데이터에 대한 무상해(no-injury) 클래스의 분류 점수는 $-0.89+(0.03)(1)+(0.03)(0)+\cdots+(0.08)(1)=-0.46$이

다. 마찬가지로 중상(non-fatal) 클래스의 분류 점수는 −0.96으로 계산되고, 사망(fatal) 클래스의 분류 점수는 −5.94다. 이 경우에는 무상해 클래스의 분류 점수가 가장 높으므로 이 교통사고는 무상해 사고로 올바르게 분류된다.

표 12-5 학습 데이터셋에 대한 분류 점수, 클래스에 속할 확률, 세 클래스에 대한 분류 결과

교통사고 데이터에 대한 선형 판별 분석을 위한 파이썬 코드

```
result = pd.concat([
    pd.DataFrame({'Classification': lda_reg.predict(accidents_df.drop(columns=['MAX_SEV'])),
                  'Actual': accidents_df['MAX_SEV']}),
    pd.DataFrame(lda_reg.decision_function(accidents_df.drop(columns=['MAX_SEV'])),
                 columns=['Score {}'.format(cls) for cls in lda_reg.classes_]),
    pd.DataFrame(lda_reg.predict_proba(accidents_df.drop(columns=['MAX_SEV'])),
                 columns=['Propensity {}'.format(cls) for cls in lda_reg.classes_])
], axis=1)

pd.set_option('precision',2)
pd.set_option('chop_threshold', .01)
print(result.head())
```

실행 결과

```
  Classification     Actual  Score fatal  Score no-injury  Score non-fatal  \
0      no-injury  no-injury        -5.94            -0.46            -0.96
1      no-injury  non-fatal        -1.05            -0.46            -1.04
2      no-injury  no-injury        -7.88            -0.63            -0.77
3      no-injury  no-injury        -8.38            -0.54            -0.84
4      no-injury  non-fatal        -9.84            -0.50            -0.85

   Propensity fatal  Propensity no-injury  Propensity non-fatal
0          0.00e+00                  0.58                  0.42
1          2.86e-01                  0.43                  0.29
2          0.00e+00                  0.52                  0.48
3          0.00e+00                  0.55                  0.45
4          0.00e+00                  0.56                  0.44
```

두 클래스일 때와 마찬가지로 분류 점수와 분류 확률의 관계를 이용해, 각 교통사고가 3개의 클래스에 속할 확률을 추정할 수 있다. 예를 들어, 이 경우에 교통사고가 중상 클래스에 속할 확률은 다음과 같이 계산된다.

$$\frac{e^{-0.96}}{e^{-5.94}+e^{-0.46}+e^{-0.96}} = 0.42 \tag{12.3}$$

교통사고가 무상해 혹은 사망 클래스에 속할 확률도 비슷한 방법으로 계산된다. 학습 데이터셋의 첫 번째 사고 데이터에 대해서는, 클래스 확률이 무상해 클래스에서 가장 높게 나타났으므로 이는 무상해 사고로 분류된다.

12.8 판별 분석의 장점과 단점

판별 분석은 데이터 마이닝 기법이라기보다는 주로 통계적 분류 방법으로 간주된다. 이 때문에 판별 분석은 데이터 마이닝 관련 자료나 문헌에서 빠져 있거나 짧게 언급되는 데 그치고 있다. 그러나 판별 분석은 사회과학 분야에서 매우 유용하게 쓰이고 있으며 좋은 성능을 보여주고 있다. 판별 분석의 사용과 성능은 다중 선형 회귀 분석의 경우와 유사하다. 따라서 이 두 기법의 장단점은 여러 측면에서 유사하다.

선형 회귀 분석처럼 판별 분석은 예측 변수의 최적 가중치를 찾는 과정을 포함하고 있다. 선형 회귀 분석의 가중치가 반응(종속) 변수와 관련이 있다고 한다면, 판별 분석의 가중치는 클래스들을 분리시키는 것과 관련이 있다. 두 분석 모두 최소제곱법least squares을 사용하는 추정 방법을 사용하며, 결과로 얻은 추정치들은 지역 최적값local optima에 영향을 받지 않고 강건하다고 할 수 있다.

두 기법의 기본 가정은 정규성normality이다. 판별 분석에서는 예측 변수들이 다변량 정규 분포를 따른다고 가정한다. 이 가정은 현실적 상황으로 인해 종종 지켜지지 못함에도 불구하고(예 이진 분류형 예측 변수가 사용되는 경우), 판별 분석은 놀라울 정도로 이러한 문제에 대해서 강건하다. 헤스티 외Hastie et al. 논문(2001)에 의하면, 그 이유는 판별 분석에서 데이터를 선형 분리선, 즉 단순한 형태의 분리 경계를 찾는 데만 사용하기 때문이라고 보고 있다. 연속형 변수의 분포에서 왜도가 큰 경우(히스토그램을 통해서 봤을 때 분포가 한쪽으로 치우친 경우)라면 로그 변환을 통해서 판별 분석의 성능을 향상할 수 있다. 또한 이상치에 대한 판별 분석의 민감도는 극단 값을 찾아 이를 분석에서 제거할 수 있게 한다.

분류 방법으로서 판별 분석의 장점은 (로지스틱 회귀 분석과 마찬가지로) 단일 예측 변수의 기여도에 대한 추정치를 제공한다는 것이다.[4] 이는 예측 변수의 중요도에 대한 순위를 정할 수 있게 함으로써 변수 선택에 유용하게 쓰일 수 있다.

판별 분석은 계산 과정이 간단하고 간결한parsimonious 모델이며 특히 데이터셋이 작을 때 유용하다. 판별 분석은 데이터를 최대한 이용해 모수를 추정하므로 데이터의 개수가 적을 때 특히 유용하다(12.4절 참조).

4 예측 변수들의 기여도를 비교하려면 판별 분석을 진행하기 전에 변수들에 대한 정규화가 필요하다. 정규화 과정을 거친 후 각 계수는 두 분류 함수에 적용되어 비교된다. 큰 차이가 있는 계수를 지닐 경우 이는 예측 변수의 높은 분리 능력을 나타낸다.

연습문제

12.1 **개인 대출 수락.** 유니버설 은행은 전체 고객 확보와 관련하여 상대적으로 빠르게 성장하고 있는 신생 은행이다. 은행 고객들 중 대다수는 다양한 규모로 은행과 관계를 맺고 있는 채무 고객들이다. 고객들 중 자산이 많은 고객의 수는 많지 않으며, 은행은 대출 사업을 확장하는 데 관심이 있다. 특히 은행은 부채가 있는 고객들을 개인 대출 고객으로 전환하기 위해 다방면으로 노력하고 있다.

작년에 은행이 채무 고객들을 대상으로 실시한 캠페인에서는 9% 이상의 성공적인 전환율을 보여주었다. 개인 마케팅 부서는 지난해의 실적에 힘입어 타깃 마케팅을 활용한 보다 효과적인 캠페인을 고안했다. 이 사례에 대한 분석 목표는 이전 캠페인 데이터를 바탕으로 고객의 행동을 모델화하는 것으로, 어떠한 요인들의 조합이 고객들로 하여금 개인 대출 제의를 더 잘 수락할 수 있게 하는지를 분석하는 것이다. 이는 새로운 캠페인을 설계하기 위한 기초로 쓰일 것이다.

제공한 `UniversalBank.csv` 파일에는 고객 5,000명에 대한 데이터가 들어 있다. 이 데이터는 인구통계학적 정보(나이, 소득 등), 고객과 은행의 관계 정보(담보 부채권, 증권 계좌 등), 과거 개인 대출 캠페인에 대한 고객의 반응(개인 대출로 표기됨) 정보로 구성되어 있다. 이전 캠페인에서는 고객 5,000명 중 480명(= 9.6%)만 제안받은 개인 대출을 받아들였다.

데이터를 학습 데이터셋 60%와 검증 데이터셋 40%로 분할한 후, 개인 대출을 반응 변수로, 우편 번호를 제외한 나머지 변수를 예측 변수로 설정하여 판별 분석을 수행하시오. 이때, 3개 이상의 범주를 갖는 예측 변수는 가변수로 먼저 바꿔줘야 한다. 개인 대출 제안을 수락한 고객 클래스를 1(대출 수락자)로 설정하고 컷오프 값은 0.5를 사용하시오.

a. 대출 수락자와 대출 거절자의 각 클래스에 대해서, 예측 변수들에 대한 요약 통계량을 계산하시오. 연속형 예측 변수들에 대해서는 평균과 표준편차를 계산하시오. 범주형 예측 변수들에 대해서는 백분율을 계산하시오. 두 클래스가 현저하게 다름을 보이는 예측 변수가 있는가?

b. 검증 데이터셋에 대한 모델의 성능을 평가하시오.

   i. 분류 정확도는 얼마인가?

   ii. 한 클래스로의 오분류율이 다른 클래스로의 오분류율보다 더 크다고 할 수 있는가?

   iii. 대출 거절자 및 대출 수락자로 오분류된 고객들을 각각 세 명씩 선택하시오. 선택 목적은 왜 그들이 잘못 분류되었는가를 판단하기 위함이다. 우선 각 고객에 대해서 대출 수락자 클래스로 분류될 확률을 살펴보고 그 값들이 컷오프 값인 0.5에 근접해 있는지 확인하시오. 만약 근접한 값이 아니라면 그들이 왜 잘못 분류되었는지 설명하기 위해 두 클래스의 예측 변수들에 대한 요약 통계량을 비교하시오.

c. 대다수의 마케팅 캠페인에서는 대출을 수락할 고객을 찾아내는 것이 그렇지 않을 고객을 찾아내는 것보다 더 중요하다. 따라서 좋은 모델은 대출 수락자를 찾는 데 특히 정확해야 한다. 검증 데이터셋에 대한 리프트 차트와 십분위수 리프트 차트를 평가하고, 순위 결정(랭킹)을 목적으로 한다는 관점에서 결과를 해석하시오.

d. 로지스틱 회귀 분석과 판별 분석의 결과를 비교하시오(두 방법 모두 컷오프 값으로는 0.5를 설정하고 동일한 예측 변수들을 사용하시오). 정오 행렬, 향상 차트, 십분위 차트를 작성하시오. 어떤 방법이 검증 데이터셋에서 대출 수락자를 찾는 데 더 좋은 성능을 나타내는가?

e. 은행은 1,000명의 추가 고객들에 대해서도 이 캠페인을 지속적으로 실시할 예정이다. 대출 제안을 하는 데 소요되는 비용은 1달러이고 고객이 제안을 받아들였을 때의 이익은 50달러라고 가정하자. 이 캠페인의 기대 수익은 얼마인가?

f. 대출 수락자를 대출 거절자로 오분류했을 때의 비용은 그 반대의 경우보다 훨씬 높다. 오분류 기대 비용을 최소화하기 위해, 현재 0.5로 설정된 컷오프 값을 높여야 하는가, 낮춰야 하는가?

12.2 **유능한 시스템 관리자 판별.** 한 경영 컨설턴트는 특정 시간 내에 주어진 업무를 완수하는 시스템 관리자의 능력과 관련해, 경험과 학습이 어떠한 역할을 하는지에 대해 연구하고 있다. 컨설턴트는 특히 시스템 관리자들이 주어진 시간 내에 업무를 완수할 수 있는 사람인지 그렇지 않은 사람인지를 판별하는 데에 관심이 있다. 랜덤으로 추출된 시스템 관리자 75명의 능력에 대한 자료들이 수집되었고, 이 데이터는 `SystemAdministrators.csv` 파일에 저장되어 있다.

이 데이터를 이용해 컨설턴트는 판별 분석을 시행한다. '경험'이라고 표기된 변수는 전일제 시스템 관리자의 경험을 개월 수로 측정하고, '학습'이라고 표기된 변수는 관련된 학습 이수의 횟수로 측정한다. 종속 변수인 '업무완수'는 시스템 관리자가 업무를 완수했는가 완수하지 못했는가에 따라 '예' 또는 '아니요'로 표기된다.

a. '경험' 변수 대 '교육' 변수의 산점도를 작성하시오. 이때 업무를 완수한 사람과 완수하지 못한 사람이 구별될 수 있도록 서로 다른 색상 혹은 기호를 사용하시오. 최소한의 오분류를 갖도록 두 클래스를 직선으로 분리할 수 있는지 확인하시오.

b. 전체 데이터를 학습 데이터셋으로 사용하고, 위에서 언급한 두 변수를 예측 변수로 하여 판별 분석을 수행하시오. 업무를 완수한 사람들 중에서 몇 %가 업무를 완수하지 못한 것으로 분류되었는가?

c. 4개월의 경험과 학습 이수 6회의 자격을 갖춘 관리자에 대해 두 클래스의 분류 점수를 계산하시오. 이를 바탕으로 이 관리자를 어떻게 분류할 수 있는가?

d. 학습 이수 4회의 자격을 갖춘 관리자는 얼마나 많은 경험을 더 쌓아야 일을 완수할 추정 확률이 50%를 넘겠는가?

e. 컷오프 값을 0.5로 설정하고 이 모델의 분류 정확도를 로지스틱 회귀 분석의 결과와 비교하시오.

12.3 스팸 전자메일 탐색(출처: UCI 머신러닝 데이터 저장소). 휴렛 팩커드의 한 팀에서는 이메일 관리자와 개인적인 이메일을 통해 많은 용량의 이메일 메시지들을 수집하였고, 이들을 스팸(spam)과 스팸이 아닌 메일(ham)로 분리하는 분류 기준을 찾고자 한다. 스팸에 대한 개념은 다양한데 그중에는 제품 혹은 웹 사이트의 광고라든가 '급전을 만들어 드립니다' 등의 종류, '행운의 편지'와 같은 체인 메일, 포르노 등이 있다. 여기서는 '요구하지 않은 상업적 이메일'을 스팸의 정의로 사용하고자 한다. 제공된 `Spambase.csv` 파일에는 4,601개의 이메일 메시지들이 포함되어 있고, 이 중에서 1,813개는 스팸으로 표시되어 있다. 총 57개의 예측 변수가 있고 이 중 대부분은 특정 단어(mail, George)나 기호(#, !)가 메일에 나타난 평균 횟수를 나타낸다. 일부 예측 변수는 대문자로 표기된 단어에 대한 단어 수나 길이와 관련된 변수들이다.

a. 예측 변수의 수를 다룰 수 있을 정도의 적절한 수로 줄이고자 한다. 스팸 클래스의 평균과 비스팸 클래스의 평균을 비교함으로써 예측 변수들이 두 클래스에서 얼마나 다른지 조사하시오. 두 클래스에서 큰 차이를 보이는 11개의 예측 변수들은 어떠한 변수들인가? 이 11개의 예측 변수들을 참고했을 때, 스팸에서 자주 발생하는 단어나 기호는 어떤 것들인가?

b. 데이터를 학습 데이터셋과 검증 데이터셋으로 분할한 후, 이 11개 예측 변수들만 사용해 판별 분석을 수행하시오.

c. 만약 스팸 메시지 발견에 관심이 더 많다고 한다면, 이 모델은 유용한가? 검증 데이터셋에 대한 정오 행렬, 향상 차트, 십분위 차트를 사용해 평가하시오.

d. 표본에서는 이메일 메시지들의 약 40%가 스팸으로 표시되어 있다. 그러나 실제로는 스팸 메시지의 비율이 10%라고 하자. 이러한 정보를 반영할 수 있도록 분류 함수의 상수를 계산하시오.

e. 이 모델에 기반한 스팸 필터는 스팸이 아닌 메시지만 전달해 주며 스팸으로 분류된 메시지들은 별도로 격리한다. 이 경우, 스팸이 아닌 이메일을 잘못 분류하는 것은 보다 심각한 문제가 된다. 정상 이메일을 스팸으로 분류하여 격리했을 때 발생하는 비용이 스팸을 발견하지 못해서 발생하는 비용의 20배라고 가정하자. 이러한 비용을 반영할 수 있도록 분류 함수의 상수를 계산하시오(스팸의 비율은 표본의 비율을 반영한다고 가정하시오).

CHAPTER 13

방법론 결합: 앙상블과 업리프트 모델링

이 장에서는 예측력을 높이기 위해 여러 방법을 결합한 접근법으로, 앙상블ensembles과 업리프트 모델링uplift Modeling을 소개한다. 앙상블은 여러 지도 학습 기반의 모델들을 하나의 '슈퍼모델supermodel'로 결합한 방법이다. 이 책의 이전 장들에서는 예측과 분류를 위한 여러 지도 학습 기반의 모델들을 소개했다. 5장에서는 예측 성능을 평가하는 방법을 공부했는데, 이는 여러 모델을 비교하고 최선의 모델을 선택하는 데 사용된다. 앙상블은 방법론 결합이라는 막강한 개념을 기반으로 한다. 단일 예측 모델을 고르는 대신, 여러 모델을 결합하면 보다 정확한 예측을 할 수 있다. 이 장에서는 앙상블이 예측 정확도를 높이는 원리를 설명하고, 단순 평균simple averaging, 배깅bagging, 부스팅boosting 기법 등 모델들을 결합하는 대표적인 접근법들을 소개한다.

업리프트 모델링은 간단한 유형의 랜덤화 실험인 'A-B 테스트'를 통해 지도 학습 기반의 모델들을 결합한다. 이 장에서는 A-B 테스트의 기본 원리를 설명하고, 이것이 설득 메시지에 관한 예측 모델들과 함께, 결과를 예측하기 위해서가 아니라 누가 어떤 메시지 또는 처리를 받아야 할지를 예측하는 데 어떻게 사용되는지 알아본다.

파이썬

이 장에서는 pandas 라이브러리를 사용해 데이터를 처리하고, scikit-learn 라이브러리를 사용해 모델을 적합한다. 또한 부록의 파이썬 함수도 사용한다.

이 장에 필요한 파이썬 라이브러리 불러오기

```
import pandas as pd
from sklearn.model_selection import train_test_split
from sklearn.tree import DecisionTreeClassifier
from sklearn.ensemble import AdaBoostClassifier
from sklearn.ensemble import BaggingClassifier
from sklearn.ensemble import RandomForestClassifier
from dmba import classificationSummary
```

13.1 앙상블

2006년에 시작되었으며 100만 달러의 상금이 걸려 있는 '넷플릭스 상 경연대회Netflix Prize contest'에서 앙상블은 중요한 역할을 했다. 당시 미국에서 최대 규모의 DVD 대여 회사였던 넷플릭스는 자신들의 영화 추천 시스템을 개선하고 싶어 했다(www.netflixprize.com에서 발췌).

> 넷플릭스는 사람들을 그들이 좋아하는 영화와 이어줍니다. 사람들이 좋아하는 영화를 잘 찾을 수 있도록 돕기 위해 우리는 세계 최상의 영화 추천 시스템인 Cinematch[SM]를 개발했습니다. … Cinematch가 꽤 괜찮게 돌아가고 있지만, 점점 더 개선되어 갈 것입니다.

대담하게도, 회사는 추천 시스템의 개선을 목표로 고객들에게서 수집한 방대한 영화 평점 데이터를 공유하고 공개적으로 대회를 열었다.

> 우리는 여러분에게 익명의 평점 데이터와 함께 동일한 학습 데이터셋을 바탕으로 Cinematch[SM] 추천 시스템이 할 수 있는 것보다 10% 향상된 예측 정확도 막대를 제공합니다.

대회가 진행되는 동안 경쟁에 참여한 팀들의 성과를 게시하였는데, 재미있는 현상이 관찰되었다. 각 팀들이 힘을 합쳐 앙상블을 이룬 예측들을 내놓기 시작한 것이다. 이러한 예측들은 개별적인 예측보다 정확도가 뛰어났다. 우승을 차지한 팀인 BellKor's Pragmatic Chaos의 예측은 BellKor 팀, Big Chaos 팀 그리고 몇몇 추가된 팀원들의 결과를 결합한 것을 기반으로 했다. 2010년 ≪Chance≫라는 잡지에 실린 한 기사에서 넷플릭스 상 우승자들은 자신들이 이용한 앙상블 방식의 능력을 다음과 같이 설명하였다.

> 대회 초반에 우리가 얻은 교훈은 여러 모델 및 알고리즘에 기반한 예측치들을 결합하는 것이 유용하다는 점이었다. 예측 모델 2개가 유사한 RMSE를 갖는 경우, 단순히 두 모델의 예측값을 평균 내는 것이 각 방식의 장점을 포함한 새로운 모델을 세

우는 것보다 빠르고 효과적이었다. 심지어 한 예측 모델의 RMSE가 눈에 띄게 안 좋더라도 더 나은 모델에서 개선된 결과를 도출한 예측치들의 선형 조합이 거의 항상 존재했었다.

왜 앙상블이 예측력을 높일 수 있는가

방법론 결합은 일반적으로 위험 부담을 줄이기 위해 사용된다. 예를 들어, 금융 분야에서 포트폴리오는 투자 위험을 줄이기 위해 작성된다. 포트폴리오로부터 얻는 결과는 위험 부담이 비교적 덜한데, 이는 개별적인 요소들에 비해 변동이 적기 때문이다.

예측 모델을 세울 때 '위험'은 예측 오차의 변동과 동일시된다. 예측 오차의 변동이 심할수록 모델은 불안정하다. 레코드가 n개인 데이터에 대한 서로 다른 2개의 예측 모델이 있다고 하자. $e_{1,i}$와 $e_{2,i}$는 각각 방법 1과 방법 2를 적용했을 때 i번째 레코드의 예측 오차를 의미한다.

각 모델이 갖는 예측 오차의 평균이 0이라고 가정해 보자. (몇몇 레코드에 대해서는 더 크게 또는 더 작게 예측되는 경우가 있겠지만 그 오차들의 평균은 0이다.)

$$E(e_{1,i}) = E(e_{2,i}) = 0$$

만약 각 레코드마다 방법 1과 방법 2를 통한 예측치의 평균값을 택한다면 $\bar{y}_i = \frac{\hat{y}_{1,i} + \hat{y}_{2,i}}{2}$, 오차의 기댓값도 0이 될 것이다.

$$\begin{aligned} E(y_i - \bar{y}_i) &= E\left(y_i - \frac{\hat{y}_{1,i} + \hat{y}_{2,i}}{2}\right) \\ &= E\left(\frac{y_i - \hat{y}_{1,i}}{2} + \frac{y_i - \hat{y}_{2,i}}{2}\right) = E\left(\frac{e_{1,i} + e_{2,i}}{2}\right) = 0 \end{aligned} \tag{13.1}$$

이는 앙상블이 개별적인 모델들과 동일한 평균 오차를 가짐을 의미한다. 이제 앙상블의 예측 오차들의 분산을 알아보자.

$$\mathrm{Var}\left(\frac{e_{1,i} + e_{2,i}}{2}\right) = \frac{1}{4}\left[(\mathrm{Var}(e_{1,i}) + \mathrm{Var}(e_{2,i}))\right] + \frac{1}{4} \times 2\mathrm{Cov}(e_{1,i}, e_{2,i}) \tag{13.2}$$

이러한 분산은 어떤 조건하에서는 개별적인 분산 $\mathrm{Var}(e_{1,i})$과 $\mathrm{Var}(e_{2,i})$보다 작을 수 있다. 핵심 요소는 두 예측 오차의 공분산, 즉 상관관계다. 상관관계가 없는 경우에는 앙상블이 각 예측치의 개별적인 분산들보다 작은 분산을 갖게 된다. 두 예측 오차가 음의 상관관계를 갖는 경우 앙상블의 분산은 더 작아질 수도 있다.

요약하자면, 두 예측의 평균값을 사용하면 잠재적으로 예측 오차의 변동을 줄일 수 있고 그 결과 예측력을 높일 수 있다. 이러한 결론은 3개 이상의 예측 모델이나 분류 모델을 결합시키는 경우로도 확장할 수 있다.

대중의 지혜

제임스 수로위키James Surowiecki는 자신의 책 ≪대중의 지혜The Wisdom of Crowds≫에서 19세기의 저명한 통계학자였던 프랜시스 갈튼Francis Galton이 영국의 카운티 박람회에서 열린 한 대회를 어떻게 보았는지 이야기했다. 대회가 내건 목표는 황소의 무게를 추측하는 것이었다. 개별적인 참가자들의 추측은 매우 다양했지만, 모든 추정치들의 평균은 놀랍게도 매우 정확했다. 실제 무게와 비교해 1% 이내의 오차를 갖는 값이 나온 것이다. 참가자들의 다양한 추측은 서로의 오차를 상쇄시키는 방향으로 균형을 이루었다. 우리는 예측 모델의 결과를 이러한 추측들보다 더 많은 정보가 담긴 것으로 생각해 볼 수 있다. 여러 추측의 평균을 구하면 수많은 개별적 추측보다 정확한 값을 얻을 수 있다. 한편, 갈튼의 이야기에서 평균보다 나은 성과를 거둔 운 좋은 개인들도 있었음을 주의할 필요가 있다. 앙상블 추정치가 모든 개별적 추정치보다 정확도가 늘 높다고 할 수는 없지만 대부분의 경우에 더 정확하다고 할 수 있다.

단순 평균

앙상블을 만들기 위한 가장 간단한 방법은 여러 모델에서 예측, 분류, 성향을 결합하는 것이다. 예를 들어, 예측 문제를 해결하기 위한 선형 회귀 모델, 회귀 트리, k-NN 알고리즘이 있다고 가정하자. 앙상블이란 이들 세 가지 방법을 사용해 테스트 데이터에 적용한 후, 이들 세 결과값을 결합하는 것이다.

위에서 언급한 세 모델은 동일한 알고리즘을 사용하는 변형이 될 수도 있다. 예를 들어, 우리는 서로 다른 조합의 예측 변수를 쓰는 세 가지 선형 회귀 모델을 사용할 수도 있다.

예측 결합 결과 값이 수치로 표현되는 예측 문제에서, 우리는 서로 다른 방법론에 기반한 예측치들의 평균을 계산하는 방식으로 예측값을 결합시킬 수 있다. 앞의 예시에서 우리는 각 레코드에 대해 한 모델당 하나씩 3개의 예측값을 얻게 된다. 그러면 여기서 앙상블 예측은 세 값의 평균이 된다.

단순 평균을 계산하는 것을 대체하는 방법 중 하나는 중앙값을 택하는 것이다. 이 경우 극단적인 예측값들의 영향을 덜 받게 된다. 또 다른 방법은 사용자의 관심도에 비례하게 가중치가 부여된 평균weighted average을 계산하는 것이다. 예를 들어, 가중치는 모델의 정확도에 비례할 수도 있고, 서로 다른 데이터 소스가 사용된 경우 데이터의 질에 비례할 수도 있다.

앙상블 예측은 현황적 연구의 예측뿐 아니라 시계열 예측(16~18장 참조)에서도 유용하다. 시계열 예측에서도 동일한 방식으로 여러 방법론에 기반한 예측치들을 결합시킴으로써 좀 더 정확하게 예측할 수 있다. 한 예로 날씨 예보 응용프로그램인 Forecast.io(www.forecast.io)를 들 수 있다. 이 응용프로그램이 이용하는 알고리즘은 다음과 같다.

> Forecast.io는 다양한 데이터 출처를 기반으로 하며, 데이터는 통계적인 방법으로 통합되어 특정 지역에 대한 가장 정확한 날씨 예보를 제공한다.

분류 결합 분류 문제의 경우 여러 분류기로부터 결과들을 결합할 때 '투표' 방식으로 결합시킬 수 있다. 각 레코드에 대해 여러 분류 결과가 존재한다. 간단한 규칙은 이들 분류 결과 중 가장 우세한 범주로 예측하는 방법이다. 예를 들어, 이항 결과binary outcome를 분류하기 위해 분류 트리classification tree, 나이브 베이즈 분류기Naive Bayes Classifier, 판별 분석discriminant analysis을 이용할 수 있다. 그러면 레코드마다 3개의 분류 결과를 얻을 수 있다. 이때 단순한 투표를 거치면 3개 중 가장 우세한 범주를 고르게 된다.

예측 문제에서와 같이, 모델의 정확도나 데이터의 질 등에 근거하여 특정 모델의 결과 값에 더 큰 가중치를 부여할 수 있다. 이는 50%와 다른 '다수의 법칙'을 설정하여 실현된다.

성향 결합 예측 문제에서처럼 성향도 단순히 (또는 가중치를 부여하여) 평균을 구하는 방식으로 결합시킬 수 있다. 단, 나이브 베이즈 (8장 참조)와 같은 몇몇 알고리즘은 편향된 성향을 만들기 때문에 다른 방법으로 구한 성향들과 단순히 평균을 내서는 안 된다.

배깅

앙상블의 또 다른 유형은 여러 랜덤 데이터 표본들의 평균을 기반으로 한다. 배깅(bootstrap aggregating의 준말)은 다음 두 단계로 구성되어 있다.

1. 원래 데이터로부터 복원 추출하여 다수의 랜덤 표본을 생성한다. 이 방식을 '붓스트랩 샘플링bootstrap sampling'이라고 한다.
2. 각 표본에 대해 알고리즘을 적용하고 점수score를 생성한다.

배깅은 모델의 안정성을 향상하고, 서로 다른 데이터 표본을 개별적으로 모델링함으로써 과적합 현상을 방지하고 그 결과들을 결합시킨다. 따라서 트리 모델이나 신경망 모델과 같은 알고리즘에서 특히 유용하다.

부스팅

부스팅은 앙상블을 생성하기 위해 다소 다른 방식으로 접근한다. 목표는 잘못 분류된 레코드들에 대해 모델을 개선함으로써 직접적으로 그 레코드에 대한 성능을 개선하는 것이다. 부스팅은 다음과 같은 단계로 구성된다.

1. 데이터에 모델을 적합한다.
2. 잘못 분류된 레코드들(또는 예측 오차가 큰 레코드들)이 더 높은 확률로 선택되도록 데이터로부터 표본을 추출한다.
3. 새로운 표본에 모델을 적합한다.
4. 단계 ❷, ❸을 여러 번 반복한다.

파이썬의 배깅과 부스팅

배깅 및 부스팅은 모든 데이터 마이닝 방법에 적용될 수 있지만, 대체로 매우 효과적인 것으로 입증된 트리 모델에 적용된다. 9장에서 배깅 트리를 기반으로 한 앙상블인 랜덤 포레스트에 대해 알아보았다. 여기서 개인 대출 예제에 대해 랜덤 포레스트를 실행했다. scikit-learn 라이브러리에는 배깅 또는 부스팅을 사용해 분류(범주형 결과 예측용 모델)와 회귀 모델(수치적 결과 예측용 모델)을 결합하는 다양한 방법이 있다. 이제 의사결정 트리 분류 모델이 어떻게 사용되는지 살펴볼 것이다. [표 13-1]은 개인 대출 데이터에 대한 배깅 트리 및 부스트 트리를 생성하는 파이썬 코드와 그 결과를 보여주고, 이것들이 검증 데이터셋에 대한 분류를 생성하는 데 어떻게 사용되는지 보여준다. 이 예에서 배깅과 부스팅 모두 검증 데이터셋에 대해 단일 트리 모델보다 더 나은 정확도를 생성한다는 것을 알 수 있다.

표 13-1 개인 대출 데이터에 배깅과 부스팅 분류 트리를 적용한 예제

배깅과 부스팅 트리에 대한 파이썬 코드

```
bank_df = pd.read_csv('UniversalBank.csv')
bank_df.drop(columns=['ID', 'ZIP Code'], inplace=True)

# split into training and validation
X = bank_df.drop(columns=['Personal Loan'])
y = bank_df['Personal Loan']
X_train, X_valid, y_train, y_valid = train_test_split(X, y, test_size=0.40,
                                                      random_state=3)

# single tree
defaultTree = DecisionTreeClassifier(random_state=1)
defaultTree.fit(X_train, y_train)

classes = defaultTree.classes_
classificationSummary(y_valid, defaultTree.predict(X_valid), class_names=classes)

# bagging
bagging = BaggingClassifier(DecisionTreeClassifier(random_state=1),
                            n_estimators=100, random_state=1)
bagging.fit(X_train, y_train)

classificationSummary(y_valid, bagging.predict(X_valid), class_names=classes)

# boosting
boost = AdaBoostClassifier(DecisionTreeClassifier(random_state=1),
                           n_estimators=100, random_state=1)
boost.fit(X_train, y_train)

classificationSummary(y_valid, boost.predict(X_valid), class_names=classes)
```

실행 결과

```
> # single tree
Confusion Matrix (Accuracy 0.9825)

        Prediction
Actual      0     1
     0   1778    15
     1     20   187

> # bagging
Confusion Matrix (Accuracy 0.9855)

        Prediction
Actual      0     1
     0   1781    12
     1     17   190

> # boosting
Confusion Matrix (Accuracy 0.9840)

        Prediction
Actual      0     1
     0   1779    14
     1     18   189
```

앙상블의 장점과 단점

여러 모델의 점수를 결합하는 이유는 더욱 정확한(예측 오차의 분산이 작은) 예측을 하기 위해서다. 앙상블은 결합된 모델들이 음의 상관관계를 가진 경우 가장 유용하지만, 상관관계가 낮을 때도 유용할 수 있다. 앙상블은 단순 평균, 가중치가 부여된 평균, 투표, 중앙값 등을 이용할 수 있다. 모델들은 동일하거나 서로 다른 알고리즘에 기반할 수 있으며, 동일하거나 서로 다른 데이터 표본을 이용할 수 있다. 앙상블은 예측 성능을 최상으로 만들려는 여러 데이터 마이닝 대회 참가자들이 쓰는 주된 전략이 되었다. 그런 면에서, 앙상블은 다수의 '데이터 크런처 data crunchers'가 힘을 합치고 결과를 종합함으로써 높은 예측력을 가진 해결책에 도달하는 실질적 방법을 제공했다고도 볼 수 있다.

서로 다른 데이터 표본에 기반한 앙상블은 과적합을 방지하는 데에 기여한다. 하지만 과적합은 앙상블을 약간만 오용해도(예 가중치가 부여된 평균을 이용할 때 'best' 가중치 선택) 발생할 수 있음을 기억해야 한다.

앙상블의 주된 단점은 바로 앙상블이 필요로 하는 요소들이다. 즉, 소프트웨어의 이용 가능성 측면뿐 아니라 분석자의 숙련도와 시간 투자가 요구된다는 것이다. 서로 다른 알고리즘의 결과를 결합시키는 앙상블은 각 모델의 개발과 평가를 필요로 한다. 부스팅과 배깅 방식의 앙상블은 그러한 노력을 필요로 하지는 않지만, (부스팅 방식은 쉽게 병렬화될 수 있음에도) 계산 비용은 든다. 끝으로 앙상블은 예측 변수와 출력 변수의 관계가 대체로 불분명하다는 점에서 '블랙박스' 방법론에 해당한다.

13.2 업리프트 모델링

인터넷이 등장하기 오래 전부터, 개인에게 메시지를 직접 전달하는 일(예 직접적인 우편)은 광고 시장에서 큰 부분을 차지했다. 직접 마케팅direct marketing을 통해 마케터가 소비자의 1차적인 반응을 모니터링할 수 있다. 이는 다른 한편으로 보면 마케터의 메시지 전달이 효과가 있는지 확인하는 방법이기도 하다. 메시지는 큰 집단의 일부를 대상으로 테스트해 본 후, 효과가 있을 경우에만 집단 전체에 전달된다. 예측 모델링을 통해, 우리는 메시지에 대해 특정한 반응을 보일 확률이 가장 높은 집단 구성원들을 대상으로 마케팅할 수 있음을 확인했다. 이는 모두 전통적인 매체 광고(텔레비전, 라디오, 신문, 잡지)로는 불가능한 일들이었다.

또한 직접적 반응은 두 가지 메시지를 비교하여 더 나은 것을 찾을 수 있게 했다.

A-B 테스트

A-B 테스트는 마케팅 산업에서 각 개인에 대한 결과가 추적될 수 있는 표준적인 과학 실험을 가리키는 용어다. 핵심은 한 가지 처리를 다른 처리 혹은 대조군에 대해 검정하는 것이다. '처리treatment'는 검정 시 개입하는 것을 나타낸다. 즉, 의학적 테스트에서 처리는 주로 약품, 장치, 기타 치료를 의미하고, 마케팅에서 처리는 소비자가 보게 되는 이메일이나 웹 페이지처럼 소비자에게 제공되는 사항들을 의미한다. 잡지에 실린 디스플레이 광고는 일반적으로 해당 사항이 없다. 다만 판매자가 그 광고로 인해 일어난 일들(예 소비자의 구매)을 추적할 수 있고, 잡지를 랜덤하게 분산시켜 각 분할 구역마다 서로 다른 제안을 할 수 있는 특별한 상황이라면 잡지에 실린 디스플레이 광고도 처리로 고려해 볼 수 있다.

A-B 테스트의 중요한 구성 요소는 랜덤 할당으로, 처리는 개인에게 랜덤하게 할당되거나 전달된다. 이로써 처리 A와 처리 B의 차이점은 (우연이 작용하지 않는 한) 처리에 기인한 것이 된다.

업리프트

A–B 테스트는 평균적으로 어떤 처리가 뛰어난지는 알려주지만, 특정 개인에 대해 어떤 처리가 가장 적합한지는 알려주지 않는다. 이에 대한 고전적인 예는 정치적 선거 활동이다. 다음과 같은 상황을 생각해 보자. 민주당 의회의 입후보자인 스미스의 선거 활동 관리자는 스미스가 표를 더 많이 얻기 위해서 어떤 유권자에게 전화 유세를 해야 할지 알아보고자 한다. 민주당에 투표하는 경향이 있지만 활발한 운동가가 아닌 유권자들이 전화를 받았을 때 스미스에게 투표할 확률이 더 높아질 것이다. 민주당원들은 이미 스미스를 강력히 지지하고 있을 것이므로 그들에게 전화하는 것은 무의미하다. 공화당원들에게 전화하는 것은 무의미한 데다 이로울 것이 없다.

선거 활동 담당부는 이제 유권자들의 정보를 상당량 보유하여 유권자 개개인에 대해 추가적인 지원 결정을 안내한다. 2008년 오바마의 선거 활동 이전에는 전문적인 정치적 판단에 따라 규칙에 기반을 둔 결정을 내리는 게 관행이었다. 하지만 2008년 이후에는 기존 판단이나 원칙을 따르기보다 데이터를 기반으로 모델을 만들어서 유권자가 추가적 접근에 대해 긍정적 반응을 보일지 예측하는 편이 효과적이라는 인식이 커졌다.

데이터 수집

미국의 주정부들은 투명한 선거의 일환으로 유권자들에 대해 공식적으로 열람 가능한 파일들을 보유하고 있다. 해당 파일들에는 유권자의 이름, 주소, 생년월일 등의 데이터가 담겨 있다. 정당들은 '선거 감시인'을 두어 누가 투표하는지를 기록하는데, 그로 인해 어떤 선거에서 유권자들이 투표권을 행사하는지에 대한 정보를 추가적으로 얻게 된다. 유권자의 주소에 기반하여 지역구에 대한 인구조사 데이터도 덧붙여질 수 있다. 끝으로 상업적인 인구통계학적 데이터를 구매하여 유권자 데이터와 맞춰볼 수도 있다. [표 13–2]는 미국 델라웨어주에서 얻은 유권자 데이터의 일부를 보여준다.[1] 이 문제에서 사용된 실제 데이터는 `Voter-Persuasion.csv`에 있으며, 이 파일에는 [표 13–2]의 내용뿐 아니라 10,000개의 레코드와 추가적 변수가 많이 담겨 있다.

우선 선거 활동 관리자는 유권자 10,000명을 대상으로 설문조사를 시행하여 그들이 민주당에 투표할 가능성을 가늠해 본다. 그 후 관리자는 실험을 하는데, 10,000명의 유권자 표본을 랜덤하게 반으로 나누어 한쪽에는 스미스를 홍보하는 내용의 메일을 보내고(처리 A) 다른 한쪽에는 아무것도 보내지 않는다(처리 B). 메시지를 받지 못하는 대조군은 매우 중요한데, 이는 다른 후보의 유세나 시사적 사건들이 유권자들의 의견에 영향을 미칠 수 있기 때문이다. 목표는 대조군과 비교하여 메시지가 전달된 후 일어나는 의견의 변화를 관측하는 것이다.

1 유권자를 세분화하여 조사하는 회사인 HaystaqDNA의 설립자이자 2004년 캐리Kerry 캠페인과 2008년 오바마Obama 캠페인의 타기팅 디렉터인 켄 스트라스마Ken Strasma에게 관련 데이터를 제공해 준 것에 대해 감사드린다.

표 13-2 (일부 변수와 레코드에 대한) 유권자 데이터와 변수 설명

Voter	Age	NH_White	Comm_PT	H_F1	Reg_Days	PR_Pelig	E_Elig	Political_C
1	28	70	0	0	3997	0	20	1
2	23	67	3	0	300	0	0	1
3	57	64	4	0	2967	0	0	0
4	70	53	2	1	16,620	100	90	1
5	37	76	2	0	3786	0	20	0

변수 설명	
Age	유권자 나이(세)
NH_White	가구당 비히스패닉 백인 비율(%)에 대한 지역 평균
Comm PT	지역에서 대중교통을 이용하는 근로자가 차지하는 비율(%)
H_F1	독신 여성 가구 여부(1 = 예)
Reg_Days	유권자가 현주소를 등록한 후 거주한 기간(일)
PR_Pelig	비주거인이 예비선거에서 투표한 비율(%)
E_Pelig	예비선거에서 투표한 비율(%)
Political_C	가정에 정치 기부자 존재 여부(1 = 예)

다음 단계는 메시지가 전달된 후 동일한 유권자 10,000명을 대상으로 설문조사를 재시행하여 스미스에 대한 개개인의 지지도가 높아졌는지 확인해 보는 것이다. 수집되는 데이터에는 이항 변수인 Moved_AD가 추가되어 유권자의 성향이 민주당 쪽에 가까워졌는지(1) 그렇지 않은지(0)를 나타낸다.

[표 13-3]은 각 처리에 따른 유권자들의 민주당 성향 변화를 비교함으로써 설문조사 결과를 요약한다. 전반적으로 메시지(Message=1)는 약간이지만 효과가 있었다.

표 13-3 유권자에게 메시지가 전달된 결과

	# 유권자 수	#민주당으로 이동한 수	민주당으로 이동한 비율(%)
Message = 1 (message sent)	5000	2012	40.2
Message = 0 (no message sent)	5000	1722	34.4

메시지를 받지 못한 사람 중에서 성향이 민주당 쪽에 가깝게 이동한 사람은 34.4%다. 이것은 아마도 선거 날이 다가오고, 선거 활동이 많아지고, '별다른 의견이 없는' 사람들이 감소해서 일어난 일일 것이다. 또한 이는 본 실험에서 대조군이 왜 필요한지를 보여준다. 메시지를 받은 사람 중에서 성향이 이동한 사람은 40.2%다. 결국 메시지로 인한 지지도 상승은 5.8%라고 볼 수 있다.

이제 [표 13-2]의 유권자 데이터에 두 변수 Message(메시지를 받았는지(Message=1) 그렇지 않은지(Message=0))와 Moved_AD(성향이 민주당 쪽에 가까워졌는지(Moved_AD=1) 그렇지 않은지(Moved_AD=0))를 추가한다. [표 13-4]는 두 변수가 추가된 데이터를 보여준다.

표 13-4 유권자 데이터에 추가된 결과 변수(Moved_AD)와 처리 변수(Message)

Voter	Age	NH_White	Comm_PT	H_F1	Reg_Days	PR_Pelig	E_Elig	Political_C	Message	Moved_AD
1	28	70	0	0	3997	0	20	1	0	1
2	23	67	3	0	300	0	0	1	1	1
3	57	64	4	0	2967	0	0	0	0	0
4	70	53	2	1	16,620	100	90	1	0	0
5	37	76	2	0	3786	0	20	0	1	0

단순 모델

Moved_AD를 결과 변수로 하여 Message를 포함한 다양한 예측 변수를 사용해 예측 모델을 개발할 수 있다. 이때, 어떤 분류 방법도 사용될 수 있다. [표 13-5]는 Moved_AD를 예측하기 위해 사용한 예측 모델의 결과 중 앞부분 일부다.

표 13-5 예측 모델의 분류 결과(일부)

Voter	Message	Actual Moved_AD	Predicted Moved_AD	Predicted Prob.
1	0	1	1	0.5975
2	1	1	1	0.5005
3	0	0	0	0.2235
4	0	0	0	0.3052
5	1	0	0	0.4140

하지만 우리의 관심은 단지 메시지가 결론적으로 어떤 역할을 했는지 또는 유권자의 지지도가 높아질 가능성을 예측할 수 있는지에만 머무르지 않는다. 우리의 목표는 메시지가 특정 유권자에게 (긍정적인) 영향을 어느 정도 미칠 수 있을지 예측하는 것이다. 이러한 예측이 성공한다면 선거 활동에서 유한한 자원을 가장 설득하기 쉬운 유권자들(메시지를 메일로 보냈을 때 가장 긍정적인 영향을 미칠 수 있는 대상)에게 사용할 수 있을 것이다.

개별적 업리프트 모델링

각각의 유권자에게 미치는 메시지의 영향에 대한 질문에 답하려면, 메시지의 영향을 개별적인 유권자의 수준에서 모델링해야 한다. 각각의 유권자에 대해 '업리프트'는 다음과 같이 정의된다.

$$\text{업리프트}^{\text{Uplift}} = \text{메시지를 받은 후 호의적인 의견의 성향(확률) 증가}$$

업리프트 모델을 만들 때, 처리(예 메시지)를 받은 결과 발생하는 '성공 (성향)'의 확률을 예측하기 위해 다음과 같은 과정을 진행한다.

❶ 임의로 표본을 처리받은 그룹과 대조군으로 나눈 후, A–B 테스트를 실행하고, 결과(예 Moved_AD)를 기록한다.

❷ 표본을 다시 합한 후, 학습 데이터셋과 검증 데이터셋으로 분할한다. 이 결과를 바탕으로 결과 변수와 처리 상태(이 예에서는 메시지)를 보여주는 예측 변수를 포함하여 예측 모델을 만든다. 로지스틱 회귀를 사용하는 경우 처리 상태와 다른 예측 변수 간의 상호작용 항을 예측 변수로 추가해 처리 효과가 레코드에 따라 달라질 수 있다(트리 및 KNN과 같은 데이터 기반 방법에서는 자동으로 발생함).

❸ 검증 데이터셋을 사용해 각 유권자에 대해 예측 모델의 점수를 매긴다. 이는 처리가 주어졌을 때 각 검증 레코드에 대해 성공 성향(즉, 모델에서 성공 확률로 측정됨)을 생성한다.

❹ 처리 변수 값을 반대로 취하고, 검증 데이터셋에 대해 같은 모델로 점수를 다시 구한다. 이는 각 검증 레코드에 대해 다른 처리를 받았을 때 성공 성향을 산출해 줄 것이다.

❺ 개개인에 대한 업리프트는 다음에 의해 추정된다.

$$P(\text{Success} \mid \text{처리} = 1) - P(\text{Success} \mid \text{처리} = 0)$$

❻ 실험하지 않은 새로운 데이터에 대해서는 처리에 대한 예측 변수를 생성한 후 처음에 '1'을 부여하고 모델의 점수를 매긴다. 그다음에 '0'을 부여하고, 모델의 점수를 다시 매긴다. 위와 같은 방법으로 새로운 레코드에 대한 업리프트^{uplift}를 추정한다.

소규모 유권자 표본의 경우 3단계 결과는 [표 13–5]에 나타난 바와 같다. 표의 가장 오른쪽 열은 모델로부터 추정한 성향(즉, 민주당 쪽에 가깝게 성향이 바뀐 확률)을 보여준다. 다음으로 각 유권자의 메시지 변수를 반대로 취하여 예측 모델을 재추정한다. [표 13–6]은 메시지 변수를 반대로 했을 때의 성향 결과를 보여준다(Message 열에서 반대로 바뀐 결과를 볼 수 있음). 마지막으로 5단계에서는 각 유권자에 대해 업리프트를 계산한다.

표 13-6 메시지 변수를 반대로 했을 때 예측 모델로부터의 분류 결과(일부)

Voter	Message	Actual Moved_AD	Predicted Moved_AD	Predicted Prob.
1	1	1	1	0.6908
2	0	1	1	0.3996
3	1	0	0	0.3022
4	1	0	0	0.3980
5	0	0	0	0.3194

[표 13-7]은 각 유권자에 대해서 메시지로 인해 민주당 쪽으로 성향이 변화한 정도를 보여준다. 이는 Message=1이 주어졌을 때 Moved AD=1로 성향이 바뀌는 데 성공한 확률과 Message=0이 주어졌을 때 Moved AD=1로 성향이 바뀌는 데 성공한 확률의 차이로 구할 수 있다.

표 13-7 업리프트: 메시지를 보냈을 때와 보내지 않았을 때의 성향 변화

Voter	Prob. if Message = 1	Prob. if Message = 0	Uplift
1	0.6908	0.5975	0.0933
2	0.5005	0.3996	0.1009
3	0.3022	0.2235	0.0787
4	0.3980	0.3052	0.0928
5	0.4140	0.3194	0.0946

파이썬에서 업리프트 계산하기

앞서 직접 계산한 과정은 scikit-learn을 사용해 수행할 수 있다. 직접 계산했을 때는 로지스틱 회귀를 사용했지만 여기서는 랜덤 포레스트 분류기를 사용한다는 차이점이 있다. [표 13-8]은 랜덤 포레스트를 사용하여 scikit-learn에서 실행하는 업리프트 분석을 보여준다. 출력값은 각각의 레코드에 대해 추정된 2개의 조건부 확률 $P(\text{Success} \mid \text{Treatment} = 1)$과 $P(\text{Success} \mid \text{Treatment} = 0)$을 보여준다. [표 13-7]과 [표 13-8]에 있는 값들 간의 차이는 두 예측 알고리즘(로지스틱 회귀 대 랜덤 포레스트)의 차이에 의한 것이다.

표 13-8 파이썬에서 유권자 데이터에 적용한 업리프트

업리프트 파이썬 코드

```
voter_df = pd.read_csv('Voter-Persuasion.csv')

# Preprocess data frame
predictors = ['AGE', 'NH_WHITE', 'COMM_PT', 'H_F1', 'REG_DAYS',
              'PR_PELIG', 'E_PELIG', 'POLITICALC', 'MESSAGE_A']
outcome = 'MOVED_AD'

classes = list(voter_df.MOVED_AD.unique())

# Partition the data
X = voter_df[predictors]
y = voter_df[outcome]
X_train, X_valid, y_train, y_valid = train_test_split(X, y, test_size=0.40,
                                                      random_state=1)

# Train a random forest classifier using the training set
rfModel = RandomForestClassifier(n_estimators=100, random_state=1)
rfModel.fit(X_train, y_train)

# Calculating the uplift
uplift_df = X_valid.copy() # Need to create a copy to allow modifying data

uplift_df.MESSAGE_A = 1
predTreatment = rfModel.predict_proba(uplift_df)
uplift_df.MESSAGE_A = 0
predControl = rfModel.predict_proba(uplift_df)

upliftResult_df = pd.DataFrame({
    'probMessage': predTreatment[:,1],
    'probNoMessage': predControl[:,1],
    'uplift': predTreatment[:,1] - predControl[:,1],
    }, index=uplift_df.index)
upliftResult_df.head()
```

실행 결과

```
      probMessage  probNoMessage  uplift
9953         0.77           0.62    0.15
3850         0.39           0.39    0.00
4962         0.20           0.14    0.06
3886         0.86           0.62    0.24
5437         0.10           0.28   -0.18
```

업리프트 모델 결과의 이용

각 개인에 대한 성향 변화 정도가 '업리프트'로 추정되면, 그 결과는 업리프트 정도에 의해 정렬된다. 그러면 긍정적인 업리프트 정도를 갖고 있는 유권자들에게 메시지가 보내지거나, 자원이 제한되어 있을 경우 최고의 업리프트 정도를 갖고 있는 일부 유권자에게만 메시지가 보내진다.

업리프트 모델링은 주로 마케팅에서 사용해 왔으며 최근에는 정치적 선거 활동에 사용되고 있다. 여기에는 두 가지 주요한 목적이 있다.

- 어떤 사람에게 설득하는 메시지를 보낼지, 내버려둘지 결정하기 위함이다.
- 메시지를 보내기로 했다면, 몇몇 후보 메시지들 중 어떤 메시지를 보낼지 결정하기 위함이다.

기술적인 면에서 이 두 가지 목적은 같은 것으로 여겨질 수 있다. '메시지를 보내지 않는다'는 단지 처리의 다른 항목일 뿐이다. 실험은 메시지 없음, 메시지 A, 메시지 B와 같은 여러 개의 처리로 구성될 수 있다. 하지만 실험을 실행하는 사람들은 두 가지 목적을 뚜렷이 구별하며, 첫 번째 목적에 더 집중하는 경향이 있다. 마케팅 담당자들은 결국 상품을 구매할 예정이거나 서비스 사용을 갱신할 소비자들에게는 할인 혜택 제공을 꺼리게 된다. 마찬가지로 정치적 선거 활동에서도 그들의 후보에게 당연히 투표할 유권자들에게는 전화하기를 꺼리게 된다. 특히 양 집단 모두 적대적인 영향을 유발할 가능성이 있는 경우에는 메시지를 보내거나 할인 혜택을 제공하는 것을 피하고 싶어 한다.

13.3 요약

실제로는 이 책에서 다루어진 방법들이 단독으로 쓰이는 경우는 드물며, 주로 정보를 얻고 인사이트를 제공하는 것을 목표로 하는 분석 과정의 밑바탕을 이루는 데 사용된다.

이 장에서 우리는 여러 개의 모델이 효율적으로 사용될 수 있는 두 가지 방법에 대해 살펴보았다. 앙상블에서는 예측 성능을 향상하기 위해 여러 모델을 가중치를 사용하여 결합한다. 업리프트 모델링에서 A-B 테스트 결과는 제안 또는 설득하는 메시지를 보낼지 여부뿐 아니라 누구에게 보내야 할지와 같은 선택을 안내하기 위한 예측 변수로서 예측 모델링 과정에 포함된다.

연습문제

13.1 **소비자 대출 승인.** 유니버설 은행은 기존 고객들이 소비자 대출 프로그램을 통해 대출할 수 있도록 한 프로그램을 시작했다. 이 은행은 5,000명의 소비자를 대상으로 대출 프로그램에 대한 판촉 활동을 했으며 그중 480명이 그 제안에 응답했다. 데이터는 `UniversalBank.csv` 파일에서 찾아볼 수 있다. 은행은 현재 어떤 고객이 대출을 받을 확률이 가장 높은지 예측하는 모델을 개발하여 프로모션 비용을 줄이고 고객 일부에게만 판촉 활동을 하고자 한다.

여러 분류 모델을 개발한 후 앙상블로 결합하려고 한다. 먼저 데이터를 다음과 같이 전처리하시오.

- 나이브 베이즈에서 사용할 수 있도록 각 변수의 구간을 다음과 같이 설정한다.
  `Age` (5구간), `Experience` (10구간), `Income` (5구간), `CC Average` (6구간), `Mortgage` (10구간)
- `Education` 및 `Family`는 구간 없이 그대로 사용할 수 있다.
- Zip 코드는 분석에서 제외한다.
- 원-핫 인코딩을 사용해 범주형 데이터를 가변수로 변환한다.
- 데이터를 학습 데이터셋 60%, 검증 데이터셋 40%로 분할한다.

a. 데이터에서 `Personal Loan`을 결과 변수로 사용해 (1) 로지스틱 회귀 모델, (2) $k=3$인 k-NN 알고리즘, (3) 분류 트리, (4) 나이브 베이즈를 적합하시오. 네 가지 모델 각각에 대해 검증 데이터셋을 사용해 정오 분류 행렬을 구하시오.

b. 목표 변수 `Personal Loan`에 대한 실제 결과와 각 모델의 예측 결과를 데이터로 생성하시오. 이 열들의 처음 10개 행을 나타내시오.

c. 주어진 데이터에 2개의 열을 추가하여 각 모델의 결과로부터 구한 (1) 예측 결과의 과반수 결과, (2) 예측 확률의 평균을 계산하시오. 이 두 가지 방법으로 생성된 분류기를 사용해 각 방법에 대한 정오 분류 행렬을 유도하고 전체 정확도를 구하시오.

d. 4개의 개별적인 방법과 2개의 앙상블 방법의 오류율을 비교하시오.

13.2 eBay **경매 - 부스팅과 배깅.** 변수 Competitive를 결과 변수로 하는 eBay 경매 데이터(eBay Auctions.csv 파일)를 사용해, 학습 데이터셋(60%)과 검증 데이터셋(40%)으로 분할한다.

a. DecisionTreeClassifier를 기본값으로 사용해서 분류 트리를 실행하시오. 검증 데이터셋에서 전체 정확도는 얼마인가? 첫 번째 십분위수에 대한 향상[lift]은 어느 정도인가?

b. 기본 추정량으로 DecisionTreeClassifier와 함께 AdaBoostClassifier를 사용해서 같은 예측 변수들에 대해 부스팅을 실시하시오. 검증 데이터셋에서 구한 전체적인 정확도는 얼마인가? 첫 번째 십분위수에 대한 향상은 어느 정도인가?

c. BaggingClassifier를 사용해서 같은 예측 변수들에 대해 배깅을 실행하시오. 검증 데이터셋에서 구한 전체적인 정확도는 얼마인가? 첫 번째 십분위수에 대한 향상은 어느 정도인가?

d. RandomForestClassifier를 사용해서 랜덤 포레스트를 실행하시오. 검증 데이터셋의 정확도와 십분위수의 향상 측면에서 배깅과 랜덤 포레스트의 결과를 비교하시오. 이들 두 가지 방법은 개념적으로 어떻게 다른가?

13.3 연착 항공편 예측(부스팅). FlightDelays.csv 파일은 2004년 1월 워싱턴 D.C.에서 출발하여 뉴욕에 도착하는 모든 항공편의 정보를 담고 있다. 각 항공편에 대한 출발지 및 도착지 공항, 운항 거리, 항공편 날짜와 시간 등에 관한 정보가 있다. 예측하고자 하는 변수는 항공편의 연착 여부다. 연착은 예정된 시간보다 최소 15분 이상 늦게 도착하는 것으로 정의한다.

데이터 전처리: 요일(Day of Week)을 범주형 변수로 변환하시오. 예정된 출발 시간을 8개의 구간으로 나누시오. (파이썬에서는 pandas 패키지의 pd.cut() 함수를 사용하시오.) 데이터를 학습 데이터셋(60%)과 검증 데이터셋(40%)으로 분할하시오.

연착에 대해 분류 트리로 부스팅을 실행시오. n_estimators=500, random_state=1 설정을 제외하고, TreeClassifier 및 AdaBoostClassifier에 대한 기본값 설정을 사용하시오.

a. 단일 분류 트리와 비교하면 부스팅을 사용하는 경우에 정확도 측면에서 어떻게 작동하는가?

b. 단일 분류 트리와 비교하면 부스팅을 사용하는 경우에 연착된 편명을 식별하는 정확도 측면에서 어떻게 작동하는가?

c. 이 모델이 여러분이 적합한 다른 어떤 모델들보다 성능이 좋은 이유를 설명하시오.

13.4 모발 관리 제품-업리프트 모델링. 이 문제는 SAS가 제공하는 `Hair-Care-Product.csv` 파일에 있는 데이터셋을 사용한다. 모발 관리 제품에 대한 프로모션이 구매자 클럽의 일부 회원에게 전달되었다. 이때, 프로모션을 받은 회원과 프로모션을 받지 못한 회원 모두의 구매 여부에 대한 사항을 기록한 데이터다.

a. 다음 물음에 답하시오.
   i. 프로모션을 받은 회원들의 구매 성향purchase propensity은 어떤가?
   ii. 프로모션을 받지 못한 회원들의 구매 성향purchase propensity은 어떤가?

b. 데이터를 학습 데이터셋(60%)과 검증 데이터셋(40%)으로 분할한 후 적합하시오.
   i. 랜덤 포레스트를 이용해 업리프트를 구하시오.
   ii. *k*-NN을 이용해 업리프트를 구하시오.

c. 처음 세 명의 회원에 대해 두 모델의 추천 결과를 보고하시오.

Part 05

레코드 간의 마이닝 관계

Part 05
레코드 간의 마이닝 관계

CHAPTER 14

연관 규칙과 협업 필터링

이 장에서는 연관 규칙(연관성 분석, 장바구니 분석이라고도 함)과 협업 필터링의 비지도 학습에 대해서 설명한다. 두 방법 모두 고객이 고려하는 아이템과 연관된 교차 판매 제품들을 위한 마케팅에 널리 사용된다.

연관 규칙의 목표는 거래 형식의 데이터베이스에서 아이템 클러스터를 식별하는 것이다. 마케팅에서는 연관 규칙의 발견을 장바구니 분석이라고 하는데, 어떤 제품이 함께 구매되는 경향이 있는지 알아내는 것을 목표로 한다. 이런 아이템들을 같이 진열하거나 거래 후 쿠폰으로 제공하기도 하고 온라인 쇼핑에서 추천하기도 한다. 이 과정을, 규칙을 생성하고 나서 그 서브셋을 선택하기 위한 규칙의 강도를 평가하는 2단계로 나눠 설명하려고 한다. 먼저 널리 사용되는 규칙 생성 방법인 Apriori 알고리즘을 설명한 다음 규칙의 강도를 평가하는 기준에 대해 알아본다.

협업 필터링의 목적은 사용자 수준의 정보를 활용하여 개인화된 추천을 제공하는 것이다. 사용자 기반 협업 필터링은 어떤 특정 사용자와 비슷한 아이템들을 구매했거나 비슷한 방식으로 아이템들을 평가한 사용자들을 찾아내고, 그 사용자들이 구매했거나 좋아한 것들을 기반으로 초기 사용자에게 추천한다. 항목 기반 협업 필터링은 사용자가 고려 중인 아이템과 동시 구매되는 경향이 있는 다른 아이템들을 찾아낸다. 실제로 이 방법들을 활용하기 위해 필요한 테크닉과 요구 사항들을 알아보자.

파이썬

이 장에서는 `pandas` 라이브러리를 사용해 데이터를 처리한다. 또한 연관 규칙 실습에 `mlxtend` 패키지를 사용하고, 협업 필터링에는 `surprise` 패키지를 사용한다.

이 장에 필요한 파이썬 라이브러리 불러오기

```
import heapq
from collections import defaultdict

import pandas as pd
import matplotlib.pylab as plt
from mlxtend.frequent_patterns import apriori
from mlxtend.frequent_patterns import association_rules

from surprise import Dataset, Reader, KNNBasic
from surprise.model_selection import train_test_split
```

14.1 연관 규칙

연관 규칙이나 연관성 분석은 간단히 말해 '무엇이 무엇과 잘 어울리는지'를 밝혀내는 것이다. 이 방법은 서로 다른 아이템의 구매 간 의존성을 결정하기 위해 고객의 거래 데이터베이스를 분석하는 데에서 비롯되었기 때문에 장바구니 분석이라고도 불린다. 연관 규칙은 같이 구매되는 아이템들을 학습하기 위해 소매 분야에서 많이 사용되는데, 다른 분야에서도 유용하다. 예를 들어, 의학자는 어떤 증상이 함께 나타나는지 알고 싶어 할 수 있다. 법적으로 너무 자주 나타나는 단어 조합은 표절을 의미할 수 있다.

거래 데이터베이스에서 연관 규칙 발견하기

고객 거래에 관한 상세한 정보를 얻을 수 있게 되면서 데이터베이스에 저장된 아이템들 간의 연관성을 자동으로 찾아내는 기법이 개발되었다. 한 예로 슈퍼마켓에서 바코드 스캐너를 통해 얻는 데이터를 들 수 있다. 이러한 장바구니 데이터베이스market basket databases는 많은 양의 거래 레코드로 구성되어 있다. 각 레코드는 고객 한 명이 단일-구매 거래에서 구입한 모든 아이템으로 구성된다. 판매 관리자들은 어떤 아이템 집단이 일관성 있게 같이 구매되고 있는지에 관심이 있다. 이들은 이러한 정보를 상점 배치와 상품 진열의 의사결정, 교차 판매, 판매 촉진, 카탈로그 디자인, 구매 패턴을 기반으로 고객 세그먼트를 식별하는 데 사용할 수 있다. 연관 규칙은 이러한 유형의 정보를 if-then 문 형식으로 제공한다. 이러한 규칙은 데이터로부터 계산되는데, 논리의 if-then 규칙과 달리 연관 규칙은 사실상 확률적이다.

연관 규칙은 온라인 추천 시스템recommendation systems, recommender systems에서 주로 사용되는데, 여기서 잠재적인 구매를 위한 아이템들을 검토하는 고객에게 첫 번째 아이템과 함께 종종 구매되는 다른 아이템들을 제시한다. Amazon.com 온라인 쇼핑 시스템에서 "함께 자주 구매하는 상품" 화면 구성이 이와 같은 규칙이 적용된 예다. [그림 14-1]은 삼성 갤럭시 S5 휴대폰을 검색하는 사용자에게 이 휴대폰과 함께 자주 구매되는 상품과 화면 보호기를 보여주는 예다.

그림 14-1 "함께 자주 구매하는 상품" 영역의 추천 결과는 연관 규칙들에 기반한다.

여기서는 간단한 가상의 예를 소개하고, 이 장의 전반에 걸쳐 연관 규칙의 개념과 계산 방법, 절차를 설명하는 데 이 예를 사용한다. 마지막으로, 연관 규칙을 좀 더 실제적인 서적 구매에 적용한 예를 살펴본다.

예제 1: 휴대폰 케이스 구매에 대한 가상 데이터

휴대폰 액세서리를 판매하는 상점에서 케이스 판매를 위한 판촉 행사를 한다고 하자. 6가지 다른 색상의 케이스 중에서 복수 개를 구매하는 고객은 할인을 받는다. 상점 관리자는 고객들이 어떤 색상의 케이스를 같이 구매할 가능성이 큰지 알고 싶어 [표 14-1]과 같은 거래 데이터베이스를 수집했다.

표 14-1 다른 색상의 휴대폰 케이스 구매를 위한 거래 데이터베이스

거래	구매한 휴대폰 케이스 색상			
1	빨간색	흰색	초록색	
2	흰색	오렌지색		
3	흰색	파란색		
4	빨간색	흰색	오렌지색	
5	빨간색	파란색		
6	흰색	파란색		
7	빨간색	파란색		
8	빨간색	흰색	파란색	초록색
9	빨간색	흰색	파란색	
10	노란색			

후보 규칙 생성

연관 규칙의 개념은 아이템들 간에 가능한 모든 규칙을 if-then 문 형식으로 열거한 후 실질적인 의존성을 가장 잘 표현하는 규칙들만 선택하는 것이다. IF 부분을 조건부antecedent라 하고, THEN 부분을 결론부consequent라 한다. 연관 분석에서 조건부와 결론부는 공통 아이템을 갖지 않는 아이템의 집합(아이템셋item sets)이다. 아이템셋은 사람들이 구매하는 아이템의 레코드가 아니라, 단일 아이템을 포함하여 단순히 아이템들의 가능한 조합이라는 점에 주의한다.

휴대폰 케이스 구매의 예에서 가능한 규칙 중에 "if 빨간색, then 흰색"이 있는데, 이는 빨간색 케이스를 구매하면 흰색도 구매한다는 의미다. 여기서 조건부는 빨간색이고 결론부는 흰색이다. 이 경우에 조건부와 결론부는 각각 하나의 아이템을 갖는다. 또 다른 가능한 규칙은 "if 빨간색 and 흰색, then 초록색"인데, 여기서 조건부는 아이템셋 {빨간색, 흰색}이고, 결론부는 {초록색}이다.

연관 규칙의 첫 단계는 아이템들 간의 연관성을 표시하는 후보가 될 수 있는 모든 규칙을 생성하는 것이다. 원칙적으로는 p개의 서로 다른 아이템들(휴대폰 케이스의 예에서 $p = 6$)로 데이터베이스 내에 있는 모든 아이템의 가능한 조합을 검토할 수 있다. 이는 아이템 1개, 아이템 2개, 아이템 3개 등으로 거래 데이터베이스 내에 있는 모든 아이템의 조합을 찾는 것을 의미한다. 하지만 이러한 모든 조합을 생성하려면 p에 따라 지수적으로 증가하는 긴 계산 시간이 소요

된다.[1] 좀 더 현실적인 해결책은 데이터베이스 내에서 상대적으로 빈도수가 높은 조합만 고려하는 것인데, 이러한 조합을 빈발 아이템셋frequent item sets이라고 한다.

빈발 아이템셋의 구성 요소를 결정하는 것은 지지도support의 개념과 관련이 있다. 어떤 한 규칙의 지지도는 단순히 조건부와 결론부 모두에 포함된 아이템셋의 거래 수다. 이것을 지지도라고 부르는 이유는 얼마나 많은 데이터가 해당 규칙의 타당성을 '지지'하는지를 계량하기 때문이다. 지지도는 때로 데이터베이스 내 레코드의 총 수 비율로 표현된다. 휴대폰 케이스의 예에서 아이템셋 {빨간색, 흰색}의 지지도는 4(또는 $100 \times \frac{4}{10} = 40\%$)다.

따라서 빈발 아이템셋 구성은 사용자의 결정에 의해 선택된 최소 지지도를 초과하는 지지도를 갖는 아이템셋으로 정의된다.

Apriori 알고리즘

빈발 아이템셋을 생성하기 위해서 여러 알고리즘이 제안되었지만, 전형적인 알고리즘은 아그라왈Agrawal 등의 논문(1993)에 제시된 Apriori 알고리즘이다. 이 알고리즘의 핵심 개념은 단일 아이템만으로 이루어진 빈발 아이템셋(단일–아이템 집합)을 생성하는 것으로 시작해 2개의 아이템, 3개의 아이템 등으로 이루어진 빈발 아이템셋을 모든 크기의 빈발 아이템셋을 생성할 때까지 재귀적으로 생성하는 것이다.

빈발 단일–아이템셋을 생성하는 것은 쉽다. 각 아이템에 대해서 데이터베이스 내에 그 아이템을 포함하는 거래가 얼마나 많은지 세기만 하면 된다. 이러한 거래 계수가 단일–아이템셋의 지지도가 된다. 빈발 단일–아이템셋의 리스트를 만들기 위해서 단일–아이템셋 중 요구되는 최소 지지도보다 지지도가 작은 것은 제외한다.

빈발 2개–아이템셋을 생성하기 위해서는 빈발 단일–아이템셋을 사용한다. 만일 어떤 단일–아이템셋이 최소 지지도를 넘지 않는다면 그것을 포함하는 더 큰 어떤 아이템셋도 최소 지지도를 넘지 않는다는 사실이 핵심이다. 일반적으로 k–아이템셋을 생성하는 데 이전 단계에서 생성된 빈발 $(k-1)$–아이템셋을 사용한다. 각 단계에서 전체 데이터베이스를 한 번 실행해야 하기 때문에, Apriori 알고리즘은 데이터베이스 내에 고유 아이템 수가 많을 때도 매우 빠르게 수행된다.

강한 규칙 선택

Apriori 알고리즘의 목표는 생성된 수많은 규칙 중에서 조건부와 결론부 아이템셋 사이에 의존성이 강한 규칙만 찾는 것이다. 규칙에 내포된 연관의 강도를 측정하기 위해서 다음과 같이 신뢰도confidence와 향상비lift ratio를 사용한다.

---

1 항목 p에 대해 생성할 수 있는 규칙의 수는 $3^p - 2^{p+1} + 1$이다. 따라서 계산 시간은 각 추가 항목에 대해 계수만큼 증가한다. 6개 항목의 경우 602개의 규칙이 있는 반면 7개 항목의 경우 규칙이 1,932개로 증가한다.

지지도와 신뢰도 앞서 소개한 지지도와 함께 if-then 규칙의 불확실성을 표현하는 또 다른 측도가 있다. 바로 규칙의 신뢰도다.[2] 이 측도는 데이터베이스 내의 조건부와 결론부에 동시에 존재하는 아이템셋과 조건부에 존재하는 아이템셋을 비교한다. 신뢰도는 조건부와 결론부의 모든 아이템셋이 포함된 거래 수(지지도)와 조건부의 모든 아이템셋이 포함된 거래 수의 비율로 정의된다.

$$\text{신뢰도} = \frac{\text{조건부와 결론부의 모든 아이템셋이 포함된 거래 수}}{\text{조건부 아이템셋이 포함된 거래 수}}$$

예를 들어, 한 슈퍼마켓의 데이터베이스에 100,000개의 매장 거래 기록이 있다고 하자. 이 중에서 오렌지 주스와 (처방전 없는) 감기약이 함께 있는 거래가 2,000개이고, 여기에 수프가 포함된 거래가 800개라면, "IF 오렌지 주스와 감기약이 판매되면 THEN 같은 거래에서 수프도 판매된다"는 연관 규칙은 지지도가 800거래(다시 말해, 0.8% = 800/100,000)이고 신뢰도는 40%(= 800/2000)가 된다.

지지도와 신뢰도 간의 관계를 알아보기 위해서 각각 무엇을 측정(추정)하는지 생각해 보자. 지지도의 의미 중 하나는 데이터베이스에서 임의로 선택된 거래가 조건부와 결론부의 모든 아이템을 포함할(추정된) 확률이다.

$$\text{지지도} = \hat{P}(\text{조건부 AND 결론부})$$

이에 비해서 신뢰도는 임의로 선택된 거래가 조건부의 모든 아이템을 포함한다고 할 때 결론부의 모든 아이템도 포함할(추정된) 조건부 확률이다.

$$\text{신뢰도} = \frac{\hat{P}(\text{조건부 AND 결론부})}{\hat{P}(\text{조건부})} = \hat{P}(\text{결론부} \mid \text{조건부})$$

신뢰도가 높을수록 강한 연관 규칙임(크게 신뢰할 수 있음)을 나타낸다. 하지만 조건부나 결론부의 지지도가 크다면 조건부와 결론부가 상호 독립적일 때라도 신뢰도가 커질 수 있기 때문에 종종 의심스러운 상황이 발생한다. 예를 들어서 거의 모든 고객이 바나나를 사고 또 거의 모든 고객이 아이스크림을 산다면, 두 아이템 간에 연관이 있든 없든 신뢰도 수준은 높아질 것이다.

향상비 연관 규칙의 강도를 가늠하는 더 좋은 방법은 규칙의 신뢰도를 기준값과 비교하는 것인데, 기준값은 거래 내의 결론부 아이템셋이 각 규칙의 조건부와 독립적이라고 가정하여 얻은 것이다. 다시 말해, 조건부와 결론부 아이템셋이 독립적이라면 어떤 신뢰도 값을 기대할 수 있는가? 독립성 가정하에서 지지도와 기준 지지도는 다음과 같다.

2 신뢰의 개념은 통계적 추론에서 사용되는 신뢰 구간이나 신뢰 구간의 개념과 다르며 관련이 없다.

지지도	$P(\text{조건부 AND 결론부}) = P(\text{조건부}) \times P(\text{결론부})$
기준 신뢰도	$\dfrac{P(\text{조건부}) \times P(\text{결론부})}{P(\text{조건부})} = P(\text{결론부})$

데이터로부터 나온 이 기준값의 추정치는 규칙의 기준 신뢰도benchmark confidence value라고 하며, 다음과 같이 계산된다.

$$\text{기준 신뢰도} = \frac{\text{결론부 아이템셋이 포함된 거래 수}}{\text{데이터베이스 내의 거래 수}}$$

신뢰도와 기준 신뢰도의 비교는 그 비율을 계산해서 얻게 되는데, 이것을 규칙의 향상비라고 한다. 향상비는 해당 규칙의 신뢰도를 조건부와 결론부의 독립을 가정한 신뢰도로 나눈 값이다.

$$\text{향상비} = \frac{\text{신뢰도}}{\text{기준 신뢰도}}$$

향상비가 1.0보다 크면 이 규칙에 유용성이 있음을 의미한다. 다시 말해서, 조건부와 결론부 아이템셋 사이의 연관도가 그 둘 사이가 독립적일 때 기대할 수 있는 것보다 더 크다는 것이다. 향상비가 클수록 연관도가 더 커진다.

휴대폰 케이스의 예에서 지지도, 신뢰도, 향상비의 계산 과정을 설명하기 위해 이 목적에 더 부합하는 형식의 데이터를 소개한다.

기타 측정 항목 규칙을 위한 매우 다양한 측정 항목이 있다. `mlxtend` 라이브러리는 레버리지leverage와 확신도conviction를 제공한다. 이 측정 항목들은 다음과 같이 정의된다.

$$\text{레버리지} = P(\text{조건부 AND 결론부}) - P(\text{조건부}) \times P(\text{결론부})$$

$$\text{확신도} = \frac{P(\text{조건부}) \times P(\text{not 결론부})}{P(\text{조건부 AND not 결론부})}$$

레버리지는 독립성 편차를 측정하는 데 사용된다. 결과 값은 −1에서 1까지이며, 조건부와 결론부가 서로 독립이면 0이 된다. 판매 관점에서 레버리지는 해당 아이템들이 서로 독립인 거래에 비해 얼마나 더 빈번히 동시 구매되는지를 나타낸다. 확신도는 신뢰도와 비슷하며 값의 범위는 0부터 ∞까지다. 만약 조건부와 결론부가 서로 독립이면, 확신도는 1이다. 만일 규칙이 항상 유지된다면(해당 아이템들이 항상 동시에 등장하면), 확신도 값은 무한이 된다.

데이터 형식

거래 데이터는 보통 두 가지 형식 중 하나로 표시된다. 각각 판매된 아이템의 리스트(거래를 나타내는 각 행)로 나타내거나 열은 아이템을, 행은 거래를 나타내고 각 셀이 거래 내에 아이템이 있고 없음을 표시하는 1이나 0의 값을 갖는 이진 행렬로 나타낸다. 예를 들어, [표 14-1]은 휴대폰 케이스 구매 데이터를 아이템 리스트 형식으로 표현한 것이다. 이 데이터는 [표 14-2]와 같이 이진 행렬 형식으로 변환할 수 있다.

표 14-2 이진 발생 행렬 형식의 휴대폰 케이스 데이터

거래	빨간색	흰색	파란색	오렌지색	초록색	노란색
1	1	1	0	0	1	0
2	0	1	0	1	0	0
3	0	1	1	0	0	0
4	1	1	0	1	0	0
5	1	0	1	0	0	0
6	0	1	1	0	0	0
7	1	0	1	0	0	0
8	1	1	1	0	1	0
9	1	1	1	0	0	0
10	0	0	0	0	0	1

이제 이 데이터베이스에서 최소 2의 지지 계수(지지도로 따지면 2/10 = 20%)를 갖는 연관 규칙을 찾으려 한다고 가정하자. 즉, 거래 중에서 적어도 20% 이상에서 함께 구매된 아이템에 근거한 규칙들을 찾고자 한다. 나열해 보면 [표 14-3]에 나열된 아이템셋들만 최소 2 이상의 지지 계수를 갖고 있음을 알 수 있다.

표 14-3 최소 2 이상의 지지 계수를 갖는 아이템셋

아이템셋	지지도(계수)
{빨간색}	6
{흰색}	7
{파란색}	6
{오렌지색}	2
{초록색}	2
{빨간색, 흰색}	4
{빨간색, 파란색}	4
{빨간색, 초록색}	2
{흰색, 파란색}	4
{흰색, 오렌지색}	2
{흰색, 초록색}	2
{빨간색, 흰색, 파란색}	2

첫 번째 아이템셋 {빨간색}은 6개의 거래에서 빨간색 케이스를 포함했기 때문에 지지도가 6이다. 같은 방식으로 마지막 아이템셋 {빨간색, 흰색, 초록색}은 2개의 거래에서만 빨간색, 흰색, 초록색 케이스를 포함했기 때문에 지지도가 2다.

파이썬에서는 mlxtend 라이브러리의 apriori 분을 사용한다. 이는 판다스 DataFrame과 판다스 SparseDataFrame 간의 호환을 가능케 한다. 아이템 개수가 많을수록 후자가 더 효율적이다. 이 패키지는 하나 이상의 아이템을 사용해 조건부와 결론부로 된 규칙을 만든다.

규칙 선택 과정

강한 규칙을 선택하는 과정은 명기된 지지도와 신뢰도 요구 조건에 맞는 모든 연관 규칙을 생성하는 작업에 기반한다. 이는 두 단계로 수행된다. 첫 번째 단계는 앞에서 설명한 것과 같이 요구되는 지지도를 갖는 아이템셋인 '빈발' 아이템셋을 모두 찾는 것이다. 두 번째 단계에서는 이 빈발 아이템셋에서 신뢰도 요구 조건에 맞는 연관 규칙들을 생성한다. 첫 번째 단계의 목적은 데이터베이스 내에서 드물게 발생하는 아이템의 조합을 제거하는 것이다. 두 번째 단계는 남은 규칙들을 선별하여 높은 신뢰도를 갖는 것들만 선택한다. 대부분의 연관 분석 데이터에서 계산량이 많은 단계는 첫 번째 단계다.

두 번째 단계인 신뢰도 계산은 간단하다. 모든 서브셋(예 휴대폰 케이스 예에서 {빨간색})은 적어도 포함하는 집합(예 {빨간색, 흰색})만큼 빈번하게 발생해야 하므로 각 서브셋도 리스트에 있을 것이다. 그러면 신뢰도는 아이템셋의 지지도와 아이템셋에 있는 각 서브셋의 지지도 간 비율로 쉽게 계산될 수 있다. 이 중에서 신뢰도가 지정된 컷오프 값을 넘는 연관 규칙만 유지한다. 예를 들어서, 휴대폰 케이스 구매에서 아이템셋 {빨간색, 흰색, 초록색}으로부터 다음과 같은 단일-결론부 연관 규칙, 신뢰도 값, 향상값을 얻는다.

규칙	신뢰도	향상
{빨간색, 흰색} ⇒ {초록색}	$\frac{\text{\{빨간색, 흰색, 초록색\}의 지지도}}{\text{\{빨간색, 흰색\}의 지지도}} = \frac{2}{4} = 50\%$	$\frac{\text{규칙의 신뢰도}}{\text{기준 신뢰도}} = \frac{50\%}{20\%} = 2.5$
{초록색} ⇒ {빨간색}	$\frac{\text{\{초록색, 빨간색\}의 지지도}}{\text{\{초록색\}의 지지도}} = \frac{2}{2} = 100\%$	$\frac{\text{규칙의 신뢰도}}{\text{기준 신뢰도}} = \frac{100\%}{60\%} = 1.67$
{흰색, 초록색} ⇒ {빨간색}	$\frac{\text{\{흰색, 초록색, 빨간색\}의 지지도}}{\text{\{흰색, 초록색\}의 지지도}} = \frac{2}{2} = 100\%$	$\frac{\text{규칙의 신뢰도}}{\text{기준 신뢰도}} = \frac{100\%}{60\%} = 1.67$

원하는 최소 신뢰도가 70%라면, 두 번째와 세 번째 규칙만 보고한다.

파이썬에서는 [표 14-2]의 이진 발생 행렬로 된 판다스 DataFrame이나 [표 14-1]과 유사한 형식으로 데이터를 유지하는 판다스 SparseDataFrame에서 연관 규칙을 생성할 수 있다. 최소 지지도(20%)와 최소 신뢰수준 백분율(50%)을 명시하면 그 출력 결과는 [표 14-4]와 같다. 출력 결과에는 각 규칙과 그 지지도, 신뢰도, 향상, 레버리지, 확신도에 대한 정보가 담겨 있다. (여기서는 위와 같은 {빨간색, 흰색, 초록색}뿐 아니라 가능한 모든 아이템셋을 검토하였음에 주목한다.)

표 14-4 휴대폰 케이스 예에 대한 이진 발생 행렬, 거래 데이터베이스, 규칙들

Apriori 알고리즘을 실행하는 파이썬 코드

```
# Load and preprocess data set
fp_df = pd.read_csv('Faceplate.csv')
fp_df.set_index('Transaction', inplace=True)
print(fp_df)

# create frequent itemsets
itemsets = apriori(fp_df, min_support=0.2, use_colnames=True)

# convert into rules
rules = association_rules(itemsets, metric='confidence', min_threshold=0.5)
rules.sort_values(by=['lift'], ascending=False).head(6)

print(rules.sort_values(by=['lift'], ascending=False)
        .drop(columns=['antecedent support', 'consequent support', 'conviction'])
        .head(6))
```

실행 결과

```
             Red  White  Blue  Orange  Green  Yellow
Transaction
1              1      1     0       0      1       0
2              0      1     0       1      0       0
3              0      1     1       0      0       0
4              1      1     0       1      0       0
5              1      0     1       0      0       0
6              0      1     1       0      0       0
7              1      0     1       0      0       0
8              1      1     1       0      1       0
9              1      1     1       0      0       0
10             0      0     0       0      0       1

      antecedents   consequents  support  confidence      lift  leverage
14   (White, Red)       (Green)      0.2         0.5  2.500000      0.12
15        (Green)  (White, Red)      0.2         1.0  2.500000      0.12
4         (Green)         (Red)      0.2         1.0  1.666667      0.08
12 (Green, White)         (Red)      0.2         1.0  1.666667      0.08
7        (Orange)       (White)      0.2         1.0  1.428571      0.06
8         (Green)       (White)      0.2         1.0  1.428571      0.06
```

결과 해석

[표 14-4]의 각 규칙을 성능에 대한 정보를 제공하는 이해할 수 있는 문장으로 번역할 수 있다. 예를 들어, 규칙 {`orange`} ⇒ {`white`}는 '만일 오렌지색을 구매하면 100%의 신뢰도로 흰색도 구매한다'로 읽을 수 있다. 이 규칙의 향상비는 1.43이다.

결과를 해석할 때 다양한 측도를 살펴보는 것이 유용하다. 규칙의 지지도는 전체적인 크기에 대한 규칙의 영향력을 시사한다. 규칙은 얼마나 많은 거래에 영향을 미칠까? 적은 양의 거래들만 규칙의 영향을 받는다면 그 규칙은 (결론부가 매우 중요하거나 그 규칙을 찾는 데 매우 효율적이지 않는 한) 유용성이 떨어질 수 있다.

향상비는 랜덤 선택과 비교하여 해당 규칙이 결론부를 찾는 데 얼마나 효율적인지를 보여준다. 매우 효율적인 규칙이 비효율적인 규칙에 비해 선호되지만, 이때에도 여전히 지지도를 고려해야 한다. 매우 낮은 지지도를 갖는 매우 효율적인 규칙은 훨씬 더 큰 지지도를 갖는 덜 효율적인 규칙만큼 바람직하지 않을 수도 있다.

지지도는 어떤 비율로 결론부가 발견될지 알려주며 해당 규칙의 실질적 유용성을 결정하는 데 유용하다. 신뢰도가 낮은 규칙으로 얻은 결론부는 빈도가 너무 적어, 모든 거래에서 조건부와 관련된 결론부를 판촉하는 데 투자할 만한 가치가 없다.

규칙과 우연

비기술적인 의미에서 신뢰도란 무엇일까? 생성된 규칙이 의미 있는지 얼마나 확신할 수 있을까? 이 문제를 통계적 측면에서 고려한다면, 단지 우연히 발생하는 연관성을 발견하고 있는 것은 아닌지 물어볼 수 있다.

이 알고리즘을 9개의 아이템을 임의로 배치한 50개의 거래로 구성된 작은 데이터베이스에 적용한 결과를 검토해 보자. 데이터는 [표 14-5]와 같으며, 생성된 연관 규칙은 [표 14-6]과 같다. 이 표들을 볼 때 "antecedents"와 "consequents"는 아이템셋이지 레코드를 가리키지 않음을 기억하자.

이 예에서 향상비를 보면 규칙 105가 가장 흥미로운데, 이 규칙은 아이템 4가 아이템셋 {3, 8}과 연관되지 않은 경우보다 아이템 3과 아이템 8을 구매하는 경우에 아이템 4도 구매할 가능성이 거의 다섯 배가 됨을 의미한다. 그렇지만 이러한 데이터에는 근본적으로 연관 관계가 없음을 알고 있다. 그것들은 임의로 생성된 데이터일 뿐이다.

표 14-5 임의로 배정된 아이템으로 구성된 50개의 거래

거래	아이템	거래	아이템	거래	아이템
1	8	18	8	35	3 4 6 8
2	3 4 8	19		36	1 4 8
3	8	20	9	37	4 7 8
4	3 9	21	2 5 6 8	38	8 9
5	9	22	4 6 9	39	4 5 7 9
6	1 8	23	4 9	40	2 8 9
7	6 9	24	8 9	41	2 5 9
8	3 5 7 9	25	6 8	42	1 2 7 9
9	8	26	1 6 8	43	5 8
10		27	5 8	44	1 7 8
11	1 7 9	28	4 8 9	45	8
12	1 4 5 8 9	29	9	46	2 7 9
13	5 7 9	30	8	47	4 6 9
14	6 7 8	31	1 5 8	48	9
15	3 7 9	32	3 6 9	49	9
16	1 4 9	33	7 9	50	6 7 8
17	6 7 8	34	7 8		

표 14-6 랜덤 데이터에 대한 연관 규칙 출력

```
# create frequent
itemsets itemsets = apriori(randomData, min_support=2/len(randomData), use_colnames=True)
# and convert into rules
rules = association_rules(itemsets, metric='confidence', min_threshold=0.7)
print(rules.sort_values(by=['lift'], ascending=False)
      .drop(columns=['antecedent support', 'consequent support', 'conviction']) .head(6))

  antecedents  consequents  support  confidence      lift  leverage
3      (8, 3)          (4)     0.04         1.0  4.545455    0.0312
1      (1, 5)          (8)     0.04         1.0  1.851852    0.0184
2      (2, 7)          (9)     0.04         1.0  1.851852    0.0184
4      (3, 4)          (8)     0.04         1.0  1.851852    0.0184
5      (3, 7)          (9)     0.04         1.0  1.851852    0.0184
6      (4, 5)          (9)     0.04         1.0  1.851852    0.0184
```

우연성에 의해 유발될 수 있는 가짜 연관성을 평가하는 데 다음과 같은 두 가지 원칙이 사용될 수 있다.

❶ 보다 많은 레코드에 기반한 규칙일수록 결론이 좀 더 강건하다.

❷ (아마도 동일한 아이템들을 다루는 여러 규칙을 합하여) 더 명확한 규칙들을 세밀하게 고려할수록, 적어도 일부는 우연한 표본 추출 결과에 근거할 가능성이 더 높다. 한 사람이 동전을 10번 던져서 앞면이 10번 나왔다면 매우 놀라울 것이다. 만일 1,000명이 동전을 10번씩 던져서 그중 앞면이 10번 나온 사람이 있다면 그다지 놀랍지 않을 수 있다. 다중 비교를 수행할 때 '통계적 유의수준'의 엄밀한 조정은 그 자체로 매우 복잡한 주제여서 이 책의 범위를 벗어난다. 적당한 접근법은 비즈니스나 실제 적용성에 대해서 하향식으로 규칙을 고려하면서, 인간의 의사결정 과정에 적절히 관여할 수 있는 것 이상은 고려하지 않는 것이다. 이것이 수백, 수천의 규칙들을 검토하여 '흥미로운 것'을 자동으로 찾는 과정에서 발생하는 위험에 대략적인 제약을 줄 것이다.

이제 좀 더 큰 데이터베이스와 실제 거래 데이터를 이용하여 실질적인 예를 살펴보기로 하자.

예제 2: 유사한 서적 구매를 위한 규칙들

찰스 북클럽의 사례(21장 참조)에서 가져온 다음 예에서는 다양한 유형의 서적들과 관련된 거래 사이의 연관성을 조사한다. 이 데이터베이스에는 2,000개의 거래가 있고, 11개의 서로 다른 유형의 서적이 있다. 이진 발생 행렬 형식의 데이터는 [표 14-7]과 같다. 예를 들어, 첫 번째 거래에는 `YouthBks`(청소년 서적), `DoItYBks`(do-it-yourself 서적), `GeogBks`(지리학 서적)가 있다.

[표 14-8]은 최소 지지도를 5%(4,000거래 중에서 200거래)로 하고 최소 신뢰도를 50%로 명시했을 때, 이 데이터에 대해서 생성된 일부 규칙들을 보여준다. 이렇게 해서 81개의 규칙이 생성되었다([표 14-8]에는 향상비 상위 25개 규칙만 제시함).

표 14-7 이진 행렬 형식의 서적 구매 거래의 일부

ChildBks	YouthBks	CookBks	DoItYBks	cefBks	ArtBks	GeogBks	ItalCook	ItalAtlas	ItalArt	Florence
0	1	0	1	0	0	1	0	0	0	0
1	0	0	0	0	0	0	0	0	0	0
0	0	0	0	0	0	0	0	0	0	0
1	1	1	0	1	0	1	0	0	0	0
0	0	1	0	0	0	1	0	0	0	0
1	0	0	0	0	1	0	0	0	0	1
0	1	0	0	0	0	0	0	0	0	0
0	1	0	0	1	0	0	0	0	0	0
1	0	0	1	0	0	0	0	0	0	0
1	1	1	0	0	0	1	0	0	0	0
0	0	0	0	0	0	0	0	0	0	0

표 14-8 서적 구매 거래에 대한 규칙

Apriori 알고리즘을 실행하는 파이썬 코드

```
# load dataset
all_books_df = pd.read_csv('CharlesBookClub.csv')

# create the binary incidence matrix
ignore = ['Seq#', 'ID#', 'Gender', 'M', 'R', 'F', 'FirstPurch', 'Related Purchase',
          'Mcode', 'Rcode', 'Fcode', 'Yes_Florence', 'No_Florence']
count_books = all_books_df.drop(columns=ignore)
count_books[count_books > 0] = 1

# create frequent itemsets and rules
itemsets = apriori(count_books, min_support=200/4000, use_colnames=True)
rules = association_rules(itemsets, metric='confidence', min_threshold=0.5)

# Display 25 rules with highest lift
rules.sort_values(by=['lift'], ascending=False).head(25)
```

실행 결과

```
Partial output (25 rules with highest lift)
                     antecedents          consequents  support  confidence     lift  leverage
64           (RefBks, YouthBks)  (ChildBks, CookBks)  0.05525     0.68000  2.80992   0.03559
73           (RefBks, DoItYBks)  (ChildBks, CookBks)  0.06125     0.66216  2.73621   0.03886
60         (YouthBks, DoItYBks)  (ChildBks, CookBks)  0.06700     0.64891  2.68145   0.04201
80            (RefBks, GeogBks)  (ChildBks, CookBks)  0.05025     0.61468  2.54000   0.03047
69          (YouthBks, GeogBks)  (ChildBks, CookBks)  0.06325     0.60526  2.50109   0.03796
77          (GeogBks, DoItYBks)  (ChildBks, CookBks)  0.06050     0.59901  2.47525   0.03606
67   (ChildBks, GeogBks, CookBks)           (YouthBks)  0.06325     0.57763  2.42445   0.03716
70    (ChildBks, RefBks, CookBks)           (DoItYBks)  0.06125     0.59179  2.32301   0.03488
49          (GeogBks, DoItYBks)           (YouthBks)  0.05450     0.53960  2.26486   0.03044
62    (ChildBks, RefBks, CookBks)           (YouthBks)  0.05525     0.53382  2.24057   0.03059
58  (ChildBks, CookBks, DoItYBks)           (YouthBks)  0.06700     0.52446  2.20131   0.03656
56  (ChildBks, YouthBks, CookBks)           (DoItYBks)  0.06700     0.55833  2.19169   0.03643
33           (ChildBks, RefBks)           (DoItYBks)  0.07100     0.55361  2.17314   0.03833
74   (ChildBks, GeogBks, CookBks)           (DoItYBks)  0.06050     0.55251  2.16884   0.03260
20          (ChildBks, GeogBks)           (YouthBks)  0.07550     0.51624  2.16680   0.04066
46           (GeogBks, CookBks)           (YouthBks)  0.08025     0.51360  2.15572   0.04302
61   (ChildBks, RefBks, YouthBks)            (CookBks)  0.05525     0.89113  2.14471   0.02949
16         (ChildBks, YouthBks)           (DoItYBks)  0.08025     0.54407  2.13569   0.04267
50            (RefBks, CookBks)           (DoItYBks)  0.07450     0.53309  2.09262   0.03890
28                     (RefBks)  (ChildBks, CookBks)  0.10350     0.50549  2.08882   0.05395
72    (RefBks, CookBks, DoItYBks)           (ChildBks)  0.06125     0.82215  2.08667   0.03190
15                   (YouthBks)  (ChildBks, CookBks)  0.12000     0.50367  2.08129   0.06234
71   (ChildBks, RefBks, DoItYBks)            (CookBks)  0.06125     0.86268  2.07624   0.03175
22          (ChildBks, CookBks)           (DoItYBks)  0.12775     0.52789  2.07220   0.06610
25                   (DoItYBks)  (ChildBks, CookBks)  0.12775     0.50147  2.07220   0.06610
```

이 규칙들을 검토해 보면 정보가 압축될 수 있음을 알 수 있다. 규칙 70, 71, 72, 73은 조건부와 결론부가 다른, 동일한 네 종류의 책을 포함한다. 규칙 22, 25와 56, 58, 60에 대해서도 마찬가지다. (이와 같은 쌍이나 그룹은 동일한 지지도를 갖는 행들을 추적하여 쉽게 찾아낼 수 있다.) 이는 해당 규칙들이 유용하지 않음을 의미하지는 않는다. 오히려 비즈니스 측면에서 가능한 조치를 위해 고려해야 할 아이템셋의 수를 줄일 수 있다.

14.2 협업 필터링

추천 시스템은 다양한 상품 또는 서비스를 제공하는 웹 사이트에서 매우 중요한 부분이다. 아마존Amazon에서는 수백만 개의 상품을 제공하고, 넷플릭스Netflix는 수천 개의 영화를 대여해준다. 구글Google은 엄청난 수의 웹 페이지들을 검색한다. 스포티파이Spotify, 판도라Pandora와 같은 인터넷 라디오 웹 사이트들은 다양한 아티스트들이 만든 방대한 양의 음악 앨범을 보유하고 있다. 여행 웹 사이트들은 수많은 위치 정보와 호텔 정보를 제공한다. 소셜 네트워크 웹 사이트들은 수많은 그룹을 포함하고 있다. 이런 웹 사이트들에서 추천 엔진은 사용자의 정보뿐 아니라 비슷한 다른 사용자들의 정보에 기반하여 개인 맞춤화된 추천을 제공한다. 여기서 정보는 선호도를 나타내는 구매, 순위, 클릭과 같은 행동을 의미한다.

추천 시스템이 사용자에게 제공하는 가치는 온라인 기업이 단순 브라우저Browsers들을 고객으로 전환하고, 교차 판매를 늘리고, 충성도를 높이는 데 도움이 된다.

협업 필터링은 이러한 추천 시스템들이 사용하는 잘 알려진 기술 중 하나다. 협업 필터링이라는 용어는 사용자들의 다양한 선호도를 고려하여(협업), 방대한 양의 항목 집합으로부터 연관성이 있는 항목들을 특정 사용자에게 알려준다(필터링)는 개념에 기반을 둔다.

Fortune.com의 기사 "아마존의 추천 비밀Amazon's Recommendation Secret"(2012년 6월 30일)에서는 개인 맞춤화된 제품을 추천하는 것뿐 아니라, 각 사용자를 위한 웹 사이트 인터페이스를 제공하는 아마존의 협업 필터링에 대해서 기술하고 있다.

> 본질적으로, 대형 할인마트의 추천 시스템은 수많은 단순한 요소들에 기반을 둔다. 즉, 어떤 사용자가 과거에 무엇을 구매했는지, 어떤 항목들이 실제로 그 사용자의 가상 장바구니에 담겼고, 어떤 항목들을 그들이 선호했는지, 다른 고객들은 무엇을 관심 있게 보고 구매하였는지 등이 이러한 요소에 해당한다. 아마존은 이 정보들을 활용하는 자신들의 수리적 기법homegrown math을 "항목 대 항목 협업 필터링"이라고 부르며 이러한 알고리즘은 재방문 고객들을 위한 맞춤화된 브라우징 환경을 제공하는 데 사용된다.

데이터 유형과 형식

협업 필터링에는 모든 항목–사용자 정보가 필요하다. 더 구체적으로 말하면, 각각의 항목–사용자 조합에서 그 항목에 대한 사용자의 선호도를 측정하는 측도가 필요하다. 선호도는 점수화된 평가 또는 구매, "좋아요" 또는 클릭과 같은 이진 동작이 될 수 있다.

n명의 사용자(u_1, u_2, ⋯ , u_n)와 p개의 항목 (i_1, i_2, ⋯ , i_p)에 대한 데이터는 행(사용자), 열(항목)로 구성된 $n \times p$ 행렬로 생각할 수 있다. 행렬의 각 셀은 각 항목에 대한 특정 사용자의 선호도에 해당하는 점수 또는 이진화 사건을 포함한다([표 14–9] 참조). 일반적으로, 모든 사용자가 모든 항목을 구입하거나 점수를 매기는 것이 아니기 때문에, 구매 내역 행렬은 0을 많이 가지고 있고(sparse), 평가 점수 행렬은 결측치를 많이 포함하고 있다. 이러한 결측치는 때때로 "흥미 없음"(흥미가 있음을 의미하는 비결측치(측정값)의 반대)을 의미하기도 한다.

표 14-9 점수화 데이터와 관련된 행렬의 도식화

User ID	Item ID I_1	$I2$	...	I_p
U_1	$r_{1,1}$	$r_{1,2}$	...	$r_{1,p}$
U_2	$r_{2,1}$	$r_{2,2}$	...	$r_{2,p}$
⋮				
U_n	$r_{n,1}$	$r_{n,2}$	...	$r_{n,p}$

n과 p가 클 경우, 선호도 데이터(r_u, i)를 $n \times p$ 표로 저장하는 것은 실용적이지 않다. 이러한 경우, 데이터를 행렬 대신 하나의 행으로 표현하는 것이 효과적이다. 구성될 수 있는 행의 각 셀에는 사용자 ID, 항목, 선호도 정보를 지닌 3개의 특징triplet이 들어 있다.

예제 3: 넷플릭스의 상금 경연 대회

비지도 학습 방법론으로 연관 분석과 협업 필터링을 살펴보았다. 이때 사용자들이 무엇을 구매하였고 어떻게 항목들을 평가하였는지 확인하는 데에 그 방법론들이 얼마나 잘 작동하였는지를 별도 검증holdout 데이터를 보고 판단할 수 있다. 13장에서 언급한 유명한 넷플릭스 경연 대회에서는 이러한 검증 과정을 실행하였으며 협업 필터링을 설명하는 데 매우 유용한 예제를 제공했다. 다만, 학습과 검증에 관한 내용은 이 책의 범위를 벗어나므로 다루지 않는다.

2006년에 북미에서 가장 규모가 큰 영화 대여 서비스 기업인 넷플릭스는 시네매치Cinematch라는 추천 시스템의 성능을 향상하기 위한 목적으로 백만 달러가 걸린 경연 대회(www.netflixprize.com)를 선포했다. 참가자들은 각각의 영화에 대해서 수많은 데이터셋을 제공 받

았다. 각 데이터셋에는 해당 영화에 대한 고객들의 평가(와 타임스탬프)가 담겨 있다. 각각의 레코드는 특정한 날짜에 한 고객이 특정 영화에 대해 평가한 점수를 포함하는 [사용자 ID, 영화 ID, 평가 점수, 날짜] 형태로 결합된 거대한 데이터셋으로 볼 수 있다. 평가 점수는 1~5개의 별로 부여된다. 경연 참가자들은 기존 넷플릭스 시스템의 성능을 뛰어넘는 추천 알고리즘을 개발해야 했다. [표 14-10]은 경연 대회에서 사용된 데이터의 일부를 행렬 형태로 구성하여 예시로 보여준 것이다. 행은 고객을, 열은 영화를 나타낸다.

표 14-10 넷플릭스 데이터 표본(고객 10명, 영화 9편)

	Movie ID								
Customer ID	1	5	8	17	18	28	30	44	48
30878	4	1			3	3	4	5	
124105	4								
822109	5								
823519	3		1	4		4	5		
885013	4	5							
893988	3						4	4	
1248029	3					2	4		3
1503895	4								
1842128	4						3		
2238063	3								

넷플릭스 대회에서 흥미로운 점 하나는 우승 팀이 시스템 성능을 향상하기 위해 영화에 대한 평가 점수뿐 아니라 특정 고객이 영화를 평가했는지 여부를 고려했다는 점이다. 다시 말해서, 단순히 1~5의 평가 등급을 고려하는 데 그치지 않고 고객이 평가해야겠다고 결정한 영화들에 대한 정보가 고객 선호도에 매우 중요하게 작용했다.

> 협업 필터링 방법론은 평가 점수 값의 희소 셋sparse set을 다룬다. 그러나 데이터의 다른 특성들을 살펴봄으로써 훨씬 좋은 정확도를 얻을 수 있다. 첫 번째는 특정 평가 점수 값(이진화의 시각)에 상관없이, 어떤 영화에 대해서 각 사용자들이 평가를 매기기로 했는지에 대한 정보다. 이는 2007년 솔루션에서 결정적인 역할을 했고, 평가받는 영화들이 랜덤으로 선정되는 것이 아니라, 사용자에 의해서 의도적으로 선정된다는 사실을 반영한다.

이는 평가 점수에 대한 정보를 '평가됨/평가되지 않음'으로 구성한 이진 행렬로 변환하는 것이 유용할 수도 있음을 보여주는 예제다.

사용자 기반 협업 필터링: “사람들은 너를 좋아해People like you”

협업 필터링을 이용하는 사용자들을 위한 개인 맞춤형 추천을 만들어내는 한 가지 방법은 비슷한 선호도를 지닌 사람들을 찾는 것과 그들이 좋아하지만 아직 구매하지 않은 항목들을 추천하는 것이다. 이 알고리즘은 두 단계로 구성되어 있다.

❶ 관심 대상의 사용자와 가장 비슷한 사용자(이웃)를 찾는다. 이를 위해 사용자의 선호와 다른 사용자들의 선호를 비교한다.

❷ 사용자가 아직 구매하지 않은 항목들만 고려하고, 그 사용자의 이웃들이 가장 선호하는 것을 추천한다.

이것이 아마존의 “이 상품을 구매한 고객들이 또 다시 구매한 상품… Customers Who Bought This Item Also Bought…”([그림 14-1] 참조)에 내재된 방식이다. 이 방법은 구글 검색에서 각각의 검색 결과 부근에 보이는 “비슷한 페이지Similar pages” 링크를 만들어내는 데에도 사용되었다.

단계 ❶에서는 사용자와 다른 사용자들 간의 거리를 측정하기 위해 거리(또는 근접성) 측도를 선택해야 한다. 거리가 계산된 후에는 한계점을 거리 혹은 필요한 이웃들의 개수에 적용해 단계 ❷에서 이용될 근접 이웃들을 결정하는 데 사용할 수 있다. 이 방법을 ‘사용자 기반 최우선-N 추천user-based top-N recommendation’이라고 한다.

최근접-방법은 k-NN 알고리즘과 유사하게 데이터베이스에 있는 다른 사용자들과 사용자 간의 거리를 측정한다(7장 참조). 7장에서 다룬 유클리드 거리는 협업 필터링에 적용하였을 때 다른 측정 방법들만큼 성능이 좋지 못하다. 두 사용자 간의 대표적인 근접성 측정 방법은 그들에 대한 평가 간의 피어슨Pearson 상관 계수다. 사용자 U_1의 $I_1, \cdots, I_p$ 항목들 평가 점수를 $r_{1,1}, r_{1,2}, \cdots, r_{1,p}$라 하고 평균을 $\bar{r}_1$라 하자. 마찬가지로 사용자 U_2의 평가 점수를 $r_{2,1}, r_{2,2}, \cdots, r_{2,p}$라 하고 평균을 $\bar{r}_2$라 하자. 두 사용자 간의 상관 근접성correlation proximity은 다음과 같이 정의된다. 이때, 총합에서는 두 사용자 모두에게 평가된 항목들만 반영된다.

$$\text{Corr}(U_1, U_2) = \frac{\sum(r_{1,i} - \bar{r}_1)(r_{2,i} - \bar{r}_2)}{\sqrt{\sum(r_{1,i} - \bar{r}_1)^2}\sqrt{\sum(r_{2,i} - \bar{r}_2)^2}} \tag{14.1}$$

이를 설명하기 위해 [표 14-10]에 제시한 넷플릭스 데이터 표본에서 고객 30878과 고객 823519의 상관 계수를 계산해 보자. 표에 보이는 데이터를 전체 정보라 가정한다. 먼저 각 사용자의 평가 점수 평균을 계산한다.

$$\bar{r}_{30878} = (4 + 1 + 3 + 3 + 4 + 5)/6 = 3.333$$
$$\bar{r}_{823519} = (3 + 1 + 4 + 4 + 5)/5 = 3.4$$

이러한 평균은 각각 다른 영화의 집합에서 평가한 것이므로 각 고객에 대해 다른 영화 편수를 가지고 계산한다는 점에 유의해야 한다. 고객의 평균은 고객이 평가한 모든 영화를 대상으로 계산된다. 상관 계수 계산에는 평균에서 벗어난 부분도 포함되지만, 이들이 공동 평가한 항목들만 계산된다. 이 케이스에서 공동 평가한 ID는 1, 28, 30이다.

$$\begin{aligned}&\text{Corr}(U_{30878}, U_{823519})\\&= \frac{(4-3.333)(3-3.4)+(3-3.333)(4-3.4)+(4-3.333)(5-3.4)}{\sqrt{(4-3.333)^2+(3-3.333)^2+(4-3.333)^2}\sqrt{(3-3.4)^2+(4-3.4)^2+(5-3.4)^2}}\\&= 0.6/1.75 = 0.34\end{aligned}$$

데이터가 이진 행렬의 형태일 때 위와 같은 방식을 사용할 수 있다(예 구매 또는 비구매).

또 다른 대표적인 측정 방법은 피어슨 상관 계수에서 파생된 코사인 유사도cosine similarity다. 평균을 빼지 않는다는 점이 상관 계수 식과 다른 점이다. 상관 계수 식에서는 평균을 뺌으로써 전체적인 방법론에서 사용자 간의 차이를 조정한다(예 항상 높은 평가를 하는 사용자 대 낮은 평가를 하는 사용자).[3]

예를 들어, 넷플릭스 고객들 간의 코사인 유사도는 다음과 같다.

$$\begin{aligned}\text{Cos Sim}(U_{30878}, U_{823519}) &= \frac{4\times 3+3\times 4+4\times 5}{\sqrt{4^2+3^2+4^2}\sqrt{3^2+4^2+5^2}}\\&= 44/45.277 = 0.972\end{aligned}$$

주의할 점은 데이터가 구매 또는 비구매로 이루어진 이진 행렬일 때, 코사인 유사도는 사용자가 구매한 모든 항목을 가지고 계산해야 한다는 것이다. 두 사용자가 함께 구매한 항목들만으로 제한할 수 없다.

> 협업 필터링은 새 사용자 또는 새 항목에 대한 추천을 만드는 데 그대로 사용할 수 없다는 콜드 스타트cold start의 문제가 있다. 단일 항목을 평가한 사용자의 경우 이 사용자와 다른 사용자 간의 상관 계수(사용자 생성 협업 필터링)의 분모는 0이고 코사인 근접도는 등급에 관계없이 1이 된다. 비슷한 맥락에서 사용자는 단일 항목만 가지고 있고, 사용자가 한 명뿐인 항목은 인근 이웃의 후보 자격이 없다.

관심 대상인 어떠한 사용자에 대해, 상관 계수, 코사인 유사도 또는 다른 측정 방법을 사용해 데이터베이스에 있는 다른 사용자들과의 유사도를 각각 계산한다. 그다음 단계 ❷에서는 k-최근접 사용자들을 관찰하여, 그들이 평가하고 구매한 다른 모든 항목들 중에서 최고 항목을 선

3 상관관계 및 코사인 유사도는 고차원 희소 데이터에 대해 계산 속도가 빠르고 등급 값과 숫자를 모두 설명하기 때문에 협업 필터링에서 널리 사용된다.

정해서 관심 대상의 사용자에게 추천한다. 무엇이 가장 좋은 추천일까? 이진화 구매 데이터의 경우에는 가장 많이 구매된 항목이다. 평가 점수 데이터의 경우라면 가장 좋게 평가된 항목, 가장 많이 평가된 항목 혹은 이 둘의 가중치가 들어간 항목일 수 있다.

최근접 이웃 방법은 규모가 큰 사용자 데이터베이스를 가지고 있는 경우에는 계산량이 많아질 수 있다. 이 문제를 해결하는 한 가지 방법은 군집 방법론(15장 참조)을 적용해 사용자들의 선호에 따라 동종의 군집으로 그룹화하고, 각각의 군집과 관심 대상 사용자 간의 거리를 측정하는 것이다. 이 방법은 많은 계산량을 군집 단계에 집중시킴으로써 계산이 오프라인상에서 미리 실행될 수 있도록 한다. 그러면 해당 사용자와 각각의 군집을 동시에 비교할 수 있어 더 효율적이고 더 빠르다. 군집화로 인한 단점은 가장 가까운 군집의 멤버들이 해당 사용자와 가장 비슷한 것은 아니기 때문에 비교적 덜 정확한 추천들을 생성할 수 있다는 점이다.

항목 기반 협업 필터링

사용자 수가 항목 수보다 훨씬 큰 경우, 비슷한 사용자들보다 비슷한 항목들을 찾는 것이 계산적으로 효율적이고 빠르다. 사용자가 특정한 항목에 관심을 표현하면, 항목 기반 협업 필터링 알고리즘은 다음 두 단계로 구성된다.

❶ (임의의 사용자가) 관심을 가지는 항목과 공동으로 평가 혹은 구매한 항목들을 찾는다.

❷ 비슷한 항목들 중에서 가장 대중적이거나 상관관계가 높은 항목을 추천한다.

이러면 유사도는 사용자들 대신 항목들 간에 계산된다. 예를 들어, 넷플릭스 데이터 표본([표 14-10])에서 영화 1(평균 $\bar{r}_1 = 3.7$)과 영화 5(평균 $\bar{r}_5 = 3$) 사이의 상관 계수는 다음과 같다.

$$\text{Corr}(I_1,\ I_5) = \frac{(4-3.7)(1-3)+(4-3.7)(5-3)}{\sqrt{(4-3.7)^2+(4-3.7)^2}\sqrt{(1-3)^2+(5-3)^2}} = 0$$

상관 계수가 0인 이유는 영화 1을 평가한 사용자 중 2명이 영화 5에 대해 상반되는 평가를 했기 때문이다. 한 사용자는 별을 5개 주고 다른 사용자는 별을 1개 주었다.

비슷한 방법으로 모든 영화들 간의 유사도를 계산할 수 있으며 이는 오프라인에서 수행될 수 있다. 만약 어떤 사용자가 특정한 영화를 높이 평가하였다면 그 영화와 가장 높은 양의 상관관계에 있는 영화를 실시간으로 추천해 줄 수 있다.

아마존의 항목 대 항목 추천 시스템Item-to-item recommendation system을 개발한 연구원들의 산업 보고서에 따르면, 다음과 같다.

> [항목 기반] 알고리즘은 실시간으로 추천을 하고, 큰 데이터 집합을 커버할 수 있으며, 높은 수준의 추천들을 생성한다.

항목 기반 추천들의 단점은 (사용자들의 취향에 비하여) 항목들 간의 다양성이 적어 추천들이 종종 뻔해 보인다는 것이다.

[표 14-11]과 [표 14-12]는 Surprise 패키지를 사용해 넷플릭스 데이터와 유사한 데이터에 협업 필터링을 수행하는 파이썬 코드다.

표 14-11 파이썬의 협업 필터링

협업 필터링을 위한 파이썬 코드: 데이터셋 준비 및 헬퍼 정의 기능

```
import random

random.seed(0)
nratings = 5000
randomData = pd.DataFrame({
    'itemID': [random.randint(0,99) for _ in range(nratings)],
    'userID': [random.randint(0,999) for _ in range(nratings)],
    'rating': [random.randint(1,5) for _ in range(nratings)],
})

def get_top_n(predictions, n=10):
    # First map the predictions to each user.
    byUser = defaultdict(list)
    for p in predictions:
        byUser[p.uid].append(p)

    # For each user, reduce predictions to top-n
    for uid, userPredictions in byUser.items():
        byUser[uid] = heapq.nlargest(n, userPredictions, key=lambda p: p.est)
    return byUser
```

표 14-12 파이썬의 협업 필터링

협업 필터링을 위한 파이썬 코드

```
# Convert the data set into the format required by the surprise package
# The columns must correspond to user id, item id, and ratings (in that order)
reader = Reader(rating_scale=(1, 5))
data = Dataset.load_from_df(randomData[['userID', 'itemID', 'rating']], reader)

# Split into training and test set
trainset, testset = train_test_split(data, test_size=.25, random_state=1)


## User-based filtering
# compute cosine similarity between users
sim_options = {'name': 'cosine', 'user_based': True}
algo = KNNBasic(sim_options=sim_options)
algo.fit(trainset)

# predict ratings for all pairs (u, i) that are NOT in the training set.
predictions = algo.test(testset)

# Print the recommended items for each user
top_n = get_top_n(predictions, n=4)
print('Top-4 recommended items for each user')
for uid, user_ratings in list(top_n.items())[:5]:
    print('User {}'.format(uid))
    for prediction in user_ratings:
        print(' Item {0.iid} ({0.est:.2f})'.format(prediction), end='')
    print()
```

부분 출력

```
Top-3 recommended items for each user
User 6
    Item 6 (5.00)   Item 77 (2.50)   Item 60 (1.00)
User 222
    Item 77 (3.50)   Item 75 (2.78)
User 424
    Item 14 (3.50)   Item 45 (3.10)   Item 54 (2.34)
User 87
    Item 27 (3.00)   Item 54 (3.00)   Item 82 (3.00)   Item 32 (1.00)
User 121
    Item 98 (3.48)   Item 32 (2.83)
```

전체 데이터셋을 사용해 모델 재구축

```
trainset = data.build_full_trainset()
sim_options = {'name': 'cosine', 'user_based': False}
algo = KNNBasic(sim_options=sim_options)
algo.fit(trainset)

# Predict rating for user 383 and item 7
algo.predict(383, 7)
```

부분 출력

```
Prediction(uid=383, iid=7, r_ui=None, est=2.3661840936304324, ...)
```

협업 필터링의 장점과 취약점

협업 필터링은 사용자들의 선호도와 관련된 주관적인 정보에 의존한다. 만약 데이터베이스가 유사 사용자들을 충분히 보유하고 있다면(많을 필요는 없지만 적어도 사용자별로 어느 정도), "Long Tail(비주류)" 항목들에 대해서도 유용한 추천을 제공하여 각각의 사용자가 비슷한 취향의 다른 사용자들을 찾을 수 있다. 이와 비슷하게, 데이터는 항목별 평가와 구매 내역을 충분히 보유해야 한다. 이 때문에 협업 필터링은 새로운 사용자들이나 새로운 항목들에 대한 추천을 생성할 수 없다는 한계가 있다. 이 문제를 해결하는 방법은 다양하다.

사용자 기반의 협업 필터링은 높게 평가되거나 선호되는 항목들의 유사도를 찾는다. 그러나 낮게 평가되거나 원하지 않는 항목들의 데이터는 고려하지 못한다. 그러므로 원하지 않는 항목을 탐색하는 데 사용된다고 기대할 수 없다.

사용자 기반의 협업 필터링은 개인 맞춤형 추천들을 제공하기 위한 사람들의 취향 간 유사도를 파악하는 데 도움을 준다. 그러나 사용자 수가 매우 많아지면 협업 필터링 계산이 어려워진다. 이를 해결하는 방법으로 항목 기반 알고리즘, 사용자들의 군집화, 차원 축소 등이 있다. 이 경우에 주로 적용되는 차원 축소 방법은 특이값 분해Singular Value Decomposition, SVD로서 이는 주성분 분석principal components analysis의 상위 형태다(4장 참조).

예측이라는 용어가 때로는 협업 필터링의 결과 값을 표현하는 데 사용되지만, 협업 필터링은 본질적으로 비지도 학습 기법이다. 협업 필터링은 사용자에게 예측된 평가 점수 및 구매 방향을 제공할 수 있지만 일반적으로 실제 결과 값을 가지고 있지는 않다. 협업 필터링에 의해 생성된 추천들을 향상하기 위한 중요한 점 하나는 사용자들의 피드백을 받는 것이다. 한번 추천이 생성되면, 사용자가 추천이 적합한지 아닌지 알려줄 수 있다. 이러한 이유로 많은 추천 시스템이 제공한 추천에 대해 피드백하도록 사용자들을 유도한다.

연관 규칙 vs. 협업 필터링

연관 규칙과 협업 필터링 모두 추천을 생성하는 비지도 학습 방법이지만 여러 관점에서 차이를 나타낸다.

❶ **빈발 항목집합 vs. 개인 맞춤형 추천** 연관 규칙은 빈발 항목의 조합을 찾으며 찾은 항목들에 대해서만 추천을 제공한다. 반면, 협업 필터링은 모든 항목에 대해 개인 맞춤형 추천을 제공하여 특이한 선호도를 갖는 사용자들에게도 맞춤 서비스를 제공한다. 이런 점에서 협업 필터링은 사용자 선호도의 "Long-Tail(비주류)"을 포착하는 반면 연관 규칙은 "Head(주류)"를 찾는다고 볼 수 있다. 이 차이점은 필요한 데이터에 다음과 같은 함축성을 지니고 있다. 연관 규칙은 항목들의 특정 조합을 포함하는 충분한 수의 장바구니를 찾기 위해 수많은 '장바구니' (거래) 데이터가 필요하다. 반면, 협업 필터링은 많은 '장바구니'가 필요하지 않지만, 많은 사용자를 위해 최대한 많은 항목의 데이터가 필요하다. 또한 연관 규칙은 장바구니 레벨에서 적용되지만(데이터베이스에는 각 사용자에 대한 다수의 거래 데이터가 포함될 수 있음), 협업 필터링은 사용자 레벨에서 적용된다.

연관 규칙은 포괄적이고 객관성을 지닌 규칙들을 생성하기 때문에(아마존의 "자주 함께 구매하는 상품Frequently Bought Together"과 같은 연관 기반의 추천은 이 특정 항목을 찾는 모든 사용자들에게 같은 추천을 보여줌), 상점에서 제품을 배치하거나 병원에서 진단 검진의 순서를 설정하는 작업과 같은 일반적인 전략을 수립하는 데 활용될 수 있다. 반면, 협업 필터링은 특정 사용자를 위한 추천을 생성하며(예 아마존의 "이 상품을 구매한 고객들이 또 다시 구매한 상품… Customers Who Bought This Item Also Bought…") 이는 개인 맞춤형 툴이라고 할 수 있다.

❷ **거래 데이터 vs. 사용자 데이터** 연관 규칙은 여러 거래/장바구니 안에 있는 다른 항목과의 공동 구매 내역을 기반으로 추천한다. 반면, 협업 필터링은 적을 수도 있는 다른 사용자와의 공동 구매 내역 혹은 같은 평가 점수를 바탕으로 추천한다. 만약 같은 항목이 반복적으로 구매될 경우(예 식료품 쇼핑) 각각의 장바구니를 고려하는 것이 유용하지만 각 항목이 주로 한 번 구매되거나 평가 점수가 매겨질 경우(예 책, 음반, 영화 등의 상품 구매) 각각의 사용자를 고려하는 것이 유용하다.

❸ **이진 데이터 및 평가 점수 데이터** 연관 규칙은 각 항목을 이진 데이터(1 = 구매, 0 = 비구매)로 처리하지만, 협업 필터링은 이진 데이터 및 수치화된 평가 점수 데이터를 모두 활용할 수 있다.

❹ 2개 이상의 항목 연관 규칙에서는 조건부와 결론부 모두 1개 이상의 항목을 포함할 수 있다(예 IF 우유, THEN 쿠키와 시리얼). 따라서 하나의 추천은 여러 항목으로 이루어진 하나의 묶음일 수도 있다(예 우유, 쿠키, 시리얼 모두 구입 시 10% 할인 혜택). 반면 협업 필터링에서는 두 항목 혹은 두 사용자 간의 유사도를 측정한다. 따라서 추천은 단일 항목(어떤 한 사용자가 구매하지 않았지만 그 사용자와 비슷한 유형의 사람들이 구매한 가장 인기 있는 항목)이나 각 항목 간에 전혀 관련이 없을 수도 있는 여러 단일 항목(어떤 한 사용자가 구매하지 않았지만 그 사용자와 비슷한 유형의 사람들이 구매한 가장 인기 있는 2개의 항목)으로 구성된다.

이러한 차이점들은 비인기 항목의 구매 및 추천에 대해, 특히 연관 규칙과 사용자 기반의 협업 필터링을 비교할 때 보다 더 확연히 드러난다. 한 사용자가 인기 있는 항목을 구매하였을 때 추천을 고려할 경우, 연관 규칙과 항목 기반의 협업 필터링은 한 항목에 대해서 같은 추천을 제시할 수 있다. 하지만 사용자 기반의 추천은 다를 가능성이 높다. 매주 우유와 글루텐-프리 제품(다른 고객이 거의 구매하지 않는 조합)을 구매하는 고객이 있다고 하자. 추가적으로 거래 데이터베이스에 연관 규칙을 적용해 "IF 우유 THEN 쿠키"라는 규칙이 확인되었다고 가정해 보자. 그러면 해당 고객이 다음에 우유를 구매할 때 쿠키 및 글루텐-프리 제품에 대한 구매 내역에 상관없이 쿠키를 구매하도록 추천(예 쿠폰)을 받을 것이다. 항목 기반의 협업 필터링에서는 모든 사용자들을 통틀어서 우유와 함께 구매한 모든 항목을 탐색하고, 이 중 (해당 고객이 구매하지 않은) 가장 인기가 많은 항목을 추천한다.[4] 이러한 점을 고려하여 위의 고객에 대해 살펴보면, 해당 고객은 쿠키를 구매하지 않았으므로 쿠키를 추천할 가능성이 있다. 다음으로 사용자 기반의 협업 필터링을 고려해 보자. 사용자 기반의 협업 필터링은 해당 고객과 유사한 고객들(같은 항목들을 구매한 고객)을 찾고, 이들이 가장 많이 구매했지만 해당 고객이 구매하지 않은 항목을 추천한다. 따라서 사용자 기반의 추천은 쿠키를 추천할 가능성이 낮고, 해당 고객이 구매하지 않고 인기가 많은 글루텐-프리 항목을 추천할 가능성이 높다.

4 규칙이 "IF 우유, THEN 쿠키 및 콘플레이크"인 경우 연관 규칙은 우유 구매자에게 쿠키와 콘플레이크를 추천하는 반면, 항목 기반 협업 필터링은 우유와 함께 구매한 가장 인기 있는 단품을 추천한다.

14.3 요약

장바구니 분석이라고도 알려진 연관 규칙과 협업 필터링은 거래 데이터베이스에서 구매된 아이템들 간의 연관성을 추론하기 위한 비지도 방법들이다. 연관 규칙에서는 같이 구매된 아이템들에 대한 일반적인 규칙들을 찾는다. 이 방법의 주요 장점은 "IF X가 구매되면 THEN Y도 구매될 가능성이 높다"는 식의 간단하고 명확한 규칙들을 생성한다는 것이다. 방법이 매우 명료하여 이해하기 쉽다.

연관 규칙을 생성하는 과정은 두 단계다. 첫째로 빈발 아이템셋에 근거한 후보 규칙들의 집합을 생성한다(가장 널리 사용되는 규칙-생성 알고리즘인 Apriori 알고리즘). 그러고 나서 이러한 후보 규칙들로부터 아이템들 사이에 가장 강한 연관성을 보여주는 규칙들을 선택한다. 규칙의 불확실성을 평가하기 위해 지지도와 신뢰도 측도를 사용한다. 또한 사용자는 규칙 생성과 선택 과정에서 사용되는 최소 지지도와 신뢰도 값을 명시한다. 세 번째 측도인 향상비는 임의의 조합과 비교함으로써 실제 연관성을 탐지하기 위한 규칙의 효율성을 비교한다.

연관 규칙의 한 가지 단점은 생성되는 규칙이 너무 많다는 것이다. 따라서 유용하고 강한 규칙들로 이루어진 작은 집합으로 줄이기 위한 방법이 필요하다. 정보를 압축하는 중요한 비자동 방법은 동일한 지지도를 갖는 규칙들뿐 아니라 비정보적이거나 사소한 규칙들도 조사하는 것이다. 유념해야 할 또 다른 문제가 있는데, 드문 조합은 최소 지지도 조건을 맞추지 못하기 때문에 무시되는 경향이 있다는 것이다. 이러한 이유에서 데이터상 거의 동일하게 빈발하는 아이템들을 갖는 게 더 낫다. 이는 아이템들을 좀 더 높은 수준의 계층 구조로 구성함으로써 얻을 수 있다. 예를 들어, 서점 거래 데이터베이스로부터 연관 규칙들을 얻고 싶다면 개별 서적의 제목보다는 서적의 유형을 사용하는 것이다.

협업 필터링은 온라인 추천 시스템에서 많이 활용되는 기법이다. 협업 필터링은 항목을 구매하거나 높은 평가 점수를 매기는 등 한 항목에 대해 비슷한 행동을 취한 사용자들로부터 형성된 항목 간의 관계에 기반을 둔다. 사용자 기반 협업 필터링은 항목-사용자 조합의 데이터를 활용하여 사용자 간 유사도를 계산하고 이를 통해 각 사용자에게 맞춤형 추천을 제공한다. 효과적으로 협업 필터링을 하기 위한 중요 요소는 추천에 대해 사용자들에게서 피드백을 받는다는 점과 사용자들이 각 항목에 대해 충분한 정보를 가져야 한다는 점이다. 협업 필터링의 한 가지 단점은 새로운 사용자 혹은 항목들에 대해 추천을 생성할 수 없다는 점이다. 또한 수많은 사용자들이 존재하는 상황에서 협업 필터링에 필요한 계산 과정이 복잡해짐에 따라 항목 기반의 방법 혹은 차원 축소 기법 등의 대안 방법들이 자주 활용되고 있다.

연습문제

14.1 **위성 무선방송 고객.** 구독 기반 위성 무선방송 회사의 분석가가 고객 데이터베이스에서 일부 데이터를 가져와 서로 연관된 고객의 그룹을 찾고자 한다. 데이터에는 회사 데이터와 이에 맵핑된 인구통계학적 데이터가 함께 들어 있다([표 14-13] 참조). 분석가는 연관 규칙들을 적용해 고객들 간의 연관성에 대해 좀 더 알아보고자 한다. 이 접근 방법에 대해 의견을 제시하시오.

표 14-13 위성 무선방송 고객 데이터의 표본

Row ID	zipconvert_2	zipconvert_3	zipconvert_4	zipconvert_5	homeowner dummy	NUMCHLD	INCOME	gender dummy	WEALTH
17	0	1	0	0	1	1	5	1	9
25	1	0	0	0	1	1	1	0	7
29	0	0	0	1	0	2	5	1	8
38	0	0	0	1	1	1	3	0	4
40	0	1	0	0	1	1	4	0	8
53	0	1	0	0	1	1	4	1	8
58	0	0	0	1	1	1	4	1	8
61	1	0	0	0	1	1	1	0	7
71	0	0	1	0	1	1	4	0	5
87	1	0	0	0	1	1	4	1	8
100	0	0	0	1	1	1	4	1	8
104	1	0	0	0	1	1	1	1	5
121	0	0	1	0	1	1	4	1	5
142	1	0	0	0	0	1	5	0	8

14.2 **강좌 조합의 식별.** Statistics.com의 통계 교육 연구소가 통계와 분석에 관한 온라인 강좌를 개설하고자 강좌의 조합과 순서 결정에 도움이 될 정보를 찾고 있다. 통계 교육원은 `CourseTopics.csv` 파일의 데이터를 활용하려고 한다. 이 데이터 중 앞쪽 일부 행이 [표 14-14]에 제시되어 있다. 이 데이터는 Statistics.com의 온라인 통계학 강좌의 구매에 대한 것이다. 각 행은 한 고객이 수강한 강좌를 나타낸다. 이 회사는 강좌의 여러 가지 조합과 개설 순서를 평가하고자 한다. 연관 규칙들을 사용해 이 데이터를 분석하고, 결과로 얻은 여러 규칙들을 해석하시오.

표 14-14 온라인 통계학 강좌의 구매 데이터

Intro	DataMining	Survey	CatData	Regression	Forecast	DOE	SW
1	1	0	0	0	0	0	0
0	0	1	0	0	0	0	0
0	1	0	1	1	0	0	1
1	0	0	0	0	0	0	0
1	1	0	0	0	0	0	0
0	1	0	0	0	0	0	0
1	0	0	0	0	0	0	0
0	0	0	1	0	1	1	1
1	0	0	0	0	0	0	0
0	0	0	1	0	0	0	0
1	0	0	0	0	0	0	0

14.3 강의 추천. Statistics.com의 강좌 구매를 설명하는 `CourseTopics.csv` 데이터를 다시 살펴보자(문제 14.2와 [표 14-14]의 데이터 표본 참조). 회귀Regression와 예측Forecast 강좌를 구매한 학생에게 강좌 추천을 제공하고자 한다. 사용자 기반 협업 필터링을 데이터에 적용하면, 모든 추천 결과는 1이 나올 것이다. 그 이유를 설명하시오.

14.4 화장품 구매. [표 14-15]에서 제시한 데이터와 [표 14-16]의 출력 결과는 거대 체인 화장품점의 화장품 구매 데이터베이스(`Cosmetics.csv`)의 일부 데이터셋이다. 이 상점에서는 매장 상품 진열과 교차 판매 판촉 직원의 학습, 교차 판매를 증진시키는 궁극의 구매 시점 전자 추천 시스템을 구축하기 위해 이러한 아이템들의 구매 간 연관성을 분석하고자 한다. 우선 이진 행렬 형식으로 제시된 [표 14-15]의 데이터만 고려해 보자.

a. 행렬의 여러 값을 선택하여 그 의미를 설명하시오.

b. [표 14-16]에 나타난 연관 규칙 분석 결과를 보고, 다음 물음에 답하시오.

i. 첫 행의 "신뢰도confidence" 출력 내용과 계산 방법을 설명하시오.

ii. 첫 행의 "지지도support" 출력 내용과 계산 방법을 설명하시오.

iii. 첫 행의 "향상lift" 출력 내용과 계산 방법을 설명하시오.

iv. 첫 행에서 그 규칙이 표현하는 의미를 설명하시오.

c. 이제 `Cosmetics.csv` 파일에 저장된 화장품 구매에 대한 전체 데이터셋을 사용하시오. 파이썬을 사용해 이 데이터에 연관 규칙을 적용하시오(apriori에서는 `min_support=0.1`과 `use_colnames=True`를 사용하고, association_rules에서는 기본 파라미터를 사용하라).

i. 출력된 처음 3개의 규칙들을 해석하시오.

ii. 처음 20여 개의 규칙들을 검토하고, 중복성redundancy 및 그 효용성을 어떻게 평가하는지 의견을 제시하시오.

표 14-15 이진 행렬 형식의 화장품 구매 데이터에서 발췌

Trans. #	Bag	Blush	Nail polish	Brushes	Concealer	Eyebrow pencils	Bronzer
1	0	1	1	1	1	0	1
2	0	0	1	0	1	0	1
3	0	1	0	0	1	1	1
4	0	0	1	1	1	0	1
5	0	1	0	0	1	0	1
6	0	0	0	0	1	0	0
7	0	1	1	1	1	0	1
8	0	0	1	1	0	0	1
9	0	0	0	0	1	0	0
10	1	1	1	1	0	0	0
11	0	0	1	0	0	0	1
12	0	0	1	1	1	0	1

표 14-16 화장품 구매 데이터에 대한 연관 규칙

	lhs		rhs	support	confidence	lift
1	{Blush, Concealer, Mascara, Eye.shadow, Lipstick}	=>	{Eyebrow.Pencils}	0.013	0.3023255814	7.198228128
2	{Trans., Blush, Concealer, Mascara, Eye.shadow, Lipstick}	=>	{Eyebrow.Pencils}	0.013	0.3023255814	7.198228128
3	{Blush, Concealer, Mascara, Lipstick}	=>	{Eyebrow.Pencils}	0.013	0.2888888889	6.878306878
4	{Trans., Blush, Concealer, Mascara, Lipstick}	=>	{Eyebrow.Pencils}	0.013	0.2888888889	6.878306878
5	{Blush, Concealer, Eye.shadow, Lipstick}	=>	{Eyebrow.Pencils}	0.013	0.2826086957	6.728778468
6	{Trans., Blush, Concealer, Eye.shadow, Lipstick}	=>	{Eyebrow.Pencils}	0.013	0.2826086957	6.728778468

14.5 강의 평가 점수. Statistics.com의 통계 교육 연구소The Institute for Statistics Education에서는 학생들이 한 과목을 수료하는 즉시 수료한 과목에 대해 다양한 측면에서 평가하도록 한다. 이 연구소에서는 평가가 끝난 후 학생들에게 추가 과목을 추천하는 시스템을 고려하고 있다. [표 14-17]에 나타난 학생들의 일부 온라인 강의 평가 점수와 E.N. 학생에게 어떤 과목을 추가적으로 추천할지에 대한 문제를 생각해 보자.

a. 먼저 사용자 기반의 협업 필터를 고려해 보자. 이 방법을 사용하려면 모든 학생들 간의 상관계수를 계산해야 한다. E.N. 학생과의 상관 계수를 계산할 수 있는 학생은 누구인가? 이를 계산하시오.

b. E.N. 학생과 가장 가까운 학생을 바탕으로 E.N. 학생에게 어떤 과목을 추천해야 하겠는가? 그 이유를 설명하시오.

c. 사용자 간의 코사인 유사도를 구하기 위해 scikit-learn의 sklearn.metrics.pairwise.cosine_similarity() 함수를 사용하시오.

d. 코사인 유사도 면에서 E.N. 학생과 가장 가까운 학생을 바탕으로 E.N. 학생에게 어떤 학업 과정을 추천해야 하는가?

e. 상관관계correlation를 사용하는 것과 코사인 유사도를 사용하는 것 간의 개념적 차이는 무엇인가? (힌트: 각 경우에서 행렬의 결측치들이 어떻게 다루어지는가?)

f. 대규모 데이터의 경우 사용자 기반의 추천을 계산하기 어렵다. 따라서 그 대신 항목 기반의 접근 방법이 사용된다. (이진 행렬이 아닌) 평가 점수 데이터를 활용하여 항목 기반의 접근 방법을 적용해 보자.

   i. 여전히 E.N. 학생에게 과목을 추천하는 것이 목표라면 어떤 과목들 간의 상관 계수를 계산할 수 있는가?

   ii. 과목 간의 상관관계를 계산하지 않고 단순 데이터만 보았을 때 항목 기반의 필터링을 바탕으로 E.N. 학생에게 어떤 과목을 추천하겠는가? 추측과 관련된 과목 간의 상관 계수를 계산하고 결과를 보고하시오.

g. 항목 기반 협업 필터링을 이 데이터에 적용하고(파이썬 이용), 그 결과를 바탕으로 E.N 학생에게 과목을 추천하시오.

표 14-17 온라인 통계 강의 평가 점수: 4 = 최상, 1 = 최하, 공백 = 미수강

	SQL	Spatial	PA 1	DM in R	Python	Forecast	R Prog	Hadoop	Regression
L N	4				3	2	4		2
M H	3	4			4				
J H	2	2							
E N	**4**			**4**			**4**		**3**
D U	4	4							
F L		4							
G L		4							
A H		3							
S A			4						
R W			2					4	
B A			4						
M G			4			4			
A F			4						
K G			3						
D S	4			2			4		

CHAPTER 15

군집 분석

이 장에서는 비지도 학습으로 잘 알려진 군집 분석을 소개한다. 분석 목표는 인사이트를 얻기 위해 데이터를 동질적인 군집들로 세분화하는 것이다. 데이터셋을 동질적인 레코드로 구성된 군집으로 분리하는 것은, 전체의 이질적인 데이터셋보다는 각 군집을 개별적으로 모델링함으로써 지도 학습의 성능을 향상하는 데도 유용하다. 군집화는 맞춤형 마케팅에서부터 산업 분석에 이르기까지 경영 전반에 걸쳐 광범위하게 사용된다. 그중 가장 잘 알려진 군집화 접근법인 계층적 군집화와 *k*-평균 군집화에 대해 설명하려고 한다. 계층적 군집화에서는 레코드 간의 거리와 군집 간의 거리에 기초하여 순차적으로 가까운 거리에 있는 레코드들이 합쳐지면서 군집을 형성하게 된다. 이 장에서는 군집화 과정의 관점에서 알고리즘이 어떻게 작동하는지 설명하고, 군집화에서 공통으로 자주 사용되는 거리 행렬을 소개하려고 한다. 계층적 군집화는 군집화 과정과 그 결과를 보여주는 덴드로그램dendrogram이라는 유용한 그래프를 제공하는데, 그 유용성도 함께 설명할 것이다. *k*-평균 군집화는 대용량 데이터셋에서 널리 사용된다. *k*-평균 군집화에서 레코드들은 각 군집 간 거리에 의해 미리 정해진 군집들 중 하나로 할당된다. 이 장에서는 *k*-평균 군집화 알고리즘과 계산적 측면의 장점을 소개한다. 마지막으로 군집 분석의 결과를 통해 인사이트를 얻는 데 도움을 줄 수 있는 방법을 기술한다.

파이썬

이 장에서는 `pandas` 라이브러리를 사용하여 데이터를 처리한다. 또한 `scikit-learn`과 `scipy` 라이브러리를 사용하여 군집 분석을 , `matplotlib` 라이브러리를 사용하여 시각화 작업을 수행한다.

여기서는 `scipy`를 사용하여 계층적 군집화를 진행하고, `scikit-learn`을 사용해 비계층적 군집화를 진행한다. 일반적으로 두 패키지 모두 두 유형의 군집화를 제공한다.

이 장에 필요한 파이썬 라이브러리 불러오기

```
import pandas as pd
from sklearn import preprocessing
from sklearn.metrics import pairwise
from scipy.cluster.hierarchy import dendrogram, linkage, fcluster
from sklearn.cluster import KMeans
import matplotlib.pylab as plt
import seaborn as sns
from pandas.plotting import parallel_coordinates
```

15.1 서론

군집 분석은 여러 개의 측정치로 구성된 레코드들로부터 측정값이 유사한 레코드들의 모임 또는 군집을 형성하기 위해 사용된다. 군집 분석의 핵심 개념은 분석 목적에 유용한 방법으로 군집을 특성화하는 것이다. 이러한 개념은 천문학, 고고학, 의약, 화학, 교육, 심리학, 언어학, 사회학 등 많은 분야에서 응용되었다. 예를 들면, 생물학자는 종을 구성하는 클래스와 서브 클래스를 광범위하게 사용하는 데 군집 분석을 활용했으며, 화학 분야에서는 멘델레예프Mendeleev의 원소 주기율표에 군집 개념을 성공적으로 적용하였다.

마케팅에서 군집 분석이 자주 활용되는 분야는 시장 세분화market segmentation와 관련된 분야다. 고객은 인구통계학적 정보와 거래 내역 정보에 기초하여 세분화되고, 이를 통해 부문별로 마케팅 전략을 세운다. 인도처럼 고객 다양성이 지역에 따라 극도로 민감하게 달라지는 국가의 경우, 체인점은 체인 차원이 아닌 매장 수준에서 시장 세분화('마이크로 세분화'라고 함)를 수행한다. 군집 분석의 또 다른 용도는 시장 구조 분석market structure analysis이다. 이는 경쟁 유사도competitive measures of similarity에 근거하여 유사 제품을 식별하는 것이다. 마케팅과 정치적인 예측 분야에서는 생활 양식에 따라 인근 지역을 그룹화하는 데 우편번호를 사용한 군집 분석이 성공적으로 사용되어 왔다. 이러한 방법을 처음 개척한 미국 클라리터스Claritas 마케팅 회사는 소비자의 지출과 인구통계학적인 다양한 측도를 사용해 미국 전역을 40개의 군집으로 나누었다. 클라리터스는 각 군집의 특성을 연구하여, 각 군집을 대표하는 생활양식이 연상되도록 '보헤미안 믹스Bohemian Mix', '퍼즈 앤드 스테이션 웨건즈Furs and Station Wagons', '머니 앤드 브레인즈Money and Brains'와 같은 이름을 붙였다. 생활양식에 대한 정보는 제품(예 SUV 차량)이나 서비스(예 유람선 여행) 등에 대한 잠재적인 요구를 추정하는 데 사용될 수 있다. 마찬가지로 영업 조직에는 고객을 세분화하고 영업 활동에 집중할 수 있는 이름('페르소나')을 붙인다.

금융 분야에서 군집 분석은 균형 포트폴리오balanced portfolio를 작성할 때 사용된다. 다양한 투자 기회(예 주식)에 관한 데이터가 주어졌을 때, 우리는 수익(일별, 주별, 월별), 가격 변동성

volatility, 베타beta와 같은 재무 성과 변수들을 비롯해 산업과 시장의 자본 총액 같은 기타 특성치들로부터 군집을 찾을 수 있다. 이렇게 생성된 여러 군집에서 주식을 선택하면 균형 있는 포트폴리오를 구성할 수 있다. 금융 분야에서 또 다른 군집 분석의 예로 산업 분석industry analysis을 들 수 있다. 산업 분석에서는 어떤 산업에 대한 성장률, 수익성, 시장 크기, 제품 범위, 다양한 국제 시장에서의 존재 유무와 같은 특징에 근거하여 이와 유사한 기업들의 군집을 찾는 데 관심이 있다. 즉, 군집 분석을 통해 산업 구조를 이해하고, 예를 들어 어떤 기업이 경쟁 기업인지를 결정하는 데 사용할 수 있다.

베리Berry와 리노프Linoff의 논문(1977)에는 흥미롭고 특이한 군집 분석 응용 사례가 제시되어 있는데, 미 육군에서 여군을 위해 새로운 군복 사이즈를 디자인했을 때 적용한 경우다. 군집 분석 결과 서로 다른 체형에 적합한 20개의 사이즈로 이루어진 의복 치수 시스템이 나타났다. 20개의 의복 치수는 가슴, 목, 어깨 둘레, 소매 바깥 솔기, 목에서 엉덩이까지의 길이 등 5가지 측정치를 조합한 것이다(자세한 내용은 맥컬러 등McCullugh et al.의 논문, 1998 참조). 이 사례가 중요한 이유는 군집 레코드를 검토하여 완전히 새로운 인사이트를 보여주기 때문이다.

군집 분석은 대용량의 데이터에도 적용된다. 예를 들어, 인터넷 검색엔진은 사용자들이 검색한 검색어를 군집화하기 위해 군집 분석을 사용한다. 이러한 군집 분석은 검색 알고리즘을 향상하는 데 사용될 수 있다. 이 장에서는 군집 분석에서 가장 일반적으로 사용되는 기법들의 주요 개념을 설명하고, 각 기법의 장단점을 제시하고자 한다.

일반적으로 군집을 형성하는 데 사용되는 기본 데이터는 여러 변수에 대한 측정치 테이블이다. 이때, 각 열은 변수를 나타내고 각 행은 레코드를 나타낸다. 군집 분석의 목표는 유사한 레코드들이 같은 그룹에 있도록 유사한 레코드들을 묶어 그룹을 형성하는 것이다. 군집 수는 미리 특정되거나 데이터로부터 결정될 수 있다.

예제: 공공 전력 회사

[표 15-1]은 미국에 소재한 22개 공공 전력 회사에 관한 데이터다(각 변수에 대한 정의는 표 하단에 제시됨). 이들 22개 전력 회사를 유사한 전력 회사끼리 묶어 군집화하려고 한다. 군집화해야 할 레코드들은 전력 회사이며 군집화는 각 전력 회사에 대한 8개의 특성치에 기초한다. 이때 군집화가 유용하게 쓰이는 한 예로 규제 완화가 비용에 미치는 영향을 예측하는 연구를 들 수 있다. 이 연구에 필요한 분석을 진행하려면 경제 전문가들이 다양한 전력 회사에 대해 상세한 비용 모델링을 해야 한다. 그런데 만약 전력 회사들을 비슷한 유형의 집단으로 군집화하여 군집별로 대표적인 전력 회사만 대상으로 해서 상세한 비용 모델링을 한 후 이러한 모델 결과를 전체 전력 회사로 확대할 수 있다면, 모델링에 필요한 상당한 시간과 노력을 줄일 수 있다.

표 15-1 22개의 공공 전력 회사 데이터

Company	Fixed	RoR	Cost	Load	Demand	Sales	Nuclear	Fuel Cost
Arizona Public Service	1.06	9.2	151	54.4	1.6	9077	0.0	0.628
Boston Edison Co.	0.89	10.3	202	57.9	2.2	5088	25.3	1.555
Central Louisiana Co.	1.43	15.4	113	53.0	3.4	9212	0.0	1.058
Commonwealth Edison Co.	1.02	11.2	168	56.0	0.3	6423	34.3	0.700
Consolidated Edison Co. (NY)	1.49	8.8	192	51.2	1.0	3300	15.6	2.044
Florida Power & Light Co.	1.32	13.5	111	60.0	−2.2	11127	22.5	1.241
Hawaiian Electric Co.	1.22	12.2	175	67.6	2.2	7642	0.0	1.652
daho Power Co.	1.10	9.2	245	57.0	3.3	13082	0.0	0.309
Kentucky Utilities Co.	1.34	13.0	168	60.4	7.2	8406	0.0	0.862
Madison Gas & Electric Co.	1.12	12.4	197	53.0	2.7	6455	39.2	0.623
Nevada Power Co.	0.75	7.5	173	51.5	6.5	17441	0.0	0.768
New England Electric Co.	1.13	10.9	178	62.0	3.7	6154	0.0	1.897
Northern States Power Co.	1.15	12.7	199	53.7	6.4	7179	50.2	0.527
Oklahoma Gas & Electric Co.	1.09	12.0	96	49.8	1.4	9673	0.0	0.588
Pacific Gas & Electric Co.	0.96	7.6	164	62.2	−0.1	6468	0.9	1.400
Puget Sound Power & Light Co.	1.16	9.9	252	56.0	9.2	15991	0.0	0.620
San Diego Gas & Electric Co.	0.76	6.4	136	61.9	9.0	5714	8.3	1.920
The Southern Co.	1.05	12.6	150	56.7	2.7	10140	0.0	1.108
Texas Utilities Co.	1.16	11.7	104	54.0	−2.1	13507	0.0	0.636
Wisconsin Electric Power Co.	1.20	11.8	148	59.9	3.5	7287	41.1	0.702
United Illuminating Co.	1.04	8.6	204	61.0	3.5	6650	0.0	2.116
Virginia Electric & Power Co.	1.07	9.3	174	54.3	5.9	10093	26.6	1.306

Fixed = 고정 비용 부담률(수익/부채)
RoR = 투자 수익률
Cost = KW당 생산 비용
Load = 연간 부하량
Demand = 1974년~1975년의 최대 전력 수요(kwh)의 증가율(%)
Sales = 전력 판매 매출액(kwh/연간)
Nuclear = 원자력발전 비율
Fuel Cost = 총 연료비(cents/kwh)

우선 매출액(Sales)과 연료비(Fuel Cost)라는 두 측정치만 고려해 보자. [그림 15-1]은 두 변수의 산점도를 나타내는데, 각 전력 회사를 표시하는 레이블이 표시되어 있다. 언뜻 보기에, 이 산점도는 전체 기업이 2개 또는 3개의 군집으로 나뉘는 것처럼 보인다. 다시 말해, 첫 번째 군집은 연료비가 높은 전력 회사들이고, 두 번째 군집은 낮은 연료비와 상대적으로 낮은 매출액을 보유한 전력 회사들이며, 세 번째 군집은 연료비가 낮지만 매출액은 높은 전력 회사들이다. 따라서 군집 분석이란 개별 레코드 사이의 거리를 측정하고, 이 거리(예제에서는 2차원의 거리)에 따라 거리가 가까운 레코드끼리(또는 레코드의 특징이 유사한 레코드끼리) 군집화하는 공식적인 알고리즘으로 생각할 수 있다.

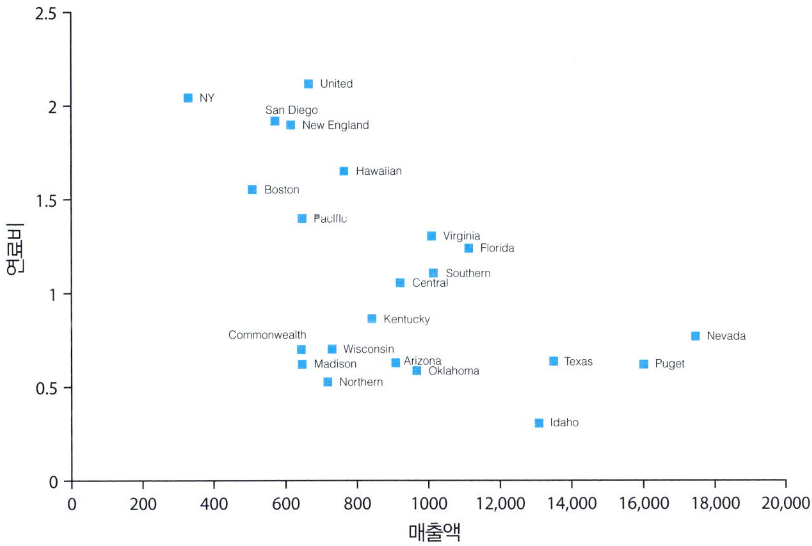

그림 15-1 22개 공공 전력 회사의 연료비(Fuel Cost) vs. 매출액(Sales) 산점도

레코드가 n개인 데이터셋이 주어졌을 때, 두 가지 일반적인 유형의 군집화 알고리즘으로 계층적 군집화와 비계층적 군집화가 있다.

계층적 방법hierachical methods 계층적 방법에는 응집 분석agglomerative analysis과 분할 분석divisive analysis이 있다. 응집 분석은 n개의 레코드를 각각 하나의 군집으로 간주하고 레코드의 특성이 유사한 군집끼리 순차적으로 결합해 나가는 방법이다. 이와 달리 분할 분석은 모든 레코드를 하나의 군집으로 보고, 순차적으로 특성이 먼 레코드를 분할하는 방법이다. 이러한 계층적 방법들은 군집들을 자연적인 계층 구조로 정렬하고자 할 때 특히 유용하다.

비계층적 방법nonhierachical methods 비계층적 군집화 알고리즘으로는 k-평균 군집화 방법이 있다. 계층적 군집과 달리 비계층적 군집에서는 미리 군집의 수를 정해 레코드를 각 군집에 할당한다. 일반적으로 이러한 방법은 계산 집약적이지 않으므로, 대용량 데이터에서 선호되는 분석 방법이다.

여기서는 가장 널리 쓰이는 두 가지 방법인 계층적 응집 군집화와 k-평균 군집화에 초점을 맞춘다. 두 방법 모두 두 가지 형태의 거리를 정의할 필요가 있는데, 이는 '두 레코드 사이의 거리'와 '두 군집 사이의 거리'다. 이때 두 경우 모두 다양한 거리 측도를 사용할 수 있다.

15.2 두 레코드 사이의 거리 측정

이 장에서 d_{ij}는 레코드 i와 j 사이의 거리 또는 비유사성을 나타낸다. 일반적으로 레코드 i와 j는 p개의 측정치로 관측되는데, 각각 $(x_{i1}, x_{i2}, \cdots, x_{ip})$와 $(x_{j1}, x_{j2}, \cdots, x_{jp})$로 표시한다. 예를 들어, 애리조나 공공 서비스Arizona Public Service의 측정치들은 [1.06, 9.2, 151, 54.4, 1.6, 9,077, 0, 0.6028]로 나타낼 수 있다.

거리는 다양한 방법으로 정의될 수 있지만, 일반적으로 다음 성질을 만족해야 한다.

- 양의 성질 $d_{ij} \geq 0$
- 자기 근접성 $d_{ii} = 0$ (자기 자신과의 거리는 0)
- 대칭성 $d_{ij} = d_{ji}$
- 삼각 부등식 $d_{ij} \leq d_{ik} + d_{kj}$ (임의의 두 레코드 간 거리는 다른 두 쌍의 레코드 간 거리의 합보다 클 수 없음)

유클리드 거리

가장 잘 알려진 거리 측도는 유클리드 거리(d_{ij})로서, 두 개체 i와 j 사이의 거리 d_{ij}를 다음과 같이 계산한다.

$$d_{ij} = \sqrt{(x_{i1} - x_{j1})^2 + (x_{i2} - x_{j2})^2 + \cdots + (x_{ip} - x_{jp})^2}$$

예를 들어, 애리조나와 보스턴 에디슨 공공 전력 회사 간의 유클리드 거리는 다음 식으로 계산된다.

$$\begin{aligned} d_{12} &= \sqrt{(1.06 - 0.89)^2 + (9.2 - 10.3)^2 + (151 - 202)^2 + \cdots + (0.628 - 1.555)^2} \\ &= 3989.408 \end{aligned}$$

파이썬에서 유클리드 거리를 계산하려면 [표 15-2]를 참조한다.

표 15-2 유클리드 거리를 사용해 계산된 처음 5개 공공 전력 회사 간 거리 행렬

레코드 간 거리를 계산하는 파이썬 코드

```
utilities_df = pd.read_csv('Utilities.csv')

# set row names to the utilities column
utilities_df.set_index('Company', inplace=True)

# while not required, the conversion of integer data to float
# will avoid a warning when applying the scale function
utilities_df = utilities_df.apply(lambda x: x.astype('float64'))
```

```
# compute Euclidean distance
d = pairwise.pairwise_distances(utilities_df, metric='euclidean')
pd.DataFrame(d, columns=utilities_df.index, index=utilities_df.index)
```

실행 결과

```
Company          Arizona       Boston      Central  Commonwealth           NY
Company
Arizona         0.000000  3989.408076   140.402855   2654.277632  5777.167672
Boston       3989.408076     0.000000  4125.044132   1335.466502  1788.068027
Central       140.402855  4125.044132     0.000000   2789.759674  5912.552908
Commonwealth 2654.277632  1335.466502  2789.759674      0.000000  3123.153215
NY           5777.167672  1788.068027  5912.552908   3123.153215     0.000000
```

수치형 데이터의 정규화

앞에서 계산한 유클리드 거리는 각 변수의 단위에 영향을 크게 받기 때문에, 단위가 큰 변수(예 매출액)는 두 레코드 간의 총 거리에 매우 큰 영향을 주게 된다. 그러므로 유클리드 거리를 계산하기 전에 연속형 값들에 대해 레코드들을 정규화해야 한다. 정규화는 모든 레코드를 같은 단위로 변환한다. 레코드의 정규화는 레코드에서 평균을 뺀 후, 표준편차로 나누는 것을 의미한다(정규화된 값을 z-값이라 부름). 예를 들어, 22개 공공 전력 회사의 매출액 평균은 8914.045이고 표준편차는 3549.984다. 따라서 애리조나 공공 전력 회사의 매출액을 정규화하면, $(9077 - 8914.045)/3549.984 = 0.046$이 된다.

매출액과 연료비 변수만 고려한 데이터를 살펴보면, 우선 레코드 값들을 정규화한 다음([표 15-3] 참조) 전력 회사별 유클리드 거리를 계산한다. [표 15-4]는 처음 5개 전력 회사에 대해 각 전력 회사 간 거리를 나타낸다. 22개 공공 전력 회사에 대해서도 이와 유사한 표를 만들 수 있다.

표 15-3 매출액과 연료비에 대한 원래 측정치와 이를 정규화한 측정치

Company	Sales	Fuel Cost	NormSales	NormFuel
Arizona Public Service	9077	0.628	0.0459	−0.8537
Boston Edison Co.	5088	1.555	−1.0778	0.8133
Central Louisiana Co.	9212	1.058	0.0839	−0.0804
Commonwealth Edison Co.	6423	0.7	−0.7017	−0.7242
Consolidated Edison Co. (NY)	3300	2.044	−1.5814	1.6926
Florida Power & Light Co.	11,127	1.241	0.6234	0.2486
Hawaiian Electric Co.	7642	1.652	−0.3583	0.9877
Idaho Power Co.	13,082	0.309	1.1741	−1.4273
Kentucky Utilities Co.	8406	0.862	−0.1431	−0.4329
Madison Gas & Electric Co.	6455	0.623	−0.6927	−0.8627
Nevada Power Co.	17,441	0.768	2.4020	−0.6019
New England Electric Co.	6154	1.897	−0.7775	1.4283
Northern States Power Co.	7179	0.527	−0.4887	−1.0353

Oklahoma Gas & Electric Co.	9673	0.588	0.2138	−0.9256
Pacific Gas & Electric Co.	6468	1.4	−0.6890	0.5346
Puget Sound Power & Light Co.	15,991	0.62	1.9935	−0.8681
San Diego Gas & Electric Co.	5714	1.92	−0.9014	1.4697
The Southern Co.	10,140	1.108	0.3453	0.0095
Texas Utilities Co.	13,507	0.636	1.2938	−0.8393
Wisconsin Electric Power Co.	7287	0.702	−0.4583	−0.7206
United Illuminating Co.	6650	2.116	−0.6378	1.8221
Virginia Electric & Power Co.	10,093	1.306	0.3321	0.3655
Mean	8914.05	1.10	0.00	0.00
Standard deviation	3549.98	0.56	1.00	1.00

표 15-4 정규화한 값으로 유클리드 거리를 사용해 계산한 처음 5개 공공 전력 회사 간 거리 행렬

데이터를 정규화하고 거리를 계산하는 파이썬 코드

```
# scikit-learn uses population standard deviation
utilities_df_norm = utilities_df.apply(preprocessing.scale, axis=0)

# pandas uses sample standard deviation
utilities_df_norm = (utilities_df - utilities_df.mean())/utilities_df.std()

# compute normalized distance based on Sales and Fuel Cost
utilities_df_norm[['Sales', 'Fuel_Cost']]
d_norm = pairwise.pairwise_distances(utilities_df_norm[['Sales', 'Fuel_Cost']],
                                      metric='euclidean')
pd.DataFrame(d_norm, columns=utilities_df.index, index=utilities_df.index)
```

실행 결과

```
Company          Arizona    Boston   Central  Commonwealth        NY
Company
Arizona         0.000000  2.010329  0.774179      0.758738  3.021907
Boston          2.010329  0.000000  1.465703      1.582821  1.013370
Central         0.774179  1.465703  0.000000      1.015710  2.432528
Commonwealth    0.758738  1.582821  1.015710      0.000000  2.571969
NY              3.021907  1.013370  2.432528      2.571969  0.000000
```

수치형 데이터의 다른 거리 측도

군집 분석에서 거리 측도 선택은 중요한 역할을 한다는 점에 주목해야 한다. 일반적으로 거리 선택에 관한 가이드라인은 적용 분야에 따라 달라진다. 예를 들면, 정확하게 무엇이 측정되고 있는가, 서로 다른 변수들이 어떻게 관련되어 있는가, 각 측정치는 어떤 스케일(수치형, 순서형 또는 명목형)로 취급되어야 하는가, 이상점들이 있는가, 분석 목적에 따라 군집이 소수의 변수에 의해 대부분 구별되어야 하는가, 군집이 적절하게 가중치를 부여한 다수의 변수에 의해 구분되어야 하는가 등이다.

유클리드 거리가 가장 널리 사용되는 거리이긴 하지만, 이 거리는 반드시 주의해야 할 세 가지 중요한 특징이 있다. 첫째, 앞에서도 언급했지만 유클리드 거리는 관측 단위의 영향을 많이 받는다. 변수의 측정 단위를 바꾸는 것(예 센트를 달러로 변환)은 결과에 큰 영향을 줄 수 있다. 그러므로 수치형 데이터를 다루는 경우에는 단위의 영향을 없애기 위해 변수를 정규화하는 것이 일반적인 해법이다. 그러나 군집화가 어떤 변수에 더 의존하고 다른 변수에 덜 의존해야 한다면 변수에 서로 다른 가중치를 주는 것을 고려할 수 있다. 둘째, 유클리드 거리의 특징은 변수들 간의 관계가 고려되지 않는다는 것이다. 그래서 만약 변수들이 서로 강한 상관관계를 가지고 있다면 다른 거리 측도(예 아래에서 설명할 통계적 거리)를 선택하는 편이 더 낫다. 셋째, 유클리드 거리는 이상점에 민감하다. 데이터에 제거할 수 없는 이상점들이 존재한다면 좀 더 강건한 거리 측도(예 아래에서 설명할 맨해튼 거리)가 선호된다.

그 밖에 널리 알려진 거리 측도로 다음과 같은 것들이 있다.

상관 계수에 기초한 유사도 때때로 레코드 간의 비유사도를 측정한 거리보다 유사도를 이용해 군집 분석하는 것이 더 자연스럽고 편리할 때가 있다. 대표적인 유사도는 상관 계수의 제곱인 r_{ij}^2으로, 상관 계수는 다음과 같이 정의된다.

$$r_{ij} = \frac{\sum_{m=1}^{p}(x_{im} - \overline{x}_i)(x_{jm} - \overline{x}_j)}{\sqrt{\sum_{m=1}^{p}(x_{im} - \overline{x}_i)^2 \sum_{m=1}^{p}(x_{jm} - \overline{x}_j)^2}} \tag{15.1}$$

이러한 측도는 항상 거리로 변환될 수 있는데, 앞의 예에서 거리 측도는 $d_{ij} = 1 - r_{ij}^2$로 정의할 수 있다.

통계적 거리(또는 마할라노비스 거리) 이 거리는 변수들 간의 상관관계를 고려한다는 점에서 다른 거리들보다 장점이 있다. 이 거리 측도에 의하면 다른 변수들과 높은 상관관계를 갖는 변수들은 상관관계가 없거나 중간 정도의 상관관계를 갖는 변수들에 비해 거리에 미치는 영향력이 크지 않다. 두 레코드 i와 j 사이의 통계적 거리는 다음과 같이 정의된다.

$$d_{ij} = \sqrt{(\mathbf{x}_i - \mathbf{x}_j)' S^{-1}(x_i - x_j)}$$

이때, $\mathbf{x}_i$와 $\mathbf{x}_j$는 각각 레코드 i와 j의 변수들로 이루어진 p차원의 벡터를 의미하고, S는 이 벡터들에 대한 공분산 행렬을 의미한다(기호 ′는 전치행렬을 뜻하는 연산자로서 단순히 열벡터를 행벡터로 변화시킴). S^{-1}는 S의 역행렬을 나타낸다. 통계적 거리에 관한 보다 자세한 내용은 12장을 참조하기 바란다.

맨해튼 거리(시티 블록 거리) 이 거리는 차이를 제곱하기보다 차이의 절댓값을 고려하며, 다음과 같이 정의된다.

$$d_{ij} = \sum_{m=1}^{p} |x_{im} - x_{jm}|$$

최대 좌표 거리 이 거리는 두 레코드 i와 j의 p개 변수들 중 가장 차이가 큰 변수 값의 차이를 나타내며 다음과 같이 정의된다.

$$d_{ij} = \max_{m=1,2,\cdots,p} |x_{im} - x_{jm}|$$

범주형 데이터에 대한 거리 측도

이진형 변수에 대해서는 두 레코드 간 거리를 구하기보다 유사도를 사용하는 것이 직관적으로 좀 더 바람직하다. 만약 모든 x_{ij} 값이 이진형이라면, 두 레코드 i와 j에 대해 다음의 2×2 분할표를 만들 수 있다.

		Record j		
		0	1	
Record i	0	a	b	$a+b$
	1	c	d	$c+d$
		$a+c$	$b+d$	p

이때, a는 두 레코드 i와 j에서 모두 속성이 존재하지 않는(속성값이 0에 해당) 예측 변수의 개수를 나타내고, d는 두 레코드 i와 j에서 모두 속성이 존재하는 예측 변수의 개수를 말한다. 이 경우 가장 유용한 유사도는 다음과 같다.

매칭 계수 $(a+d)/p$

자카드 계수 $d/(b+c+d)$. 이 계수는 속성값이 0으로 일치하는 예측 변수의 개수는 무시한다. 이 값은 두 사람 모두 특징이 별로 없기 때문에 두 사람이 비슷하다고 생각하지 않으려는 경우에 바람직한 측도로 사용된다. 예를 들어, 코베트 스포츠카의 소유 여부라는 변수가 여러 변수 중 하나라면 두 사람이 비슷한가에 관한 문제에서, '예' 값에 대해 일치할 경우에는 비슷하다는 증거가 될 수 있지만, '아니요' 값에 대해 일치할 경우에는 두 사람이 비슷한지 아닌지에 관한 정보가 없다는 것이다.

혼합형 데이터에 대한 거리 측도

변수의 종류가 혼합(일부는 연속형이고 일부는 이진형)되어 나타난 경우에는 가워Gower가 제안한 유사도가 매우 유용하다. 가워의 유사도는 각 변수를 [0, 1] 스케일로 조정한 후, 각 변수의 거리를 가중평균한 것인데 다음과 같이 정의된다. 이때, s_{ijm}은 m번째 변수에 대한 레코드 i와 레코드 j의 유사도이고, w_{ijm}은 해당 거리에 주어진 이진형 가중치다.

$$s_{ij} = \frac{\sum_{m=1}^{p} w_{ijm} s_{ijm}}{\sum_{m=1}^{p} w_{ijm}}$$

유사도 s_{ijm}와 가중치 w_{ijm}은 다음과 같이 계산된다.

❶ m번째 변수의 관측치가 1개 또는 2개의 레코드 모두에서 알려져 있지 않은 경우($w_{ijm}=0$)가 아니라면, m번째 변수가 연속형 변수인 경우에는 $s_{ijm}=1-\frac{|x_{im}-x_{jm}|}{\max(x_m)-\min(x_m)}$이고 $w_{ijm}=1$이 된다.

❷ m번째 변수가 이진형인 경우에는 $x_{im}=x_{jm}=1$이면 $s_{ijm}=1$이 되고, 그렇지 않으면 0이 된다. 만약 $x_{im}=x_{jm}=0$이 아니라면 $w_{ijm}=1$이 된다.

❸ m번째 변수가 이진형이 아닌 범주형인 경우에는, 레코드들이 같은 범주에 속해 있으면 $s_{ijm}=1$, 그렇지 않으면 $s_{ijm}=0$이 된다. 연속형 변수에서와 마찬가지로, m번째 변수의 관측치가 1개 또는 2개의 레코드 모두에서 알려져 있지 않은 경우($w_{ijm}=0$)가 아니라면 $w_{ijm}=1$이 된다.

15.3 두 군집 사이의 거리 측정

하나의 군집은 하나 또는 그 이상의 레코드로 이루어진 집합이다. 군집 사이의 거리를 어떻게 측정할까? 측정 방법은 레코드들 사이의 거리 측도를 군집 사이의 거리 측도로 확장하는 것이다. m개의 레코드 $A_1, A_2, \cdots, A_m$을 포함하는 군집 A와, n개의 레코드 $B_1, B_2, \cdots, B_n$을 포함하는 군집 B가 있다고 하자. 군집 사이의 거리로 가장 널리 사용되는 4개의 측도로는 최단 거리, 최장 거리, 평균 거리, 중심 거리가 있다.

최단 거리

각 군집에 속한 레코드 A_i와 B_j 사이의 거리 중 가장 가까운 거리로 정의한다.

$$\min(\text{distance}(A_i, B_j)), \quad i=1,2,\cdots, m; \quad j=1,2,\cdots,n$$

최대 거리

각 군집에 속한 레코드 A_i와 B_j 사이의 거리 중 가장 먼 거리로 정의한다.

$$\max(\text{distance}(A_i, B_j)), \quad i=1,2,\cdots, m; \quad j=1,2,\cdots,n$$

평균 거리

군집 A에 속한 레코드와 군집 B에 속한 레코드 사이의 가능한 모든 거리를 평균하여 정의한다.

$$\text{Average}(\text{distance}(A_i, B_j)), \quad i=1,2,\cdots, m; \quad j=1,2,\cdots,n$$

중심 거리

각 군집에서 구한 중심점 사이의 거리로 정의한다. 군집의 중심점cluster centroid은 군집 내에 있는 모든 레코드에 대해 변수별로 평균한 벡터가 된다. 즉, 군집 A의 중심은 $\overline{x}_A = [(1/m\sum_{i=1}^{m} x_{1i}, \cdots, 1/m\sum_{i=1}^{m} x_{pi})]$가 된다. 따라서 군집 A와 군집 B 사이의 거리는 다음과 같다.

$$\text{distance}\,(\overline{x}_A,\, \overline{x}_B)$$

[그림 15-2]에서는 포르투갈과 프랑스의 2차원 지도에 최단 거리, 최대 거리, 중심 거리를 시각화하였다.

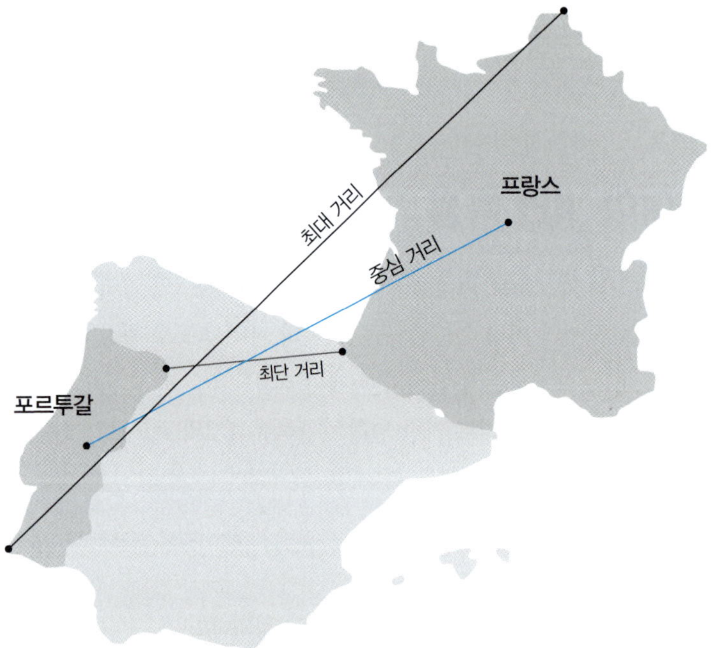

그림 15-2 포르투갈과 프랑스 간의 여러 거리 측정에 대한 2차원 표현

예를 들어, 처음 2개의 공공 전력 회사(`Arizona`, `Boston`)를 군집 A라 하고, 그다음 3개의 전력 회사(`Central`, `Commonweilth`, `Consolidated`)를 군집 B라고 하자. [표 15-3]의 정규화 점수와 [표 15-4]의 거리 행렬을 사용해 앞에서 설명한 대로 군집 사이의 거리를 계산할 수 있다. 레코드 간 유클리드 거리를 사용한다면 다음과 같은 군집 간 거리를 얻는다.

- 레코드 간 거리가 가장 가까운 쌍은 `Arizona`와 `Commonwealth`로, 군집 A와 B 사이의 최단 거리는 0.76이 된다.
- 레코드 간 거리가 가장 먼 쌍은 `Arizona`와 `Consolidated`이므로, 군집 A와 B 사이의 최대 거리는 3.02가 된다.
- 평균 거리는 $(0.77 + 0.76 + 3.02 + 1.47 + 1.58 + 1.01)/6 = 1.44$가 된다.
- 군집 A의 중심은

$$\left[\frac{0.0459 - 1.0778}{2}, \frac{-0.8537 + 0.8133}{2}\right] = [-0.516, -0.020]$$

  이고, 군집 B의 중심은

$$\left[\frac{0.0839 - 0.7017 - 1.5814}{3}, \frac{-0.0804 - 0.7242 + 1.6926}{3}\right] = [-0.733, 0.296]$$

  이므로 두 중심 간 거리는 다음과 같다.

$$\sqrt{(-0.516 + 0.733)^2 + (-0.020 - 0.296)^2} = 0.38$$

군집 방법을 결정할 때에는 데이터에 대한 전문 지식이 중요한 요소가 된다. 만약 군집 형태가 고리 또는 소시지 모양이라면, 최단 거리법을 선택하는 것이 좋다. 이 방법에서는 군집을 구성하는 모든 레코드에 대해 서로 근접할 것을 요구하지 않는다. 다만 새로운 레코드가 추가되는 경우, 기존 군집 내 레코드들 중 하나에 근접하기만 하면 된다. 이런 경우에 속하는 예로는 길게 줄지어 심어진 농작물 특성 또는 어떤 지역 내 주요 거주 지역의 수로를 따라 발생하는 질병의 특성 등이 있다. 또는 (육지 또는 바다에서) 매장된 광산을 찾는 문제를 생각해 볼 수 있다. 최단 거리는 거리에 존재하는 작은 편차에 상당히 강건하다. 그러나 데이터를 추가하거나 제거하는 것은 군집에 크게 영향을 줄 수 있다.

최대 연결법과 평균 연결법은 군집 형태가 좀 더 구형에 가까운 경우(예 수많은 속성에 기초하여 군집화된 고객들)에 적합하다. 그런데 대부분의 군집은 본질적으로 구형인 경향이 있기 때문에, 군집 모양을 모르는 경우라면 이들 방법이 기본적인 선택 사항이 된다.

이제 두 가지 주요한 유형의 군집화 알고리즘으로 계층적 응집 군집화와 비계층적 군집화에 대해 좀 더 자세히 살펴보기로 한다.

15.4 계층적 응집 군집화

계층적 응집 군집화hierachical agglomerative clustering는 각 레코드를 하나의 군집으로 하여 가장 가까운 2개의 군집을 단계적으로 합치면서, 최종적으로 모든 레코드가 하나의 군집이 될 때까지 계속 결합해 나가는 방법이다.

공공 전력 회사 예제에서 먼저 [표 15-4]의 5개 공공 전력 회사와 2개의 변수(판매액과 연료비)만 고려한 거리 행렬을 살펴보면 (정규화 변수에 대해 유클리드 거리를 사용할 때) Arizona와 Commonwealth가 가장 가깝게 나타난다. 따라서 계층적 군집화의 첫 단계는 Arizona와 Commonwealth를 합치는 것이다. 다음으로는 {Arizona, Commonwealth}, {Boston}, {Central}, {Consolidated}의 4개 군집에 대해 군집들 간 4×4 거리 행렬을 계산한다. 이때, 15.3절에서 설명한 군집 사이의 거리 측도를 사용한다. 이들 군집 간 거리(최소 거리, 최대 거리, 평균 거리, 중심 거리)는 각각 다음과 같은 계층적 순서로 구현된다.

계층적 응집 군집화 알고리즘

❶ 각 레코드를 하나의 군집으로 하여 n개의 군집을 형성한다.

❷ 가장 근접한 2개의 레코드를 하나의 군집으로 결합한다.

❸ 매 단계에서, 거리가 가장 가까운 2개의 군집을 결합한다. 이것은 하나의 레코드가 기존 군집에 추가되거나 기존 군집 2개가 결합되는 것을 의미한다.

단일 연결법

단일 연결 군집화single linkage clustring에서 두 군집 간 거리는 최단 거리(한 군집 내 레코드들과 다른 군집 내 레코드들 사이의 거리를 구했을 때 가장 작은 거리)를 사용한다. 공공 전력 회사 예에서, [표 15-5]와 같이 군집 간 거리 행렬을 생성하기 위해 {Boston}, {Central}, {Consolidated}와 {Arizona, Commonwealth} 사이의 거리를 계산한다.

다음 단계에서는 두 군집 {Central}과 {Arizona, Commonwealth}가 가장 근접하므로 두 군집을 결합한다. 그런 후 다시 군집 간 거리 행렬을 계산한다(이번에는 3×3 행렬임). 이런 식으로 전체 레코드가 하나의 군집이 될 때까지 군집화한다.

이러한 방법은 같은 군집 내에 있는 중간 레코드들의 연쇄적인 관계 때문에 초기 단계에서는 서로 멀리 떨어진 레코드들도 함께 군집화되는 경향이 있다. 그러한 군집들을 빈 공간에 시각화하면 소시지 같은 모양으로 길게 늘어져 있는 것처럼 보인다.

표 15-5 단일 연결법을 이용해 Arizona와 Commonwealth를 군집화한 후의 군집 간 거리 행렬

	Arizona-Commonwealth	Boston	Central	Consolidated
Arizona-Commonwealth	0			
Boston	min(2.01,1.58)	0		
Central	min(0.77,1.02)	1.47	0	
Consolidated	min(3.02,2.57)	1.01	2.43	0

완전 연결 군집화

완전 연결 군집화complete linkage clustering에서 두 군집 사이의 거리는 최대 거리(가장 멀리 떨어진 레코드 사이의 거리)로 정의된다. 5개의 전력 회사에 대한 예제에서 완전 연결법을 사용했다면, 재계산된 거리 행렬은 최소 함수가 최대로 바뀌는 것을 제외하고는 [표 15-5]와 같다.

이 방법은 초기 단계에 서로 가까운 거리에 있는 레코드들끼리 군집화되는 경향이 있다. 만약 빈 공간에 레코드들의 형태를 나타낸다면, 군집들 내의 레코드들은 대략 구면체의 모습을 띨 것이다.

평균 연결 군집화

평균 연결 군집화average linkage clustering는 두 군집 사이의 평균 거리(모든 가능한 레코드 쌍 사이의 평균 거리)를 기반으로 한다. 5개의 전력 회사에 대한 예제에서 평균 연결법을 사용했다면, 거리 행렬은 최소 함수가 평균 함수로 대체되는 것을 제외하면 [표 15-5]와 같다. 이 방법은 평균을 사용한 비가중 쌍-그룹 방법Unweighted Pair-Group Method using Averages, UPGMA이라고도 한다.

평균 연결법과 달리 단일 연결법 및 완전 연결법의 결과는 레코드 간 거리의 순서에만 의존한다. 따라서 거리의 선형 변환(그리고 순서를 바꾸지 않는 기타 변환)은 군집 결과에 영향을 주지 않는다.

중심 연결 군집화

중심 연결 군집화centroid linkage clustering는 중심 거리를 기반으로 하는데, 중심은 각 변수의 평균값, 즉 평균 벡터로 표현된다. 여기서는 두 군집 사이의 거리가 평균 벡터 간 거리로 정의된다. 평균 연결법에서는 각각의 군집 내 모든 레코드 사이의 거리를 계산하여 이들의 거리를 평균하였지만, 중심 연결 군집화에서는 오직 평균 벡터 사이의 거리를 한 번만 계산한다. 이 방법은 중심을 사용한 비가중 쌍-그룹 방법Unweighted Pair-Group Method using Centroid, UPGMC이라고도 한다.

워드 방법

워드 방법Ward's method은 레코드를 결합하고 군집을 결합하여 점차적으로 큰 군집을 생성한다는 점에서 응집적이긴 하지만, 앞에서 설명한 일반적인 접근과는 조금 차이가 있다. 워드 방법은 레코드가 군집화하면서 발생되는 '정보 손실'을 고려한다. 각 군집에 하나의 레코드만 있다면 모든 레코드가 개별적으로 이용 가능하기 때문에 정보 손실이 없다. 그러나 레코드들이 서로 결합하여 군집을 이룰 경우에는, 개별 레코드에 관한 정보는 그 레코드가 속한 군집 정보로 대체된다. 정보 손실을 측정하기 위해서 워드 방법은 오차제곱합Error Sum of Squares, ESS을 이용하는데, 오차제곱합은 개별적인 관측치와 군집 평균의 차이를 측정한다.

워드 방법은 일변량 데이터에서 가장 쉽게 이해할 수 있다. 예를 들어, 평균이 2.5인 (2, 6, 5, 6, 2, 2, 2, 2, 0, 0, 0) 벡터 값을 살펴보자. 이때의 오차제곱합은 다음과 같다.

$$(2-2.5)^2 + (6-2.5)^2 + (5-2.5)^2 + \cdots + (0-2.5)^2 = 50.5$$

따라서 이 값들을 모두 하나로 군집화할 경우 정보 손실은 50.5라고 할 수 있다. 이제 이들 관측치를 4개의 그룹 (0, 0, 0), (2, 2, 2, 2), (5), (6, 6)으로 나누는 경우를 살펴보자. 이때의 정보 손실은 각 그룹에 대한 ESS의 합인 0이 된다(각 그룹 내의 관측치는 그룹 평균값과 동일하므로 각 그룹에 대한 ESS는 0이 됨). 따라서 10개의 레코드를 4개의 그룹으로 군집화하면 정보 손실이 없게 되고, 이것이 워드 방법의 첫 단계가 된다. 군집 수가 적은 쪽으로 움직일 때 워드 방법은 정보의 손실이 가장 적은 군집화를 선택한다.

워드 방법은 대략 같은 크기의 볼록한 군집convex clusters을 생성하는 경향이 있는데, 어떤 응용 분야(예 고객 세분화)에서는 이러한 경향이 중요한 고려 사항이 될 수 있다.

덴드로그램: 군집화의 과정과 결과 표시

덴드로그램dendrogram은 군집화 과정을 요약하는 트리 형태의 도표다. x-축에는 레코드가 표시된다. 유사한 레코드들은 선으로 연결되어 있으며, 수직선의 길이는 레코드 사이의 거리를 반영한다. [그림 15-3]은 8개의 정규화된 변수에 대해 22개 전력 회사를 군집화한 결과를 덴드로그램으로 보여주는데, 유클리드 거리로 (a)에서는 단일 연결법을 사용했고 (b)에서는 평균 연결법을 사용했다.

계층적 군집화를 실행하고 덴드로그램을 생성하는 파이썬 코드

```
# in linkage() set argument method =
# 'single', 'complete', 'average', 'weighted', centroid', 'median', 'ward'
Z = linkage(utilities_df_norm, method='single')
dendrogram(Z, labels=utilities_df_norm.index, color_threshold=2.75)

Z = linkage(utilities_df_norm, method='average')
dendrogram(Z, labels=utilities_df_norm.index, color_threshold=3.6)
```

(a)

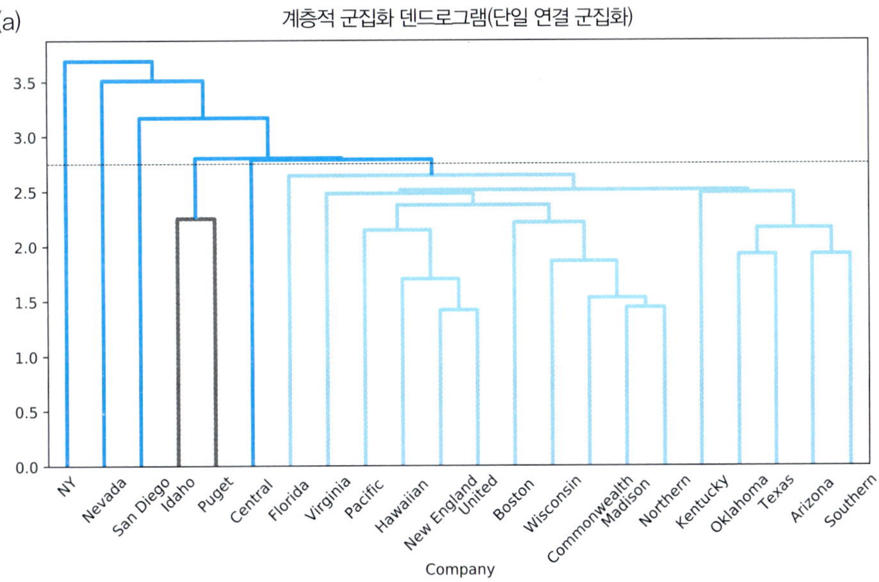

(b)

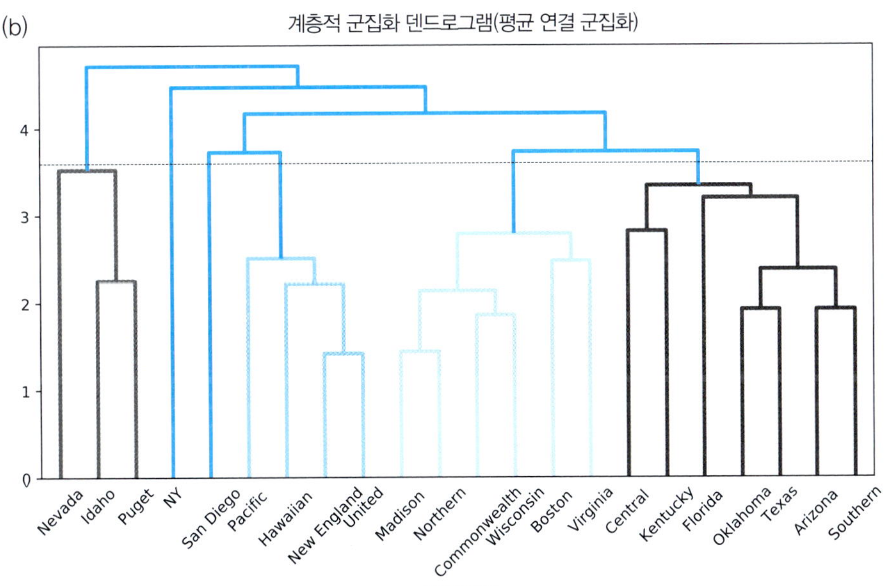

그림 15-3 덴드로그램: 8개 변수를 모두 사용한 22개 전력 회사의 단일 연결 군집화(a)와 평균 연결 군집화(b)

y-축에서 컷오프 거리를 선택하면, 군집 집합이 생성된다. 시각적으로 이것은 덴드로그램 위에 수평선을 그리는 것을 의미한다. 수평선 아래 연결된 레코드들(즉, 레코드 간 거리가 컷오프 거리보다 작음)은 같은 군집에 속한다. 예를 들어, [그림 15-3]의 (a)에서 컷오프 거리를 2.7로 정하면 6개의 군집이 생성된다. 6개의 군집(덴드로그램에서 왼쪽부터 오른쪽으로)은 다음과 같다.

{NY}, {Nevada}, {San Diego}, {Idaho, Puget}, {Central}, {Others}

만약 평균 연결법을 이용해 6개의 군집을 만든다면, 컷오프 거리로 3.5를 선택할 수 있다. 그 결과로 생성된 6개의 집합은 약간 달라진다.

6개 (또는 다른 개수의) 군집은 `scipy`에서 덴드로그램 객체에 `fcluster( )` 함수를 적용하여 계산할 수 있다. [표 15-6]은 6개의 군집을 사용하여 단일 연결 군집화한 결과와 평균 연결 군집화한 결과를 보여준다. 각 레코드는 하나의 군집에 할당된다. 어떤 레코드들은 두 가지 방법에서 모두 같은 군집에 속하는 반면(예 Arizona, Florida, Kentucky, Oklamona, Texas), 어떤 레코드들은 군집이 변하게 된다.

표 15-6 덴드로그램을 잘라 군집의 멤버십 계산하기

단일 연결법(명확성을 위해 수정 출력)

```
> memb = fcluster(linkage(utilities_df_norm, method='single'), 6, criterion='maxclust')
> memb = pd.Series(memb, index=utilities_df_norm.index)
> for key, item in memb.groupby(memb):
>     print(key, ': ', ', '.join(item.index))
1 :  Idaho, Puget
2 :  Arizona, Boston, Commonwealth, Florida, Hawaiian, Kentucky, Madison, New England,
     Northern, Oklahoma, Pacific, Southern, Texas, Wisconsin, United, Virginia
3 :  Central
4 :  San Diego
5 :  Nevada
6 :  NY
```

평균 연결법(명확성을 위해 수정 출력)

```
> memb = fcluster(linkage(utilities_df_norm, method='average'), 6, criterion='maxclust')
> memb = pd.Series(memb, index=utilities_df_norm.index)
> for key, item in memb.groupby(memb):
>     print(key, ': ', ', '.join(item.index))
1 :  Idaho, Nevada, Puget
2 :  Hawaiian, New England, Pacific, United
3 :  San Diego
4 :  Boston, Commonwealth, Madison, Northern, Wisconsin, Virginia
5 :  Arizona, Central, Florida, Kentucky, Oklahoma, Southern, Texas
6 :  NY
```

만약 5개의 군집을 얻고 싶다면, 처음 2개의 군집이 한 군집으로 합쳐지는 것을 제외하고 군집 수가 6개인 군집 결과와 동일해진다는 점에 주목해야 한다. 일반적으로 모든 계층적 방법은 군집의 수가 감소하면서 군집 결과가 다른 군집 결과에 내포되어 나타나는 것을 알 수 있다. 이러한 결과는 군집을 해석하는 데 중요한 특성이 되고, 다양한 생물 종을 분류하는 것과 같은 특정 응용 분야에서는 필수적이기도 하다.

군집의 타당성

군집 분석의 중요한 목적 중 하나는 의미 있는 군집을 찾아내는 것이다. 군집이 선택될 때는 많은 변동 요인이 있기 때문에 군집 분석의 결과로 생성된 군집이 타당한지 확인하는 것이 중요하다. 군집 분석의 유용성을 살펴보려면 다음의 각 측면을 고려해야 한다.

❶ **군집의 설명 가능성** 군집 결과에 대한 해석이 합리적인가? 군집을 해석하기 위해서는 다음과 같이 각 군집의 특성을 탐색한다.

a. 군집 분석에 사용된 각 변수에 대해 각 군집의 요약 통계량(예 평균값, 최솟값, 최댓값)을 구한다.

b. 군집 분석에서 사용되지 않은 몇 가지 공통된 특징(변수)에 따라 구별하기 위해 군집들을 검토한다.

c. 군집 표시: 해석에 기초해서 각 군집에 어울리는 이름 또는 레이블을 할당한다.

❷ **군집의 안정성** 입력값이 약간 변경되면 군집 결과가 유의하게 변하는가? 안정성을 검토하는 또 다른 방법은 데이터를 분할한 후 한쪽 데이터에 근거하여 형성된 군집이 나머지 데이터에 얼마나 잘 적용되는지 살펴보는 것이다. 이를 위해서는 다음과 같은 절차를 수행해야 한다.

a. 분할된 데이터 집합 A에 대해 군집 분석을 수행한다.

b. 집합 A로부터 군집 중심점을 구하고 이를 이용해 분할 B에 있는 각 관측치를 군집으로 할당한다(각 레코드는 가장 근접한 중심점의 군집으로 할당됨).

c. b의 군집 할당 결과가 모든 데이터에 근거한 군집 할당과 비교했을 때 얼마나 일치하는지를 평가한다.

❸ **군집의 분리** 군집의 분리가 합리적인지 살펴보기 위해, 군집 내 변동에 대한 군집 간 변동의 비를 검토한다. 이를 위해 통계적 검정법(F−검정)을 사용할 수 있지만, 그 유용성에 대해서는 다소 논쟁의 여지가 있다.

❹ **군집의 개수** 분석 목적이 정해지면, 결과로 나타난 군집의 개수는 유용해야 한다. 예를 들어, 고객 범주 식별과 시장 세분화를 목표로 각 군집에 레이블을 할당하려 한다고 가정하자. 만약 마케팅 부서에서 서로 다른 세 가지 마케팅 프레젠테이션만 유지하고자 한다면, 3개 이상의 군집을 구별하는 것은 적절하지 않다.

전력 회사의 예에서 두 가지 방법(단일 연결법과 평균 연결법) 모두 {NY}와 {San Diego}을 단일 군집으로 분류했었다. 또한 두 가지 방법에 의한 덴드로그램 모두 이 데이터셋에서 합리적인 군집의 수가 4개라는 것을 암시한다. 평균 연결 군집화에서 추론할 수 있는 한 가지 사실은 군집들이 지리적으로 그룹화되는 경향을 보인다는 것이다. 4개의 비단일 군집은 대략 남부 그룹, 북부 그룹, 동/서 해안 그룹, 서부 그룹을 형성한다.

히트맵을 생성하는 파이썬 코드

```
# set labels as cluster membership and utility name
utilities_df_norm.index = ['{}: {}'.format(cluster, state)
                           for cluster, state in zip(memb, utilities_df_norm.index)]
# plot heatmap
# the '_r' suffix reverses the color mapping to large = dark
sns.clustermap(utilities_df_norm, method='average', col_cluster=False, cmap='mako_r')
```

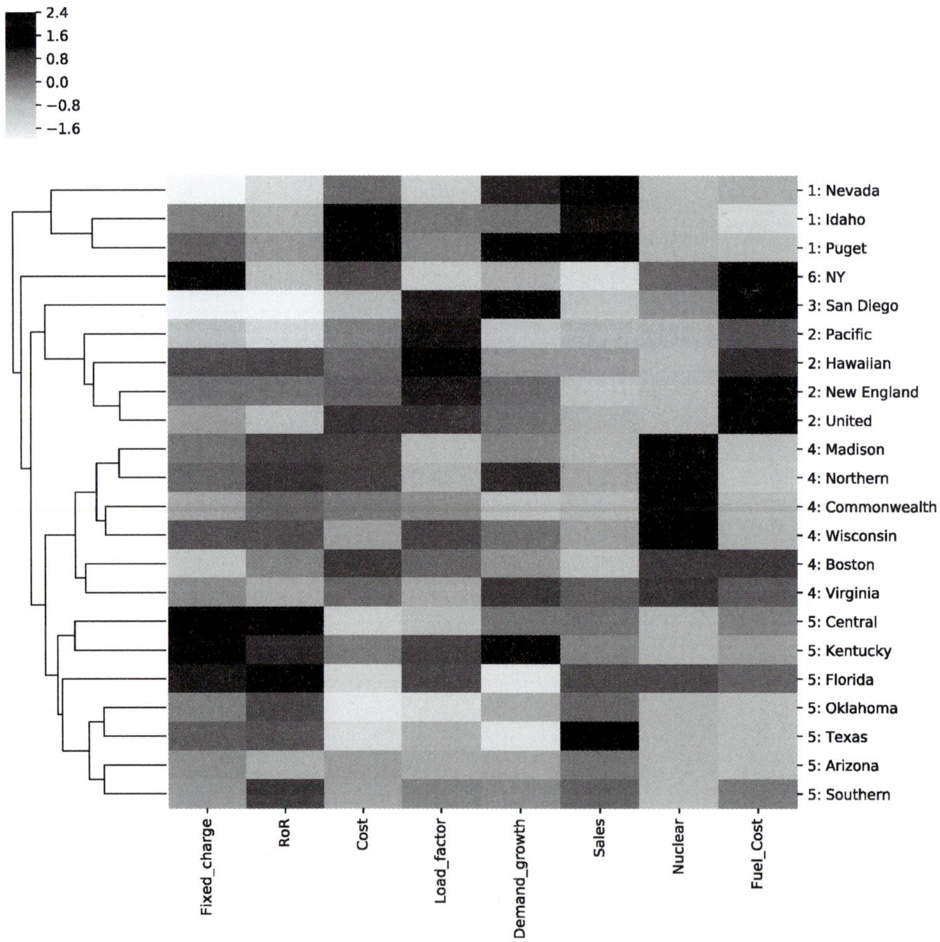

그림 15-4 22개 전력 회사(행에 표시)에 대한 히트맵. 평균 연결 군집화를 통해 행은 6개 군집으로 분류되어 있다. 짙은 색은 각 열의 값이 높은 것을 뜻한다.

변수들의 요약 통계량을 검토하거나 개별 변수 값의 히트맵을 시각적으로 확인해 각 군집을 더 특성화할 수 있다. [그림 15-4]는 8개 변수 값에 대해 각 군집이 갖는 서로 다른 프로파일을 강조하면서 4개 군집과 2개의 단일 군집에 대한 히트맵을 보여준다. 예를 들어, 군집 4는 전력 회사들의 원자력 비율(Nuclear)이 높은 것이 특징이며, 군집 5는 고정비용 부담률(Fixed-charge)과 투자 수익률(RoR)이 높은 것이 특징이다. 군집 2는 연료 비용(Fuel Cost)이 높은 것으로 나타났다.

계층적 군집화의 한계

계층적 군집화는 군집의 수를 명시할 필요가 없다는 점과 군집화가 순전히 데이터에 의해 수행된다는 점에서 아주 매력적인 분석 방법이다. 또한 덴드로그램을 통해 군집화 과정과 결과를 볼 수 있다는 것은 이 방법의 또 다른 이점이 된다. 그러나 이 방법에는 다음과 같이 몇 가지 한계점이 있다.

1. 계층적 군집화는 $n \times n$ 거리 행렬을 계산하고 저장해야 한다. 따라서 매우 큰 데이터셋에서는 계산 비용이 많이 들고 계산 속도가 느려질 수 있다.
2. 계층적 알고리즘은 데이터를 한 번 통과시킨다. 이것은 분석 과정 초기 단계에서 레코드가 잘못된 군집에 속하게 되면, 그 후 다시 수정할 기회가 없다는 뜻이다.
3. 계층적 군집화는 안정성이 낮은 경향이 있다. 데이터를 재정렬하거나 몇 개의 레코드를 제외할 경우, 전혀 다른 군집 결과가 나타날 수 있다.
4. 군집 간 거리 선택과 관련하여, 상대적인 순서가 유지되는 한 단일 연결법과 완전 연결법은 거리(예 유클리드 또는 통계적 거리)의 변화에 대해 강건하다. 반대로 평균 연결법은 거리의 선택에 더 많은 영향을 받으며, 거리가 바뀌면 완전히 다른 군집이 형성될 수도 있다.
5. 계층적 군집화는 이상치에 민감하다.

15.5 비계층적 군집화: *k*-평균 군집화 방법

좋은 군집들을 형성하기 위한 비계층적 군집화 방법은 미리 군집의 수 k를 정하고, 군집 내의 산포를 최소화하도록 각 케이스를 k 군집들 중 하나에 할당하는 기법이다. 다시 말해, 분석 목적은 군집들이 사용된 측정치와 관련하여 가능한 한 동질적이 되도록 미리 정해 놓은 k개의 군집이 중첩되지 않도록 표본을 나누는 것이다.

군집 내 산포에 관한 가장 일반적인 측도는 군집의 중심으로부터 레코드까지의 거리 합(또는 유클리드 거리의 제곱합)이다. 이러한 군집화는 정수 프로그래밍integer programming을 포함하는 최적화 문제로 설정될 수 있다. 그러나 변수의 수가 많을 때는 정수 프로그램을 푸는 데 시간이 많이 소요되기 때문에, (반드시 최적이라고 할 수는 없지만) 군집은 주로 계산이 빠르면서 좋은 해를 제시하는 휴리스틱 방법heuirstic method으로 계산된다. k-평균 군집화는 바로 이러한 방법에 속한다.

k-평균 군집화 알고리즘

❶ 초기 군집의 수를 k개로 한다(사용자가 k를 선택함).

❷ 매 단계에서 각 레코드는 중심이 가장 가까운 군집으로 재할당된다.

❸ 레코드가 빠지거나 추가되는 군집의 중심을 다시 계산하고, 단계 ❷를 반복한다.

❹ 군집 간 레코드 이동이 군집의 산포를 증가시킬 때 중지한다.

k-평균 알고리즘은 레코드들을 k개의 군집으로 초기 분할하는 것으로 시작된다. 다음 단계에서는 군집 중심에서 각 레코드 사이의 거리 합을 줄이기 위해 분할을 수정한다. 수정은 각 레코드를 이전 k개 분할된 군집의 중심까지 거리를 계산하여, 가장 가까운 군집으로 레코드를 할당하는 것으로 구성된다. 이로 인해 거리의 합이 이전보다 작아지는 새로운 분할이 생겨난다. 새로운 군집들의 평균이 계산되고, 이러한 개선은 거리 합의 변화가 거의 없을 때까지 반복된다.

5개의 전력 회사와 2개의 변수만 이용한 예제로 돌아가서, 군집의 수는 $k = 2$이며, 초기 군집들이 $A = \{$`Arizona`, `Boston`$\}$, $B = \{$`Central`, `Commonwealth`, `Consolidated`$\}$라고 가정하자. 군집의 중심은 15.3절에서 다음과 같이 계산되었다.

$$\overline{x}_A = [-0.516, -0.020], \qquad \overline{x}_B = [-0.733, 0.296]$$

각 레코드에서 두 군집의 중심까지의 거리는 [표 15-7]에 제시되어 있다.

표 15-7 군집의 중심으로부터 각 레코드까지의 거리

	군집 A의 중심으로부터의 거리	군집 B의 중심으로부터의 거리
Arizona	1.0052	1.3887
Boston	1.0052	0.6216
Central	0.6029	0.8995
Commonwealth	0.7281	1.0207
Consolidated	2.0172	1.6341

여기서 `Boston`은 군집 B와 더 가까운 것을 알 수 있으며, `Central`과 `Commonwealth`는 각각 군집 A와 더 가까운 것을 알 수 있다. 그러므로 이들 레코드를 가까운 군집으로 이동하면, 새로운

군집 A = {Arizona, Central, Commonwealth}와 B = {Consolidated, Boston}를 얻게 된다. 군집의 중심을 다시 계산하면 다음과 같다.

$$\overline{x}_A = [-0.191, -0.553], \qquad \overline{x}_B = [-1.33, 1.253]$$

각 레코드로부터 새롭게 계산된 중심까지의 거리는 [표 15-8]에 제시되어 있다. 여기서 각 레코드는 가장 인접한 군집에 할당되었기 때문에, 이 시점에서 군집화를 멈추게 된다.

표 15-8 새로 계산된 군집의 중심으로부터 각 레코드까지의 거리

	군집 *A*의 중심으로부터의 거리	군집 *B*의 중심으로부터의 거리
Arizona	0.3827	2.5159
Boston	1.6289	0.5067
Central	0.5463	1.9432
Commonwealth	0.5391	2.0745
Consolidated	2.6412	0.5067

군집 수(*k*) 선택

군집 수의 선택은 외적인 고려 사항(예 사전지식, 실질적인 제약 조건) 또는 몇 가지 다른 k값을 시도한 후 군집 결과들을 비교하여 이뤄진다. 군집 수 k를 선택한 후에는 n개의 레코드가 미리 정해 놓은 초기 군집으로 분할된다. 만약 특정한 군집으로 분할해야 하는 외적인 이유가 존재한다면, 이러한 정보를 사용해야 한다. 또는 k개 군집의 중심에 관한 외적인 정보가 존재한다면, 이를 사용해 초기에 레코드들을 할당할 수 있다.

대개 초기 분할에 사용될 만한 정보가 없다. 이럴 때는 빈약한 군집이 생성되는 경우를 줄이기 위해, 랜덤하게 생성된 초기 분할로 군집화 알고리즘을 재실행할 수 있다. 일반적으로 데이터에 있는 군집 수는 알려져 있지 않으므로, k가 증가함에 따라 거리 합이 어떻게 감소하는지 검토할 필요가 있다. 이를 위해 데이터로부터 예상되는 군집 수에 가까운 여러 개의 k를 사용해 알고리즘을 수행해 보도록 한다. 이러한 군집 결과는 (계층적 군집화에서와는 달리) 서로 다른 k에 대해 계산된 군집들이 서로 내포되어 있지 않음에 유의해야 한다.

22개의 전력 회사에 대해 8개의 변수로 KMeans( ) 함수를 사용해 $k = 6$인 k-평균 군집화를 수행한 결과는 [표 15-9]와 같다. 계층적 군집화의 결과처럼 군집 {NY}는 단일 군집으로 나타났다. 2개의 군집(군집 #3 = {Arizona, Florida, Central, Kentucky, Oklahoma, Texas}과 군집 #4 = {Virginia, Northern, Commonwealth, Madison, Wisconsin})은 평균 연결법의 계층적 군집화에서 나타난 군집과 거의 동일하다.

표 15-9 22개 전력 회사에 대해 k=6인 k-평균 군집화

k-평균 코드

```
# Load and preprocess data
utilities_df = pd.read_csv('Utilities.csv')
utilities_df.set_index('Company', inplace=True)
utilities_df = utilities_df.apply(lambda x: x.astype('float64'))

# Normalize distances
utilities_df_norm = utilities_df.apply(preprocessing.scale, axis=0)

kmeans = KMeans(n_clusters=6, random_state=0).fit(utilities_df_norm)

# Cluster membership
memb = pd.Series(kmeans.labels_, index=utilities_df_norm.index)
for key, item in memb.groupby(memb):
    print(key, ': ', ', '.join(item.index))
```

실행 결과

```
0 :  Commonwealth, Madison , Northern, Wisconsin, Virginia
1 :  Boston , Hawaiian , New England, Pacific , San Diego, United
2 :  Arizona , Central , Florida , Kentucky, Oklahoma, Southern, Texas
3 :  NY
4 :  Nevada
5 :  Idaho, Puget
```

군집 결과의 특징을 나타내기 위해, 군집의 중심([표 15-10]의 수치적 요약과 [그림 15-5]의 프로필 그림)을 검토해 보았다. 예를 들어, 군집 #4의 경우 낮은 고정비용 부담률(Fixed_charge)과 투자 수익률(RoR), 높은 최대 전력 수요량의 증가율(Demand-growth)과 매출액(Sales)을 나타낸다. 또한 어떤 변수가 군집을 잘 구별하는지 알 수 있다. 예를 들어, 군집 간 매출액(Sales)과 고정비용 부담률(Fixed_charge)의 폭은 꽤 높은 반면 다른 변수들은 높지 않다.

또한 군집 내 산포에 대한 정보를 조사할 수 있다. [표 15-10]에서 각각 6개와 7개의 레코드로 구성된 군집 #1과 #2는 군집 내 가장 큰 거리 제곱합을 갖게 되어 가장 이질적이라고 할 수 있다. 이와 대조적으로, 2개의 레코드가 있는 군집 #5는 군집 내 거리 제곱합이 작다(레코드의 개수도 더 적음). 군집 #3과 #4는 각각 1개의 레코드만 포함하고 있어, 군집 내 산포가 의미가 없다.

표 15-10 k=6인 k-평균 군집화에 대한 군집 중심과 군집 내 거리

군집 중심

```
> centroids = pd.DataFrame(kmeans.cluster_centers_, columns=utilities_df_norm.columns)
> pd.set_option('precision', 3)
> centroids
   Fixed_charge    RoR   Cost  Load_factor  Demand_growth  Sales  Nuclear  Fuel_Cost
0        -0.012  0.339  0.224       -0.366          0.170 -0.411    1.602     -0.609
1        -0.633 -0.640  0.207        1.175          0.058 -0.758   -0.381      1.204
2         0.516  0.798 -1.009       -0.345         -0.501  0.360   -0.536     -0.420
3         2.085 -0.883  0.592       -1.325         -0.736 -1.619    0.219      1.732
4        -2.020 -1.476  0.120       -1.257          1.070  2.458   -0.731     -0.616
5         0.088 -0.541  1.996       -0.110          0.988  1.621   -0.731     -1.175
```

거리 제곱과 클러스터 수의 클러스터 내 합

```
# calculate the distances of each data point to the cluster centers
distances = kmeans.transform(utilities_df_norm)

# find closest cluster for each data point
minSquaredDistances = distances.min(axis=1) ** 2

# combine with cluster labels into a data frame
df = pd.DataFrame({'squaredDistance': minSquaredDistances, 'cluster': kmeans.labels_},
   index=utilities_df_norm.index)

# group by cluster and print information
for cluster, data in df.groupby('cluster'):
   count = len(data)
   withinClustSS = data.squaredDistance.sum()
   print(f'Cluster {cluster} ({count} members): {withinClustSS:.2f} within cluster ')
```

실행 결과

```
Cluster 0 (5 members): 10.66 within cluster
Cluster 1 (6 members): 22.20 within cluster
Cluster 2 (7 members): 27.77 within cluster
Cluster 3 (1 members):  0.00 within cluster
Cluster 4 (1 members):  0.00 within cluster
Cluster 5 (2 members):  2.54 within cluster
```

군집 중심에 관한 프로필 그림을 그리는 파이썬 코드

```
centroids['cluster'] = ['Cluster {}'.format(i) for i in centroids.index]

plt.figure(figsize=(10,6))
parallel_coordinates(centroids, class_column='cluster', colormap='Dark2', linewidth=5)
plt.legend(loc='center left', bbox_to_anchor=(1, 0.5))
```

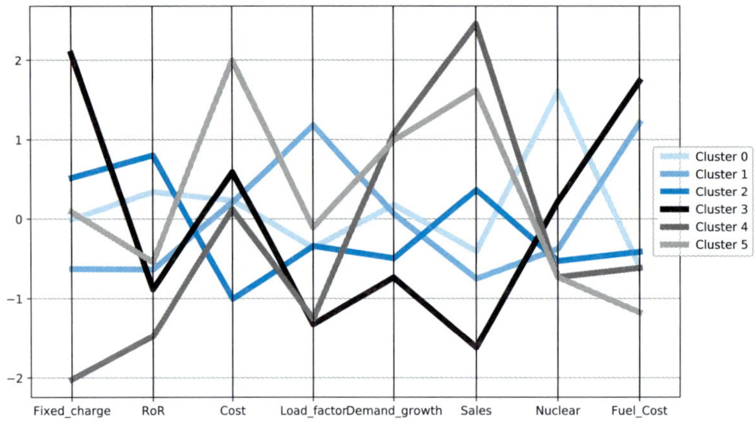

그림 15-5 군집 중심에 대한 시각적 표현(프로필 그림)

군집의 개수가 도메인 요구 사항에 의해 미리 결정되지 않는다면, 서로 다른 개수의 군집을 평가하기 위해 그래프 접근법을 사용한다. '엘보우 차트elbow chart'는 더 많은 군집을 추가함에 따라 군집 이질성이 감소하는 것을 묘사한 선그래프다. [그림 15-6]은 서로 다른 *k*의 선택에 대한 (정규화한) 군집 내 거리의 전체 평균을 보여준다. *k*가 1에서 2로 이동할 때 군집이 상당히 단단해지고(군집 내 거리가 크게 감소함), 2에서 3으로 심지어 4로 변화할 때도 마찬가지다. 군집의 개수를 4 이상으로 추가하면 군집의 동질성 향상 정도가 감소한다.

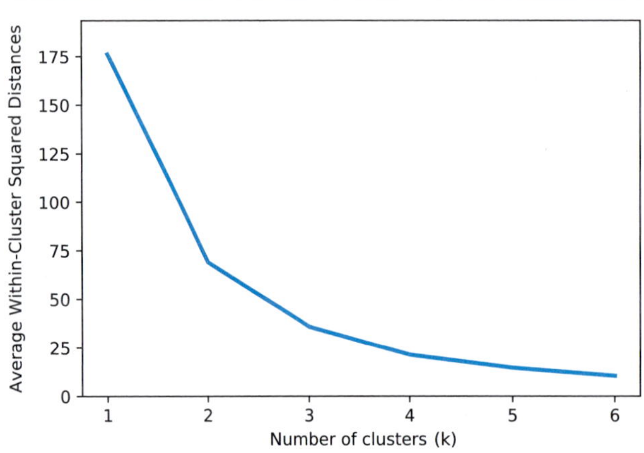

그림 15-6 군집 수(k)에 따른 군집 내 거리의 전체 평균 비교

[그림 15-6]을 생성하는 파이썬 코드

```
inertia = []
for n_clusters in range(1, 7):
   kmeans = KMeans(n_clusters=n_clusters, random_state=0).fit(utilities_df_norm)
   inertia.append(kmeans.inertia_ / n_clusters)
inertias = pd.DataFrame({'n_clusters': range(1, 7), 'inertia': inertia})
ax = inertias.plot(x='n_clusters', y='inertia')
plt.xlabel('Number of clusters (k)')
plt.ylabel('Average Within-Cluster Squared Distances')
plt.ylim((0, 1.1 * inertias.inertia.max()))
ax.legend().set_visible(False)
plt.show()
```

군집의 중심 사이를 유클리드 거리로 측정한 군집 간 거리([표 15-11] 참조)로부터 서로 다른 군집의 분리에 관해 배울 수 있다. 예를 들어, 군집 #2과 #4는 서로 가장 가까운 것을 볼 수 있다. 군집 #1과 #5는 서로 가장 멀리 떨어져 있다. 군집 #5는 전반적으로 다른 군집과 가장 멀리 떨어져 있지만, 눈에 띄게 멀리 떨어진 군집은 없다.

표 15-11 군집 중심 간 유클리드 거리

```
> pd.DataFrame(pairwise.pairwise_distances(kmeans.cluster_centers_, metric='euclidean'))
          0         1         2         3         4         5
0  0.000000  3.807340  3.147856  2.929927  3.545044  3.951375
1  3.807340  0.000000  4.200253  3.987317  4.225221  5.687267
2  3.147856  4.200253  0.000000  3.029233  2.805594  4.104891
3  2.929927  3.987317  3.029233  0.000000  4.085736  4.325838
4  3.545044  4.225221  2.805594  4.085736  0.000000  4.364794
5  3.951375  5.687267  4.104891  4.325838  4.364794   0.00000
```

마지막으로 군집의 타당성을 평가하기 위해 최종 군집 간의 거리 정보를 사용할 수 있다. 군집의 수가 1(즉, $k = 1$)인 거리제곱합에 대한 군집의 수가 k인 거리제곱합의 비^{ratio}는 군집의 유용성을 평가하는 의미 있는 측도나. 만약 비의 값이 1.0에 가깝다면 군집화의 효과가 거의 없음을 나타내며, 반면에 비의 값이 작다면 각 군집은 잘 분할되었다고 할 수 있다.

연습문제

15.1 **대학 순위.** 미국 내 전문대학과 종합대학교 순위에 관한 데이터셋(www. dataminingbook. com에서 이용 가능)에는 학부 과정을 운영하는 1,302개 학교의 정보가 담겨 있다. 각 대학마다 수업료나 졸업률 같은 연속형 변수들, 소재지와 사립 또는 공립 여부와 같은 범주형 변수를 포함하여 모두 17개의 변수가 주어져 있다.

여기서 주의해야 할 점은 결측치가 있는 레코드가 많다는 점이다. 따라서 분석의 첫 번째 목적은 유사한 레코드로부터 결측치를 추정하는 것이다. 이 작업은 결측치가 없는 레코드를 군집화 한 후, 결측치가 있는 레코드 각각에 가장 가까운 군집을 찾는 방식으로 수행된다. 결측치들은 그 군집에 있는 정보로 대체된다.

a. 데이터셋에서 결측치가 있는 모든 레코드를 제거하시오.

b. 모든 연속형 변수에 대해 완전 연결법과 유클리드 거리를 사용해 계층적 군집화를 실행하시오. 변수들을 정규화했는지 확인하시오. 덴드로그램에서 이 데이터를 설명하는 데 몇 개의 군집이 가장 합리적으로 보이는가?

c. 각 군집에 대한 요약 통계량을 비교하고, 이와 관련하여 각 군집의 특징을 설명하시오(예 수업료가 높은 대학들, 낮은 합격률). 힌트: 계층적 군집화에 대한 군집 정보를 얻기 위해서, `mean( )` 함수, `median( )` 함수와 함께 `pandas`의 `groupby(clusterlabel)` 함수를 사용하시오.

d. 서로 다른 군집의 특징을 파악하기 위해, 분석에 사용되지 않은 범주형 변수(소재지(`State`)와 사립/공립(`Private/Public`))들을 사용하시오. 군집들과 범주형 변수들의 정보 간에 어떠한 관계가 있는가?

e. 군집들의 일부 또는 전체를 설명하기 위한 다른 외적인 정보에는 무엇이 있는가?

f. 몇몇 정보에 결측치가 있는 터프츠대학교Tufts University에 대해 논의해 보자. 관측된 변수들만 이용해서 위에서 찾은 각 군집들로부터 이 레코드까지의 유클리드 거리를 계산하시오. 가장 가까운 군집은 무엇인가? 각 군집의 변수에 대한 평균값을 이용해 터프츠대학교의 결측치를 대체하시오.

15.2 제약 산업. 한 주식 애널리스트는 제약 산업에 대해 연구 중이며, 회사에서 수집한 재무 데이터를 탐색하고 이해하는 데 도움을 받고자 한다. 분석의 주된 목적은 일부 기본적인 재무 변수들을 사용해 제약 산업의 구조를 이해하는 것이다.

재무 데이터는 제약 산업에 속하는 21개의 회사에서 수집하였고, `Pharmaceuticals.csv` 파일에 담겨 있다. 각 회사에 대해 수집된 변수는 다음과 같다.

1. 시가 총액 (단위: 10억 달러)
2. 베타
3. 주가/수익 비
4. 자기자본 이익률
5. 자산 수익률
6. 자산 회전율
7. 레버리지
8. 추정 수익 성장률
9. 순이윤 폭
10. 주요 증권사들의 추천
11. 회사의 본사 위치
12. 회사가 상장된 주식거래소

주어진 데이터셋을 탐색하고 분석하기 위해 다음과 같이 군집 분석을 수행하시오.

a. 21개의 회사를 군집화하기 위해 양적 변수들(1~9번 변수)만 사용하시오. 군집 분석을 수행할 때 고려해야 할 여러 가지 선택 사항들, 예를 들어 서로 다른 변수들의 가중치, 특정 군집화 알고리즘, 군집의 수 등에 관하여 정당성을 기술하시오.
b. 군집을 형성하는 데 사용된 양적 변수들과 관련하여 군집 결과를 해석하시오.
c. 군집을 형성하는 데 사용되지 않은 수치형 변수들(10~12번 변수)과 관련하여 군집에 어떤 패턴이 존재하는가?
d. 데이터셋에 있는 일부 혹은 모든 변수를 사용해 각 군집에 적절한 이름을 붙이시오.

15.3 아침용 시리얼에 대한 고객 평점. Cereals.csv 파일에는 77개의 아침용 시리얼에 대한 영양 정보, 매장의 진열 상태, 고객의 평점에 관한 정보가 있다.

데이터 전처리: 결측치가 있는 시리얼 제품은 모두 제거하시오.

a. 정규화된 변수로 유클리드 거리를 사용해 계층적 군집화를 실시하시오. 단일 연결법과 완전 연결법의 덴드로그램을 비교하고 군집의 중심을 확인하시오. 이때 군집의 구조와 안정성에 대해 설명하시오. (힌트: 계층적 군집화의 군집 중심을 구하려면 groupby( ) 함수를 군집 중심과 함께 사용하고 그다음 평균 함수를 사용해(dataframe.groupby(clusterlabel).mean()) 각 군집 멤버들의 평균값을 계산한다.)

b. 어떤 군집 방법이 가장 의미 있고 인사이트 있는 군집 결과를 나타내는가?

c. 군집 방법들 가운데 하나를 선택하시오. 군집의 수를 얼마로 할 것인가? 군집을 나누기 위해 컷오프로 사용된 거리는 얼마인가? (덴드로그램 확인)

d. 공립 초등학교의 식당에서 매일 사용할 시리얼 세트를 선택하려고 한다. 매일 다른 시리얼이 제공되지만, 모든 시리얼이 건강한 식단을 제공하는 것은 아니다. 그러므로 '건강한 시리얼'의 군집을 찾아야 한다. 이를 위해 데이터는 정규화되어야 하는가? 그렇지 않다면, 데이터는 군집 분석에서 어떻게 사용돼야 하는가?

15.4 항공사의 상용 고객 마케팅. EastWestAirlinesCluster.csv 파일에는 항공사의 상용 고객 프로그램에 저장된 3,999명의 승객 정보가 담겨 있다. 각 승객의 데이터에는 마일리지 기록 및 작년에 마일리지를 누적하거나 사용한 다른 방법들에 대한 정보가 포함되어 있다. 분석 목적은 승객들을 세분화하여 각각에 맞는 서로 다른 유형의 마일리지를 제공하기 위한 것으로, 유사한 특징이 있는 승객들끼리 군집화하는 것이다.

a. 유클리드 거리와 워드 방법을 이용해 계층적 군집화를 수행하시오. 이를 위해 먼저 데이터를 정규화하시오. 몇 개의 군집이 나타나는가?

b. 데이터가 정규화되지 않은 경우에 군집 결과는 어떻게 되는가?

c. 군집 중심점을 서로 비교함으로써 서로 다른 군집의 특징을 파악하고, 각 군집에 적절한 이름을 붙이시오.

d. 군집의 안정성을 확인하기 위해서 데이터의 5%를 랜덤하게 추출하여 제거하고, 레코드의 95%를 사용해 군집 분석을 실시하시오. 군집 분석은 동일한 결과를 나타내는가?

e. 위에서 찾아낸 군집 수를 이용해 k-평균 군집화를 수행하시오. 그 결과는 위와 동일한가?

f. 어떤 군집을 대상으로 마케팅 제안을 하겠는가? 그 군집 내 고객들에게 어떤 유형의 제안을 하겠는가?

Part 06

시계열 예측

Part 06
시계열 예측

CHAPTER 16

시계열 데이터 분석

6부에서는 일반적인 예측 기법을 소개한다. 이 장에서는 비즈니스 관련 시계열 예측 문제에 관한 기본 설명과 함께 17~18장에서 다룰 분석 기법들(회귀 분석 기반 예측 기법, 평활법)을 간략히 소개하겠다. 특히 단변량 시계열 데이터의 예측에 초점을 맞추어 설명한다.

시계열 데이터 분석은 보통 예측적 관점과 탐색적 관점으로 나눌 수 있는데, 먼저 두 관점에 어떤 차이가 있는지 알아본다. 또한 예측 정확도를 높이기 위한 방법도 다룬다. 시계열 데이터를 네 가지 요소(수준Level, 경향Trend, 계절성Seasonality, 노이즈Noise)로 나누고 이를 설명할 수 있는 기법들도 소개하겠다. 마지막으로 기존 횡단면 데이터cross-sectional data에서 사용하고 있는 데이터 분할(학습 데이터셋과 검증 데이터셋)과는 다른 방식의 데이터 분할 방식에 관해 설명한다.

파이썬

이 장에서는 pandas 라이브러리를 사용해 데이터를 처리하고, matplotlib 라이브러리를 사용하여 시각화 작업을 수행한다. 또한 statsmodels 라이브러리를 사용해 모델을 구축한다.

이 장에 필요한 파이썬 라이브러리 불러오기

```
import pandas as pd
import matplotlib.pylab as plt
import statsmodels.formula.api as sm
from statsmodels.tsa import tsatools
from dmba import regressionSummary
```

16.1 서론

숫자를 다루는 조직에서는 대개 시계열 예측을 시행한다. 소매점에서는 판매량을 예측하고, 에너지 관련 기업에서는 재고, 생산, 수요, 가격 등을 예측한다. 교육기관에서는 학생들의 등록률을 예측하기도 한다. 정부에서는 세금 영수증 및 지출을 예측하고, 세계은행이나 국제통화기금IMF과 같은 국제 금융 기관에는 인플레이션과 경제 활동을 예측한다. 여행사에서는 고객들의 여행 패턴을 예측하고, 금융 및 대출 업체에서는 부동산 시장을 예측한다. 벤처 기업 투자사에서는 시장 잠재력을 예측하여 기업의 향후 사업 계획을 평가하기도 한다.

이전 장들에서는 주로 시간에 따른 순서가 중요하지 않은 횡단면 데이터들에 대한 예측 및 분류에 관해 설명하였다. 반면 이 장에서는 시간에 따라 얻게 되는 시계열 데이터 분석에 중점을 둔다.

최근 기술의 발달로 시계열 데이터는 매우 짧은 주기로 수집되고 있다. 주식 데이터는 티커 수준ticker level으로 생성되고 있으며 온라인 및 오프라인 상점의 구매 데이터는 실시간으로 수집되고 있다. 비록 데이터가 매우 짧은 주기로 생성되고는 있으나 예측을 목적으로 하는 경우 이러한 짧은 주기의 데이터가 항상 유용하다고 볼 수는 없다. 수집하려는 데이터의 시간 주기를 결정하기 위해서는 예측하고자 하는 시간 주기와 데이터에 내재된 노이즈를 고려해야 한다. 예를 들어, 식료품점에서 다음 날의 판매량을 예측하고자 할 때 분 단위로 얻은 판매 데이터는 일별 판매량을 예측하는 데 혼란만 더할 뿐이다. 이 경우, 분 단위 데이터는 다양한 형태의 노이즈(가장 붐비는 쇼핑 시간대와 그렇지 않은 시간대의 분산)을 포함하고 있으며 이로 인해 정확한 예측이 어려워질 수 있다. 이러한 노이즈는 데이터를 좀 더 긴 주기로 변환함으로써 완화할 수 있다.

이 책에서는 단변량 시계열 예측에 관한 내용을 주로 다룰 것이나 여러 종류의 제품 판매 예측과 같은 다변량 시계열 데이터에 대한 예측도 행해질 수 있음을 밝혀둔다. 다변량 시계열 데이터 예측 시 가장 기본이 되는 방법은 각각의 시계열을 독립적으로 취급하여 예측하는 것이다. 다만, 시계열을 독립적으로 고려함으로써 시계열 데이터 간 상호관계를 간과할 수 있다는 한계점이 있다. 시계열 분석 관련 통계 서적에서는 여러 시계열 데이터 간 상관관계를 고려한 예측 모델을 소개하고 있다. 다변량 예측 모델은 데이터 구조와 시계열 간 관계에 관한 가정들하에 수립되며, 모델을 이해하기 위해서는 어느 정도의 통계 지식이 필요하다. 계량 경제학 분야에서도 2개 이상의 변수를 다루는 모델이 사용되고 있으며 이런 모델의 경우 변수 간 상관관계를 고려한다. 또 다른 방법은 외부 정보를 이용하는 것이다. 예를 들면, 립스틱의 판매량 정보를 이용해 경제 상황을 예측하는 것이다. 유명 화장품 브랜드인 에스티로더Estee Lauder의 로널드 로더Ronald Lauder 회장은 경제 상황이 나빠지는 전조로 립스틱의 판매율 증가를 꼽고 있다.

16.2 탐색 모델 vs. 예측 모델

횡단면 데이터와 마찬가지로 시계열 데이터의 모델링도 탐색을 위한 목적과 예측을 위한 목적으로 나눌 수 있다. 탐색적인 측면에서 볼 때 시계열 분석의 주목적은 외부 인자와 관련하여 계절적인 패턴, 추세와 같은 요소를 설명할 수 있는 모델을 결정하는 것이다. 이렇게 얻은 정보는 의사결정이나 정책을 수립하는 데 활용될 수 있다. 예측 관점의 시계열 데이터 분석은 말 그대로 데이터의 미래 값을 예측하는 데 목적이 있다. 탐색적인 면과 예측적인 면은 각각 다른 종류의 방법을 사용하여 구현되며 모델링 방식 자체에도 차이가 있다. 예를 들어 탐색적인 면이 중요한 시계열 분석을 할 경우, 인과관계에 근거하여 생성되는 설명 가능한 모델을 사용해야 한다. 탐색적인 데이터 분석의 경우 미래 값을 사용하기도 하는데 예를 들어 어제, 오늘, 내일의 값을 평균하여 오늘 값을 나타내기도 한다.

이 장에서는 예측적인 관점의 시계열 분석에 초점을 맞추어 설명한다. 일반적인 시계열 분석은 챗필드Chatfield의 논문(2003)을 참조하기 바란다.

16.3 비즈니스에서 주로 사용되는 예측 기법

이 장에서는 비즈니스 분야에서 많이 사용되는 두 가지 예측 기법을 소개한다. 첫 번째는 회귀분석 기법으로 시계열 데이터로부터 모델 파라미터를 추정한다. 또 다른 기법인 평활법은 데이터로부터 직접 패턴을 추출한다. 각 기법마다 장단점이 존재하며 이는 17~18장에서 자세히 설명한다. 인공 신경망 모델Artificial neural networks이나 다른 데이터 마이닝 기법도 시계열 데이터 예측에 사용되고 있으며, 특히 외부 정보를 모델에 포함할 필요가 있을 때 사용된다(쉬뮤엘리Shmueli와 리히텐달Lichtendahl의 논문, 2016 참조).

기법 결합

시계열 예측 기법을 자세히 설명하기 전에 예측력을 높이는 방법으로 여러 기법을 결합하는 방식을 소개하겠다. 이는 13장에서 소개한 앙상블 기법과 같은 맥락이라고 보면 된다. 기법 결합은 보통 두 단계를 거친다. 먼저 실제 데이터를 첫 번째 모델에 적용해 미래 값에 대한 예측치를 생성한 다음 첫 번째 모델로부터 얻은 잔차를 두 번째 모델에 적용해 미래의 오차값을 예측한다. 예측된 오차 정보는 첫 번째 모델의 예측 오차를 보정하는 효과가 있다. 이렇게 두 단계를 거치는 예측 방법에 대해서는 17장(17.4절)에서 보다 자세히 언급할 것이다. 앙상블이라고 부르는 또 다른 결합 방법은 여러 예측 기법으로부터 얻은 결과들의 평균을 구해 최종 예측값으로 사용하는 것이다. 이렇게 기법을 결합하면 시계열 데이터에 내재된 다양한 특성을 최대한 반영할 수 있다는 장점이 있다. 특히 여러 방법에서 얻은 값들의 평균을 이용하면 보다 정확하고 분산이 작은 결과를 얻을 수 있다.

16.4 시계열 요소

보통 시계열 데이터는 네 가지 요소, 즉 수준level, 추세trend, 계절 변동seasonality, 노이즈noise로 설명할 수 있다. 수준은 시계열의 평균값을 나타내며, 추세는 한 시점에서 다음 시점으로 넘어가는 전반적인 패턴 변화를 나타낸다. 계절 변동은 짧은 기간의 주기적인 패턴을 의미하고, 노이즈는 보통 알 수 없는 이유로 인해 발생하는 랜덤 변동을 의미한다.

> 여기서 언급하는 '계절'은 일반적인 계절(봄, 여름, 가을, 겨울)을 의미하지 않는다. 통계적 의미의 계절은 긴 시계열 내에서 주기적으로 반복되는 모든 기간을 의미한다. 또한 예측 문제에서 '기간'은 시간의 경과를 의미하는 것이지 두 시점상의 물리적인 거리를 의미하는 것이 아니다.

시계열 데이터의 요소들을 이해하기 위한 가장 간단한 방법은 시간 그래프를 그려보는 것이다. 시간 그래프는 시간에 따라 관측치를 선으로 연결해 놓은 그래프다. 이를 좀 더 자세히 설명하기 위해 다음 예를 살펴보자.

예제: 암트랙 열차 승객 수

미국 철도 회사인 암트랙은 승객 수 데이터를 수집했다. 본 예제는 1991년 1월부터 2004년 3월까지 월간 승객 수 데이터를 이용해 미래 승객 수를 예측하는 문제를 다룬다. 데이터는 http://www.forecastingprinciples.com에서 얻을 수 있다.[1]

[그림 16-1]은 월간 암트랙 승객 수에 대한 시계열 그래프를 보여주고 있으며(단위: 1,000명) 이를 통해 시계열의 요소들을 살펴볼 수 있다.

전체적으로 매달 약 1,800,000명의 승객이 암트랙 열차를 이용함을 알 수 있다. 또한 약간 U자 형태의 추세를 발견할 수 있으며 여름(7월과 8월) 동안 승객이 급증하는 뚜렷한 계절 변동도 볼 수 있다.

1 [Data]-[T-Competition Data]-[time-series data]를 차례로 클릭하면 된다. 이 파일에는 많은 시계열 데이터가 담겨 있다. 월간 워크시트에서 AI열은 M034 시계열을 포함하고 있다.

시계열 데이터를 생성하는 파이썬 코드

```
Amtrak_df = pd.read_csv('Amtrak.csv')

# convert the date information to a datetime object
Amtrak_df['Date'] = pd.to_datetime(Amtrak_df.Month, format='%d/%m/%Y')

# convert dataframe column to series (name is used to label the data)
ridership_ts = pd.Series(Amtrak_df.Ridership.values, index=Amtrak_df.Date,
                         name='Ridership')

# define the time series frequency
ridership_ts.index = pd.DatetimeIndex(ridership_ts.index,
                                      freq=ridership_ts.index.inferred_freq)

# plot the series
ax = ridership_ts.plot()
ax.set_xlabel('Time')
ax.set_ylabel('Ridership (in 000s)')
ax.set_ylim(1300, 2300)
```

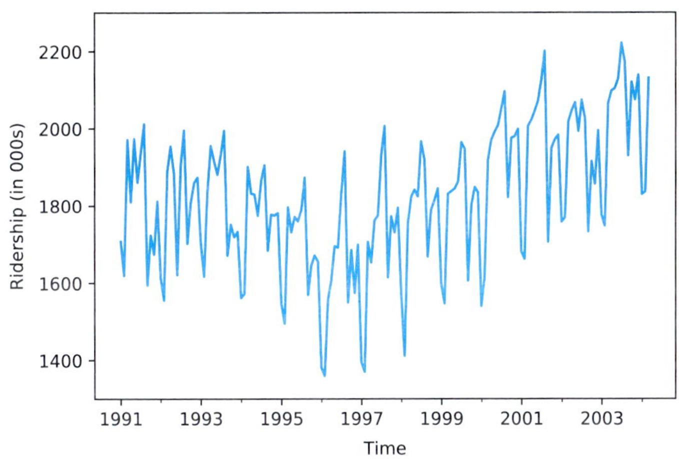

그림 16-1 1991년 1월~2004년 3월의 월간 암트랙 이용객 수(단위: 1,000명)

시계열 데이터를 좀 더 자세히 볼 수 있는 몇 가지 방법은 다음과 같다.

- 확대Zoom in 장시간에 걸쳐 얻은 시계열 데이터를 작은 구간으로 나누어 확대해 보면 내재된 패턴들을 확인할 수 있다. 스위스 바레그Baregg 터널을 통과하는 일별 차량 수를 시계열로 나타내보자(이 데이터는 위 암트랙 데이터가 담겨 있는 웹 사이트의 D028 시계열에서 얻을 수 있음). [그림 16-2]의 (a)는 2003년 11월 1일부터 2005년 11월 16일까지 일별 터널 통과 자동차 수를 보여준다. (b)는 이를 4개월분으로 확대한 그림이며, 뚜렷한 주간 패턴을 확인할 수 있다.

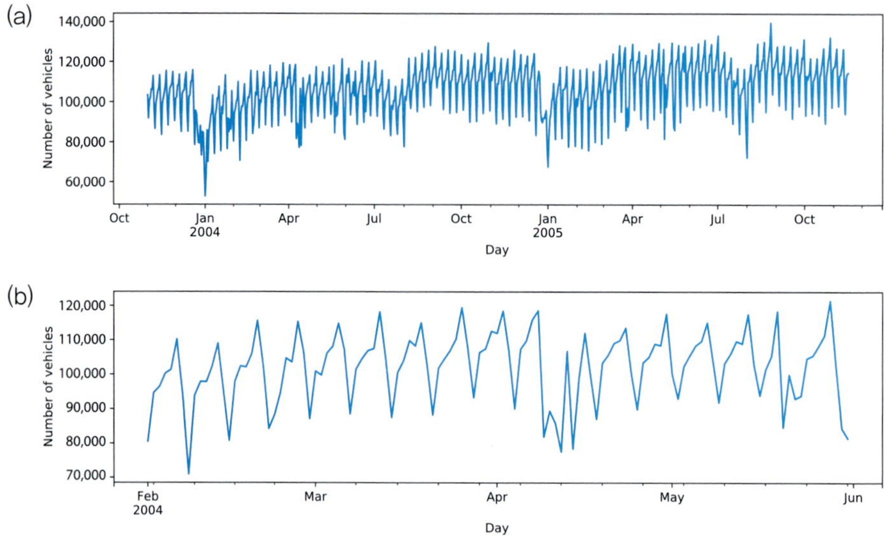

그림 16-2 스위스 바레그 터널을 통과하는 일별 차량 수. (b)는 주별 패턴을 보기 위해 4개월분만 확대한 그래프

- **스케일 변화**Change Scale of Series 시계열 데이터의 전반적인 경향을 좀 더 정확히 볼 수 있는 방법 중 하나는 데이터의 스케일을 바꾸는 것이다. 가장 간단한 방법은 y축을 로그 스케일로 바꾸는 것이다(`ax.set_yscale('log')`). 새로운 스케일의 데이터가 선형 패턴을 보인다면 원데이터의 패턴은 지수함수의 형태에 가까운 패턴을 가지고 있었을 것이다.
- **추세선 추가**Add Trend Lines 시계열 데이터의 추세를 확인할 수 있는 또 다른 방법은 추세선을 추가하는 것이다(엑셀 리본: Chart Tool > Add Trendline). 여러 종류의 추세선(선형, 지수 곡선, 삼차식 곡선)을 시도해 보고 해당 데이터에 가장 적합한 추세선을 찾는다.
- **계절 변동성 제거**Suppress Seasonality 많은 경우 계절 변동을 제거함으로써 데이터의 전반적인 경향을 좀 더 뚜렷하게 볼 수 있다. 계절 변동을 제거하기 위한 방법은 데이터를 성긴 시간 스케일로 바꾸는 것이다(예 월간 데이터를 연간 데이터로 변경). 또한 이동 평균을 이용해 계절 변동을 제거할 수 있다. 이동 평균에 관해서는 18장(18.2절)에서 자세히 설명하도록 하겠다.

[그림 16-3]을 보면, 암트랙 승객 데이터에 대한 시계열 요소를 뚜렷하게 확인할 수 있다.

[그림 16-3]을 생성하는 파이썬 코드

```
# create short time series from 1997 to 1999 using a slice
ridership_ts_3yrs = ridership_ts['1997':'1999']

# create a data frame with additional predictors from time series
# the following command adds a constant term, a trend term and a quadratic trend term
ridership_df = tsatools.add_trend(ridership_ts, trend='ctt')
# fit a linear regression model to the time series
ridership_lm = sm.ols(formula='Ridership ~ trend + trend_squared',
                      data=ridership_df).fit()

# shorter and longer time series
fig, axes = plt.subplots(nrows=2, ncols=1, figsize=(10,6))
ridership_ts_3yrs.plot(ax=axes[0])
ridership_ts.plot(ax=axes[1])
for ax in axes:
    ax.set_xlabel('Time')
    ax.set_ylabel('Ridership (in 000s)')
    ax.set_ylim(1300, 2300)
ridership_lm.predict(ridership_df).plot(ax=axes[1])
plt.show()
```

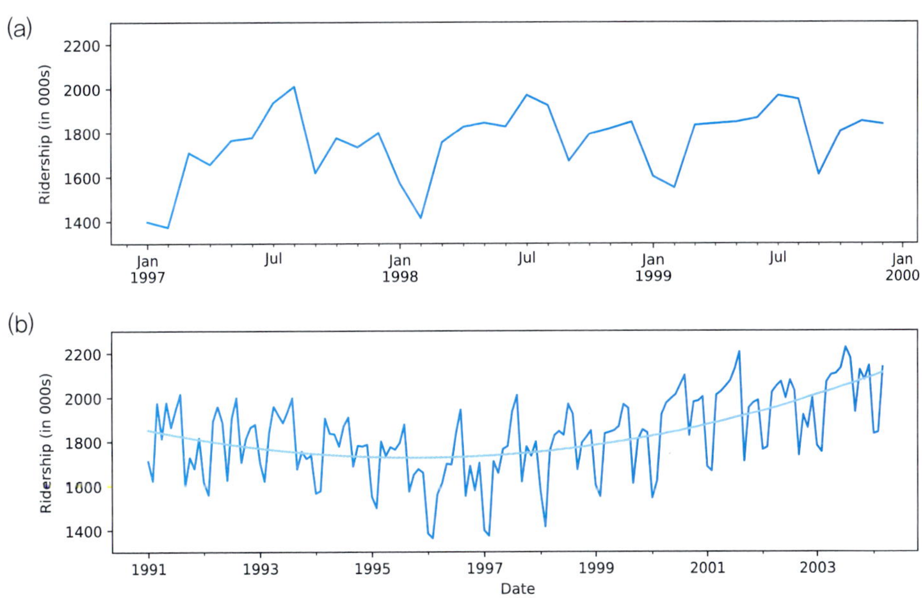

그림 16-3 시계열 요소들을 뚜렷하게 볼 수 있는 그래프. (a)는 3년간 데이터 (b)는 2차 곡선을 중첩한 데이터

몇몇 예측 기법은 시계열 형태에 관한 가정을 기반으로 모델링한다. 예를 들어, 추세에 대한 대표적인 가정은 시계열 데이터의 전부 혹은 일부가 선형 또는 지수 곡선을 따르고 있다는 것이다. 또한 많은 통계 모델들은 노이즈가 정규 분포를 따른다는 가정에 기반하여 수립된다. 이 방법의 장점은 데이터가 가정에 잘 맞을 경우 신뢰성 있는 예측값을 얻을 수 있다는 점이다. 이와 달리 데이터 기반 예측 기법들은 시계열 요소에 대한 가정이 없고 데이터로부터 직접 각 요소들을 추정한다. 데이터 기반 방법은 통계적 가정이 적용되지 않고 데이터 패턴이 시시각각 바뀌는 경우에 유용하게 사용될 수 있다. 데이터 기반 방법의 또 다른 장점은 간단하고 구축 시 계산량이 적다는 점이다.

모델 기반 방법과 데이터 기반 방법의 선택 기준은 전역 패턴을 찾느냐, 지역 패턴을 찾느냐에 따라 달라질 수 있다. 전역 패턴은 전체 시계열 내에서 크게 변동이 없는 패턴을 의미하며, 지역 패턴은 짧은 시간의 변동을 담고 있는 패턴을 의미한다. 지역 패턴의 예로 4개의 시점에서는 선형 패턴을 보이다가 시간이 지남에 따라 그 패턴이 변형되는 경우를 들 수 있다.

일반적으로 전역 패턴이 존재하는 시계열 데이터 예측에 모델 기반 기법을 사용하는 이유는 패턴 추정 시 전체 구간의 데이터를 이용하기 때문이다. 지역 패턴의 경우 패턴이 바뀌는 시점을 그때그때 지정해야 하므로 모델 기반 기법을 사용하기가 어렵다. 이때는 데이터 기반 기법이 유용하게 사용될 수 있다. 왜냐하면 데이터로부터 직접 패턴을 찾아내고 패턴이 바뀌는 시점에 따라 예측 길이를 정할 수 있기 때문이다. 결론적으로 시계열 그래프는 시계열 요소를 발견하는 데 사용될 수 있고 동시에 추세와 계절 변동에 내재된 전역 혹은 지역 패턴을 찾는 데도 사용될 수 있다.

16.5 데이터 분할 및 성능 평가

시계열 데이터 분석 시 기존 횡단면 데이터와 마찬가지로 모델의 과적합을 피하고 미래 데이터에 대한 예측력을 계산하기 위해 데이터를 학습 데이터셋과 검증 데이터셋으로 분할해야 한다. 횡단면 데이터의 경우 임의로 선택한 부분을 학습 데이터셋으로, 나머지를 검증 데이터셋으로 사용한다. 하지만 시계열 데이터의 경우 임의로 데이터를 나누면 연속된 시간이 단절될 수 있으므로 시간 순서를 고려하여 데이터를 분할해야 한다. 즉, 앞 시점의 데이터를 이용해 모델을 구축하고, 뒤 시점의 데이터로 구축된 모델의 성능을 평가한다. 모델 평가 방법은 횡단면 데이터 모델에서와 같이(5장 참조) MAPE와 RMSE를 주로 사용한다. 예측 모델을 비교할 때 실제 데이터와 모델로부터 예측된 데이터를 동시에 그래프로 표현해 봄으로써 모델의 예측 성능을 한눈에 볼 수 있다.

경쟁 모델의 성능: 단순 예측

예측 모델 성능 평가 시 복잡한 방법론을 적용하는 것도 중요하지만 '단순 예측naive forecast'과 먼저 비교해 볼 필요가 있다. 여기서 단순 예측은 가장 최근 값으로 미래를 예측하는 것을 말한다. 예를 들어, t 시점에서 $t+k$ 시점을 예측할 때 t 시점의 값을 사용하는 것이다. 이 방법론은 매우 단순하지만 때때로 복잡한 모델보다 우수한 성능을 보일 때가 있다.

분석하려고 하는 시계열 데이터에 월별 시계열 패턴이 있을 경우 가장 최근 해당 월의 값으로 예측하는 계절 단순 예측seasonal naive forecas 방법을 사용할 수 있다. 예를 들어, 2001년 4월의 암트랙 승객 수를 예측하고자 하는 경우 가장 최근 4월인 2000년 4월의 승객 수를 이용하면 된다. [그림 16-4]에서는 2001년 4월부터 2004년 3월까지 검증 기간 내 단순 예측값(수평선), 계절 단순 예측값(실선), 실제값(점선)을 보여주고 있으며 [표 16-1]은 해당 플롯을 생성하는 코드를 보여준다.

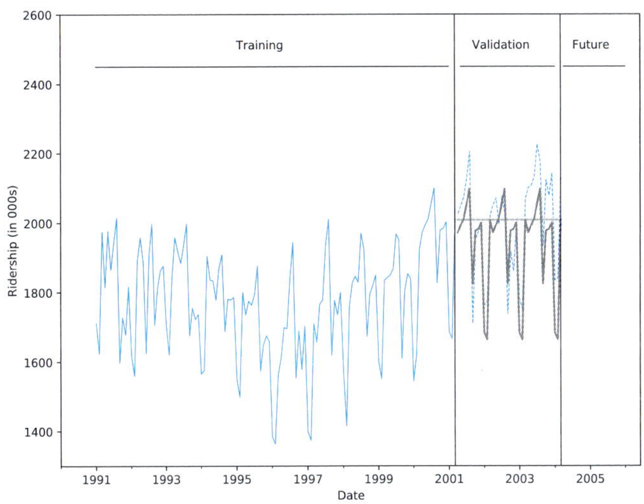

그림 16-4 암트랙 승객 수 데이터의 검증 기간 내(2001년 4월~2004년 3월) 단순 예측 및 계절 단순 예측 결과

표 16-1 암트랙 승객 수 데이터의 검증 기간 내(2001년 4월~2004년 3월) 단순 예측과 계절 단순 예측 결과를 생성하는 코드

[그림 16-4]를 생성하는 파이썬 코드

```
nValid = 36
nTrain = len(ridership_ts) - nValid

# partition the data
train_ts = ridership_ts[:nTrain]
valid_ts = ridership_ts[nTrain:]
```

```
# generate the naive and seasonal naive forecast
naive_pred = pd.Series(train_ts[-1], index=valid_ts.index)
last_season = train_ts[-12:]
seasonal_pred = pd.Series(pd.concat([last_season]*5)[:len(valid_ts)].values,
                          index=valid_ts.index)

# plot forecasts and actual in the training and validation sets
ax = train_ts.plot(color='C0', linewidth=0.75, figsize=(9,7))
valid_ts.plot(ax=ax, color='C0', linestyle='dashed', linewidth=0.75)
ax.set_xlim('1990', '2006-6')
ax.set_ylim(1300, 2600)
ax.set_xlabel('Time')
ax.set_ylabel('Ridership (in 000s)')

naive_pred.plot(ax=ax, color='green')
seasonal_pred.plot(ax=ax, color='orange')

# determine coordinates for drawing the arrows and lines
one_month = pd.Timedelta('31 days')
xtrain = (min(train_ts.index), max(train_ts.index) - one_month)
xvalid = (min(valid_ts.index) + one_month, max(valid_ts.index) - one_month)
xfuture = (max(valid_ts.index) + one_month, '2006')
xtv = xtrain[1] + 0.5 * (xvalid[0] - xtrain[1])
xvf = xvalid[1] + 0.5 * (xfuture[0] - xvalid[1])

ax.add_line(plt.Line2D(xtrain, (2450, 2450), color='black', linewidth=0.5))
ax.add_line(plt.Line2D(xvalid, (2450, 2450), color='black', linewidth=0.5))
ax.add_line(plt.Line2D(xfuture, (2450, 2450), color='black', linewidth=0.5))
ax.text('1995', 2500, 'Training')
ax.text('2001-9', 2500, 'Validation')
ax.text('2004-7', 2500, 'Future')
ax.axvline(x=xtv, ymin=0, ymax=1, color='black', linewidth=0.5)
ax.axvline(x=xvf, ymin=0, ymax=1, color='black', linewidth=0.5)
plt.show()
```

[표 16-2]는 단순 예측과 계절 단순 예측의 정확도를 보여준다. 암트랙 승객 수 데이터에는 월별 시계열 패턴이 존재하기 때문에 계절 단순 예측이 단순 예측에 비해 학습 데이터셋과 검증 데이터셋 모두 정확도가 높음을 확인할 수 있다. 실제에서는 미래 데이터에 대한 예측이 중요하므로 검증 데이터셋에 대한 정확도가 보다 중요하다고 하겠다.

표 16-2 암트랙 승객 수 데이터의 검증 및 학습 데이터셋에 대한 단순 예측과 계절 단순 예측 정확도

검증 데이터셋

```
> regressionSummary(valid_ts, naive_pred)
Regression statistics

                      Mean Error (ME) : -14.7177
       Root Mean Squared Error (RMSE) : 142.7551
```

```
              Mean Absolute Error (MAE)  : 115.9234
            Mean Percentage Error (MPE)  : -1.2750
Mean Absolute Percentage Error (MAPE)  : 6.0214

> regressionSummary(valid_ts, seasonal_pred)
Regression statistics

                        Mean Error (ME)  : 54.7296
        Root Mean Squared Error (RMSE)  : 95.6243
              Mean Absolute Error (MAE)  : 84.0941
            Mean Percentage Error (MPE)  : 2.6528
Mean Absolute Percentage Error (MAPE)  : 4.2477
```

학습 데이터셋

```
# calculate naive metrics for training set (shifted by 1 month)
> regressionSummary(train_ts[1:], train_ts[:-1])
Regression statistics

                        Mean Error (ME)  : 2.4509
        Root Mean Squared Error (RMSE)  : 168.1470
              Mean Absolute Error (MAE)  : 125.2975
            Mean Percentage Error (MPE)  : -0.3460
Mean Absolute Percentage Error (MAPE)  : 7.2714

> # calculate seasonal naive metrics for training set (shifted by 12 months)
> regressionSummary(train_ts[12:], train_ts[:-12])
Regression statistics

                        Mean Error (ME)  : 13.9399
        Root Mean Squared Error (RMSE)  : 99.2656
              Mean Absolute Error (MAE)  : 82.4920
            Mean Percentage Error (MPE)  : 0.5851
Mean Absolute Percentage Error (MAPE)  : 4.7153
```

미래 예측값 생성

횡단면 데이터 분할과 시계열 데이터 분할의 중요한 차이점은 예측값을 계산하는 데 있다. 시계열 데이터의 경우 미래 값을 예측하기 위해 학습 데이터셋과 검증 데이터셋을 합쳐 하나의 통합된 데이터를 만들고 구축된 모델을 통합 데이터에 다시 적용함으로써 예측값을 얻는다. 통합 데이터 사용의 장점은 다음과 같다.

❶ 최근 시점의 검증 데이터셋은 유용한 예측 정보를 담고 있다.

❷ 많은 데이터를 이용함으로써 보다 정확한 모델을 구축할 수 있다.

❸ 학습 데이터셋만 사용해 예측한다면 항상 검증 데이터셋의 개수보다는 먼 미래의 값밖에 예측할 수 없다(예 검증 데이터셋이 4개의 관측치를 포함하고 있다면 학습 데이터셋으로부터 최소 5 시점 이후의 값부터 예측할 수 있음).

연습문제

16.1 **9·11 사태로 인한 미국 항공기 여행 여파.** 미국 The Research and Innovative Technology Administration's Bureau of Transportation Statistics(BTS)에서는 2001년 9월 11일 테러로 인한 여파를 조사했다. 2016년 연구 결과와 자료는 http://goo.gl/w2lJPV에서 찾을 수 있다. 본 연구의 궁극적인 목적은 9·11 사태 전후 장거리 여행 승객 수의 변화를 알아보는 데 있다. 연구에서는 1990년 1월~2004년 5월에 매월 승객의 변화를 분석하고 있다. 다음 3개의 시계열 데이터를 `Sept11-Travel.csv` 파일에서 볼 수 있다.

1. 실제 항공기 유상 여객 마일리지(항공기)
2. 철도 승객 마일리지(철도)
3. 자동차 마일리지(자동차)

9·11 사태의 영향을 파악하기 위해 BTS에서는 다음과 같은 접근 방법을 취했다. 9·11 전의 데이터를 이용해 테러 공격이 없다는 가정에 따라 미래의 데이터를 예측하였고 그 결과를 실제 데이터와 비교하여 9·11 사태의 여파를 살펴보았다. 이를 위해, 우선 시계열 데이터를 9·11 전과 후로 나눈 다음 9·11 전 데이터를 이용한다.

a. 본 연구의 목적은 탐색적 분석인가, 예측적 분석인가?

b. 세 가지 시계열 데이터(항공기, 철도, 자동차)를 그래프로 나타내 보시오.

   i. 그래프로부터 어떤 시계열 요소를 발견하였는지 명시하시오.

   ii. 어떤 종류의 추세가 나타났는지 명시하시오. 시계열 데이터의 추세를 좀 더 정확히 보기 위해 스케일을 바꾸고, 추세선을 첨가하고, 계절 변동을 줄여보시오.

16.2 **학습 데이터셋과 검증 데이터셋에 각각 적용했을 때의 모델 성능.** 하나의 시계열 데이터를 이용해 2개의 다른 모델을 구축했다. 처음 100개 시점의 데이터는 모델 학습을 위해 사용하였고 마지막 12개 시점의 데이터는 검증을 위해 사용했다. 두 모델 모두 데이터를 잘 반영했다고 할 때 두 모델의 RMSE 값은 다음과 같다.

	Training Set	Validation Set
Model A	543	690
Model B	669	675

a. 어떤 모델이 시계열 요소들을 더 잘 설명하고 있는가?

b. 어떤 모델이 예측 면에서 더 좋은가? 그 이유는?

16.3 백화점 매출 예측. DepartmentStoreSales.csv 파일에는 6년분 분기별 매출 데이터가 담겨 있다(크리스 올브라이트Chris Albright 제공).

a. 시계열 그래프를 그려보시오.

b. 시계열의 네 가지 요소(수준, 추세, 계절 변동, 노이즈) 중 어떤 것을 발견할 수 있는가?

16.4 가전제품 선적량. ApplianceShipments.csv 파일에는 1985~1989년의 분기별 미국 가전제품 선적량(단위: 백만 달러)이 담겨 있다(켄 블랙Ken Black 제공).

a. 시계열 그래프를 그려보시오.

b. 시계열의 네 가지 요소(수준, 추세, 계절 변동, 노이즈) 중 어떤 것을 발견할 수 있는가?

16.5 캐나다 제조업체 종사자의 근무 시간. [그림 16-5]는 캐나다 제조업체 종사자들의 연평균 주당 근무 시간에 대한 시계열 데이터를 보여준다(CanadianWorkHours.csv 파일, 켄 블랙 제공).

a. 시계열 그래프를 그려보시오.

b. 시계열의 네 가지 요소(수준, 추세, 계절 변동, 노이즈) 중 어떤 것을 발견할 수 있는가?

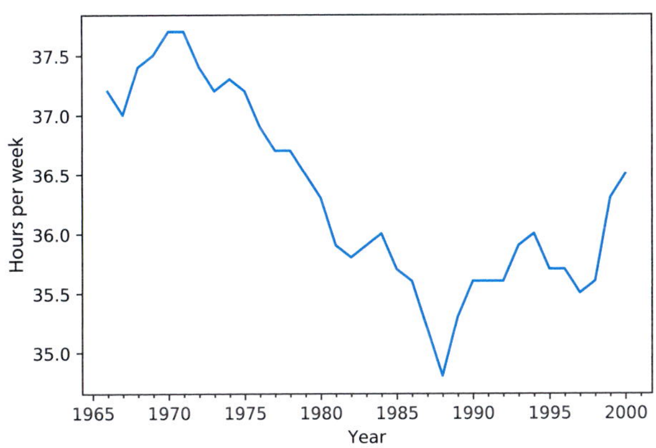

그림 16-5 캐나다 제조업체 종사자들의 연평균 주당 근무 시간

16.6 기념품 판매량. SouvenirSales.csv 파일에는 1995년부터 2001년까지 호주 퀸즐랜드에 위치한 휴양 도시에 있는 기념품 가게의 판매량 데이터가 담겨 있다(출처: 하인드만Hyndman과 양Yang, 2018).

2001년에 기념품 가게는 향후 12개월(즉, 2002년) 기념품 판매량을 예측하고자 했고 이를 위해 통계 분석가를 고용했다. 고용된 분석가는 데이터를 학습 데이터셋과 검증 데이터셋으로 나누었으며, 검증 데이터셋으로는 지난 12개월(즉, 2001년) 데이터를 사용했다. 그리고 학습 데이터셋을 이용해 판매량 예측을 위한 회귀 모델을 수립했다.

a. 시계열 그래프를 그려보시오.

b. 데이터가 선형이 되도록 x축이나 y축 또는 x축과 y축을 모두 로그 변환하시오. 가장 선형이 되는 데이터의 부분을 선택하시오.

c. 2개의 시계열 그림을 비교한 결과, 이 데이터는 어떤 형태의 추세를 나타내는가?

d. 왜 데이터를 분할하였는지 설명하고, 위에 설명한 대로 학습 데이터셋과 검증 데이터셋으로 나누시오.

16.7 샴푸 판매량 예측. ShampooSales.csv 파일에는 3년간 특정 샴푸의 월별 판매량 데이터가 담겨 있다(출처: 하인드만Hyndman과 양Yang, 2018).

a. 시계열 그래프를 그려보시오.

b. 시계열의 네 가지 요소 (수준, 추세, 계절 변동, 노이즈) 중 어떤 것을 발견할 수 있는가?

c. 계절 변동을 예상할 수 있는지 밝히고 그 이유를 명시하시오.

d. 분석 목적이 미래 시점의 예측이라고 할 때 다음 중 어떤 단계가 필요한지 선택하시오.

- 데이터를 학습 데이터셋과 검증 데이터셋으로 나눈다.
- 모델 파라미터를 조정하여 검증 데이터셋에 적합한 모델을 찾는다.
- 학습 데이터셋으로부터 MAPE와 RMSE를 계산한다.
- 검증 데이터셋으로부터 MAPE와 RMSE를 계산한다.

CHAPTER 17

회귀 분석을 기반으로 한 예측

널리 쓰이는 예측 기법 중 하나인 다중 회귀 모델은 추세trend와 계절성seasonality을 반영할 수 있는 예측 변수를 통해 구축된다. 이 장에서는 선형 회귀 모델을 이용해 추세와 계절성이 있는 시계열 데이터를 어떻게 분석하는지 살펴볼 것이다. 학습 데이터셋을 이용해 회귀 모델을 수립한 후, 연관 정보를 회귀식에 대입하여 미래 데이터를 예측한다. 시계열 추세의 종류(선형, 지수, 다항)와 계절성의 두 종류(가법additive과 승법multiplicative)에 대해서도 알아본다. 또한 회귀 분석을 통해 시계열 관측치 사이의 상관관계(자기상관 관계)를 어떻게 수치화하는지에 대해 설명하겠다. 자기회귀autoregressive 모델은 추세와 계절성뿐 아니라 관측치 간 자기상관 관계 정보를 이용함으로써 예측의 정확도를 향상한다. 끝으로 시계열이 '확률 보행random walk' 과정을 따르는지 여부를 판단함으로써 예측 모델의 성능을 평가할 수 있음을 보이도록 하겠다. 이 장에서는 암트랙 승객 수 데이터를 활용하여 선형 회귀 모델과 자기회귀 모델의 구축 과정, 예측과 평가에 대해 구체적으로 살펴본다.

파이썬

이 장에서는 pandas 라이브러리를 사용하여 데이터를 처리하고, matplotlib 라이브러리를 사용하여 시각화 작업을 한다. 또한 statsmodels 라이브러리를 사용하여 모델을 구축한다.

이 장에 필요한 파이썬 라이브러리 불러오기

```
import math
import numpy as np
import pandas as pd
import matplotlib.pylab as plt
import statsmodels.formula.api as sm
from statsmodels.tsa import tsatools, stattools
from statsmodels.tsa.arima_model import ARIMA
from statsmodels.graphics import tsaplots
```

17.1 추세를 반영한 모델

선형 추세

선형 추세를 반영할 수 있는 선형 회귀 모델을 만들기 위해 관측치(혹은 관측치들의 함수)를 반응 변수(Y)로, 시간 인덱스를 예측 변수(X)로 사용한다. [그림 17-1]의 암트랙 승객 데이터 시계열 그래프를 보면 전반적인 추세는 선형을 따르고 있지 않음을 볼 수 있다. 그럼에도 불구하고 일단 이 데이터를 통해 선형 추세 모델이 어떻게 구축되는지 살펴보고, 향후 보다 적합한 모델에 대해 논의하도록 하겠다.

[그림 17-1]을 생성하는 파이썬 코드

```
# load data and convert to time series
Amtrak_df = pd.read_csv('Amtrak.csv')
Amtrak_df['Date'] = pd.to_datetime(Amtrak_df.Month, format='%d/%m/%Y')
ridership_ts = pd.Series(Amtrak_df.Ridership.values, index=Amtrak_df.Date)

# fit a linear trend model to the time series
ridership_df = tsatools.add_trend(ridership_ts, trend='ct')
ridership_lm = sm.ols(formula='Ridership ~ trend', data=ridership_df).fit()

# plot the time series
ax = ridership_ts.plot()
ax.set_xlabel('Time')
ax.set_ylabel('Ridership (in 000s)')
ax.set_ylim(1300, 2300)
ridership_lm.predict(ridership_df).plot(ax=ax)
plt.show()
```

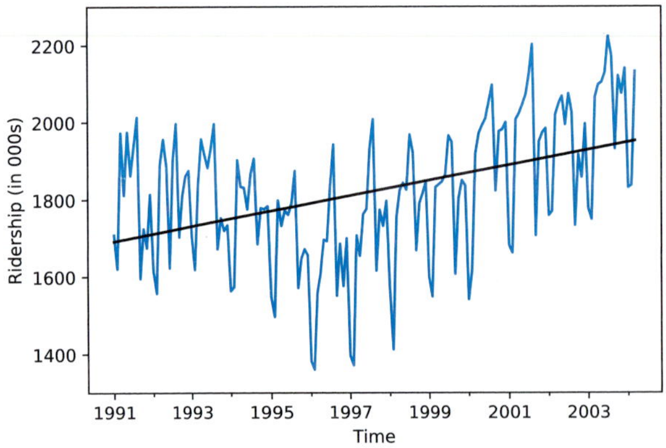

그림 17-1 암트랙 승객 수 데이터의 선형 추세 그래프

승객 수와 시간 사이의 관계를 설명하는 선형식을 구축하기 위해 승객 수를 반응 변수(Y)로, 시간 인덱스($t = 1, 2, 3, \cdots$)를 예측 변수(X)로 설정했다. 여기서 예측 변수는 시간 인덱스 하나이므로 다음과 같은 단순 회귀 모델로 표현할 수 있다.

$$Y_t = \beta_0 + \beta_1 t + \epsilon$$

Y_t는 t 시점의 승객 수이고 ϵ는 선형 회귀 모델에서 가정하는 표준 오차다. 이 모델은 전체 4개의 시계열 구성 요소 중 세 요소, 즉 수준(β_0), 추세(β_1), 노이즈(ϵ)를 반영하고 있고 나머지 하나인 계절성은 반영하지 않았다. [표 17-1]은 두 변수(Y_t, t)의 일부를 보여준다.

표 17-1 선형 추세 모델을 수립하기 위한 반응 변수(Ridership(Y_t))와 예측 변수(t)

Month	Ridership (Y_t)	t
Jan 91	1709	1
Feb 91	1621	2
Mar 91	1973	3
Apr 91	1812	4
May 91	1975	5
Jun 91	1862	6
Jul 91	1940	7
Aug 91	2013	8
Sep 91	1596	9
Oct 91	1725	10
Nov 91	1676	11
Dec 91	1814	12
Jan 92	1615	13
Feb 92	1557	14

데이터를 학습 데이터셋과 검증 데이터셋으로 나눈 후, 학습 데이터셋을 이용해 단순 선형 회귀 모델을 구축했다. 암트랙 승객 수 데이터(마지막 12개월은 검증용 데이터로 사용할 것임)를 이용해 추정된 회귀 모델의 결과는 [그림 17-2]로, 실제값과 예측값(또는 잔차)이 나와 있다.

[표 17-3]은 선형 회귀 모델의 결과를 보여준다. 회귀 모델 결과 해석 시 주의해야 할 점은 단순히 추정된 회귀식의 계수와 통계적 유의성만 모델 평가 기준으로 삼을 경우 잘못된 결론을 도출할 수 있다는 점이다. [그림 17-2] 그래프를 보면 전체적인 추세가 선형이 아님에도 불구하고 회귀식의 계수를 통계적으로 검증하면 선형 추세가 적합한 것으로 판정된다. 또한 학습 데이터셋의 평균 오차는 특정 추세에 모델이 얼마나 적합한지에 대한 측도는 될 수 있지만 모델의 예측 성능을 평가하는 데는 모순이 있을 수 있다. 이 경우 검증 데이터셋의 실제값과 모델로부터 얻은 예측값의 차이를 살펴보는 것이 바람직한 방법이다.

표 17-2 암트랙 승객 수 학습 기간에 적용한 선형 추세선과 검증 기간에 적용한 예측값

[그림 17-2]를 생성하는 파이썬 코드

```
# fit linear model using training set and predict on validation set
ridership_lm = sm.ols(formula='Ridership ~ trend', data=train_df).fit()
predict_df = ridership_lm.predict(valid_df)

# create the plot
def singleGraphLayout(ax, ylim, train_df, valid_df):
    ax.set_xlim('1990', '2004-6')
    ax.set_ylim(*ylim)
    ax.set_xlabel('Time')
    one_month = pd.Timedelta('31 days')
    xtrain = (min(train_df.index), max(train_df.index) - one_month)
    xvalid = (min(valid_df.index) + one_month, max(valid_df.index) - one_month)
    xtv = xtrain[1] + 0.5 * (xvalid[0] - xtrain[1])

    ypos = 0.9 * ylim[1] + 0.1 * ylim[0]
    ax.add_line(plt.Line2D(xtrain, (ypos, ypos), color='black', linewidth=0.5))
    ax.add_line(plt.Line2D(xvalid, (ypos, ypos), color='black', linewidth=0.5))
    ax.axvline(x=xtv, ymin=0, ymax=1, color='black', linewidth=0.5)

    ypos = 0.925 * ylim[1] + 0.075 * ylim[0]
    ax.text('1995', ypos, 'Training')
    ax.text('2002-3', ypos, 'Validation')

def graphLayout(axes, train_df, valid_df):
    singleGraphLayout(axes[0], [1300, 2550], train_df, valid_df)
    singleGraphLayout(axes[1], [-550, 550], train_df, valid_df)
    train_df.plot(y='Ridership', ax=axes[0], color='C0', linewidth=0.75)
    valid_df.plot(y='Ridership', ax=axes[0], color='C0', linestyle='dashed',
                  linewidth=0.75)
    axes[1].axhline(y=0, xmin=0, xmax=1, color='black', linewidth=0.5)
    axes[0].set_xlabel('')
    axes[0].set_ylabel('Ridership (in 000s)')
    axes[1].set_ylabel('Forecast Errors')
    if axes[0].get_legend():
        axes[0].get_legend().remove()

fig, axes = plt.subplots(nrows=2, ncols=1, figsize=(9, 7.5))
ridership_lm.predict(train_df).plot(ax=axes[0], color='C1')
ridership_lm.predict(valid_df).plot(ax=axes[0], color='C1', linestyle='dashed')

residual = train_df.Ridership - ridership_lm.predict(train_df)
residual.plot(ax=axes[1], color='C1')
residual = valid_df.Ridership - ridership_lm.predict(valid_df)
residual.plot(ax=axes[1], color='C1', linestyle='dashed')
graphLayout(axes, train_df, valid_df)
plt.tight_layout()
plt.show()
```

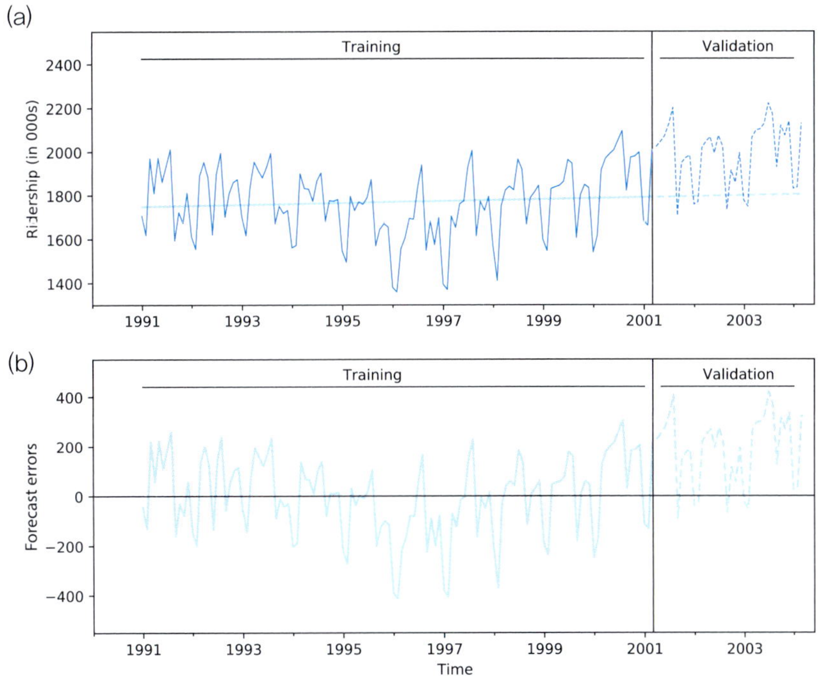

그림 17-2 암트랙 승객 수 학습 기간에 적용한 선형 추세선(a)과 검증 기간에 적용한 예측선(b)

표 17-3 교육 기간 동안 암트랙 탑승 데이터에 적용된 선형 회귀 모델의 결과 요약

```
> ridership_lm.summary()
```

실행 결과

	coef	std err	t	P>¦t¦	[0.025	0.975]
Intercept	1750.3595	29.073	60.206	0.000	1692.802	1807.917
trend	0.3514	0.407	0.864	0.390	-0.454	1.157

지수 추세

선형 회귀 모델을 활용하면 선형 추세뿐 아니라 몇몇 다른 형태의 추세도 모델링할 수 있다. 그중 대표적인 것이 바로 지수 추세다. 지수 추세는 시간이 흐름에 따라 곱의 형태로 증가 또는 감소하는 시계열 패턴을 의미한다. 지수 추세를 반영한 회귀 모델을 수립하기 위해서는 반응 변수 Y를 $\log Y$로 대체하고 선형 회귀 모델을 구축해야 한다. 암트랙 승객 수 데이터를 예로 들자면, 시간 t를 예측 변수로, 실제 승객 수에 log를 취한 값(log(승객 수))을 반응 변수로 하여 선형 회귀 모델을 구축할 수 있다. 지수 추세를 반영하는 회귀 모델은 주로 기업 판매 실적의 성장 추이를 분석하는 데 널리 활용된다. statsmodels에서는 np.log(Ridership) ~ trend와 같이 사용할 수 있다.

일반적으로 선형 회귀 분석에서 반응 변수가 다른 경우 모델의 예측 정확도를 비교하기 위해서는 반드시 단위를 일치시켜야 한다. 예를 들어, 선형 추세 모델은 Y를 기준으로 수립되며, 지수 회귀 모델은 $\log Y$를 기준으로 수립되기 때문에 이 두 모델의 예측 성능을 비교하기 위해서는 단위를 통일시켜야 한다. 따라서 지수 추세 모델을 사용하는 경우 $\log Y$의 예측값을 계산한 다음 원스케일 값으로 복원해 주어야 한다. [그림 17-3]은 암트랙 열차 승객 수 데이터에 대한 지수 추세 모델 결과를 보여준다.

[그림 17-3]을 생성하는 파이썬 코드

```
ridership_lm_linear = sm.ols(formula='Ridership ~ trend', data=train_df).fit()
predict_df_linear = ridership_lm_linear.predict(valid_df)

ridership_lm_expo = sm.ols(formula='np.log(Ridership) ~ trend', data=train_df).fit()
predict_df_expo = ridership_lm_expo.predict(valid_df)

fig, ax = plt.subplots(nrows=1, ncols=1, figsize=(9,3.75))
train_df.plot(y='Ridership', ax=ax, color='C0', linewidth=0.75)
valid_df.plot(y='Ridership', ax=ax, color='C0', linestyle='dashed', linewidth=0.75)
singleGraphLayout(ax, [1300, 2600], train_df, valid_df)
ridership_lm_linear.predict(train_df).plot(color='C1')
ridership_lm_linear.predict(valid_df).plot(color='C1', linestyle='dashed')
ridership_lm_expo.predict(train_df).apply(lambda row: math.exp(row)).plot(color='C2')
ridership_lm_expo.predict(valid_df).apply(lambda row: math.exp(row)).plot(color='C2',
                                                                          linestyle='dashed')

ax.get_legend().remove()
plt.show()
```

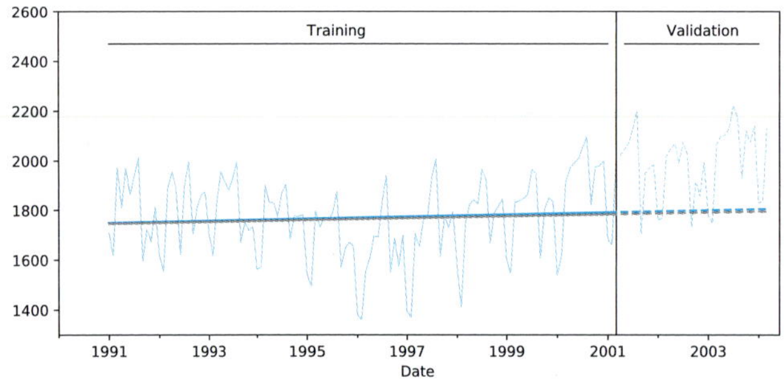

그림 17-3 암트랙 열차 승객 수를 예측하기 위한 지수 추세(회색)와 선형 추세(별색)

다항 추세

선형 회귀 분석을 통해 구현할 수 있는 또 다른 비선형 추세로는 다항 추세가 있다. 다항 추세의 특별한 경우인 2차 추세식은 예측 변수를 추가하여 얻을 수 있다. 파이썬 `statsmodels`에서는 add_trend('ctt') 혹은 np.square(trend)를 사용해 선형 및 2차 추세식을 얻을 수 있다([그림 17-4]). 앞서 암트랙 열차 승객 수 데이터가 U-형태의 추세를 보이고 있음을 확인하였고, 2차 추세 모델을 구축하여 선형 추세 모델과 비교했다. [그림 17-4]의 적합선과 잔차 그래프를 통해서 확인할 수 있듯이, 다항 추세 모델이 실제 추세를 잘 반영하고 있음을 알 수 있다. 그림에 나타난 결과를 보면, 추세는 제거되고 오직 계절성만 존재한다.

[그림 17-4]를 생성하는 파이썬 코드

```
ridership_lm_poly = sm.ols(formula='Ridership ~ trend + np.square(trend)',
                           data=train_df).fit()

fig, axes = plt.subplots(nrows=2, ncols=1, figsize=(9, 7.5))

ridership_lm_poly.predict(train_df).plot(ax=axes[0], color='C1')
ridership_lm_poly.predict(valid_df).plot(ax=axes[0], color='C1', linestyle='dashed')
residual = train_df.Ridership - ridership_lm_poly.predict(train_df)
residual.plot(ax=axes[1], color='C1')
residual = valid_df.Ridership - ridership_lm_poly.predict(valid_df)
residual.plot(ax=axes[1], color='C1', linestyle='dashed')

graphLayout(axes, train_df, valid_df)
plt.show()
```

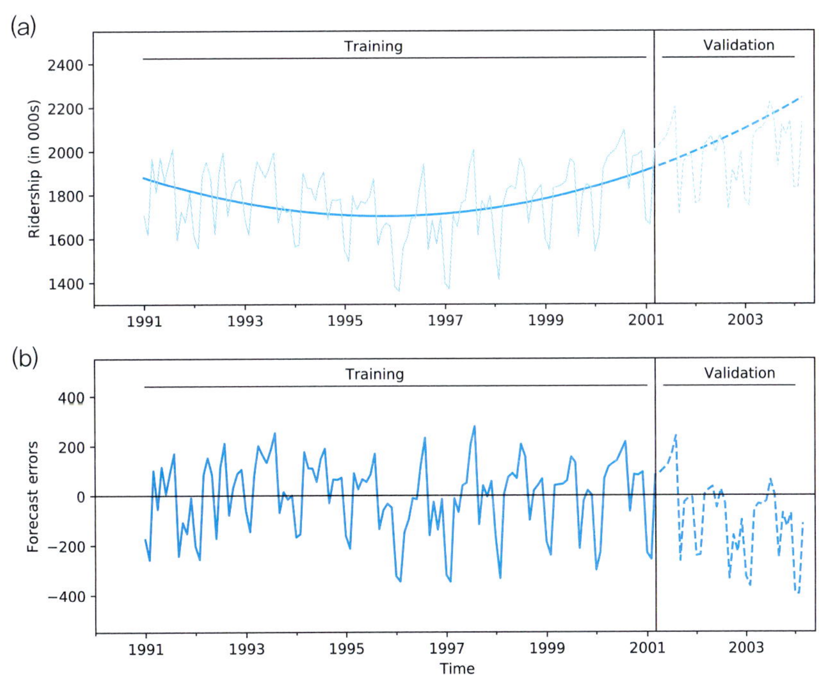

그림 17-4 암트랙 열차 승객 수를 예측하기 위한 2차 추세 모델 결과. (a)는 추정, 예측 및 실제값 (b)는 예측 오차

일반적으로 어떤 형태의 추세라도 수학적으로 표현할 수 있다. 하지만 여기서 주의할 점은 현 데이터의 적합 성능만 고려하여 너무 복잡한 형태의 모델을 고집하지 말아야 한다는 것이다. 너무 복잡한 형태의 모델을 구축할 경우 과적합의 위험을 초래할 수 있다. 이러한 문제를 피하기 위해서 검증 데이터셋을 통한 성능 검증이 반드시 필요하다.

17.2 계절성을 반영한 모델

시계열에서 계절 패턴이 존재한다는 것은 특정 계절의 관측치가 다른 계절에 비해 일정하게 크거나 작은 값을 가진다는 의미다. 예를 들어 시계열이 주별로 패턴이 반복되거나 월별, 분기별로 반복되는 패턴을 보일 때 계절성이 존재한다고 말한다. 암트랙 승객 수 데이터의 경우 월별로 이루어진 시계열인데, 그래프를 보면 여름에 승객 수가 많은 것을 볼 수 있다. 이는 강한 계절성이 있음을 나타낸다.

회귀 모델에 계절성을 반영하려면 계절을 표현할 수 있는 새로운 범주형 변수를 만들어야 한다. 이 범주형 변수는 가변수로 변환되어 회귀 모델 구축 시 예측 변수로 사용된다. [표 17-4]를 보면 이를 표현하기 위해 "월Month"이라는 새로운 열이 생성되었음을 볼 수 있다. 예를 들어 12개의 계절이 있다면, 회귀 모델에는 0 또는 1의 값을 가지는 11개의 가변수가 포함된다. 여기서 1은 관측치가 특정 계절에 해당됨을 의미하고 0은 해당되지 않음을 의미한다. 이렇게 11개의 가변수를 모두 만들고 나면 데이터를 학습 데이터셋과 검증 데이터셋으로 나누고, 학습 데이터셋을 사용해 모델을 수립한다. 여기서 (12로 나누지 않고) 11개의 가변수로 나누는 이유는 m개 중 마지막 1개는 11의 가변수에 의해 자동으로 결정되기 때문이다.[1]

파이썬 `statsmodels`에서는 `Ridership ~ C(Month)`를 통해 "월" 열을 자동으로 생성하고 이진 변수로 변환해 준다.

데이터를 학습 데이터셋과 검증 데이터셋으로 나눈 후(16.5절 참조) 학습 데이터셋을 이용해 회귀 모델을 구축했다. [그림 17-5]는 예측값과 실제값 그래프, 잔차를 보여준다. 모델이 데이터의 계절성을 잘 반영하고 있는 것처럼 보이지만 추세를 반영하는 요소가 모델에 포함되어 있지 않기 때문에(17.1절 참조) 전반적으로는 만족한 결과가 아님을 알 수 있다. 잔차 그래프 역시 U-형태를 보이며 이는 추세를 제대로 반영하지 못했음을 나타낸다.

---

1 m개의 범주가 있을 때 $m-1$개의 가변수로 표현할 수 있다. 즉, $m-1$ 가변수 값이 모두 0일 경우 자동으로 m번째 범주로 해석할 수 있기 때문이다. 이 경우 m개의 모든 가변수를 포함한다면 다중 공선성 문제를 야기한다.

표 17-4 회귀 모델에서 가변수로 사용될 새로운 범주형 변수(월, 승객 수, 계절)

Month	Ridership	Season
Jan 91	1709	Jan
Feb 91	1621	Feb
Mar 91	1973	Mar
Apr 91	1812	Apr
May 91	1975	May
Jun 91	1862	Jun
Jul 91	1940	Jul
Aug 91	2013	Aug
Sep 91	1596	Sep
Oct 91	1725	Oct
Nov 91	1676	Nov
Dec 91	1814	Dec
Jan 92	1615	Jan
Feb 92	1557	Feb
Mar 92	1891	Mar
Apr 92	1956	Apr
May 92	1885	May

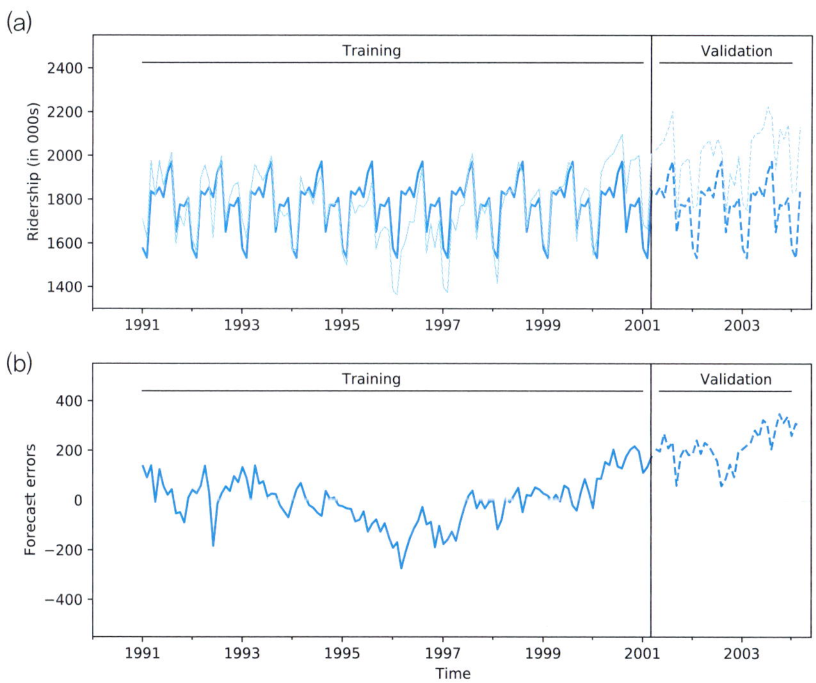

그림 17-5 계절성을 반영한 회귀 모델 결과(a)와 예측 오차(b)

앞에서 언급한 이진 변수를 사용해 구축된 회귀 모델은 계절 변동의 합additivity을 반영한다. 이는 반응 변수 값의 평균이 기준 월(여기서는 4월)과 비교해 볼 때, 특정 수치만큼 크거나 작다는 것을 의미한다. [표 17-5]는 Ridership(Y)에 계절 요인을 반영한 회귀 모델의 결과를 보여준다. 암트랙 열차 승객 수를 예로 설명하면, 8월의 계수 `C(Month)[T.8] (396.66)`은 8월의 평균 이용객 숫자가 1월에 비해 396,660명 더 많다는 것을 의미한다. 회귀 모델을 통해 특정 월이 기준 월에 비해 몇 % 증가(혹은 감소)했는지와 같은 비율을 알아보기 위해서는 계절 변동의 곱multiplicative을 반영하는 모델을 이용해야 한다. 계절 변동의 곱을 반영하는 회귀 모델 구축 방법은 반응 변수를 log(Y)로 사용하는 점을 제외하면 앞에서 언급한 방법과 동일하다.

표 17-5 암트랙 승객 수 학습 데이터셋에 계절 변동의 합을 반영하여 구축한 모델 결과

```
ridership_df = tsatools.add_trend(ridership_ts, trend='c')
ridership_df['Month'] = ridership_df.index.month
# partition the data
train_df = ridership_df[:nTrain]
valid_df = ridership_df[nTrain:]
ridership_lm_season = sm.ols(formula='Ridership ~ C(Month)', data=train_df).fit()
ridership_lm_season.summary()
```

실행 결과

```
                   coef    std err          t      P>|t|     [0.025      0.975]
-------------------------------------------------------------------------------
Intercept     1573.9722     30.578     51.475      0.000   1513.381    1634.564
C(Month)[T.2]  -42.9302     43.243     -0.993      0.323   -128.620      42.759
C(Month)[T.3]  260.7677     43.243      6.030      0.000    175.078     346.457
C(Month)[T.4]  245.0919     44.311      5.531      0.000    157.286     332.897
C(Month)[T.5]  278.2222     44.311      6.279      0.000    190.417     366.028
C(Month)[T.6]  233.4598     44.311      5.269      0.000    145.654     321.265
C(Month)[T.7]  345.3265     44.311      7.793      0.000    257.521     433.132
C(Month)[T.8]  396.6595     44.311      8.952      0.000    308.854     484.465
C(Month)[T.9]   75.7615     44.311      1.710      0.090    -12.044     163.567
C(Month)[T.10] 200.6076     44.311      4.527      0.000    112.802     288.413
C(Month)[T.11] 192.3552     44.311      4.341      0.000    104.550     280.161
C(Month)[T.12] 230.4151     44.311      5.200      0.000    142.610     318.221
```

17.3 추세와 계절성을 반영한 모델

추세와 계절성을 동시에 반영하는 모델은 앞에서 언급한 추세 모델과 계절성 모델을 통합하여 얻을 수 있다. 암트랙 열차 승객 수 데이터에는 2차 추세와 월별 계절 변동이 모두 포함되어 있다. 따라서 모델에는 총 13개의 예측 변수, 즉 계절성(월)을 나타내는 11개의 이진 변수와 추세

를 나타내는 t와 t^2가 포함된다. 최종 모델의 결과는 [그림 17-6]과 [표 17-6]에 제시되어 있다. 구축된 모델을 사용해 구하고자 하는 해당 월과 시간을 대입함으로써 k 기간 앞의 값(F_{t+k})을 예측할 수 있다.

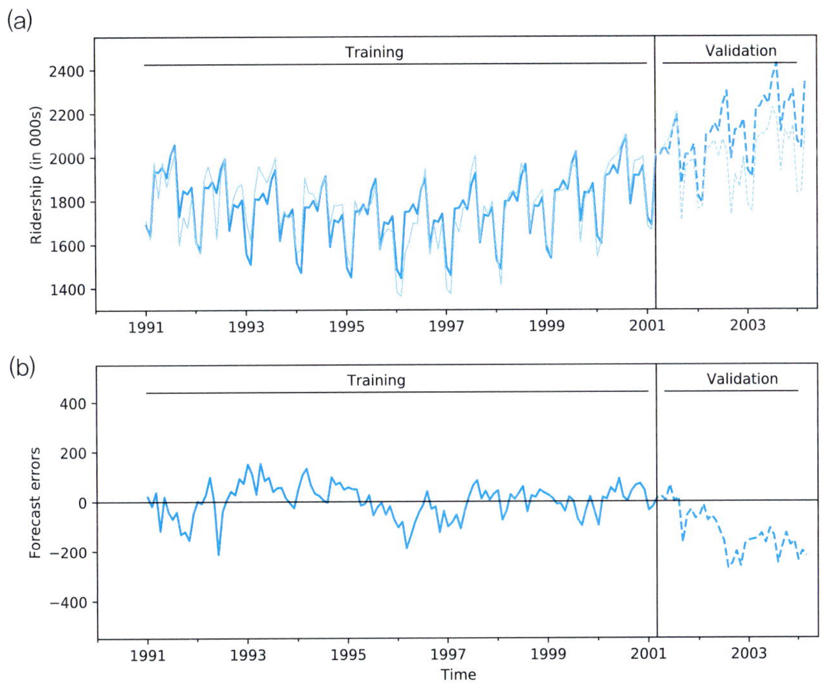

그림 17-6 암트랙 승객 수 데이터에 추세와 계절 변동을 포함한 회귀 모델 결과(a)와 예측 오차(b)

표 17-6 암트랙 승객 수 데이터에 추세와 계절 변동을 포함한 회귀 모델 결과

```
> formula = 'Ridership ~ trend + np.square(trend) + C(Month)'
> ridership_lm_trendseason = sm.ols(formula=formula, data=train_df).fit()

                            OLS Regression Results
================================================================================
                      coef    std err          t      P>|t|      [0.025     0.975]
--------------------------------------------------------------------------------
Intercept        1696.9794     27.675     61.318      0.000    1642.128   1751.831
C(Month)[T.2]     -43.2458     30.241     -1.430      0.156    -103.182     16.690
C(Month)[T.3]     260.0149     30.242      8.598      0.000     200.076    319.954
C(Month)[T.4]     260.6175     31.021      8.401      0.000     199.135    322.100
C(Month)[T.5]     293.7966     31.020      9.471      0.000     232.316    355.278
C(Month)[T.6]     248.9615     31.020      8.026      0.000     187.481    310.442
C(Month)[T.7]     360.6340     31.020     11.626      0.000     299.153    422.115
C(Month)[T.8]     411.6513     31.021     13.270      0.000     350.169    473.134
C(Month)[T.9]      90.3162     31.022      2.911      0.004      28.831    151.801
```

```
C(Month)[T.10]     214.6037    31.024     6.917    0.000    153.115    276.092
C(Month)[T.11]     205.6711    31.026     6.629    0.000    144.178    267.165
C(Month)[T.12]     242.9294    31.029     7.829    0.000    181.430    304.429
trend               -7.1559     0.729    -9.812    0.000     -8.601     -5.710
np.square(trend)     0.0607     0.006    10.660    0.000      0.049      0.072
```

17.4 자기상관과 아리마 모델

전통적인 회귀 모델은 관측치 간 서로 독립을 가정하고 있다. 그러나 시계열 관측치들은 대부분 서로 상관관계를 갖고 있다. 이런 관측치 간의 상관관계를 자기상관 관계라고 부르는데, 이 정보를 활용하면 보다 더 정확한 예측을 할 수 있다. 만약 양의 값들이나 음의 값들이 연속적으로 나올 경우 양의 자기상관 관계가 있다고 말할 수 있으며, 이 정보를 이용해 예측값을 조정할 수 있다. 시계열 데이터의 자기상관 계산 방법을 알아보고, 이 정보를 효과적인 예측을 위해 어떻게 활용할 수 있는지 살펴보자.

자기상관의 계산

시계열 데이터에서 인접한 관측치 간의 관계를 자기상관이라고 한다. 그렇게 부르는 이유는 2개의 변수 간 관계를 나타내는 일반적인 상관관계와 달리 하나의 시계열 변수와 그 자신의 관계 정도를 보여주기 때문이다. 자기상관은 시계열과 지연(시차)을 둔 그 자신 시계열 간의 상관계수를 계산함으로써 구할 수 있다. 지연을 둔 시계열은 1 혹은 그 이상의 기간만큼 차이를 두고 원래 시계열을 그대로 옮긴 것이다. 예를 들어 1-지연인 시계열은 원래 시계열을 한 기간씩 앞으로, 2-지연인 시계열은 원래 시계열을 두 기간씩 앞으로 옮긴 것을 의미한다. [표 17-7]은 24개월간 암트랙 열차 승객 수 데이터의 1-지연, 2-지연 시계열을 보여준다.

1-지연인 경우 자기상관을 계산하기 위해, 원래 시계열과 1-지연 시계열 사이의 상관 계수를 구하였고(파이썬의 `np.corrcoef()` 함수 이용) 그 값은 0.063이다. [표 17-7]에서 볼 수 있듯이, 원래 시계열은 24개월로 되어 있지만 1-지연 시계열은 1991년 1월의 값이 없기 때문에 23개월로 이루어져 있다. 마찬가지로, 2-지연 자기상관(두 기간 떨어진 사이의 관계를 측정)은 원래 시계열과 2-지연 시계열의 상관관계를 계산하면 되고, 그 값은 −0.15다.

파이썬 `statsmodels`의 `acf()` 함수를 이용해 다양한 지연값들에 대한 자기상관 관계 값을 구할 수 있고 `plot_act()` 함수를 이용해 플롯을 생성할 수 있다. [그림 17-7]은 1-12 지연별 자기상관 관계를 보여준다.

표 17-7 암트랙 승객 수 시계열의 첫 24개월의 데이터와 1-지연, 2-지연 데이터

Month	Ridership	Lag-1 series	Lag-2 series
Jan 91	1709		
Feb 91	1621	1709	
Mar 91	1973	1621	1709
Apr 91	1812	1973	1621
May 91	1975	1812	1973
Jun 91	1862	1975	1812
Jul 91	1940	1862	1975
Aug 91	2013	1940	1862
Sep 91	1596	2013	1940
Oct 91	1725	1596	2013
Nov 91	1676	1725	1596
Dec 91	1814	1676	1725
Jan 92	1615	1814	1676
Feb 92	1557	1615	1814
Mar 92	1891	1557	1615
Apr 92	1956	1891	1557
May 92	1885	1956	1891
Jun 92	1623	1885	1956
Jul 92	1903	1623	1885
Aug 92	1997	1903	1623
Sep 92	1704	1997	1903
Oct 92	1810	1704	1997
Nov 92	1862	1810	1704
Dec 92	1875	1862	1810

[그림 17-7]을 생성하는 파이썬 코드

```
tsaplots.plot_acf(train_df['1991-01-01':'1993-01-01'].Ridership)
plt.show()
```

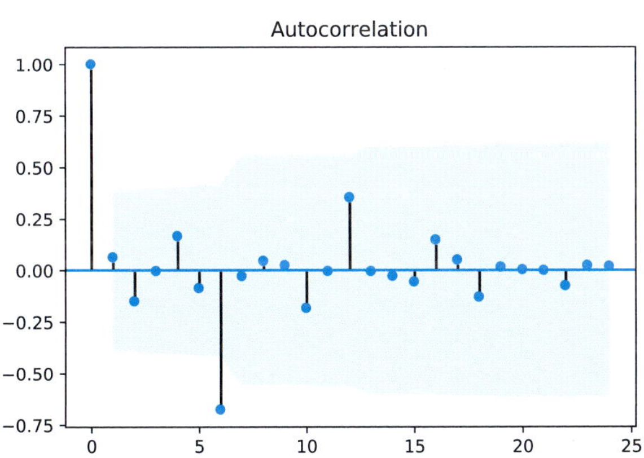

그림 17-7 24개월간 암트랙 열차 승객 수 데이터의 1-12 지연까지의 자기상관 관계 그래프(95% 신뢰 구간은 음영으로 표시)

몇몇 전형적인 자기상관 관계의 특징은 다음과 같다.

- **지연이 1보다 클 때의 강한 자기상관(양/음)** 데이터의 주기적인 패턴을 의미한다. 예를 들어, 월별로 구성된 시계열에서 12-지연일 때 강한 양의 자기상관 관계가 존재한다면 이는 1년을 주기로 비슷한 패턴이 반복됨을 의미한다. 다시 말해, 매년 같은 달에 해당하는 데이터는 양의 상관관계를 갖고 있음을 의미한다.
- **1-지연 양의 자기상관** 연속적인 값들이 전반적으로 같은 방향성을 지니고 있음을 의미한다. 강한 선형 추세가 존재할 때, 1-지연 양의 자기상관이 강하게 나타난다.
- **1-지연 음의 자기상관** 시계열의 변동이 심할 때 나타난다. 어떤 기간에 큰 값이 나타나면 다음 기간에 작은 값이 나타나고, 반대로 어떤 기간에 작은 값이 나타나면 다음 기간에 큰 값이 나타나는 경우가 이에 해당한다.

시계열의 자기상관 관계를 통해 계절 변화의 패턴을 찾아낼 수 있다. [그림 17-7]을 보면, 6-지연일 때 강한 음의 자기상관이 나타나는 것을 확인할 수 있는데, 이는 반기마다 패턴이 바뀌는 것을 의미한다. 시계열 그래프로부터 여름이 높고 겨울이 낮은 패턴을 확인할 수 있다.

원시계열의 자기상관과 더불어 잔차 시계열의 자기상관 정보도 유용하다. 예측 모델이 수립되면, 예측값과 실제값의 차이인 잔차를 구할 수 있고 이를 이용해 잔차의 자기상관을 계산할 수 있다. 만약, 구축된 예측 모델이 계절적 변동을 잘 반영하고 있다면 잔차를 이용한 자기상관 그래프에는 더 이상 계절적인 패턴이 보이지 않을 것이다. [그림 17-8]은 계절적 변동과 2차 추세를 반영한 회귀 모델로부터 나온 잔차의 자기상관을 보여준다. 여기서 6개월(혹은 12개월)을 주기로 보이던 패턴이 더 이상 나타나고 있지 않음을 확인할 수 있는데, 이는 구축된 회귀 모델이 계절적 변동을 잘 반영하고 있음을 의미한다. 또한 1-지연인 경우 강한 양의 자기상관 관계가 있다는 점을 확인할 수 있는데, 이는 이웃한 기간의 잔차가 양의 관계를 갖고 있음을 의미한다. 이러한 정보는 예측의 정확도를 높이는 데 효과적으로 사용될 수 있다.

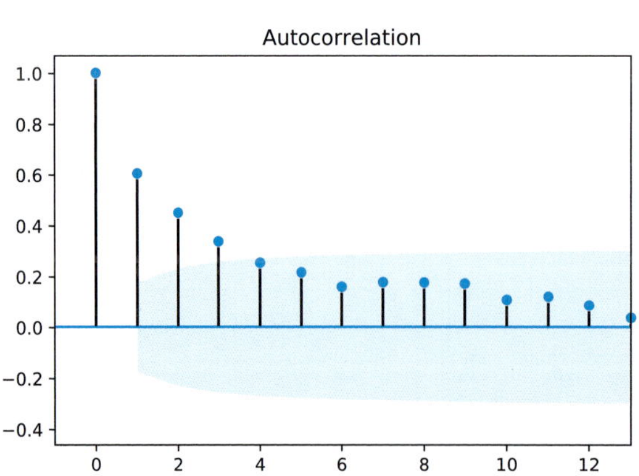

그림 17-8 [그림 17-6]으로부터 얻은 예측 오차의 자기상관 관계

자기상관 정보가 포함된 예측의 정확도 개선

일반적으로 자기상관 정보를 활용하는 방법에는 두 가지가 있다. 하나는 회귀 모델에 자기상관 정보를 바로 포함시키는 방법이고, 다른 하나는 잔차 값을 이용해 2차 예측 모델을 만드는 방법이다.

자기상관 정보가 직접 포함된 대표적인 모델로 아리마ARIMA, Autoregressive Integrated Moving Average 모델이 있다. 아리마 모델의 특수한 형태인 자기회귀AR, Autogressive 모델은 일반적인 선형 회귀 모델과 비슷한데, 반응 변수의 과거 기간 값들이 예측 변수로 사용된다는 점에서 차이를 보인다. 예를 들어, 2차 자기회귀 모델(AR(2))은 다음 식으로 표현된다.

$$Y_t = \beta_0 + \beta_1 Y_{t-1} + \beta_2 Y_{t-2} + \epsilon \tag{17.1}$$

모델을 구축하는 과정은 1-지연, 2-지연 시계열을 예측 변수로 포함하여 선형 회귀 분석을 수행하는 것과 유사하다. 그러나 모델 계수를 추정할 때는 선형 회귀 모델에서 사용하는 최소제곱법이 아닌 아리마 모델에서 사용하는 추정법을 쓴다(`statsmodel` 사용).[2] 아리마 모델은 시계열 데이터의 평균과 분산이 시간에 관계없이 일정한 정상 시계열stationary을 가정하기 때문에 추세나 계절성이 존재하는 비정상 시계열nonstationary의 경우 정상 시계열로 변환하는 작업이 필요하다. 아리마 모델은 강건하지 않고, 이 모델을 다루려면 많은 경험과 통계적 지식이 필요하기 때문에 일반적으로는 널리 사용되지 않는 경향이 있다. 아리마 모델에 관심이 있는 독자는 전문 시계열 분석 서적을 참조하기 바란다.

쉽게 예측에 활용할 수 있는 특별한 AR 모델이 있는데, 이 모델은 단기 예측을 할 때 효과적이다. 절차를 요약하면 다음과 같다.

❶ 예측 모델을 통해 k-기간 앞선 예측값(F_{t+k})을 구한다.

❷ AR(혹은 다른) 모델을 통해 k-기간 앞선 예측값의 오차(E_{t+k})를 구한다.

❸ 앞서 구한 k-기간 앞선 예측값에 오차를 보정하여 새로운 예측값인 $F^*_{t+k} = F_{t+k} + E_{t+k}$를 구한다.

특히 낮은 차수의 AR 모델을 잔차 시계열(혹은 예측 오차)에 적용함으로써 미래의 예측 오차를 정확히 예측할 수 있다. 또한 잔차 시계열은 자기상관 관계 외 다른 추세나 주기적 변화를 갖지 않을 것으로 간주되기 때문에 데이터의 변환 작업이 따로 필요 없다.

AR 모델을 잔차 시계열에 적용할 때는 먼저 잔차의 자기상관을 확인한다. 자기상관 관계를 확인하여 나타난 지연 정도에 따라서 자기회귀 모델의 차수를 결정한다. 잔차 시계열의 자기상관

2 아리마 모델의 파라미터 추정은 관측치 간의 종속성을 고려하기 때문에 일반 회귀 모델의 추정 방식과 다르다.

관계가 1-지연일 경우 자기상관 정도가 크게 나타났다면 다음과 같은 AR(1) 모델이 적합하다고 하겠다.

$$E_t = \beta_0 + \beta_1 E_{t-1} + \epsilon \tag{17.2}$$

위 식에서 E_t는 시간 t의 잔차(혹은 예측 오차)를 의미한다. [그림 17-8]은 지연이 1부터 12일 때까지 잔차의 자기상관을 보여주고 있는데, 여기서 1-지연인 경우 자기상관이 가장 크게 나타났으므로 AR(1) 모델이 적합하다고 하겠다. AR(1) 모델이 적합한 이유는 한 기간의 값들 사이에 상관이 있으면, 이 상관관계는 2-기간, 3-기간 혹은 더 많은 기간에까지 영향력이 넓혀지기 때문이다.[3]

[표 17-7]은 암트랙 승객 수 데이터의 잔차 시계열에 AR(1) 모델을 적용한 결과를 나타낸다. AR(1) 모델의 계수 0.5998이 [그림 17-8]에서 살펴본 1-지연 자기상관 값(0.6041)과 유사함을 확인할 수 있다. [표 17-7] 하단에 계산된 2001년 4월의 예측 잔차는 다음과 같이 가장 최근의 잔차인 2001년 3월(12.108)을 AR(1) 모델에 대입하여 구한 것이다.

$$(0.5998)(12.108) = 7.262$$

위 예측 잔차는 `forecast( )` 함수를 사용해 직접 구할 수 있다([표 17-8] 참조). 잔차 값이 양수라는 것는 회귀 모델로부터 예측한 2001년 4월의 이용객 수가 과소 예측되었음을 의미하며, 이를 보정하기 위해서는 7,262명만큼 더해 주어야 한다. 2차 추세와 계절성을 포함한 회귀 모델은 2,004,271명으로 예측하였고, 2단계 모델[회귀 모델 + AR(1)]의 예측값은 수정을 거쳐 2,011,533명으로 예측하였다. 실제로 2001년 4월의 값은 2,023,792명 이었는데, 두 모델을 비교해 볼 때, AR(1) 모델을 포함시킴으로써 예측값이 더욱 정확해진 것을 확인할 수 있다.

[그림 17-9]를 보면, AR(1) 모델로부터 구한 예측 잔차가 실제 잔차와 거의 일치하는 것을 확인할 수 있다. 그러나 이는 2001년 3월까지의 학습 데이터셋을 기반으로 한 결과이기 때문에 2단계 모델[회귀 모델 + AR(1)]의 정확도를 비교하려면 검증 데이터셋의 MAPE나 RMSE를 사용해야 한다. 이는 앞서 2001년 4월의 값을 비교하는 과정과 유사한 방법으로 계산할 수 있다.

3 편자기상관 관계(`Pacf( )` 함수)는 정해진 시차에 의해 설명되지 않은 부분을 측정하는 값이다. 예를 들어, 2-기간 편자기상관 관계는 1-기간 이상의 상관관계를 설명할 수 있다.

표 17-8 암트랙 열차 승객 수 잔차에 AR(1) 모델을 적용한 결과

잔차에 AR(1) 모델을 적용하는 파이썬 코드

```
formula = 'Ridership ~ trend + np.square(trend) + C(Month)'
train_lm_trendseason = sm.ols(formula=formula, data=train_df).fit()
train_res_arima = ARIMA(train_lm_trendseason.resid, order=(1, 0, 0),
                        freq='MS').fit(trend='nc')
forecast, _, conf_int = train_res_arima.forecast(1)
```

실행 결과

```
> print(pd.DataFrame({'coef': train_res_arima.params, 'std err': train_res_arima.bse}))
             coef    std err
ar.L1.y  0.599789   0.071268

> print('Forecast {0:.3f} [{1[0][0]:.3f}, {1[0][1]:.3f}]'.format(forecast, conf_int))
Forecast 7.262 [-96.992, 111.516]
```

[그림 17-9]를 생성하는 파이썬 코드

```
ax = train_lm_trendseason.resid.plot(figsize=(9,4))
train_res_arima.fittedvalues.plot(ax=ax)
singleGraphLayout(ax, [-250, 250], train_df, valid_df)
plt.show()
```

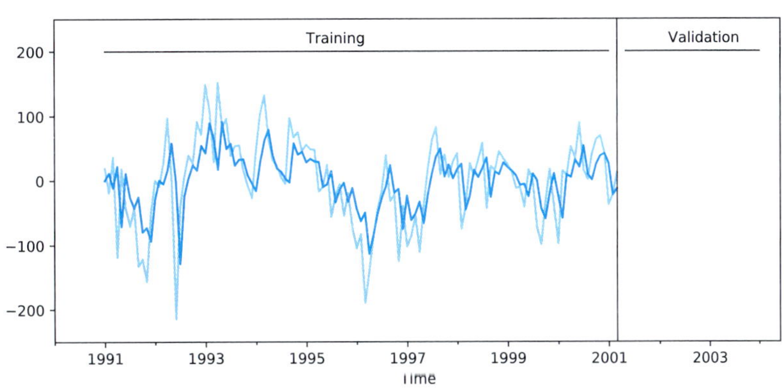

그림 17-9 [그림 17-6]으로부터 얻은 잔차에 AR(1) 모델 적용

끝으로 주어진 시계열의 자기상관 관계로부터 필요한 정보를 모두 활용했는지, 즉 시계열에 더 이상의 유의한 정보가 남았는지 여부를 확인하기 위해서 잔차로부터 파생된 또 다른 잔차 시계열의 자기상관을 확인할 수 있다. 잔차의 잔차 시계열은 회귀 모델로부터 나온 잔차에 AR(1) 모델을 적용한 후에 생기는 잔차의 시계열을 말한다. [그림 17-10]을 보면, 더 이상 자기상관이 존재하고 있지 않음을 알 수 있는데, 이는 AR(1) 모델이 자기상관의 정보를 적절하게 반영했음을 의미한다.

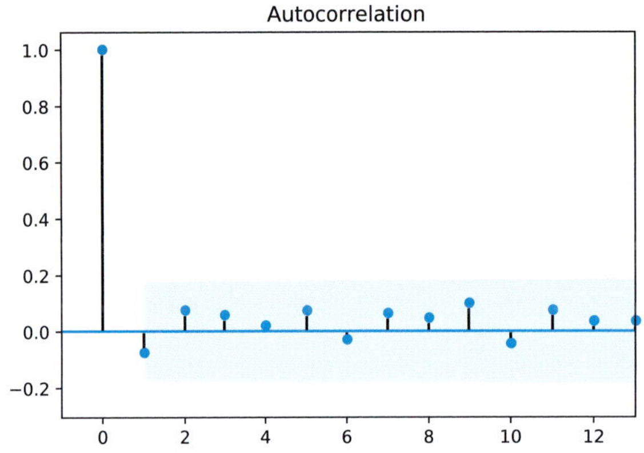

그림 17-10 잔차의 잔차에 대한 자기상관

AR 모델을 추가함으로써 예측의 정확도를 개선할 수 있으며, 특히 단기 예측에 적합하다고 설명하였다. 이는 차수가 *k*인 자기회귀 모델은 향후 *k* 기간의 예측에만 유용하기 때문이다. *k* 기간 보다 더 먼 예측은 실제값보다 앞서 예측한 값에 더 많은 영향을 받게 된다. 예를 들어 2001년 3월에 2001년 5월의 잔차를 예측하려고 한다면, 2001년 4월의 잔차가 필요할 것이다. 그러나 2001년 4월의 값은 없기 때문에, 이 값은 예측값으로 대체될 것이다. 따라서 2001년 5월의 예측값은 2001년 4월의 예측값을 기반으로 구해진다.

예측성 검증

예측 성능을 평가할 수 있는 유용한 방법 중 하나는 시계열이 확률 보행 과정을 따르는지 여부를 확인하는 것이다. 확률 보행이란 시계열이 특정 시간에서 다음 시간까지 랜덤하게 변화하는 현상을 말한다. 경제학의 효율적 시장 가설에 따르면, 자산의 가격은 확률 보행 과정을 따르기 때문에 주식 가격을 예측하는 것은 기술보다는 운에 좌우된다고 한다.[4]

4 효율적인 시장 가설을 둘러싼 논란이 있는데, 이 논란은 자산 가격에 아주 약한 자기상관이 존재한다는 주장과 함께 어느 정도 예측이 가능하다는 가정에서 시작된다. 그러나 거래 비용과 입찰가 등으로 인해 예측 이득이 상쇄되는 경향이 있다.

확률 보행은 AR(1) 모델의 특별한 경우인데, 기울기 계수가 1인 경우다.

$$Y_t = \beta_0 + Y_{t-1} + \epsilon_t \tag{17.3}$$

$$Y_t - Y_{t-1} = \beta_0 + \epsilon_t \tag{17.4}$$

위 식에서 시간 $t-1$과 t 사이의 값 차이는 임의의 어떤 값도 될 수 있음을 알 수 있다. 기본적으로 위 식을 통해 얻는 예측값은 가장 최근의 관측 값이 되며 다른 어떤 정보도 반영되지 않음을 볼 수 있다.

시계열 자료가 확률 보행 과정을 따르는지 여부를 확인하기 위해서는, AR(1) 모델을 구축하고 그 계수의 유의성을 확인하는 가설 검정을 수행하면 된다(H_0: $\beta_1 = 1$ 대 H_1: $\beta_1 \neq 1$). 만약 대립가설이 채택된다면 해당 시계열은 확률 보행 과정을 따르지 않는 것이며, 예측 모델로서 의미를 갖게 된다.

예를 들면, [그림 17-6]에 제시된 AR(1) 모델의 경우, 기울기 계수 값이 0.5998로 1에서부터 5*표준오차 밖에 있으며, 이는 곧 시계열 자료의 패턴이 유의하다는 의미가 된다. 반면, 1995년 5월부터 2003년 8월까지의 S&P500 월별 종가(`SP500.csv`, [표 17-9] 참조) 데이터로부터 구축한 AR(1) 모델의 경우, 계수가 0.9833 (표준 오차 = 0.0145)로서 1에 상당히 가까운 것을 알 수 있다. 이 경우 시계열 데이터가 특정 패턴이 없는 확률 보행 과정을 따른다고 말할 수 있으며, 앞서 설명한 어떤 형태의 예측 방법도 적용되기 어렵다.

표 17-9 S&P500의 월별 종가에 적용한 AR(1) 모델 결과

```
sp500_df = pd.read_csv('SP500.csv')
# convert date to first of each month
sp500_df['Date'] = pd.to_datetime(sp500_df.Date, format='%d-%b-%y').dt.to_period('M')
sp500_ts = pd.Series(sp500_df.Close.values, index=sp500_df.Date, name='sp500')
sp500_arima = ARIMA(sp500_ts, order=(1, 0, 0)).fit(disp=0)
print(pd.DataFrame({'coef': sp500_arima.params, 'std err': sp500_arima.bse}))
```

실행 결과

```
coef               std          err
const        888.11275   221.980066
ar.L1.sp500    0.98338     0.014523
```

연습문제

17.1 **9·11 사태로 인한 미국 항공기 여행 여파.** 미국 The Research and Innovative Technology Administration's Bureau of Transportation Statistics(BTS)에서는 2001년 9월 11일 테러로 인한 여파를 조사했다. 2006년 연구 결과와 자료는 http://goo.gl/w2lJPV에서 찾을 수 있다. 본 연구의 궁극적인 목적은 9·11 사태 전후 장거리 여행 승객 수의 변화를 알아보는 데 있다. 연구에서는 1990년 1월부터 2004년 5월까지 매월 승객의 변화를 분석하고 있다. `Sept11Travel.csv` 파일에는 다음 3개의 시계열 데이터가 담겨 있다.

(1) 항공기 유상 여객 마일리지(항공기)
(2) 철도 승객 마일리지(철도)
(3) 자동차 마일리지(자동차)

9·11 사태의 영향을 파악하기 위해 BTS에서는 다음과 같은 접근 방법을 취했다. 9·11 전의 데이터를 이용해 테러 공격이 없다는 가정하에 미래의 데이터를 예측하였고, 그 결과를 실제 데이터와 비교하여 9·11 사태의 여파를 살펴보았다. 이를 위해, 먼저 시계열 데이터를 9·11 전과 후로 나눈 다음 첫 번째 데이터를 이용한다.

a. 9·11 사태 이전의 시계열 그래프를 그려보시오. 그래프로부터 어떤 시계열 요소를 발견했는가?

b. [그림 17-11]은 9월 11일 이전의 항공기 데이터에서 계절 변동이 제거된 그림이다. 이 시계열 데이터를 예측하기 위한 적절한 모델은 다음 중 어느 것인가?
- 가변수를 사용한 선형 회귀 모델
- 추세를 사용한 선형 회귀 모델
- 가변수와 추세를 사용한 선형 회귀 모델

c. (b)에서 제시한 것처럼 비행거리의 선형 회귀 모델을 계절 변동의 승법multiplicative을 반영하도록 구축하시오. 반응 변수는 무엇인가? 예측 변수는 무엇인가?

d. (c)의 회귀 모델을 구축해 보시오. 월별 이진 변수를 만들고 9·11 이전의 데이터를 사용하시오.
   i. 9월과 10월의 계수는 통계적으로 유의하지 않다. 이것은 무엇을 의미하는가?
   ii. 1990년 1월 항공기 데이터의 실제값은 35.153577billion(351억 3,577만)이다. 회귀 분석을 통해 해당 월의 잔차를 구하고, 그 의미에 대해 서술하시오.

e. 회귀 모델을 통한 잔차의 ACF 그래프를 그려보시오.
   i. 회귀 모델을 통한 예측이라는 관점에서 ACF가 갖는 의미에 대해 설명하시오.
   ii. 이 정보를 이용해 모델을 어떻게 개선할 수 있는지 서술하시오.

f. 항공, 철도, 자동차 마일리지를 예측하는 회귀 모델을 항공기 데이터의 예측 모델과 유사한 형태로 구축하시오. 9·11 이전의 데이터를 활용하여 모델을 수립하고, 테러 이후의 각 교통 수단별 데이터를 예측하시오.

i. 시계열별로 테러 전후의 실제값과 예측값을 그래프를 통해 나타내시오.

ii. 9·11 테러가 교통수단별로 어떠한 영향을 미쳤는가? 영향력의 크기, 기간, 그 외의 다른 측면에 대해 논의하시오.

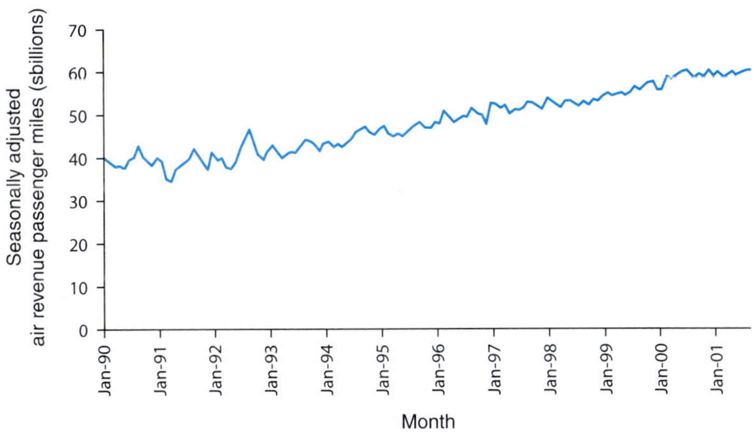

그림 17-11 계절 변동이 제거된 9월 11일 이전의 항공기 데이터

17.2 **캐나다 제조업 근로자 근무 시간.** [그림 17-12]는 캐나다 제조업 근로자들의 연간 주별 평균 근무 시간에 대한 시계열 데이터를 보여준다(`CanadianWorkHours.csv` 파일에서 데이터를 확인할 수 있음. 켄 블랙[Ken Black] 제공).

a. 이 시계열 데이터에 가장 적절한 모델은 다음 중 어느 것인가?

- 선형 추세 모델
- 계절성이 있는 선형 추세 모델
- 2차 추세 모델
- 계절성이 있는 2차 추세 모델

b. 이 시계열 데이터를 토대로 1-지연의 자기상관 관계를 계산하면 어떤 형태의 그래프를 얻을 수 있는가? 음의 상관관계인가, 양의 상관관계인가, 아니면 상관관계를 보이지 않는가?

c. ACF를 계산하고 그래프를 그려보시오. 그리고 위 문제와 결과를 비교해 보시오.

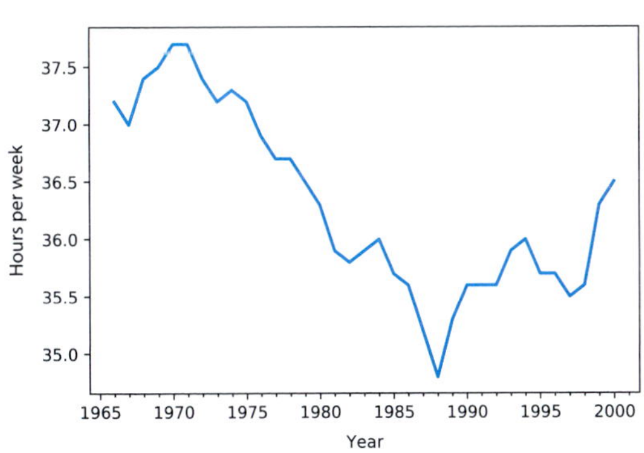

그림 17-12 캐나다 제조업 근로자의 연간 주별 평균 작업 시간

17.3 토이저러스 수익의 회귀 모델링. [그림 17-13]은 1992년부터 1995년까지 토이저러스의 분기별 수익에 대한 시계열을 보여준다(데이터는 `ToysRUsRevenues.csv` 파일에서 확인할 수 있음. 크리스 올브라이트Chris Albright 제공).

a. 선형 추세와 계절 이진 변수를 이용해 회귀 모델을 수립하시오. 전체 시계열을 학습 데이터셋으로 사용하시오(마지막 2분기는 제외할 것).

b. 회귀 모델의 부분적인 결과는 [표 17-10]에서 확인할 수 있다. 이 결과를 활용하여 다음 질문에 답하시오.

   i. 모델이 얼마나 잘 수립되었는지 측정할 수 있는 두 가지 통계량과 그 값을 말하시오.

   ii. 예측의 정확도를 평가할 수 있는 두 가지 통계량과 그 값을 말하시오.

   iii. 추세를 조정한 후, Q3와 Q1의 판매액 차이의 평균을 구하시오.

   iv. 계절성을 조정한 후, 분기(Q1,Q2,Q3,Q4) 중 가장 높은 판매액을 보이는 분기는 몇 분기인지 구해 보시오.

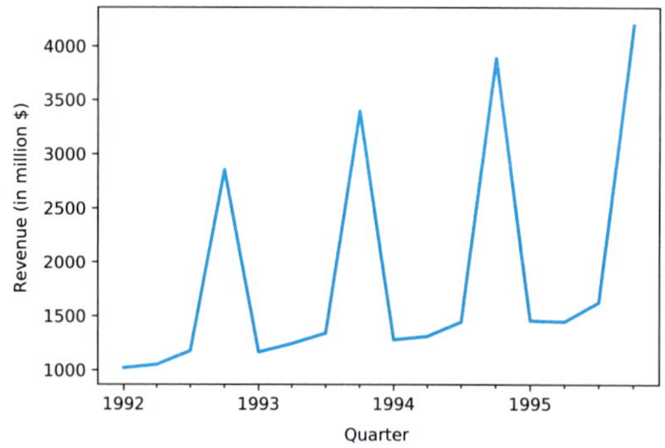

그림 17-13 1992년부터 1995년까지 토이저러스의 분기별 수익

표 17-10 토이저러스 시계열 학습 및 검증 데이터셋의 회귀 모델 결과와 예측 성능

	coef	std err
Intercept	906.750000	115.346119
C(Quarter)[T.2]	−15.107143	119.659603
C(Quarter)[T.3]	89.166667	128.673983
C(Quarter)[T.4]	2101.726190	129.165419
trend	47.107143	11.256629

17.4 월마트의 주가 예측. [그림 17-14]는 2001년 2월부터 2002년 2월까지 월마트 주식의 일별 종가 데이터를 이용해 AR(1) 모델을 수립한 결과다. 다음 질문에 답하시오(데이터는 http://finance.yahoo.com과 `WalMartStock.csv` 파일에서 확인할 수 있음).

a. 주식 종가를 예측하는 AR(1) 모델을 구축하고 계수를 명시하시오.

b. 다음 방법 중 어떤 것이 본 시계열 데이터가 확률 보행 과정을 따르는지 확인할 수 있는가?

- 주식 데이터의 자기상관 관계 확인
- AR(1) 모델의 기울기의 계수
- AR(1) 모델의 상수항의 계수

c. AR 모델이 확률 보행 과정을 따르는지 여부를 판단하고, 만일 따른다면 그 이유를 설명하시오.

d. 시계열 자료가 확률 보행 과정을 따른다는 것은 무엇을 의미하는가? 다음 중에서 올바른 설명을 선택하시오.

- 별도의 모델을 만들지 않고 경험에 의해 예측하는 것이 모델을 이용한 것보다 더 정확하다.
- 시계열은 랜덤하다.
- 한 기간으로부터 다른 기간까지의 변화가 랜덤으로 진행된다.

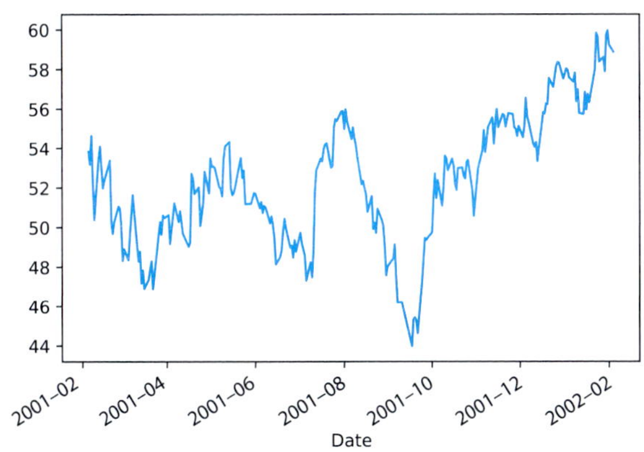

그림 17-14 2001년 2월~2002년 2월의 월마트 주식의 일별 종가 시계열 그래프

17.5 **백화점 매출 예측.** [그림 17-15]는 6년간 백화점 분기별 매출이 어떻게 변화하는지 보여주는 시계열 그래프다(데이터는 `DepartmentStoreSales.csv` 파일에서 확인할 수 있음. 크리스 올브라이트Chris Albright 제공).

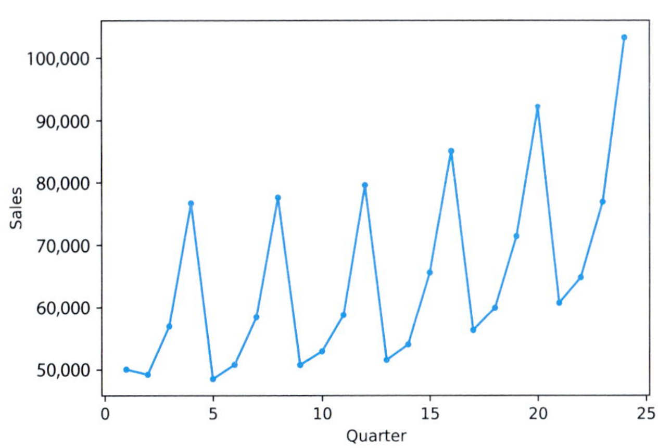

그림 17-15 분기별 백화점 매출의 시계열 그래프

a. 예측 부서에서는 매출액이 지수 추세를 따르고 있음을 확인했다. 회귀 모델에 기반하여 지수 추세를 반영할 수 있는 예측 모델을 수립하고자 한다. 다음 중 어떤 것을 수행해야 하는가?

- 분기의 인덱스에 로그를 취한다.
- 매출에 로그를 취한다.
- 매출에 지수를 취한다.
- 분기의 인덱스에 지수를 취한다.

b. 처음 20개의 분기를 학습용 데이터로 사용해 지수 추세와 계절성을 반영한 회귀 모델을 수립하시오(데이터는 학습 데이터셋과 검증 데이터셋으로 분할함).

c. [표 17-11]은 회귀 모델 결과의 일부다. 이로부터 추세를 조정하고자 할 때, 2분기의 평균 매출은 1분기와 비교하였을 때 높은가, 낮은가? 아니면 유사한가?

d. Q21과 Q22의 매출을 예측하시오.

e. [그림 17-16]의 (a) 그래프는 예측값과 실제값을 나타낸 것이고, (b) 그래프는 회귀 모델의 예측 오차를 나타낸 것이다.

  i. 이 그래프를 재생성해 보시오.

  ii. 그래프를 통해 보았을 때, Q21과 Q22의 매출 예측에 대해 어떻게 말할 수 있는가? 예측값이 실제 매출과 비교하였을 때 과대 추정되었는가, 과소 추정되었는가? 아니면 제대로 추정되었는가?

f. 회귀 모델의 예측 오차 그래프를 보았을 때, 다음 중 올바른 설명은 무엇인가?

- 계절성은 잘 반영되지 않는다.
- 회귀 모델은 데이터에 적합하다.
- 데이터의 추세는 회귀 모델에 의해서 잘 반영되지 않는다.

g. 다음 중 모델의 적합도를 개선하기 위한 최적의 해결책은 무엇인가? 그리고 일반적인 해결책은 무엇인가?

- 잔차에 2차 추세 모델 적용(Quarter, Quarter2)[5]
- 잔차를 AR 모델에 적용
- 판매액에 2차 추세 모델 적용(Quarter, Quarter2)

표 17-11 백화점 매출 학습 데이터셋 회귀 모델 결과

	coef	std err
Intercept	10.748945	0.018725
Quarter[T.Q2]	0.024956	0.020764
Quarter[T.Q3]	0.165343	0.020884
Quarter[T.Q4]	0.433746	0.021084
trend	0.011088	0.001295

5 Quarter 변수는 일반적인 trend 변수와 동일하다.

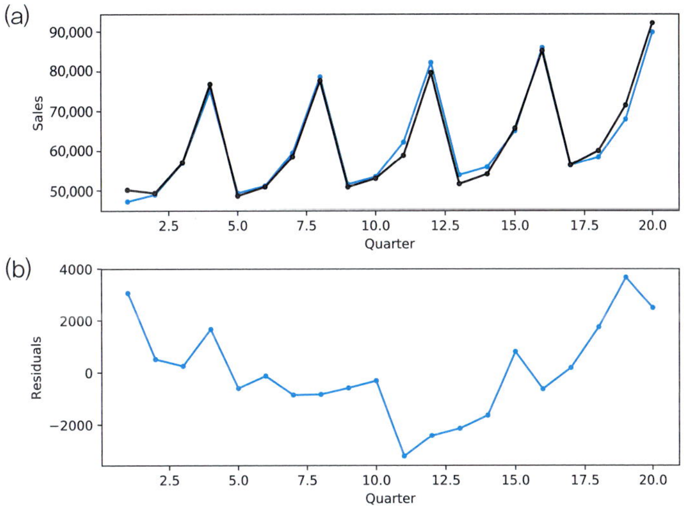

그림 17-16 백화점 매출 데이터의 회귀 모델 수립 결과

17.6 기념품 판매. [그림 17-17]은 1995년부터 2001년까지 호주 퀸즐랜드 해변 리조트에 있는 기념품 가게의 월별 판매액을 시계열 그래프로 나타낸 것이다. 두 그래프는 각각 달러(a)와 log(판매액)(b)을 단위로 하고 있다. 2001년에 기념품 가게는 향후 12개월(즉, 2002년) 기념품 판매량을 예측하기 위해 통계 분석가를 고용했다. 고용된 분석가는 데이터를 학습 데이터셋과 검증 데이터셋으로 나누었으며 검증 데이터셋으로는 지난 12개월(즉, 2001년) 데이터를 사용했다. 그리고 학습 데이터셋을 이용해 판매량 예측을 위한 회귀 모델을 수립하였다(출처: 하인드만[Hyndman]과 양[Yang](2018)).

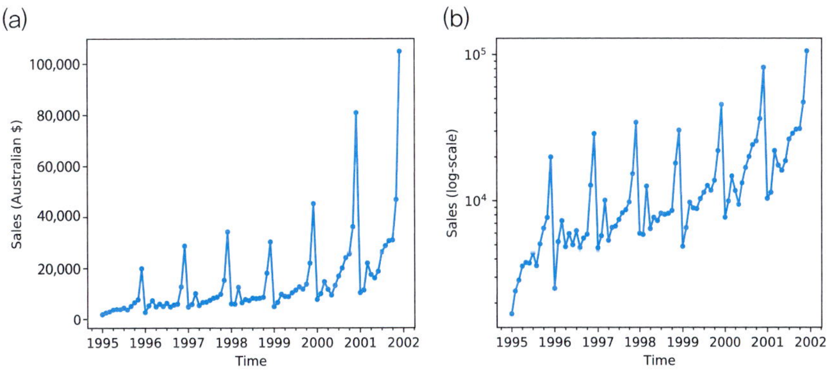

그림 17-17 기념품 가게 월별 판매 그래프 (단위: 달러) (a)와 로그 스케일(b)

a. 두 시계열 그래프를 보았을 때, 어떤 예측 변수가 회귀 모델에 포함되어야 하는가? 모델에서 전체 예측 변수의 수는 몇 개인가?

b. 판매액($)을 반응 변수로, 선형 추세와 월별 인덱스를 예측 변수로 사용해 회귀 모델을 수립하시오. 모델 수립은 학습용 데이터를 사용해야 하며, 이를 모델 A라 한다.

   i. 추정된 계수 확인: 어떤 모델이 가장 큰 평균 연간 판매량을 보이는가? 이는 타당한가?

   ii. 추정된 추세 계수는 245.36이다. 이것이 의미하는 바는 무엇인가?

c. 로그(판매액)을 반응 변수로, 선형 추세와 월별 인덱스를 예측 변수로 사용해 회귀 모델을 수립하시오. 모델 수립은 학습용 데이터를 사용해야 하며, 이를 모델 B라 한다.

   i. 로그(판매액)의 모델이 선형 추세를 갖는다면, 이는 판매액($)을 기준으로 보았을 때 어떤 추세와 동일한가?

   ii. 추정된 추세 계수는 0.02이다. 이것이 의미하는 바는 무엇인가?

   iii. 2002년 2월의 판매를 예측하시오. 추가로 어떤 내용이 필요한가?

d. 두 모델(A와 B)의 예측 성능을 비교하시오. 예측하는 데 어떤 모델이 더 적절한가? 적어도 두 가지 이유를 언급하시오.

e. 모델 B(로그(판매액)을 반응 변수로 사용한 모델)의 예측 오차에 대한 ACF 그래프를 15-지연까지 생성하시오. 예측 오차에 대해 지연-2인 AR 모델을 수립하시오[ARIMA(2,0,0)].

   i. ACF 그래프를 그리고, AR(2) 모델의 추정된 계수와 이것의 통계적 유의성에 대해 설명하시오. 모델 B의 예측 결과로부터 무엇을 알 수 있는지 서술하시오.

   ii. 앞서 구한 모델 B 및 AR(2)의 결과와 자기상관 정보를 사용해 2002년 1월의 예측값을 다시 구해 보시오.

f. 1995부터 2001년까지 기념품 가게의 판매액 변화에 미치는 다른 요소를 이해하는 것이 목적이라면, 이 데이터를 이용해 어떤 모델(2가지 이상)을 수립할 수 있는가?

17.7 **가전 기기 선적량.** [그림 17-18]은 1985년부터 1989년까지 미국 가전 기기의 분기별 선적량 변화를 나타낸 그래프다(데이터는 `ApplianceShipments.csv` 파일에서 확인할 수 있음. 켄 블랙Ken Black 제공). 시계열의 자기상관을 계산한다면 지연(>0)이 얼마일 때 상관 계수의 절댓값이 가장 크게 나타나는가? ACF 그래프를 통해 확인해 보시오.

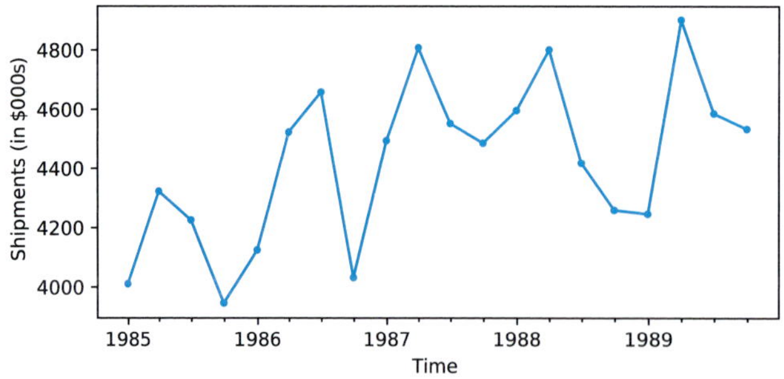

그림 17-18 5년간 미국 가전 기기의 분기별 선적량

17.8 호주 와인 판매량 예측. [그림 17-19]는 1980년 1월부터 1994년 1월까지 호주 와인(레드, 로제, 스위트 화이트, 드라이 화이트, 스파클링, 주정 강화) 6종의 월별 판매량(단위: 1,000리터)을 보여준다(데이터는 `AustralianWines.csv` 파일에서 확인할 수 있음. 출처: Hyndman, R.J. Time Series Data Library, http://data.is/TSDLdemo, 2015년 7월 25일 최종 접속). 이 시계열 데이터를 이용해 6종 와인 각각에 대한 향후 2~3개월의 판매량을 예측하려고 한다(이와 같은 예측은 내월 반복됨).

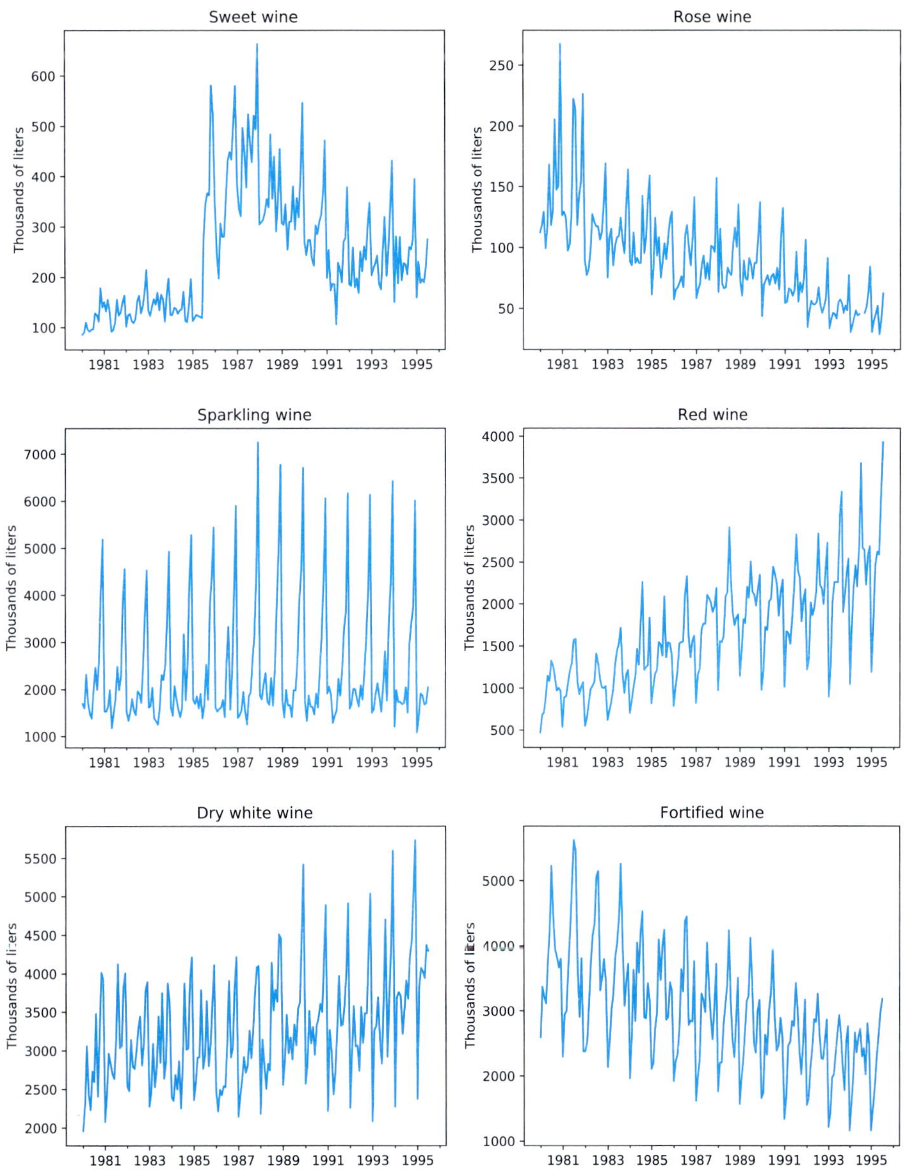

그림 17-19 1980~1994년 호주 와인 6종의 월별 판매

a. 각 와인에 대한 회귀 기반 예측 모델의 적합성에 대해 논하시오.

b. 주정 강화 와인Fortified wine은 6종의 와인 중에서 가장 큰 시장을 가지고 있다. 주정 강화 와인에 초점을 맞추어 2개월 후의 판매량을 예측하고자 한다.

- 1993년 12월까지를 학습 데이터셋으로 분할하시오.
- 선형 추세와 계절성을 포함하여 와인 판매량 예측 회귀 모델을 수립하시오.

  i. 실제값과 예측값 그래프를 그리고, 예측 성능에 대해 논하시오.

  ii. 회귀 모델을 이용해, 1994년 1월과 2월의 판매량을 예측하시오.

c. 12-지연까지, 위 모델로부터 얻게 되는 잔차의 ACF 그래프를 생성하시오. 다음 중 이 그래프에 대한 설명으로 알맞은 것은 어느 것인가?

- 12월은 모델에 잘 반영되지 않는다.
- 같은 달끼리는 강한 상관관계가 있다.
- 계절성은 모델에 잘 반영되지 않는다.
- 잔차에 대해 12-지연 자기회귀 모델을 수립해야 한다.

CHAPTER 18

평활법

이 장에서는 시계열 데이터를 예측하는 방법 중 하나인 평활법을 살펴본다. 평활법의 원리는 여러 관측치의 평균을 취함으로써 데이터의 노이즈를 제거하는 것이다. 평활법을 크게 이동 평균법과 단순 지수 평활법 두 가지로 나눌 수 있는데, 두 방법 모두 추세trend나 계절성seasonality이 존재하지 않는 시계열 데이터에 적합하다. 두 방법 모두 예측값을 구할 때 이전 값들의 평균을 이용한다는 점에서는 비슷하지만, 예측하는 데 필요한 과거 데이터의 개수나 평균을 구할 때 사용하는 가중치 계산에서 차이점을 보인다. 또한 이 장에서는 추세나 계절성을 가진 시계열 데이터를 예측하는 데 적합한 평활법을 소개한다. 평활법은 실제 데이터를 기반으로 한 방법으로, 시간에 따른 변화에 적절하게 적응할 수 있다는 장점이 있다. 평활법을 적용할 때는 평활 상수smoothing constant를 결정해야 하는데, 평활 상수는 최근 데이터에 부여할 가중치를 결정하는 역할을 한다. 평활 상수의 선택과 의미에 대해 논의하고, 암트랙 승객 수 데이터를 사용해 각각의 방법을 살펴볼 것이다.

파이썬

이 장에서는 pandas 라이브러리를 사용해 데이터를 처리하고, matplotlib 라이브러리를 사용해 시각화 작업을 하며, statsmodels 라이브러리를 사용해 모델을 구축한다. 아울러 [표 17-2]에 정의된 singleGraphLayout() 함수와 graphLayout() 함수도 사용한다.

이 장에 필요한 파이썬 라이브러리 불러오기

```
import numpy as np
import pandas as pd
import matplotlib.pylab as plt
```

```
import statsmodels.formula.api as sm
from statsmodels.tsa import tsatools
from statsmodels.tsa.holtwinters import ExponentialSmoothing
```

18.1 서론

여기서 소개할 시계열 예측 방법은 평활법이다. 시계열 구성 요소들의 통계적 가정을 근거로 구축되는 회귀 분석 방법과는 달리, 평활법은 특별한 모델 형태 없이 데이터로부터 직접 예측값을 추정하는 방법이다. 데이터 기반 방법의 장점은 시계열 패턴이 시시각각 바뀌는 상황에 유용하게 적용할 수 있다는 것이다. 평활법은 시계열 내 노이즈를 제거함으로써 숨겨진 패턴을 찾을 수 있다는 특징이 있다. 평활법의 기본 개념은 관측치의 평균을 구해 미래 값을 예측하는 것이다. 평활 상수나 평활 방법에 따라 몇 개의 관측치 평균을 구할지, 평균은 어떻게 구할지, 얼마나 자주 평균을 취할지가 결정된다. 이 장에서는 단순하고 쉽게 적용할 수 있는 장점으로 인해 현업에서 많이 활용되는 평활 방법 중 이동 평균법과 지수 평활법에 대해 살펴본다.

18.2 이동 평균법

이동 평균법은 용어 자체에서 가늠할 수 있듯이 일정 구간 내 관측치들의 평균을 이용해 예측하는 방법이다. 이동 평균법을 수행하기 위해, 윈도의 폭 w를 정하고 이에 따라 각 윈도 내 w개의 연속된 값들에 대한 평균을 구하여 미래 값을 예측한다.

일반적으로 이동 평균법에는 두 종류가 있는데, 전후 이동 평균법centered moving average과 이전 이동 평균법trailing moving average이다. 전후 이동 평균법은 평균을 취하는 과정에서 계절성과 노이즈가 제거되므로 전체적인 추세를 살펴보는 데 유용하며, 이전 이동 평균법은 예측에 주로 사용된다. 이 두 방법은 윈도가 시계열의 어떤 부분에 위치하느냐에 따라 다르다.

시각화를 위한 전후 이동 평균법

전후 이동 평균법에서 t 시점의 이동 평균값(MA_t)은 시간 t를 중심으로 w개 값의 평균을 취하여 구할 수 있다.

$$\mathrm{MA}_t = (Y_{t-(w-1)/2} + \cdots + Y_{t-1} + Y_t + Y_{t+1} + \cdots + Y_{t+(w-1)/2})/w \tag{18.1}$$

예를 들어 윈도의 폭이 5($w = 5$)라면, 시점 $t = 3$의 이동 평균은 1, 2, 3, 4, 5 시점의 평균값이고 $t = 4$의 이동 평균은 2, 3, 4, 5, 6 시점의 평균값이다.[1] 이 과정은 [그림 18-1]의 (a)에 자세히 설명되어 있다.

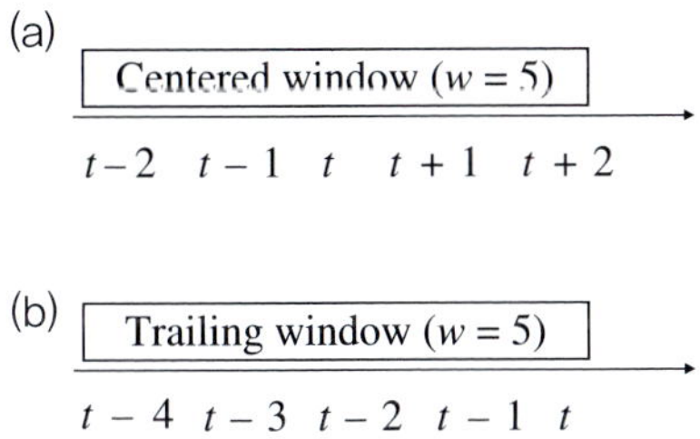

그림 18-1 전후 이동 평균(a), 이전 이동 평균(b) ($w=5$)

이동 평균법을 적용하기 전 일단 윈도 폭 w를 결정해야 한다. 계절 변동을 줄이고 추세가 보다 잘 드러나도록 시각화하는 것이 주목적이기 때문에, 기본적으로 w는 계절의 주기로 결정하게 된다. 암트랙 승객 수 데이터의 경우, 연도별로 계절성을 보이기 때문에 적절한 w는 12라고 할 수 있다. [그림 18-2]에서 평활 실선은 원데이터의 시계열 패턴과 전후 이동 평균을 함께 보여주고 있다. 전체적으로 U-형태를 나타내고 있으며, U-형태를 제대로 표현하는 회귀 모델과 달리 이동 평균은 위아래로 작은 변동을 보임을 알 수 있다.

예측을 위한 이전 이동 평균법

전후 이동 평균은 구하고자 하는 시점을 기준으로 과거와 미래 데이터의 평균으로 계산되기 때문에 예측 문제에는 적용하기 어렵다. 따라서 예측 시에는 이전 이동 평균법을 사용하는데, 이전 이동 평균법에서는 윈도의 폭(w)을 정하고 이에 맞게 최근 w 기간의 값들을 이용해 평균을 구한다. 즉, k 기간 후의 예측값 F_{t+k}($k=1, 2, 3, \cdots$)는 최근 w개의 평균값이다([그림 18-1]의 (b) 참조).

$$F_{t+k} = (Y_t + Y_{t-1} + \cdots + Y_{t-w+1})/w$$

암트랙 승객 수 데이터에서 1992년 2월 이후를 예측하기 위해서는 1992년 1월까지 주어진 정보와 윈도 폭($w = 12$)을 이용해 이동 평균을 구해야 한다. 예를 들어, 1992년 2월의 예측값은 최근 12개월(1991년 2월~1992년 1월)의 평균값으로 구할 수 있다. [그림 18-2]의 점선은 원데이터의 시계열 패턴과 이전 이동 평균을 함께 보여준다.

---

1 윈도 폭이 짝수일 경우(예 $w = 4$), $t = 3$ 시점의 이동 평균은 2개의 윈도(예 1, 2, 3, 4 시점과 2, 3, 4, 5 시점)에 걸쳐 계산해야 한다. 이 두 시점으로부터 구한 평균값들의 평균으로 최종 이동 평균값을 정한다.

[그림 18-2]를 생성하는 파이썬 코드

```
# Load data and convert to time series
Amtrak_df = pd.read_csv('Amtrak.csv')
Amtrak_df['Date'] = pd.to_datetime(Amtrak_df.Month, format='%d/%m/%Y')
ridership_ts = pd.Series(Amtrak_df.Ridership.values, index=Amtrak_df.Date,
                         name='Ridership')
ridership_ts.index = pd.DatetimeIndex(ridership_ts.index,
                                      freq=ridership_ts.index.inferred_freq)

# centered moving average with window size = 12
ma_centered = ridership_ts.rolling(12, center=True).mean()

# trailing moving average with window size = 12
ma_trailing = ridership_ts.rolling(12).mean()

# shift the average by one time unit to get the next day predictions
ma_centered = pd.Series(ma_centered[:-1].values, index=ma_centered.index[1:])
ma_trailing = pd.Series(ma_trailing[:-1].values, index=ma_trailing.index[1:])

fig, ax = plt.subplots(figsize=(8, 7))
ax = ridership_ts.plot(ax=ax, color='black', linewidth=0.25)
ma_centered.plot(ax=ax, linewidth=2)
ma_trailing.plot(ax=ax, style='--', linewidth=2)
ax.set_xlabel('Time')
ax.set_ylabel('Ridership')
ax.legend(['Ridership', 'Centered Moving Average', 'Trailing Moving Average'])

plt.show()
```

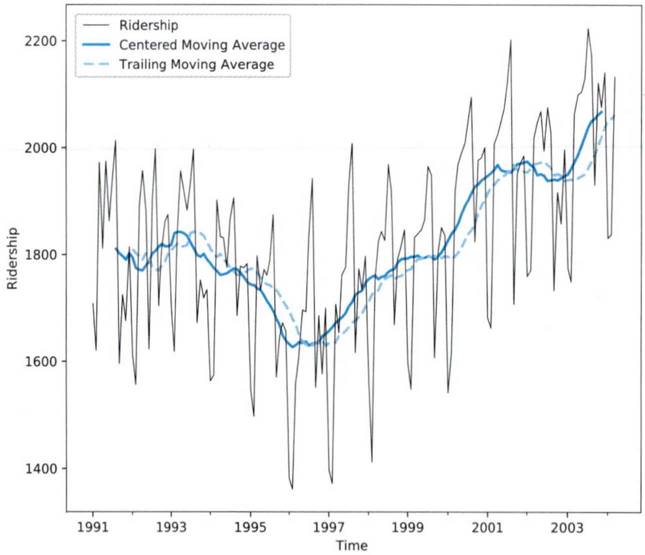

그림 18-2 암트랙 승객 수 데이터의 전후 이동 평균($w=12$)과 이전 이동 평균($w=12$)

일단 데이터를 학습 데이터셋과 검증 데이터셋으로 분할하고, 최근 12개월을 검증 데이터셋으로 사용한다. $w=12$로 하여 이동 평균법을 수행해 보면, [그림 18-3]과 같은 결과를 얻을 수 있다.

[그림 18-3]을 생성하는 파이썬 코드

```
# partition the data
nValid = 36
nTrain = len(ridership_ts) - nValid

train_ts = ridership_ts[:nTrain]
valid_ts = ridership_ts[nTrain:]

# moving average on training
ma_trailing = train_ts.rolling(12).mean()
last_ma = ma_trailing[-1]

# create forecast based on last moving average in the training period
ma_trailing_pred = pd.Series(last_ma, index=valid_ts.index)

fig, axes = plt.subplots(nrows=2, ncols=1, figsize=(9, 7.5))
ma_trailing.plot(ax=axes[0], linewidth=2, color='C1')
ma_trailing_pred.plot(ax=axes[0], linewidth=2, color='C1', linestyle='dashed')
residual = train_ts - ma_trailing
residual.plot(ax=axes[1], color='C1')
residual = valid_ts - ma_trailing_pred
residual.plot(ax=axes[1], color='C1', linestyle='dashed')
graphLayout(axes, train_ts, valid_ts)
```

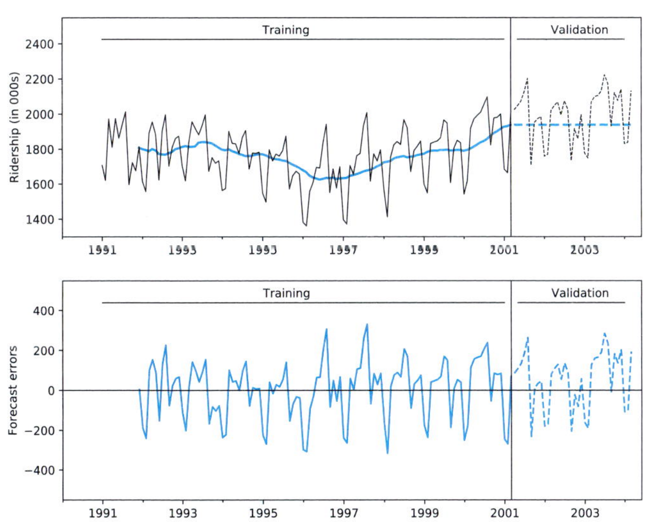

그림 18-3 암트랙 승객 수 데이터의 이전 이동 평균법을 통한 예측 결과($w=12$)

[그림 18-3]에서 학습 데이터셋인 처음 11개의 데이터에는 예측값이 없는 것을 확인할 수 있는데, 이는 이 값들이 12개의 과거 데이터를 전부 갖고 있지 않기 때문이다. 또한 검증 데이터셋의 예측값들이 모두 1938.481로 똑같은 값을 갖고 있음을 확인할 수 있는데, 이는 2001년 3월까지의 정보만 알고 있다고 가정했기 때문이다.

이 예제를 통해 이동 평균법은 계절 변동을 반영하지 못하기 때문에 월별 데이터를 예측하기에는 불충분하다는 점을 확인했다. 이로 인해 승객 수가 많은 계절이 과소 예측되고, 반면에 승객 수가 적은 계절은 과대 예측되는 오류를 낳게 된다. 또한 추세가 존재하는 시계열 데이터를 예측할 때도 위와 같은 오류가 발생한다. 결론적으로 이동 평균은 단순 평균값을 이용하기 때문에 증가 및 감소 추세를 반영하지 못하고 과대 혹은 과소 예측하게 되는 한계점이 있다. 이러한 한계점은 [그림 18-2]에서도 확인할 수 있다.

일반적으로 이동 평균법을 통한 예측은 계절 변동이나 추세가 없는 경우에 적용된다. 이러한 제약 때문에 이동 평균은 실용적이지 않아 보이지만, 회귀 모델의 잔차를 이용하는 방식과 같이 시계열의 추세나 계절성을 제거한 데이터에는 이동 평균법을 적용할 수 있다. 즉, 예측 시 추세나 계절적 변동이 제거된 데이터에 이동 평균법을 적용하고, 나중에 추세와 계절성을 다시 반영할 수도 있다. 예를 들어, 17장의 [그림 17-6]에서 언급한 회귀 모델을 통해 추세와 계절성이 제거된 잔차(여기서는 예측 오차)를 구하고, 2001년 3월까지의 열차 승객 수 정보를 갖고 있을 때 2001년 4월의 승객 수를 예측하려고 한다면, [표 17-6]의 회귀 모델을 통해 2001년 4월의 이용자 수를 2,004,271명으로 예측할 수 있다. 이후 2000년 4월부터 2001년 3월까지의 데이터를 이용해 이동 평균법을 적용해 보면, 2001년 4월의 예측 오차의 이동 평균값이 30.78068로 나타난다(파이썬 프로그래밍 결과가 [표 18-1]에 나타나 있음). 오차값이 양의 값이라는 것은 회귀 모델이 과소 예측했다는 의미이므로 예측값인 2,004,271명에서 대략 31,000명을 더하여 조정할 수 있다.

표 18-1 회귀 모델로부터 나온 잔차에 이동 평균법을 적용(추세와 계절성은 반영 못 함)하여 2001년 4월의 잔차 값 예측

잔차에 이동 평균을 적용하는 파이썬 코드

```
# Build a model with seasonality, trend, and quadratic trend
ridership_df = tsatools.add_trend(ridership_ts, trend='ct')
ridership_df['Month'] = ridership_df.index.month

# partition the data
train_df = ridership_df[:nTrain]
valid_df = ridership_df[nTrain:]

formula = 'Ridership ~ trend + np.square(trend) + C(Month)'
ridership_lm_trendseason = sm.ols(formula=formula, data=train_df).fit()
```

```
# create single-point forecast
ridership_prediction = ridership_lm_trendseason.predict(valid_df.iloc[0, :])

# apply MA to residuals
ma_trailing = ridership_lm_trendseason.resid.rolling(12).mean()

print('Prediction', ridership_prediction[0])
print('ma_trailing', ma_trailing[-1])
```

실행 결과

```
Prediction 2004.2708927644996
ma_trailing 30.78068462405899
```

윈도의 폭(w) 결정

이동 평균 이용 시 사용자가 미리 지정해야 하는 유일한 하이퍼 모수는 윈도 폭(w)이다. 데이터 마이닝 기법인 k-NN 알고리즘에서 k를 결정하는 것처럼, 이동 평균법의 모수인 w를 결정하는 일은 과소 평활과 과대 평활 사이의 균형을 맞추는 작업이다. 시각화의 경우(전후 이동 평균법), w 값을 크게 할수록 전역적인 추세가 반영되고, 반대로 작게 한다면 지역적인 추세가 드러나게 된다. 따라서 여러 값의 w를 시도하여 이동 평균법을 수행해 보는 것이 전역적/지역적인 추세를 확인할 수 있는 좋은 방법이라 하겠다. 예측의 경우(이전 이동 평균법), w의 결정은 시계열 데이터의 전반적인 변화가 언제 있었는지가 중요하기 때문에 해당 데이터에 관한 배경 지식이 요구된다. 예측 성능을 검증하기 위한 또 다른 방법은 w 값을 변화시켜 보면서 그때마다 결과를 비교해 보는 것이다. 하지만 이를 통해 야기될 수 있는 모델의 과적합은 주의해야 한다.

18.3 단순 지수 평활법

지수 평활법은 이 기법의 특성인 유연성, 자동화, 빠른 연산, 정확한 예측력으로 인해 실제 업무에서 가장 많이 활용되는 예측 방법 중 하나다. 단순 지수 평활법은 이동 평균법과 비슷하지만, 단순히 w개 값의 평균을 구하는 것이 아니라, 과거 데이터들의 가중평균을 이용한다는 점에서 차이가 있다. 가중평균을 계산하는 데 사용되는 가중치들은 지수 분포의 형태로 부여된다. 즉, 최근 데이터에 가장 큰 가중치를 부여하고 과거로 갈수록 지수 분포의 형태로 감소하는 가중치가 주어진다. 여기서 주목할 점은 아무리 오래된 관측치라도 작게나마 가중치가 주어진다는 것이다.

이동 평균법과 마찬가지로, 단순 지수 평활법도 추세나 계절적 변동이 없는 시계열 예측에 적용된다. 앞서 설명했듯이, 원시계열에서 추세나 계절적 변동을 제거한 후 잔차 시계열 데이터에 지수 평활법을 적용한다.

지수 평활법을 통한 시간 $t+1$의 예측값(F_{t+1})은 다음 식으로 계산한다.

$$F_{t+1} = \alpha Y_t + \alpha(1-\alpha)Y_{t-1} + \alpha(1-\alpha)^2 Y_{t-2} + \cdots \tag{18.2}$$

여기서는 평활 상수로서 0과 1 사이의 값을 갖는다. 위 식을 살펴보면, 지수 평활법은 과거 모든 데이터의 가중평균을 취하는 방법임을 알 수 있고, 그 가중치는 지수적으로 감소하는 것을 확인할 수 있다.

지수 평활법 식은 다음과 같이 표현되기도 한다.

$$F_{t+1} = F_t + \alpha E_t \tag{18.3}$$

즉, $t+1$ 시점의 예측값(F_{t+1})은 t 시점의 예측값(F_t)과 예측 오차(E_t)의 가중 합으로 구한다. 또한 식 (18.3)은 전체 시계열을 모두 사용하지 않고 이전 기간의 예측값과 예측 오차만 사용하면 되므로 데이터 저장이나 연산 시간의 관점에서도 이점이 있다. 실제 응용에서는 실시간으로 데이터를 예측하거나 여러 시계열을 동시에 예측해야 하므로 저장 공간이나 연산 시간 절약은 매우 중요한 문제다.

하지만 지수 평활법으로부터 계산되는 예측값들은 다음 시점의 예측값과 동일한 값을 가지게 되는데 이는 시계열 데이터에 추세와 계절적 변동이 없다고 가정했기 때문이다. 다음 식에서 보여주는 바와 같이 k 기간 앞의 예측값은 바로 다음 기간의 예측값과 차이가 없음을 알 수 있다.

$$F_{t+k} = F_{t+1}$$

평활 상수(α) 선택

사용자가 결정해야 하는 평활 상수 α는 예측 시 과거 데이터에 대한 비중을 얼마나 부여할지를 조절하는 모수다. 1에 가까운 평활 상수 값을 사용하면 예측 시 최근 관측치에 더 큰 비중을 주는 것이고, 반대로 0에 가까운 평활 상수를 사용하면 과거의 값에 더 큰 비중을 주는 것이다. 이러한 의미는 식 (18.2)와 식 (18.3)에 0과 1을 대입해 봄으로써 쉽게 확인할 수 있다. 요약하자면, α 선택은 요구되는 평활의 정도에 따라, 예측하는 데 얼마만큼의 과거 데이터가 관련되어 있는지에 따라 달라진다. 최적의 평활 상수를 결정하는 방법은 딱히 존재하지 않으나 보통 다양한 값들을 시도하여 그중 검증 데이터셋의 예측 오류를 최소화하는 값을 정하는 방법이 사용되고 있다. 그러나 최적의 α를 선택했을 때 모델 과적합이나 미래 데이터 예측에 대한 부정확한 결과로 이어질 수 있으므로 주의해야 한다.

파이썬에서 지수 평활법을 적용하기 위해 `statsmodels`에서 `ExponentialSmoothing`을 사용하며 파라미터 α를 이용해 `smoothing_level`을 지정한다.

추세나 계절적 변동이 없는 데이터에 사용되는 단순 지수 평활법은 회귀식을 통해 얻은 잔차(보통 잔차는 추세나 계절적 변동이 없음)를 이용해 예측에 활용할 수 있다. 2001년 4월의 잔차를 예측하기 위해, 2001년 3월까지의 데이터에 단순 지수 평활법을 적용하였고($\alpha - 0.2$) 예측 결과를 [그림 18-4]에서 보여주고 있다. 잔차의 예측값이 14,143명인 것을 확인할 수 있는데, 이는 회귀 모델로부터 얻은 예측값에서 14,143명을 빼줘야 한다는 것을 의미한다.

[그림 18-4]를 생성하는 파이썬 코드

```
residuals_ts = ridership_lm_trendseason.resid
residuals_pred = valid_df.Ridership - ridership_lm_trendseason.predict(valid_df)

fig, ax = plt.subplots(figsize=(9,4))

ridership_lm_trendseason.resid.plot(ax=ax, color='black', linewidth=0.5)
residuals_pred.plot(ax=ax, color='black', linewidth=0.5)
ax.set_ylabel('Ridership')
ax.set_xlabel('Time')
ax.axhline(y=0, xmin=0, xmax=1, color='grey', linewidth=0.5)

# run exponential smoothing
# with smoothing level alpha = 0.2
expSmooth = ExponentialSmoothing(residuals_ts, freq='MS')
expSmoothFit = expSmooth.fit(smoothing_level=0.2)

expSmoothFit.fittedvalues.plot(ax=ax)
expSmoothFit.forecast(len(valid_ts)).plot(ax=ax, style='--', linewidth=2, color='C0')

singleGraphLayout(ax, [-550, 550], train_df, valid_df)
```

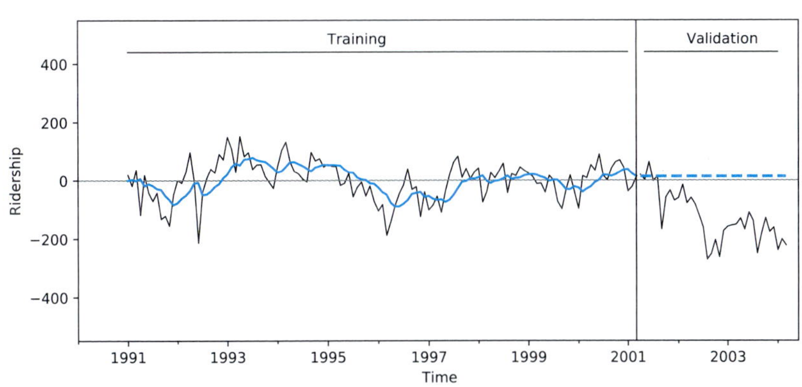

그림 18-4 회귀 모델로부터 나온 잔차에 단순 지수 평활법을 적용한 결과(평활 상수 $\alpha = 0.2$). 추세와 계절성은 반영하지 않았으며, 예측값은 14,143명이다.

이동 평균법과 지수 평활법의 관계

이동 평균법의 경우 윈도의 폭(w)을, 지수 평활법의 경우 평활 상수(α)를 결정해야 한다. 두 하이퍼 모수는 최근 정보가 과거 정보에 비해 얼마나 중요하게 고려되는지를 결정해 주는 역할을 한다. $w=2/\alpha-1$인 경우, 이동 평균법과 지수 평활법은 유사한 결과를 낸다.

18.4 고급 지수 평활법

앞서 살펴본 바와 같이 이동 평균법이나 단순 지수 평활법은 추세나 계절적 변동이 없는 경우에 사용할 수 있다. 물론 회귀 모델 등을 활용하여 추세나 계절적 변동을 제거한 후 이동 평균법과 단순 지수 평활법을 사용할 수는 있다. 여기서는 추세나 계절적인 요소를 반영할 수 있는 지수 평활법에 대해 소개한다.

추세가 존재하는 시계열

추세를 가진 시계열에는 이중 지수 평활법double exponential smoothing을 적용할 수 있다. 이 방법은 회귀 모델과 달리 시간에 따라 계속 변하는 추세에 적용할 수 있다. 이중 지수 평활법에서는 주어진 데이터를 사용해 지역 추세를 추정하고 새로운 데이터가 주어짐으로써 추세를 갱신한다. 이중 지수 평활법을 이용한 k 기간 이후의 예측값은 시간 t의 수준(L_t)과 추세(T_t)의 합으로 구한다.

$$F_{t+k} = L_t + kT_t \tag{18.4}$$

추세가 존재하기 때문에, 단순 지수 평활법과 달리 1, 2, 3, ⋯ 기간 이후 예측값이 모두 달라진다. 수준과 추세는 아래 두 식을 통해 반복적으로 갱신된다.

$$L_t = \alpha Y_t + (1-\alpha)(L_{t-1} + T_{t-1}) \tag{18.5}$$

$$T_t = \beta(L_t - L_{t-1}) + (1-\beta)T_{t-1} \tag{18.6}$$

식 (18.5)에서 보여주고 있는 시간 t에 대한 수준(L_t)은 t 시점에서 실제값과 추세 정보를 통해 보정된 이전 수준 값(L_{t-1})의 가중평균을 통해 결정된다. 식 (18.6)에서 보여주고 있는 시간 t에 대한 추세(T_t)는 $t-1$ 시점의 추세와 수준의 차이 값의 가중평균을 통해 구할 수 있다.[2] 이중 지수 평활법에서는 2개의 하이퍼 모수 α와 β를 사용자가 결정해야 하는데 단순 지수 평활법과 마찬가지로 0과 1 사이의 값을 가지며 값이 클수록 최근 정보에 더욱 많은 가중치를 주게 된다.

2 시작점 L_1과 T_1을 결정하는 데는 다양한 방법이 존재한다. 하지만 몇 시점 뒤에는 어떤 방법을 사용해도 비슷한 결과가 도출된다.

추세와 계절적 변동이 모두 존재하는 시계열

추세와 계절적 변동이 모두 존재하는 시계열에는 '홀트-윈터 지수 평활법'을 사용한다. 이는 이중 지수 평활법을 좀 더 확장한 개념으로, k 기간 이후를 예측하면서 특정 기간 내의 계절성을 함께 고려하는 것이다. M 기간마다 계절성이 존재한다고 가정하면 예측값은 다음 식을 통해 구할 수 있다.

$$F_{t+k} = (L_t + kT_t)S_{t+k-M} \tag{18.7}$$

(여기서 주의할 부분은 시간 t에서의 예측을 가능하게 하기 위해, 시계열이 적어도 한 번은 완전한 계절의 순환 주기를 포함해야 한다는 것이다. 즉 $t > M$을 만족시켜야 한다.)

홀트-윈터 지수 평활법은 수준, 추세, 계절 요인을 반영할 수 있는 예측 방법이다. 이 세 요소는 정보가 추가됨에 따라 계속해서 추정되고 갱신된다. 예측식은 다음과 같다.

$$L_t = \alpha Y_t / S_{t-M} + (1-\alpha)(L_{t-1} + T_{t-1}) \tag{18.8}$$

$$T_t = \beta(L_t - L_{t-1}) + (1-\beta)T_{t-1} \tag{18.9}$$

$$S_t = \gamma Y_t / L_t + (1-\gamma)S_{t-M} \tag{18.10}$$

식 (18.8)은 이중 지수 평활법과 유사하지만, t 시점 값을 그대로 사용하는 것이 아니라 계절적 요소를 포함하여 조정된 값을 사용한다는 점에서 차이가 있다. 조정된 값은 Y_t를 계절 지수 (S_{t-M})로 나누어서 구할 수 있다. 식 (18.9)는 이중 지수 평활법과 동일하다. 식 (18.10)은 계절 지수를 보여주고 있는데, 이는 이전 주기의 계절 지수와 현재의 추세를 고려하여 조정된 값의 가중평균을 통해 계산한다. 위 식은 곱(×)의 형태로 이루어진 식으로 계절에 따른 값들의 차이를 비율로 표현한다. 또 다른 홀트-윈터 지수 평활법은 계절적 요소를 합(+)의 관계로 표현하는데 이는 값의 변화를 비율이 아닌 실제값의 차이로 보여준다(보다 자세한 설명은 쉬뮤엘리 Shmueli와 리히텐달 Lichtendahl, 2016 참조).

암트랙 승객 수 데이터를 예로 들어 살펴보자. 앞서 살펴본 것처럼, 데이터는 추세를 보이며 월별로 변동하는 계절 변동이 있음을 확인할 수 있다. [그림 18-5]는 적합값 및 예측값을 보여주고 있으며, [표 18-2]는 모델의 파라미터 값을 포함한 요약을 보여준다.

[그림 18-5]를 생성하는 파이썬 코드

```
# run exponential smoothing with additive trend and additive seasonal
expSmooth = ExponentialSmoothing(train_ts, trend='additive', seasonal='additive',
   seasonal_periods=12, freq='MS')
expSmoothFit = expSmooth.fit()

fig, axes = plt.subplots(nrows=2, ncols=1, figsize=(9, 7.5))
expSmoothFit.fittedvalues.plot(ax=axes[0], linewidth=2, color='C1')
expSmoothFit.forecast(len(valid_ts)).plot(ax=axes[0], linewidth=2, color='C1',
                       linestyle='dashed')
residual = train_ts - expSmoothFit.fittedvalues
residual.plot(ax=axes[1], color='C1')
residual = valid_ts - expSmoothFit.forecast(len(valid_ts))
residual.plot(ax=axes[1], color='C1', linestyle='dashed')
graphLayout(axes, train_ts, valid_ts)
```

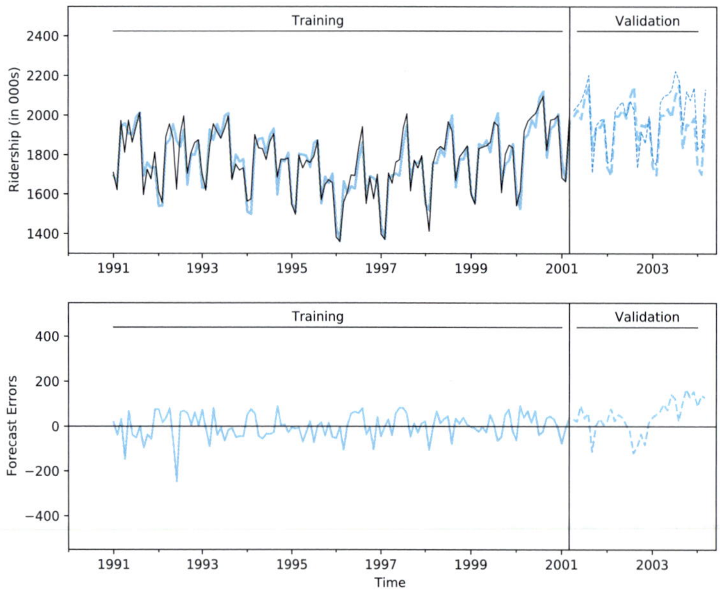

그림 18-5 암트랙 승객 수 데이터의 홀트-윈터 지수 평활법 분석 결과

표 18-2 암트랙 승객 수 데이터의 홀트-윈터 지수 평활 모델 요약(파라미터, 초기/최종 상태 포함)

```
> print(expSmoothFit.params)
> print('AIC: ', expSmoothFit.aic)
> print('AICc: ', expSmoothFit.aicc)
> print('BIC: ', expSmoothFit.bic)
```

실행 결과

```
{'smoothing_level': 0.5739301428618576,
 'smoothing_slope': 4.427106197126462e-78,
 'smoothing_seasonal': 8.604237951641415e-64,
 'damping_slope': nan,
  'initial_level': 1659.4023614918137,
 'initial_slope': 0.3287888147245162,
 'initial_seasons': array([ 31.35240029, -11.35543731, 291.69040179, 291.41159861,
       324.22688177, 279.21976391, 390.31153542, 441.32947772,
       119.95805216, 244.32751369, 235.62891276, 273.93418743]),
 'use_boxcox': False,
 'lamda': None,
 'remove_bias': False}

AIC: 1021.662594988854
AICc: 1028.239518065777
BIC: 1066.6575446748127
```

계절적 변동만 존재하는 시계열

추세는 포함되지 않고 오직 계절적 변동만 존재하는 시계열이 있다. 이 경우에는 홀트-윈터 지수 평활법에서 추세 관련 식을 제외한 채로 적용하면 된다.

파이썬에서 지수 평활법 사용하기

파이썬에서 지수 평활법은 `statsmodels` 클래스의 `ExponentialSmoothing`을 통해 수행할 수 있으며 단순 지수 평활법뿐 아니라 이중 지수, 홀트-윈터 지수 평활법에도 사용할 수 있다. 아울러 시계열 데이터에 `forecast()` 또는 `predict()` 함수를 사용해 미래의 예측값을 얻을 수 있다. 가법additive 혹은 곱셈multiplicative 방식의 트렌드 및 계절성을 포함하려면 `trend='additive'` 혹은 `seasonal='multiplicative'`와 같이 입력하면 된다. 계절 수는 `season_periods`에 의해 설정되며, `smoothing_level` (α), `smoothing_slope` (β) 및 `smoothing_seasonal` (γ)을 사용해 지수 평활법의 파라미터를 특정값으로 설정할 수 있다. 별도로 지정하지 않을 경우 최적화된 값을 도출한다(`optimized=True`).

연습문제

18.1 **9·11 사태로 인한 미국 항공기 여행 여파.** 미국 The Research and Innovative Technology Administration's Bureau of Transportation Statistics(BTS)에서는 2001년 9월 11일 테러로 인한 여파를 조사했다. 2016년 연구 결과와 자료는 http://goo.gl/w2lJPV에서 찾을 수 있다. 본 연구의 궁극적인 목적은 9·11 사태 전후 장거리 여행 승객 수의 변화를 알아보는 데 있다. 연구에서는 1990년 1월부터 2004년 5월까지 매월 승객의 변화를 분석하고 있다. 다음 3개의 시계열 데이터를 `Sept11Travel.csv`에서 확인할 수 있다.

(1) 항공기 유상 여객 마일리지(항공기)
(2) 철도 승객 마일리지(철도)
(3) 자동차 마일리지(자동차)

9·11 사태의 영향을 파악하기 위해 BTS에서는 다음과 같은 접근 방법을 취했다. 9·11 전의 데이터를 이용해 테러 공격이 없다는 가정하에 미래의 데이터를 예측하였고 그 결과를 실제 데이터와 비교하여 9·11 사태의 여파를 살펴보았다. 이를 위해, 우선 시계열 데이터를 9·11 전과 후로 나눈 다음 첫 번째 데이터를 학습 데이터셋으로 이용한다.

a. 9·11 사건 이전의 시계열 그래프를 그리시오. 어떤 시계열 요소들이 그래프에 나타나는가?
b. [그림 18-6]은 계절성이 제거된 9·11 이전의 항공기 시계열 그래프다. 다음 중 어떤 예측 방법이 적절한가?

- 이동 평균법(윈도의 폭 w=?)
- 단순 지수 평활법
- 이중지수 평활법
- 홀트-윈터 지수 평활법

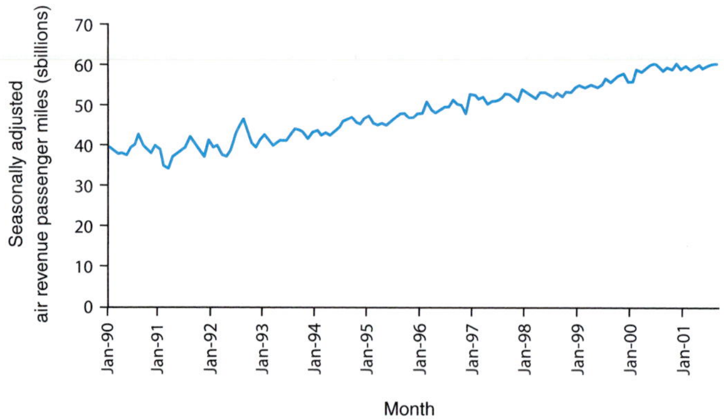

그림 18-6 계절별로 조정된 9·11 이전의 항공기 시계열 그래프

18.2 **이동 평균법과 지수 평활법의 관계.** 윈도 폭(w)이 매우 작은 이동 평균법을 사용하려고 한다. 만일 단순 지수 평활법을 사용해 유사한 결과를 얻고 싶다면, 어떤 값이 평할 상수로 적절한가?

18.3 이동 평균법을 사용한 예측. 주어진 시계열 데이터의 학습 데이터셋은 총 50개월로 구성되어 있다. 다음 표에 첫 5개월의 데이터가 제시되어 있다.

Month	Sales
Sept 98	27
Oct 98	31
Nov 98	58
Dec 98	63
Jan 99	59

a. $w = 4$인 이동 평균법을 사용해 1999년 1월의 판매량을 예측하시오.

b. 위 예측의 예측 오차를 구하시오.

18.4 홀트-윈터 지수 평활법 최적화. 다음 표는 최적 평활 상수 값을 사용해 홀트-윈터 지수 평활법을 적용한 결과를 보여준다.

Level	1.000
Trend	0.000
Seasonality	0.246

a. 추세 평활 상수 값이 0으로 나타났다면, 이는 다음 중 어떤 것을 의미하는가?

- 추세가 없다.
- 추세가 첫 2개의 값으로부터 추정되었다.
- 추세가 계속 업데이트된다.
- 추세는 통계적으로 유의하지 않다.

b. 최적의 평활 상수 값을 사용할 때 어떤 문제가 발생할 수 있는가?

18.5 백화점 판매액 예측. [그림 18-7]은 6년 동안 백화점의 분기별 매출이 어떻게 변화하는지 나타내고 있다(데이터는 `DepartmentStoreSales.csv` 파일에서 확인할 수 있음. 크리스 올브라이트 Chris Albright 제공).

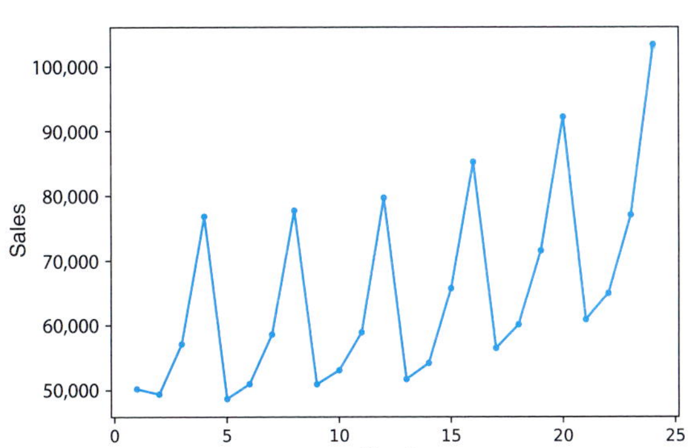

그림 18-7 백화점 분기별 판매액

a. 다음 중 어떤 방법이 본 데이터에 적합하지 않은가?

- 원시계열에 이동 평균법 적용
- 계절성을 제거한 시계열에 이동 평균법 적용
- 원시계열에 단순 지수 평활법 적용
- 이중 지수 평활법을 원시계열에 적용
- 홀트-윈터 지수 평활법을 원시계열에 적용
- 회귀 모델을 원시계열에 적용
- 확률 보행 모델을 원시계열에 적용

b. 4분기 이후를 예측하는 과제가 생겨 이를 수행하기 위해 마지막 4분기를 검증 기간으로 구분했다. 이후 홀트-윈터 지수 평활법 중 승법multiplicative 모델을 사용해 예측했다. 평활 상수는 각각 0.2, 0.15, 0.05다.

i. 이 방법을 실행하시오.

ii. 검증 데이터셋의 예측 결과가 [표 18-3]에 나타나 있다. 21, 22분기의 예측값을 회귀 모델과 지수 평활법으로 구하고, 각각에 대해 MAPE를 계산하시오.

c. [그림 18-8]에는 지수 평활법을 사용해 구한 예측값과 잔차가 나타나 있다. 이 정보를 활용하여 21, 22분기를 예측할 때는 어떤 모델이 더 적합한가?

표 18-3 검증 기간을 지수 평활법으로 예측한 결과

Quarter	Actual	Forecast	Error
21	60,800	59,384.56586	1415.434145
22	64,900	61,656.49426	3243.505741
23	76,997	71,853.01442	5143.985579
24	103,337	95,074.69842	8262.301585

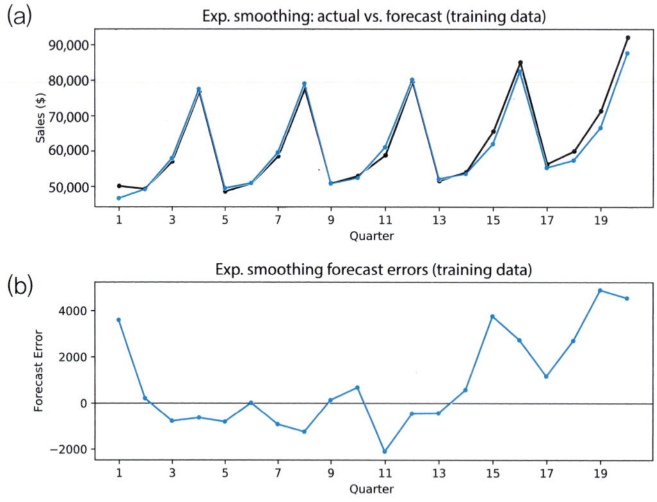

그림 18-8 지수 평활법을 사용해 얻은 실제값과 예측값(a), 예측 오차(b)

18.6 가전제품 선적량. [그림 18-9]는 1985년부터 1989년까지 미국 가전 기기의 분기별 선적량(단위: 백만 달러)의 변화를 나타낸 그래프다(데이터는 `ApplianceShipments.csv` 파일에서 확인할 수 있음. 켄 블랙Ken Black 제공).

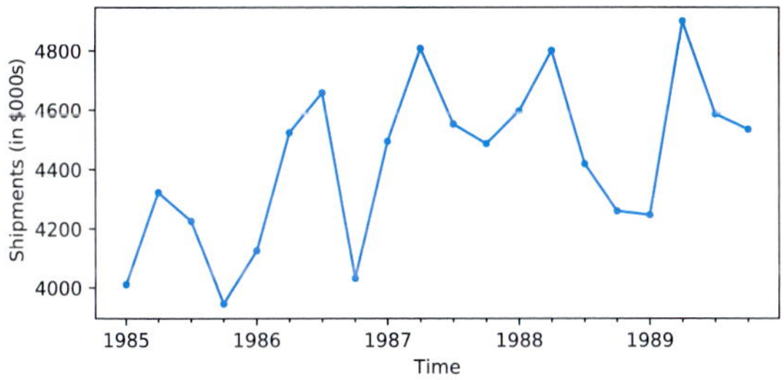

그림 18-9 5년간 미국 가전 기기의 분기별 선적량

a. 원데이터에 그대로 적용한다고 할 때, 다음 중 어떤 방법이 적합한가?

- 이동 평균법
- 단순 지수 평활법
- 이중 지수 평활법
- 홀트-윈터 지수 평활법

b. 마지막 해를 제외한 나머지 데이터를 학습 데이터셋으로 정하고, $w = 4$로 하여 이동 평균법을 수행하시오. 이동 평균의 시계열 그래프를 그려보시오.

  i. MA(4) 그래프는 무엇을 나타내고 있는가?
  ii. MA(4) 모델을 이용해 1990년 1분기 가전제품 판매량을 예측하시오.
  iii. MA(4) 모델을 이용해 1991년 1분기 가전제품 판매량을 예측하시오.
  iv. 1990년 1분기의 예측값을 실제값과 비교하였을 때, 과소 추정되었는가, 과대 추정되었는가, 혹은 적합하게 추정되었는가? 그 이유를 설명하시오.
  v. 경영진은 이동 평균법을 선호하기 때문에, 분석가들은 이동 평균법을 사용해 다음 분기를 예측하고자 한다. MA(4) 모델을 사용하기 위해 어떤 점들을 고려해야 하는지 서술하시오.

c. 우리의 주된 관심사는 1989년 이후의 예측이다. 위 문제와 마찬가지로, 마지막 해를 제외한 나머지를 학습 데이터셋으로 정하고 마지막 해의 4개 분기를 검증 데이터셋으로 나누었다. 선형 추세와 분기별 계절성을 지니고 있는 데이터에 회귀 모델과 홀트-윈터 지수 평활법을 차례로 적용했다. 평활 상수는 기본 설정값을 활용했다. 적절한 계절의 길이season length를 정하고 다음 문제에 답하시오.

  i. 검증 데이터셋을 이용해 회귀 모델의 MAPE를 구하시오.
  ii. 검증 데이터셋을 이용해 홀트-윈터 지수 평활법의 MAPE를 구하시오.
  iii. 어떤 모델이 1990년 1분기를 예측하는 데 적합한가? 최소 세 가지 이유를 말하시오.
  iv. 홀트-윈터 지수 평활법의 최적 평활 상수가 0에 근접한 값을 가질지 여부를 판단해 보고 적절한 이유를 말하시오.

18.7 샴푸 판매량 예측. [그림 18-10]은 3년간 특정 샴푸의 월별 판매량 데이터를 나타낸다(데이터는 `ShampooSales.csv` 파일에서 확인할 수 있음(출처: 하인드만Hyndman과 양Yang, 2018). 원데이터에 적용하려고 할 때, 다음 중 어떤 방법이 적합한가?

- 이동 평균법
- 단순 지수 평활법
- 이중 지수 평활법
- 홀트-윈터 지수 평활법

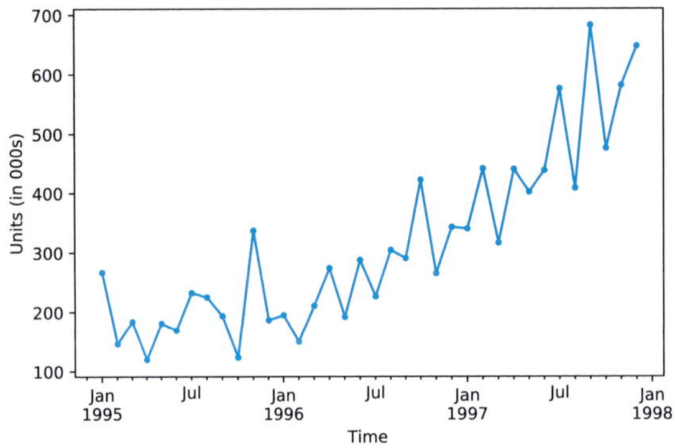

그림 18-10 샴푸의 월간 판매량

18.8 천연가스 판매량. [그림 18-11]은 어떤 회사의 분기별 천연가스 판매량(단위: billions of BTU)에 대한 4년간의 시계열 그래프다. 회사 분석팀에서는 2005년 겨울의 판매량을 예측하기 위해 이동 평균법을 적용하고자 한다.

a. 시계열 그래프에 MA(4) 그래프를 함께 나타내시오.

b. MA 추세선으로부터 무엇을 확인할 수 있는가?

c. 적절한 계절 길이를 이용해 이동 평균법으로 예측해 보시오. 예측값을 실제 판매량과 비교할 때, 과대 추정될 것인지, 과소 추정될 것인지 혹은 적절하게 추정될 것인지 답해 보시오. 그 이유는 무엇인가?

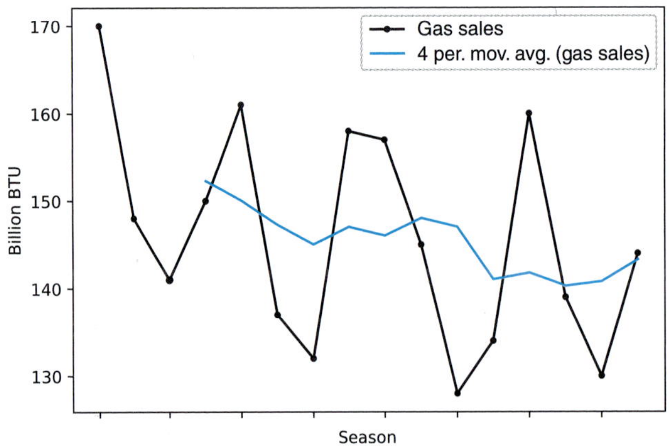

그림 18-11 4년간 천연가스의 분기별 판매량

18.9 호주 와인의 판매량 예측. [그림 18-12]는 1980년 1월부터 1994년 1월까지 호주 와인(레드, 로제, 스위트 화이트, 드라이 화이트, 스파클링, 주정 강화) 6종의 월별 판매량(단위 1,000리터)을 보여준다(데이터는 `AustralianWines.csv` 파일에서 확인할 수 있음(출처: 하인드만[Hyndman]과 양[Yang], 2018). 이 시계열 데이터를 이용해 6종 와인 각각에 대한 향후 2~3개월의 판매량을 예측하려고 한다. 이와 같은 예측은 매월 반복됨).

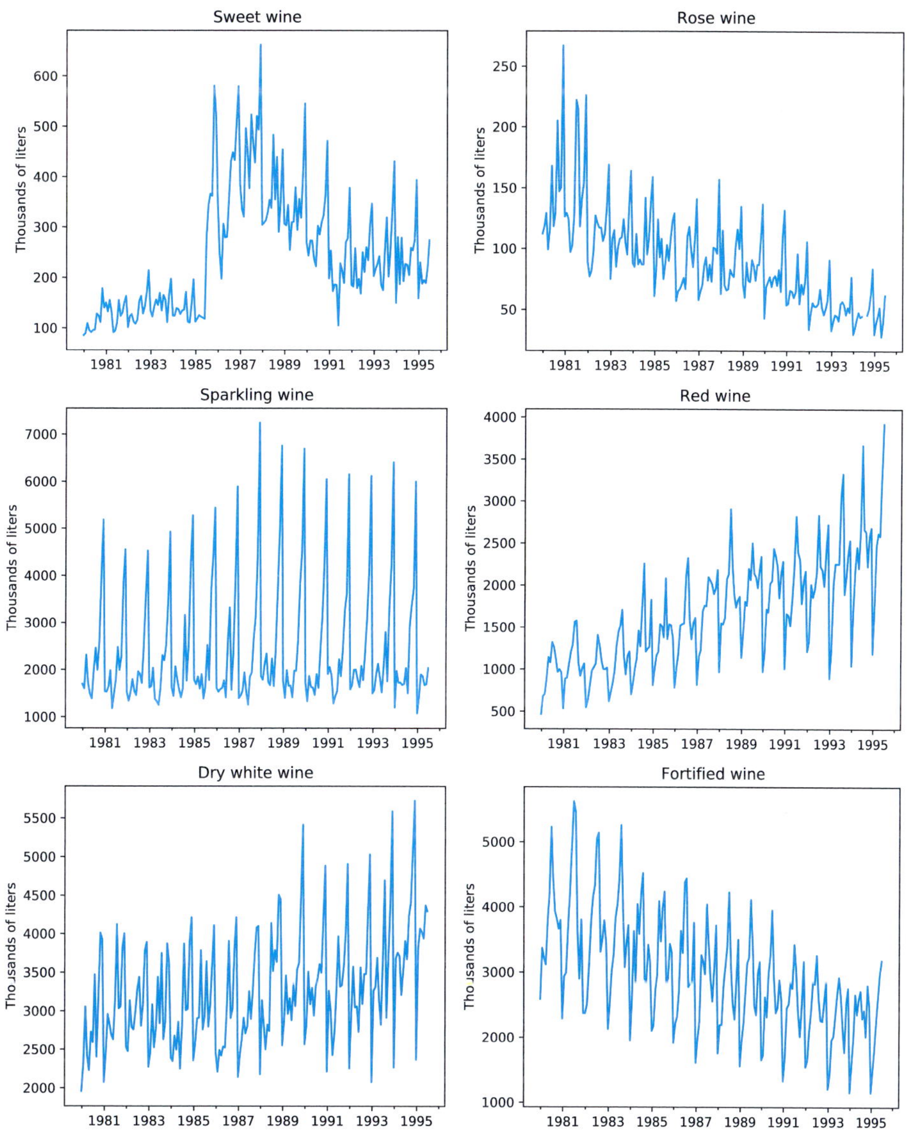

그림 18-12 1980~1994년 호주 와인 6종의 월별 판매

a. 어떤 예측 방법이 6종의 와인 판매량을 예측하는 데 적합한가? 그 이유는 무엇인가?

b. 주정 강화 와인Fortified wine은 6종의 와인 중에서 가장 큰 시장을 가지고 있다. 주정 강화 와인에만 초점을 맞추어 2개월 후의 판매량을 예측하고자 한다.

- 1993년 12월까지를 학습 데이터셋으로 분할하시오.
- 홀트-윈터 지수 평활법을 사용해 적절한 계절의 길이season length를 구하시오. 단, 평활 상수는 기본 설정값을 이용한다.

c. 홀트-윈터 지수 평활법으로부터 나온 잔차의 ACF 그래프를 그리시오. (단, 시차lag는 12까지 나타내시오.)

  i. 그래프를 볼 때, 다음 중 옳은 설명은 무엇인가?

  - 12월은 모델에 잘 반영되지 않았다.
  - 같은 달의 판매량 사이에는 강한 상관관계가 있다.
  - 모델은 계절의 변동을 잘 반영하지 못한다.
  - 잔차에 시차를 12로 하는 자기회귀 모델을 적용해야 한다.
  - 일단 데이터의 계절성을 제거한 다음 홀트-윈터 지수 평활법을 적용해야 한다.

  ii. 어떻게 해야 다른 모델을 추가하지 않고도 상기 효과를 잘 반영할 수 있는가?

Part 07

데이터 분석

Part 07
데이터 분석

CHAPTER 19

소셜 네트워크 애널리틱스

이 장에서는 소셜 네트워크를 시각화하고 연결 강도를 측정하는 기본적인 기법과 지도 학습 또는 비지도 학습을 이용한 네트워크 분석 방법을 소개한다. 여기서 소개할 방법들은 인터넷이 등장하기 전부터 다루졌지만 소셜 미디어 데이터의 폭발적인 증가로 연구가 활성화되었다. 트위터Twitter는 일반인들에게 자사 데이터를 공개하고 있으며, 일부 소셜 미디어는 프로그래머들과 개발자들이 APIApplication Programming Interface를 통해 데이터를 수집할 수 있도록 허용하고 있다.

파이썬

이 장에서는 `pandas` 라이브러리를 사용해 데이터를 처리하고, `matplotlib` 라이브러리를 사용해 시각화 작업을 하며, `statsmodels` 라이브러리를 사용해 모델을 구축한다.

이 장에 필요한 파이썬 라이브러리 불러오기

```
import collections
import pandas as pd
import networkx as nx
import matplotlib.pyplot as plt
```

19.1 서론

소셜 미디어는 2000년대 초 서비스를 시작한 프렌드스터Friendster, 마이스페이스MySpace와 2004년 페이스북Facebook의 등장으로 급속한 성장을 이루었다. 이는 링크드인Linkedin, 트위터, 텀블러Tumblr, 옐프Yelp, 트립어드바이저Tripadvisor 등의 성장으로 이어졌다. 이러한 정보 기반 기업들은 많은 양의 데이터를 생성하였고 특히 사람들 간의 연결 정보를 알 수 있는 정보(친구, 팔로어 등)를 생성했다.

페이스북, 트위터, 링크드인과 같은 기업들은 소셜 네트워크로부터 수집한 데이터를 분석하고 예측하는 데 노력을 기울이고 있다. 이 글을 쓰고 있는 시점(2017년 3월)을 기준으로 페이스북의 기업 가치는 제너럴모터스General Motors와 포드Fords를 합친 가치의 두 배에 달한다. 아마존Amazon과 판도라Pandora 역시 제품과 서비스 판매를 위한 예측 엔진에 소셜 네트워크 분석을 핵심적으로 사용하고 있다.

소셜 네트워크는 개체(예 사람)와 개체를 연결하는 선으로 구성되어 있으며 기본 구성 요소는 다음과 같다.

- 노드
- 선 혹은 호(노드 간의 선 또는 링크)

[그림 19-1]은 가상의 링크드인 네트워크를 보여준다. 이 네트워크는 멤버를 나타내는 6개의 노드와 노드들을 연결하는 선으로 구성되어 있다. 연결선은 2개의 노드를 쌍으로 연결하기도 하고 그렇지 않기도 한다.

가상 링크드인 네트워크를 생성하는 파이썬 코드

```
df = pd.DataFrame([
    ("Dave", "Jenny"), ("Peter", "Jenny"), ("John", "Jenny"),
    ("Dave", "Peter"), ("Dave", "John"), ("Peter", "Sam"),
    ("Sam", "Albert"), ("Peter", "John")
], columns=['from', 'to'])
G = nx.from_pandas_edgelist(df, 'from', 'to')
nx.draw(G, with_labels=True, node_color='skyblue')
plt.show()
```

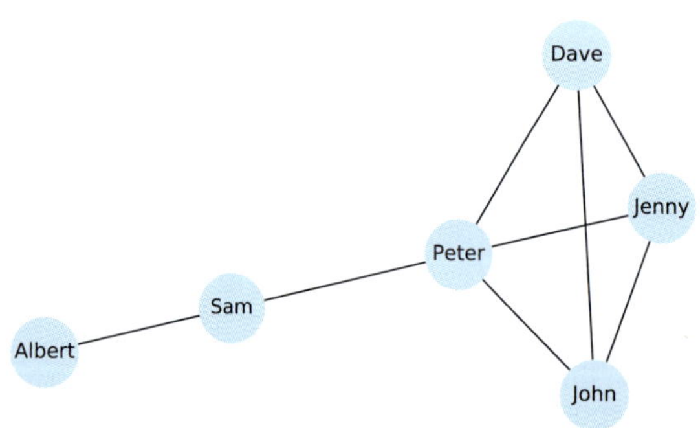

그림 19-1 가상 링크드인 네트워크. 멤버를 나타내는 노드와 그것들을 연결하는 선으로 구성되어 있다.

19.2 방향/무방향 네트워크

[그림 19-1]은 무방향, 즉 방향성이 없는 그래프다. 예를 들어, John존과 Peter피터는 서로 특별한 방향 없이 연결되어 있음을 볼 수 있다. 또한 서로 복잡하게 연결된 멤버 그룹(Peter피터, John존, Dave데이브, Jenny제니)과 연결이 약한 멤버 그룹(Sam샘, Albert알버트)이 존재함을 볼 수 있다.

이와 달리 노드 간 방향이 존재하는 그래프도 있다. 예를 들어, 트위터에서는 Dave가 Peter를 팔로우하지만 Peter는 Dave를 팔로우하지 않을 수 있다. [그림 19-2]는 멤버 간 트위터 네트워크를 보여준다.

간단한 트위터 네트워크를 생성하는 파이썬 코드

```
# use nx.DiGraph to create a directed network
G = nx.from_pandas_edgelist(df, 'from', 'to', create_using=nx.DiGraph())
nx.draw(G, with_labels=True, node_color='skyblue')
plt.show()
```

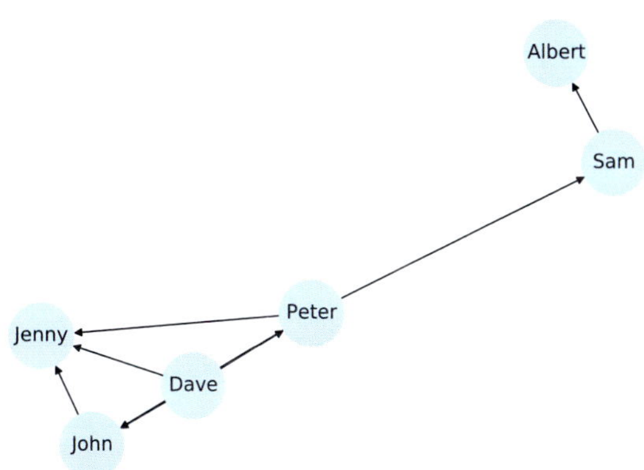

그림 19-2 가상 트위터 네트워크. 화살표의 방향으로 누가 누구를 팔로우하는지 알 수 있다.

그래프 내 연결선에 가중치를 두어 그 강도를 표현할 수 있다. 예를 들어, 선의 굵기는 이메일 네트워크에서 멤버들의 이메일 소통량을 나타내고, 디지털 네트워크에서는 정보의 흐름 정도를 나타낸다([그림 19-3] 참조). 또한 선의 길이는 실제 두 지점 사이의 거리를 표현한다.

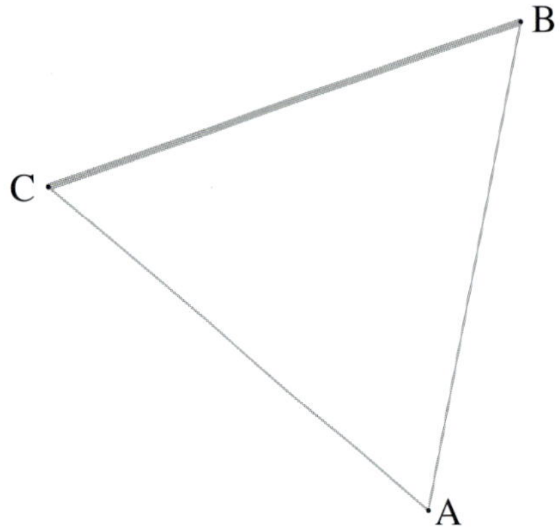

그림 19-3 선 굵기로 표현한 디지털 네트워크 내 두 노드 간 연결 강도(예 정보 흐름 정도)

19.3 네트워크 분석과 시각화

뉴스 미디어에서는 시각화된 네트워크[1]를 흔히 볼 수 있는데, 이를 구현하는 방법은 다양하다. 샌안토니오 익스프레스 뉴스San Antonio Express News[2] 기자인 제이슨 부쉬Jason Buch와 기에르모 콘트라스Guillermo Contreras는 과거 법 집행 기록 정보를 이용해 마약 돈세탁에 연루된 조직을 파악하기 위한 네트워크를 구축했다[3]([그림 19-4 참조).

네트워크 내에 가장 중심이 되는 노드는 돈세탁으로 검거된 마우리시오Mauricio와 알레한드로 산체스 가자Alejandro Sanchez Garza가 거주하고 있는 샌안토니오 지방에서 가장 부유한 도미니언Dominion 지역을 나타낸다. 네트워크 좌측 하단에는 독립적으로 존재하는 고립 노드와 4개의 노드만으로 연결된 작은 네트워크가 있다. 노드의 크기는 네트워크에서 해당 노드가 얼마나 중요한지를 보여준다(19.4절에서 언급할 고유 벡터 중심성에 비례해서 중요도를 나타냄).

---

1 네트워크 분석에서 그래프라는 용어는 네트워크의 데이터 구조(즉, 선과 노드 리스트)를 가리킨다. 일반적으로 그래프는 플롯, 차트라는 용어와 혼용된다. 여기서는 혼란을 피하기 위해 플롯 혹은 네트워크 플롯은 시각화라는 의미로, 네트워크 데이터는 단순히 데이터라는 의미로 사용한다.

2 샌안토니오 익스프레스 뉴스, 2012년 5월 23일. 2014년 6월 16일 자료 접근

3 원그래프는 다음에서 볼 수 있음. https://fusiontables.google.com/DataSource?snapid=S457047pVkn, 2014년 6월 13일 자료 접근

마약 돈세탁 네트워크를 생성하는 파이썬 코드

```
drug_df = pd.read_csv('drug.csv')

G = nx.from_pandas_edgelist(drug_df, 'Entity', 'Related Entity')

centrality = nx.eigenvector_centrality(G)
node_size = [400*centrality[n] for n in G.nodes()]
nx.draw(G, with_labels=False, node_color='skyblue', node_size=node_size)
plt.show()
```

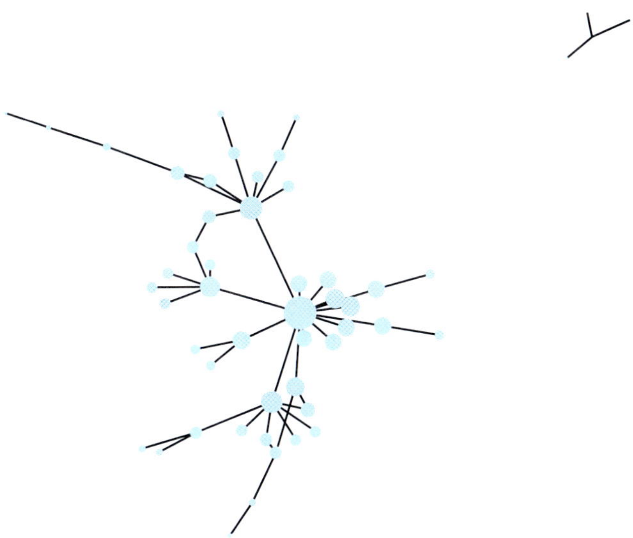

그림 19-4 미국 텍사스 샌안토니오 내 마약 돈세탁 조직 네트워크

플롯 레이아웃

네트워크 그래프에서 x, y축은 큰 의미가 없으며 이보다는 노드의 크기, 선의 굵기, 레이블, 화살표(방향) 등이 그래프의 특성을 보여주는 데 중요한 역할을 한다. 따라서 동일한 네트워크라도 완전히 다른 모양으로 표현될 수 있다. 예를 들어, [그림 19-5]에 있는 2개의 가상 링크드인 네트워크는 서로 동일하지만 다른 형태로 표현되고 있다.

다른 레이아웃을 생성하는 파이썬 코드

```
G = nx.from_pandas_edgelist(df, 'from', 'to')

plt.subplot(121)
nx.draw_circular(G, with_labels=True, node_color='skyblue', node_size=1000)
plt.subplot(122)
nx.draw_kamada_kawai(G, with_labels=True, node_color='skyblue', node_size=1000)
plt.show()
```

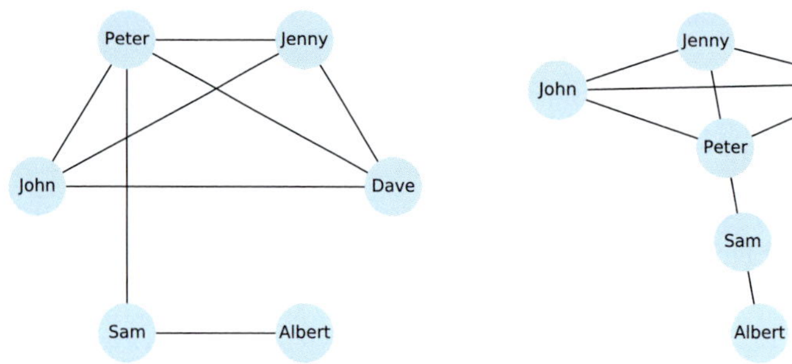

그림 19-5 내용은 같지만 서로 다른 레이아웃의 링크드인 네트워크

그래프의 레이아웃을 결정하려면 수많은 선택 사항을 고려해야 하며, 이러한 선택과 관련한 원리를 이해해야 한다. 던Dunne과 슈나이더만Shneiderman은 그래프를 이해하기 위해 다음 네 가지 요소를 강조했다(2009, Goldback, 2013에서 인용).

❶ 모든 노드는 눈으로 확인 가능해야 한다.

❷ 모든 노드에서 노드의 연결도Degree(추후 설명)를 수치화할 수 있어야 한다.

❸ 모든 연결은 시작점과 끝나는 점이 명확해야 한다.

❹ 노드의 군집과 이상 노드는 확인 가능해야 한다.

두 가지 간단한 레이아웃으로 원과 그리드가 있다. 원은 모든 노드가 원 안에 놓여 있는 형태이며 그리드는 사각형 그리드 내 선들이 만나는 교차점에 노드가 위치한 경우다.

네트워크의 군집이나 고립 노드를 보다 효과적으로 표현할 수 있는 레이아웃이 존재하며 이는 다양한 알고리즘을 통해 구현할 수 있다. 이러한 알고리즘은 일반적으로 고정 임의 시작 구조 fixed arbitrary starting structure, 랜덤 조정, 물리적 속성과의 유사성, 반복 순서 등을 고려하여 작동한다. 레이아웃에 관한 알고리즘을 보다 심도 있게 이해하기 위해서는 알고리즘의 종류, 크기, 모양, 색깔의 사용, 스케일링, 레이블링에 관해 자세히 다루고 있는 Goldbeck(2013, 4장)을 참조하면 된다.

인접 리스트

[그림 19-4]의 네트워크 그래프는 [표 19-1]과 같이 인접 리스트edge List 혹은 연결선 리스트 adjacency list로 부르는 데이터 표로 요약할 수 있다. 두 열의 개체는 노드를 의미하며 각 행은 두 노드 간 연결을 나타낸다. 방향성 네트워크의 경우 연결선은 일반적으로 왼쪽 열에서 오른쪽 열로 방향을 표시한다.

표 19-1 마약 돈세탁 네트워크([그림 19-4])와 관련된 인접 리스트 일부

6451 Babcock Road	Q & M LLC
Q & M LLC	10 Kings Heath
Maurico Sanchez	Q & M LLC
Hilda Riebeling	Q & M LLC
Ponte Vedra Apartments	Q & M LLC
O S F STEAK HOUSE, LLC	Mauricio Sanchez
Arturo Madrigal	O S F STEAK HOUSE
HARBARD BAR, LLC	Arturo Madrigal
10223 Sahara Street	O S F STEAK HOUSE
HARBARD BAR, LLC	Maurico Sanchez
9510 Tioga Drive, Suite 206	Mauricio Sanchez
FDA FIBER, INC	Arturo Madrigal
10223 Sahara Street	O S F STEAK HOUSE
A G Q FULL SERVICE, LLC	Alvaro Garcia de Quevedo
19510 Gran Roble	Arturo Madrigal
Lorenza Madrigal Cristan	19519 Gran Roble
Laredo National Bank	19519 Gran Roble

네트워크 시각화 툴에서 데이터 표 내 행을 선택하면 이에 해당하는 노드와 강조되는 연결선을 확인할 수 있다. 마찬가지로, 네트워크에서 노드를 클릭하면 해당 노드가 데이터 표에서 강조되는 것을 확인할 수 있다.

인접 행렬

개체의 동일한 관계는 행렬 형태로 표현할 수 있다. [그림 19-2]의 트위터 방향성 그래프에 대한 인접 행렬adjacency matrix은 [표 19-2]다.

인접 행렬의 각 셀은 가장 왼쪽 열에 있는 헤더에서부터 최상단 행에 있는 헤더 방향으로 연결 여부를 표시하고 있다. 행렬의 첫 번째 행은 "Dave는 Peter, Jenny, John 3명을 팔로우하고 있다"라고 해석할 수 있다.

표 19-2 트위터 네트워크([그림 19-2])에 해당하는 인접 행렬 일부

	Dave	Peter	Jenny	Sam	John	Albert
Dave	0	1	1	0	1	0
Peter	0	0	1	1	1	0
Jenny	0	0	0	0	0	0
Sam	0	0	0	0	0	1
John	0	1	1	0	0	0
Albert	0	0	0	0	0	0

네트워크를 이용한 분류(범주 예측)와 예측(수치 예측)

앞서 설명한 분류, 예측, 군집화 분석에서는 정형화된 행렬 형태의 데이터를 주로 다루었다(행은 관측치, 열은 변수). 또한 파이썬을 이용해 관계형 데이터베이스로부터 추출한 데이터를 일반적인 행렬 행태로 바꿀 수 있음을 확인했다.

네트워크 분석 시 정형 데이터를 사용하기도 하지만 많은 경우 비정형 혹은 일부만 정형화된 데이터를 사용한다. 트위터는 일반인들이 소셜 네트워크 분석을 수행할 수 있도록 방대한 양의 트윗 데이터를 공개하고 있다. 네트워크 분석을 하려면 적절한 측정 측도를 이용해 비정형 데이터를 정형 데이터로 변환할 수 있어야 한다. 이때 측정 측도는 네트워크의 속성을 설명할 뿐 아니라 일반적인 데이터 분석에서도 입력 값으로 사용될 수 있다.

19.4 소셜 데이터의 측정 측도와 분류

네트워크 분석 시 널리 사용되는 측정 측도를 자세히 설명하기 전에 기본적인 네트워크 용어 몇 가지를 살펴보자.

- **연결선 가중치**Edge Weight 서로 연결된 두 노드 사이의 관련 정도를 나타낸다. 예를 들어, 이메일 네트워크에서 연결선 가중치는 두 명 사이에서 주고받은 이메일의 빈도를 의미한다.
- **경로**Path**와 경로 길이**Path Length 경로는 노드 A에서 노드 B로 가는 길을 의미하며 경로 길이는 이동 중에 거치는 경로의 개수를 나타낸다. 많은 경우 경로 길이는 곧 최단 경로를 의미한다. 가중 그래프에서 최단 경로는 경로의 개수로 결정되지만 때때로 가중치가 가장 작은 경로로 결정될 수 있다. 예를 들어, 가중치를 비용으로 봤을 때 최단 경로는 최소 비용을 유발하는 경로로 결정된다.
- **연결 네트워크**Connected Network 네트워크가 연결되었다는 것은 (경로 길이와 상관없이) 모든 노드 간에 경로가 존재한다는 의미다. 모든 노드가 서로 연결되지 않고 군집별로 노드가 연결된 경우도 있을 수 있다. 마약 돈세탁 네트워크([그림 19-4])가 그 예인데, 대부분의 노드는 서로 연결되어 있지만 왼쪽 아래에 위치한 고립 노드 네트워크는 전체 네트워크와 떨어져 있음을 볼 수 있다.
- **클릭**Clique 네트워크 구조의 일종으로 각각의 노드가 다른 모든 노드에 연결된 경우를 의미한다. 이때 하나 이상의 노드를 거치지 않고 직접 연결되어 있어야 한다.
- **고립 노드**Singleton 다른 노드와 연결되지 않고 홀로 존재하는 노드를 의미한다. 예를 들어,

어떤 개인이 소셜 네트워크 서비스에 등록했지만 다른 어느 누구와도 의사소통이 없는 경우 고립 노드로 표현할 수 있다.

노드 관점의 중심 측도

네트워크 내 특정 노드의 중요도를 파악할 수 있는 방법 중 하나로 특정 노드가 보유하고 있는 연결선의 개수인 연결도Degree가 있다. 많은 연결선을 보유한 노드는 중요한 노드로 간주될 수 있기 때문이다. 예를 들어 [그림 19-1]에서 Albert 노드의 연결도는 1이고, Sam은 2, Jenny는 3이다. 방향성 네트워크에서는 노드로 들어오는 연결선과 나가는 연결선 모두 중요하다. [그림 19-2]에서 Peter의 경우 들어오는 연결선은 2이고 나가는 연결선은 1이다.

노드의 중심 정도를 파악할 수 있는 또 다른 측도로는 근접성Closeness이 있다. 근접성은 네트워크 내 한 노드가 다른 노드와 얼마나 가까이 있는지로 결정한다. 근접성 값은 특정 노드와 연결된 모든 노드 간의 최단 거리를 구한 후 이를 평균 내어 구할 수 있다. [그림 19-1]에서 Albert의 근접성은 $5/(1+2+3+3+3)=0.417$이다.

또 다른 측도로는 중계성Betweenness이 있는데, 이는 특정 노드가 다른 노드의 최단 경로상에서 중계자 역할을 얼마나 잘 수행하는지를 보여준다. 예를 들어, 특정 노드 A가 있고 임의의 두 노드 B와 C가 있다고 하자. 이때 B와 C 사이의 최단 경로들 중 A가 포함된 경로의 비율을 계산할 수 있다. 이와 같이 A를 제외한 모든 2개 노드 사이의 최단 거리에서 A가 속한 비율을 계산한 후 이에 대한 평균을 구하면 그 값이 A의 중계성 값이 된다. [그림 19-1]의 예에서 Peter 노드는 Dave, Jenny , John 노드 중 하나와 Albert 또는 Sam 사이의 모든 최단 경로에 있다. 이 예에서는 노드 쌍 사이에 단 하나의 최단 경로가 있기 때문에 Peter의 중계성 값은 6이다. 이를 정규화하기 위해 6을 다른 노드들 사이에서 가능한 모든 최단 경로의 수 $\binom{n-1}{2} = \frac{(n-1)(n-2)}{2}$로 나누게 되고, 이 예제에서는 그 수가 10이므로 Peter의 정규화된 중계성 값은 0.6이다. 이 비율은 다른 모든 노드 쌍에 대해서도 기록되며 중계성 값은 평균 비율이 된다.

다음은 소셜 미디어 네트워크 활용성을 잘 보여주는 문구다. "성공하려면 당신이 가지고 있는 지식보다는 인맥이 더 중요할 수 있다." 많은 연결선이 있는 개체로 가는 링크는 연결선이 얼마 없는 개체로 가는 링크보다 더 중요하다. 이러한 연결 현상을 반영할 수 있는 측도로 고유 벡터 중심성Eigenvector Centrality이 있는데, 이는 특정 노드로부터 가는 링크 개수와 이 링크들로부터 뻗어 나가는 연결 개수의 합이다. 여기서 고유 벡터 중심성을 구하는 실제 계산 식을 소개하지는 않지만, 그 값은 항상 0과 1 사이에서 존재한다. 0이면 중심성이 없음을 의미하고 1은 최대 중심성을 의미한다.

중심성은 네트워크에서 노드의 크기로 표현할 수 있고, 중심성이 크면 클수록 중요한 노드라는 의미다.

[표 19-3]은 방향성이 있는 링크드인 네트워크의 중심도를 계산하는 파이썬 코드다.

표 19-3 중심도를 계산하는 파이썬 코드와 결과

```
>>> G = nx.from_pandas_edgelist(df, 'from', 'to')
>>> G.degree()
[('Dave', 3), ('Jenny', 3), ('Peter', 4), ('John', 3), ('Sam', 2), ('Albert', 1)]
>>> nx.closeness_centrality(G)
{'Dave': 0.625, 'Jenny': 0.625, 'Peter': 0.833, 'John': 0.625,
 'Sam': 0.625, 'Albert': 0.417}
>>> nx.betweenness_centrality(G)
{'Dave': 0.0, 'Jenny': 0.0, 'Peter': 0.6, 'John': 0.0, 'Sam': 0.4, 'Albert': 0.0}
>>> nx.eigenvector_centrality(G, tol=1e-2)
{'Dave': 0.47, 'Jenny': 0.47, 'Peter': 0.53, 'John': 0.47,
 'Sam': 0.21, 'Albert': 0.08}
```

자기중심 네트워크

때로 개인 간 연결 관계를 분석함으로써 중요한 정보를 얻을 때가 있다. 예를 들어, 채용 기업에서 특정 능력을 지닌 사람들에게 관심이 있을 때 그 능력에 대한 검증도 중요하지만 그들과 현재 교류하고 있는 사람들을 눈여겨볼 필요가 있다.

자기중심 네트워크egocentric network는 개별 노드 중심으로 모인 네트워크를 의미한다. 연결도가 1인 자기중심 네트워크는 특정 개별 노드로 모든 연결선이 집중된 경우로 [그림 19-6]의 (a) 네트워크가 그 예다. 이 예에서는 Peter 노드로 모든 연결선이 집중되었다. (b) 네트워크는 연결도가 2이며 특정 개별 노드와 연결된 모든 노드들 역시 연결선이 존재하는 경우를 보여준다. Peter에 대해 연결도 2인 자기 중심 네트워크는 [그림 19-1]과 같다.

자기중심 네트워크를 생성하는 파이썬 코드

```
# nx.ego_graph get Peter's 1-level ego network
% # for a 2-level ego network set argument order = 2 in make_ego_graph().
plt.subplot(121)
# get 1-level ego network for 'Peter'
G_ego = nx.ego_graph(G, 'Peter')
nx.draw(G_ego, with_labels=True, node_color='skyblue')
plt.subplot(122)
# set radius=2 to get 2-level ego network
G_ego = nx.ego_graph(G, 'Peter', radius=2)
nx.draw(G_ego, with_labels=True, node_color='skyblue')
```

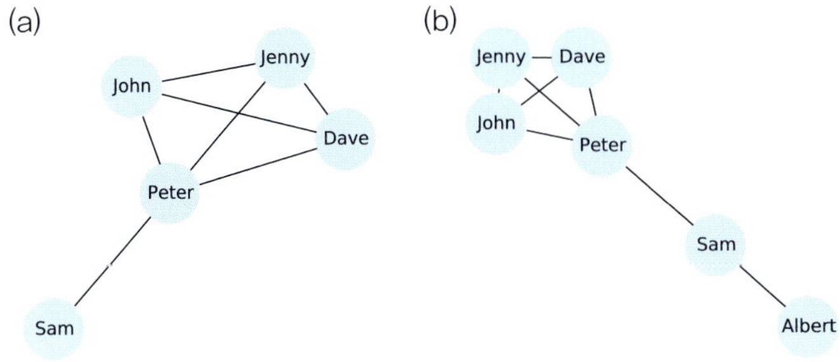

그림 19-6 링크드인 그래프([그림 19-1])에서 Peter 노드에 대한 연결도가 1(a)과 2(b)인 자기중심 네트워크

네트워크 측정 측도

지금까지 노드와 연결선에 관한 용어 및 측정 측도에 대해 소개했다. 이제부터는 네트워크의 전체 특성을 알 수 있는 측도에 대해 살펴보자.

연결도 분포 Degree Distribution 전반적으로 노드가 몇 개의 선으로 연결되었는지를 알 수 있는 측도다. 예를 들어 네트워크에서 몇 개의 노드가 5개의 연결선을 가지고 있는지, 몇 개의 노드가 4개 혹은 3개의 연결선을 가지고 있는지를 측정한다. [그림 19-1]의 링크드인 네트워크에서 Peter 노드의 경우 4개의 연결선을 가지고 있다. 그리고 Dave, John, Jenny는 각각 3개, Sam은 2개, Albert는 1개의 연결선을 가지고 있다. [표 19-4]는 링크드인 네트워크의 연결도 분포를 보여준다.

표 19-4 링크드인 네트워크의 연결도 분포

Degree	Frequency
Degree 0	0
Degree 1	1
Degree 2	1
Degree 3	3
Degree 4	1

밀도Density 네트워크에서 전체적인 연결성을 설명하기 위한 또 다른 측도다. 밀도를 측정할 때는 노드보다는 연결선을 기준으로 한다. 밀도는 노드 간 총 연결 가능한 선 중 실제 연결된 선의 개수가 몇 개인지를 비율로 나타낸다. n개의 노드로 구성된 방향 네트워크의 경우 최대 $n(n-1)$개의 연결선이 존재하며, 무방향 네트워크의 경우에는 최대 $n(n-1)/2$개의 연결선이 존재한다. 즉, 방향 및 무방향 네트워크는 각각 식 (19.1)과 식 (19.2)를 이용해 밀도를 계산할 수 있다.

$$\text{density(directed)} = \frac{e}{n(n-1)} \tag{19.1}$$

$$\text{density(undirected)} = \frac{e}{n(n-1)/2} \tag{19.2}$$

여기서 e는 연결선의 개수이며 n은 노드의 개수다. 밀도 값의 범위는 0(밀도가 전혀 없음)보다 크고 1(밀도가 매우 높음)보다는 작거나 같다. [그림 19-7]과 [그림 19-8]은 밀도가 낮은 성긴 네트워크와 밀도가 높은 조밀한 네트워크를 보여준다. [표 19-5]는 링크드인 데이터에 대한 네트워크 측정 측도를 계산하는 파이썬 코드다.

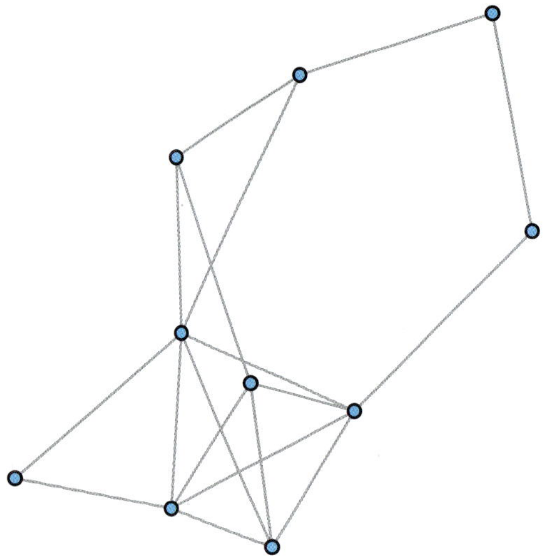

그림 19-7 상대적으로 밀도가 낮은 성긴 네트워크

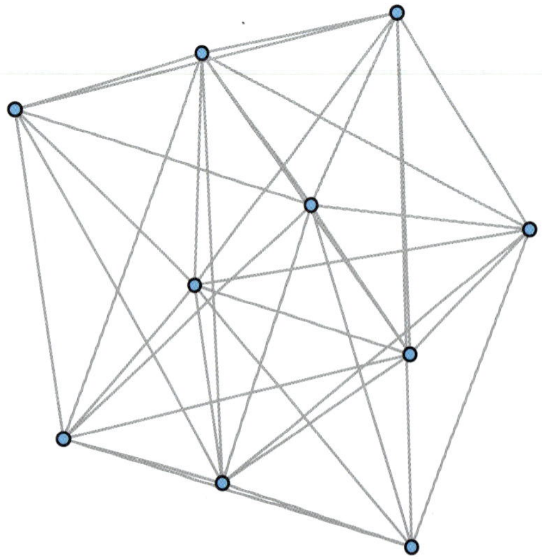

그림 19-8 상대적으로 밀도가 높은 조밀한 네트워크

표 19-5 네트워크 측정 척도를 계산하는 파이썬 코드

```
> degreeCount = collections.Counter(d for node, d in G.degree())
> degreeDistribution = [0] * (1 + max(degreeCount))
> for degree, count in degreeCount.items():
>     degreeDistribution[degree] = count
> degreeDistribution
[0, 1, 1, 3, 1]

> nx.density(G)
0.26666666666666666
```

19.5 네트워크 측도를 이용한 예측과 분류

네트워크 속성은 기존 분류 및 예측 문제에서 다룬 예측 변수와 함께 사용될 수 있다. 이성 간 매칭 문제를 예로 들어보자. 온라인 데이트 서비스는 서로 원하는 이성상에 가장 부합하는 상대를 찾아 매칭해 주고 있다. 알고리즘 관점에서 보면 의뢰인과 가입 회원들 중 거리가 최소가 되는 상대를 찾아 의뢰인에게 추천해 주는 것이다. 네트워크를 이용하면 회원들 각각의 개인 정보뿐 아니라 회원들 간 연계 정보도 얻을 수 있다. 또한 매칭 네트워크의 연결선을 통해 '후보자의 프로파일'을 조회할 수 있다.

연결선 예측

페이스북과 링크드인과 같은 소셜 네트워크 서비스는 네트워크 정보를 이용해 새로운 연결을 추천하기도 한다. 이를 분석 관점으로 재해석해 보면 다음과 같다.

"네트워크가 주어졌을 때, 다음 연결선을 어디에 형성할까?"

예측 알고리즘은 모든 노드 쌍에 유사도 점수를 부여한 후 가장 점수가 높은 쌍을 다음 연결선으로 정한다(물론 이미 연결된 쌍은 제외함). 유사도(거리) 계산에 관한 보다 자세한 내용은 15장을 참조하기 바란다. 유사도 계산에는 네트워크 측도 변수뿐 아니라 일반적인 데이터 분석에서 사용되는 변수(예 학년, 나이, 성별, 장소)도 함께 사용될 수 있다. 네트워크 연결선 예측link prediction에 사용되는 주요 측정 척도는 다음과 같다.

- 최단 경로
- 공통된 이웃의 개수
- 연결선 가중치

연결선 예측은 국가 정보 수집에도 사용된다. 일반적으로 정보 수집 기관에서는 법적인 제약으로 인해 '모든 정보를 수집하는 것'이 불가능하다. 따라서 우선 소수를 대상으로 하여 정보를 수집한다. 정보 수집 기관은 명백한 정보를 시작점으로 하여 예측을 통해 최종 목표와 관련된 보다 자세한 정보를 밝혀내곤 한다.

개체 해석

네트워크 분석은 테러리스트 색출에도 활용된다. 이때 동일 인물이 여러 데이터에서 반복적으로 나타날 수 있다. 예를 들어 프랑스 정보 기관이 튀니지에서 찾아낸 인물, 이스라엘 정보 기관이 레바논에서 찾아낸 인물, 미국 정보 기관이 파키스탄에서 찾아낸 인물이 동일 인물인지를 밝히는 것은 테러리스트 색출에서 중요한 정보로 사용된다.

여러 데이터 분석에서 식별된 인물이 동일인인지에 대한 여부는 거리 측도를 이용한 최근접 이웃 방법이나 군집화 방법을 통해 확인할 수 있다. 15장에서 언급한 유클리드 거리는 특정 인물을 색출하는 네트워크 분석에 특화된 거리 측도는 아니지만 인물의 속성을 설명하는 예측 변수에 대한 거리를 측정한다고 보면 비슷하게 적용할 수 있다. 이 예측 변수들에 대한 개체 해석 entity resolution 시 도메인 지식은 각 변수의 중요도를 결정하는 데 유용하게 활용될 수 있다. 예를 들어, 주소와 우편번호라는 2개의 변수가 있을 때 주소는 우편번호에 비해 더 정확한 정보를 제공하기 때문에 좀 더 큰 가중치를 줄 수 있다. 가중치 계산에 대한 자세한 설명은 Golbeck (2013, p.137)을 참조하기 바란다.

네트워크 속성을 이용하면 개인 프로파일에 기반한 거리를 계산할 수 있으며 나아가 전체적인 네트워크의 형태를 알 수 있다. [그림 19-9]는 인물들로 구성된 비교적 단순한 네트워크를 보여준다. 네트워크를 통해 A와 AA는 같은 인물일 가능성이 크며, AAA는 아마도 다른 인물일 거라고 추론할 수 있다. 이러한 추론은 앞서 언급한 연결선 예측을 위한 방법을 통해서도 할 수 있다.

개체 해석은 고객 정보 관리와 검색에 유용하게 사용될 수 있다. 예를 들어, 고객이 특정 상품이나 서비스에 관심이 있어 기업에 문의한 경우 해당 고객 정보는 데이터베이스에 저장된다. 같은 고객이 추후 다른 제품을 구매할 수도 있다. 이 경우 고객 데이터베이스는 두 번째 거래에 대해서도 같은 고객으로 인식해야 한다. 한 고객이 모든 거래 시 매번 같은 정보를 입력한다면 데이터베이스상에서 매칭하기 쉽겠지만 현실에서는 잘못 입력할 수도 있다. 이 경우 데이터베이스는 다른 고객으로 인식할 가능성도 있다.

개체 해석이 쓰일 수 있는 또 다른 분야는 사기 탐지 분야다. 예를 들어, 이동 통신사에서는 네트워크 링크 분석을 통해 통신료를 체납하고 사라졌다가 다시 새로운 계정으로 개설하는 사기 고객을 탐지할 수 있다. 전화 통화 네트워크상에서 이러한 사기 고객은 보통 꾸준히 전화 기록을 남기기 때문에 회사 측에서는 이를 이용해 탐지할 수 있다.

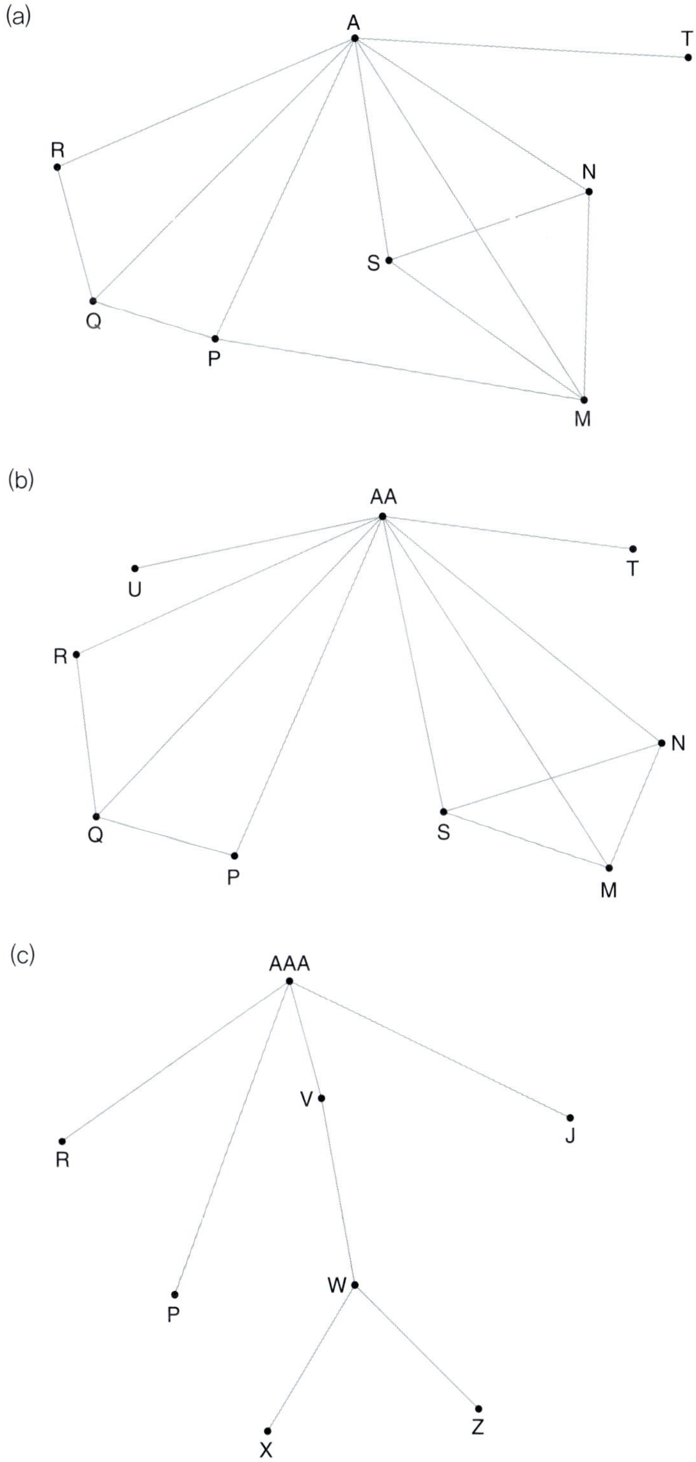

그림 19-9 용의자 네트워크: 용의자 A(a), 용의자 AA(b), 용의자 AAA(c)

일반적인 비즈니스 거래에서 개체 매칭은 이름, 주소, 우편번호를 통해 이루어지며, 소셜 미디어 상품의 경우에는 네트워크 유사도에 의해 매칭이 이루어진다.

협업 필터링

14장에서 언급한 협업 필터링은 유사도 측도를 기반으로 비슷한 사람들을 찾고 이들의 속성을 이용해 특정인에게 특정 상품이나 서비스를 추천하는 기법이다. 소셜 미디어 관련 기업들은 네트워크 연결 정보를 이용해 유사도가 높은 새로운 데이터를 추천할 수 있다.

예를 들어, 인터넷 광고 수익으로 운영하는 기업에서는 어떤 종류의 광고를 고객들에게 제공해야 하는지가 중요한 의사결정 문제다.

온라인 고객을 유치하는 기업에서 방금 로그인한 사용자 A와 기존 사용자 B, C, D를 비교해 보자. [표 19-6]은 각 사용자의 인구통계학적 정보와 사용 내역 정보를 보여준다.

표 19-6 사용자 A, B, C, D에 대한 측정치

User	Months as cust.	Age	Spending	Education
A	7	23	0	3
B	3	45	0	2
C	5	29	100	3
D	11	59	0	3

이를 분석하기 위해 먼저 사용자 A와 다른 사용자들 간 거리를 측정하여 어떤 사용자가 A와 가장 유사한지 결정한다. 이때 변수 간 단위가 다르므로 평균을 빼주고 표준편차로 나누어주는 정규화(스케일링) 과정을 거쳐야 한다(학력(Education)의 경우, 1 = 고등학교, 2 = 대학교, 3 = 대학원). [표 19-7]은 정규화된 데이터를 보여준다.

표 19-7 사용자 A, B, C, D에 대한 정규화된 변수

User	Months as cust.	Age	Spending	Education
A	0.17	−1.14	−0.58	0.58
B	−1.18	0.43	−0.58	−1.73
C	−0.51	−0.71	1.73	0.58
D	1.52	1.42	−0.58	0.58

다음으로는 정규화된 데이터를 이용해 사용자 A와 다른 사용자들 사이의 유클리드 거리를 계산한다([표 19-8] 참조). 인구통계학 정보와 사용 내용 정보를 이용한 거리 계산 결과 사용자 C가 A와 가장 유사한 것으로 나타났다.

표 19-8 각 사용자 간 유클리드 거리

Pair	Months as cust.	Age	Spending	Education	Euclidean dist.
A-B	1.83	2.44	0	5.33	3.1
A-C	0.46	0.18	5.33	0	2.44
A-D	1.83	6.55	0	0	2.89

네트워크의 척도를 살펴보기 위해 각 사용자 간 최단 거리가 [표 19-9]와 같다고 가정하자.

표 19-9 네트워크 척도

Pair	Shortest path
A-B	2
A-C	4
A-D	3

최종적으로 네트워크 척도는 앞서 계산한 거리와 통합하여 표현할 수 있다. 네트워크 척도와 거리 간에는 별도의 정규화 작업이 필요하지 않은데 그 이유는 네트워크 척도로 사용한 최단 거리 역시 레코드 간의 거리를 나타내고 있기 때문이다. 이를 기반으로 사용자가 좀 더 중요하다고 판단하는 거리에 가중치를 둔 가중평균을 계산할 수 있다. 동일한 가중치를 사용한다면 ([표 19-10]) 사용자 B가 A와 가장 가까우므로 네트워크 분석에서는 A와 연결되도록 추천할 수 있다. 또는 관련 제품이나 서비스를 추천하는 데도 사용할 수 있다. 가중치를 다르게 사용할 경우에는 다른 결과가 도출될 수 있다는 점에 주의하자. 가중치 결정은 정해진 특정 방법론을 따른다기보다는 사용자의 비즈니스 경험에 따른 판단으로 이루어지는 것이 보통이다.

표 19-10 네트워크와 비네트워크 척도의 결합

Pair	Shortest path	Weight	Non-network	Weight	Mean
A-B	2	0.5	3.1	0.5	2.55
A-C	4	0.5	2.44	0.5	3.22
A-D	3	0.5	2.89	0.5	2.95

네트워크 분석은 소셜 미디어를 포함한 연결 추천뿐 아니라 네트워크 내 비슷한 객체끼리 묶거나(예 마케팅 목적으로), 영향력이 큰 개체를 탐지하거나(예 광고 목적으로), 질병 혹은 전염병의 확산 경로를 밝혀준다.

소셜 네트워크 데이터의 사용

소셜 네트워크 데이터의 주 사용자는 네트워크 앱 개발자와 해당 광고를 담당하는 사람들이다. 페이스북, 트위터 등의 네트워크 관련 앱 개발자들은 네트워크 데이터를 사용자들의 편의성을 높이고 만족도를 높이는 데 사용하고 있다.

소셜 네트워크 데이터는 강력한 광고 툴로도 사용된다. 이 글을 쓰는 시점에서 페이스북은 연간 약 500억 달러, 트위터는 20억 달러, 링크드인은 50억 달러의 광고 수익을 창출하고 있다. 기존 미디어와는 달리 인터넷을 기반으로 하는 소셜 미디어 플랫폼은 고객 맞춤형 광고를 포함하여 다양한 시도를 통해 서비스를 최적화하며, 사람들이 클릭한 광고에 대해서만 광고주에게 비용을 청구하기도 한다. 특히 페이스북은 많은 사용자들에게서 얻는 풍부한 정보를 이용해 다양한 서비스를 기획하고 있다.

소셜 미디어의 파급 효과에 대한 예로 2016년 미국 트럼프 대선 캠페인을 꼽을 수 있다. 트럼프는 주로 트위터를 많이 사용하는 것으로 알려져 있지만, 당시 캠페인 디지털 홍보 책임자인 브래드 파스케일Brad Parscale은 페이스북의 맞춤형 광고 기능이 대선 승리에 큰 역할을 했음을 인정했다. 그는 2018년에 '60minutes'라는 TV 프로그램에 나와 다음과 같이 말했다.

> "페이스북은 TV 광고가 할 수 없는 여러 가지 광고를 할 수 있습니다. 저는 플로리다주 북서부 팬핸들 지역에서 TV 광고로는 절대 유혹할 수 없는 다수의 고객을 페이스북을 통해 유혹할 수 있습니다."

파스케일은 어떤 광고가 어떤 사람들에게 가장 효과적인지 알아보기 위해 마이크로 타기팅을 포함한 다양한 실험을 했고, 이를 통해 매일 50,000~60,000개의 차별화된 광고를 생성할 수 있었다고 말했다. 트럼프는 전체 득표 수에서는 280만 표 차이로 졌지만 격전지로 꼽히는 펜실베니아주, 위스콘신주, 미시간주에서는 77,744표의 근소한 표차로 승리할 수 있었다. 파스케일은 페이스북의 맞춤형 광고 기능에 힘입어 격전지 유권자들의 마음을 사로잡을 수 있었다고 말했다.

과거 페이스북와 트위터는 API를 통해 데이터를 공개했다. 하지만 페이스북은 데이터의 오용 사례가 나오면서 사용에 제약을 가하기 시작했다. 트위터 역시 API에 접근하려면 앱 개발자로 등록해야 하는 절차를 추가하면서 데이터가 남용될 수 있는 여지를 차단했다. 트위터 데이터는 사회 및 정치 동향, 소비자들의 감성 등을 분석하는 데 널리 사용되고 있다. 소셜 미디어의 API는 데이터 접근 기능을 포함하여 정기적으로 업데이트되고 있다. 소셜 미디어 API 사용과 파이썬을 접목하는 방법에 대한 설명은 www.dataminingbook.com을 참조하기 바란다.

19.6 파이썬을 이용한 소셜 네트워크 데이터 수집

이 절에서는 소셜 네트워크 서비스로 가장 유명한 트위터에서 데이터를 어떻게 수집하는지에 대해 간략하게 설명한다. 소셜 네트워크를 구성하기 위한 파이썬 패키지는 몇 가지 종류가 있다. 그중 twython 패키지를 사용하기 위해서는 응용프로그램 인증 코드를 발급받아야 하고, 그 전에 개발자로 사전 등록해야 한다. 트위터를 크롤링하기 전에 https://developer.twitter.com에서 소비자 키[consumer key]와 비밀 코드[consumer secret code]를 발급 받을 수 있다. twython 패키지에 대한 자세한 내용은 https://twython.readthedocs.io/en/latest를 참조하기 바란다.

[표 19-11]은 twython 패키지를 이용해 'text mining'이란 단어를 포함하는 25개의 최근 트윗을 수집하는 코드다.

표 19-11 트위터 인터페이스

트위터 인터페이스를 위한 파이썬 코드

```python
import os
from twython import Twython

credentials = {}
credentials['CONSUMER_KEY'] = os.environ['TWITTER_CONSUMER_KEY']
credentials['CONSUMER_SECRET'] = os.environ['TWITTER_CONSUMER_SECRET']

python_tweets = Twython(credentials['CONSUMER_KEY'], credentials['CONSUMER_SECRET'])

# Create our query
query = {'q': 'text mining', 'result_type': 'recent',
        'count': 25, 'lang': 'en'}

recentTweets = python_tweets.search(**query)
for tweet in recentTweets['statuses'][:2]:
    print(tweet['text'])
```

실행 결과

```
Text Mining and Analysis: Practical Methods, Examples, and Case Studies Using
   SAS https://t.co/jFjmmSgjt0
RT @scilib: Canada - House of Commons - Standing Committee on Industry, Science
   and Technology #INDU - Statutory Review of the Copyright Ac…
```

19.7 소셜 네트워크 애널리틱스의 장점과 단점

소셜 네트워크의 중요한 가치는 고객들의 고유 정보, 그들의 취향, 원하는 정보를 제공해 준다는 데 있다. 이러한 정보는 광고 비즈니스에서 성배로 여겨지는 맞춤형 광고에 유용하게 사용되고 있다. 고객들은 일반적인 광고보다는 본인이 특별히 관심 있어 하는 제품이나 서비스에 대한 광고를 보았을 때 반응한다. 네트워크 분석 데이터로는 일반적으로 수집된 데이터보다 사용자들이 직접 작성한 데이터를 사용하기 때문에 네트워크 분석은 이러한 개개인의 관심을 끌어내는 데 유용하게 사용될 수 있다.

소셜 네트워크 데이터의 엄청난 영향력은 21세기 소셜 미디어의 공룡인 페이스북, 링크드인, 트위터, 옐프 등에서 쉽게 느낄 수 있다. 그들은 소셜 데이터를 이용해 엄청난 가치를 창출하고 있다. 이는 제품이나 서비스를 생산하는 데 집중했던 기존 전통 기업과는 사뭇 다른 점이다. 소셜 기업들의 힘은 거의 실시간으로 고객 맞춤형 광고를 생성하는 데 있다.

다른 기업들도 소셜 기업들이 창출하고 있는 가치를 장점으로 활용하기 위해 소셜 정보를 연동하려는 노력을 다방면으로 기울이고 있다. 구글의 경우 소셜 활동을 공유하는 공간으로 구글플러스Google+를 오픈했으며, 아마존은 다양한 소셜 정보를 그들의 추천 시스템에 탑재하여 활용하고 있다.

여기서 한 가지 중요한 점은 소셜 네트워크 '분석'과 소셜 네트워크 '활용'은 다르다는 점이다. 많은 조직에서 소셜 네트워크 정보를 활용해 커뮤니케이션 및 광고에 적용하고 있으나 이를 소셜 네트워크 분석이라고 말하긴 어렵다. 인터넷 마케팅 기관인 아브라함 리서치Abrams Research가 2009년 소셜 미디어를 가장 잘 활용한 기업으로 선정한 온라인 쇼핑몰 자포스Zappos의 경우 소셜 미디어를 고객 서비스에 활용한 것이지 전문적으로 분석한 것은 아니다.

소셜 네트워크 분석에는 몇 가지 주의해야 할 점이 있다. 바로 역동성과 일시성이다. 이는 소셜 미디어 분야가 대상의 변화에 빠르게 적응해야 하는 속성 때문이다. 사람들이 소셜 미디어를 사용하는 목적은 의식주와 같이 살아가는 데 꼭 필요한 정보를 전달하기보다는 서로 간의 연결을 통해 정보를 공유하고 이를 바탕으로 사교를 증진하는 데 있다. 사람들의 취향은 빠르게 변하고 있으며 이로부터 파생되는 유행 또한 빠른 속도로 변한다.

소셜 네트워크 분야의 선두 주자인 페이스북은 원래 대학생을 타깃으로 했지만, 주요 사용자 연령층은 점차 높아질 것으로 보인다. 8년 후면 사용자 절반 이상이 45세 이상이 된다. 대학생 때보다는 훨씬 경제적 여유가 생긴 이들이 핵심 고객층이 된다는 것은 페이스북 입장에서는 달가운 소식이다. 이처럼 빠른 시대 변화에 대처하기 위해서는 페이스북 역시 새로운 비즈니스 모델을 창출하기 위해 끊임없이 노력해야 할 것이다.

소셜 네트워크 서비스에서 또 하나 중요한 점은 본인이 생성한 정보가 추후 어떤 결과를 가져올지 그 파급 효과를 생각해 보아야 한다는 점이다. 비록 사용자들이 자발적으로 글을 쓰고 있지만 이로부터 파생될 여파에 대해서는 크게 신경을 쓰지 않는 경향이 있다. 그 결과 미국에서 제기된 이혼 소송에 제출된 증거 자료의 약 33%가 페이스북 정보였으며, 많은 경우 회사에서 해고 사유로 페이스북 정보를 사용하고 있다.

한 벤처기업의 프로그래머는 플리즈랍미pleaserobme.com라는 웹 사이트를 만들어 포스퀘어Foursquare 이용자들을 대상으로 현재 이용자가 집에 있는지 아니면 카페나 음식점에 있는지를 파악하였다(빈집털이범들에게 유리한 정보가 될 수 있음에 유의하자). 포스퀘어는 이러한 위치 정보를 해커들이 쉽게 뚫지 못하도록 장벽을 설치하였지만, 포스퀘어의 체크인 정보가 트위터에 자동으로 저장되었기 때문에 해커들은 API를 통해 체크인 정보를 알아냈다. 이는 트위터나 포스퀘어에서 고객을 위해 수집한 정보가 처음 의도와는 달리 사용된 예다. 트위터의 경우 포스퀘어와 연동한 체크인 정보가 악용될 것이라고 예상하기는 쉽지 않았을 것이다.

요약하자면, 소셜 네트워크 분석으로 인해 개인 정보가 노출되고 악용될 가능성이 있지만 그로부터 얻을 수 있는 장점과 가치가 충분히 크기 때문에 네트워크 분석 연구는 지속해서 발전할 것으로 전망한다.

연습문제

19.1 **네트워크 분석.** A, B, C, D, E의 노드로 구성된 무방향성 네트워크가 있다고 하자. A는 B와 C에 연결되어 있고, B는 A와 C에 연결되어 있다. C는 A, B, D와 연결되어 있고, D는 C와 E, E는 D와 연결되어 있다.

a. 이 네트워크를 표현하는 그래프를 그려보시오.

b. 네트워크 그래프에서 어떤 노드(들)를 제거해야 나머지 노드들이 클릭을 구성하는가?

c. 노드 A의 연결도를 구하시오.

d. 어떤 노드가 가장 작은 연결도를 가지고 있는가?

e. 본 네트워크 그래프에 대한 연결도 분포를 표로 나타내보시오.

f. 본 네트워크는 서로 연결connected되었는가?

g 노드 A와 C의 매개 중심성을 계산하시오.

h. 본 네트워크의 밀도density를 계산해 보시오.

19.2 **네트워크의 밀도와 크기.** [그림 19-1]에서 만들어진 그래프에 2개의 새로운 노드가 추가되었다고 하자.

a. 노드가 몇 % 증가했는가?

b. 몇 %의 가능한 연결선edge이 증가했는가?

c. 새로 추가된 노드가 기존 노드들이 가지고 있는 연결선의 중심값median을 가지고 있다고 가정하면, 네트워크 밀도에는 어떤 영향을 미칠까?

d. 크기가 다른 네트워크의 밀도를 비교할 때 주의할 점은 무엇인가?

e. 새롭게 추가된 노드를 원하는 곳에 연결하고 그로부터 생성되는 네트워크 그래프의 연결도 분포를 표로 만들어보시오.

19.3 **연결선(링크) 예측.** [그림 19-10]의 네트워크를 이용해 다음 문제를 해결하시오.

a. 공통 이웃 스코어common neighbor score를 이용해 다음 번 연결선을 예측해 보시오(즉, 어느 링크가 가장 높은 확률로 연결될지 예측해 보시오).

b. 최단 경로 스코어를 이용해 연결이 가장 안 될 링크를 예측해 보시오.

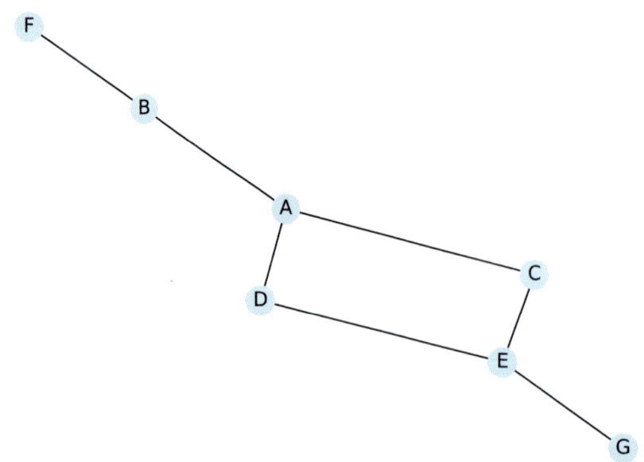

그림 19-10 링크 예측 예제를 위한 가상 네크워크

CHAPTER 20

텍스트 마이닝

이 장에서는 텍스트를 데이터의 한 형태로 소개한다. 먼저 각 열은 단어, 각 행은 문서, 각 셀은 0이나 1인 텍스트 데이터 표 형식에 대해서 논의할 텐데, 이 표는 해당 열의 단어가 해당 행의 문서에 나타나는지를 표시한다. 그런 다음 비구조화된 문서를 어떻게 이와 같은 구조화된 행렬로 변환할지 생각해 본다. 마지막으로 이 과정을 이 책의 앞부분에서 다룬 일반적인 데이터 마이닝 절차와 어떻게 통합할지 보여준다.

파이썬

이 장에서는 pandas 라이브러리를 사용하여 데이터를 처리하고, scikit-learn 라이브러리를 사용하여 특징을 생성하고 모델을 구축한다. 또한 자연어 툴킷Natural Language Toolkit(https://www.nltk.org)을 사용하여 고급 텍스트를 처리한다.

이 장에 필요한 파이썬 라이브러리 불러오기

```
from zipfile import ZipFile
import pandas as pd
from sklearn.model_selection import train_test_split
from sklearn.feature_extraction.text import CountVectorizer
from sklearn.feature_extraction.text import TfidfTransformer
from sklearn.feature_extraction.stop_words import ENGLISH_STOP_WORDS
from sklearn.decomposition import TruncatedSVD
from sklearn.preprocessing import Normalizer
from sklearn.pipeline import make_pipeline
from sklearn.linear_model import LogisticRegression
import nltk
from nltk import word_tokenize
from nltk.stem.snowball import EnglishStemmer
import matplotlib.pylab as plt
```

```
from dmba import printTermDocumentMatrix, classificationSummary, liftChart

# download data required for NLTK
nltk.download('punkt')
```

20.1 서론

지금까지 일반 데이터 마이닝에서는 다음 세 가지 유형의 데이터를 다뤄왔다.

- 수치형
- 이진형(예/아니요)
- 다중 범주형

그러나 예측 분석의 일반적인 응용 중에는 데이터가 텍스트 형태로 제공되는 것도 있다. 예를 들어, 어떤 인터넷 서비스 공급자는 지원 티켓support ticket을 긴급과 일상으로 분류하는 자동화된 알고리즘을 사용해 긴급한 티켓을 운영자가 즉시 검토하도록 할 수 있다. 법률 사무소에서는 대규모 검색 과정(수많은 문서의 검토)을 수행할 때 관련된 문서와 무관한 문서로 분류할 수 있는 문서 검토 알고리즘이 있다면 유용할 것이다. 이 두 가지 사례에서 예측 변수(특징)는 문서 내의 텍스트로 내장된다.

텍스트 마이닝 방법은 블로그, 온라인 포럼, 리뷰 사이트, 뉴스 기사뿐 아니라 트위터 글과 같은 소셜 미디어 데이터가 보급됨에 따라 크게 성장해 왔다. 렉서 애널리틱스Rexer Analytics의 2013년 데이터 마이닝 조사에 따르면, 조사에 응한 데이터마이너의 25~40%가 이러한 소셜 미디어의 텍스트에 데이터 마이닝을 적용한다고 답했다. 일반적인 공공의 사용성과 세간의 높은 관심 덕분에 텍스트는 연구자들이 마이닝 방법을 연마할 수 있는 방대한 데이터의 보고가 되었다. 각광받는 성장 분야 중 하나는 텍스트 마이닝 방법을 고객 지원 센터와 서비스 센터의 기록과 녹취록에 적용하는 것이다.

20.2 텍스트의 표 형식: 용어-문서 행렬과 '단어 주머니'

다음과 같은 3개의 문장이 있다.

```
S1. this is the first sentence.
S2. this is a second sentence.
S3. the third sentence is here.
```

용어–문서 행렬term–document matrix에서 이 세 문장(문서라 부름)의 단어(용어라 부름)를 나타낼 수 있는데, 여기서 각 행은 용어이고 각 열은 문장이다. scikit-learn에서 문서 집합을 용어–문서 행렬로 변환하려면 먼저 문서를 리스트 하나로 수집한 후 scikit-learn의 CountVectorizer를 사용하면 된다. [표 20–1]에 이 과정이 나타나 있다.

표 20-1 S1-S3 문장의 용어-문서 행렬 표현(예 1)

용어 빈도에 대한 파이썬 코드

```
text = ['this is the first sentence.',
        'this is a second sentence.',
        'the third sentence is here.']

# learn features based on text
count_vect = CountVectorizer()
counts = count_vect.fit_transform(text)

printTermDocumentMatrix(count_vect, counts)
```

실행 결과

```
          S1   S2   S3
first      1    0    0
here       0    0    1
is         1    1    1
second     0    1    0
sentence   1    1    1
the        1    0    1
third      0    0    1
this       1    1    0
```

세 문장에 있는 모든 단어로 행렬을 구성하고 각 단어는 행 하나에 대응된다는 점에 주목하자. 순서는 중요하지 않고, 숫자는 그 문장에서 해당 용어의 빈도수를 나타낸다. 이는 문서의 순서, 문법, 구문을 무시하고 단순히 단어들의 집합으로 취급하는 단어 주머니bag–of–words 접근법이다.

이제 세 문장은 표 형태의 이진 행렬 데이터로 변환되었다. 이진 행렬은 단순한 분야에서 클러스터링에 사용되거나 결과 변수가 추가되면 분류나 예측에 사용될 수 있다. 하지만 텍스트 마이닝 분야는 단순하지 않다. 심지어 분석을 단어 주머니 접근법으로 국한하더라도 상당한 고민과 전처리가 필요할 수 있다. 단순히 학습 목적으로 문서를 분류하는 데 그치지 않고 사람이 일일이 검토하는 작업이 필수적일 수 있다.

20.3 단어 주머니 vs. 문서 수준의 의미 추출

텍스트 마이닝의 작업의 목표는 다음 두 가지로 나눌 수 있다.

- 문서가 어떤 클래스에 속하는지에 대한 레이블링 또는 유사한 문서들에 대한 클러스터링
- 문서에서 좀 더 구체적인 의미 추출

첫 번째 목표를 달성하려면 말뭉치corpus[1]라고 하는 방대한 양의 문서 집합, 문서에서 예측 변수들을 추출할 수 있는 능력, 분류 작업의 경우 모델을 학습하기 위해 사전에 레이블된 대량의 문서가 필요하다. 하지만 사용되는 모델은 수치형과 범주형 데이터를 공부할 때 이미 다뤘던 표준 통계와 머신러닝 예측 모델이다.

두 번째 목표는 하나의 문서에만 적용될 수 있는데 이는 훨씬 더 도전적인 과제다. 적어도 컴퓨터가 인간의 언어를 이해하는 데 필요한 문법, 구문, 구두점 등을 처리하는 복잡한 알고리즘을 학습해야 한다. 다시 말해서 해당 언어의 문서들을 이해하기 위한 자연(즉, 비컴퓨터) 언어를 처리할 수 있어야 한다. 문서 하나의 의미를 스스로 이해하는 것은 수백, 수천의 유사한 문서로부터 유도된 규칙들에 기반하여 문서의 클래스를 확률적으로 배정하는 것보다 훨씬 더 만만찮은 작업이다.

우선, 텍스트를 이해하려면 단어의 순서를 유지하고 이를 고려해야 한다. “지난밤 야구 경기에서 샌프란시스코가 보스턴을 이겼다”라는 문장은 “지난밤 야구 경기에서 보스턴이 샌프란시스코를 이겼다”라는 문장과 완전히 다른 의미다.

심지어 동일한 순서로 이루어진 같은 단어들이라도 사회·문화적 맥락에 따라 의미가 달라질 수 있다. “Hitchcock shot The Birds in Bodega Bay”란 문장은 대문자에 무관심하고 알프레드 히치콕의 영화에 익숙지 않으며 야외 활동을 적극적으로 즐기는 사람에게는 조류 사냥으로 읽힐 수 있다. 모호성 해결은 텍스트 이해에서 중요한 문제다. 예를 들어, ‘bot’은 ‘bought(구매)’를 의미할까, 로봇을 가리킬까?

여기서는 이 책의 전체적인 관점에 맞춰 좀 더 쉬운 목표, 즉 한 문서에 확률적으로 클래스를 배정하거나 유사한 문서들을 클러스터링하는 데 초점을 둘 것이다. 텍스트 마이닝의 두 번째 목표인 단일 문서에서 의미를 도출하는 문제는 자연어 처리NLP 분야의 주제다.

---

1 ‘말뭉치’라는 용어는 종종 특정 유형의 텍스트에 대한 알고리즘을 훈련하거나 다른 알고리즘의 결과를 비교하기 위해 텍스트 사전 처리 알고리즘에서 사용할 수 있는 크고 고정된 표준 문서 집합을 나타내는 데 사용된다. 특정 텍스트 마이닝 설정은 해당 작업에 특별히 적합한 말뭉치에서 훈련된 알고리즘에 의존할 수 있다. 초기 범용 표준 말뭉치 중 하나는 다양한 유형의 500개 영어 문서의 Brown 말뭉치였다(1960년대 초에 BrownUniversity에서 편집해 Brown이라고 명명됨).

20.4 텍스트의 전처리

앞서 소개한 간단한 예는 공백으로 분리된 보통의 단어들과 각 문장의 끝을 나타내는 마침표로 구성되어 있다. 공백과 마침표에 대한 몇 가지 규칙으로 이루어진 매우 간단한 알고리즘을 사용하여 문장들을 단어의 행렬로 나눌 수 있었다. 실제로 사용되는 문장에서 데이터를 파싱하려면 좀 더 복잡한 규칙들이 필요하다. 또한 예측 모델을 구축하기 위해 수치형이나 범주형 데이터를 준비할 때보다 텍스트 마이닝을 위해 데이터를 준비할 때 작업이 더 복잡해진다는 것도 명백하다. 예를 들어, 다음 문장을 기반으로 변경된 [표 20-2]를 살펴보자. 이 문장들에는 여분의 공백과 알파벳이 아닌 문자, 잘못된 대소문자, 'fourth'의 철자 오류가 있다.

```
S1. this is the first    sentence!!
S2. this is a second Sentence :)
S3. the third sentence, is here
S4. forth of all sentences
```

표 20-2 S1-S4 문장의 용어-문서 행렬 표현(예 2)

두 번째 예의 용어 빈도에 대한 파이썬 코드

```
text = ['this is the first    sentence!!',
        'this is a second Sentence :)',
        'the third sentence, is here ',
        'forth of all sentences']

# Learn features based on text. Special characters are excluded in the analysis
count_vect = CountVectorizer()
counts = count_vect.fit_transform(text)

printTermDocumentMatrix(count_vect, counts)
```

실행 결과

```
           S1  S2  S3  S4
all         0   0   0   1
first       1   0   0   0
forth       0   0   0   1
here        0   0   1   0
is          1   1   1   0
of          0   0   0   1
second      0   1   0   0
sentence    1   1   1   0
sentences   0   0   0   1
the         1   0   1   0
third       0   0   1   0
this        1   1   0   0
```

토큰화

앞에서 다룬 첫 번째 데이터셋은 사전에 있는 단어들로만 구성되었다. 실제 문서는 숫자나 날짜, 부품 번호와 같은 영숫자 열, 웹과 이메일 주소, 약어, 속어, 고유명사, 틀린 철자 등이 다양하게 들어갈 수 있다.

토큰화tokenization는 텍스트를 입력받아 자동화된 방식으로 독립된 토큰 또는 용어로 나누는 과정이다. 토큰(용어) 하나가 분석의 기본 단위이며, 공백으로 분리된 단어가 토큰이다. 2 + 3은 3개의 토큰으로 나뉘지만, 23은 토큰 하나에 해당한다. 구두점도 그 자체로 토큰(예 @ 기호)이 될 수 있다. 이들 토큰은 데이터 행렬에서 행의 헤더가 된다. 각 텍스트 마이닝 소프트웨어마다 텍스트를 토큰으로 나누는 데 사용하는 구분 기호 목록(공백, 콤마, 콜론 등)이 있다. [표 20-2]에서 볼 수 있듯이 `CountVectorizer`의 토큰화기는 기본적으로 숫자와 구두점을 무시한다. [표 20-3]에서는 구두점을 고려하기 위해 기본 토큰화기를 변경했다. 실행 결과를 보면 첫 문장에 있는 강조 표시와 이모티콘을 포착하여 처리했다.

표 20-3 S1 - S4 예시의 토큰화

두 번째 예의 용어 빈도에 대한 파이썬 코드

```
text = ['this is the first     sentence!!',
        'this is a second Sentence :)',
        'the third sentence, is here ',
        'forth of all sentences']

# Learn features based on text. Include special characters that are part of a word
# in the analysis
count_vect = CountVectorizer(token_pattern='[a-zA-Z!:)]+')
counts = count_vect.fit_transform(text)

printTermDocumentMatrix(count_vect, counts)
```

실행 결과

```
            S1  S2  S3  S4
:)           0   1   0   0
a            0   1   0   0
all          0   0   0   1
first        1   0   0   0
forth        0   0   0   1
here         0   0   1   0
is           1   1   1   0
of           0   0   0   1
second       0   1   0   0
sentence     0   1   1   0
sentence!!   1   0   0   0
sentences    0   0   0   1
```

```
the          1   0   1   0
third        0   0   1   0
this         1   1   0   0
```

커다란 말뭉치에서 토큰화는 방대한 수의 변수를 초래한다. 영어에는 보통의 문서에서 볼 수 있는 비단어 용어를 제외하더라도 백만 개가 넘는 단어가 있다. 따라서 용어 수를 줄이는 전처리는 분석하는 데 도움이 된다. 우선, 단순히 양과 노이즈를 늘리는 용어를 제거하는 데 집중해야 한다.

말뭉치의 초기 파싱 결과로 얻게 되는 일부 용어는 이후의 분석에 유용하지 않을 수 있기 때문에 전처리 단계에서 제거해야 한다. 예를 들어, 법적 소송 사례에서 문서들의 말뭉치는 이메일일 수 있는데, 모든 메일에 서명의 일부로서 회사 정보와 표준 문안이 들어갈 수 있다. 이러한 용어들은 전처리 단계에서 자동으로 제거되어야 하는 불용어 목록stopword list에 추가되어야 한다.

텍스트 축소

scikit-learn의 CountVectorizer 클래스를 비롯한 대부분의 텍스트-처리 소프트웨어에는 제거해야 하는 일반적인 불용어 목록이 딸려 있다. 전처리 단계에서 scikit-learn의 불용어 목록을 검토해 보면 제거할 용어가 많이 포함되어 있음을 알 수 있다([표 20-4]는 불용어 중 처음 180개를 보여줌). 사용자가 CountVectorizer의 키워드 인자인 stop_words를 사용하여 직접 불용어 목록을 제공할 수도 있다.

텍스트양을 줄여(어휘 축소) 가장 의미 있는 텍스트에 집중하기 위한 추가적인 기법들은 다음과 같다.

- 단어의 서로 다른 변이를 공통의 어원으로 줄이는 언어학적 방법인 스테밍stemming.
- 빈도 필터를 사용하여 대다수 문서에 나타나는 용어나 매우 드물게 나타나는 용어를 제거한다. 반대로, 빈도 필터를 사용해 어휘를 가장 빈도가 높은 용어들로 제한할 수도 있다.
- 동의어나 같은 의미의 구절들을 통합한다.
- 대소문자는 무시한다.
- 같은 범주에 있는 다양한 특수 용어들은 그 범주명으로 대체한다. 이러한 작업을 정규화normalization라고 한다. 예를 들어, 서로 다른 이메일 주소나 다른 숫자들을 모두 "emailtoken"이나 "numbertoken"으로 대체한다.

표 20-4 SCIKIT-LEARN에 들어 있는 불용어

불용어 중 처음 180개를 보여주는 파이썬 코드

```
from sklearn.feature_extraction.stop_words import ENGLISH_STOP_WORDS
stopWords = list(sorted(ENGLISH_STOP_WORDS))
ncolumns = 6; nrows= 30

print('First {} of {} stopwords'.format(ncolumns * nrows, len(stopWords)))
for i in range(0, len(stopWords[:(ncolumns * nrows)]), ncolumns):
   print(''.join(word.ljust(13) for word in stopWords[i:(i+ncolumns)]))
```

```
First 180 of 318 stopwords
a            about        above        across       after        afterwards
again        against      all          almost       alone        along
already      also         although     always       am           among
amongst      amoungst     amount       an           and          another
any          anyhow       anyone       anything     anyway       anywhere
are          around       as           at           back         be
became       because      become       becomes      becoming     been
before       beforehand   behind       being        below        beside
besides      between      beyond       bill         both         bottom
but          by           call         can          cannot       cant
co           con          could        couldnt      cry          de
describe     detail       do           done         down         due
during       each         eg           eight        either       eleven
else         elsewhere    empty        enough       etc          even
ever         every        everyone     everything   everywhere   except
few          fifteen      fifty        fill         find         fire
first        five         for          former       formerly     forty
found        four         from         front        full         further
get          give         go           had          has          hasnt
have         he           hence        her          here         hereafter
hereby       herein       hereupon     hers         herself      him
himself      his          how          however      hundred      i
ie           if           in           inc          indeed       interest
into         is           it           its          itself       keep
last         latter       latterly     least        less         ltd
made         many         may          me           meanwhile    might
mill         mine         more         moreover     most         mostly
move         much         must         my           myself       name
namely       neither      never        nevertheless next         nine
no           nobody       none         noone        nor          not
```

[표 20-5]는 토큰화한 후 네 문장 예제에 적용된 텍스트 축소 과정을 보여준다. 용어 수가 3개로 줄었음을 볼 수 있다.

표 20-5 S1-S4의 용어 축소(토큰화 후)

형태소 분석을 사용한 용어 축소 코드

```
text = ['this is the first     sentence!! ',
        'this is a second Sentence :)',
        'the third sentence, is here ',
        'forth of all sentences']

# Create a custom tokenizer that will use NLTK for tokenizing and lemmatizing
# (removes interpunctuation and stop words)
class LemmaTokenizer(object):
    def __init__(self):
        self.stemmer = EnglishStemmer()
        self.stopWords = set(ENGLISH_STOP_WORDS)

    def __call__(self, doc):
        return [self.stemmer.stem(t) for t in word_tokenize(doc)
            if t.isalpha() and t not in self.stopWords]

# Learn features based on text
count_vect = CountVectorizer(tokenizer=LemmaTokenizer())
counts = count_vect.fit_transform(text)

printTermDocumentMatrix(count_vect, counts)
```

실행 결과

```
          S1  S2  S3  S4
forth      0   0   0   1
second     0   1   0   0
sentence   1   1   1   1
```

유/무 vs. 빈도

단어 주머니 방식은 용어의 빈도나 유/무의 형식으로 구현된다. 예를 들어, 법회계학 분류 모델에서는 특정 판매 회사의 이름이 주어진 문서에 얼마나 자주 나타나는지와 관계없이 그 이름의 유무가 중요한 예측 변수가 될 수 있다. 하지만 다른 상황에서는 빈도가 중요할 수 있다. 예를 들어, 지원 티켓을 처리할 때 'IP 주소'가 있음을 표시하는 것은 의미가 없을 수 있다. 왜냐하면 모든 지원 티켓이 제출될 때마다 사용자의 IP 주소가 그 일부로 포함될 수 있기 때문이다. 하지만 그 문구가 여러 번 반복되면 IP 주소가 문제의 일부(예 DNS 해결)라는 유용한 정보를 제공할 수 있다. (CountVectorizer는 빈도 옵션을 자동으로 반환한다. 유/무 옵션을 실현하기 위해서는 binary=True 인자를 사용해 벡터화기가 이진 행렬을 반환(즉, 모든 0이 아닌 수를 1로 변환)하도록 해야 한다.)

용어 빈도수-역문서 빈도수(TF-IDF)

한 문서 안에 있는 용어의 빈도수와 그 용어가 사용되는 문서들의 빈도수를 모두 고려하는, 널리 사용되는 또 다른 옵션들이 있다. 그중 하나가 문서에서 용어의 중요도를 측정하는 용어 빈도수-역문서 빈도수Term Frequency-Inverse Document Frequency, TF-IDF다. 주어진 문서 d와 용어 t에 대해 용어 빈도수TF는 용어 t가 문서 d에서 나오는 수가 된다.

$$\text{TF}(t, d) = \#\ \text{용어}\ t\text{가 문서}\ d\text{에서 나오는 수}$$

관심 영역에서 자주 나오는 용어들을 처리하기 위해, 용어 t의 역문서 빈도Inverse Document Frequency, IDF는 전체 말뭉치에 대해 다음과 같이 계산한다.[2]

$$\text{IDF}(t) = 1 + \log\left(\frac{\text{전체 문서 수}}{\#\ \text{용어}\ t\text{를 포함하는 문서 수}}\right)$$

1을 더하여 로그값이 0이 되는 용어들이 분석에서 제외되지 않도록 한다. 특정 용어-문서 쌍에 대한 TF-IDF(t, d)는 TF(t, d)와 IDF(t)의 곱이다.

$$\text{TF-IDF}(t, d) = \text{TF}(t, d) \times \text{IDF}(t) \tag{20.1}$$

TF-IDF 행렬에는 각 용어-문서 조합의 값이 들어 있다. 위에서 정의한 TF-IDF가 일반적이지만 TF와 IDF를 정의하고 반영하는 방법에는 여러 가지가 있어 TF-IDF의 정의도 다양하다. 예를 들어, [표 20-6]은 네 문장의 예에 대한 (토큰화와 텍스트 축소 이후의) TF-IDF 행렬을 보여준다. `TfidfTransformer` 클래스 함수는 IDF의 계산에 자연로그를 사용한다. 예를 들어, 문서 1의 용어 "first"에 대한 TF-IDF 값은 다음과 같이 계산된다.

$$\text{TF-IDF}(\text{first}, 1) = 1 \times \left[1 + \log\left(\frac{4}{1}\right)\right] \approx 2.386$$

TF-IDF의 일반 개념은 희귀한 용어들이 빈번하게 나오는 문서들을 찾는 것이다. TF-IDF는 상대적으로 희귀한 용어들에 대해서 상대적으로 빈도수가 높은 문서들에 높은 값을 내고, 주어진 문서에 없거나 대부분의 문서에 나오는 용어들에 대해서는 0에 가까운 값을 낸다.

2 IDF(t)는 로그를 사용하는 것이 매우 일반적이지만 실제로는 로그가 없는 분수다.

표 20-6 S1-S4 예제에 대한 TF-IDF 행렬(토큰화 및 용어 축소 이후)

용어-문서 행렬의 tf-idf 변환

```
text = ['this is the first     sentence!!',
        'this is a second Sentence :)',
        'the third sentence, is here ',
        'forth of all sentences']

# Apply CountVectorizer and TfidfTransformer sequentially
count_vect = CountVectorizer()
tfidfTransformer = TfidfTransformer(smooth_idf=False, norm=None)
counts = count_vect.fit_transform(text)
tfidf = tfidfTransformer.fit_transform(counts)

printTermDocumentMatrix(count_vect, tfidf)
```

실행 결과

```
                S1        S2        S3        S4
all       0.000000  0.000000  0.000000  2.386294
first     2.386294  0.000000  0.000000  0.000000
forth     0.000000  0.000000  0.000000  2.386294
here      0.000000  0.000000  2.386294  0.000000
is        1.287682  1.287682  1.287682  0.000000
of        0.000000  0.000000  0.000000  2.386294
second    0.000000  2.386294  0.000000  0.000000
sentence  1.287682  1.287682  1.287682  0.000000
sentences 0.000000  0.000000  0.000000  2.386294
the       1.693147  0.000000  1.693147  0.000000
third     0.000000  0.000000  2.386294  0.000000
this      1.693147  1.693147  0.000000  0.000000
```

용어에서 개념으로: 잠재 의미 색인

4장에서 얼마나 많은 수치 변수들이 일련의 변수를 대부분 설명하는 적은 수의 '주성분principal components'으로 축소될 수 있는지 살펴보았다. 주성분은 (일반적으로 상관된) 원본 변수들의 선형 결합이고, 그 서브셋이 전체 원본 변수들을 대체하는 새로운 변수들로 사용된다.

유사한 차원 축소 방법인 잠재 의미 색인latent semantic indexing / latent semantic analysis, LSA이 텍스트 데이터에 적용될 수 있다. 이 알고리즘의 수학적 전개는 이 장의 범위를 넘어가므로 여기서 다루지 않지만,[3] XLMiner 소프트웨어 사용자 가이드에는 다음과 같은 직관적인 설명이 나온다.

> 예를 들어 수집해 둔 문서를 점검해 보면, 자동차 문서에 '교류발전기'라는 용어가 나올 때마다 그 문서에 '배터리'와 '헤드라이트'라는 용어도 포함되어 있음을 알 수 있다. 또는 자동차 문서에 '브레이크'라는 용어가 나올 때마다 '패드'와 '끼익하는 소리'가 함께 나올 수 있다. 그러나 '교류발전기'와 '브레이크'라는 용어가 함께 사용된다고 감지할 수 있는 패턴은 없다. '교류발전기'가 들어 있는 문서들은 '브레이크'를 포함할 수도 있고 포함하지 않을 수도 있으며, '브레이크'가 들어 있는 문서들이 '교류발전기'를 포함할 수도 있고 포함하지 않을 수도 있다. 여기서 소개한 4개의 용어인 '배터리, 헤드라이트, 패드, 끼익하는 소리'는 브레이크 고장과 불량 교류발전기라는 두 가지 서로 다른 자동차 수리 문제를 설명한다.

따라서 이 경우에 잠재 의미 색인 방법으로 4개의 용어를 다음과 같이 2개의 개념으로 축소할 수 있을 것이다.

- 브레이크 고장
- 교류발전기 고장

20.6절에서 이 예를 이용해 파이썬을 사용한 잠재 의미 색인에 대해 설명한다.

---

3 일반적으로 PCA에서는 공분산 행렬을 더 작은 것으로 대체하여 차원을 줄인다. LSA에서는 용어-문서 행렬을 더 작은 행렬로 대체하여 차원을 줄인다.

의미 추출

이 단순한 잠재 의미 색인 예에서 용어가 맵핑되는 개념(브레이크 고장, 교류발류기 고장)은 명백하고 충분히 이해할 수 있다. 하지만 안타깝게도 실제로는 용어들이 맵핑되는 개념이 분명하지 않은 경우가 다반사다. 이 경우, 잠재 의미 색인은 예측 모델을 구축하기 위한 목적으로 텍스트의 관리 용이성을 크게 높이고 노이즈를 줄여서 예측 성능을 강화하겠지만, 모델을 예측에 필요한 블랙박스 장치로 바꿈으로써 용어와 개념이 수행하는 역할을 이해하는 데는 그다지 유용하지 않을 것이다. 이는 우리의 목표를 이루는 데는 문제될 것이 없다. 앞에서 언급했듯이 우리는 의미를 추출하는 것이 아니라 새로운 문서를 분류하거나 클러스터링하기 위한 텍스트 마이닝에 초점을 맞추고 있다.

20.5 데이터 마이닝 방법의 구현

텍스트가 전처리 단계를 거치고 나면 숫자의 행렬 형식이 되어 앞에서 설명한 다양한 데이터 마이닝 방법을 적용할 수 있다. 클러스터링 방법은 문서들의 클러스터를 알아내는 데 사용될 수 있다. 예를 들어, 수많은 의료 보고서를 파헤쳐서 증상에 대한 클러스터를 알아낼 수 있다. 기술 지원 티켓과 함께 예측 방법을 사용하면 문제를 해결하는 데 얼마나 오래 걸릴지 예측할 수 있다. 아마도 가장 일반적인 텍스트 마이닝 응용 방법은 레이블링이라고도 불리는 문서 분류일 것이다.

20.6 예제: 자동차와 전자 제품에 대한 온라인 논의

이 예[4]에서는 인터넷 논의 포스트가 자동차 관련인지 전자 제품 관련인지 분류하는 작업을 상세히 보여준다. 포스트 하나는 다음과 같다.

> From: smith@logos.asd.sgi.com (Tom Smith) Subject: Ford Explorer 4WD – do I need performance axle?
> We're considering getting a Ford Explorer XLT with 4WD and we have the following questions (All we would do is go skiing – no off-roading):
> 1. With 4WD, do we need the "performance axle" – (limited slip axle). Its purpose is to allow the tires to act independently when the tires are on different terrain.
> 2. Do we need the all-terrain tires (P235/75X15) or will the all-season (P225/70X15) be good enough for us at Lake Tahoe?
> Thanks,
> Tom
> –
> ==
> Tom Smith Silicon Graphics smith@asd.sgi.com 2011 N. Shoreline Rd. MS 8U-815 415-962-0494 (fax) Mountain View, CA 94043
> ==

이 포스트들은 자동차와 전자 제품에 특화된 인터넷 그룹에서 가져온 것이어서 사전에 레이블이 되어 있다. 위에 제시한 포스트는 명백하게 자동차와 관련된 것이다. 이와 유사한 기관 시나리오에는 의료와 관련된 것인지 아닌지를 분류해야 하는, 의료 기관에서 수신한 메시지가 포함될 수 있다(이와 같은 실제 시나리오의 메시지들은 전처리의 일환으로 사람이 레이블을 붙여줘야 할 수도 있음).

이 포스트들은 zip 파일 형식으로 auto posts 폴더와 electronics posts 폴더에 저장되는데, 각각에는 작은 파일들로 구성된 1,000개의 포스트가 있다. 다음으로 데이터 전처리부터 분류 모델을 구축하는 주요 단계들을 설명한다. [표 20-7]은 이 예에 대한 텍스트 처리 단계의 파이썬 코드다.

4 데이터셋은 www.cs.cmu.edu/afs/cs/project/theo-20/www/data/news20.html에서 약간 수정해 가져왔다.

표 20-7 레코드 가져오기 및 레이블 지정, 텍스트 사전 처리, 개념 행렬 생성

레코드 가져오기 및 레이블 지정, 텍스트 사전 처리, 개념 생성을 위한 코드 행렬

```
# Step 1: import and label records
corpus = []
label = []
with ZipFile('AutoAndElectronics.zip') as rawData:
    for info in rawData.infolist():
        if info.is_dir():
            continue
        label.append(1 if 'rec.autos' in info.filename else 0)
        corpus.append(rawData.read(info))

# Step 2: preprocessing (tokenization, stemming, and stopwords)
class LemmaTokenizer(object):
    def __init__(self):
        self.stemmer = EnglishStemmer()
        self.stopWords = set(ENGLISH_STOP_WORDS)
    def __call__(self, doc):
        return [self.stemmer.stem(t) for t in word_tokenize(doc)
            if t.isalpha() and t not in self.stopWords]

preprocessor = CountVectorizer(tokenizer=LemmaTokenizer(), encoding='latin1')
preprocessedText = preprocessor.fit_transform(corpus)

# Step 3: TF-IDF and latent semantic analysis
tfidfTransformer = TfidfTransformer()
tfidf = tfidfTransformer.fit_transform(preprocessedText)

# Extract 20 concepts using LSA ()
svd = TruncatedSVD(20)
normalizer = Normalizer(copy=False)
lsa = make_pipeline(svd, normalizer)

lsa_tfidf = lsa.fit_transform(tfidf)
```

다음은 각 단계에 대한 설명이다.

레코드 가져오기, 레이블 지정하기

파이썬 표준 라이브러리의 ZipFile 모듈은 압축된 데이터 파일에서 개별 문서들을 읽는 데 사용된다. 문서들의 순서에 대응하는 레이블 배열을 추가적으로 생성하는데, 자동차에 대해서는 1을, 전자 제품에 대해서는 0을 사용한다. 이 지정은 파일 경로에 기반한다([표 20-7]의 단계 1(Step 1) 참조).

파이썬에서 텍스트 전처리하기

텍스트 전처리 단계에서는 단어들을 토큰화하고 나서 스테밍과 불용어 제거를 수행한다. 이 두 작업은 [표 20-7]의 단계 2(Step 2)에 나와 있다.

개념 행렬 생성하기

전처리 단계를 거치면 '깨끗한' 말뭉치와 앞에서 설명한 TF-IDF 용어-문서 행렬을 계산하는 데 사용될 수 있는 용어-문서 행렬을 얻게 된다. TF-IDF 행렬은 용어의 빈도와 그 용어가 들어 있는 문서들이 전체 말뭉치에서 나오는 빈도를 모두 포함한다. 여기서는 `TfidfTransformer`의 기본 설정을 사용한다.

결과로 생성되는 행렬은 너무 커서 예측 모델로 효율적으로 분석할 수 없기 때문에(구체적으로 말하면, 이 예에서 예측 변수의 수는 13,466임), "개념들"이라고 불리는 축소된 공간을 추출하기 위해서 잠재 의미 색인을 사용한다. 용이한 처리를 위해 개념 수를 20으로 제한할 것이다. `scikit-learn`에서 잠재 의미 색인을 `TruncatedSVD`로 구현한 후, `Normalizer`를 사용해 정규화할 수 있다. [표 20-7]은 TF-IDF 행렬과 잠재 의미 색인 생성이라는 두 가지 작업을 예제에 적용하는 파이썬 코드를 보여준다.

마지막으로 이 축소된 개념 집합을 사용해 예측 모델을 구축할 수 있다. 여기서는 개념에 대한 의미 해석을 진행하지 않는다.

예측 모델의 적합

이제 우리는 원본 텍스트 데이터를 예측 모델링에 필요한 익숙한 형태, 즉 하나의 목표 변수(1 = 자동차, 0 = 전자 제품)와 20개의 예측 변수(개념들)로 변환하였다.

이제 데이터를 분할(60%는 학습 데이터, 40%는 검증 데이터)하여 여러 가지 분류 모델을 적용할 수 있게 되었다. [표 20-8]은 "class"를 결과 변수로 하고 20개의 개념 변수를 예측 변수로 하는 로지스틱 회귀 분석의 성능을 보여준다.

정오 행렬([표 20-8]) 결과를 보면, 0.96이라는 상당히 높은 정확도로 2개의 문서 클래스를 분리하였다. 십분위 향상도([그림 20-1])로는 클래스 간 높은 분리성과 랭킹 목적을 위한 이 모델의 유용성을 확인할 수 있다. 클래스 간에 거의 50 대 50으로 나뉜 두 클래스의 데이터셋에 대해서 십분위당 최대 향상도는 2인데, 여기에서 얻은 향상도는 처음 50%의 데이터에 대해서는 2보다 조금 작고, 하위 40%에 대해서는 0에 가깝다.

다음으로 결과를 비교하기 위해 다른 모델들도 시도해 봐야 하는데, 이 부분은 연습문제에서 다룬다.

표 20-8 자동차 및 전자제품 토론 데이터에 예측 모델 적합하기

로지스틱 회귀 예측 모델을 적합하고 평가하기 위한 파이썬 코드

```
# split dataset into 60% training and 40% test set
Xtrain, Xtest, ytrain, ytest = train_test_split(lsa_tfidf, label, test_size=0.4,
                                                random_state=42)

# run logistic regression model on training
logit_reg = LogisticRegression(solver='lbfgs')
logit_reg.fit(Xtrain, ytrain)

# print confusion matrix and accuracty
classificationSummary(ytest, logit_reg.predict(Xtest))
```

실행 결과

```
Confusion Matrix (Accuracy 0.9563)

       Prediction
Actual   0   1
     0 389   8
     1  27 376
```

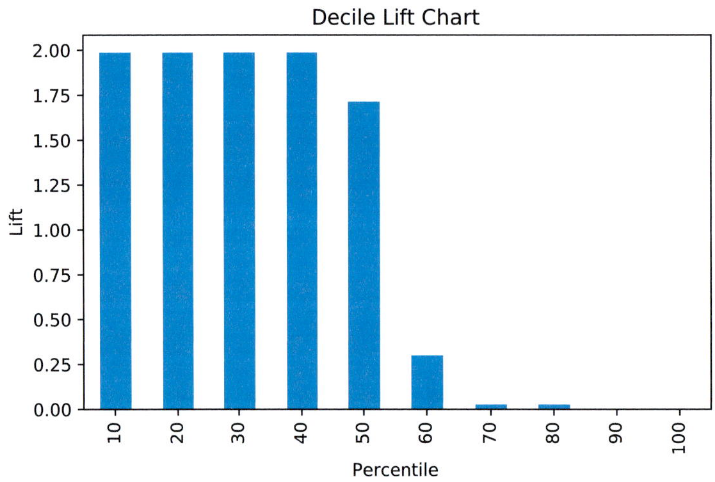

그림 20-1 자동차 및 전자 제품 문서 분류를 위한 십분위 향상도

예측

텍스트 마이닝이 가장 널리 사용되는 응용 분야는 분류(레이블링)이지만 수치 값을 예측하는 데 사용되기도 한다. 예를 들어, 유지보수나 지원 티켓을 사용하여 수리 기간이나 비용을 예측할 수 있다. 이때 앞에서 소개한 과정과 조금 다른 것은 전처리 후에 적용되는 레이블인데, 여기서 레이블은 클래스가 아니라 수치 값이 될 것이다.

20.7 요약

이 장에서는 하나의 문서에서 의미를 추출하는 자연어 처리NLP와 여러 문서를 확률적인 방식으로 분류하거나 레이블링(텍스트 마이닝)하는 텍스트 처리 방식을 구분했다. 그리고 후자에 집중하여 텍스트가 마이닝되기 전에 수행해야 하는 전처리 단계를 훑어보았다. 텍스트 마이닝 전처리 단계는 수치 데이터를 다룰 때보다 더 다양하고 복잡하다. 궁극적인 목표는 용어를 행으로 하고, 문서를 열로 하는 행렬을 생성하는 것이다. 언어는 본질적으로 용어 수가 너무 많아서 효과적으로 모델링하기 어렵기 때문에 전처리 단계에서 어휘를 축소해야 한다. 주성분이 수치 데이터를 사용해 변이 대부분을 포착하여 나타내는 것과 같은 방식으로, 용어 대신 문서 대부분의 변이를 표현하는 개념들의 제한된 집합을 사용하여 최종적이고도 중요한 축소를 진행한다. 마지막으로 각 셀이 용어의 빈도나 유무를 나타내고 열이 문서를 나타내는 정량적인 행렬로 귀결된다. 여기에 문서 레이블(클래스)을 추가하면, 분류 방법을 사용해 문서들을 분류하는 데 이 행렬을 사용할 준비가 된 것이다.

연습문제

20.1 **토큰화.** 통계 교과 과정에서 온라인 학습 포럼에 올라온 포스트의 다음과 같은 텍스트 버전에 대해서 질문에 답하시오.

```
Thanks John!<br /><br /><font size="3">
&quot;Illustrations and demos will be
provided for students to work through on
their own&quot;</font>.
Do we need that to finish project? If yes,
where to find the illustration and demos?
Thanks for your help.\<img title="smile"
alt="smile" src="\url{http://lms.statistics.
com/pix/smartpix.php/statistics_com_1/s/smil
ey.gif}" \><br /> <br />
```

a. 이 글에서 10개의 비단어 토큰을 찾으시오.

b. 이 글은 문서 하나로 분류될 수 있는데, 분류 작업의 업무 목표에 확신이 없다고 가정하자. 그 목표를 알 필요 없이, 상당히 안전하게 삭제될 수 있는 재료(적어도 20%의 용어)를 찾으시오.

c. 분류 작업을 통해 이 포스트를 강사가 주목해야 할지, 조교가 보는 것으로 충분할지를 예측한다고 가정하자. 이 작업에 가장 도움이 된다고 생각하는 용어 20%를 찾으시오.

d 의미를 추출하는 접근 방식이 아니라 단순히 단어 주머니 접근 방식을 사용한다는 관점에서 이 글의 어떤 측면이 가장 큰 문제인가?

20.2 **인터넷 논의 포스트의 분류.** 이 문제에서는 문서들이 자동차와 관련된 것인지 전자 제품과 관련된 것인지 분류하는 모델링 작업을 위해 이 장의 예에서 설명했던 데이터와 시나리오를 사용한다.

a. 파이썬으로 이 zip 파일을 로드하고 레이블 벡터를 생성하시오.

b. 이 장의 예를 따라서 문서들을 전처리하시오. '스테밍stemming' 단계를 수행하지 않으면 무엇이 달라질지 설명하시오.

c. LSA를 사용해 10개의 개념을 생성하시오. 이 개념 행렬이 TF-IDF 행렬과 비교해 무엇이 다른지 설명하시오.

d. 이 행렬을 사용해 문서들을 자동자나 전자 제품으로 분류하는 예측 모델(이 장의 설명에서 사용한 모델과 다른 모델)을 적합하시오. 그 성능을 이 장의 설명에서 사용한 모델과 비교하시오.

20.3 온라인에 게시된 안내 광고의 분류. 어떤 농업 공동체의 요구에 맞춰 안내 광고를 싣는 웹 사이트가 있다고 하자. 로봇을 포함해 누구라도 웹 인터페이스를 통해서 광고를 공지할 수 있다. 그런데 사이트 운영자들은 사기 문제, 스팸, 이 공동체와 관련이 없는 광고들 때문에 골치가 아프다. 그들은 4,143개의 광고 파일을 제공했는데, 각 행이 광고이고 각 광고는 −1(관련 없음)이나 1(관련 있음)로 레이블되어 있다. 재공 목적은 광고를 자동으로 분류하는 예측 모델을 개발하는 것이다.

- farm-ads.csv 파일을 열고, 감을 얻기 위해서 관련된 광고와 관련 없는 광고의 일부를 가볍게 검토해 보시오.
- 이 장의 예를 따라서 이 데이터를 파이썬으로 전처리하고, 용어–문서 행렬과 개념 행렬을 생성하시오. 개념의 수는 20개로 제한하시오.

a. 용어–문서 행렬에 대해서 다음 질문에 답하시오.
  i. 이것은 희소 행렬인가, 조밀 행렬인가?
  ii. 2개의 0이 아닌 셀을 찾아서 그 의미를 간략하게 설명하시오. (계산값을 유도할 필요는 없다.)

b. 용어–문서 행렬과 개념–문서 행렬 간의 차이를 간결하게 설명하시오. 주성분을 소개한 장(4장)에서 배운 것과 관련지어 개념–문서 행렬을 설명하시오.

c. 로지스틱 회귀 분석을 사용해 데이터를 60%는 학습 데이터, 40%는 검증 데이터로 분할하고 문서들을 '관련 있음'이나 '관련 없음'으로 분류하는 모델을 구축한 후, 그 유효성에 대한 견해를 밝히시오.

d. 예측 변수들을 만들 때 용어–문서 행렬이 아닌 개념–문서 행렬을 사용하는 이유는 무엇인가?

20.4 자동차 포스트의 클러스터링. 이 문제에서는 이 장의 예에서 설명한 데이터와 시나리오를 사용한다. 작업 목표는 자동차 포스트를 클러스터링하는 것이다.

a. 이 장의 예를 따라서 문서들을 전처리하되, 레이블 벡터는 생성하지 마시오.

b. LSA를 사용해 10개의 개념을 생성하시오.

c. 클러스터링하기 전에 몇 개의 클러스터를 찾으려고 기대하는지 명시하시오.

d. 계층적 클러스터링을 수행하고 덴드로그램을 검토하시오.
  i. 덴드로그램에 몇 개의 클러스터가 나오는가?
  ii. 핵심 클러스터의 수를 넘어 분기할 때 덴드로그램을 검토하면서, 서브 클러스터를 선택하여 그 특성을 평가하시오.

e. *k*–means 클러스터링을 수행하여 2개의 클러스터를 찾고, (클러스터 간 거리와 클러스터 내 분산을 사용해) 그 둘이 얼마나 멀리 분리되어 있는지 보고하시오.

Part 08

사례

Part 08
사례

Chapter 21 사례

CHAPTER 21

사례

21.1 찰스 북클럽[1]

이 사례 연구의 데이터셋은 `CharlesBookClub.csv` 파일에 있다.

출판업

미국에서는 매년 약 5만 권의 신간(개정판 포함)이 출간되며, 2001년 통계에 따르면 출판 산업이 250억 달러 규모로 성장했다. 분야별 판매 비율은 다음과 같다.

16% 교과서
16% 일반 서적
21% 기술 및 과학 전문 서적들
10% 북클럽과 그 외 우편 주문 서적
17% 페이퍼백 서적
20% 기타 서적

1970년대 미국의 도서 소매업의 특징은 쇼핑몰에 입점한 서점 체인들이 크게 성장하였다는 점이다. 1980년대에는 전국적인 책값 할인 정책이 구매를 촉진하였다. 1990년대에는 서적 소매업에 대형 매장 개념이 도입되어 두 자리 수 성장에 기여했다. 대형 쇼핑센터 옆에 자리 잡아 접근성이 좋았고, 3만 권에서 8만 권에 달하는 큰 규모의 서적 재고를 보유하였으며, 노련하게

1 이 사례는 비니 반다리Vinni Bhandari 씨의 도움을 받아 작성하였으며, ≪The Bookbinders Club: a Case Study in Database Marketing≫(텔아비브대학의 Nissan Levin과 Jacob Zahavi)에서 아이디어를 빌려와 허가를 받아 사용했다.

책을 소개하는 판매 사원을 고용했다. 2015년, 서점 사업은 아마존의 등장으로 혁신적인 변화를 맞이하였는데, 아마존은 온라인 서점으로 시작해 세계에서 유래를 찾아볼 수 없을 만큼 가장 큰 온라인 사업체가 되었다. 아마존의 마진은 작았고 편리성은 높아 다른 서점에 강한 압박으로 작용했다. 대형 서점 2대 체인 중 하나인 보더스Borders는 2011년에 문을 닫았다.

구독 기반의 북클럽 역시 아마존의 위세에 눌렸지만 탈출 방안을 강구했다. 이제까지 북클럽은 독자들에게 각기 다른 유형의 멤버십 프로그램을 제공해 왔다. 가장 일반적인 멤버십 프로그램 두 가지는 지속 프로그램과 네거티브 옵션 프로그램으로, 이 멤버십 프로그램을 통해 북클럽은 회원들과 모종의 계약 관계를 설정한다. 지속 프로그램을 선택한 독자는 대여섯 가지의 책들을 단돈 몇 달러에 제공 받는 조건과 매달 한두 권의 책들을 정상가에 구입하는 조건을 수용해야 한다. 이 지속 프로그램은 아동 서적 시장에서 가장 일반적인 형태로, 부모들은 기꺼이 책을 고르는 권리를 북클럽에 위임하였는데 북 클럽의 명성은 책 선택을 얼마나 잘 하느냐에 달려 있다.

네거티브 옵션 프로그램에서 독자는 책의 종류와 구입 편수를 선택할 수 있다. 그러나 북클럽이 선정한 '이달의 책'은 주문서에 '아니요'라고 체크하지 않는 한 자동적으로 배달된다. 네거티브 옵션 프로그램은 때때로 고객의 불만을 야기하며, 항상 적지 않은 우편 처리 비용을 발생시키는 경향이 있다.

이런 상황을 타개하기 위해 몇몇 북클럽은 포지티브 옵션 베이스로 책을 제공하기 시작했다. 그렇다고 전면적으로 실시한 것은 아니고 판촉 광고에 응할 만한 특정 고객군에 한해서 제공했다. 이들 북클럽은 우편량만 늘리기보다는 더 정확하게 고객을 선정하기 위해 데이터베이스 마케팅 기술을 이용하기 시작했다. 데이터베이스에 담긴 정보는 누가, 어떤 책에 가장 관심을 보일 것인가를 찾아내는 데 사용된다. 이런 정보는 북클럽들이 고객층의 다양한 요구에 맞는 판촉 프로그램을 설계할 수 있게 해준다.

찰스 북클럽의 데이터베이스 마케팅

클럽 찰스 북클럽은 고객의 구매 패턴을 파악한 후 개별 고객에 맞게 선정된 책을 제안함으로써 차별화된 서비스를 제공한다는 취지 아래 1986년 12월에 설립되었다. 이 북클럽은 미디어 광고(TV, 잡지, 신문)와 통신을 포함한 다양한 경로로 직판되는 전문 서적에 주력했다. 정확히 말하면, 출판은 전혀 하지 않는 유통회사일 뿐이다. 고객 중심의 운영을 위해 클럽 회원들에 대한 상세한 데이터베이스를 구축·관리하고 있다. 회원으로 가입하려면 양식에 맞게 기재하여 북클럽에 우편으로 보내야 한다. 이런 과정을 통해서 찰스 북클럽은 구독 고객 50만 명에 대한 데이터베이스를 만들었고, 대부분 전문 잡지에 광고를 내서 구독 고객을 확보했다.

문제점 북클럽은 매달 '이달의 책'을 담은 우편물을 회원들에게 보낸다. 외양적으로 볼 때, 우편량이 증가하고, 취급 서적 수도 증가하였으며, 고객 데이터베이스도 늘어나는 등 성공적으로 보였다. 그러나 순이익은 줄어들고 있었다. 이윤이 감소함에 따라 데이터베이스 마케팅을 이용해 주문량을 높여 이윤을 내겠다는 전략을 선택하게 되었다.

가능한 해결책 북클럽은 데이터에서 정보를 추출하여 고객을 더 이해할 수 있게 되었고, 여러 개의 판촉 프로그램을 진행하였다. 경영진은 이윤을 가장 많이 만들어줄 수 있는 고객과 잠재 고객에게 노력을 집중하기로 결정하고 그들에게 다가가기 위한 최선의 마케팅 전략을 만들기로 했다. 이 회사가 마련한 두 가지 방법은 아래와 같다.

❶ 고객 획득

- 신규 고객은 전문 잡지, 신문, TV 광고로 모집한다.
- 기존 고객은 직접 판매 우편물과 텔레마케팅으로 접촉한다.
- 모든 신간은 매체 광고 전에 회원들에게 제공된다.

❷ 데이터 수집

- 고객과의 의사소통 내용은 모두 데이터베이스에 기록·저장된다.
- 중요하지만 수집되지 않은 정보는 고객에게 요청하여 수집한다.

신간 서적과 관련해서는 두 단계 접근법을 사용하기로 했다.

❶ 고객 반응을 알아보기 위해 데이터베이스에서 4,000명을 랜덤 추출하여 시장 반응 조사를 실시한다. 이 분석을 통해 제공된 서적에 대한 고객 반응 모델을 만든다.

❷ 반응 모델을 기초로 고객 개개인에 대해 점수를 매긴다. 판정 기준치 이상의 점수를 얻은 고객을 대상으로 직접 판매 우편물을 통한 판촉 활동을 실시한다.

판촉 대상자 선정은 가장 중요한 문제로 인식되었다. 고객 행태 데이터(반품, 무응답, 불평, 칭찬 등)에 근거한 성공적인 마케팅 캠페인을 벌이기 위해 이 회사가 사용한 방법은 다음과 같다.

피렌체의 미술사 신간 ≪피렌체의 미술사≫가 출간되기 직전이었다. 북클럽은 고객 데이터베이스에서 랜덤으로 4,000명을 추출하여 테스트 우편물을 발송했고, 고객 반응을 과거 구매 데이터와 통합하여 정리하였다. 데이터셋은 랜덤으로 다음과 같이 세 부분으로 분리하였다. 반응 모델들을 만드는 데 사용할 기초 데이터인 학습 데이터셋(1,800명), 반응 모델들의 성능을 비교할 때 사용할 데이터인 검증 데이터셋(1,400명), 최종적으로 선정된 모델을 평가하기 위한 데이터인 테스트 데이터셋(800명). 스프레드시트의 (첫 행을 제외한) 각 행은 시장 조사에 응답한 개별 고객에 대한 데이터다. 각 열은 변수이고, 첫 행은 변수 이름을 나타낸다. [표 21-1]은 각 변수 이름과 설명을 나타낸다.

표 21-1 찰스 북클럽 데이터베이스의 변수 목록

변수명	설명
Seq#	일련번호
ID#	고객 고유번호
Gender	0 = 남성, 1 = 여성
M	구매액—서적 구매액
R	최근성—최근 구매 후 경과한 개월 수
F	구매 빈도—구매 횟수
FirstPurch	최초 구매 후 경과한 개월 수
ChildBks	아동 서적 구매 건수
YouthBks	청소년 서적 구매 건수
CookBks	요리 서적 구매 건수
DoItYBks	DIY 서적 구매 건수
RefBks	참고 서적(지도책, 백과사전, 사전) 구매 건수
ArtBks	미술 서적 구매 건수
GeoBks	지리 서적 구매 건수
ItalCook	이탈리아 음식 조리 비법 책 구매 건수
ItalAtlas	이탈리아 역사 지도 책 구매 건수
ItalArt	이탈리아 미술 책 구매 건수
Florence	= 1, 피렌체의 미술사 구매자; = 0, 비구매자
Related Purchase	관련 서적 구매 건수

데이터 마이닝 기술

시장 테스트에서 수집한 데이터를 분석하는 데 다양한 마이닝 기술을 이용할 수 있다. 어떤 하나의 기술이 반드시 다른 기술보다 낫다고 할 수 없다. 어떤 기술을 적용할지 여부는 데이터의 내용과 특징에 따라 좌우된다. 이 분석 과제를 위해 k–NN과 로지스틱 회귀라는 두 가지 기본 기술을 적용했다. 이 두 가지 기법을 서로 비교하고, 표준화된 분석 틀인 RFM(최근성, 구매 빈도, 구매액) 세분화와 비교해 본다.

RFM 세분화 데이터베이스 마케팅에서는 세분화 과정을 통해 잠재 고객 목록에 있는 고객을 구매 행위가 유사한 그룹들로 분할한다. 여기서는 서적 구매 성향에 따라 세분화가 이루어진다. 그러나 구매 성향 자체를 직접 측정할 수 없으므로, 이 성향을 나타내는 몇 가지 지표를 변수로 사용한다. 직접 판매 마케팅 분야에서 가장 보편적으로 쓰이는 변수는 RFM 변수들이다.

R = 최근성, 최근 구매 후 경과한 시간

F = 구매 빈도, 일정 기간 동안의 구매 횟수

M = 구매액, 일정 기간 동안의 구매 금액

한 고객이 다른 고객보다 모 회사 제품을 더 최근에 샀고, 더 자주 샀으며, 더 많은 돈을 썼다면, 권유받은 제품을 구매할 가능성이 더 높을 것이라고 가정한다.

최근성

0–2개월 (Rcode = 1)

3–6개월 (Rcode = 2)

7–12개월 (Rcode = 3)

13개월 이상 (Rcode = 4)

구매 빈도

1권 (Fcode = 1)

2권 (Fcode = 2)

3권 이상 (Fcode = 3)

구매액

0~25달러 (Mcode = 1)

26~50달러 (Mcode = 2)

51~100달러 (Mcode = 3)

101~200달러 (Mcode = 4)

201달러 이상 (Mcode = 5)

과제

데이터를 학습 데이터셋(60%)과 검증 데이터셋(40%)으로 분리하시오. (단, Seed = 1 사용)

❶ 학습 데이터셋 고객들의 구매 반응률은 얼마인가? RFM 카테고리 60개 조합들(4 × 5 × 3)의 구매 반응률은 각각 얼마인가? 어떤 RFM 카테고리 조합이 전반적인 구매 반응률보다 더 높은 수준의 반응을 보였는가?

❷ 문제 ❶에서 발견한 '평균 이상'의 구매 반응률을 보인 RFM 조합 고객에게만 판촉 우편을 보내기로 결정했다고 하자. 동일한 방법으로 검증 데이터셋의 구매 반응률을 계산하시오.

❸ 다음 세 가지 고객군에 대해 문제 ❶과 ❷에 해당하는 작업을 반복하시오.

고객군 1: 평균 구매 반응률의 두 배가 넘는 RFM 조합

고객군 2: 평균 구매 반응률보다 크지만, 두 배 이하인 RFM 조합

고객군 3: 나머지 RFM 조합

검증 데이터셋에 있는 고객 수를 x축, 누적 고객 수를 y축에 보여주는 향상 차트를 그리시오(위 세 가지 고객군의 3개 점을 포함).

k-NN 기법은 구매 제품과의 유사도 또는 (RFM 변수를 이용해 측정된) 구매 경향을 기초로 고객군을 분리하는 데 쓰인다. ≪피렌체의 미술사≫에 대해, 다음 변수를 사용하여 제품 근접성을 기준으로 고객을 세분화할 수 있다.

`R`: 최근성-최근 구매일로부터 경과한 개월 수

`F`: 구매 빈도-이전 구매 횟수

`M`: 구매액-서적 구매에 사용한 금액(달러)

`FirstPurch`: 첫 구매일로부터 경과한 개월 수

`RelatedPurch`: 관련 서적을 과거에 구매한 횟수(예술과 지리 분야 구매 합계, 이탈리안 요리의 비밀, 이탈리아 역사 지도, 이탈리아 예술사 책 구매 합계 등)

❹ `Florence`를 결과 변수로 사용해 *k*-NN 방법($k = 1, 2, \cdots, 11$)으로 케이스들을 분류하시오. 검증 데이터셋을 근거로 최적 *k* 값을 찾으시오. 5가지 변수를 모두 정규화하여 사용하시오. 최적 *k* 모델에 대한 향상 차트를 생성하고, 검증 데이터셋으로부터 동일한 수의 고객에 대한 기대향상도를 계산하시오.

❺ *k*-NN 예측 알고리즘은 수치 값 1개를 산출하는데, 이것은 거리에 반비례하는 가중치를 가진 *k*-NN `Florence` 변수의 가중 평균값이다. 위에서 계산한 최적의 *k*를 사용해 *k*-NN 예측 모델을 실행하고 검증 데이터셋에 대한 향상 차트를 계산하시오. 5가지 예측 변수를 모두 사용하고 정규화된 데이터를 사용하시오. 예측값의 범위는 어떻게 되는가? 이 결과는 *k*-NN 분류로 얻은 결과와 어떻게 비교되는가?

로지스틱 회귀 모델은 명료한 구매 확률을 산출해 주기 때문에 고객 반응을 모델링하는 데 매우 유용한 방법이다. 이 모델은 소비자 선택 설정에서 특히 매력적인데, 왜냐하면 소비자 행동의 랜덤 효용 이론으로부터 파생되었기 때문이다.

1,800레코드로 구성된 학습 데이터셋을 사용해 세 가지 로지스틱 회귀 모델을 만드시오. 이때 `Florence`를 결과 변수로 사용하고, 다음 세 가지 예측 변수 셋을 사용하시오.

- 데이터셋 안의 예측 변수 16개 모두 사용
- 여러분이 최적이라고 생각하는 예측 변수 일부 사용
- `R`, `F`, `M` 변수들만 사용

❻ 위에서 생성한 세 가지 로지스틱 회귀 모델의 결과를 요약하는 누적 이득 차트를 만드시오. 검증 데이터셋 집합에서 동일한 수의 고객을 랜덤으로 선택할 경우 예상되는 누적 이득도 예상해 보시오.

7. 판촉 캠페인 선정 기준이 구매 가능성 30%일 때, 검증 데이터셋에서 판촉 대상자로 선정될 고객을 찾고, 예상 구매자 수를 계산하시오.

21.2 독일 신용 평가 자료

이 사례 연구의 데이터셋은 `GermanCredit.csv` 파일에 있다.

배경

대부업은 돈의 생겨나면서 같이 생겨났다. 대부업은 아마도 전 세계에서 가장 오래된 직업 중 하나일 것이다. 그러나 체계적인 신용 위험도 평가는 비교적 최근에 시작되었고, 대출은 대출자의 평판에 의존하여 데이터 분석 없이 진행되었다. 미국 제3대 대통령인 토마스 제퍼슨은 평생토록 부채 상태였으며, 부채 상환에 대한 신뢰도가 낮았지만, 사람들은 그에게 돈을 빌려주었다. 20세기 초가 되어서야 소매 신용 회사가 설립되어 신용에 대한 정보를 공유하기 시작했다. 이때 설립된 소매 신용 회사가 현재 3대 신용 평가사 중 하나인 에퀴팩스Equifax다(다른 두 회사는 트랜스유니온Transunion과 엑스페리온Experion임).

오늘날, 신용 평가자의 주관적인 판단은 신용 평가 프로세스에서 거의 사용되지 않는다. 소매 은행에 신용을 허용하는 신용 평가 회사와 거대 금융 기관은 수많은 고객 및 거래 정보를 기반으로 채무 불이행이나 기타 불리한 사건이 발생할 것인지를 예측하기 위해 방대한 양의 데이터를 수집한다.

데이터

이 사례는 예측 모델링의 초기 단계를 다루고 있는데, 이 시기에는 사람들이 직접 기록을 읽고 신용의 우량 또는 불량 여부를 판단했다. 독일 신용 평가 데이터[2]는 30개의 변수와 1,000개의 레코드로 구성되어 있는데, 각 레코드는 과거에 신용 거래를 원했던 신청자들의 데이터다. 각각이 신청자는 "신용 우량"(700개 사례) 또는 "신용 불량"(300개 사례)으로 등급이 매겨져 있다. [표 21-2]는 이 사례의 첫 4개 레코드 값을, [표 21-3]은 관련된 모든 변수를 보여준다. 신규 신청자들은 30개의 예측 변수로 평가될 수 있고, 예측 변수에 의해 신용 우량 또는 신용 불량 등급으로 분류된다.

---

2 이 데이터는 독일 신용 평가 데이터셋(ftp.ics.uci.edu/pub/machine-learning-databases/statlog/)에 있다.

오분류 결과는 다음과 같이 평가된다. 신용이 나쁜 신청자를 잘못 판단하는 비용이 신용이 좋은 신청자를 잘못 판단하는 이득보다 다섯 배 더 크다. 이 기회비용 표는 [표 21-4]에 요약되어 있는데, 이 표는 [표 21-5]에 있는 대출 당 평균 순이익에서 도출되었다. 의사 결정권자는 순이익 측면에서 결정을 내리기 때문에 다양한 모델의 성과를 평가할 때 이 표를 사용한다.

표 21-2 독일 신용 평가 데이터셋의 첫 4개 레코드

OBS#	CHK_ACCT	DURATION	HISTORY	NEW_CAR	USED_CAR	FURNITURE	RADIO/TV	EDUCATION	RETRAINING	AMOUNT	SAV_ACCT	EMPLOYMENT	INSTALL_RATE	MALE_DIV	MALE_SINGLE	MALE_MAR_WID	CO-APPLICANT
1	0	6	4	0	0	0	1	0	0	1169	4	4	4	0	1	0	0
2	1	48	2	0	0	0	1	0	0	5951	0	2	2	0	0	0	0
3	3	12	4	0	0	0	0	1	0	2096	0	3	2	0	1	0	0
4	0	42	2	0	0	1	0	0	0	7882	0	3	2	0	1	0	0

PRESENT_RESIDENT	REAL_ESTATE	PROP_UNKN_NONE	AGE	OTHER_INSTALL	RENT	OWN_RES	NUM_CREDITS	JOB	NUM_DEPENDENTS	TELEPHONE	FOREIGN	RESPONSE
4	1	0	67	0	0	1	2	2	1	1	0	1
2	1	0	22	0	0	1	1	2	1	0	0	0
3	1	0	49	0	0	1	1	1	2	0	0	1
4	0	0	45	0	0	0	1	2	2	0	0	1

표 21-3 독일 신용 평가 데이터셋의 변수

번호	변수명	설명	변수 종류	코드 설명
1	OBS#	관찰 번호	범주형	일련번호
2	CHK_ACCT	당좌예금 계좌	범주형	0: 0 DM 미만 1: 0 ~ 200 DM 미만 2: 200 DM 이상 3: 당좌예금 계좌 없음
3	DURATION	대출 기간(개월 수)	수치형	
4	HISTORY	신용 경력	범주형	0: 신용거래 없음 1: 기한 내 변제 2: 변제 기한 남음 3: 연체 이력 있음 4: 신용 불량자
5	NEW_CAR	신용 목적	이진수형	자동차(신차) 0: 없음, 1: 있음
6	USED_CAR	신용 목적	이진수형	자동차(중고차) 0: 없음, 1: 있음
7	FURNITURE	신용 목적	이진수형	가구/주방 기기
8	RADIO/TV	신용 목적	이진수형	라디오/TV 0: 없음, 1: 있음

9	EDUCATION	신용 목적	이진수형	교육 0: 없음, 1: 있음
10	RETRAINING	신용 목적	이진수형	재교육 0: 없음, 1: 있음
11	AMOUNT	대출액	수치형	
12	SAV_ACCT	저축액	범주형	0: 100 DM 미만 1: 100 ~ 500 DM 미만 2: 500 ~ 1000 DM 미만 3: 1,000 DM 이상 4: 모름/보통예금 계좌 없음
13	EMPLOYMENT	현 직장 재직 기간	범주형	0: 무직 1: 1년 미만 2: 1 ~ 4년 미만 3: 4 ~ 7년 미만 4: 7년 이상
14	INSTALL_RATE	소득 대비 납입 비율	수치형	
15	MALE_DIV	이혼남 여부	이진수형	0: 아니요, 1: 예
16	MALE_SINGLE	미혼남 여부	이진수형	0: 아니요, 1: 예
17	MALE_MAR_WID	기혼남 혹은 홀아비 여부	이진수형	0: 아니요, 1: 예
18	CO-APPLICANT	공동 신청 여부	이진수형	0: 아니요, 1: 예
19	GUARANTOR	보증인 여부	이진수형	0: 아니요, 1: 예
20	PRESENT_RESIDENT	거주 기간 (년)	범주형	0: 1년 이하 1: 1 ~ 2년 이하 2: 2 ~ 3년 이하 3: 4년 이상
21	REAL_ESTATE	부동산 소유 여부	이진수형	0: 아니요, 1: 예
22	PROP_UNKN_NONE	재산 소유 여부	이진수형	0: 아니요, 1: 예
23	AGE	연령	수치형	
24	OTHER_INSTALL	다른 분납 계획	이진수형	0: 아니요, 1: 예
25	RENT	렌트 여부	이진수형	0: 아니요, 1: 예
26	OWN_RES	주택 소유 여부	이진수형	0: 아니요, 1: 예
27	NUM_CREDITS	현재 대출 건수	수치형	
28	JOB	직업	범주형	0: 무직/비숙련 비정규직 1: 비숙련 정규직 2: 숙련직/작업감독 3: 관리직/자영업자/전문직/책임자
29	NUM_DEPENDENTS	부양가족 수	수치형	
30	TELEPHONE	전화 가입 여부	이진수형	0: 아니요, 1: 예
31	FOREIGN	외국인 근로자 여부	이진수형	0: 아니요, 1: 예
32	RESPONSE	우량 신용 여부	이진수형	0: 아니요, 1: 예

주의: 원본 데이터셋에는 범주형 변수가 많은데, 그중 일부를 이진 변수로 변환하였고, 일부 순위가 있는 범주형 변수들을 그대로 남겨 수치형으로 처리했다. (독일 신용 평가 자료에서 차용함.)

표 21-4 기회 비용표(단위: 독일 마르크화)

	Predicted (decision)	
Actual	Good (accept)	Bad (reject)
Good	0	100
Bad	500	0

표 21-5 평균 순이익(단위: 독일 마르크화)

	Predicted (decision)	
Actual	Good (accept)	Bad (reject)
Good	100	0
Bad	−500	0

과제

❶ 예측 변수를 검토하고 각 변수가 대출 결정에서 어떤 역할을 하는지 생각해 본다. 데이터에 특이 사항이 있는가?

❷ 데이터를 학습용과 검증용으로 분할하고, 데이터 마이닝 기술(로지스틱 회귀 분석, 분류 트리, 신경망)을 사용해 분류 모델들을 만들어보시오.

❸ 각 마이닝 기법으로부터 모델을 하나씩 선택하여 검증용 데이터에 대한 정오 분류표와 비용/이익 행렬을 만드시오. 어떤 기법이 가장 순이익이 높은가?

❹ 모델 성능을 향상하기 위해 노력해 봅시다. 신청자의 신용 상태를 그대로 받아들이지 말고 로지스틱 회귀의 추정 확률(성공은 1)을 근거로 신용 우량 등급자를 먼저 분류하고, 이어서 신용 불량 등급자를 분류하시오. 검증 데이터셋으로부터 순이익을 포함하는 벡터를 만드시오. 이 벡터를 사용해 순이익을 포함하는 유효성 검증 데이터셋에 대한 누적 이득 차트를 만드시오.

a. 최대 순이익을 얻으려면 검증 데이터 값을 어디까지 입력해야 하는가? (일반적으로 이 값은 백분위수로 지정되거나 십진수로 반올림된다.)

b. 이 로지스틱 회귀 모델을 향후 대출 신청자의 신용 평가에 사용한다면, 대출 허용을 위해 어떤 '성공 확률 컷오프'를 사용해야 하는가?

21.3 테이코 소프트웨어 카탈로그 판매 회사[3]

이 사례 연구의 데이터셋은 `Tayko.csv` 파일에 있다.

배경

테이코는 게임 및 교육용 소프트웨어를 판매하는 소프트웨어 카탈로그 회사다. 처음에는 소프트웨어 개발 업체로 출발했으나 나중에 타사 소프트웨어 타이틀을 추가했다. 최근에 업그레이드된 소프트웨어 컬렉션을 모아 새로운 카탈로그를 만들었고 이를 우편으로 배포하려고 준비 중이다.

테이코의 고객 리스트는 자체 소프트웨어 타이틀과 더불어 테이코의 핵심 자산이다. 고객 기반을 확장하려고 최근 컴퓨터와 소프트웨어 제품에 특화된 카탈로그 회사들과 컨소시엄을 구성하였다. 컨소시엄에 참가하는 회원사들은 통합 고객 리스트에서 대상자를 뽑아 카탈로그를 우송할 기회를 제공 받는다. 회원사들은 각 분기마다 자체 고객 리스트를 통합 DB에 제공하고 제공한 고객 숫자만큼 대상자들을 제공 받는다. 회원사들은 통합 DB 안의 레코드를 이용해 예측 모델을 만들 수 있고, 이를 통합 DB에 적용함으로써 더 적합한 대상자 그룹을 선택할 수 있다.

우편 발송 실험

테이코는 20만 명의 고객 명단을 통합 DB에 제공하였다. 따라서 5백만 명에 달하는 통합 DB로부터 20만 명을 제공 받을 수 있는 자격이 생겼다. 테이코는 구매 가능성이 높은 대상자들을 선택하여 테스트를 수행한다. 통합 DB에서 2만 명을 추출해, 새 카탈로그가 담긴 테스트 우편물을 이들에게 발송하기로 한다.

테스트 우편물을 발송한 결과 1,065명의 구매자가 발생했는데 이 반응률은 0.053이다. 데이터 마이닝 기술의 성능을 최적화하기 위해 구매자와 비구매자 수가 동일한 계층화된 표본을 사용했다. 정리를 쉽게 하기 위해 이 사례의 데이터셋에는 1,000명의 구매자와 1,000명의 비구매자만 들어가 있고, 당연히 반응률은 0.5가 된다. 따라서 이 데이터셋을 사용해 누가 구매자가 될지 예측한 후에 각 사례의 '구매 확률'에 0.053/0.5(또는 0.107)을 곱하여 구매율을 조정해야 한다.

데이터

이 사례에는 2개의 결과 변수가 있다. `Purchase` 변수는 고객이 테스트 우편물에 대해 반응하여 상품을 구매했는지 여부를 표시한다. `Spending` 변수는 구매 반응을 보인 사람이 지출을 얼마나

---

3 Datastats, LLC 2019의 허가를 받아 사용했다.

했는지를 나타낸다. 이 사례를 통해서 2개의 모델을 개발할 것이다. 첫 번째 모델은 각 레코드를 구매 또는 비구매로 분류하는 데 쓰일 것이다. 두 번째 모델은 구매로 분류된 그룹에 적용되어 그들이 얼마를 구매할지 예측하는 데 쓰일 것이다.

[표 21-6]은 데이터에 있는 일부 레코드를 보여준다. [표 21-7]은 이 사례에서 사용하는 변수 이름과 설명을 나타낸다.

표 21-6 테이코 데이터셋의 첫 10개 레코드

sequence_number	US	source_a	source_c	source_b	source_d	source_e	source_m	source_o	source_h	source_r	source_s	source_t	source_u	source_p	source_x	source_w	Freq	last_update_days_ago	1st_update_days_ago	Web order	Gender=male	Address_is_res	Purchase	Spending
1	1	0	0	1	0	0	0	0	0	0	0	0	0	0	0	0	2	3662	3662	1	0	1	1	127.87
2	1	0	0	0	0	1	0	0	0	0	0	0	0	0	0	0	0	2900	2900	1	1	0	0	0
3	1	0	0	0	0	0	0	0	0	0	0	1	0	0	0	0	2	3883	3914	0	0	0	1	127.48
4	1	0	1	0	0	0	0	0	0	0	0	0	0	0	0	0	1	829	829	0	1	0	0	0
5	1	0	1	0	0	0	0	0	0	0	0	0	0	0	0	0	1	869	869	0	0	0	0	0
6	1	0	0	0	0	0	0	0	0	1	0	0	0	0	0	0	1	1995	2002	0	0	1	0	0.06
7	1	0	0	0	0	0	0	0	0	0	0	0	0	0	0	1	2	1498	1529	0	0	1	0	0.06
8	1	0	0	1	0	0	0	0	0	0	0	0	0	0	0	0	1	3397	3397	0	1	0	0	0.08
9	1	1	0	0	0	0	0	0	0	0	0	0	0	0	0	0	4	525	2914	1	1	0	1	488.5
10	1	1	0	0	0	0	0	0	0	0	0	0	0	0	0	0	1	3215	3215	0	0	0	1	173.5

표 21-7 테이코 데이터셋 변수 설명

번호	변수명	설명	변수 종류	코드 설명
1	US	미국 주소 여부	이진수형	1: 예 0: 아니요
2-16	Source_*	소스 카탈로그(15개 카탈로그 중)	이진수형	1: 예 0: 아니요
17	Freq.	전년도 구매 건수	수치형	
18	last_update_days_ago	고객 기록 최후 갱신 후 경과일 수	수치형	
19	1st_update_days_ago	고객 기록 최초 갱신 후 경과일 수	수치형	
20	RFM%	최근성-구매 빈도-구매액 비율	수치형	
21	Web_order	인터넷 주문 여부	이진수형	1: 예 0: 아니요
22	Gender=male	남성 여부	이진수형	1: 예 0: 아니요
23	Address_is_res	배송지와 거주지 일치 여부	이진수형	1: 예 0: 아니요
24	Purchase	테스트 우편물 발생 시 주문 여부	이진수형	1: 예 0: 아니요
25	Spending	테스트 우편물 발생 시 구매액	수치형	

과제

❶ 각 카탈로그를 발송하는 데 약 2달러가 들어간다(인쇄, 우표, 발송 비용 포함). 고객 데이터베이스에서 랜덤으로 선택한다고 했을 때 나머지 18만 명에게 회사가 기대할 수 있는 총 수익을 추정해 보시오.

❷ 고객을 구매자 또는 비구매자로 분류하기 위한 모델을 만드시오.

a. 데이터를 학습 데이터셋(800레코드), 검증 데이터셋(700레코드), 테스트 데이터셋(500레코드)으로 랜덤 분할하시오.

b. L2 패널티를 사용해 로지스틱 회귀 분석(`LogisticRegrationCV` 방법 사용)을 실행하여 변수의 최적 서브셋을 선택하고, 이어서 이 모델을 사용해 데이터를 구매자와 비구매자로 분류하시오. 모델 실행에는 학습용 데이터셋만 사용하시오. (로지스틱 회귀 분석을 사용한 이유는 추정 '구매 확률'을 산출해 주기 때문이다.)

❸ 구매자들의 지출을 예측할 수 있는 모델을 개발하시오.

a. `Purchase=1`인 구매자 레코드를 추출한 후 학습용 데이터과 검증용 데이터를 만드시오.

b. 추출된 데이터와 아래 기법을 사용해 지출을 예측하는 모델을 만드시오.

i. 다중 선형 회귀(단계별 회귀 분석 사용)

ii. 회귀 트리 모델

c. 검증 데이터셋 평가 결과를 기준으로 모델을 하나 선택하시오.

❹ 원본 테스트 데이터셋 분할로 돌아갑시다. 이 테스트 데이터셋에는 구매자와 비구매자가 모두 들어 있다는 점에 유념한다. 이 데이터셋의 테스트 데이터셋 부분을 담을 스코어 분석Score Analysis이라는 새 데이터 프레임을 만드시오.

a. 이 데이터 프레임에 열을 추가하고 로지스틱 회귀에서 예측된 점수를 넣으시오.

b. 또 다른 열을 추가하고 예상 지출액을 넣으시오.

c. '구매 예상 확률'에 0.107을 곱한 '수정 구매 확률' 열을 추가하시오. 구매자가 오버샘플링되지 않도록 조정한다.

d. 기대 지출(수정 구매 확률×예상 지출) 열을 추가하시오.

e. 예상 지출(목표한 레코드 수에 따른 누적 예상 지출)에 대한 누적 이득 차트를 그리시오.

f. 이 누적 이득 차트를 사용해 18만 명의 명의자에게 우편으로 카탈로그를 보낼 경우의 총 이익을 데이터 마이닝 모델을 기반으로 추정하시오.

테이코는 가상의 회사이지만 이 사례의 데이터는 소프트웨어를 직판하는 실제 회사가 제공(설명 목적으로 약간 수정함)한 것이다. 카탈로그 컨소시엄의 개념은 Abacus Catalog Alliance에 근거한다.

21.4 유권자[4]

이 사례 연구의 데이터셋은 `Voter-Persuasion.csv` 파일에 있다.

배경

선거 유세가 벌어지면, 여러분은 이 후보자가 다른 후보자보다 낫다는 설득이 진행될 거라고 생각할 것이다. 그러나 사실, 선거 유세는 사람들의 생각을 바꾸기 위해 설득하기보다는 원래 그 후보자를 지지하는 사람들이 실제로 투표장에 나가도록 설득하는 일에 가깝다. 예측 분석은 미국의 2004년 선거 유세에서 새롭게 조명된 이래로 현재 정치적인 설득 작업을 진행하는 데 매우 큰 역할을 하고 있다.

미국 정치에 등장한 예측 분석

2004년 1월, 미국 대선 후보자들은 아이오와주 전당대회에서 경합을 벌였다. 이 경합은 기나긴 주별 예비 선거 과정 중 하나인데, 이 과정을 통해 미국 공화당과 민주당의 대통령 후보를 결정 짓는다. 민주당에서는 전국 여론조사에서 하워드 딘Howard Dean이 우세했다. 그러나 아이오와주 전당대회는 가장 열렬하고 정치에 관심이 높은 유권자들이 모이는 복잡하고 치열한 유세 현장이다. 이 전당대회 투표에 참여하는 사람들이 전국 유권자를 대표하는 표본은 아니다. 투표에 참여할 의향이 있는지 묻는 설문조사에서 딘과 존 케리John Kerry를 포함하는 다른 세 명이 경합을 벌이는 것으로 나타났다.

놀랍게도 존 케리가 큰 차이로 승리하였는데, 이처럼 예상을 뛰어넘는 결과는 존 케리 진영에서 개별 유권자의 투표 의향을 가늠하기 위해서 예측 분석을 혁신적이고 성공적으로 사용했기 때문이다. 그렇게 함으로써 전당대회에서 최적의 결과를 도출하는 방향으로 타깃 유권자를 추출할 수 있었다. 예를 들어, 어떤 선거구에서 그 선거구의 선거인단을 얻을 수 있다는 승리 예측이 높게 나오면 선거 자금과 시간을 더욱 치열한 경합지로 재배정한다.

유권자 선정

정치권에서 유권자 타기팅은 어제오늘의 일이 아니다. 전통적으로 다음 세 가지 형태가 있다.

- 지리
- 인구통계
- 개인

4 HaystaqDNA의 회장이자 2004년 케리 대선 캠페인과 2008년 오바마 대선 캠페인의 유권자 타기팅 책임자인 켄 스트라스마Ken Strasma에게 감사한다. 그는 이 사례에 사용된 데이터와 사례 작성에 필요한 정보를 제공해 주었다. (Datastats, LLC 2019의 허가를 받아 사용했다.)

지리적인 타기팅에서는 과거 투표 패턴과 지역 단위별 정치 성향을 밝히는 설문조사를 기초로 하여 주, 시, 자치구 등과 같은 지역 단위로 선거 자원을 배정한다. 그러나 이 방법에는 심각한 문제가 있다. 만약 어떤 자치구의 지지율이 52%뿐이라면, 그 자치구에 매우 주의를 기울여 선거 운동을 수행해야 한다. 그렇지만 선거 메시지를 자치구의 모든 사람에게 보낸다면 거의 절반 정도 잘못 전달되는 셈이다.

인구통계적 타기팅에서 선거 메시지는 노년층 유권자, 젊은 여성 유권자, 히스패닉계 유권자 등과 같은 인구통계 그룹을 대상으로 한다. 이 방법의 문제점은 선거 메시지를 특정 인구통계 그룹에게만 전달하기 어려워 수행이 쉽지 않다는 것이다.

가장 효과적인 타기팅 형태이자 전통적인 개인 타기팅은 유권자에게 어떻게 투표할 것이냐고 묻는 설문을 기초로 수행되었다. 이 방법의 가장 큰 한계는 비용이다. 모든 유권자에게 전화하거나 개별 방문하는 비용이 엄청날 수 있다.

예측 분석을 사용하면 개인 타기팅 방법에 힘을 더하고 비용을 줄일 수 있다. 모델을 사용하면 설문조사 대상자뿐만 아니라 전체 유권자를 대상으로 예측을 적용해 정보를 풍부하게 제공 받을 수 있다. 예측 분석은 지리 및 인구통계 데이터 전체에 반영되며, 개인 정치 성향까지 판별해 준다.

업리프트

마케팅 분야의 고전적인 예측 모델링을 보면, 실험 참가자들을 선택하여 그들에게 웹 사이트상의 미끼 상품을 제공하거나 우편을 통해 메시지를 전달한 후 참가자들을 반응 또는 무반응으로 분류하는 예측 모델을 개발한다. 이어서 이 모델을 새로운 실험군에 적용해 반응 확률을 계산하고 정렬한다. 그러면 마케팅 담당자는 우편 또는 미끼 상품에 반응할 확률이 높은 사람들을 추출해 낸다.

이 전통적인 방법에는 중요한 정보가 빠져 있다. 미끼 상품 또는 우편물을 받지 못한 개인은 어떻게 반응할까? 구매 성향이 높은 고객은 과연 미끼 상품 없이 구매할까? 개인의 구매 성향은 미끼 상품 제공 여부에 따라 달라질까? 업리프트 모델(13장)은 '제공 대 미제공' 또는 '우편 발송 대 우편 미발송'의 효과를 개인별로 측정할 수 있게 해준다.

이 사례에서는 가상 실험 결과가 포함된 실제 유권자 데이터에 업리프트 모델을 적용한다. 이 실험은 다음과 같은 단계로 이루어졌다.

❶ 유권자들에게 민주당에 투표할 의향을 묻는 사전 설문을 실시한다.

❷ 유권자를 두 가지 랜덤 표본군(control, treatment)으로 나눈다.

❸ 민주당 후보자를 선전하는 유인물을 treatment 그룹에 보낸다.

❹ 유권자들에게 민주당에 투표할 의향을 묻는 설문을 실시한다.

데이터

이 사례의 데이터는 `Voter-Persuasion.csv` 파일에 담겨 있다. 타깃 변수는 `MOVED_AD`인데, 1 = "민주당 후보 지지 의향"이고 0 = "민주당 후보를 지지하지 않는 의향"이다. 이 변수는 설문 전과 설문 후의 지지 의향을 내포하고 있다. 주요 예측 변수는 `Flyer`인데, 이 변수는 유권자가 선거 홍보물을 받았는지 여부를 나타내는 이진 변수다. 그리고 다음 데이터들을 바탕으로 한 수많은 예측 변수들을 포함한다.

- 정부 유권자 파일
- 정당 데이터
- 소비자 및 인구통계 데이터
- 인구조사 데이터

정부가 소유한 유권자 관련 파일들은 투표 과정의 공정성을 입증하기 위해 대중에게 공개된다. 이 파일에는 개인 식별을 목적으로 성명, 주소, 생년월일과 같은 기초 데이터가 담겨 있다. 이 사례의 데이터 파일에는 정당 식별 코드가 있다(주에 따라 특정 정당 유권자의 전당대회 참여를 제한하는 경우에 필요함). 정당들은 유권자가 투표하는지 여부를 기록하는 투표 참관인을 동원한다. 이 데이터(본 사례 데이터에서 "derived"라고 부르는 데이터)는 정당별로 관리되는데, 유권자의 이름으로 손쉽게 유권자 데이터와 매칭된다. 또한 센서스[census]를 사용해 주거지의 인구 행태 데이터를 얻고, 주소 매칭을 통해 유권자 정보로 합칠 수 있다. 구매 습관, 교육과 같은 추가적인 소비자 행태 데이터는 마케팅 회사에서 구매하여 유권자 데이터와 합칠 수 있다(이름과 주소를 사용해 매칭함).

과제

이 사례에 대한 과제는 각 유권자의 업리프트를 예측하는 업리프트 모델을 개발하는 것이다. 업리프트는 민주당 쪽으로 각 유권자의 의견이 이동하는 경향이 증가하는 것으로 정의된다. 먼저, `Voter-Persuasion.csv` 파일에 있는 변수들을 살펴보고 각 변수가 어떤 소스 데이터에서 나왔는지 파악해 보자. 그런 다음 아래 질문에 답하고 주어진 과제를 풀어보자.

❶ 전반적으로 선거 홍보물이 민주당 쪽으로 유권자를 움직이는 데 얼마나 기여했는가? (선거 홍보물을 받은 유권자와 그렇지 않은 유권자의 목표 변수를 비교해 보자.)

❷ 예측 변수와 MOVED_AD 변수 간 관계를 탐색(데이터 시각화 이용)해 보자. 어떤 예측 변수가 더 예측력이 있는가? 이를 입증하는 차트나 표를 제시해 보자.

❸ 데이터셋 안에 있는 분할 변수를 이용해 데이터를 분할하고, 어떤 예측 변수를 포함할지 결정하고, 적합한 세 가지 예측 모델을 선정하시오. 각 모델에 사용된 방법, 파라미터, 사용된 예측 변수에 관한 정보를 충분히 제공하여, 같은 결과가 복제될 수 있도록 하자.

❹ 세 가지 모델 중 예측력이 가장 높은 모델을 선정하시오. 그것을 선정한 이유는 무엇인가?

❺ 선정한 예측 모델을 이용해, 검증 데이터셋에서 가장 위에 있는 유권자 세 명의 투표 성향을 예측하시오.

❻ Flyer 변수 값과 정반대로 설정된 파생 변수를 만들어서 Flyer-reversed 변수라고 하자. 선정한 모델을 이용하여, Flyer 변수 대신 Flyer-reversed 변수를 예측 변수로 사용해서 검증 데이터셋을 다시 계산해 보자.

❼ 각 레코드에 대해 업리프트는 다음 수식으로 계산된다. 검증 데이터셋 안의 각 유권자에 대한 업리프트 값을 계산하고, 가장 위에 있는 유권자 세 명의 업리프트 값을 제시하시오.

$$P(\text{success} \mid \text{Flyer} = 1) - P(\text{success} \mid \text{Flyer} = 0)$$

❽ 유권자의 약 10%에게만 선거 홍보물을 배포할 선거 자금이 있다면, 어떤 업리프트 값을 사용해야 하는가?

21.5 택시 예약 취소[5]

이 사례 연구의 데이터셋은 Taxi-cancellation-case.csv 파일에 있다.

비즈니스 상황 설명

2013년 말, 인도 방갈로르(벵갈루루의 옛 지명)에 있는 Yourcabs.com라는 택시 회사에서 운전기사들이 콜 플랫폼을 사용하는 데 문제가 발생했다. 운전기사 일부가 요청된 콜에 나타나지 않은 것이다. 운전기사들은 콜 승인을 취소할 수 있는데, 만약 취소가 적절한 알림 없이 일어날 경우, 승객들은 늦거나 이동이 막막해진 상태에 놓이게 된다.

방갈로르는 인도의 기술 요충지로 기술이 택시 산업을 변화시키고 있었다. Yourcabs.com은 온라인 예약 시스템을 갖추면서 택시 예약 포털 사이트로 변신하였다(전화 예약도 가능함). 2014년 중반에는 우버Uber 승차 공유 서비스가 개시될 예정이었다. Yourcabs.com은 2011년

5 Datastats, LLC와 Galit Shmueli 2019의 허가를 받아 사용했다.

부터 2013년에 걸친 콜 예약 데이터를 수집하고, 택시 취소 문제에 관해 인사이트를 얻기 위해 인도 비즈니스 스쿨ISB과 제휴하여 캐글Kaggle에 빅데이터 콘테스트를 공지했다.

이 사례를 위해 제공된 데이터는 1만 레코드에 달하는 예약 정보인데, 원시 데이터에서 랜덤으로 추출된 서브 데이터셋이다. 17개의 변수가 있는데, 이는 고객 ID, 차량 모델, 예약이 온라인 또는 모바일에서 진행되었는지 여부, 여행 종류, 예약 패키지 종류, 지리 정보, 예약 시간 등이다. 타깃 변수는 예약이 취소되었는지를 표시하는 이진수다. 전체 예약 취소율은 전체 콜의 7~8% 수준이다.

과제

❶ 이 데이터에 기초한 예측 모델은 Yourcabs.com에서 어떻게 활용될 수 있는가?

❷ (예약 취소/정상 운행을 식별하는 예측 변수를 찾는) 프로파일링 모델은 Yourcabs.com에서 어떻게 활용될 수 있는가?

❸ 데이터를 탐색하고 변형하여 예측 모델을 만들어보자. 다음 힌트를 활용해 보자.

- 탐색 모델링에서는 복잡한 데이터 준비 문제를 거치지 않고 신속히 초기 모델을 발견하는 것이 유용하다. GPS 정보가 한 가지 예인데, 다른 지리 정보가 있다면 해석하기 복잡한 GPS 정보를 일시적으로 사용하지 않을 수 있다.
- NULL 값과 같은 결측 데이터가 있는 경우, 어떻게 처리하는가?
- (예약 시간 스탬프와 운행 시간 스탬프의) 날짜와 시간 필드에 내포된 유용한 정보가 무엇인지 생각해 보라. 데이터 파일에는 속성값을 도출해 내는 힌트를 제공하고 있다.
- 범주형 변수를 생각해 보고, 이 변수들을 어떻게 사용할지 생각해 보자. 카테고리 변수를 무시해야 할까? 몇 가지만 사용해야 할까?

❹ 여러분이 선택한 예측 모델을 검증해 보자. 예측 변수가 예약 취소와 관련하여 맞는 정보를 제공하는가?

❺ 모델의 예측 성능을 오류율(정오 행렬표)로 계산해 보시오. 모델의 예측력이 좋은가? 그 모델을 현업에서 사용할 수 있는가?

❻ 모델의 예측 성능을 랭킹(리프트)으로 검증해 보시오. 모델의 예측력이 좋은가? 그 모델을 현업에서 사용할 수 있는가?

21.6 목욕 비누 구매자 세분화[6]

이 사례 연구의 데이터셋은 BathSoapHousehold.csv 파일에 있다.

비즈니스 상황

CRISA는 고객의 소비재(내구재 및 비내구재) 구매 행동 트래킹 전문 아시아 시장 조사 기관이다. 어떤 대규모 리서치 프로젝트에서 CRISA는 여러 소비재 카테고리(예 세제)를 추적한 적이 있는데, 그 카테고리 안에는 수십 개의 브랜드가 있었다. CRISA는 구매 행동을 추적하기 위해서 인도 대부분의 주요 시장을 커버하는 100개 도시에 가구 패널을 구축했다. 이때 대표 표본을 만들기 위해서 층별 표집을 사용하여 가구를 신중하게 선택하였다. 여기서는 600개의 서브 데이터셋을 분석한다. 계층은 사회 경제적인 지위와 시장을 근거로 정해졌다. CRISA는 거래 데이터(각 행이 건당 거래)와 가계 데이터(각 행이 한 가구)를 모두 가지고 있으며, 가계 데이터에는 다음 정보가 담겨 있다.

- 인구통계 자료(매년 갱신)
- 내구재 소유(자동차, 세탁기 등. 매년 갱신되고 부유 지수가 이 정보를 통해 계산됨)
- 제품 카테고리와 브랜드의 구매 데이터(매달 갱신)

CRISA에는 두 부류의 고객이 있다. 하나는 데이터베이스 서비스에 가입하고 매달 갱신된 데이터를 입수하여 광고와 프로모션 정책을 고객들에게 제시해 주는 광고 에이전시이고, 다른 하나는 CRISA 데이터베이스를 사용해 시장 점유율을 모니터링하는 소비재 생산 업체다.

주요 시사점

CRISA는 전통적으로 구매자 인구통계를 바탕으로 시장을 세분화했다. 이제는 더욱 직접적으로 구매 과정과 브랜드 충성도에 연관된 2개의 핵심 변수에 근거하여 시장을 세분화하려고 한다.

❶ 구매 행동(구매량, 빈도, 할인에 대한 민감성, 브랜드 충성도)

❷ 구매 기반(가격, 구매 제의)

시장 세분화를 통해 CRISA는 어떤 인구통계의 속성이 다른 구매 행동 양식과 브랜드 충성도에 연관되어 있는지에 관한 정보를 얻을 수 있고, 판촉 예산을 더 효율적으로 배분할 수 있다. 더 효과적인 시장 세분화는 CRISA의 고객(이 경우, IMRB라는 회사)들이 적절한 부문을 대상으로 더욱 비용 효율적인 판촉을 계획할 수 있도록 해준다. 따라서 각 부문을 대상으로 동시다발

6 Cytel, Inc.와 Datastats, Inc. 2019의 허가를 받아 사용했다.

적인 판촉을 진행할 수 있다. 즉, 연중 서로 다른 기간에 서로 다른 세분화된 시장을 겨냥할 수 있다. 결과적으로 서로 다른 세분화된 시장에 비용 효율이 더 높은 판촉 예산을 할당하게 된다. 또한 IMRB는 더욱 실질적인 소비자 보상 시스템을 기획하여 브랜드 충성도를 높일 수 있다.

데이터

[표 21-8]의 데이터는 가구 정보로, 각 행은 한 가구의 데이터를 나타낸다.

표 21-8 세대 변수 설명

변수 종류	변수명	설명
Member ID	Member id	가계 식별 지표
Demographics	SEC	사회 경제적인 계층(1=고, 5=저)
	FEH	식습관(1=채식주의자, 2=유제품 섭취 채식주의자, 3=육식주의자, 0=미기재)
	MT	모국어
	SEX	전업 주부의 성별(1=남성, 2=여성)
	AGE	전업 주부의 연령
	EDU	전업 주부의 교육 정도(1=저학력, 9=고학력)
	HS	가족 수
	CHILD	자녀 유 · 무(4가지 범주)
	CS	TV 유 · 무(1=있음, 2=없음)
	Affluence Index	내구재 보유 가중치
Purchase summary over the period	No. of Brands	브랜드 제품 구매 건수
	Brand Runs	브랜드 제품 연속 구매 건수
	Total Volume	구매량 합계
	No. of Trans	구매 거래 건수
	Value	구매액 합계
	Trans/Brand Runs	연속 제품 구매당 평균 거래 건수
	Vol/Trans	평균 구매량
	Avg. Price	평균 구입 가격
Purchase within promotion	Pur Vol	판촉 구매량 비율
	No Promo - %	판촉 외 구매량 비율
	Pur Vol Promo 6%	판촉 코드 6번에 의한 구매량 비율
	Pur Vol Other Promo %	타 판촉에 의한 구매량 비율
Brandwise purchase	Br. Cd. (57, 144), 55, 272, 286, 24, 481, 352, 5, and 999 (others)	브랜드 구매량 비율
Price categorywise purchase	Price Cat 1 to 4	가격 카테고리 구매량 비율
Selling promotionwise purchase	Proposition Cat 5 to 15	제품 구매 제의 카테고리 구매량 비율

브랜드 충성도 측정

이 사례에 나오는 변수들은 브랜드 충성도를 부분적으로 측정한다. 고객이 구매한 브랜드의 가짓수가 하나의 척도가 된다. 그러나 한두 개 브랜드를 연속 구매한 뒤 세 번째 브랜드를 지속적으로 구매하는 소비자가 있다면 이 소비자는 세 가지 브랜드를 계속해서 이리저리 바꾸는 소비자와는 다르다. 고객이 얼마나 자주 한 가지 브랜드에서 다른 브랜드로 바꾸느냐가 또 하나의 충성도 척도가 된다. 브랜드 충성도와 관련한 세 번째 시각은 다른 브랜드로 갈 구매 비율이다. 즉, 한 브랜드에 구매액의 90%를 쓰는 소비자는 대여섯 개 브랜드에 균등하게 지출하는 사람보다 충성도가 높다.

이 세 가지 요소 모두 구매 요약 워크시트의 데이터로 측정할 수 있다.

과제

❶ 가계 군집을 식별하기 위해 아래 사항을 근거로 *k*-평균 군집화를 사용하시오.

a. 구매 행동(브랜드 충성도 포함)을 기술하는 변수들

b. 구매 기반을 설명하는 변수들

c. 구매 행동과 구매 기반을 둘 다 설명하는 변수들

참고 1: *k*는 어떻게 선택해야 하는가? 군집이 어떻게 사용될지 생각해 보시오. 마케팅 차원에서 2~5개의 판촉 기획을 지원할 가능성이 높다.

참고 2: 다양한 브랜드의 총 구매 비율은 어떻게 처리해야 하는가? A 브랜드를 구매한 고객은 B 브랜드를 구매한 고객만큼 충성스럽지 않은가? 브랜드 공유 변수를 그대로 사용할 경우 거리 측정에 어떤 영향을 미칠까? 단일 파생 변수를 사용해 보시오.

❷ 가장 좋다고 생각하는 세분화를 고르고 이런 군집의 특징(인구통계, 브랜드 충성도, 구매 기반)에 대해 견해를 밝혀라. (이 정보는 광고와 판촉 행사를 개발하는 지침으로 사용될 수 있다.)

❸ 세분화로 데이터를 분류해서 모델을 발전시켜 보시오. 이런 정보는 직접 우편 판촉에 사용될 가능성이 높기 때문에 분류 모델에서 성공으로 정의된 시장 세분화를 선택하는 것이 유용하다.

21.7 직접 우편 기금 조성

이 사례 연구의 데이터셋은 Fundraising.csv 파일과 FutureFundraising.csv 파일에 있다.

배경[7]

전국 참전 용사 협회는 직접 마케팅 캠페인의 비용 효율성을 높이기 위해 예측 모델을 만들고자 한다. 이 단체는 1,300만 명의 기부자 정보가 담긴 자체 데이터베이스를 가지고 있으며, 미국에서 가장 큰 직접 우편 모금 단체 중 하나다. 최근 발송 기록에 따르면 전체 반응률은 5.1%이며, 응답자(기부자)들의 평균 기부 금액은 13달러다. 각 우편물에는 사은품으로 개인화된 주소 레이블과 카드, 봉투 세트가 동봉되는데, 제작 및 발송 비용은 68센트다. 이런 사실을 바탕으로, 이 데이터셋에서 표본을 택하여 효율적으로 기부자를 찾아낼 수 있는 분류 모델을 만들어 기대 순이익을 극대화해야 한다. 이때 가중 표본 추출을 사용하여, 무응답자에게는 실제보다 수량을 적게 배정해 표본에서 기부자와 비기부자가 같은 숫자가 되게 한다.

데이터

Fundraising.csv 파일에는 3,120레코드가 있는데, 이 안에는 50%의 기부자(TARGET_B=1)와 50%의 비기부자(TARGET_B=0)가 들어 있다. 기부 금액(TARGET_D)도 포함되어 있지만 이 사례에서는 사용하지 않는다. [표 21-9]는 25개 변수(2개의 목표 변수 포함) 이름과 설명을 보여준다.

표 21-9 기금 모금 데이터셋 변수 설명

변수명	설명
ZIP	우편번호 그룹 (우편번호는 5개의 그룹으로 분류됨. 1 = 잠재적 기부자가 이 우편 그룹에 속함) 00000 - 19999 ⇒ zipconvert_1 20000 - 39999 ⇒ zipconvert_2 40000 - 59999 ⇒ zipconvert_3 60000 - 79999 ⇒ zipconvert_4 80000 - 99999 ⇒ zipconvert_5
HOMEOWNER	1 = 주택 보유자, 0 = 주택 보유자 아님
NUMCHLD	자녀 수
INCOME	가계 소득
GENDER	0 = 남성, 1 = 여성
WEALTH	부의 등급은 각 주(州)의 상대적 부를 지수화하기 위해 각 지역의 중위 가족 소득과 인구 통계를 사용함. 세분화는 0~9로 표시되며, 9는 최상위 그룹, 0은 최하위 그룹임. 각 등급은 각 주 내에서 서로 다른 의미를 가짐

7 이 사례를 분석하기 전에 5장에서 다룬 오버샘플링과 조정에 관한 내용을 반드시 읽어보시오.

HV	평균 주택 가격(단위: 100달러)
ICmed	가계 소득 중앙값(단위: 100달러)
ICavg	가계 소득 평균
IC15	15,000달러 이하 소득 비율
NUMPROM	생애 판촉물 수신 횟수
RAMNTALL	생애 기부금 액수 합계
MAXRAMNT	최대 기부금 액수
LASTGIFT	최근 기부금 액수
TOTALMONTHS	1998년 7월 이후부터 마지막 기부금까지의 개월 수
TIMELAG	첫 번째와 두 번째 기부금 사이의 개월 수
AVGGIFT	평균 기부 금액
TARGET_B	결과 변수: 1 = 기부자, 0 = 비기부자
TARGET_D	결과 변수: 기부 금액(본 사례에서는 사용하지 않음)

과제

1단계_분할: 데이터셋을 학습 자료 60%와 검증 자료 40%로 나누시오(시드 넘버는 12345를 사용할 것).

2단계_모델 만들기: 모델을 만들고, 평가하고, 선택하기 위해 다음 단계를 따르시오.

❶ 분류 툴과 파라미터 선택하기 최소 2개의 분류 모델을 사용하시오. 분석 시 TARGET_D를 사용하지 마시오. 선택한 두 모델을 복제할 수 있도록 자세히 설명(방법, 파라미터, 변수 등)하시오. 데이터에 다음 분류 툴을 적용하시오.

❷ 비대칭 반응과 비용에 따라 분류하기 기부자와 비기부자가 같은 숫자인 학습 데이터셋을 만들기 위해 가중 표본을 쓰는 이유는 무엇인가? 원본 데이터셋에서 랜덤 표본을 사용한다면 어떻겠는가?

❸ 순이익 계산하기 각 방법에 대해 실제 응답률(5.1%)을 기준으로 학습 및 검증 데이터셋의 순이익 상승률을 계산하시오. 그들이 기부자라면, 예상 기부금은 13.00달러이고, 각 우편물의 총 비용은 0.68달러다. (힌트: 예상 순익을 계산하려면 5.1% 기부자와 94.9% 비기부자의 실제 응답 분포를 반영하는 순익을 계산해야 한다. 이를 위해 각 행의 순익을 해당 행의 실제 상태에 적용할 수 있는 오버샘플링 가중치로 나눈다. 실제 기증자의 오버샘플링 가중치는 50%/5.1% = 9.8이다. 실제 비기부자의 오버샘플링 가중치는 50%/94.9% = 0.53이다.)

❹ 누적 이득 차트 그리기 검증 데이터셋에 대한 모델들의 순이익 누적 이득 차트를 비교하기 쉽도록 하나의 차트에 그리시오. 어떤 모델이 가장 눈에 띄는가?

❺ 최적 모델 선정하기 ❹의 답을 근거로 '최고'의 모델이 무엇이라고 생각하는가?

3단계_테스트: FutureFundraising.csv 파일에는 미래의 우편 발송 대상자들에 대한 속성이 담겨 있다.

❻ 2단계(❺)에서 선택한 '최고' 모델을 사용해서 어떤 후보자들이 기부자 또는 비기부자가 될지 예측하시오. 기부자일 확률을 내림차순으로 정렬하시오. 이 정렬된 리스트에서 상위 몇 명의 후보자를 우편 발송 캠페인에 포함하겠는가?

21.8 카탈로그 교차 판매[8]

이 사례 연구의 데이터셋은 CatalogCrossSell.csv 파일에 있다.

배경

Exeter 주식회사는 여러 가지 카탈로그를 통해서 제품을 판매하는 회사다. 카탈로그는 수십 종류가 있지만, 9개의 카테고리로 구분될 수 있다.

❶ 의류
❷ 주방 용품
❸ 건강 용품
❹ 자동차 용품
❺ 개인용 전자 제품
❻ 컴퓨터
❼ 정원 용품
❽ 선물 용품
❾ 보석

카탈로그 인쇄와 배포 비용은 높다. 가장 비용이 많이 들어가는 부분은 물건을 사지 않는 사람들에게 제품을 홍보하는 비용이다. Exeter는 카탈로그 편집 작업과 인쇄에 너무나 많은 투자를 했기 때문에 카탈로그를 최대한 효과적으로 사용하고자 한다. 그 방법 중 하나가 교차 판매다. 즉, 어떤 고객이 '미끼를 물어' 제품 하나를 구매하면 다른 물건을 팔려고 시도하는 것이다.

이러한 교차 판촉은 고객이 구매한 제품을 배송할 때 카탈로그와 할인 쿠폰을 동봉하여 그 카탈로그 안의 제품을 구매 유도하는 형태로 진행된다. 또는 비슷한 쿠폰을 이메일로 보내서 카탈로그의 웹버전에 링크가 되게 한다.

그런데 어떤 카탈로그를 할인 쿠폰과 함께 배송 상자에 넣거나 이메일에 링크가 되게 해야 하는가? Exeter는 데이터 분석을 하여 그 답을 얻고자 한다. 즉, 단순히 랜덤 선택된 카탈로그보다는 구매를 유도할 가능성이 더 높은 카탈로그를 선정하려는 것이다.

8 Datastats, Inc. 2019의 허가를 받아 사용했다.

과제

CatalogCrossSell.csv 데이터셋[9]을 사용해 연관 규칙 분석을 수행하고 그 결과를 설명하시오. 다양한 통계(향상비, 신뢰도, 지지도)의 의미를 설명하고, Exeter는 구매자에게 교차 판매를 유도할 카탈로그를 선택하는 데 도움이 될 정도의 추정치를 포함해야 한다.

21.9 시계열 사례: 대중교통 수요 예측

이 사례 연구의 데이터셋은 bicup2006.csv 파일에 있다.

배경

운송 수요를 예측하는 것은 직원 배치, 계획, 재고 관리 등 다양한 목적을 수행하는 데 중요하다. 칠레의 산티아고는 대중교통 시스템을 재건하는 데 많은 노력을 기울이고 있다. 이러한 맥락에서 2006년 10월에는 대중교통 수요 예측을 주제로 한 비즈니스 인텔리전스 경연대회를 개최하였다. 이 사례는 이 경연대회를 기초로 작성되었다.

문제 상황

한 대중교통 회사가 수요 증가를 예상하여 새 버스를 구입하고 터미널을 확장할 계획이다. 이런 투자를 진행하려면 미래 수요에 대한 믿을 만한 예측이 필요하다. 이러한 예측을 생성하기 위해 과거의 대중교통 이용 데이터를 사용할 수 있다. 이 회사의 데이터웨어하우스에는 6시 30분부터 22시까지 매 15분 간격으로 터미널에 도착한 승객 수 데이터가 있다. 여러분은 예측 전문 컨설턴트로서 터미널에 도착하는 승객 수를 예상할 수 있는 예측 방법을 만들어달라고 요청을 받았다.

가용 데이터

bicup2006.csv 파일에는 과거 운송 이력 정보가 일부 남겨 있다. 이 파일에는 15분 간격으로 집계된 3주간 분량의 과거 수요 정보와 향후 3일간(DEMAND=NaN)의 날짜 및 시간표가 있는데, 이에 대한 예측값들을 산출해야 한다(2006년 경연대회 주제 중 하나임).

---

9 이 사례의 데이터는 다이렉트 마케팅 교육 재단("DMEF Academic Data Set Two, Multi Division Catalog Company, Code 02DMEF")에서 교육 목적으로 제공한 것이다.

과제의 목표

목표는 정확한 예측을 생성하기 위해 모델/방법을 만드는 것이다. 정확성을 평가하기 위해 주어진 과거 데이터를 2개의 기간, 즉 학습 기간(처음의 2주간)과 검증 기간(마지막 주간)으로 분할하시오. 학습 데이터셋으로 모델을 만들고 검증 데이터셋으로 평가한다.

비록 대회의 우승 기준이 미래의 3일간에 대한 절대 평균 오차를 최소화하는 것이었지만, 이것이 여기서 제시하는 과제의 목표는 아니다. 우리의 목표는 더 실제적이고 비즈니스적인 상황을 고려하여 어떤 시간/날짜가 주어지더라도 합리적으로 잘 예측할 수 있는 모델을 만드는 것이다. MAE(평균 절대 오차/편차), MAPE(평균 백분율 오차), RMSE(근의 평균 제곱 오차)와 같은 예측 지표를 고려해 보고, 실제값과 예측값을 시계열 차트로 그려서 비교해 보시오. 그리고 예측 오류도 시계열 차트로 그려보시오.

과제

최종 모델에 대해 다음과 같은 요약 정보를 정리하시오.

❶ 분석 기법 혹은 분석 기법 조합의 명칭

❷ 분석 기법에 대한 간단한 설명

❸ 이 기법을 사용하여 생성된 예측들과 관련된 모든 추정 방정식

❹ 학습 기간과 검증 기간의 MAPE 값과 MAE 값

❺ 향후 기간(3월 22일~24일)의 예측값(15분 단위)

❻ 전체 기간(학습, 검증, 미래 포함)에 해당하는 마지막 모델을 하나의 차트에 보여주기

조언과 제안

❶ 이런 시계열의 요소를 식별할 수 있는 예비 분석을 수행하시오. 어떤 추세가 엿보이는가? 계절성이 있는가? 만약 있다면, 얼마나 많은 '계절'이 있는가? 다른 눈에 띄는 패턴이 있는가? 그 패턴들은 전역적인가, 지역적인가?

❷ 실용적이고 기술적인 관점에서 데이터의 빈도를 생각해 보시오. 다른 옵션에는 무엇이 있는가?

❸ 주중과 주말을 비교하시오. 어떻게 다른가? 이런 차이점은 어떤 방법으로 찾아낼 수 있는지를 생각해 보시오.

❹ 일련의 결측치 또는 비정상적인 값들을 검사하시오. 해결책을 생각해 보시오.

❺ 데이터 안에서 발견한 패턴을 근거로 판단해 볼 때, 어떤 모델이나 방법을 사용해야 하는가?

❻ MAPE 계산에서 0의 실제 카운트를 처리하는 방법을 생각해 보시오.

이 책에 사용된 데이터 파일 목록

1. accidents.csv
2. accidentsFull.csv
3. accidentsnn.csv
4. Airfares.csv
5. Amtrak.csv
6. ApplianceShipments.csv
7. AustralianWines.csv
8. AutoAndElectronics.zip
9. Bankruptcy.csv
10. banks.csv
11. BareggTunnel.csv
12. BathSoapHousehold.csv
13. bicup2006.csv
14. BostonHousing.csv
15. CanadianWorkHours.csv
16. CatalogCrossSell.csv
17. Cereals.csv
18. CharlesBookClub.csv
19. Cosmetics.csv
20. courserating.csv
21. CourseTopics.csv
22. DepartmentStoreSales.csv
23. drug.csv
24. EastWestAirlinesCluster.csv
25. EastWestAirlinesNN.csv
26. eBayAuctions.csv
27. ebayNetwork.csv
28. EbayTreemap.csv
29. Faceplate.csv
30. farm-ads.csv
31. FlightDelays.csv
32. Fundraising.csv
33. FutureFundraising.csv
34. gdp.csv
35. GermanCredit.csv
36. Hair-Care-Product.csv
37. LaptopSales.csv
38. LaptopSalesJanuary2008.csv
39. liftExample.csv
40. NaturalGasSales.csv
41. NYPD_Motor_Vehicle_Collisions_1000.csv
42. ownerExample.csv
43. Pharmaceuticals.csv
44. RidingMowers.csv
45. SC-US-students-GPS-data-2016.csv
46. Sept11Travel.csv
47. ShampooSales.csv
48. SouvenirSales.csv
49. SP500.csv
50. Spambase.csv
51. SystemAdministrators.csv
52. Taxi-cancellation-case.csv
53. Tayko.csv
54. ToyotaCorolla.csv
55. ToysRUsRevenues.csv
56. UniversalBank.csv
57. Universities.csvDATA FILES USED IN THE BOOK
58. Utilities.csv
59. Veerhoven.csv
60. Voter-Persuasion.csv
61. WalMartStock.csv
62. WestRoxbury.csv
63. Wine.csv

부록: 파이썬 유틸리티 함수

이 책 전체에서 사용되는 파이썬 유틸리티 함수를 담았다. 유틸리티는 자주 사용되는 여러 데이터 마이닝 방법의 사용을 단순화하고 시각화를 개선하도록 설계되었다. 이 유틸리티 함수는 dmba 패키지에 담겨 있으므로 https://pypi.org/project/dmba에서 찾아 다음과 같이 설치한다.

```
pip install dmba
```

소스 코드는 다음 https://github.com/gedeck/dmba에서 사용 가능하고 유지·관리된다.

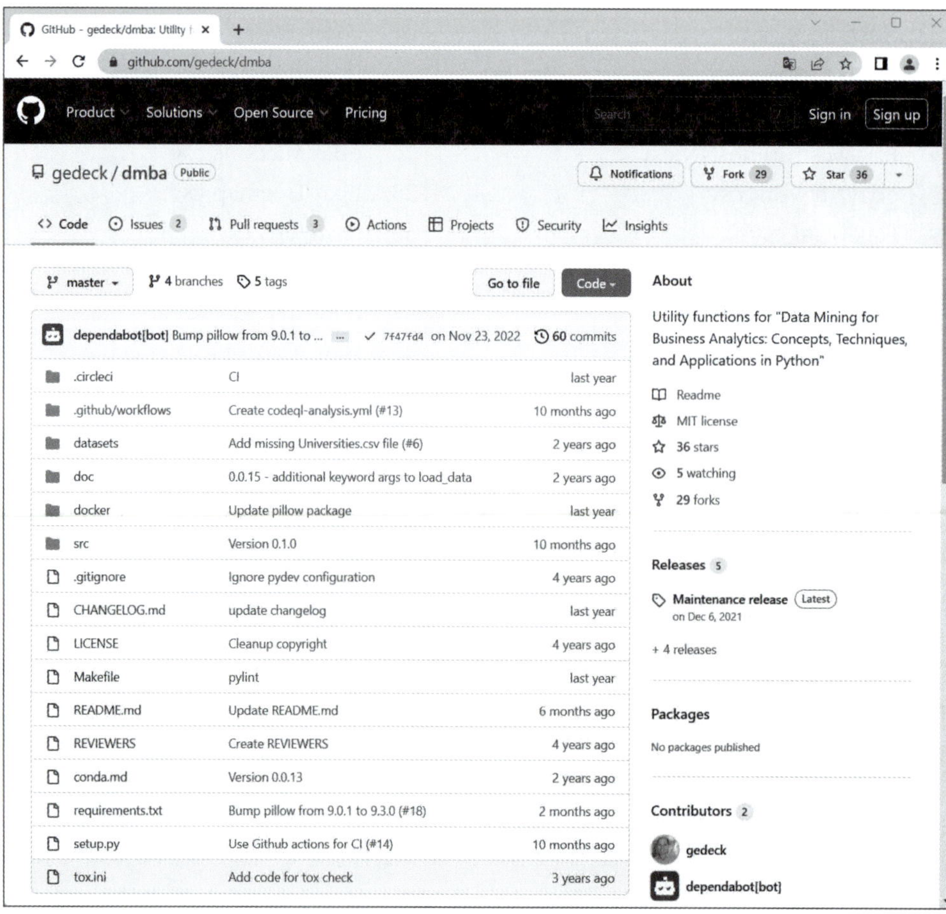

regressionSummary

```
import math
import numpy as np
from sklearn.metrics import regression

def regressionSummary(y_true, y_pred):
    """ print regression performance metrics

    Input:
        y_true: actual values
        y_pred: predicted values
    """
    y_true = np.asarray(y_true)
    y_pred = np.asarray(y_pred)
    y_res = y_true - y_pred
    metrics = [
        ('Mean Error (ME)', sum(y_res) / len(y_res)),
        ('Root Mean Squared Error (RMSE)', math.sqrt(regression.mean_squared_error(y_
         true, y_pred))),
        ('Mean Absolute Error (MAE)', sum(abs(y_res)) / len(y_res)),
        ('Mean Percentage Error (MPE)', 100 * sum(y_res / y_true) / len(y_res)),
        ('Mean Absolute Percentage Error (MAPE)', 100 * sum(abs(y_res / y_true) / len(y_res))),
    ]
    fmt1 = '{{:>{}}} : {{:.4f}}'.format(max(len(m[0]) for m in metrics))
    print('\nRegression statistics\n')
    for metric, value in metrics:
        print(fmt1.format(metric, value))
```

classificationSummary

```
from sklearn.metrics import classification

def classificationSummary(y_true, y_pred, class_names=None):
    """ Print a summary of classification performance

    Input:
        y_true: actual values
        y_pred: predicted values
        class_names (optional): list of class names
    """
    confusionMatrix = classification.confusion_matrix(y_true, y_pred)
    accuracy = classification.accuracy_score(y_true, y_pred)

    print('Confusion Matrix (Accuracy {:.4f})\n'.format(accuracy))

    # Pretty-print confusion matrix
    cm = confusionMatrix

    labels = class_names
    if labels is None:
        labels = [str(i) for i in range(len(cm))]

    # Convert the confusion matrix and labels to strings
    cm = [[str(i) for i in row] for row in cm]
    labels = [str(i) for i in labels]

    # Determine the width for the first label column and the individual cells
    prediction = 'Prediction'
    actual = 'Actual'
    labelWidth = max(len(s) for s in labels)
    cmWidth = max(max(len(s) for row in cm for s in row), labelWidth) + 1
    labelWidth = max(labelWidth, len(actual))

    # Construct the format statements
    fmt1 = '{{:>{}}}'.format(labelWidth)
    fmt2 = '{{:>{}}}'.format(cmWidth) * len(labels)

    # And print the confusion matrix
    print(fmt1.format(' ') + ' ' + prediction)
    print(fmt1.format(actual), end='')
    print(fmt2.format(*labels))

    for cls, row in zip(labels, cm):
    print(fmt1.format(cls), end='')
    print(fmt2.format(*row))
```

liftChart, gainsChart

```
import pandas as pd

def liftChart(predicted, title='Decile Lift Chart', labelBars=True, ax=None, figsize=None):
    """ Create a lift chart using predicted values

    Input:
        predictions: must be sorted by probability
        ax (optional): axis for matplotlib graph
        title (optional): set to None to suppress title
        labelBars (optional): set to False to avoid mean response labels on bar chart
    """
    # group the sorted predictions into 10 roughly equal groups and calculate the mean
    groups = [int(10 * i / len(predicted)) for i in range(len(predicted))]
    meanPercentile = predicted.groupby(groups).mean()
    # divide by the mean prediction to get the mean response
    meanResponse = meanPercentile / predicted.mean()
    meanResponse.index = (meanResponse.index + 1) * 10

    ax = meanResponse.plot.bar(color='C0', ax=ax, figsize=figsize)
    ax.set_ylim(0, 1.12 * meanResponse.max() if labelBars else None)
    ax.set_xlabel('Percentile')
    ax.set_ylabel('Lift')
    if title:
        ax.set_title(title)

    if labelBars:
        for p in ax.patches:
            ax.annotate('{:.1f}'.format(p.get_height()), (p.get_x(), p.get_height() + 0.1))
    return ax

def gainsChart(gains, color=None, label=None, ax=None, figsize=None):
    """ Create a gains chart using predicted values

    Input:
        gains: must be sorted by probability
        color (optional): color of graph
        ax (optional): axis for matplotlib graph
        figsize (optional): size of matplotlib graph
    """
    nTotal = len(gains) # number of records
    nActual = gains.sum() # number of desired records

    # get cumulative sum of gains and convert to percentage
    cumGains = pd.concat([pd.Series([0]), gains.cumsum()]) # Note the additional 0 at the  front

    gains_df = pd.DataFrame({'records': list(range(len(gains) + 1)), 'cumGains': cumGains})

    ax = gains_df.plot(x='records', y='cumGains', color=color, label=label, legend=False,
                       ax=ax, figsize=figsize)
```

```
    # Add line for random gain
    ax.plot([0, nTotal], [0, nActual], linestyle='--', color='k')
    ax.set_xlabel('# records')
    ax.set_ylabel('# cumulative gains')
    return ax
```

plotDecisionTree

```
import io
# import pandas as pd
from sklearn.tree import export_graphviz
try:
    from IPython.display import Image
except ImportError:
    Image = None
try:
    import pydotplus
except ImportError:
    pydotplus = None

def plotDecisionTree(decisionTree, feature_names=None, class_names=None, impurity=False,
                     label='root', max_depth=None, rotate=False, pdfFile=None):
    """ Create a plot of the scikit-learn decision tree and show in the Jupyter notebooke
    Input:
        decisionTree: scikit-learn decision tree
        feature_names (optional): variable names
        class_names (optional): class names, only relevant for classification trees
        impurity (optional): show node impurity
        label (optional): only show labels at the root
        max_depth (optional): limit
        rotate (optional): rotate the layout of the graph
        pdfFile (optional): provide pathname to create a PDF file of the graph
    """
    if pydotplus is None:
        return 'You need to install pydotplus to visualize decision trees'
    if Image is None:
        return 'You need to install ipython to visualize decision trees'
    if class_names is not None:
        class_names = [str(s) for s in class_names] # convert to strings
    dot_data = io.StringIO()
    export_graphviz(decisionTree, feature_names=feature_names, class_names=class_names,
                    impurity=impurity, label=label, out_file=dot_data, filled=True,
                    rounded=True, special_characters=True, max_depth=max_depth,
                    rotate=rotate)
    graph = pydotplus.graph_from_dot_data(dot_data.getvalue())
    if pdfFile is not None:
        graph.write_pdf(str(pdfFile))
    return Image(graph.create_png())
```

exhaustive_search

```
import itertools

def exhaustive_search(variables, train_model, score_model):
    """ Variable selection using backward elimination

    Input:
        variables: complete list of variables to consider in model building
        train_model: function that returns a fitted model for a given set of variables
        score_model: function that returns the score of a model; better models have lower
                     scores

    Returns:
        List of best subset models for increasing number of variables
    """
    # create models of increasing size and determine the best models in each case
    result = []
    for nvariables in range(1, len(variables) + 1):
        best_subset = None
        best_score = None
        best_model = None
        for subset in itertools.combinations(variables, nvariables):
            subset = list(subset)
            subset_model = train_model(subset)
            subset_score = score_model(subset_model, subset)
            if best_subset is None or best_score > subset_score:
                best_subset = subset
                best_score = subset_score
                best_model = subset_model
        result.append({
            'n': nvariables,
            'variables': best_subset,
            'score': best_score,
            'model': best_model,
        })
    return result
```

Example use

```
def train_model(variables):
    if len(variables) == 0:
        formula = 'y ~ 1'
    else:
        formula = 'y ~ ' + ' + '.join(variables)
    model = sm.ols(formula=formula, data=train).fit()
    return model

def evaluate_model(model):
    return model.aic

model, best_variables = backward_selection(independent_var, train_model, evaluate_model)
```

backward_elimination

```
def backward_elimination(variables, train_model, score_model, verbose=False):
    """ Variable selection using backward elimination

    Input:
        variables: complete list of variables to consider in model building
        train_model: function that returns a fitted model for a given set of variables
        score_model: function that returns the score of a model; better models have lower
                     scores

    Returns:
        (best_model, best_variables)
    """
    # we start with a model that contains all variables
    best_variables = list(variables)
    best_model = train_model(best_variables)
    best_score = score_model(best_model, best_variables)
    if verbose:
        print('Variables: ' + ', '.join(variables))
        print('Start: score={:.2f}'.format(best_score))

    while len(best_variables) > 1:
        step = [(best_score, None, best_model)]
        for removeVar in best_variables:
            step_var = list(best_variables)
            step_var.remove(removeVar)
            step_model = train_model(step_var)
            step_score = score_model(step_model, step_var)
            step.append((step_score, removeVar, step_model))

        # sort by ascending score
        step.sort(key=lambda x: x[0])

        # the first entry is the model with the lowest score
        best_score, removed_step, best_model = step[0]
        if verbose:
            print('Step: score={:.2f}, remove {}'.format(best_score, removed_step))
        if removed_step is None:
            # step here, as removing more variables is detrimental to performance
            break
        best_variables.remove(removed_step)
    return best_model, best_variables
```

Example use

```
def train_model(variables):
    if len(variables) == 0:
        formula = 'y ~ 1'
    else:
        formula = 'y ~ ' + ' + '.join(variables)
    model = sm.ols(formula=formula, data=train).fit()
    return model

def evaluate_model(model):
    return model.aic

model, best_variables = backward_selection(independent_var, train_model, evaluate_model)
```

forward_selection

```
def forward_selection(variables, train_model, score_model, verbose=True):
    """ Variable selection using forward selection

    Input:
        variables: complete list of variables to consider in model building
        train_model: function that returns a fitted model for a given set of variables
        score_model: function that returns the score of a model; better models have lower
                     scores

    Returns:
        (best_model, best_variables)
    """
    # we start with a model that contains no variables
    best_variables = []
    best_model = train_model(best_variables)
    best_score = score_model(best_model, best_variables)
    if verbose:
        print('Variables: ' + ', '.join(variables))
        print('Start: score={:.2f}, constant'.format(best_score))
    while True:
        step = [(best_score, None, best_model)]
        for addVar in variables:
            if addVar in best_variables:
                continue
            step_var = list(best_variables)
            step_var.append(addVar)
            step_model = train_model(step_var)
            step_score = score_model(step_model, step_var)
            step.append((step_score, addVar, step_model))
        step.sort(key=lambda x: x[0])
```

```
        # the first entry in step is now the model that improved most
        best_score, added_step, best_model = step[0]
        if verbose:
            print('Step: score={:.2f}, add {}'.format(best_score, added_step))
        if added_step is None:
            # stop here, as adding more variables is detrimental to performance
            break
        best_variables.append(added_step)
    return best_model, best_variables
```

stepwise_selection

```
def stepwise_selection(variables, train_model, score_model, verbose=True):
    """ Variable selection using forward and/or backward selection

    Input:
        variables: complete list of variables to consider in model building
        train_model: function that returns a fitted model for a given set of variables
        score_model: function that returns the score of a model; better models have lower
                     scores

    Returns:
        (best_model, best_variables)
    """
    # we start with a model that contains no variables
    best_variables = []
    best_model = train_model(best_variables)
    best_score = score_model(best_model, best_variables)
    if verbose:
        print('Variables: ' + ', '.join(variables))
        print('Start: score={:.2f}, constant'.format(best_score))

    while True:
        step = [(best_score, None, best_model, 'unchanged')]
        for variable in variables:
            if variable in best_variables:
                continue
            step_var = list(best_variables)
            step_var.append(variable)
            step_model = train_model(step_var)
            step_score = score_model(step_model, step_var)
            step.append((step_score, variable, step_model, 'add'))

        for variable in best_variables:
            step_var = list(best_variables)
            step_var.remove(variable)
            step_model = train_model(step_var)
            step_score = score_model(step_model, step_var)
            step.append((step_score, variable, step_model, 'remove'))
```

```
        # sort by ascending score
        step.sort(key=lambda x: x[0])

        # the first entry is the model with the lowest score
        best_score, chosen_variable, best_model, direction = step[0]
        if verbose:
            print('Step: score={:.2f}, {} {}'.format(best_score, direction,
                                                     chosen_variable))
        if chosen_variable is None:
            # step here, as adding or removing more variables is detrimental to performance
            break
        if direction == 'add':
            best_variables.append(chosen_variable)
        else:
            best_variables.remove(chosen_variable)
    return best_model, best_variables
```

printTermDocumentMatrix

```
import pandas as pd

def printTermDocumentMatrix(count_vect, counts):
    """ Print term-document matrix created by the CountVectorizer
    Input:
        count_vect: scikit-learn Count vectorizer
        counts: term-document matrix returned by transform method of counter vectorizer
    """
    shape = counts.shape
    columns = ['S{}'.format(i) for i in range(1, shape[0] + 1)]
    print(pd.DataFrame(data=counts.toarray().transpose(),
                       index=count_vect.get_feature_names(), columns=columns))
```

AIC_score, BIC_score

```
import math
import numpy as np

def AIC_score(y_true, y_pred, model=None, df=None):
    """ calculate Akaike Information Criterion (AIC)
    Input:
        y_true: actual values
        y_pred: predicted values
        model (optional): predictive model
        df (optional): degrees of freedom of model
```

```
    One of model or df is requried
    """
    if df is None and model is None:
        raise ValueError('You need to provide either model or df')
    n = len(y_pred)
    p = len(model.coef_) + 1 if df is None else df
    resid = np.array(y_true) - np.array(y_pred)
    sse = np.sum(resid ** 2)
    constant = n + n * np.log(2*np.pi)
    return n * math.log(sse / n) + constant + 2 * (p + 1)

def BIC_score(y_true, y_pred, model=None, df=None):
    """ calculate Schwartz's Bayesian Information Criterion (AIC)
    Input:
        y_true: actual values
        y_pred: predicted values
        model: predictive model
        df (optional): degrees of freedom of model
    """
    aic = AIC_score(y_true, y_pred, model=model, df=df)
    p = len(model.coef_) + 1 if df is None else df
    n = len(y_pred)
    return aic - 2 * (p + 1) + math.log(n) * (p + 1)
```

adjusted_r2_score

```
from sklearn.metrics import regression

def adjusted_r2_score(y_true, y_pred, model):
    """ calculate adjusted R2
    Input:
        y_true: actual values
        y_pred: predicted values
        model: predictive model
    """
    n = len(y_pred)
    p = len(model.coef_)
    r2 = regression.r2_score(y_true, y_pred)
    return 1 - (1 - r2) * (n - 1) /(n - p - 1)
```

참고문헌

Agrawal, R., Imielinski, T., and Swami, A. (1993). Mining associations between sets of items in massive databases. In: Proceedings of the 1993 *ACM-SIGMOD International Conference on Management of Data*, pp. 207–216. New York: ACM Press.

Berry, M. J. A., and Linoff, G. S. (1997). *Data Mining Techniques*. New York: Wiley.

Berry, M. J. A., and Linoff, G. S. (2000). *Mastering Data Mining*. New York: Wiley.

Breiman, L., Friedman, J., Olshen, R., and Stone, C. (1984). *Classification and Regression Trees*. Boca Raton, FL: Chapman Hall/CRC (orig. published by Wadsworth).

Chatfield, C. (2003). *The Analysis of Time Series: An Introduction*, 6th ed. Boca Raton, FL: Chapman Hall/CRC.

Delmaster, R., and Hancock, M. (2001). *Data Mining Explained*. Boston, MA: Digital Press.

Efron, B. (1975). The efficiency of logistic regression compared to normal discriminant analysis. *Journal of the American Statistical Association*, vol. 70, number 352, pp. 892–898.

Few, S. (2009). *Now You See It*. Oakland, CA: Analytics Press.

Few, S. (2012). *Show Me the Numbers*, 2nd ed. Oakland, CA: Analytics Press.

Golbeck, J. (2013). *Analyzing the Social Web*. Waltham, MA: Morgan Kaufmann.

Hand, D., Mannila, H., and Smyth, P. (2001). *Principles of Data Mining*. Cambridge, MA: MIT Press.

Han, J., and Kamber, M. (2001). *Data Mining: Concepts and Techniques*. San Diego, CA: Academic Press.

Harris, H., Murphy, S., and Vaisman, M. (2013). *Analyzing the Analyzers: An Introspective Survey of Data Scientists and Their Work*. Cambridge, MA: O'Reilly Media.

Hastie, T., Tibshirani, R., and Friedman, J. (2001). *The Elements of Statistical Learning*. New York: Springer.

Hosmer, D. W., and Lemeshow, S. (2000). *Applied Logistic Regression*, 2nd ed. New York: Wiley–Interscience.

Hothorn, T., Hornik K., and Zeileis, A. (2006). Unbiased recursive partitioning: a conditional inference framework. *Journal of Computational and Graphical Statistics*, vol. 15, number 3, pp. 651–674.

Hyndman, R., and Yang, Y. Z. (2018). tsdl: Time Series Data Library. v0.1.0. https://pkg.yangzhuoranyang.com/tsdl/.

Jank, W., and Yahav, I. (2010). E–Loyalty networks in online auctions. *Annal of Applied Statistics*, vol. 4, number 1, pp. 151–178.

Johnson, W., and Wichern, D. (2002). *Applied Multivariate Statistics*. Upper Saddle River, NJ: Prentice Hall.

Larsen, K. (2005). Generalized naive Bayes classifiers. *SIGKDD Explorations*, vol. 7, number 1, pp. 76–81.

Le, Q. V., Ranzato, M. A., Monga, R., Devin, M., Chen, K., Corrado, G. S., Dean, J., and Ng, A.Y. (2012). Building high-level features using large scale unsupervised learning. In: *Proceedings of the Twenty-Ninth International Conference on Machine Learning*. Editors: J. Langford and J. Pineau. Edinburgh: Omnipress.

Loh, W.-Y., and Shih, Y.-S. (1997). Split selection methods for classification trees. *Statistica Sinica*, vol. 7, pp. 815-840.

Matz, S. C., Kosinski, S. C., Nave, G., and Stillwell, D. J. (2017). Psychological targeting in digital mass persuasion. *Proceedings of the National Academy of Sciences*, vol. 114, number 48, pp. 12714-12719. DOI: 10.1073/pnas.1710966114.

McCullugh, C. E., Paal, B., and Ashdown, S. P. (1998). An optimisation approach to apparel sizing. *Journal of the Operational Research Society*, vol. 49, number 5, pp. 492-499.

O'Neil, C. (2016) Weapons of Math Destruction. New York: Crown Publishers.

Pregibon, D. (1999). 2001: A statistical odyssey. Invited talk at *The Fifth ACM SIGKDD International Conference on Knowledge Discovery and Data Mining*. New York: ACM Press, p. 4.

Saddiqi, N. (2017). *Intelligent Credit Scoring: Building and Implementing Better Credit Risk Scorecards*, 2nd ed. Hoboken, NJ: Wiley.

Shmueli, G., and Lichtendahl, K. C. (2016). *Practical Time Series Forecasting with R: A Hands-On Guide*, 2nd ed. Axelrod-Schnall Publishers.

Siegel, E. (2013). *Predictive Analytics*. New York: Wiley.

Trippi, R., and Turban, E. (eds.) (1996). *Neural Networks in Finance and Investing*. New York: McGraw-Hill.

Veenhoven, R., World Database of Happiness, Erasmus University Rotterdam. Available at http://worlddatabaseofhappiness.eur.nl.

찾아보기

ㅅ

ㅇ

ㅎ